中文版 **Photoshop CS6**

平面设计实例教程

（全彩超值版）

 编著

人 民 邮 电 出 版 社

北 京

图书在版编目（CIP）数据

中文版Photoshop CS6平面设计实例教程 ：全彩超值
版 / 时代印象编著. -- 北京 ：人民邮电出版社，
2014.7 （2019.8重印）
ISBN 978-7-115-34862-3

Ⅰ．①中… Ⅱ．①时… Ⅲ．①平面设计－图象处理软
件－教材 Ⅳ．①TP391.41

中国版本图书馆CIP数据核字(2014)第072583号

内 容 提 要

　　本书从平面设计必备基础理论以及Photoshop CS6的基本操作入手，结合300个实际工作中的项目操作实例（90个平面设计理论实例和软件基础操作实例+210个平面设计项目实例），全面而深入地阐述了Photoshop CS6在卡片设计、标志设计、字体设计、报纸广告设计、海报招贴设计、杂志广告设计、POP广告设计、户外广告设计、DM单与宣传画册设计、商业广告插画设计、书籍装帧设计、包装设计、产品造型设计和网页设计方面的运用，基本上囊括了实际工作中的所有平面项目。

　　本书讲解模式新颖、思路清晰，非常符合读者学习新知识的思维习惯。随书附带1张教学光盘，内容包含本书所有实例的源文件、素材文件与172集《中文版Photoshop CS6专家讲堂》教学录像。同时，还为读者精心准备了Photoshop CS6快捷键索引以及6套附赠资源，分别是700余个高清画笔、700余个自定形状、900余个超炫渐变、600余个经典样式、60余个最潮流的数码照片调整动作以及160余个高清稀有素材。另外，为了让大家更彻底地掌握Photoshop的技术，光盘中还附赠了3本超值学习手册，分别是《中文版Photoshop CS6技巧即问即答手册》、《中文版Photoshop CS6常用外挂滤镜手册》和《中文版Photoshop CS6数码照片常见问题处理手册》，读者可以在学完本书内容后继续学习这3本学习手册中的内容（在专家讲堂中收录了与大部分内容相对应的教学视频）。

　　本书非常适合作为初、中级读者学习Photoshop CS6平面设计的入门及提高参考书，尤其适合零基础读者学习。同时，本书也非常适合作为院校和培训机构艺术专业课程的教材。

◆ 编　　著　时代印象
　　责任编辑　杨　璐
　　责任印制　程彦红

◆ 人民邮电出版社出版发行　　北京市丰台区成寿寺路11号
　　邮编　100164　电子邮件　315@ptpress.com.cn
　　网址　http://www.ptpress.com.cn
　　北京虎彩文化传播有限公司印刷

◆ 开本：787×1092　1/16
　　印张：38.5
　　字数：1 256 千字　　　　　　　　2014 年 7 月第 1 版
　　印数：18 201–19 400 册　　　　　2019 年 8 月北京第 11 次印刷

定价：99.00 元（附光盘）
读者服务热线：(010)81055410　印装质量热线：(010)81055316
反盗版热线：(010)81055315
广告经营许可证：京东工商广登字 20170147 号

ORANGE JUICE

It's All About Baby

BABY STORE

091 公司名片设计
092 商场积分卡设计
093 游戏充值卡设计
094 商场刮刮卡设计
095 医疗健康卡设计

096 咖啡店礼品卡设计
097 VIP贵宾卡设计
098 商场购物卡设计
099 邀请函设计
100 书店邀请卡设计

卡片设计要点>>>>>

本书第2章安排了10款卡片设计，基本上包含了实际工作中可能遇到的各种卡片，如名片、积分卡、充值卡、刮刮卡、医疗卡、礼品卡、贵宾卡、购物卡以及邀请函卡。卡片设计在技术上没有什么难度，制作思路都大同小异，但在设计上需要注意以下几点。

卡片设计的基本要求应强调3个字：简、功、易。

简：卡片传递的主要信息要简明清楚，构图完整明确。

功：注意质量，功效，尽可能使传递的信息明确。

易：便于记忆，易于识别。

101 音乐电台标志
102 保健蜂蜜标志
103 旅行社标志设计

104 汽车俱乐部标志
106 牛仔裤标志设计
107 水果糖标志设计

108 酒吧标志设计
109 化妆品标志设计
110 纯净水标志设计

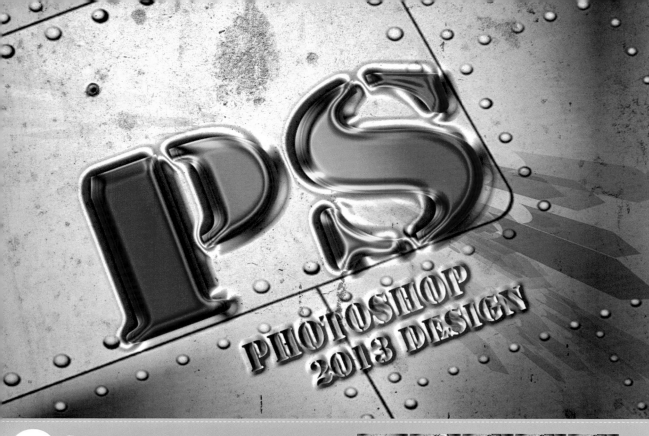

111 企业标志设计 ■■
以素雅三原色为主色，抽象图形体现高端视觉

112 墨水标志设计 ■■
墨水体现印刷、印、墨，起兴表现清洁大方

113 数码产品标志 ■■
采用色泽典科技感，完全相机调一

115 游戏标志设计 ■■■■
严谨默卡通形象体现手机游戏的趣味性

116 食品标志设计 ■■
以图形体现生态安全，粮食图形体现企业性质

117 运动鞋标志设计 ■■■
运动鞋图形—划搓涂鸦背景表现年轻人的活力

118 绿茶标志设计 ■■
以绿色为主色，搭配富有生机的家身和起代的山坡

119 服装标志设计 ■■■
以孔雀代表女性的优雅

120 科技公司标志设计 ■■
半透明发光图形体现科技-星光体现美观

121 闪光钻石文字 ■■
闪光钻石文字+星光点缀画面

123 水滴文字 ■■
晶莹的水滴+清新宜人的绿色背景（适合饮料、酒水类广告）

124 立体光影文字 ■■
丰布动感线条让画面更具有张力

125 斑驳金属文字 ■■■
斑驳体现金属质感-裂纹让画面更加生动

126 多彩立体文字 ■■■■■■■
动感模糊特效+多色幻彩背景

127 雪花文字 ■■
雪花堆积形态文字上体现降雪效果

Mercedes-Benz

活艺术唯你独尊

MUSICSHOWER
IT SERVICE PROVIDER TO GLOBAL PREMIER

clipartkor.ea

129 空间立体文字 ■■
光效城市背景体现文字主题+3D文字体现空间感

130 金属文字 ■■
斜面和浮雕样式与素材合成体现文字的金属质感

131 金边豪华字体 ■■■
字体形状体现豪华+浮雕体现金属质感

132 卡通立体文字 ■■■■■■■■■■
布料打底+圆润的字体体现卡通

133 冰块立体文字 ■■
冰块透明质感+水珠体现清新自然

134 霓虹灯文字 ■■■
以红绿蓝为基色+减去模式体现霓虹特效

135 积木文字 □■
以木纹打底+抽象云朵

136 卡通插画文字 ■■■■
卡通背景与文字结合+添加星形使画面更加可爱

137 金属发光字体 ■■■
金属文字带外发光+蓝色发光背景

138 多彩气球文字 ■■■■■■■■
平滑气球状字体+卡通发射背景

139 草地文字 ■■■
嫩黄绿文字+动感模糊阴影体现立体感

140 卡通渐变文字 ■■■■
强烈的立体感+真实的边缘细节

141 香水报纸广告 ■■■■■■■
模糊的背景与清晰的香水瓶产生对比+花朵元素突出香水主题

142 矿泉水报纸广告 ■■
自然元素+绿色的页变背景体现矿泉水环保、自然的主题

143 电视报纸广告 ■■■■
灰色风景背景对比电视画面的色彩

fantasy embroidered

It is wonderful to have you in my life

182 *Page 312*

地产杂志广告

本例设计的是一款很有创意的地产杂志广告，运用两种不同场景配合人物和草地，使其与画面完美结合起来，体现出地产杂志广告的设计感。

recent events ✛ who we are ✛ what we do

LEARN MORE

199 *Page 350*

网站杂志广告

本例设计的是一款网站杂志广告，主要表现的是地理风景类网站，作品以一优美的风景图像搭配鲜明的前景颜色，使画面所表达的信息更加阴确。

Traveler

TRAVELERS' QI XING ZHUANG BEI

骑行装备

Sprot
Cycling

无人售票车

乐豆好味道——
健康喝出来！

合作电话：400-800-65741 网址：www.doulep.com.cn

146 红酒报纸广告

147 古典音乐会报纸广告

149 环保报纸广告

150 夏日派对报纸广告

153 化妆品报纸广告

154 茶文化报纸广告

155 购物节报纸广告

158 游乐园报纸广告

159 房地产报纸广告

160 有机蔬菜报纸广告

163 电影海报

166 手表海报

167 运动服饰海报

168 牛奶海报

169 旅游度假海报

171 房地产宣传海报

174 啤酒海报 ■■　　175 女装促销宣传海报 ■■■　　177 汽车海报 ■■■■　　180 音乐狂欢节海报 ■■■

181 封面杂志广告 □ ■　　185 果汁杂志广告 ■■■■　　190 电影杂志广告 ■■■　　191 运动鞋杂志设计 ■■■

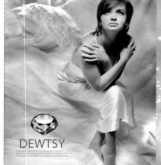

192 钻石杂志广告 ■■■　　193 时尚杂志广告 ■■　　194 音乐节杂志广告 ■■■　　196 啤酒杂志广告 ■■■

200 服饰杂志广告 ■■■　　202 钻戒广告 ■■■■　　204 运动鞋广告 ■■■　　206 冰淇淋广告 ■■■

Page 522
食品书籍设计

本例设计的是食品书籍装帧，结合食品图片，然后添加一些便签纸的元素，对文字进行调整，让整个画面充满淡淡的甜蜜感。

270

Page 530
手工书籍设计

本例设计的是手工刺绣书籍装帧，刺绣图案的大面积运用，直接突出书籍主题，封面、封底、封底色调的统一以及对标题文字的处理，使整个书籍封面的设计室得更加精致。

183　唇膏杂志广告 ■■□

184　风景杂志广告 ■■□

186　游戏网站杂志广告 ■■■

187　食品杂志广告 ■■□

188　唯美风景杂志广告 ■■□

189　手机杂志广告 ■■□

195　数码产品广告 ■■□

197　婚礼摄影杂志广告 ■■□

198　儿童杂志广告 ■■□

203　美食广告 ■■

205　音乐播放器广告 ■■■

215　海滩派对广告 ■■■

216　蛋糕广告 ■■■

219　比萨复古风格广告 ■■□

222　汽车户外广告 ■■□

中秋月圆 精品五仁

207 少女服装广告

208 招募广告

209 轮滑广告

210 沙拉促销广告

211 芭蕾演出广告

212 环保公益广告

213 圣诞节广告

214 商场活动广告

217 咖啡屋广告

218 化妆馆广告

220 糖果广告

221 站台广告

223 户外易拉宝饮料设计

224 户外海报设计

228 户外橱窗广告

230 户外悬挂广告

綠茶之韻 茶韻

无线麦克风耳机
Wireless microphone headset

MUSIC PLAYER

231 户外电话亭广告　　234 户外灯箱广告　　238 户外路标广告　　242 大型超市DM单

246 旅行社DM单　　247 服装卖场DM单　　249 健身房DM单　　260 魔法师

277 购物袋包装　　279 比萨盒包装　　280 爆米花包装　　283 牛奶包装

284 啤酒包装　　286 瓜子包装　　290 洗衣粉包装　　296 酒店网页

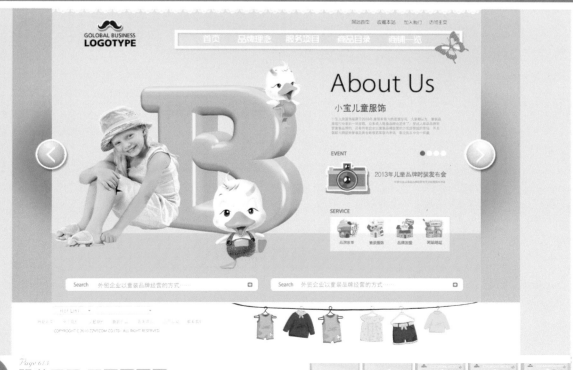

产品造型设计、网页设计 >>>>>

225 户外场地广告

226 户外公益广告

227 吧台展架

229 户外阅报栏广告

232 户外墙体广告

233 户外候车亭广告

236 化妆品户外广告

237 户外霓虹灯广告

239 牙膏户外广告

240 咖啡户外广告

241 房地产DM单

243 宾馆DM单

244 特色饭店DM单

245 普通美食店DM单

248 水果卖场DM单

250 美容店DM单 ■ ■ ■

252 医疗画册 ■ ■ ■

253 食品画册 ■ ■

254 房产画册 ■ ■ ■

255 招商画册 ■ ■

257 绘制儿童插画 ■ ■ ■ ■ ■

258 绘制写实猫 ■ ■

261 儿童图书设计 ■ ■ ■

262 运动杂志设计 ■ ■ ■

263 鉴赏收藏图书设计 ■ ■ ■

264 旅游书籍设计 ■ ■ ■

265 时尚书籍设计 ■ ■ ■

266 书法图书设计 ■

268 音乐书籍设计 ■ ■ ■

269 中药书籍设计 ■ ■ ■

271　京剧书籍设计 ■■■
以肌理背景、水墨风的京剧人物凸显突出古老的京剧文化

272　婚礼书籍设计 ■■■
以粉色为主色，唯美的插花体现婚礼的浪漫唯美

273　宠物杂志设计 ■■■
以狗为主体元素，各种红色字体元素丰富画面效果

274　艺术书籍设计 ■■■■
以炫酷人物为主要元素，酷感元素和光效体现艺术大感

275　汽车杂志设计 ■■■■
以汽车为主体、文字排版让整个页面风格显得更有层次感

276　果汁易拉罐包装 ■■■■
以明快鲜艳的颜色作为主色、切开的水果直接表达主题

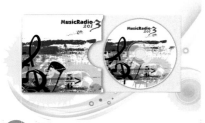

278　CD包装 ■■■
以不规则涂鸦背景作为背景、艺术音符表达个性韵律

281　防晒霜包装 ■■■
以夏日海滩为背景、黄色包装让产品显得更加显眼

289　巧克力包装 ■■■■
以明朗色为主色、液体巧克力波纹体现巧克力的可口

292　绘制酒瓶 ■■■■
以黄绿和绿色对比蓝色水瓶背景突出酒瓶的质感

293　绘制音响 ■■■
以黑色花纹背景突出音响的质感

294　绘制智能手机 ■■■
以一个地球卡通人配合庞大的手机突出睡性

295　绘制迷你音响 ■■■■
以浅灰、灰、红和单色光体现音响的质感

297　美食网页 ■■■
以一副菜具作为主画、大气的版面体现网页的美味气氛

299　影楼网页 ■■■
以大幅婚纱照作为主要画面、3种淡雅色体现网站的特质

前 言

Photoshop作为Adobe公司旗下最出名的图像处理软件，也是当今世界上用户群最多的平面设计软件之一，其功能强大到了令人瞠目结舌的地步，应用领域也涉及了平面设计、照片处理、网页设计、界面设计、文字设计、插画创作、视觉创意与三维设计等，其中尤以在平面设计领域的应用最为广泛。

本书内容

全书从实用商业角度出发，全面、系统地讲解了中文版Photoshop CS6的常用操作以及在平面设计中的各种商业项目，包含卡片设计、标志设计、字体设计、报纸广告设计、海报招贴设计、杂志广告设计、POP广告设计、户外广告设计、DM单与宣传画册设计、商业广告插画设计、书籍装帧设计、包装设计、产品造型设计和网页设计。本书不讲晦涩难懂的理论知识，全部以实例（共300个实例）形式进行讲解，避免读者被密集的理论"轰炸"。

本书共15章，第1章为平面设计的必备理论知识以及Photoshop CS6在平面设计中的常用操作（包含90个实例）；第2～第4章用50个实例详细介绍了Photoshop在卡片设计、标志设计和字体设计中的应用；第5～第9章用100个实例详细介绍Photoshop在报纸广告设计、海报招贴设计、杂志广告设计、POP广告设计和户外广告设计中的应用；第10～第12章用35个实例详细介绍了Photoshop在DM单与宣传画册设计、商业广告插画设计和书籍装帧设计中的应用；第13～第14章用20个实例详细介绍了Photoshop在包装设计和产品造型设计中的应用；第15章用5个实例详细介绍了Photoshop在网页设计中的应用。

本书特色

本书在同类书中别具一格，新颖独特，非常符合读者学习新知识的思维习惯，简单介绍如下。

完全自学：本书设计了300个实例，从最基础的平面设计理论与Photoshop操作入手，由浅入深、从易到难，可以让读者循序渐进地学到Photoshop的重要技术及平面设计实战项目，同时掌握行业内的相关知识。

技术手册：本书在以实例介绍软件技术和项目制作的同时，并没有放弃对常见疑点和技术难点的深入解析。几乎每章都根据实际情况设计了"技巧与提示"和"技术专题"，不仅可以让读者充分掌握该版块中所讲的知识，还可以让读者在实际工作中遇到类似问题时不再犯相同的错误。以书中的"技术专题：拷贝/粘贴图层样式"为例，很多时候我们都需要为不同的图层设置相同的图层样式，初学者可能会为这些图层一个一个地进行设置，这样就浪费了太多的宝贵时间，而如果掌握了图层样式的复制与粘贴技巧，就可以快速设置好图层样式。

速查手册：对于一位刚入行的设计师而言，在拿到一个平面项目以后，往往会"不知所措，无从下手"。如要为某个企业设计一款VIP贵宾卡，自己设计了很多方案都被否定了，这时就可以从本书中的相应实例（在目录和彩插中均可方便查到）中寻找创作思路与灵感。

专业指导：除去90个平面设计的必备理论知识以及Photoshop CS6在平面设计中的常用操作外，其他的210个实例全部是根据实际工作中最常遇到的项目进行安排的。以包装设计的15个实例为例，这些实例全部是根据市场调研，以当前最常见的包装项目进行编排，如易拉罐包装、购物袋包装、CD包装、护肤品包装、饮料包装、酒水包装、食品包装和日用品包装等。

名师讲解：本书由专门从事Photoshop平面培训的名师编写而成，每个实例都有详细的制作过程。另外，为了方便初学者学习软件技术及平面设计以外的一些知识，我们的老师还专门录制了一套《中文版Photoshop CS6专家讲堂》视频教学，分别由祁连山老师和韩霜老师录制完成，共172集，内容涵盖了Photoshop的各种重要技术及数码照片处理实战技术。

培训指导

为了方便培训老师在教学时有的放矢，本书特意制作了如下表格，对课程的难易程度进了区分，便于老师合理安排讲解时间。

章节	实例数量	难易指数	详讲/略讲
第1章 平面设计基础与Photoshop入门	90	低	略讲
第2章 卡片设计	10	低	详讲
第3章 标志设计	20	中	详讲
第4章 文字设计	20	中	详讲
第5章 报纸广告设计	20	中	详讲
第6章 海报招贴设计	20	中	详讲
第7章 杂志广告设计	20	中	详讲
第8章 POP广告设计	20	中	详讲
第9章 户外广告设计	20	中	详讲
第10章 DM单与宣传画册设计	15	中	详讲
第11章 商业广告插画设计	5	高	略讲
第12章 书籍装帧设计	15	中	详讲
第13章 包装设计	15	高	详讲
第14章 产品造型设计	5	高	略讲
第15章 网页设计	5	高	略讲

策划/编辑

总编	王祥
策划编辑	宋丽颖
执行编辑	韩霜 杨雨濛 孟俊宏
校对编辑	周洋 赵青
美术编辑	李梅霞

售后服务

在学习技术的过程中会碰到一些难解的问题，我们衷心地希望能够为广大读者提供力所能及的阅读服务，尽可能地帮大家解决一些实际问题，如果大家在学习过程中需要我们的支持，请通过以下方式与我们取得联系，我们将尽力解答。

客服/投稿QQ：996671731

客服邮箱：iTimes@126.com

祝您在学习的道路上百尺竿头，更进一步！

时代印象

2014年2月

● 光盘结构

本书附带1张教学光盘，包含4个文件夹，分别是"实例文件"、"素材文件"、"中文版Photoshop CS6专家讲堂"和"附赠资源"。"实例文件"文件夹中包含本书所有实例的源文件；"素材文件"文件夹包含本书所有实例所用到的素材；"中文版Photoshop CS6专家讲堂"文件夹中包含172集针对初学者开发的教学录像；"附赠资源"文件夹中包含1套画笔库、1套形状库、1套渐变库、1套样式库、1套动作库、1套珍稀素材库以及3本超值学习手册，分别是《中文版Photoshop CS6技巧即问即答手册》、《中文版Photoshop CS6常用外挂滤镜手册》和《中文版Photoshop CS6数码照片常见问题处理手册》。

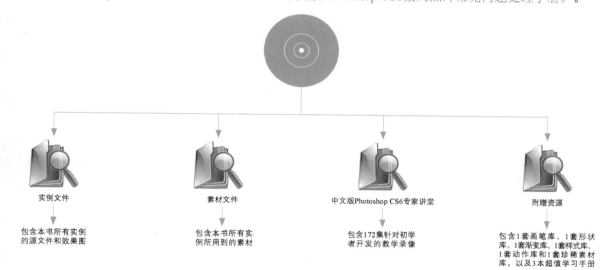

实例文件	素材文件	中文版Photoshop CS6专家讲堂	附赠资源
包含本书所有实例的源文件和效果图	包含本书所有实例所用到的素材	包含172集针对初学者开发的教学录像	包含1套画笔库、1套形状库、1套渐变库、1套样式库、1套动作库和1套珍稀素材库，以及3本超值学习手册

● 700余个高清画笔

资源位置：光盘>附赠资源>画笔库.abr。

载入方法：执行"编辑>预设>预设管理器"某单命令，打开"预设管理器"对话框，选择"预设类型"为"画笔"，然后单击"载入"按钮进行载入。

● 700余个自定形状

资源位置：光盘>附赠资源>形状库.csh。

载入方法：执行"编辑>预设>预设管理器"某单命令，打开"预设管理器"对话框，选择"预设类型"为"自定形状"，然后单击"载入"按钮进行载入。

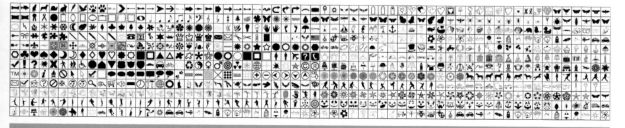

● 900余个超炫渐变

资源位置：光盘>附赠资源>渐变库.grd。
载入方法：执行"编辑>预设>预设管理器"菜单命令，打开"预设管理器"对话框，选择"预设类型"为"渐变"，然后单击"载入"按钮进行载入。

● 600余个经典样式

资源位置：光盘>附赠资源>样式库.asl。
载入方法：执行"编辑>预设>预设管理器"菜单命令，打开"预设管理器"对话框，选择"预设类型"为"样式"，然后单击"载入"按钮进行载入。

● 60余个最潮流的数码照片调整动作

资源位置：光盘>附赠资源>动作库.atn。
载入方法：执行"窗口>动作"菜单命令，打开"动作"面板，然后在面板菜单中选择"载入动作"命令，打开"载入"对话框，然后单击"载入"按钮进行载入。

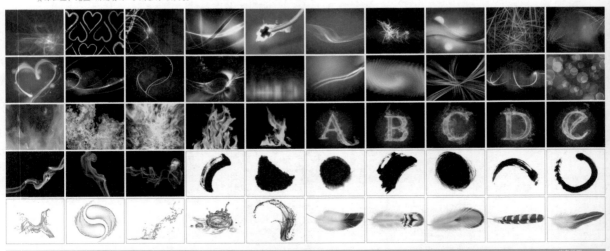

● 160余个高清稀有素材

资源位置：光盘>附赠资源>珍藏素材文件夹。

● 3本学习手册

为了让大家深入学习Photoshop，我们在光盘中放了3本超值学习手册（电子书），分别是《中文版Photoshop CS6技巧即问即答手册》、《中文版Photoshop CS6常用外挂滤镜手册》和《中文版Photoshop CS6数码照片常见问题处理手册》，初学者可以在学完本书内容以后继续学习这3本手册中的内容。

资源位置：光盘>附赠资源>中文版Photoshop CS6技巧即问即答手册.pdf、中文版Photoshop CS6常用外挂滤镜手册.pdf、中文版Photoshop CS6数码照片常见问题处理手册.pdf。
阅读方法：在www.adobe.com上下载免费的Adobe Reader阅读器，安装好以后便可阅读电子书。

● 172集专家讲堂教学录像

为了让初学者更方便、有效地学习Photoshop CS6，我们特地为大家录制了1套超大型的"中文版Photoshop CS6专家讲堂"多媒体有声视频教学录像，共172集。上面的3本手册中的大部分内容在本套视频中均有详细讲解。

资源位置：光盘>中文版Photoshop CS6专家讲堂文件夹。

本套视频的相关特点与注意事项如下。

第1点：本套专家讲堂非常适合入门级读者观看，因为本套视频完全针对初学者而开发。

第2点：本套专家讲堂采用中文版Photoshop CS6进行录制。大家可能会有一个疑问，我要是用的Photoshop CS5或Photoshop CS4或更低的版本该怎么办？是不是不能看这套视频呢？答案是否定的，无论您是用哪个版本的Photoshop，它的核心功能是不会变的，所以您不必担心这个问题。

第3点：本套专家讲堂包含Photoshop的一些最基础操作以及最核心的技术，如操作工具、选区、绘画与图像修饰、路径、文字、图层、颜色与色调调整、蒙版、通道、滤镜与外挂滤镜以及数码照片处理实战技术，基本囊括了Photoshop的各项重要技术，相信您看完本套视频会有所收获。

第4点：本套专家讲堂是由我们策划组经过长时间策划，并精心录制的视频，主要是为了方便大家学习Photoshop，希望大家珍惜我们的劳动成果，不要将视频上传到互联网上，如若发现，我们将追究法律责任！

打开"中文版Photoshop CS6专家讲堂"文件夹，在该文件夹中有个"专家讲堂（启动程序）.exe"文件，双击该文件便可观看视频教学，无需其他播放器。

目 录 CONTENTS >>>>>>

第1章 平面设计基础与Photoshop入门 35

实例数量：90 　重要程度：★★★☆

TIPS >>>>　本章实例分为平面设计基础以及Photoshop入门两大类。这部分内容属于全书的基础，只有掌握好了这些基础知识/技术，才能在后面的实战中得心应手！

第2章 卡片设计 69

实例数量：10　重要程度：★★★★★

TIPS >>>>

卡片的作用是传递信息，在实际工作中经常设计的卡片包括名片、电话卡、会员卡、通信卡、企业贺卡、节日贺卡、游戏点卡、宴宾卡片、贵宾卡和商品标价卡等。

第3章 标志设计 91

实例数量：20　重要程度：★★★★★

TIPS >>>>　识别性是标志的重要功能之一。在信息化时代，只有特点鲜明、容易辨认和记忆、含义深刻、造型优美的标志，才能在同行业中凸显出来。

第4章 文字设计 159

实例数量：20　重要程度：★★★★★

TIPS >>>>　文字是平面设计中最直接、最明了、最迅速的信息载体，文字（字体）设计既要符合视觉审美规律，又应具有鲜明的视觉形象，以使在传递信息时获得最佳效果。

第5章 报纸广告设计 ……………………………… 223

实例数量：20　重要程度：★★★★★

TIPS >>>> 报纸广告以文字和图画作为主要视觉刺激元素，其特点是覆盖面广，读者广泛而稳定、阅读方式灵活、时效性强、文字表现力强、传播范围广、传播速度快、传播信息详尽。

第6章 海报招贴设计 ……………………………… 271

实例数量：20　重要程度：★★★★★

TIPS >>>> 招贴即为"招引注意而进行张贴"。招贴作为一种视觉传达艺术，最能体现平面设计的形式特征，其设计理念、表现手段及技法较之其他广告媒介更具典型性。

第7章 杂志广告设计 ……………………………… 309

实例数量：20　重要程度：★★★★★

TIPS >>>> 杂志广告是刊登在杂志上的广告，可以用较多的篇幅来传递商品的详尽信息，它具有比报纸和其他印刷品更具持久优越的可保存性，同时具有固定的读者和全国甚至世界性影响！

第8章 POP广告设计 355

实例数量: 20　重要程度: ★★★★★

TIPS >>>> POP广告意为"购买点广告"，利用POP广告强烈的色彩、美丽的图案、突出的造型、幽默的动作、准确而生动的广告语言，可以创造强烈的销售气氛，吸引消费者的视线。

第9章 户外广告设计 395

实例数量: 20　重要程度: ★★★★★

TIPS >>>> 户外广告是一种极具强大市场冲击力的媒介传播手段，其最基本特征是具有双重优点，它不但可以让观众对广告产品产生即时反应，还可以在多次信息重复后对观众产生长期影响。

第10章 DM单与宣传画册设计 457

实例数量: 15　重要程度: ★★★★★

TIPS >>>> DM单有广义和狭义之分。广义上包括广告单页；狭义仅指装订成册的集锦型宣传画册；画册是企业和产品宣传的重要形式之一，是更一次速有效让客户了解自身的广告媒介。

第1章
平面设计基础与Photoshop入门

■ 平面设计的基本构图点构成/36页　■ 平面设计的基本构图面构成/36页　■ 平面设计的基本构图发射/37页　■ 用色创意/37页　■ 文字创意设计常用技法/38页

■ 裁剪工具/47页　■ 画笔工具/47页　■ 颜色替换工具/48页　■ 红眼工具/49页　■ 自定形状工具/53页

PS达人　　广告设计师　　包装设计师　　精画设计师　　网页设计师

实战001 平面设计概念

平面设计具有艺术性和专业性，以"视觉"作为沟通和表现的方式。

设计是有目的的策划，平面设计是这些策划可以采取的形式之一。在平面设计中需要用视觉元素来传播设计师的设想和计划，用文字和图形将信息传达给观众，让观众通过这些视觉元素来了解设计师的设想和计划。

视觉作品的生存底线，应该看该作品是否具有感动观众的能力，是否能顺利传递出背后的信息，就像人际关系学一样，平面设计是依靠魅力来征服对象的。也就是说平面设计师担任的是多重角色，需要知己知彼才能设计出让客户满意的作品。

实战002 平面设计的必经之路

设计的学习之路有很多种，这是由设计的多元化知识结构决定的，但是不管您以前从事何种行业，在进入设计领域之后，您以前的阅历都将影响您，而设计多元化的知识结构必将要求设计师具有多元化的知识及信息获取方式。

第1步：从点、线、面的认识开始，学习掌握平面构成、色彩构成、立体构成和透视学等基础知识。

第2步：学会设计草图，这个步骤很重要，因为绘画是平面设计的基础。

第3步：学习传统课程，如陶艺、版画、水彩、油画、摄影、书法、国画和黑白画等，这些课程会在不知不觉中提高您设计的动手能力、表现能力和审美能力，而最关键的是让您明白什么是艺术。

第4步：知道自己要设计什么，作为一名优秀的设计师，您必须了解周围的环境，了解何种设计元素最吸引人们的眼球。

第5步：辨别设计作品的好坏，当您能设计出一个作品时，您必须知道这个作品的优劣在何处。这是迈向成熟设计师的必经之路，也是一个经验积累的过程。

实战003 平面设计的相关流程

平面设计的流程主要分为以下6个步骤。

第1步：双方进行意向沟通。

双方沟通确定基本意向。

客户提出制作基本要求，设计方提供报价。

客户对设计方报价基本认可后，应提供相关设计资料。

设计方可应客户要求，免费提供部分设计，供客户用以确定设计风格。

第2步：确认制作。

双方签订协议。

客户提供具体资料。

客户支付预付款。

第3步：方案设计。

根据客户意见，设计方对设计稿进行相应调整，客户审核确认后定稿。

设计方全部设计完成后，提供给客户确认。

第4步：制作完稿。

设计方设计完成并经客户确认后，向客户提交黑白稿。

客户审核并校对文案内容，确认后签字。

设计方根据客户校对结果对设计稿进行修正，并出彩色喷墨稿。

客户再次审核，校对色彩，确认后签字。

完成制作，出片打样，客户确认签字。

印刷制作。

第5步：交货验收。

客户根据合同验收，支付余款。

客户档案录入。

第6步：客服跟踪。

客户可通过电话或E-mail与设计公司联系。

合同完成后，客户如需其他服务，需另外签订合同进行合作。

实战004 平面设计的基本构图方式

平面设计的基本构图方式包含以下7种。

点、线、面： 在平面设计中，一组相同或相似的图形组合在一起可以获得意想不到的效果，而每一个组成单位就是一个基本形状，这些基本形状可以是点，也可以是线或面，如图1-1~图1-3所示。

图1-1 点构成　　图1-2 线构成　　图1-3 面构成

渐变： 渐变是一种效果，例如，由近到远、由大到小的渐变，效果如图1-4所示。

重复： 重复是指在同一设计中，相同或相似的形状出现过两次以上，如图1-5所示。重复是设计中比较常用的手法，可产生有规律的节奏感，使画面统一起来。

图1-4

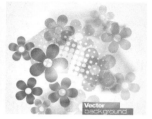
图1-5

近似：近似是指构图在形状、大小、色彩和肌理等方面具有共同的特征，近似的程度可大可小，如果近似的程度大就会产生重复感，如果近似程度小就会破坏画面的统一性，如图1-6所示。

图1-6

技巧与提示

近似与渐变的区别在于渐变的变化规律性很强，基本形状的排列非常严谨，而近似的变化规律性较差，基本形状排列的比较随意。

骨骼：骨骼决定了基本形状在构图中彼此的关系，在某些时候，骨骼也是形象的一部分，而骨骼的变化会使整体构图发生变化，如图1-7所示。

发射：发射是一种常见的自然现象，太阳发出的光芒就属于发射，发射的方向具有很强的规律性，发射中心是最重要的视觉焦点，所有的形状均向中心集中，或由中心散开，有时可造成光学动感，会产生爆炸的感觉，给人以强烈的视觉效果，如图1-8所示。

图1-7

图1-8

特异：特异是指构成要素在有秩序的关系里，有意违反秩序，突出少数个别的重要元素，以打破规律性，如图1-9所示。

图1-9

实战005 用色创意

很难想象在一个没有色彩世界里，将会是什么样子？在平面设计中，色彩的重要性更是不言而喻，色彩不仅能焕发出人们的情感，而且可以描述人们的思想，因此在平面设计里，适当地使用色彩是很受关注的。

在平面设计创意技法中，有创意地用色可以体现出画面的重点及传达设计主题，给人过目不忘的效果。下面讲解在平面设计中6种最基本的配色方法，同时也是最基本的用色创意方法。

强烈：最有力的色彩组合在一起就形成了最刺激的色彩。在色彩世界中，红色永远是最强烈、最大胆、最极端的色彩。在平面设计中，强烈的色彩可用来传达最重要的信息，并且总能吸引众人的目光，如图1-10所示。

丰富：要表现色彩里的浓烈与富足感，可用强而有力的色彩来搭配画面，如图1-11所示。

图1-10　　　　　　　　　　图1-11

浪漫：一般情况下采用粉红色来突出浪漫气氛，粉红色是将数量不一的白色加到红色中，形成一种明亮的红，粉红色与红色一样，可引起人的兴趣与快感，如图1-12所示。

奔放：在平面设计中，一般采用朱红色、红橙色和蓝绿色来突出奔放效果，再配以明色和暗色来装饰画面。奔放的配色效果有助于表现青春、朝气、活泼与顽皮的气氛，如图1-13所示。

图1-12　　　　　　　　　　图1-13

土性：深色与鲜明的红橙色叫赤土色，在平面设计中，常用赤土色来组合设计出鲜艳、温暖与充满活力的色彩，令人联想到悠闲、舒适的生活，如图1-14所示。

友善：在平面设计中，常用橙色来表达友善的氛围，这种色彩组合可以体现出开放、随和的情感，如图1-15所示。

图1-14　　　　　　　　　　图1-15

实战006　文字创意设计常用技法

随着计算机的不断普及，文字设计大部分由计算机来完成（创意仍是靠人脑来完成），下面将讲解在文字设计中需要注意的几点问题。

可读性：文字的主要功能是传达设计的理念和各种信息，要达到这一目的必须考虑文字的整体诉求效果，给人以清晰的视觉印象。因此，文字设计应避免繁杂零乱，尽量使人易认、易懂，切忌为了设计而设计，如图1-16所示。

赋予文字个性：文字设计要服从于作品的风格特征，不能脱离作品的整体风格，更不能与之相冲突，否则会破坏文字的诉求，如图1-17所示。

图1-16　　　　　　　　　　图1-17

体现美感：在视觉传达的过程中，文字作为画面的形象要素之一，具有传达感情的功能，因而它必须具有视觉上的美感，才能给人以美的感受，如图1-18所示。

图1-18

富于创造性：在平面设计中，需要根据作品主题的要求来突出文字的个性与色彩，创造出与众不同的文字效果，以独特与新颖的风格为观众带来视觉享受，如图1-19所示。

图1-19

实战007　文字的组合

文字设计的成功与否，不仅在于字体本身的形状，同时要注意文字排列是否得当，如图1-20所示。如果一幅作品中的文字排列不当，不仅会影响作品本身的美感，而且不利于阅读，这样就不能产生良好的视觉传达效果。

图1-20

实战008　常用版式结构

版式设计是设计艺术的重要组成部分，是视觉传达的重要手段。所谓版式设计，就是在版面上将有限的视觉元素进行有机的排列组合，将理性思维个性化表现出来，从而突出作品的风格与艺术特色。

版面结构是指能够让读者清楚、容易地理解作品所传达信息的一种排列方式。

骨骼型：骨骼型是一种规范的理性分割方法。常见的骨骼有竖向通栏、双栏、三栏、四栏和横向通栏、双栏、三栏和四栏等，一般以竖向分栏居多，在图片和文字的编排上应严格按照骨骼比例进行排列，从而给人以严谨美、和谐美与理性美的感觉，如图1-21所示。

满版型：满版型版面主要以图像为主，视觉传达直观而强烈，文字主要配置在上下、左右或中部的图像上，从而给人以大方、舒展的感觉。满版型是商品广告常用的一种版面形式，如图1-22所示。

图1-21 　　　　　　　　　图1-22

上下分割型：上下分割型版式结构是将整个版面分为上下两个部分，在上半部或下半部配置图片，另一部分则配置文案。图片部分感性而有活力，而文案部分理性而静止，如图1-23所示。

左右分割型：左右分割型版式结构是将整个版面分割为左右两个部分，分别在左或右配置文案，如图1-24所示。当左右两部分形成强烈对比时，会造成视觉心理上的不平衡；倘若将分割线进行虚化处理，或用文字进行左右重复或穿插，那么左右图文可变得自然和谐一些。

图1-23 　　　　　　　　　图1-24

中轴型：中轴型版式结构是将图形在水平或垂直方向进行排列，并将文案配置在上下或左右区域，如图1-25所示。水平排列的版面可以给人带来稳定、安静、和平与含蓄的感觉，而垂直排列的版面可给人带来强烈的动感。

曲线型：曲线型版式结构是将图片或文字在版面结构上进行曲线式编排，以产生节奏感和韵律感，如图1-26所示。

图1-25 　　　　　　　　　图1-26

倾斜型：倾斜型版式结构是将主体形象在画面中进行倾斜编排，以产生强烈的动感，从而吸引观众的眼

球，如图1-27所示。

对称型：对称型版式结构给人以稳定、庄重的感觉。对称有绝对对称和相对对称两种，在平面设计中，一般采用相对对称来进行设计，如图1-28所示。

图1-27 　　　　　　　　　图1-28

技巧与提示

在平面设计中，除了以上常用的版式结构外，还有中心型版式结构、三角形版式结构、并置型版式结构、自由型版式结构和四角型版式结构等。

实战009　平面设计创意表现技法

直接展示法：直接展示法是平面设计中最常见的表现手法，它是将产品或主题直接展示在广告版面上，充分运用摄影或绘画等技术来突出主题元素，如图1-29所示。

图1-29

技巧与提示

由于直接展示法是直接将产品推向消费者，所以要十分注意画面上产品的组合与展示角度，并应着力突出产品的品牌和产品本身最容易打动人心的部位，然后运用色光和背景进行烘托，使产品置于最具感染力的空间内。

突出特征法：突出特征法也是表现广告主题的重要手法之一。运用这种手法可强调产品或主题本身与众不同的特征，并且能将这些特征鲜明地表现出来，如图1-30所示。

图1-30

对比衬托法：对比衬托法是对立冲突艺术中最常用的一种表现手法，它将作品中所描绘事物的性质与特点进行鲜明的对比与衬托，从而给消费者带来深刻的视觉印象，如图1-31所示。

图1-31

合理夸张法：合理夸张法是借助想象来对广告作品中所宣传对象的品质或特性的某个方面进行合理夸张，以加深或扩大观众对这些特征的认识，如图1-32所示。

图1-32

以小见大法：在平面设计中经常会对立体形象进行强调、取舍和浓缩，以独特的形象来突出画面的主题元素，这种表现手法就是以小见大法。以小见大法中的"小"是画面中的焦点和视觉中心，同时也是广告创意的浓缩，如图1-33所示。

运用联想法：在审美过程中通过丰富的联想，能突破时空的界限，扩大艺术形象的感染力，加深画面的意境，从而使审美对象与审美心理融为一体，在产生联想的过程中引发美感共鸣，如图1-34所示。

图1-33

图1-34

富于幽默法：幽默法是指在广告作品中巧妙地再现

喜剧性特征，抓住生活中的局部性现象，运用饶有风趣的情节，巧妙地安排，将某种需要肯定的事物无限延伸到漫画的程度，形成一种充满情趣，引人发笑而又耐人寻味的幽默意境，如图1-35所示。

借用比喻法：比喻法是指在设计过程中选择两个互不相干，而在某些方面又有些相似的事物，所比喻事物与主题没有直接的关系，但是在某一点上与主题的某些特征又有相似之处，如图1-36所示。

图1-35   图1-36

以情托物法：艺术有传达感情的特征，"感人心者，莫先于情"，这句话已表明了感情因素在艺术创造中的作用，在表现手法上侧重选择具有感情倾向的内容，以美好的情感来烘托主题，发挥出艺术感染力，这就是现代广告设计中经常遇到的以情托物法，如图1-37所示。

悬念安排法：悬念安排法是在表现手法上故弄玄虚，布下疑阵，使人对广告画面怎么看都不解题意，从而造成一种猜疑和紧张的心理状态，以产生夸张的效果，触发消费者的好奇心和购买欲望，如图1-38所示。

图1-37   图1-38

选择偶像法：选择偶像法是抓住人们对名人偶像仰慕的心理，选择观众心目中崇拜的偶像来配合产品信息传达给观众。由于名人偶像有很强的心理感召力，故借助名人偶像的陪衬来提高产品的印象程度与销售地位，如图1-39所示。

谐趣模仿法：谐趣模仿法是一种创意引喻手法，别有意味地采用以新换旧的借名方式，将大众所熟悉的名画等艺术品和社会名流等作为谐趣的对象，然后经过巧妙的整形让对象产生谐趣感，给消费者一种崭新奇特的视觉印象和轻松愉快的趣味，如图1-40所示。

图1-39　　　　　　　　　　　图1-40

神奇迷幻法：神奇迷幻法是运用畸形的夸张，以无限丰富的想象构织出神话与童话般的画面，在一种奇幻的情景中再现现实生活的某种距离，如图1-41所示。

图1-41

技巧与提示

神奇迷幻法是一种充满浓郁浪漫主义，而写意多于写实的表现手法，以突然出现某种神奇的视觉效果来感染观众，从而满足人们喜好奇异多变的审美情趣。

连续系列法：连续系列法是通过画面和文字来传达清晰、突出、有力的广告信息，广告画面本身有生动的直观形象，通过多次画面的重复来加深消费者对产品的印象，以获得良好的宣传效果，如图1-42所示。

图1-42

实战010 平面设计的构成元素

在平面设计中，不仅注重表面视觉上的美观，还应该考虑信息的传达。总的来说，平面设计主要由以下几个基本元素构成：标题、正文、广告语、插图、商标、公司名称、轮廓和色彩等。

标题：主要是表达广告主题的短文，一般在平面设计中起到画龙点睛的作用，运用文学的手法，以生动精彩的短句和一些形象夸张的手法来唤起消费者的购买欲望。不仅要吸引消费者的注意，还要与消费者取得共鸣。标题选择上应该选择简洁明了且概括力强的短语，不一定是一个完整的句子，但它是广告文字最重要的部分。标题在整个版面上，应该处于最醒目的位置，应注意配合插图造型的需要，运用视觉引导，使读者的视线从标题自然地向插图、正文转移。

正文：正文一般指说明广告内容的本文，基本上是结合标题来具体的阐述、介绍商品。正文的字形运用采用较小的字体，一般都安排在插图的左右或下方，以便于阅读。

广告语：广告语是配合广告标题、加强商品形象而运用的短句，特点是顺口易读、富有韵味、具有想象力、指向明确、有一定的口号性和警告性。

插图：插图是用视觉的艺术手段来传达商品或劳务信息，增强记忆效果，让消费者能够以更快、更直观的方式来接受信息。同时让消费者留下更深刻的印象，插图内容要突出商品或服务的个性，通俗易懂、简洁明快，有强烈的视觉效果。一般插图是围绕着标题和正文来展开的，对标题起到一个衬托作用。

商标、标志：商标是消费者借以识别商品的主要标志，在平面设计中，商标不是广告版面的装饰物，而是重要的构成要素，在整个版面设计中，商标造型最单纯、最简洁，视觉效果最强烈，在一瞬间就能识别，并能给消费者留下深刻的印象。

公司名称：公司名称可以指引消费者如何处购买广告所宣传的商品，也是整个广告中不可缺少的部分，一般都是放置在整个版面下方较次要的位置，也可以和商标配置在一起。

轮廓：轮廓一般是指装饰在版面边缘的线条和纹样，这样能使整个版面更集中，不会显得那么凌乱。轮廓使广告版面有一个范围，以控制读者的视线。重复使用统一造型的轮廓，可以加深读者对广告的印象。轮廓还能使广告增加美感。广告轮廓有单纯和复杂两种。用直线、斜线、曲线等构成，属于单纯的轮廓。由图案纹样所组成的轮廓，则是复杂轮廓。

色彩：色彩是把握人的视觉第一关键所在，也是一个广告表现形式的重点所在，有个性的色彩，往往更能抓住消费者的视线。色彩通过结合具体的形象，运用不同的色调，让观众产生不同的生理反应和心理联想，树立牢固的商品形象，产生悦目的亲切感，吸引与促进消费者的购买欲望。

一般所说的平面设计色彩主要是以企业标准色，商品形象色，以及季节的象征色、流行色等作为主色调，采用对比强的明度、纯度和色相的对比，突出画面形象和底色的关系，突出广告画面和周围环境的对比，增强广告的视觉效果。

实战011 位图与矢量图

位图图像在技术上被称为"栅格图像"，也就是通常所说的"点阵图像"或"绘制图像"。位图图像由像素组成，每个像素都会被分配一个特定位置和颜色值。图1-43所示是一张位图图像，将其放大到400%的显示比例，可以发现图像开始变得模糊，如图1-44所示，而放大到3200%的显示比例，则可以发现图像的边缘会有很多"小方块"，这些小方块就是"像素"，如图1-45所示。相对于矢量图像，在处理位图图像时所编辑的对象是像素而不是对象或形状。位图图像是连续色调图像，最常见的有数码照片和数字绘画。

图1-43　　　　　　　　　　　图1-44

图1-45

技巧与提示

位图图像与分辨率有关，也就是说，位图包含了固定数量的像素。缩小位图尺寸会使原图变形，因为这是通过减少像素来使整个图像变小。因此，如果在屏幕上以高缩放比率对位图进行缩放或以低于创建时的分辨率来打印位图，则会丢失其中的细节，并且会出现锯齿现象。

矢量图像也称为矢量形状或矢量对象，在数学上定义为一系列由线连接的点，如Illustrator、CorelDraw、CAD等软件就是以矢量图形为基础进行创作的。与位图图像不同，矢量文件中的图形元素称为矢量图像的对象，每个对象都是一个独立的实体，它具有颜色、形状、轮廓、大小和屏幕位置等属性。以与上面的图1-43图案相同的矢

量图为例，同样将其放大到400%的显示比例，图像很清晰，如图1-46所示，而放大到3200%的显示比例，可以发现一个个实体对象，但图像仍然非常清晰，如图1-47所示。

图1-46　　　　　　　　　　　图1-47

实战012 分辨率

分辨率是指位图图像中的细节精细度，测量单位是像素/英寸（ppi），每英寸的像素越多，分辨率越高。一般来说，图像的分辨率越高，印刷出来的质量就越好。如图1-48所示，这是两张尺寸相同，内容相同的图像，左图的分辨率为300ppi，右图的分辨率为72ppi，可以观察到这两张图像的清晰度有着明显的差异，即左图的清晰度明显要高于右图。

分辨率为300ppi　　　　分辨率为72ppi

图1-48

实战013 颜色模式

图像的颜色模式是指将某种颜色表现为数字形式的模型，或者说是一种记录图像颜色的方式。在Photoshop中，颜色模式分为位图模式、灰度模式、双色调模式、索引颜色模式、RGB颜色模式、CMYK颜色模式、Lab颜色模式和多通道模式，如图1-49所示。打开一张素材图像，如图1-50所示。

图1-49　　　　　　　　　　　图1-50

位图模式：位图模式是指使用两种颜色值（黑色或白色）中的其中一种来表示图像中的像素。将图像转换

为位图模式会使图像减少到两种颜色，从而大大简化了图像中的颜色信息，同时也减小了文件的大小，图1-51所示的是将其转换为位图模式后的效果。

灰度模式：灰度模式是用单一色调来表现图像，在图像中可以使用不同的灰度级，如图1-52所示。在8位图像中，最多有256级灰度，灰度图像中的每个像素都有一个0（黑色）~ 255（白色）之间的亮度值；在16位和32位图像中，图像的级数比8位图像要大得多。

图1-51　　　　　　　　　　图1-52

双色调模式：在Photoshop中，双色调模式并不是指由两种颜色构成图像的颜色模式，而是通过1~4种自定油墨创建的单色调、双色调、三色调和四色调的灰度图像。单色调是用非黑色的单一油墨打印的灰度图像，双色调、三色调和四色调分别是用两种、3种和4种油墨打印的灰度图像，图1-53~图1-56所示的分别是单色调、双色调、三色调和四色调效果。

图1-53　　　　　　　　　　图1-54

图1-55　　　　　　　　　　图1-56

索引颜色模式：索引颜色是位图图像的一种编码方法，需要基于RGB、CMYK等更基本的颜色编码方法。可以通过限制图像中的颜色总数来实现有损压缩，如图1-57所示。

如果要将图像转换为索引颜色模式，那么这张图像必须是8位/通道的图像、灰度图像或是RGB颜色模式的图像。

RGB模式：RGB颜色模式是一种发光模式，也叫"加光"模式。RGB分别代表Red（红色）、Green（绿色）、Blue（蓝），在"通道"面板中可以查看到3种颜色通道的状态信息，如图1-58所示。RGB颜色模式下的图像只有在发光体上才能显示出来，如显示器、电视等，该模式所包括的颜色信息（色域）有1670多万种，是一种真色彩颜色模式。

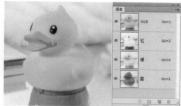

图1-57　　　　　　　　　　图1-58

CMYK模式：CMYK颜色模式是一种印刷模式，也叫"减光"模式，该模式下的图像只有在印刷体上才可以观察到，如纸张。CMYK颜色模式包含的颜色总数比RGB模式少很多，所以在显示器上观察到的图像要比印刷出来的图像亮丽一些。CMY是3种印刷油墨名称的首字母，C代表Cyan（青色）、M代表Magenta（洋红）、Y代表Yellow（黄色），而K代表Black（黑色），这是为了避免与Blue（蓝色）混淆，因此黑色选用的是Black最后一个字母K。在"通道"面板中可以查看到4种颜色通道的状态信息，如图1-59所示。

Lab模式：Lab颜色模式是由照度（L）和有关色彩的a、b这3个要素组成，L表示Luminosity（照度），相当于亮度；a表示从红色到绿色的范围；b表示从黄色到蓝色的范围，如图1-60所示。Lab颜色模式的亮度分量（L）范围是从0 ~100，在Adobe拾色器和"颜色"面板中，a分量（绿色-红色轴）和b分量（蓝色-黄色轴）的范围是从+127 ~-128。

图1-59　　　　　　　　　　图1-60

技巧与提示

　　Lab颜色模式是最接近真实世界颜色的一种色彩模式，它同时包括RGB颜色模式和CMYK颜色模式中的所有颜色信息，所以在将RGB颜色模式转换成CMYK颜色模式之前，要先将RGB颜色模式转换成Lab颜色模式，再将Lab颜色模式转换成CMYK颜色模式，这样才不会丢失颜色信息。

多通道模式：多通道颜色模式图像在每个通道中都包含256个灰阶，对于特殊打印时非常有用。将一张RGB颜色模式的图像转换为多通道模式的图像后，之前的红、绿、蓝3个通道将变成青色、洋红、黄色3个通道，如图1-61所示。多通道模式图像可以存储为PSD、PSB、EPS和RAW格式。

图1-61

实战014 图像的位深度

在"图像>模式"菜单下可以观察到"8位/通道"、"16位/通道"和"32位/通道"3个子命令，这3个子命令就是通常所说的"位深度"，如图1-62所示。"位深度"主要用于指定图像中的每个像素可以使用的颜色信息数量，每个像素使用的信息位数越多，可用的颜色就越多，色彩的表现就越逼真。

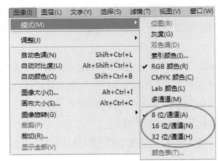

图1-62

8位/通道：8位/通道的RGB图像中的每个通道可以包含256种颜色，这就意味着这张图像可能拥有1600万个以上的颜色值。

16位/通道：16位/通道的图像的位深度为16位，每个通道包含65000种颜色信息。所以图像中的色彩通常会更加丰富与细腻。

32位/通道：32位/通道的图像也称为高动态范围（HDRI）图像。它是一种亮度范围非常广的图像，与其他模式的图像相比，32位/通道的图像有着更大亮度的数据贮存，而且它记录亮度的方式与传统的图片不同，不是用

非线性的方式将亮度信息压缩到8bit或16bit的颜色空间内，而是用直接对应的方式记录亮度信息，它记录了图片环境中的照明信息，因此通常可以使用这种图像来"照亮"场景。有很多HDRI文件是以全景图的形式提供的，同样也可以用它作为环境背景来产生反射与折射，如图1-63所示。

图1-63

实战015 Photoshop CS6工作界面

随着版本的不断升级，Photoshop的工作界面布局也更加合理、更加具有人性化。启动Photoshop CS6，图1-64所示的是其工作界面。工作界面包含菜单栏、选项栏、标题栏、工具箱、状态栏、文档窗口以及各式各样的面板。

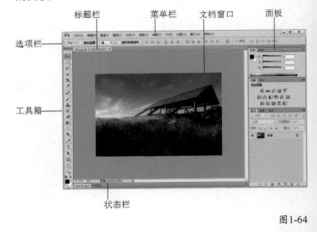

图1-64

实战016 新建/打开文件

如果要新建一个文件，可以执行"文件>新建"菜单命令或按Ctrl+N组合键，打开"新建"对话框，如图1-65所示。在"新建"对话框中可以设置文件的名称、尺寸、分辨率、颜色模式等。

执行"文件>打开"菜单命令，然后在弹出的"打开"对话框中选择需要打开的文件，接着单击"打开"按钮 打开(O) 或双击文件即可在Photoshop中打开该文件，如图1-66所示。

 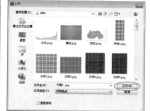

图1-65　　　　　　　　　　图1-66

实战017 置入文件

置入文件是将照片、图片或任何Photoshop支持的文件作为智能对象添加到当前操作的文档中。新建一个文档以后，执行"文件>置入"菜单命令，然后在弹出的对话框中选择好需要置入的文件即可将其置入Photoshop中，如图1-67所示。

图1-67

实战018 保存文件与保存格式

在对图像进行编辑以后，就需要对文件进行保存。当Photoshop出现程序错误、计算机出现程序错误以及发生断电等情况时，所有的操作都将丢失，这时保存文件就变得非常重要了。保存文件的方式有两种，可以执行"文件>存储"菜单命令或按Ctrl+S组合键，还可以通过执行"文件>存储为"菜单命令将文件保存起来。

文件格式就是储存图像数据的方式，它决定了图像的压缩方法、支持何种Photoshop功能以及文件是否与一些文件相兼容等。利用"储存"和"储存为"命令保存图像时，可以在弹出的对话框中选择图像的保存格式，如图1-68所示。

图1-68

PSD：PSD格式是Photoshop的默认储存格式，能够保存图层、蒙版、通道、路径、未栅格化的文字和图层样式等。在一般情况下，保存文件都采用这种格式，以便随时进行修改。PSD格式应用非常广泛，可以直接将这种格式的文件置入Illustrator、InDesign和Premiere等Adobe软件中。

PSB：PSB格式是一种大型文档格式，可以支持最高达到300000像素的超大图像文件。它支持Photoshop所有的功能，可以保存图像的通道、图层样式和滤镜效果不变，但是只能在Photoshop中打开。

BMP：BMP格式是微软开发的固有格式，这种格式被大多数软件所支持。BMP格式采用了一种叫RLE的无损压缩方式，对图像质量不会产生什么影响。BMP格式主要用于保存位图图像，支持RGB、位图、灰度和索引颜色模式，但是不支持Alpha通道。

GIF：GIF格式是输出图像到网页最常用的格式。GIF格式采用LZW压缩，它支持透明背景和动画，被广泛应用于网络中。

EPS：EPS是为PostScript打印机上输出图像而开发的文件格式，是处理图像工作中最重要的格式，它被广泛应用在Mac和PC环境下的图形设计和版面设计中，几乎所有的图形、图表和页面排版程序都支持这种格式。如果仅仅是保存图像，建议不要使用EPS格式。如果文件要打印到无PostScript的打印机上，为避免出现打印错误，最好也不要使用EPS格式，可以用TIFF格式或JPEG格式来代替。

IFF：IFF格式是由Commodore公司开发的，由于该公司已退出计算机市场，因此IFF格式也将逐渐被废弃。

JPEG：JPEG格式是平时最常用的一种图像格式。它是一个最有效、最基本的有损压缩格式，被绝大多数的图形处理软件所支持。如果要求进行图像输出打印时，最好不使用JPEG格式，因为它是以损坏图像质量而提高压缩质量的。

PCX：PCX格式是DOS格式下的古老程序PC PaintBrush固有格式的扩展名，目前并不常用。

PDF：PDF格式是由Adobe Systems创建的一种文件格式，允许在屏幕上查看电子文档。PDF文件还可被嵌入到Web的HTML文档中。

RAW：RAW格式是一种灵活的文件格式，主要用于在应用程序与计算机平台之间传输图像。RAW格式支持具有Alpha通道的CMYK、RGB和灰度模式，以及无Alpha通道的多通道、Lab、索引和双色调模式。

PXR：PXR格式是专门为高端图形应用程序设计的文件格式，它支持具有单个Alpha通道的RGB和灰度图像。

PNG：PNG格式是专门为Web开发的，它是一种将图像压缩到Web上的文件格式。PNG格式与GIF格式不同的是，PNG可以为原图像定义256个透明层次，使彩色图像的边缘与任何背景平滑地融合，从而彻底消除锯齿边缘。这种功能是GIF和JPEG没有的。

SCT：SCT格式支持灰度图像、RGB图像和CMYK图像，但是不支持Alpha通道，主要用于Scitex计算机上的高端图像处理。

TGA：TGA格式专用于使用Truevision视频版的系统，它支持一个单独Alpha通道的32位RGB文件，以及无Alpha通道的索引、灰度模式，并且支持16位和24位的RGB文件。

TIFF：TIFF格式是一种通用的文件格式，所有的绘画、图像编辑和排版程序都支持该格式，而且几乎所有的桌面扫描仪都可以产生TIFF图像。TIFF格式支持具有Alpha通道的CMYK、RGB、Lab、索引颜色和灰度图像，以及没有Alpha通道的位图模式图像。Photoshop可以在TIFF文件中存储图层和通道，但是如果在另一个应用程序中打开该文件，那么只有拼合图像才是可见的。

实战019 移动工具

"移动工具" ⊕是最常用的工具之一，无论是在文档中移动图层、选区中的图像，还是将其他文档中的图像拖曳到当前文档，都需要使用到"移动工具" ⊕，如图1-69和图1-70所示。

图1-69　　　　　　　　　　图1-70

实战020 矩形/椭圆选框工具

"矩形选框工具" ▣主要用于创建矩形或正方形选区（按住Shift键可以创建正方形选区），如图1-71所示；"椭圆选框工具" ○主要用来制作椭圆选区和圆形选区（按住Shift键可以创建圆形选区），如图1-72所示。

图1-71　　　　　　　　　　图1-72

实战021 单行/列选框工具

"单行选框工具" ▭与"单列选框工具" ▮主要用来创建高度或宽度为1像素的选区，常用来制作网格效果，如图1-73和图1-74所示。

图1-73　　　　　　　　　　图1-74

实战022 套索/多边形套索工具

使用"套索工具" ⟲可以非常自由地绘制出形状不规则的选区。使用"套索工具" ⟲在图像上拖曳光标绘制选区边界，当松开鼠标左键时，选区将自动闭合，如图1-75所示；"多边形套索工具" ▷与"套索工具" ⟲使用方法类似，只是该工具适合于创建一些转角比较强烈的选区，如图1-76所示。

图1-75　　　　　　　　　　图1-76

实战023 磁性套索工具

"磁性套索工具" ▷可以自动识别对象的边界，特别适合于快速选择与背景对比强烈且边缘复杂的对象，如图1-77所示。使用"磁性套索工具"时，套索边界会自动对齐图像的边缘，在勾勒过程中可以按Delete键删除错误的点。

图1-77

实战024 快速选择/魔棒工具

使用"快速选择工具" ☑可以利用可调整的圆形笔

尖迅速地绘制出选区,当拖曳笔尖时,选取范围不但会向外扩张,而且还可以自动寻找并沿着图像的边缘来描绘边界,如图1-78所示;使用"魔棒工具" 🔍 在图像上单击就能选取颜色一致的区域,在实际工作中的使用频率相当高,如图1-79所示。

版,是使用频率最高的工具之一,图1-84和图1-85所示的是用"画笔工具" ✐ 制作的裂痕效果。

图1-84   图1-85

图1-78   图1-79

实战025 裁剪工具

裁剪是指移去部分图像,以突出或加强构图效果的过程。使用"裁剪工具" 🔲 可以裁剪掉多余的图像,并重新定义画布的大小。选择"裁剪工具" 🔲 后,会自动激活裁剪框,如图1-80所示,当调整好裁剪区域后,按Enter键或双击鼠标左键即可完成裁剪,如图1-81所示。

实战028 历史记录画笔工具

"历史记录画笔工具" ✐ 可以将标记的历史记录状态或快照用作源数据对图像进行修改,可以理性、真实地还原某一区域的某一步操作。打开一张图像,如图1-86所示,然后对其应用"径向模糊"滤镜,并标记要修改的源数据,如图1-87所示,接着返回前一步操作,如图1-88所示,最后使用"历史记录画笔工具" ✐ 在图像上进行绘制,即可绘制出"径向模糊"滤镜所产生的效果,如图1-89所示。

图1-80   图1-81

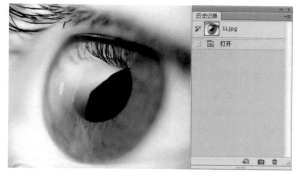

图1-86

实战026 吸管工具

使用"吸管工具" ✐ 可以在打开图像的任何位置采集色样来作为前景色,如图1-82所示。如果是按住Alt键进行采集,则选择的颜色会作为背景色,如图1-83所示。

图1-82   图1-83

实战027 画笔工具

"画笔工具" ✐ 与毛笔比较相似,可以使用前景色绘制出各种线条,同时也可以利用它来修改通道和蒙

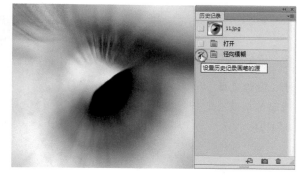

图1-87

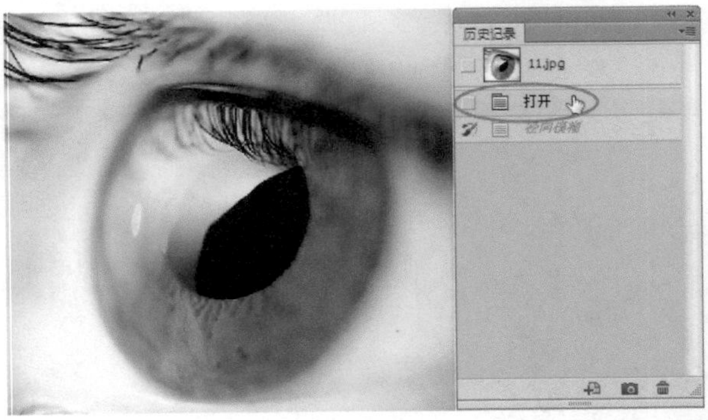

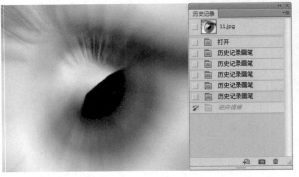

图1-88

图1-89

使用"颜色替换工具" 可以将选定的颜色替换为其他颜色，如图1-92和图1-93所示。

图1-92　　　　　　　　　　图1-93

实战029 | 历史记录艺术画笔工具

与"历史记录画笔工具" 一样，"历史记录艺术画笔工具" 也可以将标记的历史记录状态或快照用作源数据对图像进行修改。但是，"历史记录画笔工具" 只能通过重新创建指定的源数据来绘画，而"历史记录艺术画笔工具" 在使用这些数据的同时，还可以为图像创建不同的颜色和艺术风格，如图1-90所示。

图1-90

实战032 | 混合器画笔工具

使用"混合器画笔工具" 可以模拟真实的绘画效果，并且可以混合画布颜色和使用不同的绘画湿度，如图1-94所示。

图1-94

实战033 | 渐变工具

"渐变工具" 的应用非常广泛，它不仅可以填充图像，还可以用来填充图层蒙版、快速蒙版和通道等。使用"渐变工具" 可以在整个文档或选区内填充渐变色，并且可以创建多种颜色间的混合效果，图1-95~图1-99所示的是5种渐变类型。

实战030 | 铅笔工具

"铅笔工具" 不同于"画笔工具" ，它只能绘制出硬边线条，如图1-91所示。

图1-91

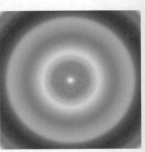

图1-95 线性渐变　　　　　图1-96 径向渐变

图1-97角度渐变　　图1-98 对称渐变　　图1-99 棱形渐变

实战034　油漆桶工具

使用"油漆桶工具" 🔨可以在图像中填充前景色或图案，如图1-100所示。如果创建了选区，填充的区域为当前选区；如果没有创建选区，填充的就是与鼠标单击处颜色相近的区域。

图1-100

实战035　污点修复画笔工具

使用"污点修复画笔工具" 🖌可以消除图像中的污点和某个对象。"污点修复画笔工具" 🖌不需要设置取样点，因为它可以自动从所修饰区域的周围进行取样。打开一张有瑕疵的素材，如图1-101所示，然后使用"污点修复画笔工具" 🖌在污点上单击即可消除污点，如图1-102所示。

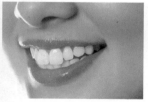　

图1-101　　　　　　　图1-102

实战036　修复画笔工具

使用"修复画笔工具" 🖌可以校正图像的瑕疵，也可以用图像中的像素作为样本进行绘制。但是，"修复画笔工具" 🖌还可将样本像素的纹理、光照、透明度和阴影与所修复的像素进行匹配，从而使修复后的像素不留痕迹地融入图像的其他部分。按住Alt键使用"修复画

笔工具" 🖌在"干净"的区域采集样本，如图1-103所示，然后在污点上单击即可消除污点，如图1-104所示。

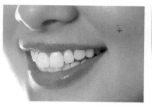　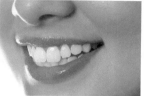

图1-103　　　　　　　图1-104

实战037　修补工具

使用"修补工具" 🔧可以利用样本或图案来修复所选图像区域中不理想的部分。使用"修补工具" 🔧勾选出污点，如图1-105所示，然后将选区内的污点拖曳到干净区域即可修复污点，如图1-106和图1-107所示。

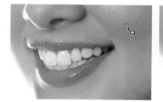　

图1-105　　　　　　　图1-106

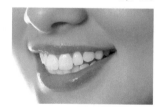

图1-107

实战038　红眼工具

使用"红眼工具" 👁可以去除由闪光灯导致的红色反光，如图1-108和图1-109所示。

图1-108　　　　　　　图1-109

实战039　仿制图章工具

使用"仿制图章工具" 🏷可以将图像的一部分绘制

到同一图像的另一个位置上，或绘制到具有相同颜色模式的任何打开的文档的另一部分，当然也可以将一个图层的一部分绘制到另一个图层上。"仿制图章工具" 对于复制对象或修复图像中的缺陷非常有用。打开一张图像，如图1-110所示，然后按住Alt键采集需要的样本，如图1-111所示，接着在需要修复的区域单击即可，如图1-112所示。

图1-110

图1-111

图1-112

实战040 图案图章工具

使用"图案图章工具" 可以使用预设图案或载入的图案进行绘画，如图1-113所示。

图1-113

实战041 橡皮擦工具

使用"橡皮擦工具" 可以将像素更改为背景色或透明。如果使用该工具在"背景"图层或锁定了透明像素的图层中进行擦除，则擦除的像素将变成背景色，如图1-114所示；如果在普通图层中进行擦除，则擦除的像素将变成透明，如图1-115所示。

图1-114   图1-115

实战042 背景/魔术橡皮擦工具

"背景橡皮擦工具" 是一种智能化的橡皮擦。设置好背景色以后，使用该工具可以在抹除背景的同时保留前景对象的边缘。使用"吸管工具" 吸取手边缘的颜色作为前景色，然后按住Alt键吸取背景区域的颜色作为背景色，使用"背景橡皮擦工具" 在背景上擦除，即可在擦除背景的同时保留手的边缘，如图1-116所示。

使用"魔术橡皮擦工具" 在图像中单击时，可以将所有相似的像素更改为透明（如果在已锁定了透明像素的图层中工作，这些像素将更改为背景色），如图1-117所示。

图1-116   图1-117

实战043 模糊/锐化工具

使用"模糊工具" 可柔化硬边缘或减少图像中的细节。打开一张素材，如图1-118所示，使用"模糊工具" 在某个区域上方涂抹，如图1-119所示，该区域便会变得模糊，涂抹的次数越多，该区域就越模糊，如图1-120所示。

使用"锐化工具" 可以增强图像中相邻像素之间的对比，以提高图像的清晰度，如图1-121所示。

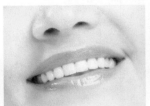

图1-118   图1-119

图1-120   图1-121

实战044 涂抹工具

使用"涂抹工具" ![涂抹] 可以模拟手指划过湿油漆时所产生的效果。该工具可以拾取鼠标单击处的颜色，并沿着拖曳的方向展开这种颜色，如图1-122所示。

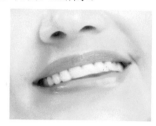

图1-122

实战045 减淡/加深工具

使用"减淡工具" ![减淡] 可以对图像进行减淡处理，如图1-123所示，用在某个区域上方绘制的次数越多，该区域就会变得越亮；使用"加深工具" ![加深] 可以对图像进行加深处理，用在某个区域上方绘制的次数越多，该区域就会变得越暗，如图1-124所示。

图1-123　　　　　　　　图1-124

实战046 海绵工具

使用"海绵工具" ![海绵] 可以精确地更改图像某个区域的色彩饱和度，如图1-125所示。如果是灰度图像，该工具将通过灰阶远离或靠近中间灰色来增加或降低对比度。

图1-125

实战047 钢笔与自由钢笔工具

"钢笔工具" ![钢笔] 是最基本、最常用的路径绘制工具，使用该工具可以绘制任意形状的直线或曲线路径，如图1-126所示。

使用"自由钢笔工具" ![自由钢笔] 可以绘制出比较随意的图形，就像用铅笔在纸上绘图一样，如图1-127所示。在绘图时，将自动添加锚点，无需确定锚点的位置，完成路径后可进一步对其进行调整。

图1-126　　　　　　　　图1-127

实战048 添加/删除锚点工具

使用"添加锚点工具" ![添加锚点] 可以在路径上添加锚点。将光标放在路径上，如图1-128所示，当光标变成 ♠. 形状时，在路径上单击即可添加一个锚点，如图1-129所示。

图1-128　　　　　　　　图1-129

使用"删除锚点工具" ![删除锚点] 可以删除路径上的锚点。将光标放在锚点上，如图1-130所示，当关闭变成 ♠- 形状时，单击鼠标左键即可删除锚点，如图1-131所示。

图1-130　　　　　　　　图1-131

实战049 转换为点工具

"转换为点工具" ![转换为点] 主要用来转换锚点的类型。在平滑点上单击，可以将平滑点转换为角点，如图1-132和图1-133所示；在角点上单击，可以将角点转换为平滑点，如图1-134所示。

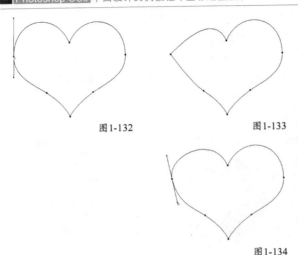

图1-132   图1-133

图1-134

实战050 路径/直接选择工具

    使用"路径选择工具" 可以选择单个的路径，也可以选择多个路径，同时它还可以用来组合、对齐和分布路径，如图1-135所示；"直接选择工具" 主要用来选择路径上的单个或多个锚点，可以移动锚点、调整方向线，如图1-136所示。

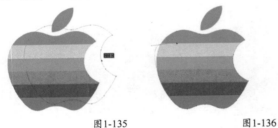

图1-135   图1-136

实战051 矩形/圆角矩形工具

    使用"矩形工具" 可以绘制出正方形和矩形，其使用方法与"矩形选框工具" 类似，如图1-137所示。在绘制时，按住Shift键可以绘制出正方形；按住Alt键可以以鼠标单击点为中心绘制矩形；按住Shift+Alt组合键可以以鼠标单击点为中心绘制正方形，如图1-138所示。

图1-137   图1-138

使用"圆角矩形工具" 可以创建出具有圆角效果

的矩形。使用该工具可以直接绘制出以选项栏中设定的"半径"值为大小的圆角矩形，如图1-139所示。如果是直接在图像上单击鼠标左键，可以打开"创建圆角矩形"对话框，在该对话框中可以设定圆角矩形的宽度、高度和半径，同时还可以决定圆角矩形的中心点是否在鼠标单击点处，如图1-140和图1-141所示。

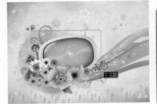 

图1-139   图1-140

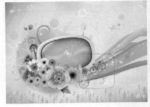

图1-141

实战052 椭圆工具

    使用"椭圆工具" 可以创建出椭圆和圆形，如图1-142所示。在图像中单击鼠标左键，打开"创建椭圆"对话框，在其中可以设置圆形的宽度和高度参数。如果要创建椭圆形，拖曳鼠标进行创建即可；如果要创建圆形，可以按住Shift键或Shift+Alt组合键（以鼠标单击点为中心）进行创建。

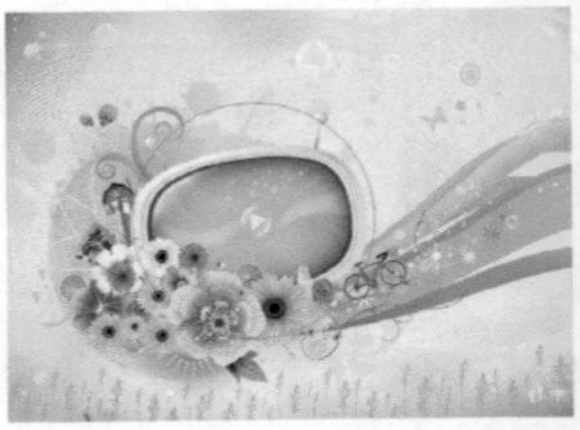

图1-142

实战053 多边形工具

    使用"多边形工具" 可以创建出正多边形和星形，最少为3条边，如图1-143所示。

图1-143

实战054 直线工具

使用"直线工具" 可以创建出直线和带有箭头的路径,如图1-144所示。

图1-144

实战055 自定形状工具

使用"自定形状工具" 可以创建出非常多的形状,如图1-145所示。这些形状既可以是Photoshop的预设,也可以是用户自定义或加载的外部形状。

图1-145

实战056 横/直排文字工具

使用"横排文字工具" 可以输入横向排列的文字,如图1-146所示,在选项栏中可以设置字体的系列、样式、大小、颜色和对齐方式等;使用"直排文字工具" 可以输入竖向排列的文字,如图1-147所示。

图1-146   图1-147

实战057 缩放工具

使用"缩放工具" 可以缩放图像的显示比例,如图1-148~图1-150所示。

图1-148 100%显示   图1-149 60%显示

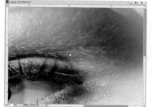

图1-150 200%显示

实战058 抓手工具

当放大一个图像的显示比例以后,可以使用"抓手工具" 将图像移动到特定的区域内查看图像,如图1-151和图1-152所示。

图1-151 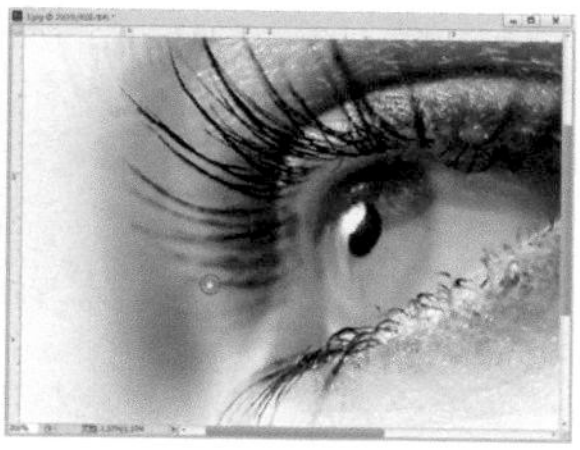   图1-152

实战059 前景色与背景色

在Photoshop的"工具箱"的底部有一组前景色和背景色设置按钮,如图1-153所示。在默认情况下,前景色为黑色,背景色为白色,单击前景色或背景色色块可以重新设定相应的颜色,如图1-154所示。

前景色——   ——切换前景色和背景色
默认前景色和背景色——   ——背景色

图1-153

图1-154

实战060 选项栏与状态栏

选项栏主要用来设置工具的参数选项,不同工具的选项栏也不同。例如,当选择"移动工具" 时,其选项栏会显示图1-155所示的内容。

图1-155

状态栏位于工作界面的最底部，可以显示当前文档的大小、文档尺寸、当前工具和窗口缩放比例等信息，单击状态栏中的三角形▶图标，可以设置要显示的内容，如图1-156所示。

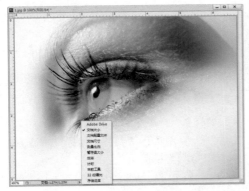

图1-156

图1-160

图1-161

图1-162

图1-163

实战061 创建图层与图层组

在"图层"面板底部单击"创建新图层"按钮，即可在当前图层的上一层新建一个图层，如图1-157和图1-158所示。如果要在当前图层的下一层新建一个图层，可以按住Ctrl键单击"创建新图层"按钮，如图1-159所示。另外，还可以通过执行"图层>新建图层>图层"菜单命令来新建图层。

图1-157

图1-158

图1-159

在"图层"面板下单击"创建新组"按钮，可以创建一个空白的图层组，如图1-160所示，以后新建的图层都将位于该组中，如图1-161所示。如果要在创建图层组时设置组的名称、颜色、混合模式和不透明度，可以执行"图层>新建>组"菜单命令，在弹出的"新建组"对话框中设置这些属性，如图1-162和图1-163所示。

选择一个或多个图层，如图1-164所示，然后执行"图层>图层编组"菜单命令或按Ctrl+G组合键，可以为所选图层创建一个图层组，如图1-165所示。

图1-164

图1-165

创建图层组以后，如果要取消图层编组，可以执行"图层>取消图层编组"菜单命令或按Shift+Ctrl+G组合键，也可以在图层组名称上单击鼠标右键，然后在弹出的快捷菜单中选择"取消图层编组"命令，如图1-166和图1-167所示。

图1-166

图1-167

实战062 复制/剪切图层内容

选择一个图层以后，执行"图层>新建>通过复制的图层"菜单命令或按Ctrl+J组合键，可以将当前图层复制一份，如图1-168所示；如果当前图像中存在选区，如图1-169所示，执行该命令可以将选区中的图像复制到一个新的图层中，如图1-170所示。

图1-168　　　　　　　图1-169

图1-170

如果在图像中创建了选区，如图1-171所示，然后执行"图层>新建>通过剪切的图层"菜单命令或按Shift+Ctrl+J组合键，可以将选区内的图像剪切到一个新的图层中，如图1-172和图1-173所示。

图1-171　　　　　　　图1-172

图1-173

实战063 创建调整图层

执行"图层>新建调整图层"菜单下的命令可以在当前图层的上一层新建一个调整图层，如图1-174和图1-175所示。另外，在"图层"面板下方单击"创建新的填充或调整图层"按钮 ●.，在弹出的菜单中选择相应的调整图层命令即可创建一个调整图层，如图1-176所示。

图1-174　　　　　　　　　图1-175

图1-176

实战064 删除图层与图层组

如果要删除一个或多个图层，可以先将其选择，然后执行"图层>删除>图层"菜单命令，即可将其删除。如果执行"图层>删除>隐藏图层"菜单命令，可以删除所有隐藏的图层，如图1-177所示。

图1-177

如果要删除一个或多个图层，可以先将其选择，然后执行"图层>删除>组"菜单命令，即可将其删除，如图1-178所示。另外，也可以将图层组拖曳到"删除图层"按钮 🗑 上，或者直接按Delete键。

图1-178

实战065 栅格化图层内容

对于文字图层、形状图层、矢量蒙版图层或智能对象等包含矢量数据的图层，不能直接在上面进行编辑，需要先将其栅格化以后才能进行相应的操作。选择需要栅格化的图层，如图1-179所示，然后执行"图层>栅格化"菜单下的子命令，如图1-180所示，可以将相应的图层栅格化，如图1-181所示。

图1-179

图1-180

图1-181

实战066 锁定图层

在"图层"面板的顶部有一排锁定按钮，它们用来锁定图层的透明像素、图像像素和位置或锁定全部，如图1-182所示。利用这些按钮可以很好地保护图层内容，以免因操作失误对图层的内容造成破坏。

锁定图像像素 锁定位置
锁定透明像素
锁定全部

图1-182

锁定透明像素 ▢：激活该按钮以后，可以将编辑范围限定在图层的不透明区域，图层的透明区域会受到保护。如在图1-183中，锁定了"橙子"图层的透明像素，使用"画笔工具" ✐ 在图像上进行绘制，只能在含有图像的区域进行绘画。

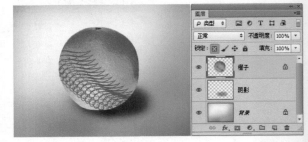

图1-183

锁定图像像素 ✐：激活该按钮以后，只能对图层进行移动或变换操作，不能在图层上绘画、擦除或应用滤镜等，如图1-184所示。

图1-184

图1-185

锁定位置 ⊞：激活该按钮以后，图层将不能移动，如图1-186所示。这个功能对于设置了精确位置的图像非常有用。

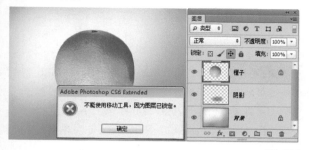

图1-186

锁定全部 🔒：激活该按钮以后，图层将不能进行任何操作。

实战067 合并图层与图层组

如果要合并两个或多个图层，可以在"图层"面板中选择要合并的图层，然后执行"图层>合并图层"菜单命令或按Ctrl+E组合键，合并以后的图层使用上面图层的名称，如图1-191和图1-192所示。

图1-191   图1-192

如果想要将一个图层与它下面的图层合并，可以选择该图层，然后执行"图层>向下合并"菜单命令或按Ctrl+E组合键，合并以后的图层使用下面图层的名称，如图1-193和图1-194所示。

图1-193   图1-194

如果要合并"图层"面板中的所有可见图层，可以执行"图层>合并可见图层"菜单命令或按Ctrl+Shift+E组合键，如图1-195和图1-196所示。

图1-195

图1-196

如果要合并图层组，可以选择该图层组，然后按Ctrl+E组合键进行合并。

实战068 背景图层的转换

在一般情况下，"背景"图层都处于锁定无法编辑的状态。因此，如果要对"背景"图层进行操作，就需要将其转换为普通图层。当然，也可以将普通图层转换为"背景"图层。

如果要将"背景"图层转换为普通图层，可以采用以下4种方法。

第1种：在"背景"图层上单击鼠标右键，然后在弹出的快捷菜单中选择"背景图层"命令，如图1-197所示，此时将打开"新建图层"对话框，如图1-198所示，然后单击"确定"按钮 确定 即可将其转换为普通图层，如图1-199所示。

图1-197

图1-198　　　　　　　　图1-199

第2种：在"背景"图层的缩略图上双击鼠标左键，打开"新建图层"对话框，然后单击"确定"按钮 确定 。

第3种：按住Alt键双击"背景"图层的缩略图，"背景"图层将直接转换为普通图层。

第4种：执行"图层>新建>背景图层"菜单命令，可以将"背景"图层转换为普通图层。

如果要将普通图层转换为"背景"图层，可以采用以下两种方法。

第1种：在图层名称上单击鼠标右键，然后在弹出的快捷菜单中选择"拼合图像"命令，如图1-200所示，此时图层将被转换为"背景"图层，如图1-201所示。另外，执行"图层>拼合图像"菜单命令，也可以将图像拼合成"背景"图层。

图1-200　　　　　　　　图1-201

> **技巧与提示**
>
> 注意，在使用"拼合图像"命令之后，当前所有图层都会被合并到"背景"图层中。

第2种：执行"图层>新建>图层背景"菜单命令，可以将普通图层转换为"背景"图层。

实战069 盖印图层与图层组

"盖印"是一种合并图层的特殊方法，它可以将多个图层的内容合并到一个新的图层中，同时保持其他图层不变。盖印图层在实际工作中经常用到，是一种很实用的图层合并方法。

向下盖印图层：选择一个图层，如图1-202所示，然后按Ctrl+Alt+E组合键，可以将该图层中的图像盖印到下面的图层中，原始图层的内容保持不变，如图1-203所示。

图1-202　　　　　　　　图1-203

盖印多个图层：如果选择了多个图层，如图1-204所示，按Ctrl+Alt+E组合键，可以将这些图层中的图像盖印到一个新的图层中，原始图层的内容保持不变，如图1-205所示。

图1-204　　　　　　　　　　　　图1-205

盖印可见图层：按Ctrl+Shift+Alt+E组合键，可以将所有可见图层盖印到一个新的图层中，如图1-206和图1-207所示。

图1-206　　　　　　　　　　　　图1-207

盖印图层组：选择图层组，如图1-208所示，然后按Ctrl+Alt+E组合键，可以将组中所有图层内容盖印到一个新的图层中，原始图层组中的内容保持不变，如图1-209所示。

 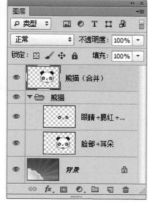

图1-208　　　　　　　　　　　　图1-209

实战070　斜面和浮雕

执行"图层>图层样式>斜面和浮雕"菜单命令，可以为图层添加高光与阴影，使图像产生立体的浮雕效果，图1-210所示的是其参数设置面板，添加的浮雕效果如图1-211所示。

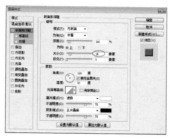 

图1-210　　　　　　　　　　　　图1-211

实战071　描边

执行"图层>图层样式>描边"菜单命令，可以使用颜色、渐变以及图案来描绘图像的轮廓边缘，其参数设置面板如图1-212所示，添加的描边效果如图1-213所示。

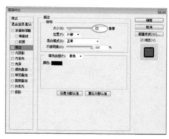 

图1-212　　　　　　　　　　　　图1-213

实战072　内阴影

执行"图层>图层样式>内阴影"菜单命令，可以在紧靠图层内容的边缘内添加阴影，使图层内容产生凹陷效果，其参数设置面板如图1-214所示，添加的内阴影效果如图1-215所示。

图1-214　　　　　　　　　　　　图1-215

实战073 内发光

执行"图层>图层样式>内发光"菜单命令，可以沿图层内容的边缘向内创建发光效果，其参数设置面板如图1-216所示，添加的内发光效果如图1-217所示。

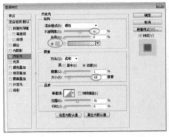

图1-216　　　　　　　　　　　图1-217

实战074 光泽

执行"图层>图层样式>光泽"菜单命令，可以为图像添加光滑的具有光泽的内部阴影，通常用来制作具有光泽质感的按钮和金属，图1-218所示的是其参数设置面板，添加的光泽效果如图1-219所示。

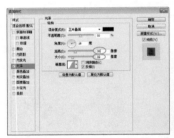

图1-218　　　　　　　　　　　图1-219

实战075 颜色叠加

执行"图层>图层样式>颜色叠加"菜单命令，可以在图像上叠加设置的颜色，图1-220所示的是其参数设置面板，添加的颜色叠加效果如图1-221所示。

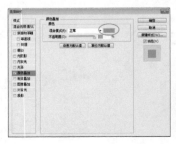

图1-220　　　　　　　　　　　图1-221

实战076 渐变叠加

执行"图层>图层样式>渐变叠加"菜单命令，可以在图层上叠加指定的渐变色，图1-222所示的是其参数设置面板，添加的渐变叠加效果如图1-223所示。

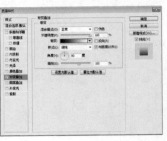

图1-222　　　　　　　　　　　图1-223

实战077 图案叠加

执行"图层>图层样式>图案叠加"菜单命令，可以在图像上叠加设置的图案，图1-224所示的是其参数设置面板，添加的图案叠加效果如图1-225所示。

图1-224　　　　　　　　　　　图1-225

实战078 外发光

执行"图层>图层样式>外发光"菜单命令，可以沿图层内容的边缘向外创建发光效果，其参数设置面板如图1-226所示，添加的外发光效果如图1-227所示。

图1-226　　　　　　　　　　　图1-227

实战079 投影

执行"图层>图层样式>投影"菜单命令,可以为图层添加投影,使其产生立体感,图1-228所示的是其参数设置面板,添加的投影效果如图1-229所示。

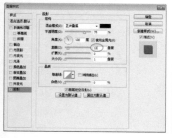 

图1-228　　　　　　　　图1-229

实战080 图层的混合模式

"混合模式"是Photoshop中一项非常重要的功能,它决定了当前图像的像素与下面图像像素的混合方式。它可以用来创建各种特效,且不会损坏原始图像的任何内容。在绘画工具和修饰工具的选项栏,以及"渐隐"、"填充"、"描边"命令和"图层样式"对话框中都包含有混合模式。

在"图层"面板中选择一个图层,单击面板顶部的"类型"下拉列表,可以从中选择一种混合模式。图层的"混合模式"分为6组,共27种,如图1-230所示。

图1-230

组合模式组:该组中的混合模式需要降低图层的"不透明度"或"填充"数值才能起作用,这两个参数的数值越低,就越能看到下面的图像。

加深模式组:该组中的混合模式可以使图像变暗。在混合过程中,当前图层的白色像素会被下层较暗的像素替代。

减淡模式组:该组与加深模式组产生的混合效果完全相反,它们可以使图像变亮。在混合过程中,图像中的黑色像素会被较亮的像素替换,而任何比黑色亮的像素都可能提亮下层图像。

对比模式组:该组中的混合模式可以加强图像的差异。在混合时,50%的灰色会完全消失,任何亮度值高于50%灰色的像素都可能提亮下层的图像,亮度值低于50%灰色的像素则可能使下层图像变暗。

比较模式组:该组中的混合模式可以比较当前图像与下层图像,将相同的区域显示为黑色,不同的区域显示为灰色或彩色。如果当前图层中包含白色,那么白色区域会使下层图像反相,而黑色不会对下层图像产生影响。

色彩模式组:使用该组中的混合模式时,Photoshop会将色彩分为色相、饱和度、颜色和明度4种成分,然后再将其中的一种或两种应用在混合后的图像中。

实战081 图层的常规混合与填充不透明度

在"图层样式"对话框中,有两个常规混合选项,分别是"混合模式"和"不透明度",这两个选项与"图层"面板中的"混合模式"与"不透明度"选项相对应,而"填充不透明度"选项则与"图层"面板中的"填充"选项相对应,如图1-231所示。

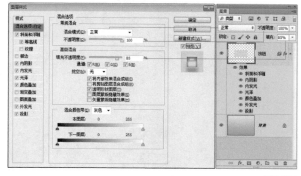

图1-231

实战082 创建图层蒙版

图层蒙版是所有蒙版中最为重要的一种,也是实际工作中使用频率最高的工具之一。它可以用来隐藏、合成图像等。另外，在创建调整图层、填充图层以及为智能对象添加智能滤镜时，Photoshop会自动为图层添加一个图层蒙版，我们可以在图层蒙版中对调色范围、填充范围和滤镜应用区域进行调整。

　　创建图层蒙版的方法有很多种，既可以直接在"图层"面板中进行创建，也可以从选区或图像中生成图层蒙版。

　　在图层面板中创建图层蒙版：选择要添加图层蒙版的图层，然后在"图层"面板下单击"添加图层蒙版"按钮| ▣ |，如图1-232所示，可以为当前图层添加一个图层蒙版，如图1-233所示。

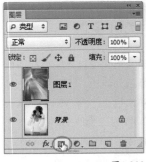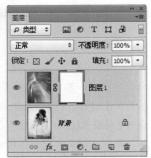

图1-232　　　　　　　图1-233

　　从选区生成图层蒙版：如果当前图像中存在选区，如图1-234所示，单击"图层"面板下的"添加图层蒙版"按钮| ▣ |，可以基于当前选区为图层添加图层蒙版，选区以外的图像将被蒙版隐藏，如图1-235所示。

图1-234

图1-235

　　创建选区蒙版以后，我们可以在"属性"面板中调整"羽化"数值，以模糊蒙版，制作出朦胧的效果，如图1-236和图1-237所示。

图1-236

图1-237

　　从图像生成图层蒙版：除了以上两种创建图层蒙版的方法以外，我们还可以将一个图像创建为某个图层的图层蒙版。首先为人像添加一个图层蒙版，如图1-238所示，然后按住Alt键单击蒙版缩略图，将其在文档窗口中显示出来，如图1-239所示，接着切换到第2个图像的文档窗口中，按Ctrl+A组合键全选图像，并按Ctrl+C组合键复制图像，如图1-240所示，再切换回人像文档窗口，按Ctrl+V组合键将复制的图像粘贴到蒙版中（只能显示灰度图像），如图1-241所示。将图像设置为图层蒙版以后，单击图层缩略图，显示图像效果，如图1-242所示。

图1-238

图1-239

图1-240

图1-241

图1-242

实战083 应用图层蒙版

在图层蒙版缩略图上单击鼠标右键，在弹出的快捷菜单中选择"应用图层蒙版"命令，如图1-243所示，可以将蒙版应用在当前图层中，如图1-244所示。应用图层蒙版以后，蒙版效果将会应用到图像上，也就是说蒙版中的黑色区域将被删除，白色区域将被保留下来，而灰色区域将呈透明效果。

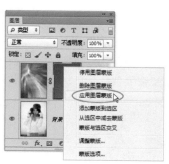

图1-243   图1-244

实战084 停用/启用/删除图层蒙版

创建图层蒙版以后，可以对其进行停用、重新启用或删除操作。

停用图层蒙版：执行"图层>图层蒙版>停用"菜单命令，或在图层蒙版缩略图上单击鼠标右键，然后在弹出的快捷菜单中选择"停用图层蒙版"命令，如图1-245和图1-246所示。停用蒙版后，在"属性"面板的缩览图和"图层"面板中的蒙版缩略图中都会出现一个红色的交叉线×。

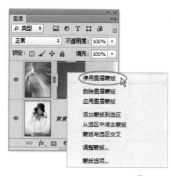

图1-245   图1-246

重新启用图层蒙版：执行"图层>图层蒙版>启用"菜单命令，或在蒙版缩略图上单击鼠标右键，然后在弹出的快捷菜单中选择"启用图层蒙版"命令，如图1-247和图1-248所示。

图1-247   图1-248

删除图层蒙版： 执行"图层>图层蒙版>删除"菜单
命令，或在蒙版缩略图上单击鼠标右键，然后在弹出的
快捷菜单中选择"删除图层蒙版"命令，如图1-249和
图1-250所示。

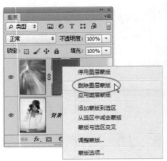

图1-249   图1-250

实战085 快速蒙版

在"快速蒙版"模式下，可以将任何选区作为蒙版
进行编辑。可以使用Photoshop中的绘画工具或滤镜对蒙
版进行编辑。当在快速蒙版模式中工作时，"通道"面
板中出现一个临时的快速蒙版通道。但是，所有的蒙版
编辑都是在图像窗口中完成的。

打开一张图像，如图1-251所示，然后在"工具箱"中单
击"以快速蒙版模式编辑"按钮
回或按Q键，可以进入快速蒙版
编辑模式，此时在"通道"面板
中可以观察到一个快速蒙版通
道，如图1-252所示。

图1-251

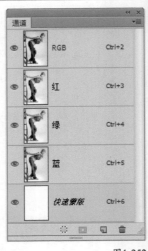

图1-252

进入快速蒙版编辑模式以后，我们可以使用绘画工
具（如"画笔工具" ）在图像上进行绘制，绘制区域
将以红色显示出来，如图1-253所示。红色的区域表示
未选中的区域，非红色区域表示选中的区域。在"工具
箱"中单击"以快速蒙版模式编辑"按钮回或按Q键退
出快速蒙版编辑模式，可以得到我们想要的选区，如图
1-254所示。

图1-253   图1-254

另外，在快速蒙版模
式下，我们还可以用滤镜来
编辑蒙版，图1-255所示的
是对快速蒙版应用"拼贴"
滤镜以后的效果，按Q键退
出快速蒙版编辑模式以后，
可以得到具有拼贴效果的选
区，如图1-256所示。

图1-255

图1-256

实战086 创建剪贴蒙版

剪贴蒙版技术非常重要，它可以用一个图层中的图像来控制处于它上层图像的显示范围，并且可以针对多个图像。另外，也可以为一个或多个调整图层创建剪贴蒙版，使其只针对一个图层进行调整。

打开一个文档，如图1-257所示，这个文档中包含3个图层，一个"背景"图层，一个"黑底"图层和一个"小孩"图层。下面就以这个文档来讲解创建剪贴蒙版的3种常用方法。

图1-257

第1种：选择"小孩"图层，然后执行"图层>创建剪贴蒙版"菜单命令或按Alt+Ctrl+G组合键，可以将"小孩"图层和"黑底"图层创建为一个剪贴蒙版组，创建剪贴蒙版以后，"小孩"图层就只显示"黑底"图层的区域，如图1-258所示。

技巧与提示

注意，剪贴蒙版虽然可以应用在多个图层中，但是这些图层不能是隔开的，必须是相邻的图层。

图1-258

第2种：在"小孩"图层的名称上单击鼠标右键，然后在弹出的快捷菜单中选择"创建剪贴蒙版"命令，如图1-259所示，即可将"小孩"图层和"黑底"图层创建为一个剪贴蒙版组，如图1-260所示。

图1-259　　　　　　　　　图1-260

第3种：先按住Alt键，然后将光标放在"小孩"图层和"黑底"图层之间的分隔线上，待光标变成 ⬇□ 形状时单击鼠标左键，如图1-261所示，这样也可以将"小孩"图层和"黑底"图层创建为一个剪贴蒙版组，如图1-262所示。

图1-261　　　　　　　　　图1-262

实战087 释放剪贴蒙版

创建剪贴蒙版以后，如果要释放剪贴蒙版，可以采用以下3种方法来完成。

第1种：选择"小孩"图层，然后执行"图层>释放剪贴蒙版"菜单命令或按Alt+Ctrl+G组合键，即可释放剪贴蒙版，释放剪贴蒙版以后，"小孩"图层就不再受"黑底"图层的控制，如图1-263所示。

图1-263

第2种：在"小孩"图层的名称上单击鼠标右键，然后在弹出的快捷菜单中选择"释放剪贴蒙版"命令，如图1-264所示。

第3种：先按住Alt键，然后将光标放置在"小孩"图层和"黑底"图层之间的分隔线上，待光标变成形状时单击鼠标左键，如图1-265所示。

图1-264　　　　　　　图1-265

实战088　编辑剪贴蒙版

剪贴蒙版作为图层，也具有图层的属性，可以对"不透明度"及"混合模式"进行调整。

当对"小孩"图层的"不透明度"和"混合模式"进行调整时，不会影响到剪贴蒙版组中的其他图层，而只与"黑底"图层混合，如图1-266所示。

当对"黑底"图层的"不透明度"和"混合模式"进行调整时，整个剪贴蒙版组中的所有图层都会以设置的不透明度数值以及混合模式进行混合，如图1-267所示。

图1-266

图1-267

实战089　创建与删除矢量蒙版

矢量蒙版是指通过钢笔或形状工具创建出来的蒙版。与图层蒙版相同，矢量蒙版也是非破坏性的，也就是说在添加完矢量蒙版之后还可以返回并重新编辑蒙版，并且不会丢失蒙版隐藏的像素。

打开一个文档，如图1-268所示。这个文档中包含两个图层，一个"背景"图层和一个"小孩"图层。下面就以这个文档来讲解如何创建矢量蒙版。

图1-268

先使用"自定形状工具" （在选项栏中选择"路径"绘图模式）在图像上绘制一个心形路径，如图1-269所示，然后执行"图层>矢量蒙版>当前路径"菜单命令，可以基于当前路径为图层创建一个矢量蒙版，如图1-270所示。

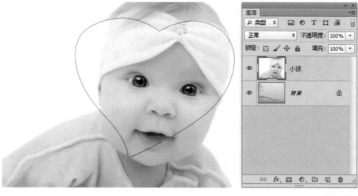

图1-269

图1-270

技巧与提示

绘制出路径以后，按住Ctrl键在"图层"面板下单击"添加图层蒙版"按钮，也可以为图层添加矢量蒙版。

如果要删除矢量蒙版，可以在蒙版缩略图上单击鼠标右键，然后在弹出的快捷菜单中选择"删除矢量蒙版"命令，如图1-271和图1-272所示。

图1-271   图1-272

实战090 在矢量蒙版中绘制形状

除了可以使用钢笔、形状工具在矢量蒙版中绘制形状以外，我们还可以像编辑路径一样在矢量蒙版上添加锚点，然后对锚点进行调整，如图1-273所示。另外，我们还可以像变换图像一样对矢量蒙版进行编辑，以调整蒙版的形状，如图1-274所示。

图1-273

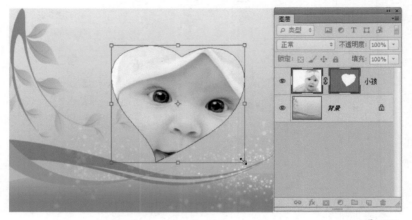

图1-274

另外，矢量蒙版可以像普通图层一样，可以对其添加图层样式，只不过图层样式只对矢量蒙版中的内容起作用，对隐藏的部分不会有影响，如图1-275所示。

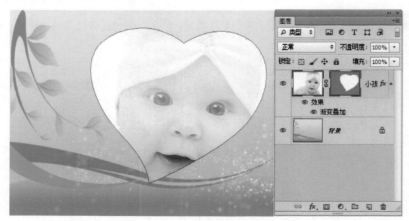

图1-275

P.s. 02

第2章
卡片设计

PS选人　　广告设计师　　包装设计师　　插画设计师　　网页设计师

实战 091 公司名片

文件位置>光盘>实例文件>CH02>实战091.psd / 难易指数 ★★★☆☆

PS技术点睛

● 使用"钢笔工具"绘制曲线路径并填充颜色。
● 使用"渐变工具"制作背景渐变效果。

设计思路分析

本例设计的是公司名片，淡雅的蓝绿色是名片的主色调，使用钢笔工具勾勒出曲线路径并填充不同的颜色，使整个名片显得更有流动的层次感，添加必要的公司LOGO、姓名、电话等信息，完善名片内容。

01 启动Photoshop CS6，按Ctrl+N组合键新建一个"公司名片设计"文件，具体参数设置如图2-1所示。

02 选择"渐变工具" ▣，然后打开"渐变编辑器"对话框，接着设置第1个色标的颜色为（R:193，G:193，B:193）、第2个色标的颜色为（R:79，G:79，B:78），如图2-2所示，最后按照如图2-3所示的方向为"背景"图层填充使用径向渐变色。

03 新建一个"正面"图层组，然后新建一个"图层1"，接着使用"矩形选框工具"绘制一个大小合适的矩形选区，并设置前景色为白色，最后按Alt+Delete组合键用前景色填充选区，效果如图2-4所示。

图2-1

图2-2

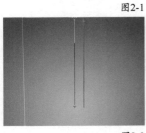

图2-3

图2-4

04 新建一个"图层2"，然后使用"钢笔工具" ▢绘制路径选区，接着设置前景色为（R:201，G:233，B:241），最后按Alt+Delete组合键用前景色填充路径选区，效果如图2-5所示。

图2-5

05 执行"图层>图层样式>阴影"菜单命令，打开"图层样式"对话框，然后设置阴影颜色为（R:112，G:110，B:110）、"不透明度"为76%、"大小"为46像素，具体参数设置如图2-6所示，效果如图2-7所示。

图2-6   图2-7

06 新建一个"图层3"，然后使用"钢笔工具" ▢绘制出如图2-8所示的路径选区。

07 选择"渐变工具" ▣，然后打开"渐变编辑器"对话框，接着设置第1个色标的颜色为（R:200，G:232，B:240）、第2个色标的颜色为（R:167，G:210，B:221），最后按照如图2-9所示的方向为"图层3"填充使用线性渐变色。

图2-8

图2-9

08 按Ctrl+J组合键复制一个"图层3"，然后设置前景色为（R:230，G:230，B:230），并按

Alt+Delete组合键用前景色填充图层，接着调整图像的位置和大小，最后将"图层3 副本"图层拖曳到"图层2"下方，效果如图2-10所示。

09 打开光盘中的"素材文件>CH02>91-1.jpg"文件，将其拖曳到"公司名片设计"操作界面中，然后调整大小和位置，接着将新生成的图层更名为"标志"图层，最后使用"横排文字工具"**T**在标志下方输入文字信息，效果如图2-11所示。

图2-10   图2-11

> **技巧与提示**
>
> 使用"横排文字工具"时设置文本颜色为（R:50，G:120，B:174）。

10 使用"横排文字工具"**T**输入文字信息，然后调整位置，效果如图2-12所示。

11 打开光盘中的"素材文件>CH02>91-2.psd"文件，将其拖曳到"公司名片设计"操作界面中，然后调整大小和位置，接着将新生成的图层更名为"素材"图层，效果如图2-13所示。

图2-12   图2-13

12 新建一个"背面"图层组，然后选择"正面"组中的"图层1"按Ctrl+J组合键复制图层，并拖曳到"背面"图层组中，接着调整其位置，效果如图2-14所示。

图2-14

13 按住Ctrl键，单击"图层1 副本"缩略图将其载入选区，然后选择"渐变工具"**■**，打开"渐变编辑器"对话框，接着设置第1个色标的颜色为（R:255，G:251，B:255）、第2个色标的颜色为（R:185，G:224，B:233），如图2-15所示，最后按照图2-16所示的方向为选区填充使用线性渐变色。

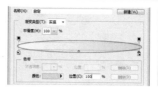 

图2-15   图2-16

14 使用"矩形选框工具"**■**绘制两个合适的矩形选区，然后设置前景色为（R:0，G:97，B:162），接着按Alt+Delete组合键用前景色填充选区，效果如图2-17所示。

15 选择"标志"图层和Adf文字图层，并按Ctrl+J组合键复制图层，然后将其拖曳到"背景"图层组，并将其调整至合适的位置和大小，效果如图2-18所示。

图2-17   图2-18

16 使用"横排文字工具"**T**在绘图区域中输入文字信息，效果如图2-19所示。

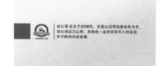

图2-19

17 新建一个"图层7"，然后使用"钢笔工具"**✎**绘制出如图2-20所示的路径选区，接着使用"画笔工具"**✐**并在选项栏中选择一种柔边笔刷，最后沿着曲线部分的路径进行绘制，效果如图2-21所示。

图2-20   图2-21

18 新建一个"图层8"，然后使用相同的方法绘制另一个图像，最终效果如图2-22所示。

图2-22

实战 092 商场积分卡

文件位置：光盘-实例文件-CH02-实战092.psd/难易指数：★★★/行业

PS技术点晴
● 运用"渐变工具"制作背景以花瓣图形的渐变效果。
● 运用图层样式制作投影、浮雕效果。

设计思路分析

本例设计的是商场积分卡，整体色调以黄色为主，搭配放大的花瓣图像，并添加投影、浮雕效果，使积分卡更显精致大气。

01 启动Photoshop CS6，按Ctrl+N组合键新建一个"商场积分卡设计"文件，具体参数设置如图2-23所示。

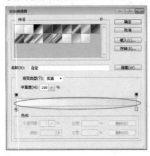

图2-23

02 选择"渐变工具" ，然后打开"渐变编辑器"对话框，接着设置第1个色标的颜色为白色、第2个色标的颜色为（R:255，G:224，B:157），如图2-24所示，最后按照如图2-25所示的方向为"背景"图层填充使用径向渐变色。

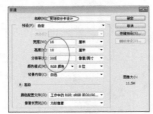

图2-24　　　　　　　图2-25

03 新建一个"图层1"，使用"矩形选框工具" 绘制一个合适的矩形选区，然后选择"渐变工具" ，打开"渐变编辑器"对话框，接着设置第1个色标的颜色为（R:246，G:242，B:217）、第2个色标的颜色为（R:255，G:214，B:97），最后按照如图2-26所示的方向为"背景"图层填充使用径向渐变色。

04 新建一个"图层2"，然后使用"钢笔工具" 绘制路径选区，接着设置前景色为（R:248，G:191，B:21），最后按Alt+Delete组合键用前景色填充路径选区，效果如图2-27所示。

图2-26　　　　　　　图2-27

05 新建一个"图层3"，然后使用"钢笔工具" 绘制一个如图2-28所示的路径选区，接着打开"渐变编辑器"对话框，设置第1个色标的颜色为（R:246，G:244，B:222）、第2个色标的颜色为（R:247，G:202，B:115），最后按照如图2-29所示的方向为选区填充使用径向渐变色。

图2-28　　　　　　　图2-29

06 按Ctrl+Alt+T组合键进入自由变换并复制状态，然后调节自由变换中心点为如图2-30所示位置，接着在选项栏中设置旋转为60°，如图2-31所示，最后按Enter键确认操作。

图2-30

图2-31

07 连续按若干次Shift+Ctrl+Alt+T组合键按照上一步的复制规律继续复制图形，然后删除多余的部分，最后选中所有副本图层，并将其合并为"图层3"，效果如图2-32所示。

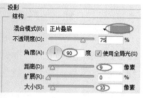

图2-32

08 执行"图层>图层样式>投影"菜单命令，打开"图层样式"对话框，然后设置投影颜色为（R:151, G:151, B:151）、"角度"为90度、"距离"为9像素、"大小"为10像素，具体参数设置如图2-33所示，效果如图2-34所示。

图2-33 图2-34

09 打开光盘中的"素材文件>CH02>92-1.jpg"文件，将其拖曳到"商场积分卡设计"操作界面中，然后调整大小和位置，接着将新生成的图层更名为"标志"图层，最后使用"横排文字工具" T 在标志右边输入文字信息，效果如图2-35所示。

图2-35

10 使用"横排文字工具" T 在绘图区域中输入文字信息，然后执行"图层>图层样式>渐变叠加"菜单命令，打开"图层样式"对话框，接着打开"渐变编辑器"对话框，设置第1个色标的颜色为（R:255, G:247, B:227）、第2个色标的颜色为（R:136, G:110, B:7），最后设置"角度"为-83度，具体参数设置如图2-36所示，效果如图2-37所示。

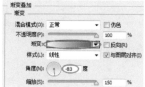

图2-36

图2-37

11 继续使用"横排文字工具" T 在绘图区域中输入文字信息，然后执行"图层>图层样式>描边"菜单命令，打开"图层样式"对话框，接着设置"大小"为4像素、"颜色"为（R:101, G:62, B:2），具体参数设置如图2-38所示，效果如图2-39所示。

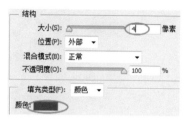

图2-38

图2-39

12 按住Alt键将"会员"文字图层的"渐变叠加"样式拖曳到"积分卡"图层上，效果如图2-40所示。

图2-40

13 使用"横排文字工具" T 在绘图区域中输入文字信息，效果如图2-41所示。

图2-41

73

14 使用"横排文字工具" T 在绘图区域中输入文字信息，然后执行"图层>图层样式>斜面和浮雕"菜单命令，打开"图层样式"对话框，接着设置"大小"为5像素、高光不透明度为100%、阴影不透明度为100%，具体参数如图2-42所示，最后单击"斜面和浮雕"样式下面的"等高线"选项，打开"等高线"对话框，设置"范围"为27%，如图2-43所示。

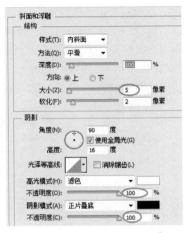

图2-42

图2-43

15 在"图层样式"对话框中单击"投影"样式，然后设置阴影颜色为（R:168，G:168，B:168）、"距离"为7像素、"大小"为5像素，具体参数设置如图2-44所示，效果如图2-45所示。

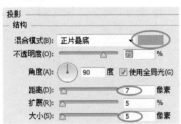

图2-44

图2-45

16 新建一个"组1"图层组，然后将所有的图层拖曳进组中，接着按Ctrl+J组合键复制所有图层并合并，并将新生成的图层更名为"倒影"，最后执行"编辑>变换>垂直翻转"菜单命令，效果如图2-46所示。

图2-46

17 为"倒影"图层添加一个图层蒙版，接着使用"渐变工具" 在蒙版中从下往上填充黑色到透明的线性渐变，最后设置该图层的"不透明度"为44%，如图2-47所示，最终效果如图2-48所示。

图2-47

图2-48

实战 093 游戏充值卡

文件位置: 光盘>实例文件>CH02>实战093.psd / 难易指数: ★★★☆☆

PS技术点睛

● 运用"渐变工具"绘制渐变背景效果。
● 运用图层样式命令为文字添加投影效果。
● 设置图层"不透明度"制作背面背景效果。

设计思路分析

本例设计的是游戏充值卡,该充值卡的使用人群主要是儿童,因此整体以黄色为主色调,给人一种活泼向上的感觉,添加游戏主角并放大显示,以突出该款游戏。

01 启动Photoshop CS6,按Ctrl+N组合键新建一个"游戏充值卡设计"文件,具体参数设置如图2-49所示。

图2-49

02 选择"渐变工具"，然后打开"渐变编辑器"对话框,接着设置第1个色标的颜色为(R:255,G:201,B:196)、第2个色标的颜色为(R:255,G:243,B:211),如图2-50所示,最后按照如图2-51所示的"背景"图层填充使用径向渐变色。

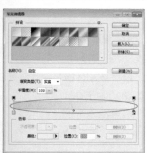

图2-50 图2-51

03 使用"圆角矩形工具"绘制一个大小合适的矩形,并调整好位置,然后将图层栅格化,接着打开"渐变编辑器"对话框,设置第1个色标的颜色为(R:255,G:201,B:96)、第2个色标的颜色为(R:203,G:9,B:10),最后为"圆角矩形1"图层填充使用线性渐变色,效果如图2-52所示。

04 打开光盘中的"素材文件>CH02>93-1.psd"文件,将其拖曳到"游戏充值卡设计"操作界面

中,然后调整大小和位置,接着将新生成的图层更名为"标志"图层,最后使用"横排文字工具"在标志右边输入文字信息,效果如图2-53所示。

图2-52 图2-53

05 打开光盘中的"素材文件>CH02>93-2.psd"文件,将其拖曳到"游戏充值卡设计"操作界面中,然后调整大小和位置,接着将新生成的图层更名为"形象"图层,效果如图2-54所示。

06 使用"横排文字工具"，然后在选项栏中设置文本颜色为(R:255,G:240,B:0),接着在绘图区域中输入文字信息,最后执行"图层>图层样式>投影"菜单命令,打开"图层样式"对话框,并设置"大小"为11像素,效果如图2-55所示。

图2-54 图2-55

07 使用"直线工具"，然后在选项栏中设置"填充"为黑色、"描边选项"为虚线,具体参数设

置如图2-56所示，接着栅格化图层，效果如图2-57所示。

08 使用"横排文字工具" T 在绘图区域中输入文字信息，然后将图层栅格化，并调整位置，效果如图2-58所示。

图2-56

图2-57   图2-58

技巧与提示

由于我们输入文字的时候会根据需要调整文字大小，这时有可能会导致部分文字不在同一个水平线上，这时我们可以将文字图层栅格化，使用"矩形选框工具" 将需要调整的文字框选出来，并使用"移动工具" 调整至合适的位置。

09 使用"矩形选框工具" 在绘图区域绘制出一个黑色的矩形选框，然后使用"钢笔工具" 绘制出多余的部分并转换为选区，接着按Delete键删除选区内的图像，如图2-59所示，最后根据自己的需要用"钢笔工具" 绘制出其他选区并填充颜色，效果如图2-60所示。

图2-59   图2-60

10 按Ctrl+J组合键复制"标志"图层，然后移动到合适的位置，接着使用"横排文字工具" T 在绘图区域中输入文字信息，效果如图2-61所示。

11 新建一个"背面"图层组，然后同时选中"圆角矩形1"、"标志"和"熊盟游戏"图层，并按Ctrl+J组合键复制该图层，接着将其拖曳至"背面"图层组中，并调整至合适位置，最后按住Ctrl键，单击"标志副本2"缩略图将其载入选区，并填充黑色，效果如图2-62所示。

图2-61   图2-62

12 按Ctrl+J组合键复制"形象"图层，并将其拖曳至"背面"图层组中，然后使用"钢笔工具"

勾出图像的除头部以外的其他地方，接着按Ctrl+Enter组合键将其转换为选区，并按Delete键删除，最后按Ctrl+T组合键进入自由变换，将图像进行放大，效果如图2-63所示。

图2-63

13 设置该图层的"不透明度"为15%，然后将该图层移动到"圆角矩形1 副本"图层上方，效果如图2-64所示。

图2-64

14 使用"横排文字工具" T 在绘图区域中输入文字信息，效果如图2-65所示。

图2-65

15 新建一个"密码"图层，然后设置前景色为（R:145，G:145，B:145），接着使用"矩形选框工具" 绘制两个矩形选框，最后按Alt+Delete组合键用前景色填充选区，最终效果如图2-66所示。

图2-66

实战 094 商场刮刮卡

文件位置：光盘>实例文件>CH02>实战094.psd / 难易指数：★★★☆☆

PS技术点睛

● 运用"钢笔工具"绘制基本轮廓。
● 运用图层样式命令制作文字渐变描边效果。
● 使用"椭圆选框工具"替换部分文字。

设计思路分析

　　本例设计的是商场刮刮卡，该设计整体以暖色为主色调，给人一种欢快的感觉，搭配购物的人以及礼物等素材，突出商场以及刮刮卡的特点。

01 启动Photoshop CS6，按Ctrl+N组合键新建一个"商场刮刮卡设计"文件，具体参数设置如图2-67所示。

02 打开光盘中的"素材文件>CH02>94-1.jpg"文件，将其拖曳到"商场刮刮卡设计"操作界面中，然后调整大小和位置，接着将新生成的图层更名为"背景素材"图层，效果如图2-68所示。

图2-67

图2-68

03 新建一个"正面"图层组，并在组中新建一个"图层1"，然后选择"矩形选框工具"绘制一个大小合适的矩形选框，接着打开"渐变编辑器"对话框，设置第1个色标的颜色为（R:255，G:201，B:96）、第2个色标的颜色为（R:255，G:244，B:200），最后按照如图2-69所示的方向为"图层1"填充使用径向渐变色。

04 使用"画笔工具"，然后在选项栏中选择星星样式的笔刷（大小可根据需要自己调节），如图2-70所示，接着在"图层1"上进行绘制，效果如图2-71所示。

图2-69

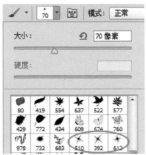

图2-70

图2-71

05 打开光盘中的"素材文件>CH02>94-2.psd"文件，将其拖曳到"商场刮刮卡设计"操作界面中，然后调整大小和位置，接着将新生成的图层更名为"素材"图层，效果如图2-72所示。

06 使用"横排文字工具"输入文字信息，并执行"文字>栅格化文字图层"命令，然后打开"渐变编辑器"对话框，接着设置第1个色标的颜色为（R:255，G:201，B:96）、第2个色标的颜色为（R:255，G:244，B:200），最后按照如图2-73所示的方向为"刮大奖"图层填充使用线性渐变色。

图2-72

图2-73

07 执行"图层>图层样式>描边"菜单命令，打开"图层样式"对话框，然后设置"大小"为9像素、"颜色"为（R:170，G:89，B:2），具体参数设置如图2-74所示，效果如图2-75所示。

图2-74

图2-75

08 使用"横排文字工具"⊤输入文字信息，然后按Ctrl+T组合键显示自由变换框，并拖曳锚点为文字进行变形，接着执行"文字>栅格化文字图层"命令，效果如图2-76所示。

09 使用"多边形套索工具"⊻将我们要更改的部分勾勒出来，并转换为选区，然后按Delete键进行删除，效果如图2-77所示。

图2-76　　　　　　　　　　　图2-77

10 设置前景色为白色，然后使用"椭圆选框工具"○绘制一个合适的椭圆选区，如图2-78所示，接着按Alt+Delete组合键用前景色填充选区，最后使用"橡皮擦工具"⌦并调整好大小，对椭圆选区中心多余的部分进行擦除，效果如图2-79所示。

图2-78　　　　　　　　　　　图2-79

11 执行"图层>图层样式>描边"菜单命令，打开"图层样式"对话框，然后设置"大小"为9像素、"填充类型"为"渐变"，并打开"渐变编辑器"对话框，设置第1个色标的颜色为（R:255, G:217, B:6）、第2个色标的颜色为（R:160, G:216, B:73），"角度"为-90度，具体参数设置如图2-80所示，效果如图2-81所示。

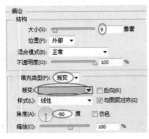

图2-80　　　　　　　　　　　图2-81

12 在"图层5"下方新建一个"彩带"图层，然后使用"钢笔工具"⌀绘制出如图2-82所示的路径选区。

图2-82

13 设置前景色为（R:227, G:243, B:120），然后按Alt+Delete组合键用前景色填充选区，如图2-83所示，最后采用相同的方法绘制出其他两条彩带，效果如图2-84所示。

图2-83　　　　　　　　　　　图2-84

14 新建一个"背面"图层组，然后按Ctrl+J组合键复制"图层1"，并将副本图层拖曳至"背面"图层组中，接着使用"横排文字工具"⊤输入文字信息，效果如图2-85所示。

15 继续使用"横排文字工具"⊤输入文字信息，然后执行"图层>图层样式>描边"菜单命令，打开"图层样式"对话框，接着设置"大小"为5像素、"颜色"为红色，效果如图2-86所示。

图2-85　　　　　　　　　　　图2-86

16 新建一个"密码"图层，然后设置前景色为（R:153, G:153, B:153），接着使用"矩形选框工具"▭绘制一个矩形选框，最后按Alt+Delete组合键用前景色填充选区，效果如图2-87所示。

图2-87

17 打开光盘中的"素材文件>CH02>94-3.psd"文件，将其拖曳到"商场刮刮卡设计"操作界面中，然后调整大小和位置，接着将新生成的图层更名为"礼物"图层，最终效果如图2-88所示。

图2-88

实战 095 医疗健康卡

文件位置：光盘>实例文件>CH02>实战095-平面图.psd和实战095-效果图.psd／难易指数：★★☆☆☆

PS技术点睛
- 使用"渐变工具"制作背景效果。
- 使用"投影"图层样式增强花朵立体感，使整个画面更加生动自然。
- 使用"渐变叠加"图层样式制作文字效果。

设计思路分析

本例设计的是医疗健康卡，清爽的色调，给人一种视觉上的舒适感，花朵的添加给整个画面带来温馨的感觉，整个画面排版简洁大方，一目了然。

01 启动Photoshop CS6，按Ctrl+N组合键新建一个"医疗健康卡设计"文件，具体参数设置如图2-89所示。

图2-89

02 新建一个"正面"图层组，然后在该图层组中新建一个"图层1"，接着选择"渐变工具"，打开"渐变编辑器"对话框，设置第1个色标的颜色为（R:205，G:255，B:242）、第2个色标的颜色为（R:213，G:255，B:165）、第3个色标的颜色为（R:205，G:255，B:242），如图2-90所示，最后按照如图2-91所示的方向为图层填充使用线性渐变色。

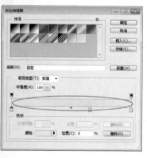

图2-90

图2-91

03 打开光盘中的"素材文件>CH02>95-1.png"文件，然后将其拖曳到"医疗健康卡设计"操作界面中，接着将新生成的图层更名为"花1"图层，效果如图2-92所示。

图2-92

04 执行"图层>图层样式>投影"菜单命令，打开"图层样式"对话框，接着设置"不透明度"为50%、"距离"为2像素、"大小"为5像素，具体参数设置如图2-93所示，效果如图2-94所示。

图2-93   图2-94

05 打开光盘中的"素材文件>CH02>95-2.psd"文件，然后将其中的图层分别拖曳到"医疗健康卡设计"操作界面中，接着依次拖放到合适的位置，效果如图2-95所示。

06 选择"圆圈"图层，然后按Ctrl+J组合键复制出3个副本图层，接着分别移动到合适的位置，最后分别设置"圆圈副本2"图层和"圆圈副本3"图层的"填充"为70%，效果如图2-96所示。

图2-95   图2-96

07 使用"横排文字工具"（字体大小和样式可根据实际情况而定）在绘图区域中输入文字信息，效果如图2-97所示。

图2-97

08 选择"医疗健康卡"文字图层，然后执行"图层>图层样式>外发光"菜单命令，打开"图层样式"对话框，接着设置"扩展"为3%、"大小"为15像素，具体参数设置如图2-98所示；在"图层样式"对话框中单击"斜面和浮雕"样式，然后设置"样式"为"浮雕效果"、"深度"为10%、"大小"为5像素，具体参数设置如图2-99所示。

图2-98   图2-99

09 在"图层样式"对话框中单击"渐变叠加"样式，然后单击"点按可编辑渐变"按钮，并设置第1个色标的颜色为（R:29，G:74，B:54）、第2个色标的颜色为（R:18，G:138，B:59）、第3个色标的颜色为（R:218，G:205，B:63），最后设置"角度"为180度，具体参数设置如图2-100所示，效果如图2-101所示。

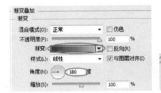

图2-100   图2-101

10 选择"NO:000000"文字图层，然后执行"图层>图层样式>斜面和浮雕"菜单命令，打开"图层样式"对话框，接着设置"大小"为5像素，具体参数设置如图2-102所示，效果如图2-103所示。

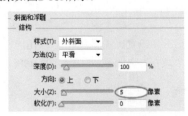

图2-102

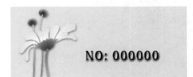

图2-103

11 新建一个"反面"图层组，然后选择"正面"图层组中的"图层 1"，并按Ctrl+J组合键复制一个副本图层，接着将其移动到"反面"图层组中，效果如图2-104所示。

图2-104

12 新建一个"图层 2"，接着使用"矩形选框工具"绘制一个合适的矩形选区，最后用黑色填充该选区，效果如图2-105所示。

图2-105

13 打开光盘中的"素材文件>CH02>95-3.psd"文件，然后将其中的图层分别拖曳到"医疗健康卡设计"操作界面中，最后依次拖放到合适的位置，效果如图2-106所示。

图2-106

14 使用"横排文字工具"（字体大小和样式可根据实际情况而定）在绘图区域中输入文字信息，最终效果如图2-107所示。

图2-107

实战 ⑩96 咖啡店礼品卡

文件位置：光盘>实例文件>CH02>实战096-平面图.psd和实战096-效果图.psd / 难易指数：★★☆☆☆

PS技术点睛
- 通过添加咖啡相关素材文件，从而丰富整个画面效果。
- 使用"投影"、"斜面和浮雕"图层样式制作文字效果。

设计思路分析

　　本例设计的是咖啡店礼品卡，将咖啡豆作为背景图案，让卡片的设计具有趣味感，手绘风格的场景添加，使整个画面生动起来，画面整体色调统一，主题明确。

01 启动Photoshop CS6，按Ctrl+N组合键新建一个"咖啡店礼品卡设计"文件，具体参数设置如图2-108所示。

02 新建一个"正面"图层组，然后在该图层组中新建一个"图层 1"，接着设置前景色为（R:166，G:124，B:82），最后按Alt+Delete组合键用前景色填充该图层，效果如图2-109所示。

图2-108

图2-109

03 打开光盘中的"素材文件>CH02>96-1.png"文件，然后将其拖曳到"咖啡店礼品卡设计"操作界面中，接着将新生成的图层更名为"底纹1"图层，效果如图2-110所示。

04 继续打开光盘中的"素材文件>CH02>96-2.png和96-3.png"文件，然后分别将其拖曳到"咖啡店礼品卡设计"操作界面中，接着将新生成的图层分别更名为"笔刷"图层和"场景"图层，效果如图2-111所示。

图2-110

图2-111

05 新建一个"图层 2"，然后使用"矩形选框工具" 绘制一个合适的矩形选区，接着用白色填

充该选区，效果如图2-112所示。

06 新建一个"图层 3"，然后选择"椭圆选框工具" ，并按住Shift键绘制一个合适的圆形选区，接着设置前景色为（R:150，G:196，B:224），最后按Alt+Delete组合键用前景色填充该选取，效果如图2-113所示。

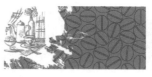

图2-112

图2-113

07 打开光盘中的"素材文件>CH02>96-4.png"文件，然后将其拖曳到"咖啡店礼品卡设计"操作界面中，接着将新生成的图层更名为"咖啡杯"图层，效果如图2-114所示。

08 使用 "横排文字工具" （字体大小和样式可根据实际情况而定）在绘图区域中输入文字信息，效果如图2-115所示。

图2-114

图2-115

09 选择Coffee文字图层，然后执行"图层>图层样式>投影"菜单命令，打开"图层样式"对话框，接着设置"距离"为2像素、"大小"为2像素，具体参数设置如图2-116所示；最后在"图层样式"对话框中单击"斜面和浮雕"样式，并设置"大小"为2像素，具体参

数设置如图2-117所示，效果如图2-118所示。

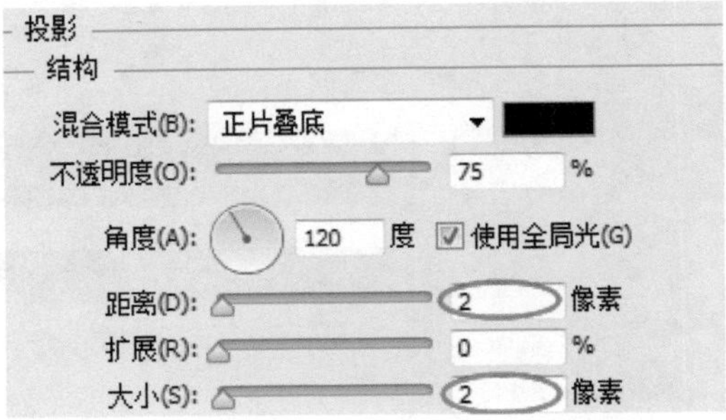

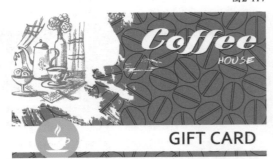

图2-116

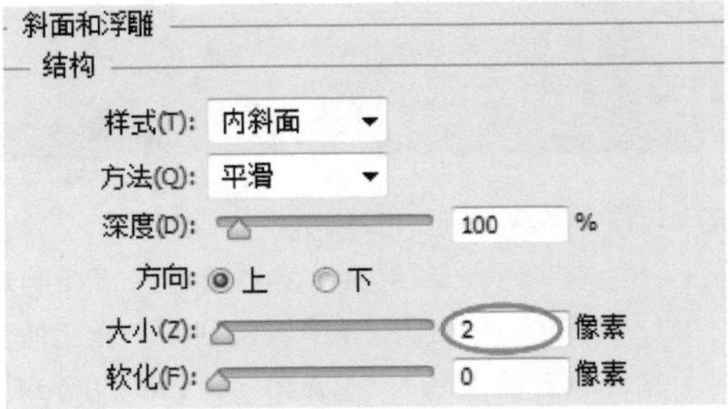

图2-117

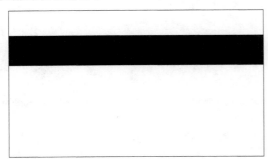

图2-118

10 新建一个“反面”图层组，然后在该图层组中新建一个“图层 4”，接着使用“矩形选框工具”绘制一个合适的矩形选区，最后用黑色填充该选区，效果如图2-119所示。

图2-119

技巧与提示

为了之后制作图像的方便，先暂时隐藏“正面”图层组。

11 打开光盘中的“素材文件>CH02>96-5.png”文件，然后将其拖曳到“咖啡店礼品卡设计”操作界面中，接着将新生成的图层更名为“底纹2”图层，最后按Alt键将该图层创建为“图层 4”的剪贴蒙版，效果如图2-120所示。

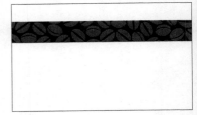

图2-120

12 按Shift键的同时选择“正面”图层组中的Coffee和house文字图层，然后按Ctrl+J组合键复制出两个副本图层，接着将其移动到“反面”图层组中，最后分别设置文本颜色为（R:166，G:124，B:82）和（R:62，G:41，B:25），效果如图2-121所示。

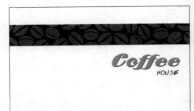

图2-121

13 使用“横排文字工具”（字体大小和样式可根据实际情况而定）在绘图区域中输入文字信息，效果如图2-122所示。

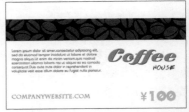

图2-122

14 打开光盘中的“素材文件>CH02>96-6.png”文件，然后将其拖曳到“咖啡店礼品卡设计”操作界面中，接着将新生成的图层更名为“咖啡豆”图层，最终效果如图2-123所示。

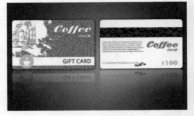

图2-123

实战 097 VIP贵宾卡

文件位置：光盘>实例文件>CH02>实战097>平面图.psd和实战097>效果图.psd / 难易指数：★★★

PS技术点睛

● 使用"渐变叠加"图层样式制作出画面光泽效果。
● 运用混合模式制作星光背景效果。
● 使用"外发光"图层样式字体效果，让字体在整个画面中更加突出。

设计思路分析

　　本例设计的是VIP贵宾卡，黑色与金色相结合，让整个画面充满了奢华高贵的气息，星光的运用让整个画面更加璀璨绚丽。

01 启动Photoshop CS6，按Ctrl+N组合键新建一个"VIP贵宾卡设计"文件，具体参数设置如图2-124所示。

02 新建一个"正面"图层组，然后在该图层组中新建一个"图层 1"，最后按Alt+Delete组合键用黑色填充该图层，效果如图2-125所示。

图2-124　　　　　　　　　　　图2-125

03 打开光盘中的"素材文件>CH02>97-1.png"文件，接着将其拖曳到"VIP贵宾卡设计"操作界面中，最后将新生成的图层更名为"花纹"图层，效果如图2-126所示。

04 继续打开光盘中的"素材文件>CH02>97-2.jpg"文件，然后将其拖曳到"VIP贵宾卡设计"操作界面中，接着将新生成的图层更名为"图片"图层，最后按Alt键将该图层创建为"花纹"图层的剪贴蒙版，效果如图2-127所示。

图2-126　　　　　　　　　　　图2-127

05 选择"花纹"图层，然后按Ctrl+J组合键复制一个副本图层，并将该图层移动到"图片"图层

的上方，接着执行"图层>图层样式>渐变叠加"菜单命令，打开"图层样式"对话框，单击"点按可编辑渐变"按钮，并设置第1个色标的颜色为（R:146，G:95，B:15）、第2个色标的颜色为（R:200，G:156，B:1）、第3个色标的颜色为白色、第4个色标的颜色为（R:239，G:221，B:178）、第5个色标的颜色为（R:212，G:164，B:28）、第6个色标的颜色为（R:109，G:27，B:9），如图2-128所示，最后设置"角度"为0度，具体参数设置如图2-129所示，效果如图2-130所示。

06 设置"花纹副本"图层的"不透明度"为40%，效果如图2-131所示。

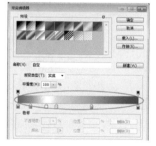
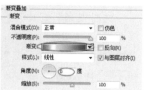

图2-128　　　　　　　　　　　图2-129

图2-130　　　　　　　　　　　图2-131

07 打开光盘中的"素材文件>CH02>97-3.psd"文件，然后将其中的图层分别拖曳到"VIP贵宾卡设计"操作界面中，接着分别选择"星光"和"点光"图层，按Ctrl+J组合键复制出4个"星光"图层和1个"点光副

本"图层，并调整各个图层在图像中的位置，最后分别设置图层的"混合模式"为"滤色"，效果如图2-132所示。

图2-132

08 选择"点光"图层，然后执行"图层>图层样式>外发光"菜单命令，打开"图层样式"对话框，接着设置"大小"为5像素，具体参数设置如图2-133所示，最后按Alt键复制该图层的"外发光"图层效果到"点光副本"图层，如图2-134所示，效果如图2-135所示。

09 使用 "横排文字工具" ![T] （字体大小和样式可根据实际情况而定）在绘图区域中输入文字信息，接着设置card文字图层的"不透明度"为10%，效果如图2-136所示。

图2-133　　　　　　图2-134

图2-135　　　　　　图2-136

10 选择vip文字图层，然后执行"图层>图层样式>外发光"菜单命令，打开"图层样式"对话框，接着设置"不透明度"为80%、"大小"为20像素，具体参数设置如图2-137所示；最后在"图层样式"对话框中单击"斜面和浮雕"样式，并设置"大小"为2像素，具体参数设置如图2-138所示，效果如图2-139所示。

11 打开光盘中的"素材文件>CH02>97-4.png"文件，然后将其拖曳到"VIP贵宾卡设计"操作界面中，接着将新生成的图层更名为"钻石"图层，最后设置该图层的"不透明度"为30%，效果如图2-140所示。

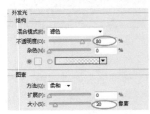　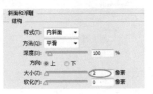

图2-137　　　　　　图2-138

图2-139　　　　　　图2-140

12 新建一个"反面"图层组，然后选择"正面"图层组中的"图片"图层，并按Ctrl+J组合键复制一个副本图层，接着将其移动到"反面"图层组中，最后为该图层添加一个图层蒙版，并使用"渐变工具" ![□] 在蒙版中从下往上填充黑色到透明的线性渐变，效果如图2-141所示。

13 选择"正面"图层组中的"钻石"图层，然后按Ctrl+J组合键复制一个副本图层，接着将其移动到"反面"图层组中，最后设置该图层的"不透明度"为15%，效果如图2-142所示。

图2-141　　　　　　图2-142

14 新建一个"图层 2"，接着使用"矩形选框工具" ![▦] 绘制一个合适的矩形选区，最后用黑色填充该选区，效果如图2-143所示。

15 使用 "横排文字工具" ![T] （字体大小和样式可根据实际情况而定）在绘图区域中输入文字信息，效果如图2-144所示。

图2-143　　　　　　图2-144

16 打开光盘中的"素材文件>CH02>97-5.png"文件，然后将其拖曳到"VIP贵宾卡设计"操作界面中，接着将新生成的图层更名为"素材"图层，最终效果如图2-145所示。

图2-145

实战 098 商场购物卡

文件位置：光盘>实例文件>CH02>实战098-平面图.psd和实战098-效果图.psd / 难易指数：★★☆☆☆

PS技术点睛
- 运用"色相/饱和度"调整丝带颜色。
- 使用"投影"、"描边"图层样式制作文字效果。
- 使用"投影"图层样式增强礼盒的立体感，使整个画面更加生动自然。

设计思路分析

本例设计的是商场购物卡，缤纷的礼盒展现出了活跃的购物气氛，丝带环绕使整个画面生动活泼，突出商场购物主题。

01 启动Photoshop CS6，按Ctrl+N组合键新建一个"商场购物卡设计"文件，具体参数设置如图2-146所示。

02 新建一个"正面"图层组，然后打开光盘中的"素材文件>CH02>98-1.jpg"文件，接着将其拖曳到"商场购物卡设计"操作界面中，最后将新生成的图层更名为"底纹"图层，效果如图2-147所示。

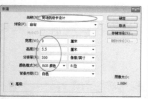
图2-146

图2-147

03 打开光盘中的"素材文件>CH02>98-2.png"文件，然后将其拖曳到"商场购物卡设计"操作界面中，并将新生成的图层更名为"丝带"图层，接着在"图层"面板下方单击"创建新的填充或调整图层"按钮 ◑.，在弹出的菜单中选择"色相/饱和度"命令，最后在"属性"面板中设置"色相"为+20、"饱和度"为+50，具体参数设置如图2-148所示，效果如图2-149所示。

图2-148

图2-149

04 继续打开光盘中的"素材文件>CH02>98-3.psd"文件，然后分别将"花纹1、花纹2、装饰、礼盒"4个图层拖曳到"商场购物卡设计"操作界面中，最后调整各个图层在图像中的位置，效果如图2-150所示。

图2-150

05 选择"礼盒"图层，然后执行"图层>图层样式>投影"菜单命令，打开"图层样式"对话框，接着设置"距离"为5像素、"大小"为10像素，具体参数设置如图2-151所示，效果如图2-152所示。

图2-151

图2-152

06 在"礼盒"图层下方新建一个"阴影"图层，然后使用"多边形套索工具" ☑ 绘制一个合适的选区，并使用黑色填充选区，如图2-153所示，接着执行"滤镜>模糊>高斯模糊"菜单命令，然后在弹出的"高斯模糊"对话框中设置"半径"为10像素，最后设置该图层的"填充"为60%，效果如图2-154所示。

图2-153

图2-154

07 使用 "横排文字工具" T （字体大小和样式可根据实际情况而定）在绘图区域中输入文字信息，效果如图2-155所示。

08 选择"购物卡"文字图层，然后执行"图层>图层样式>投影"菜单命令，打开"图层样式"对话框，接着设置"距离"为5像素、"大小"为10像素，具体参数设置如图2-156所示。

图2-155

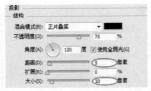
图2-156

09 在"图层样式"对话框中单击"描边"样式，然后设置"大小"为5像素、"填充类型"为"渐变"，接着单击"点按可编辑渐变"按钮，接着设置第1个色标的颜色为（R:111，G:81，B:19）、第2个色标的颜色为（R:251，G:247，B:200）、第3个色标的颜色为（R:111，G:81，B:19），最后设置"样式"为"进发状"，具体参数设置如图2-157所示，效果如图2-158所示。

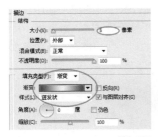
图2-157

图2-158

10 选择"NO:000000"文字图层，然后执行"图层>图层样式>斜面和浮雕"菜单命令，打开"图层样式"对话框，接着设置"大小"为5像素，具体参数设置如图2-159所示，效果如图2-160所示。

图2-159

图2-160

11 新建一个"反面"图层组，然后选择"正面"图层组中的"底纹"图层，并按Ctrl+J组合键复制一个副本图层，接着将其移动到"反面"图层组中，效果如图2-161所示。

12 新建一个"图层 2"，接着使用"矩形选框工具" 绘制一个合适的矩形选区，最后用黑色填充该选区，效果如图2-162所示。

图2-161

图2-162

13 打开光盘中的"素材文件>CH02>98-4.psd"文件，然后将其中的图层分别拖曳到"商场购物卡设计"操作界面中，最后依次拖放到合适的位置，效果如图2-163所示。

图2-163

14 使用 "横排文字工具" T （字体大小和样式可根据实际情况而定）在绘图区域中输入文字信息，最终效果如图2-164所示。

图2-164

实战 099 邀请函

文件位置：光盘>实例文件>CH02>实战099.psd / 难易指数：★★★☆☆

PS技术点睛

● 运用"钢笔工具"绘制基本轮廓。
● 运用图层样式命令制作圆形的立体效果。

设计思路分析

　　本例设计的是邀请函，该邀请函整体以蓝色为主色调，给人一种冷静的感觉，搭配简单的曲线线条与花藤图像，使整个邀请函在视觉上显得更加简单大方。

01 启动Photoshop CS6，按Ctrl+N组合键新建一个"邀请函设计"文件，具体参数设置如图2-165所示。

02 按Ctrl+R组合键显示标尺，然后将光标放置在标尺上，接着使用鼠标左键拖曳出如图2-166所示的参考线。

图2-165　　　　　　　　　图2-166

03 新建一个"图层1"，然后使用"钢笔工具" ✎ 绘制出如图2-167所示的路径选区，接着设置前景色为（R:35，G:39，B:139），最后按Alt+Delete组合键用前景色填充选区，效果如图2-168所示。

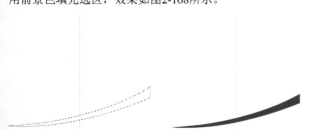

图2-167　　　　　　　　　图2-168

04 更改前景色为（R:0，G:170，B:236），然后采用相同的方法继续绘制图形，效果如图2-169所示。

05 新建一个"图层2"，然后使用"钢笔工具" ✎ 绘制路径选区，接着打开"渐变编辑器"对话

框，设置第1个色标的颜色为白色、第2个色标的颜色为（R:205，G:205，B:205），最后按照如图2-170所示的方向为"图层2"填充使用线性渐变色。

图2-169　　　　　　　　　图2-170

06 新建一个"图层3"，然后使用"椭圆选框工具" ◯ 绘制一个如图2-171所示的圆形选区。

图2-171

07 选择"渐变工具" ，然后打开"渐变编辑器"对话框，接着设置第1个色标的颜色为（R:35，G:163，B:254）、第2个色标的颜色为（R:15，G:20，B:122），如图2-172所示，最后按照如图2-173所示的方向为"图层3"图层填充使用线性渐变色。

图2-172   图2-173

08 执行"图层>图层样式>描边"菜单命令，打开"图层样式"对话框，然后设置"大小"为16像素、"颜色"为（R:9，G:28，B:100），接着在"图层样式"对话框中单击"内阴影"样式，最后设置"大小"为43像素，效果如图2-174所示。

09 使用"横排文字工具" 在绘图区域中输入文字信息，效果如图2-175所示。

图2-174   图2-175

10 使用"直排文字工具" 在绘图区域中输入文字信息，效果如图2-176所示。

11 打开光盘中的"素材文件>CH02>91-1.jpg"文件，将其拖曳到"邀请函设计"操作界面中，然后调整大小和位置，接着将新生成的图层更名为"标志"图层，最后使用"横排文字工具" 在标志下方输入文字信息，效果如图2-177所示。

图2-176   图2-177

12 继续使用"横排文字工具" 输入文字信息，并调整大小、颜色和位置，效果如图2-178所示。

13 打开光盘中的"素材文件>CH02>99-1.psd"文件，将其拖曳到"邀请函设计"操作界面中，然后调整大小和位置，接着使用"橡皮擦工具" 擦除多余的部分，最后将新生成的图层更名为"素材"图层，最终效果如图2-179所示。

图2-178   图2-179

实战 **100** 书店邀请卡

文件位置：光盘>实例文件>CH02>实战100-平面图.psd和实战100-效果图.psd / 难易指数：★★★☆☆

PS技术点睛
● 使用"外发光"、"内发光"图层样式增强画面效果。
● 运用"描边"、"投影"等图层样式突出字体，增强画面冲击力。

设计思路分析
　　本例设计的是书店邀请卡，该设计以卡通元素为背景，结合书本素材，构成了充满知识乐趣的海洋，整个画面构图突出主题，简单明了。

01 启动Photoshop CS6，按Ctrl+N组合键新建一个"书店邀请卡设计"文件，具体参数设置如图2-180所示。

02 新建一个"正面"图层组，然后在该图层组中新建一个"图层 1"，接着设置前景色为（R:92，G:74，B:66），最后按Alt+Delete组合键用前景色填充该图层，效果如图2-181所示。

图2-180　　　　　　　　　　　图2-181

03 打开光盘中的"素材文件>CH02>100-1.png"文件，然后将其拖曳到"书店邀请卡设计"操作界面中，最后将新生成的图层更名为"底纹"图层，效果如图2-182所示。

04 新建一个"图层 2"，然后选择"椭圆选框工具" ○ ，并按住Shift键绘制一个合适的圆形选区，接着设置前景色为（R:235，G:219，B:204），最后按Alt+Delete组合键用前景色填充该选取，效果如图2-183所示。

图2-182　　　　　　　　　　　图2-183

05 执行"图层>图层样式>外发光"菜单命令，打开"图层样式"对话框，然后设置 "大小"为50像素，具体参数设置如图2-184所示；接着在"图层样式"对话框中单击"内发光"样式，最后设置"大小"为100像素，具体参数设

置如图2-185所示，效果如图2-186所示。

图2-184

图2-185　　　　　　　　　　图2-186

06 打开光盘中的"素材文件>CH02>100-2.png"文件，然后将其拖曳到"书店邀请卡设计"操作界面中，并将新生成的图层更名为"书籍"图层，接着执行"图层>图层样式>投影"菜单命令，打开"图层样式"对话框，接着设置"距离"为5像素、"大小"为10像素，具体参数设置如图2-187所示，效果如图2-188所示。

图2-187　　　　　　　　　　图2-188

07 在"书籍"图层下方新建一个"阴影"图层，然后使用"多边形套素工具" ☑ 绘制一个合适的选区，并使用黑色填充选区，接着执行"滤镜>模糊>高斯模糊"菜单命令，然后在弹出的"高斯模糊"对话框中设置"半径"为10像素，最后设置该图层的"填充"为60%，效果如图2-189所示。

08 打开光盘中的"素材文件>CH02>100-3.png"文件，然后将其拖曳到"书店邀请卡设计"操作界面中，接着将新生成的图层更名为"蝴蝶"图层，最后

按Ctrl+J组合键复制一个副本图层，并将其移动到合适的位置，效果如图2-190所示。

图2-189 　　　　　　　　　　图2-190

09 使用 "横排文字工具" T.（字体大小和样式可根据实际情况而定）在绘图区域中输入文字信息，效果如图2-191所示。

图2-191

10 选择"图书梦幻馆"文字图层，然后执行"图层>图层样式>投影"菜单命令，打开"图层样式"对话框，接着设置"不透明度"为50%、"距离"为15像素、"大小"为10像素，具体参数设置如图2-192所示，效果如图2-193所示。

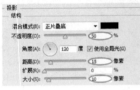

图2-192 　　　　　　　　　　图2-193

11 选择"open up 10.10-10.15"文字图层，然后执行"图层>图层样式>描边"菜单命令，打开"图层样式"对话框，接着设置"大小"为3像素、"不透明度"为80%、描边颜色为（R:252，G:201，B:8），具体参数设置如图2-194所示，效果如图2-195所示。

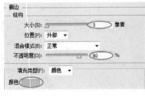

图2-194 　　　　　　　　　　图2-195

12 选择"邀请卷"文字图层，然后执行"图层>图层样式>斜面和浮雕"菜单命令，打开"图层样式"对话框，接着设置"深度"为50%、"大小"为3像素，具体参数设置如图2-196所示；最后在"图层样式"对话框中单击"描边"样式，并设置"大小"为5像素、"不透明度"为80%、描边颜色为（R:252，G:201，B:8），具体参数设置如图2-197所示，效果如图2-198所示。

13 新建一个"反面"图层组，然后在该图层组中新建一个"图层 3"，接着设置前景色为（R:235，

G:219，B:204），最后按Alt+Delete组合键用前景色填充该图层，效果如图2-199所示。

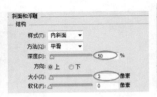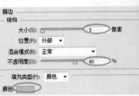

图2-196 　　　　　　　　　　图2-197

图2-198 　　　　　　　　　　图2-199

14 选择"正面"图层组中的"底纹"图层，然后按Ctrl+J组合键复制一个副本图层，接着将其移动到"反面"图层组中，最后设置该图层的"填充"为30%，效果如图2-200所示。

15 新建一个"图层 4"，然后使用"矩形选框工具" □ 绘制一个合适的矩形选区，接着设置前景色为（R:92，G:74，B:66），最后按Alt+Delete组合键用前景色填充该图层，效果如图2-201所示。

图2-200 　　　　　　　　　　图2-201

16 选择"正面"图层组中的"蝴蝶"图层，然后按Ctrl+J组合键复制一个副本图层，接着将其移动到"反面"图层组中，效果如图2-202所示。

图2-202

17 使用 "横排文字工具" T.（字体大小和样式可根据实际情况而定）在绘图区域中输入文字信息，最终效果如图2-203所示。

图2-203

第3章
标志设计

 PS达人　 广告设计师　 包装设计师　 插画设计师　网页设计师

实战 101 音乐电台标志

文件位置：光盘>实例文件>CH03>实战101.psd / 难易指数：★★★☆☆

PS技术点睛
● 运用"钢笔工具"和填充工具制作标志的基本形状。
● 使用"渐变工具"制作标志和背景的渐变效果。
● 运用图层样式制作文字的立体效果。

设计思路分析

本例设计的音乐电台标志，明亮的绿色是整个标志中的主色调，添加具有涂鸦风格的耳机，更彰显了音乐电台的风格，立体的字体效果使整个标志显得更加精致。

01 启动Photoshop CS6，按Ctrl+N组合键新建一个"音乐电台标志"文件，具体参数设置如图3-1所示。

图3-1

02 选择"渐变工具" ▣，然后打开"渐变编辑器"对话框，接着设置第1个色标的颜色为（R:178，G:183，B:186）、第2个色标的颜色为（R:236，G:233，B:232），如图3-2所示，最后从上向下为"背景"图层填充使用对称渐变色，效果如图3-3所示。

图3-2   图3-3

03 新建一个"图层1"，然后使用"椭圆选框工具" ▣绘制一个如图3-4所示的圆形选区。

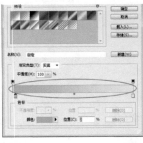

图3-4

04 选择"渐变工具" ▣，然后打开"渐变编辑器"对话框，接着设置第1个色标的颜色为（R:213，G:219，B:13）、第2个色标的颜色为（R:167，G:205，B:7），如图3-5所示，最后按照如图3-6所示的方向为"图层1"图层填充使用径向渐变色。

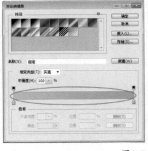

图3-5   图3-6

技巧与提示

当存在选区时，渐变色只填充到选区中；若不存在选区，填充的像素将布满整个画布。

05 打开光盘中的"光盘>素材文件>CH03>101-1.psd"文件，然后将其拖曳到"音乐电台标志"操作界面中，接着将新生成的图层更名为"图层2"图层，最后按Alt键将"图层2"创建为"图层1"的剪贴蒙版，如图3-7所示，效果如图3-8所示。

图3-7   图3-8

 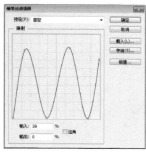

图3-12　　　　　　　　　　　　　　　　图3-13

06 新建一个"图层3"，然后使用"钢笔工具" 绘制出如图3-9所示的路径。

图3-9

07 按Ctrl+Enter组合键将路径转为选区，然后打开"渐变编辑器"对话框，接着设置第1个色标的颜色为（R:24，G:67，B:113）、第2个色标的颜色为（R:133，G:34，B:90）、第3个色标的颜色为（R:235，G:57，B:38）、第4个色标的颜色为（R:237，G:193，B:40）、第5个色标的颜色为（R:25，G:159，B:83），如图3-10所示，最后从左向右为"图层3"填充使用线性渐变色，效果如图3-11所示。

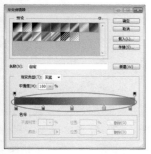 

图3-10　　　　　　　　　　　　　　　图3-11

08 按Ctrl+J组合键复制出两个副本图层，并暂时隐藏这两个副本图层，如图3-12所示。

09 选择"图层3"图层，然后执行"图层>图层样式>斜面和浮雕"菜单命令，打开"图层样式"对话框，接着单击光泽等高线右侧的图标，并在弹出的"等高线编辑器"对话框中将等高线编辑成如图3-13所示的形状，最后设置"样式"为"浮雕效果"、"深度"为40%、"方向"为"下"、"大小"为45像素、"高光模式"为"线性减淡（添加）"、高亮颜色为（R:53，G:199，B:253）、高光不透明度为100%、"阴影模式"为"滤色"、阴影颜色为（R:178，G:238，B:254）、阴影不透明度为100%，具体参数设置如图3-14所示，效果如图3-15所示。

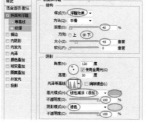 

图3-14　　　　　　　　　　　　　　　图3-15

10 单击"斜面和浮雕"样式下面的"等高线"选项，然后打开"等高线"对话框，接着设置"范围"为47%，如图3-16所示，效果如图3-17所示。

图3-16　　　　　　　　　　　　　　　图3-17

11 在"图层样式"对话框中单击"内阴影"样式，然后设置阴影颜色为（R:2，G:90，B:251）、"不透明度"为87%、"距离"为7像素、"阻塞"为28%、"大小"为6像素，具体参数设置如图3-18所示，效果如图3-19所示。

图3-18　　　　　　　　　　　　　　　图3-19

12 在"图层样式"对话框中单击"外发光"样式，然后设置"不透明度"为86%、发光颜色为（R:255，G:255，B:190）、"大小"为5像素，具体参数设置如图3-20所示，效果如图3-21所示。

13 在"图层样式"对话框中单击"投影"样式，然后设置阴影颜色为（R:132，G:130，B:130）、"不透明度"为100%、"距离"为13像素、"大小"为

0像素、"等高线"为"半圆"，具体参数设置如图3-22所示，效果如图3-23所示。

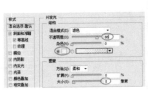

图3-20　　　　　　　　　　　图3-21

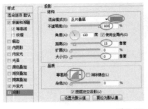

图3-22　　　　　　　　　　　图3-23

14 选择并显示"图层3副本2"图层，然后选择"工具箱"中的"移动工具" ，并按住Shift键单击键盘上的上方向键↑若干次，效果如图3-24所示。

15 选择"图层3"图层，然后执行"图层>图层样式>复制图层样式"菜单命令，接着选择"图层3副本2"图层，最后执行"图层>图层样式>粘贴图层样式"菜单命令，这样可以将"图层3"图层的样式复制并粘贴给"图层3副本2"图层，效果如图3-25所示。

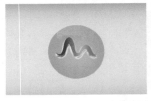

图3-24　　　　　　　　　　　图3-25

16 选择并显示"图层3副本"图层，然后执行"图层>图层样式>斜面和浮雕"菜单命令，打开"图层样式"对话框，接着单击光泽等高线右侧的图标，并在弹出的"等高线编辑器"对话框中将等高线编辑成如图3-26所示的形状，最后设置"深度"为100%、"大小"为16像素、高亮颜色为（R:255，G:239，B:255）、高光不透明度为100%、"阴影模式"为"滤色"、阴影颜色为（R:225，G:154，B:1）、阴影不透明度为53%，具体参数设置如图3-27所示，效果如图3-28所示。

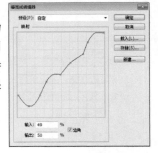

图3-26

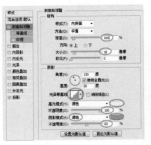
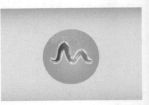

图3-27　　　　　　　　　　　图3-28

17 选择"斜面和浮雕"样式下面的"等高线"选项，然后为文字图层添加一个系统默认的"等高线"样式，效果如图3-29所示。

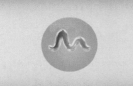

图3-29

18 在"图层样式"对话框中单击"内阴影"样式，然后设置阴影颜色为（R:3，G:139，B:232）、"不透明度"为55%、"距离"为16像素、"阻塞"为13%、"大小"为18像素，具体参数设置如图3-30所示，效果如图3-31所示。

图3-30　　　　　　　　　　　图3-31

19 在"图层样式"对话框中单击"投影"样式，然后设置阴影颜色为（R:1，G:15，B:88）、"不透明度"为100%、"距离"为12像素、"大小"为2像素、"等高线"为"半圆"，具体参数设置如图3-32所示。

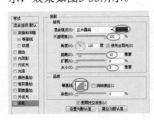

图3-32　　　　　　　　　　　图3-33

20 打开光盘中的"素材文件>CH03>101-2.png"文件，然后将其拖曳到"音乐电台标志"操作界面中，接着将新生成的图层更名为"图层4"图层，效果如图3-34所示。

图3-34

21 选择"图层1"图层,然后使用"钢笔工具" ✐
绘制出如图3-35所示的路径,接着按Ctrl+Enter组
合键将路径转为选区,最后按Delete键删除选区,效果如
图3-36所示。

图3-35　　　　　　　　　　图3-36

22 使用黑色"横排文字工具" T.(字体大小和样式
可根据实际情况而定)在绘图区域中输入字母,
效果如图3-37所示。

图3-37

23 执行"图层>图层样式>斜面和浮雕"菜单命令,
打开"图层样式"对话框,然后设置"深度"
为150%、"大小"为15像素、高亮颜色为(R:237,
G:233,B:201)、高光不透明度为100%、"阴影模式"
为"滤色"、阴影颜色为(R:127,G:163,B:16)、阴
影不透明度为100%,具体参数设置如图3-38所示,效果
如图3-39所示。

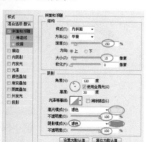

图3-38　　　　　　　　　　图3-39

24 在"图层样式"对话框中单击"描边"样式,
然后设置"大小"为5像素、"位置"为"居
中"、"不透明度"为30%、"颜色"为(R:255,

G:251,B:249),具体参数设置如图3-40所示,效果如
图3-41所示。

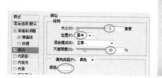 

图3-40　　　　　　　　　　图3-41

25 在"图层样式"对话框中单击"投影"样式,然
后设置"不透明度"为85%、"距离"为4像素、
"扩展"为6%、"大小"为13像素、"等高线"为"画
圆步骤",具体参数设置如图3-42所示,效果如图3-43
所示。

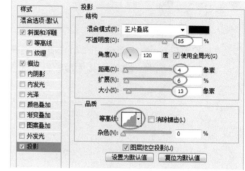

图3-42

图3-43

26 按Ctrl+J组合键复制一个文字副本图层,提高文
字的透明质感,最终效果如图3-44所示。

图3-44

实战 102 保健蜂蜜标志

文件位置：光盘>实例文件>CH03>实战102.psd / 难易指数：★★★☆☆

PS技术点睛

● 运用"渐变工具"制作背景以及标志的渐变效果。
● 运用"钢笔工具"等绘制蜜蜂的基本轮廓。
● 运用图层样式制作文字的立体效果。

设计思路分析

本例设计的是蜂蜜的标志，整体色调以蜂蜜的黄色为整体色调，搭配蜜蜂等矢量图像，使整体标志更加形象生动。

01 启动Photoshop CS6，按Ctrl+N组合键新建一个"保健蜂蜜标志"文件，具体参数设置如图3-45所示。

图3-45

02 选择"渐变工具" ，然后打开"渐变编辑器"对话框，接着设置第1个色标的颜色为（R:255，G:198，B:20）、第2个色标的颜色为（R:255，G:247，B:104）、第3个色标的颜色为（R:255，G:198，B:20），如图3-46所示，最后从上向下为"背景"图层填充使用对称渐变色，效果如图3-47所示。

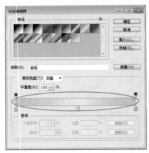

图3-46　　　　　　　　　图3-47

03 新建一个"图层1"，然后选择"渐变工具" ，并在选项栏中勾选"反向"，如图3-48所示，接着打开"渐变编辑器"对话框，选择"中灰密度"，如图3-49所示，最后按照如图3-50所示的方向为"图层1"填充使用径向渐变色。

图3-48

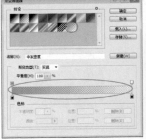

图3-49　　　　　　　　　图3-50

04 设置"图层1"图层的"不透明度"为45%，如图3-51所示，效果如图3-52所示。

图3-51　　　　　　　　　图3-52

05 新建一个"蜂蜜"图层组，然后使用"钢笔工具" 绘制出如图3-53所示的路径。

06 按Ctrl+Enter组合键将路径转为选区，然后在"蜂蜜"图层组中新建一个"图层1"，接着设置前景色为（R:172，G:130，B:87），最后按Alt+Delete组合

键用前景色填充选区，效果如图3-54所示。

图3-53　　　　　　　　　　图3-54

07 按Ctrl+J组合键复制一个"图层1副本"图层，然后按住Ctrl键并单击"图层1副本"缩略图将其载入选区，接着设置前景色为（R:255，G:222，B:117），并按Alt+Delete组合键用前景色填充选区，最后选择"工具箱"中的"移动工具"，单击键盘上的右方向键→和上方向键↑各两次，效果如图3-55所示。

08 新建一个"图层2"，然后使用"钢笔工具"绘制出如图3-56所示的路径。

图3-55　　　　　　　　　　图3-56

09 按Ctrl+Enter组合键将路径转为选区，然后打开"渐变编辑器"对话框，接着设置第1个色标的颜色为（R:253，G:191，B:14）、第2个色标的颜色为（R:238，G:151，B:33），如图3-57所示，最后按照如图3-58所示的方向为"图层2"填充使用径向渐变色。

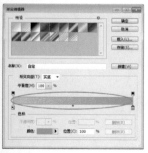 

图3-57　　　　　　　　　　图3-58

10 确定"图层2"为当前图层，执行"编辑>描边"菜单命令，然后在弹出的"描边"对话框中设置"宽度"为1像素、"颜色"为（R:214，G:136，B:46）、"位置"为"内部"，具体参数设置如图3-59所示，效果如图3-60所示。

11 继续使用"钢笔工具"绘制出如图3-61所示的路径。

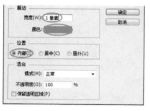 

图3-59　　　　　　　　　　图3-60

图3-61

12 新建一个"图层3"，然后按Ctrl+Enter组合键将路径转为选区，接着设置前景色为（R:238，G:150，B:33），最后按Alt+Delete组合键用前景色填充选区，效果如图3-62所示。

图3-62

13 使用"矩形工具"在绘图区域绘制出两个矩形路径，如图3-63所示，然后按Ctrl+Enter组合键将路径转为选区，接着按Delete键删除选区内的图像，效果如图3-64所示。

图3-63　　　　　　　　　　图3-64

14 新建一个"图层4"，然后使用"钢笔工具"绘制出如图3-65所示的路径。

图3-65

15 设置前景色为（R:231，G:110，B:52），然后打开"渐变编辑器"对话框，接着选择"前景色到

透明渐变"，如图3-66所示，最后按照如图3-67所示的方向为选区填充使用线性渐变色。

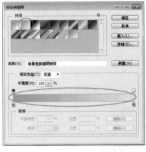
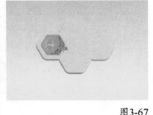

图3-66　　　　　　　　　　　图3-67

16 新建一个"图层5"，然后使用"钢笔工具" 绘制出如图3-68所示的路径。

图3-68

17 按Ctrl+Enter组合键将路径转为选区，然后打开"渐变编辑器"对话框，接着设置第1个色标的颜色为（R:238，G:150，B:33）、第2个色标的颜色为（R:255，G:196，B:12）、第3个色标的颜色为（R:238，G:150，B:33），如图3-69所示，最后从上向下为选区填充使用对称渐变色，效果如图3-70所示。

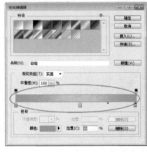
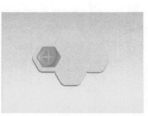

图3-69　　　　　　　　　　　图3-70

18 新建一个"图层6"，然后使用"钢笔工具" 绘制出如图3-71所示的路径，接着按Ctrl+Enter组合键将路径转为选区，最后使用白色填充选区，效果如图3-72所示。

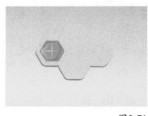

图3-71　　　　　　　　　　　图3-72

19 按Shift键同时选中"图层2"、"图层3"、"图层4"、"图层5"和"图层6"5个图层，然后按Ctrl+E组合键合并为一个图层，如图3-73所示。

20 按Ctrl+J组合键复制出多个副本图层，并调整好位置和大小，如图3-74所示。

图3-73　　　　　　　　　　　图3-74

21 新建一个"蜜蜂"图层组，然后在该图层组中新建3个图层组，接着分别命名为"翅膀"、"身体"和"头部"，如图3-75所示。

22 选择"头部"图层组，然后新建一个"图层1"，接着使用"椭圆选框工具" 绘制一个合适的椭圆选区，并用黑色填充选区，如图3-76所示。

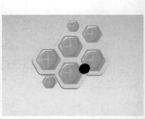

图3-75　　　　　　　　　　　图3-76

23 新建一个"图层2"，然后继续使用"椭圆选框工具" 绘制一个合适的椭圆选区，如图3-77所示。

图3-77

24 设置前景色为白色，然后打开"渐变编辑器"对话框，接着选择"前景色到透明渐变"，如图3-78所示，最后按照如图3-79所示的方向为选区填充使用线性渐变色。

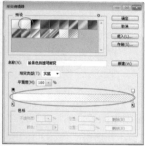

图3-78

图3-79

25 设置"图层2"图层的"不透明度"为48%，如图3-80所示，效果如图3-81所示。

图3-80

图3-81

26 新建一个"图层3"，然后按Shift键的同时使用黑色"画笔工具"绘制出蜜蜂的触须，如图3-82所示。

27 设置前景色为（R:249，G:217，B:25），然后新建一个"图层4"，接着继续使用"画笔工具"绘制出蜜蜂触须的其他部分，如图3-83所示。

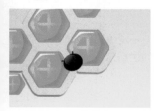

图3-82

图3-83

28 选择"身体"图层组，然后新建一个"图层1"，接着使用"椭圆选框工具"绘制一个合适的椭圆选区，并用黑色填充选区，如图3-84所示。

29 设置前景色为（R:249，G:217，B:25），然后新建一个"图层2"，接着使用"椭圆选框工具"绘制一个椭圆选区，最后按Alt+Delete组合键用前景色填充选区，如图3-85所示。

图3-84

图3-85

30 使用"钢笔工具"绘制出如图3-86所示的路径。

31 新建一个"图层3"，然后按Ctrl+Enter组合键将路径转为选区，并用黑色填充选区，如图3-87所示。

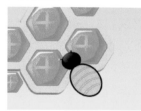

图3-86

图3-87

32 新建一个"图层4"，然后继续使用"椭圆选框工具"绘制一个合适的椭圆选区，并用白色填充选区，如图3-88所示，接着使用"橡皮擦工具"将椭圆形涂抹成半透明状，效果如图3-89所示。

图3-88

图3-89

33 设置"图层4"图层的"不透明度"为55%，如图3-90所示，效果如图3-91所示。

34 使用"钢笔工具"绘制出蜜蜂翅膀的外轮廓，如图3-92所示。

35 选择"翅膀"图层组，然后新建一个"图层1"，接着按Ctrl+Enter组合键将路径转为选区，最后使用白色填充选区，如图3-93所示。

图3-90　　　　　　　　　　　图3-91

图3-92　　　　　　　　　　　图3-93

36 设置"图层1"图层的"不透明度"为50%，如图3-94所示，效果如图3-95所示。

图3-94　　　　　　　　　　　图3-95

37 执行"图层>图层样式>描边"菜单命令，打开"图层样式"对话框，然后设置"大小"为3像素、"位置"为"居中"，具体参数设置如图3-96所示，效果如图3-97所示。

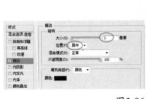

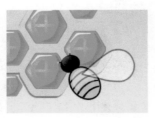

图3-96　　　　　　　　　　　图3-97

38 在"图层样式"对话框中单击"渐变叠加"样式，然后设置"不透明度"为33%，具体参数设置如图3-98所示，效果如图3-99所示。

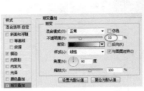

图3-98　　　　　　　　　　　图3-99

39 在"图层样式"对话框中单击"投影"样式，然后设置"距离"为11像素、"大小"为16像素，具体参数设置如图3-100所示，效果如图3-101所示。

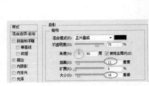

图3-100　　　　　　　　　　　图3-101

40 按Ctrl+J组合键复制一个副本图层，然后按Ctrl+T组合键进入自由变换状态，并调整到如图3-102所示的角度。

41 新建一个"图层2"，然后使用"椭圆选框工具" ⬭ 绘制一个如图3-103所示的圆形选区。

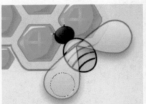

图3-102　　　　　　　　　　　图3-103

42 选择"画笔工具" ✎，然后在选项栏中选择一种柔边笔刷，并设置"不透明度"为35%，如图3-104所示，接着在选区内进行涂抹，效果如图3-105所示。

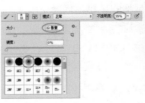

图3-104　　　　　　　　　　　图3-105

43 设置"图层2"图层的"不透明度"为50%，如图3-106所示，效果如图3-107所示。

44 按Ctrl+J组合键复制一个副本图层，然后按Ctrl+T组合键进入自由变换状态，并调整好位置和角度，效果如图3-108所示。

图3-106

图3-107

图3-108

45 新建一个"文字"图层组，然后设置前景色为（R:232，G:229，B:5），接着使用"横排文字工具"[T]（字体大小和样式可根据实际情况而定）在绘图区域中输入字母，效果如图3-109所示。

46 执行"图层>图层样式>斜面和浮雕"菜单命令，打开"图层样式"对话框，然后单击光泽等高线右侧的图标，接着在弹出的"等高线编辑器"对话框中将等高线编辑成如图3-110所示的形状，最后设置"深度"为75%、"大小"为6像素、高光不透明度为100%、"阴影模式"为"线性减淡（添加）"、阴影颜色为白色、阴影不透明度为26%，具体参数设置如图3-111所示，效果如图3-112所示。

图3-109

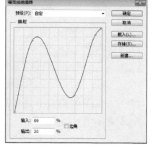

图3-110

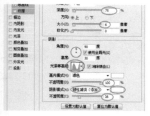

图3-111

图3-112

47 在"图层样式"对话框中单击"描边"样式，然后设置"位置"为"居中"、"混合模式"为"线性加深"、"不透明度"为12%，具体参数设置如图3-113所示，效果如图3-114所示。

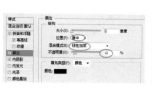

图3-113

图3-114

48 在"图层样式"对话框中单击"内阴影"样式，然后设置"不透明度"为56%、"角度"为132度、"距离"为6像素、"大小"为5像素，具体参数设置如图3-115所示，效果如图3-116所示。

图3-115

图3-116

49 在"图层样式"对话框中单击"投影"样式，然后设置阴影颜色为（R:173，G:113，B:0）、"不透明度"为50%、"距离"为3像素、"大小"为11像素、"等高线"为"锥形"，具体参数设置如图3-117所示，效果如图3-118所示。

图3-117

图3-118

50 设置文字图层的"填充"为0%，如图3-119所示，效果如图3-120所示。

图3-119

图3-120

51 打开光盘中的"素材文件>CH03>102-1.png"文件，然后将其拖曳到"保健蜂蜜标志"操作界面中，接着将新生成的图层移动到文字图层的下方，并更名为"图层1"图层，效果如图3-121所示。

52 在"图层1"的上方新建一个"图层2"，然后使用"钢笔工具" 在文字的右上角绘制出如图3-122所示的路径。

图3-121   图3-122

53 按Ctrl+Enter组合键将路径转为选区，然后打开"渐变编辑器"对话框，接着设置第1个色标的颜色为（R:0，G:71，B:24）、第2个色标的颜色为（R:117，G:177，B:56）、第3个色标的颜色为（R:174，G:215，B:120），如图3-123所示，最后按照如图3-124所示的方向为选区填充使用对称渐变色。

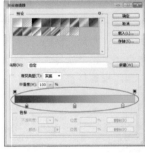

图3-123   图3-124

54 按Ctrl+T组合键复制一个副本图层，并调整好位置和大小，如图3-125所示，然后按Ctrl+E组合键将"图层2"和"图层2副本"图层合并为一个图层，并将新生成的图层命名为"图层2"，如图3-126所示。

图3-125   图3-126

55 在最上层新建一个"图层2"，然后使用"矩形选框工具" 绘制一个合适的矩形选区，并使用黑色填充选区，如图3-127所示。

图3-127

技巧与提示
这里填充黑色的主要原因是为了更好地搭配画面的图像。

56 设置"图层2"的"不透明度"为11%，如图3-128所示，效果如图3-129所示。

图3-128   图3-129

57 执行"图层>图层样式>渐变叠加"菜单命令，打开"图层样式"对话框，然后设置"不透明度"为86%，如图3-130所示，效果如图3-131所示。

图3-130   图3-131

58 在图像的右下角添加文字信息和图标，最终效果如图3-132所示。

图3-132

技巧与提示
"图标"素材的位置是"素材文件>CH03>102-2.png"文件。

实战 103 旅行社标志

文件位置：光盘>实例文件>CH03>实战103.psd／难易指数：★★★☆☆

PS技术点睛

● 运用"钢笔工具"绘制标志的基本轮廓。
● 运用图层样式命令以及图层蒙版制作标志的立体效果。

设计思路分析

本例设计的是旅行社的标志，该标志整体以蓝色为主色调，给人一种冷静且安全放心的感觉，标志主体搭配一直展翅飞翔的小鸟，代表着旅行社可以带领游客去观看世界每一个角落

01 启动Photoshop CS6，按Ctrl+N组合键新建一个"旅行社标志设计"文件，具体参数设置如图3-133所示。

02 按D键还原前景色和背景色，然后用黑色填充"背景"图层，接着使用"椭圆工具" ◎ 在绘图区域中绘制出如图3-134所示的椭圆路径。

图3-133

图3-134

03 新建一个图层，然后设置前景色为红色（R:170，G:205，B:6），接着按Ctrl+Enter组合键载入上一步绘制的椭圆路径选区，最后按Alt+Delete组合键用前景色填充选区，如图3-135所示。

04 使用"钢笔工具" ◎ 绘制出如图3-136所示的路径。

图3-135

图3-136

05 新建一个"图层2"，然后设置前景色为（R:0，G:160，B:233），接着按Ctrl+Enter组合键将路径转为选区，最后按Alt+Delete组合键用前景色填充选区，

如图3-137所示。

06 继续使用"钢笔工具" 绘制出如图3-138所示的路径。

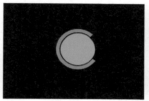
图3-137

图3-138

07 新建一个"图层3"，然后设置前景色为（R:228，G:0，B:127），接着按Ctrl+Enter组合键将路径转为选区，最后按Alt+Delete组合键用前景色填充选区，如图3-139所示。

图3-139

08 按Ctrl+J组合键复制一个"图层3副本"图层，然后执行"编辑>变换>垂直翻转"菜单命令，并移动到合适的位置，如图3-140所示，接着将"图层3"和"图层3副本"图层合并为一个图层，并更名为"图层3"，如图3-141所示。

图3-140

图3-141

09 新建一个"图层4"，使用"椭圆工具" ⬭ 在绘图区域绘制一个圆形路径，如图3-142所示。

图3-142

10 设置前景色为白色，然后按Ctrl+Enter组合键将路径转为选区，接着打开"渐变编辑器"对话框，选择"前景色到透明渐变"，如图3-143所示，最后从上向下为选区填充使用线性渐变色，如图3-144所示。

图3-143

图3-144

11 新建一个"图层5"，然后使用"钢笔工具" ✐ 绘制出如图3-145所示的路径，接着按Ctrl+Enter组合键将路径转为选区，并使用白色填充选区，如图3-146所示。

图3-145

图3-146

12 执行"图层>图层样式>渐变叠加"菜单命令，打开"图层样式"对话框，然后打开"渐变编辑器"对话框，设置第1个色标的颜色为（R:0，G:116，B:243）、第2个色标的颜色为（R:180，G:240，B:251），如图3-147和图3-148所示，效果如图3-149所示。

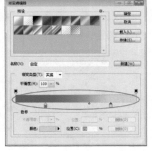

图3-147

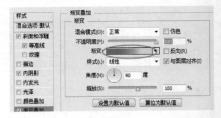

图3-148

图3-149

13 在"图层样式"对话框中单击"斜面和浮雕"样式，然后设置"大小"为39像素、高亮颜色为（R:200，G:241，B:253）、高光不透明度为100%、"阴影模式"为"正片叠底"、阴影颜色为白色、阴影不透明度为0%，具体参数设置如图3-150所示，效果如图3-151所示。

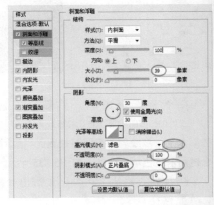

图3-150

图3-151

14 在"图层样式"对话框中单击"内阴影"样式，然后设置阴影颜色为（R:1, G:10, B:99）、"距离"为12像素、"大小"为5像素、"等高线"为"画圆步骤"，具体参数设置如图3-152所示，效果如图3-153所示。

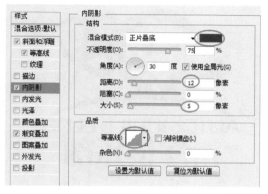

图3-152

图3-155

17 选择"工具箱"中的"移动工具" ，然后按住Shift键单击键盘上的右方向键→若干次，效果如图3-156所示。

图3-153

15 使用白色"横排文字工具" （字体大小和样式可根据实际情况而定）在绘图区域中输入字母，效果如图3-154所示。

图3-156

18 继续使用"钢笔工具" 为文字添加装饰效果，并填充合适的颜色，最终效果如图3-157所示。

图3-154

16 将文字栅格化，然后使用"套索工具" 将字母Y勾勒出来，如图3-155所示。

图3-157

技巧与提示

装饰图标的颜色依次为：深灰（R:27, G:27, B:27）、粉红（R:228, G:0, B:127）、黄色（R:253, G:208, B:0）。

实战 104 汽车俱乐部标志

文件位置：光盘>实例文件>C103>实战104.psd / 难易指数：★★★☆☆

设计思路分析

　　本例设计的是汽车俱乐部标志，该标志以汽车为主题，搭配类似火元素，给人视觉上的一种冲击，因汽车的主要对象是男性，所以整体标志设计追求大方简洁，颜色中运用少量的红色更给人眼前一亮的感觉。

01 启动Photoshop CS6，按Ctrl+N组合键新建一个"汽车俱乐部标志"文件，具体参数设置如图3-158所示。

02 新建一个"图层1"，然后使用"钢笔工具" 绘制出如图3-159所示的路径。

图3-158　　　　　　　　　　　　　图3-159

03 设置前景色为（R:35，G:24，B:21），然后按Ctrl+Enter组合键将路径转为选区，接着按Alt+Delete组合键用前景色填充选区，如图3-160所示。

04 新建一个"图层2"，然后使用"钢笔工具" 绘制出如图3-161所示的路径，接着按Ctrl+Enter组合键将路径转为选区，并使用白色填充选区，如图3-162所示。

图3-160　　　　　　图3-161　　　　　　图3-162

05 新建一个"图层3"，然后继续使用"钢笔工具" 绘制出如图3-163所示的路径。

06 设置前景色为（R:230，G:0，B:18），然后按Ctrl+Enter组合键将路径转为选区，接着按Alt+Delete组合键用前景色填充选区，如图3-164所示，最后按Shift键同时选中"图层1"、"图层2"、"图层

3"3个图层，并按Ctrl+E组合键合并为一个图层。

07 新建一个"图层4"，然后使用"钢笔工具" 绘制出如图3-165所示的路径，接着设置前景色为（R:35，G:24，B:21），最后按Ctrl+Enter组合键将路径转为选区，并使用前景色填充选区，如图3-166所示。

08 新建一个"图层5"，然后使用"钢笔工具" 绘制出如图3-167所示的路径，然后按Ctrl+Enter组合键将路径转为选区，接着按Alt+Delete组合键用前景色填充选区，如图3-168所示。

图3-163　　　　　　图3-164　　　　　　图3-165

图3-166　　　　　　图3-167　　　　　　图3-168

09 使用"横排文字工具" （字体大小和样式可根据实际情况而定）在绘图区域中输入文字信息，最终效果如图3-169所示。

图3-169

实战 105 饮料标志

文件位置：光盘>实例文件>CH03>实战105.psd / 难易指数：★★★☆☆

PS技术点睛

● 运用"钢笔工具"绘制标志的基本形状。
● 运用"渐变工具"等制作背景的渐变效果。
● 使用"描边"等命令绘制杯子的外轮廓。
● 使用图层样式命令制作字体的效果。

设计思路分析

　　本例设计的是饮料标志，该标志在色调上运用了对比色，即紫色搭配黄色，整体感觉对比强烈，该标志适合用于果汁店或饮品包装上等。

01 启动Photoshop CS6，按Ctrl+N组合键新建一个"饮料标志设计"文件，具体参数设置如图3-170所示。

图3-170

02 选择"渐变工具"，然后打开"渐变编辑器"对话框，接着设置第1个色标的颜色为（R:132, G:33, B:133）、第2个色标的颜色为（R:71, G:18, B:72），如图3-171所示，最后按照如图3-172所示的方向为"背景"图层填充使用径向渐变色。

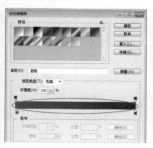

图3-171　　　　　　　　图3-172

03 打开光盘中的"素材文件>CH03>105.png"文件，然后将其拖曳到"饮品标志设计"操作界面中，接着将新生成的图层更名为"图层1"图层，效果如图3-173所示。

04 使用"钢笔工具"绘制出如图3-174所示的路径。

图3-173　　　　　　　　　　　　　　图3-174

05 新建一个"图层2"，然后按Ctrl+Enter组合键将路径转为选区，接着设置前景色为（R:255, G:51, B:0），最后按Alt+Delete组合键用前景色填充选区，效果如图3-175所示。

06 使用"钢笔工具"绘制出如图3-176所示的路径。

图3-175　　　　　　　　　　　　　　图3-176

07 新建一个"图层3"，然后按Ctrl+Enter组合键将路径转为选区，接着设置前景色为（R:255，G:102，B:0），最后按Alt+Delete组合键用前景色填充选区，效果如图3-177所示。

08 继续使用"钢笔工具" ⬚ 绘制出如图3-178所示的路径。

图3-177　　　　　　　　　　　图3-178

09 新建一个"图层4"，然后按Ctrl+Enter组合键将路径转为选区，接着设置前景色为（R:255，G:0，B:51），最后按Alt+Delete组合键用前景色填充选区，完成后将"图层4"移动到"图层2"上方，效果如图3-179所示。

10 使用"椭圆工具" ⬚ 绘制出两个椭圆路径，如图3-180所示。

图3-179　　　　　　　　　　　图3-180

11 新建一个"图层5"，然后按Ctrl+Enter组合键将路径转为选区，接着设置前景色为（R:255，G:153，B:0），最后按Alt+Delete组合键用前景色填充选区，效果如图3-181所示。

图3-181

12 使用"钢笔工具" ⬚ 绘制出如图3-182所示的路径，然后新建一个"图层6"，接着按Ctrl+Enter组合键将路径转为选区，最后执行"编辑>描边"菜单命令，并在弹出的"描边"对话框中设置"宽度"为15像素、"颜色"为黑色、"位置"为"内部"，具体参数设置如图3-183所示，效果如图3-184所示。

13 新建一个"图层7"，然后使用"椭圆选框工具" ⬚ 绘制出若干个椭圆选区，并使用白色填充选区，效果如图3-185所示。

图3-182　　　　　　　　　　　图3-183

图3-184　　　　　　　　　　　图3-185

14 新建一个"图层8"，然后继续使用"钢笔工具" ⬚ 绘制出合适的路径，接着设置前景色为（R:254，G:217，B:12），最后按Alt+Delete组合键用前景色填充选区，效果如图3-186所示。

15 按Ctrl+J组合键复制一个"图层8副本"图层，然后按住Ctrl键，单击副本图层缩略图将其载入选区，接着设置前景色为（R:0，G:147，B:95），并按Alt+Delete组合键用前景色填充选区，最后使用"移动工具" ⬚ 将图像移动到如图3-187所示的位置。

图3-186　　　　　　　　　　　图3-187

16 新建一个"图层9"，然后继续使用"钢笔工具" ⬚ 绘制出合适的路径，接着设置前景色为（R:240，G:130，B:0），最后按Alt+Delete组合键用前景色填充选区，效果如图3-188所示。

17 按Ctrl+J组合键复制一个"图层9副本"图层，然后按住Ctrl键，单击副本图层缩略图将其载入选区，接着设置前景色为（R:0，G:147，B:95），并按Alt+Delete组合键用前景色填充选区，最后将图像缩小到如图3-189所示的大小。

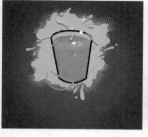
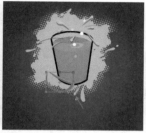

图3-188   图3-189

18 新建一个"图层10",然后使用"钢笔工具" ✎ 绘制出如图3-190所示的路径,接着设置前景色为（R:254,G:242,B:41）,最后按Alt+Delete组合键用前景色填充选区,效果如图3-191所示。

图3-190   图3-191

19 新建一个"图层11",然后使用"钢笔工具" ✎ 绘制出合适的路径,并使用白色填充路径,如图3-192所示。

20 确定当前图层为"图层11",然后按Alt键复制若干个图像,并使用"移动工具" ➤+ 将图像移动到合适的位置,完成后按Ctrl+E组合键将其合并为一个图层,效果如图3-193所示。

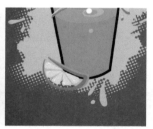

图3-192   图3-193

21 设置前景色为（R:255,G:51,B:0）,然后使用"横排文字工具" T （字体大小和样式可根据实际情况而定）在绘图区域中输入字母,效果如图3-194所示。

图3-194

22 执行"编辑>描边"菜单命令,然后在弹出的"描边"对话框中设置"宽度"为10像素、"颜色"为白色、"位置"为"居外",具体参数设置如图3-195所示,效果如图3-196所示。

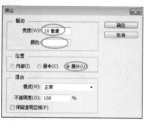

图3-195   图3-196

23 将文字图层栅格化,然后执行"编辑>变换>变形"菜单命令,将文字按照如图3-197所示进行变形。

24 使用白色"横排文字工具" T （字体大小和样式可根据实际情况而定）在绘图区域中输入字母,效果如图3-198所示。

图3-197   图3-198

25 执行"图层>图层样式>投影"菜单命令,打开"图层样式"对话框,然后设置"不透明度"为25%、"角度"为76度、"距离"为9像素,具体参数设置如图3-199所示,最终效果如图3-200所示。

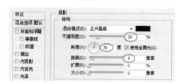

图3-199

图3-200

实战 106 牛仔裤标志

文件位置：光盘>实例文件>CH03>实战106.psd / 难易指数：★★★☆☆

设计思路分析

本例设计的是牛仔裤标志，该标志以"麻布"质感为主要特色，运用画笔描边制作出布料缝制的效果，红色的字体则加深了顾客对商品名称的印象。

01 启动Photoshop CS6，按Ctrl+N组合键新建一个"牛仔裤标志设计"文件，具体参数设置如图3-201所示。

02 使用黑色填充"背景"图层，然后在"路径"面板下单击"创建新路径"按钮，新建一个"路径1"，接着使用"钢笔工具"绘制出如图3-202所示的路径。

图3-201

图3-202

技术专题 05 认识工作路径

一般情况下，使用"钢笔工具"绘制路径默认的是工作路径，而工作路径是临时路径，是在没有新建路径的情况下使用钢笔等工具绘制的路径，一旦重新绘制了路径，原有的路径将被当前路径所替代，并成为新的工作路径，如图3-203所示。如果不想工作路径被替换掉，可以在"路径"面板下单击"创建新路径"按钮，新建一个路径，或者在完成路径后，双击其缩略图，打开"存储路径"对话框，将其保存起来，如图3-204和图3-205所示。

图3-203

图3-204

图3-205

03 新建一个"图层1"，然后按Ctrl+Enter组合键将路径转换为选区，接着执行"编辑>描边"菜单命令，最后在弹出的"描边"对话框中设置"宽度"为18像素、"颜色"为（R:148，G:7，B:16）、"位置"为"居中"，具体参数设置如图3-206所示，效果如图3-207所示。

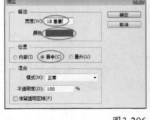

图3-206

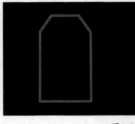

图3-207

技巧与提示

使用画笔压力对路径进行描边也可以达到如图3-207所示的效果。

04 按Ctrl+D组合键取消选区，然后执行"图层>图层样式>斜面和浮雕"菜单命令，打开"图层样式"对话框，接着设置"深度"为150%、"大小"为3像素、"软化"为2像素，具体参数设置如图3-208所示，效果如图3-209所示。

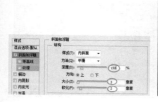
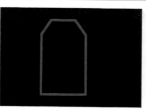

图3-208　　　　　　　　　　图3-209

05 打开光盘中的"素材文件>CH03>106-1.jpg"文件，然后将其拖曳到"牛仔裤标志设计"操作界面中，接着将新生成的图层更名为"图层2"图层，效果如图3-210所示。

06 将"图层2"移动到"背景"图层的上方，然后选择"路径1"，接着按Ctrl+Enter组合键将路径转换为选区，最后执行"选择>反向"菜单命令，并按Delete键删除选区内的像素，如图3-211所示。

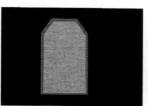

图3-210　　　　　　　　　　图3-211

07 新建一个"路径2"，然后使用"椭圆工具" ⬭ 绘制一个合适的圆形路径，接着按Ctrl+Enter组合键将路径转换为选区，最后按Delete键删除选区内的像素，如图3-212所示。

图3-212

08 新建一个"图层3"，然后再次载入"路径2"的选区，接着执行"编辑>描边"菜单命令，最后在弹出的"描边"对话框中设置"宽度"为4像素、"位置"为"居中"，具体参数设置如图3-213所示，效果如图3-214所示。

图3-213　　　　　　　　　　图3-214

09 选择"图层1"图层，然后执行"图层>图层样式>复制图层样式"菜单命令，接着选择"图层3"图层，最后执行"图层>图层样式>粘贴图层样式"菜单命令，这样可以将"图层1"图层的样式复制并粘贴给"图层3"图层，效果如图3-215所示。

10 设置前景色为黑色，然后选择"画笔工具" ✐，并在选项栏中选择一种硬边笔刷，接着打开"画笔"面板，最后设置"大小"为12像素、"间距"为200%，具体参数设置如图3-216所示。

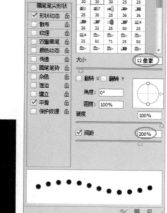

图3-215　　　　　　　　　　图3-216

技术专题 06 **打开"画笔"面板的方法**

打开"画笔"面板的方法主要有以下3种。

第1种：在"工具箱"中选择"画笔工具" ✐，然后在选项栏中单击"切换画笔面板"按钮 📋。

第2种：执行"窗口>画笔"菜单命令。

第3种：直接按F5键。

11 选择"路径1"，然后新建一个"图层4"，接着选择"钢笔工具" ✐，并在绘图区域中单击鼠标右键，在弹出的快捷菜单中选择"描边路径"命令，如图3-217所示，最后在弹出的对话框中单击"确定"按钮 确定 ，如图3-218所示，效果如图3-219所示。

图3-217

111

图3-218　　　　　　　　图3-219

图3-224

15 执行"图层>图层样式>斜面和浮雕"菜单命令，打开"图层样式"对话框，然后设置"大小"为5像素，具体参数设置如图3-225所示，效果如图3-226所示。

技巧与提示

按Ctrl+H组合键不仅可以隐藏路径，还可以隐藏选区和参考线。

12 确定当前图层为"图层4"，然后执行"滤镜>模糊>高斯模糊"菜单命令，并在弹出的"高斯模糊"对话框中设置"半径"为5.5像素，如图3-220所示，效果如图3-221所示。

图3-225　　　　　　　　图3-226

16 使用"横排文字工具" [T]（字体大小和样式可根据实际情况而定）在绘图区域中输入字母，然后按Ctrl+T组合键将文字按照如图3-227所示进行旋转。

图3-220　　　　　　　　图3-221

13 设置前景色为白色，然后打开"画笔"面板，接着设置"大小"为15像素、"圆度"为20%、"间距"为690%，如图3-222所示，最后选择"形状动态"选项，并设置"角度抖动"下方的"控制"为"方向"，如图3-223所示。

图3-227

17 选择BES文字图层，然后设置该图层的"混合模式"为"正片叠底"，如图3-228所示，效果如图3-229所示。

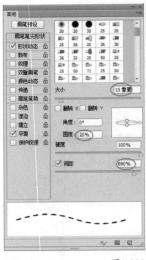

图3-222　　　　　　　　图3-223

14 保持对"路径1"的选择，然后新建一个"图层5"，接着使用相同的方法为路径描边，效果如图3-224所示。

图3-228　　　　　　　　图3-229

18 打开光盘中的"素材文件>CH03>106-2.png"文件，然后将其拖曳到"牛仔裤标志设计"操作界面中，接着将新生成的图层更名为"图层6"图层，效果如图3-230所示。

图3-230

19 按Shift键选择除"背景"图层的所有图层，然后按Ctrl+G组合键为其创建一个图层组，如图3-231所示，接着暂时隐藏"背景"图层，最后按Ctrl+Alt+Shift+E组合键盖印可见图层，得到"图层7"，如图3-232所示。

图3-231

图3-232

20 显示"背景"图层并选择"图层7"，然后按Ctrl+J组合键复制一个副本图层，接着暂时隐藏副本图层和"组1"图层组，如图3-233所示。

图3-233

21 选择"图层7"图层，然后执行"图层>图层样式>外发光"菜单命令，打开"图层样式"对话框，最后设置"混合模式"为"正常"、"不透明度"为11%、发光颜色为（R:252，G:196，B:33），具体参数设置如图3-234所示，效果如图3-235所示。

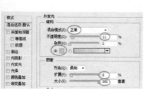

图3-234

图3-235

22 显示"图层7副本"图层，然后执行"编辑>变换>垂直翻转"菜单命令，接着使用"移动工具" 将图像移动到如图3-236所示的位置。

23 在"图层"面板下方单击"添加图层蒙版"按钮，为该图层添加一个图层蒙版，然后使用"渐变工具"在蒙版中从上往下填充黑色到白色的线性渐变，如图3-237所示。

图3-236    图3-237

24 设置"图层7副本"图层的"不透明度"为25%，如图3-238所示，效果如图3-239所示。

图3-238

图3-239

25 新建一个"文字"图层组，然后使用"横排文字工具" 在绘图区域中输入文字信息，最终效果如图3-240所示。

图3-240

实战 107 水果糖标志

文件位置：光盘>实例文件>CH03>实战107.psd / 难易指数：★★★☆☆

PS技术点睛

● 运用"钢笔工具"绘制标志的外轮廓并填充颜色。
● 运用图层样式制作标志的立体感。
● 运用自由变换命令以及图层蒙版制作倒影。
● 栅格化文字，并对文字进行编辑。

设计思路分析

　　本例设计的是以水果为主题的糖果标志，因商品的顾客群体大多为年轻的女性，所以以五彩的颜色搭配卡通的字体来表现出糖果的特质。

01 启动Photoshop CS6，按Ctrl+N组合键新建一个"水果糖标志设计"文件，具体参数设置如图3-241所示。

02 设置前景色为（R:50，G:5，B:44），然后按Alt+Delete组合键用前景色填充"背景"图层，如图3-242所示。

图3-241　　　　　　　　　　图3-242

03 新建一个"标志"图层组，然后在该图层组中新建一个"图层1"，接着使用"椭圆选框工具"　　绘制一个椭圆选区，最后打开"渐变编辑器"对话框，设置第1个色标的颜色为（R:59，G:52，B:141）、第2个色标的颜色为（R:68，G:45，B:95），如图3-243所示，并使用线性渐变为选区填充渐变色，效果如图3-244所示。

图3-243　　　　　　　　　　图3-244

技巧与提示

　　在绘制标志效果时，制作方法是相同的，只是更改了渐变的颜色。

04 新建一个"图层2"，然后绘制一个椭圆选区，接着打开"渐变编辑器"对话框，设置第1个色标的颜色为（R:117，G:48，B:127）、第2个色标的颜色为（R:39，G:39，B:78），如图3-245所示，最后按照如图3-246所示的方向为选区填充使用径向渐变色。

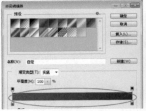

图3-245　　　　　　　　　　图3-246

05 新建一个"图层3"，然后绘制一个椭圆选区，接着打开"渐变编辑器"对话框，设置第1个色标的颜色为（R:213，G:29，B:122）、第2个色标的颜色为（R:174，G:43，B:95），如图3-247所示，最后按照如图3-248所示的方向为选区填充使用径向渐变色。

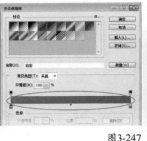

图3-247　　　　　　　　　　图3-248

06 新建一个"图层4"，然后绘制一个椭圆选区，接着打开"渐变编辑器"对话框，设置第1个色标的颜色为（R:222，G:42，B:27）、第2个色标的颜色为（R:121，G:23，B:28），如图3-249所示，最后使用径向渐变为选区填充渐变色，效果如图3-250所示。

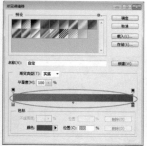

图3-249　　　　　　　　　　　图3-250

07 新建一个"图层5"，然后绘制一个椭圆选区，接着打开"渐变编辑器"对话框，设置第1个色标的颜色为（R:230，G:100，B:48）、第2个色标的颜色为（R:180，G:64，B:33），如图3-251所示，最后使用径向渐变为选区填充渐变色，效果如图3-252所示。

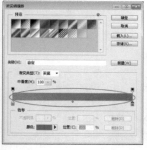

图3-251　　　　　　　　　　　图3-252

08 新建一个"图层6"，然后绘制一个椭圆选区，接着打开"渐变编辑器"对话框，设置第1个色标的颜色为（R:245，G:176，B:66）、第2个色标的颜色为（R:242，G:148，B:41），如图3-253所示，最后使用径向渐变为选区填充渐变色，效果如图3-254所示。

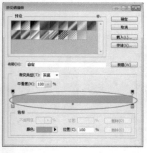

图3-253　　　　　　　　　　　图3-254

09 新建一个"图层7"，然后绘制一个椭圆选区，并使用白色填充选区，效果如图3-255所示。

10 新建一个"图层8"，然后设置前景色为（R:228，G:99，B:39），接着使用"钢笔工具" ✐ 绘制出合适的路径，并用前景色填充路径，效果如图3-256所示。

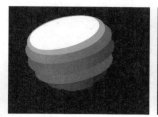

图3-255　　　　　　　　　　　图3-256

11 确定当前图层为"图层8"，执行"图层>图层样式>斜面和浮雕"菜单命令，打开"图层样式"对话框，然后设置"深度"为1000%、"大小"为7像素、"软化"为2像素，接着设置"高光模式"为"正常"、高光不透明度为100%、阴影颜色为（R:255，G:227，B:27）、阴影不透明度为100%，具体参数设置如图3-257所示，效果如图3-258所示。

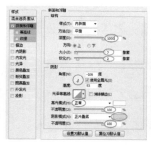

图3-257　　　　　　　　　　　图3-258

12 新建一个"图层9"，然后使用"钢笔工具" ✐ 绘制出高光部分，并使用白色填充路径，接着调整好图层的位置，效果如图3-259所示。

图3-259

技巧与提示 ✐
绘制高光效果是为了使标志更具有立体感。

13 按Ctrl+J组合键复制出3个副本图层，然后调整好图层的顺序，效果如图3-260所示。

14 暂时隐藏"背景"图层，然后按Ctrl+Alt+Shift+E组合键盖印可见图层，得到"图层13"，并更名为

"倒影"图层，接着执行"编辑>变换>垂直翻转"菜单命令，并使用"移动工具" ▶ 将图像移动到标志的下方，效果如图3-261所示。

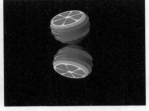

图3-260 图3-261

15 在"图层"面板下方单击"添加图层蒙版"按钮 ▣ ，为该图层添加一个图层蒙版，然后使用"渐变工具" ▣ 在蒙版中按照如图3-262所示的方向填充黑色到白色的线性渐变，此时的蒙版效果如图3-263所示。

图3-262

图3-263

16 设置前景色（R:252，G:192，B:55），然后使用"横排文字工具" T 在标志的下方输入文字信息，效果如图3-264所示。

图3-264

17 选择文字图层，然后在图层名称上单击鼠标右键，接着在弹出的快捷菜单中选择"栅格化文字"命令，如图3-265所示，就可以将文字图层转换为普通图层，最后使用"套索工具" ⟁ 将一部分字母勾勒出来，并按Delete键删除选区内的像素，效果如图3-266所示。

图3-265 图3-266

技巧与提示

　　Photoshop中的文字图层不能直接应用滤镜或进行扭曲、透视等变换操作，若要对文本应用这些滤镜或变换时，就需要将其栅格化，使文字变成像素图像。

18 新建一个"图层10"，然后设置前景色为（R:6，G:187，B:51）接着使用"钢笔工具" ✎ 绘制出叶子的大致轮廓，并使用前景色填充路径，效果如图3-267所示。

图3-267

19 设置前景色为（R:236，G:72，B:130），然后继续使用"横排文字工具" T 在标志的下方输入文字信息，最终效果如图3-268所示。

图3-268

实战 108 酒吧标志

文件位置：光盘>实例文件>CH03>实战108.psd / 难易指数：★★★☆☆

PS技术点睛

● 运用"钢笔工具"绘制图案中的线条，制作图案高光效果。
● 运用画笔工具，并在选项栏中对画笔进行设置，绘制紫色光晕。
● 使用文字工具，输入文字信息。

设计思路分析

本例设计的是酒吧标志，该标志运用大写字母M为主要对象，制作出具有霓虹灯特效的视觉效果，运用"画笔工具"制作出星光的特效，使标志表现更加完美。

01 启动Photoshop CS6，按Ctrl+N组合键新建一个"酒吧标志设计"文件，具体参数设置如图3-269所示。

02 使用黑色填充"背景"图层，然后在"路径"面板下单击"创建新路径"按钮 ，新建一个"路径1"，接着使用"钢笔工具" 绘制出如图3-270所示的路径。

图3-269

图3-270

03 新建一个M图层，然后按Ctrl+Enter组合键将路径转换为选区，接着打开"渐变编辑器"对话框，选择"色谱"，如图3-271所示，最后从上向下为选区填充使用线性渐变色，如图3-272所示。

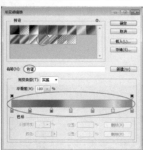

图3-271

图3-272

04 保持选区状态，然后执行"选择>修改>收缩"菜单命令，并在弹出的"收缩选区"对话框中设置

"收缩量"为25像素，如图3-273所示，效果如图3-274所示，最后按Delete键删除选区内的像素，效果如图3-275所示。

05 按Ctrl+J组合键复制出两个副本图层，然后选择M图层，并暂时隐藏两个副本图层，如图3-276所示。

图3-273

图3-274

图3-275

图3-276

06 确定当前图层为M图层，执行"图层>图层样式>斜面和浮雕"菜单命令，打开"图层样式"对话框，然后设置"样式"为"枕状浮雕"、"深度"为72%、"大小"为18像素、"角度"为-152度，具体参数设置如图3-277所示，效果如图3-278所示。

07 选择"M副本"图层，然后暂时隐藏M图层，接着执行"滤镜>模糊>高斯模糊"菜单命令，并在

弹出的"高斯模糊"对话框中设置"半径"为10像素，如图3-279所示，效果如图3-280所示。

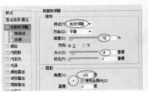

图3-277 图3-278

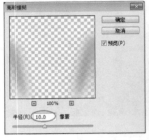

图3-279 图3-280

08 选择"M副本2"图层，然后暂时隐藏"M副本"图层，接着执行"滤镜>模糊>高斯模糊"菜单命令，并在弹出的"高斯模糊"对话框中设置"半径"为35像素，如图3-281所示，效果如图3-282所示。

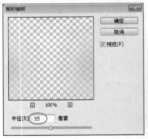

图3-281 图3-282

09 显示M图层和"M副本"图层，效果如图3-283所示。

10 在最上层新建一个"图层2"，然后使用"钢笔工具" 绘制出一个合适的路径，接着按Ctrl+Enter组合键将路径转换为选区，并用白色填充选区，效果如图3-284所示。

图3-283 图3-284

11 执行"图层>图层样式>外发光"菜单命令，打开"图层样式"对话框，然后设置"不透明度"为77%、"扩展"为13%、"大小"为9像素，具体参数设置如图3-285所示，效果如图3-286所示。

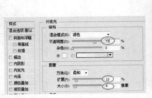

图3-285 图3-286

12 新建一个"图层3"，然后结合"钢笔工具" 和"描边路径"命令绘制图像下方的紫色线条，效果如图3-287所示。

图3-287

13 使用"矩形选框工具" 在图像的下方绘制一个矩形选区，如图3-288所示。

图3-288

14 新建一个"图层4"，然后设置前景色为（R:134, G:34, B:85），接着打开"渐变编辑器"对话框，选择"前景色到透明渐变"，如图3-289所示，最后从上向下为选区填充使用线性渐变色，如图3-290所示。

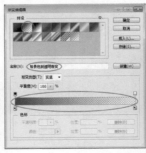

图3-289 图3-290

15 在"图层"面板下方单击"添加图层蒙版"按钮 ⬜，为该图层添加一个图层蒙版，然后使用黑色"画笔工具" ✐ 在蒙版中进行涂抹，效果如图3-291所示。

16 选择"画笔工具" ✐，然后在选项栏中选择一种柔边笔刷，接着设置"大小"为7像素、"流量"为50%，如图3-292所示。

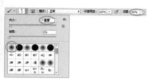

图3-291　　　　　　　　　　　图3-292

17 单击选项栏中的"切换画笔面板"按钮 ⬛，打开"画笔"面板，然后设置"间距"为192%，如图3-293所示，接着勾选"散布"选项，并设置"散布"为425%、"散布"选项下方的"控制"为"渐隐"、"数量"为4、"数量抖动"为95%，如图3-294所示。

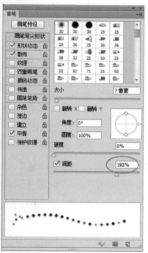

图3-293　　　　　　　　　　　图3-294

18 新建一个"图层5"，然后设置前景色为（R:224，G:58，B:215），接着使用"画笔工具" ✐ 进行涂抹，效果如图3-295所示。

图3-295

19 在"背景"图层上方新建一个"图层6"，然后继续使用"画笔工具" ✐ 绘制出光晕效果，如图3-296所示。

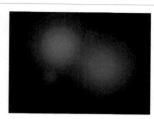

图3-296

技巧与提示　　光晕的颜色依次为粉色（R:224，G:58，B:215）、蓝色（R:42，G:31，B:196）、黄色（R:137，G:88，B:37）、绿色（R:24，G:69，B:45）。

20 设置"图层6"的"不透明度"为24%，如图3-297所示，效果如图3-298所示。

图3-297　　　　　　　　　　　图3-298

21 按Ctrl+J组合键复制一个副本图层，然后执行"编辑>变换>水平翻转"菜单命令，接着设置该副本图层的"混合模式"为"亮光"、"不透明度"为28%，如图3-299所示，效果如图3-300所示。

图3-299　　　　　　　　　　　图3-300

22 设置前景色为（R:75，G:75，B:75），然后使用"横排文字工具" T（字体大小和样式可根据实际情况而定）在绘图区域中输入字母，最终效果如图3-301所示。

图3-301

实战 ⑩ 化妆品标志

文件位置：光盘>实例文件>CH03>实战109.psd / 难易指数：★★★★☆

PS技术点睛

● 运用"钢笔工具"绘制标志的外轮廓。
● 运用"渐变工具"制作标志的渐变效果。
● 运用图层的混合模式合成标志的叠加效果。
● 运用图层蒙版制作选区。

设计思路分析

本例设计的是化妆品的标志，因商品的主要对象是女性，所以在设计标志时采用了柔和的粉色，标志以一朵盛开的花朵为主体，其用意是让使用了该商品的女性更加美丽动人。

01 启动Photoshop CS6，按Ctrl+N组合键新建一个"化妆品标志设计"文件，具体参数设置如图3-302所示。

图3-302

02 选择"渐变工具" ，并在选项栏中勾选"反向"，然后打开"渐变编辑器"对话框，接着设置第1个色标的颜色为（R:245，G:178，B:178）、第2个色标的颜色为白色，如图3-303所示，最后按照如图3-304所示为"背景"图层填充使用径向渐变色。

图3-303   图3-304

03 新建一个"组1"，然后使用"钢笔工具" 绘制出如图3-305所示的路径。

04 按Ctrl+Enter组合键将路径转换为选区，然后在"图层"面板下方单击"添加图层蒙版"按钮 ，为该图层组添加一个图层蒙版，如图3-306所示。

图3-305   图3-306

05 在该图层组中新建一个"图层1"，然后打开"渐变编辑器"对话框，接着设置第1个色标的颜色为（R:146，G:5，B:11）、第2个色标的颜色为（R:241，G:136，B:128），如图3-307所示，最后从左向右为"图层1"填充使用线性渐变色，如图3-308所示，效果如图3-309所示。

06 新建一个"图层2"，然后使用"钢笔工具" 绘制出花瓣底部高光的路径，如图3-310所示。

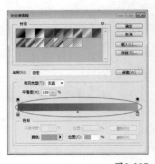

图3-307   图3-308

图3-309　　　　　　　　　　　　　　　　图3-310

07 按Ctrl+Enter组合键将路径转换为选区，然后执行"选择>修改>羽化"菜单命令，并在弹出的"羽化半径"对话框中设置"羽化半径"为15像素，如图3-311所示，接着设置前景色为（R:246，G:98，B:102），最后按Alt+Delete组合键为选区填充前景色，效果如图3-312所示。

图3-311 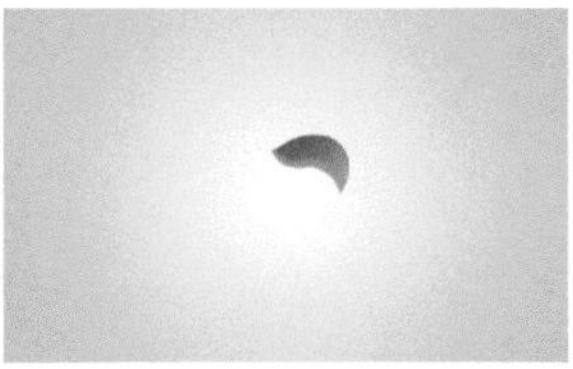　　　　　　　　　　　　　　　　图3-312

08 新建一个"图层3"，然后继续使用"钢笔工具" 绘制出花瓣顶部高光的路径，如图3-313所示。

09 按Ctrl+Enter组合键将路径转换为选区，然后羽化15个像素后填充相同的颜色，效果如图3-314所示。

图3-313　　　　　　　　　　　　　　　　图3-314

10 新建一个"图层4"，然后使用"钢笔工具" 绘制出花瓣底部边缘高光的路径，如图3-315所示。

图3-315

11 按Ctrl+Enter组合键将路径转换为选区，然后执行"选择>修改>羽化"菜单命令，并在弹出的"羽化半径"对话框中设置"羽化半径"为4像素，如图3-316所示，接着设置前景色为（R:240，G:128，B:128），最后按Alt+Delete组合键为选区填充前景色，效果如图3-317所示。

12 新建一个"图层5"，然后使用"钢笔工具" 绘制出花瓣顶部边缘高光的路径，如图3-318所示。

13 按Ctrl+Enter组合键将路径转换为选区，然后羽化4个像素后填充相同的颜色，效果如图3-319所示。

图3-316　　　　　　　　　　　　　　　　图3-317

图3-318　　　　　　　　　　　　　　　　图3-319

14 使用相同的方法制作其他花瓣效果，如图3-320所示，效果如图3-321所示。

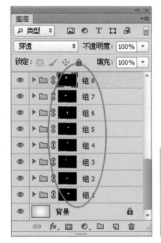

图3-320　　　　　　　　　　　　　　　　图3-321

15 暂时隐藏"背景"图层，然后按Ctrl+Alt+Shift+E组合键盖印可见图层，得到"图层47"，如图3-322所示。

图3-322

121

16 按Ctrl+J组合键复制一个副本图层，然后设置该副本图层的"不透明度"为50%，如图3-323所示，接着显示"背景"图层，并暂时隐藏其他图层组和"图层47"图层，如图3-324所示。

图3-323　　　　　　　　图3-324

17 选择"图层47"图层，然后按Ctrl+J组合键复制一个"图层47副本2"图层，并移动到图层最上方，接着按Ctrl+T组合键进入自由变换状态，将图像旋转并缩小到如图3-325所示的大小。

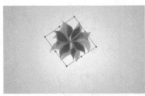

图3-325

18 按Ctrl+M组合键打开"曲线"对话框，然后将曲线调节成如图3-326所示的形状，效果如图3-327所示。

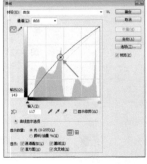

图3-326　　　　　　　　图3-327

19 设置"图层47副本2"图层的"混合模式"为"变亮"、"不透明度"为80%，如图3-328所示，效果如图3-329所示。

20 选择"图层47"图层，然后按Ctrl+J组合键复制一个"图层47副本3"图层，并移动到图层最上方，接着按Ctrl+T组合键进入自由变换状态，将图像旋转并缩小到如图3-330所示的大小。

图3-328　　　　　　　　图3-329

图3-330

21 设置"图层47副本3"图层的"混合模式"为"正片叠底"，如图3-331所示，效果如图3-332所示。

图3-331　　　　　　　　图3-332

22 继续选择"图层47"图层，然后按Ctrl+J组合键复制一个"图层47副本4"图层，并移动到图层最上方，接着按Ctrl+T组合键进入自由变换状态，将图像旋转并缩小到合适的大小，最后设置该图层的"混合模式"为"柔光"，如图3-333所示，效果如图3-334所示。

图3-333　　　　　　　　图3-334

23 使用相同的方法复制一个"图层47副本5"图层，并设置该图层的"混合模式"为"柔光"，如图3-335所示，效果如图3-336所示。

图3-335　　　　　　　　　　图3-336

24 打开光盘中的"素材文件>CH03>109.png"文件，然后将其拖曳到"化妆品标志设计"操作界面中，接着将新生成的图层更名为"蝴蝶"图层，效果如图3-337所示。

图3-337

25 执行"图层>图层样式>投影"菜单命令，打开"图层样式"对话框，然后设置"不透明度"为60%、"角度"为99度、"距离"为14像素、"扩展"为14%，"大小"为7像素，具体参数设置如图3-338所示，效果如图3-339所示。

图3-338　　　　　　　　　　图3-339

26 新建一个图层，然后设置前景色为（R:234，G:147，B:16），接着选择一种柔边笔刷，并在图像中进行涂抹，如图3-340所示。

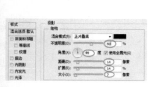

图3-340

27 设置"图层48"图层的"混合模式"为"叠加"，如图3-341所示，效果如图3-342所示。

图3-341　　　　　　　　　　图3-342

28 设置前景色为（R:75，G:75，B:75），然后使用"横排文字工具"[T]（字体大小和样式可根据实际情况而定）在绘图区域中输入字母，效果如图3-343所示。

图3-343

29 执行"图层>图层样式>斜面和浮雕"菜单命令，打开"图层样式"对话框，然后设置"深度"为184%、"大小"为3像素、"角度"为99度，具体参数设置如图3-344所示。

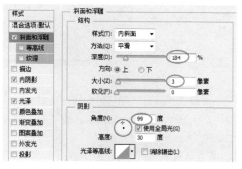

图3-344

30 在"图层样式"对话框中单击"内阴影"样式，然后设置"角度"为99度、"距离"为14像素、"大小"为0像素，具体参数设置如图3-345所示。

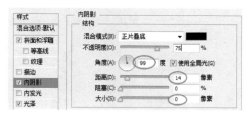

图3-345

31 在"图层样式"对话框中单击"光泽"样式，然后设置"不透明度"为78%、"角度"为103度、"距离"为12像素、"大小"为6像素，具体参数设置如图3-346所示，效果如图3-347所示。

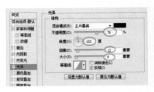 

图3-346　　　　　　　　　　图3-347

32 新建一个"装饰"图层组，然后新建一个"图层1"，接着使用"矩形选框工具" 在图像底部绘制一个合适的矩形选区，并使用黑色填充选区，如图3-348所示。

图3-348

33 执行"图层>图层样式>渐变叠加"菜单命令，打开"图层样式"对话框，然后设置"角度"为-90度，具体参数设置如图3-349所示，效果如图3-350所示。

图3-349　　　　　　　　　　图3-350

34 设置"装饰"图层组中"图层1"的"不透明度"为25%，如图3-351所示，效果如图3-352所示。

图3-351　　　　　　　　　　图3-352

35 使用"横排文字工具" （字体大小和样式可根据实际情况而定）在绘图区域中输入文字信息，

效果如图3-353所示。

图3-353

36 执行"图层>图层样式>投影"菜单命令，打开"图层样式"对话框，然后设置"角度"为99度、"距离"为2像素、"大小"为2像素，具体参数设置如图3-354所示，效果如图3-355所示。

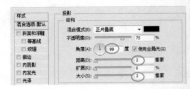

图3-354

图3-355

37 选择"蝴蝶"图层，然后按Ctrl+J组合键复制一个"蝴蝶副本"图层，并将该图层移动到"装饰"图层组中，接着执行"图层>图层样式>投影"菜单命令，打开"图层样式"对话框，然后设置"不透明度"为100%、"角度"为69度、"距离"为1像素、"大小"为5像素，具体参数设置如图3-356所示，最终效果如图3-357所示。

图3-356

图3-357

实战 110 纯净水标志

文件位置：光盘>实例文件>CH03>实战110.psd / 难易指数：★★★★☆

PS技术点睛

● 运用"钢笔工具"绘制标志的外轮廓。
● 运用"渐变工具"制作水滴的立体效果。

设计思路分析

本例设计的是纯净水的标志，该设计以水滴为主体表现出标志的主要内容，搭配水滴和冰块的素材，使标志整体表现出清爽的感觉，也使整个标志更加完美。

01 启动Photoshop CS6，按Ctrl+N组合键新建一个"纯净水标志设计"文件，具体参数设置如图3-358所示。

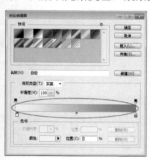

图3-358

02 选择"渐变工具" 🔳，然后打开"渐变编辑器"对话框，接着设置第1个色标的颜色为（R:237，G:253，B:254）、第2个色标的颜色为（R:19，G:133，B:230），如图3-359所示，最后使用径向渐变为"背景"图层填充渐变色，效果如图3-360所示。

图3-359　　　　　　　　　图3-360

03 新建一个"水滴"图层组，然后使用"钢笔工具" 🖋绘制出如图3-361所示的路径。

图3-361

04 在"水滴"图层组中新建一个"图层1"，然后按Ctrl+Enter组合键将路径转换为选区，接着设置前景色（R:0，G:96，B:182），最后按Alt+Delete组合键使用前景色填充选区，效果如图3-362所示。

05 设置前景色为白色，然后选择"画笔工具" 🖊，接着在选项栏中选择一种柔边笔刷，并设置"大小"为150像素、"不透明度"为50%、"流量"为50%，如图3-363所示。

图3-362　　　　　　　　　图3-363

06 按住Ctrl键并单击"图层1"缩略图将其载入选区，然后新建一个"图层2"，接着使用"画笔工具" 🖊在选区中进行涂抹，如图3-364所示，完成后使用"移动工具" ⊕将图像向下移动到如图3-365所示的位置。

图3-364　　　　　　　　　图3-365

07 再次载入"图层1"选区，然后执行"选择>修改>收缩"菜单命令，接着在弹出的"收缩选区"对话框中设置"收缩量"为5像素，如图3-366所示。

图3-366

08 新建一个"图层3"，然后设置前景色为（R:34，G:120，B:198），接着选择"画笔工具" ，并在选项栏中选择一种柔边笔刷，设置"大小"为100像素、"不透明度"为15%、"流量"为50%，如图3-367所示，最后在图像的边缘处进行涂抹，效果如图3-368所示。

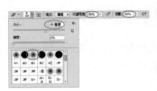

图3-367　　　　　　　　　　图3-368

09 使用"钢笔工具" 绘制出如图3-369所示的路径，然后新建一个"图层4"，接着设置前景色为（R:135，G:192，B:244），最后按Alt+Delete组合键用前景色填充选区，效果如图3-370所示。

图3-369　　　　　　　　　　图3-370

10 使用"钢笔工具" 绘制出水珠左侧高光部分的路径，如图3-371所示。

11 新建一个"图层5"，然后打开"渐变编辑器"对话框，接着设置第1个色标的颜色为白色、第2个色标的颜色为（R:237, G:253, B:254）、第3个色标的颜色为（R:19, G:133, B:230），如图3-372所示，最后从上到下为选区填充使用线性渐变色，效果如图3-373所示。

12 使用"钢笔工具" 绘制出水珠右侧高光部分，如图3-374所示。

图3-371　　　　　　　　　　图3-372

图3-373　　　　　　　　　　图3-374

13 新建一个"图层6"，然后打开"渐变编辑器"对话框，接着设置第1个色标的颜色为（R:19，G:129，B:211）、第2个色标的颜色为（R:165，G:207，B:239）、第3个色标的颜色为（R:49，G:145，B:217），如图3-375所示，最后从上到下为选区填充使用线性渐变色，效果如图3-376所示。

图3-375　　　　　　　　　　图3-376

14 继续使用"钢笔工具" 绘制出水珠反光部分的路径，如图3-377所示。

图3-377

15 新建一个"图层7"，然后打开"渐变编辑器"对话框，接着设置第1个色标的颜色为（R:5，G:100，B:184）、第2个色标的颜色为白色，如图3-378所示，最后从左到右为选区填充使用线性渐变色，效果如图3-379所示。

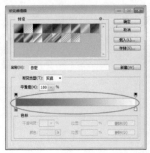

图3-378　　　　　　　　　　图3-379

16 新建一个"图层8"，然后使用"钢笔工具" 绘制出如图3-380所示的路径，接着设置前景色为（R:201，G:229，B:252），最后按Ctrl+Enter组合键将路径转换为选区，并用前景色填充选区，效果如图3-381所示。

图3-380　　　　　　　　　　　　图3-381

17 新建一个"图层9"，然后使用"钢笔工具" 绘制出水珠反光部分，如图3-382所示，接着按Ctrl+Enter组合键将路径转换为选区，并使用白色填充选区，效果如图3-383所示。

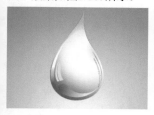 

图3-382　　　　　　　　　　　　图3-383

18 新建一个"图层10"，然后使用"椭圆选框工具"绘制两个椭圆形选区，并使用白色填充选区，效果如图3-384所示。

19 按住Ctrl键并单击"图层2"缩略图将其载入选区，如图3-385所示，然后执行"选择>修改>边界"菜单命令，接着在弹出的"边界选区"对话框中设置"宽度"为10像素，如图3-386所示，效果如图3-387所示。

图3-384　　　　　　　　　　　　图3-385

图3-386　　　　　　　　　　　　图3-387

20 新建一个"图层11"，然后设置前景色为（R:61，G:150，B:222），接着使用"画笔工具" 在水珠的暗部进行涂抹，如图3-388所示，最后设置前景色为白色，继续使用"画笔工具" 在水珠的亮部进行涂抹，效果如图3-389所示。

图3-388　　　　　　　　　　　　图3-389

21 新建一个"符号"图层组，然后使用"钢笔工具" 绘制出如图3-390所示的路径。

22 新建一个"图层1"，然后按Ctrl+Enter组合键将路径转换为选区，接着打开"渐变编辑器"对话框，设置第1个色标的颜色为（R:143，G:0，B:0）、第2个色标的颜色为（R:255，G:64，B:0），如图3-391所示，最后按照如图3-392所示的方向为选区填充使用线性渐变色。

23 新建一个"图层2"，然后继续使用"钢笔工具" 绘制出如图3-393所示的路径。

 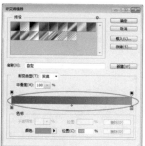

图3-390　　　　　　　　　　　　图3-391

图3-392　　　　　　　　　　　　图3-393

24 按Ctrl+Enter组合键将路径转换为选区，然后打开"渐变编辑器"对话框，接着设置第1个色标的颜色为（R:255，G:64，B:0）、第2个色标的颜色为（R:255，G:149，B:118），如图3-394所示，最后从上到下为选区填充使用线性渐变色，效果如图3-395所示。

图3-394　　　　　　　　　　　　图3-395

25 新建一个"图层3"，然后使用"钢笔工具" ☑
绘制出如图3-396所示的路径。

29 新建一个"图层5"，然后使用"钢笔工具" ☑
绘制出合适的路径，接着按Ctrl+Enter组合键将路径转换为选区，最后按照如图3-401所示的方向为选区填充线性渐变色。

30 新建一个"图层6"，然后使用"钢笔工具" ☑
绘制出如图3-402所示的路径。

图3-401　　　　　　　　　　　　图3-402

图3-396

26 按Ctrl+Enter组合键将路径转换为选区，然后打
开"渐变编辑器"对话框，接着设置第1个色标的颜色为（R:143，G:0，B:0）、第2个色标的颜色为黑色，如图3-397所示，最后从左到右为选区填充使用线性渐变色，效果如图3-398所示。

31 按Ctrl+Enter组合键将路径转换为选区，然后打
开"渐变编辑器"对话框，接着设置第1个色标的颜色为黑色、第2个色标的颜色为（R:250，G:63，B:0）、第3个色标的颜色为（R:143，G:0，B:0），如图3-403所示，最后按照如图3-404所示的方向为选区填充使用线性渐变色。

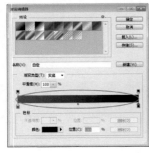

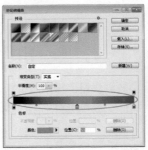

图3-397　　　　　　　　　　　　图3-398

图3-403　　　　　　　　　　　　图3-404

27 新建一个"图层4"，然后使用"钢笔工具" ☑
绘制出如图3-399所示的路径。

28 按Ctrl+Enter组合键将路径转换为选区，然后
从下到上为选区填充线性渐变色，效果如图3-400所示。

32 使用相同的方法制作另一边的箭头符号，效果如
图3-405所示。

33 使用黑色"横排文字工具" ⊤ （字体大小和样式
可根据实际情况而定）在绘图区域中输入字母，效果如图3-406所示。

图3-405　　　　　　　　　　　　图3-406

图3-399　　　　　　　　　　　　图3-400

34 将文字栅格化，然后按住Ctrl键并单击文字缩略图
将其载入选区，接着打开"渐变编辑器"对话框，设置第1个色标的颜色为（R:120，G:183，B:230）、第2个

色标的颜色为（R:5，G:70，B:119），如图3-407所示，最后按照如图3-408所示的方向为选区填充使用径向渐变色。

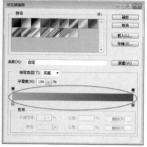

图3-413　　　　　　　　　图3-414

40 设置"水珠"图层的"混合模式"为"滤色"，如图3-415所示，效果如图3-416所示。

图3-407　　　　　　　　　图3-408

35 新建一个"图层17"，然后使用"钢笔工具"将文字的上半部分勾勒出来，如图3-409所示。

36 按Ctrl+Enter组合键将路径转换为选区，然后打开"渐变编辑器"对话框，设置第1个色标的颜色为（R:4，G:105，B:168）、第2个色标的颜色为（R:135，G:192，B:244），如图3-410所示，最后从上到下为选区填充使用线性渐变色，效果如图3-411所示。

37 确定当前图层为"图层17"，然后按住Ctrl键并单击文字图层缩略图将其载入选区，接着执行"选择>反向"菜单命令，最后按Delete键删除选区内的像素，效果如图3-412所示。

图3-415　　　　　　　　　图3-416

41 在"图层"面板下方单击"添加图层蒙版"按钮，为该图层添加一个图层蒙版，然后使用黑色"画笔工具"在蒙版中进行涂抹，如图3-417所示，效果如图3-418所示。

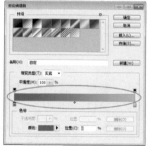

图3-409　　　　　　　　　图3-410

图3-417　　　　　　　　　图3-418

图3-411　　　　　　　　　图3-412

38 使用"横排文字工具"在绘图区域中输入其他文字信息，效果如图3-413所示。

39 打开光盘中的"素材文件>CH03>110-1.jpg"文件，然后将其拖曳到"纯净水标志设计"操作界面中，接着将新生成的图层更名为"水珠"图层，并移动到"背景"图层的上方，如图3-414所示。

42 打开光盘中的"素材文件>CH03>110-2.png"文件，然后将其拖曳到"纯净水标志设计"操作界面中，接着将新生成的图层更名为"冰块"图层，并移动到"水珠"图层的上方，最终效果如图3-419所示。

图3-419

129

实战 111 企业标志

文件位置：光盘>实例文件>CH03>实战111.psd / 难易指数：★★★☆☆

PS技术点晴

● 运用"钢笔工具"绘制标志的外轮廓。
● 运用图层样式制作标志的立体效果。

设计思路分析

本例设计的是企业标志，因该企业主要以化工科技为主要项目，所以在设计该标志时最重要的是体现出高端的视觉效果，标志以红黄蓝三原色为主要色系，搭配抽象的矢量图形，把标志的含义表现得淋漓尽致。

01 启动Photoshop CS6，按Ctrl+N组合键新建一个"企业标志设计"文件，具体参数设置如图3-420所示。

02 将"背景"图层转换为可操作图层"图层0"，然后用黑色填充该图层，效果如图3-421所示。

图3-420

图3-421

03 执行"图层>图层样式>渐变叠加"菜单命令，打开"图层样式"对话框，然后单击"点按可编辑渐变"按钮 ，接着在弹出的"渐变编辑器"对话框中设置第1个色标的颜色为（R:125，G:125，B:125）、第2个色标的颜色为白色，如图3-422所示，最后返回"图层样式"对话框，设置"样式"为"径向"、"缩放"为150%，具体参数设置如图3-423所示，效果如图3-424所示。

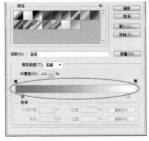
图3-422

图3-423

图3-424

制作背景效果也可以直接使用"渐变工具"来制作相同的效果。

技巧与提示

04 使用"钢笔工具" 绘制出如图3-425所示的路径。

05 新建一个"图层1"，然后按Ctrl+Enter组合键将路径转换为选区，接着使用黑色填充选区，如图3-426所示。

图3-425

图3-426

06 执行"图层>图层样式>斜面和浮雕"菜单命令，打开"图层样式"对话框，然后设置"深度"为481%、"大小"为65像素、"角度"为-149度、"高度"为58度，接着设置高光不透明度为100%、阴影颜色为（R:149，G:73，B:32）、阴影不透明度为100%，具体参数设置如图3-427所示，效果如图3-428所示。

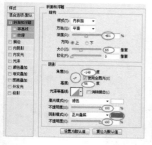

图3-427　　　　　　　　　　　图3-428

07 在"图层样式"对话框中单击"渐变叠加"样式，然后单击"点按可编辑渐变"按钮，接着在弹出的"渐变编辑器"对话框中选择系统预设的"橙，黄，橙渐变"，如图3-429和图3-430所示，效果如图3-431所示。

08 在"图层1"下方新建一个"图层2"，然后使用"钢笔工具"绘制出如图3-432所示的路径。

图3-429　　　　　　　　　　　图3-430

图3-431　　　　　　　　　　　图3-432

09 按Ctrl+Enter组合键将路径转换为选区，并使用黑色填充选区，然后执行"图层>图层样式>斜面和浮雕"菜单命令，打开"图层样式"对话框，接着设置"深度"为62%、"大小"为32像素、"角度"为-149度、"高度"为58度、"高光模式"为"正常"、高亮颜色为（R:38，G:186，B:237）、高光不透明度为91%、"阴影模式"为"正常"、阴影颜色为（R:237，G:32，B:25）、阴影不透明度为100%，具体参数设置如图3-433所示，效果如图3-434所示。

10 在"图层样式"对话框中单击"渐变叠加"样式，然后单击"点按可编辑渐变"按钮，接着在弹出的"渐变编辑器"对话框中设置第1个色标

的颜色为（R:173，G:0，B:25）、第2个色标的颜色为（R:250，G:72，B:43），如图3-435和图3-436所示，效果如图3-437所示。

11 选择"图层1"图层，然后按Ctrl+J组合键复制一个副本图层，并调整好图像的大小和角度，如图3-438所示。

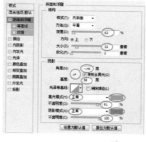

图3-433　　　　　　　　　　　图3-434

图3-435　　　　　　　　　　　图3-436

图3-437　　　　　　　　　　　图3-438

12 选择"图层2"图层，然后按Ctrl+J组合键复制一个副本图层，并移动到"图层1"的上方，接着调整好图像的大小和角度，如图3-439所示。

13 使用相同的方法复制若干个图像，效果如图3-440所示。

图3-439　　　　　　　　　　　图3-440

14 使用"横排文字工具"在在图像的下方输入文字信息，最终效果如图3-441所示。

图3-441

实战 112 墨水标志

文件位置：光盘>实例文件>CH03>实战112.psd / 难易指数：★★★☆☆

设计思路分析

　　本例设计的是墨水的标志，主要适用于印刷品的标志，该标志设计简洁大方，含义清晰明确，而且具有很好的视觉识别力。

01 启动Photoshop CS6，按Ctrl+N组合键新建一个"墨水标志设计"文件，具体参数设置如图3-442所示。

02 设置前景色为（R:204，G:0，B:0），然后按Alt+Delete组合键用前景色填充"背景"图层，如图3-443所示。

图3-442

图3-443

图3-444

图3-445

图3-446

图3-447

03 新建一个"图层1"，然后使用黑色填充图层，接着使用"椭圆选框工具"□绘制一个如图3-444所示的圆形选区。

04 执行"选择>修改>羽化"菜单命令，然后在弹出的"羽化选区"对话框中设置"羽化半径"为15像素，如图3-445所示，接着按Delete键删除选区内的像素，如图3-446所示。

05 设置"图层1"的"不透明度"为32%，如图3-447所示，效果如图3-448所示。

06 新建一个"图层2"，然后使用"钢笔工具"☑绘制出墨水的大致轮廓，并使用黑色填充选区，如图3-449所示。

图3-448

图3-449

07 新建一个"喷溅"图层组，然后使用"椭圆选框工具"□绘制出墨水的喷溅效果，接着使用黑色

填充选区，效果如图3-450所示。

08 新建一个"水珠"图层组，然后在该图层组中新建一个"图层1"，接着使用"钢笔工具"绘制出水珠的基本形状，如图3-451所示。

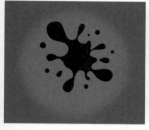 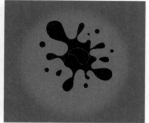

图3-450 　　　　　　　　　　图3-451

09 按Ctrl+Enter组合键将路径转换为选区，然后打开"渐变编辑器"对话框，接着设置第1个色标的颜色为白色、第2个色标的颜色为（R:52，G:52，B:52），如图3-452所示，最后按照如图3-453所示的方向为选区填充使用线性渐变色。

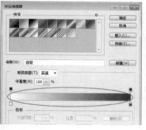 

图3-452 　　　　　　　　　　图3-453

10 在"水珠"图层组中新建一个"图层2"，然后继续使用"钢笔工具"绘制其他水珠的形状并将路径转换为选区接着使用"渐变工具"从上到下为选区填充使用线性渐变色，效果如图3-454所示。

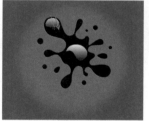

图3-454

11 确定当前图层为"图层2"，按Ctrl+J组合键复制多个副本图层，如图3-455所示，并调整好位置和大小，效果如图3-456所示。

图3-455 　　　　　　　　　　图3-456

12 继续使用"钢笔工具"绘制出水珠的高光部分，如图3-457所示。

13 新建一个"高光"图层组，然后在该图层组中新建一个"图层1"，接着按Ctrl+Enter组合键将路径转换为选区，并使用白色填充选区，效果如图3-458所示。

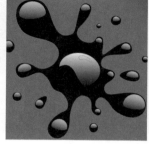 

图3-457 　　　　　　　　　　图3-458

14 按Ctrl+J组合键复制多个副本图层，并调整好位置和大小，效果如图3-459所示。

15 新建一个"反光"图层组，然后在该图层组中新建一个"图层1"，接着使用"钢笔工具"绘制出反光的部分并将路径转换为选区，最后设置前景色为（R:70，G:70，B:70），并使用前景色填充选区，效果如图3-460所示。

 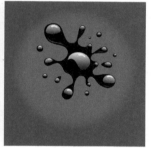

图3-459 　　　　　　　　　　图3-460

16 新建一个"文字"图层组，然后使用"横排文字工具"在图像的下方输入文字信息，效果如图3-461所示。

17 在图像下方添加其他文字信息，最终效果如图3-462所示。

图3-461 　　　　　　　　　　图3-462

实战 113 数码产品标志

文件位置：光盘>实例文件>CH03>实战113.psd／难易指数：★★★★☆

记录生活美好瞬间

SMART CAMERA
超色彩 ● 智能相机

PS技术点睛

● 运用"钢笔工具"绘制标志的外轮廓。
● 使用"渐变工具"制作立体效果。

设计思路分析

　　本例设计的是一款相机的标志，在设计标志时主要突出了数码相机的镜头，以优质的镜头体现出相机的主要特征，突出了商品也是标志设计的成功之处。

01 启动Photoshop CS6，按Ctrl+N组合键新建一个"数码产品标志"文件，具体参数设置如图3-463所示。

02 打开光盘中的"素材文件>CH03>113.jpg"文件，然后将其拖曳到"数码产品标志"操作界面中，如图3-464所示。

图3-463

图3-464

03 选择"圆角矩形工具" ，然后在选项栏中选择"路径"、接着设置"半径"为35像素，如图3-465所示，最后使用合适的颜色填充该路径，效果如图3-466所示。

图3-465

图3-466

技巧与提示

　　绿色的色标为（R:0，G:227，B:86）、黄色的色标为（R:253，G:236，B:34）、蓝色的色标为（R:27，G:56，B:241）、红色的色标为（R:247，G:29，B:23）。

04 新建一个"镜头"图层组，然后在该图层中新建一个"图层1"，接着使用"椭圆选框工具" 绘制一个如图3-467所示的圆形选区。

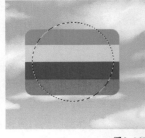

图3-467

05 打开"渐变编辑器"对话框，然后设置第1个色标的颜色为（R:227，G:227，B:227）、第2个色标的颜色为（R:133，G:133，B:133）、第3个色标的颜色为（R:95，G:95，B:95）、第4个色标的颜色为（R:210，G:210，B:210）、第5个色标的颜色为白色、第6个色标的颜色为（R:181，G:181，B:181）、第7个色标的颜色为白色、第8个色标的颜色为（R:184，G:184，B:184）、第9个色标的颜色为（R:95，G:95，B:95）、第10个色标的颜色为（R:169，G:169，B:169）、第11个色标的颜色为白色、第12个色标的颜色为（R:186，G:186，B:186），如图3-468所示，最后按照如图3-469所示的方向为选区填充使用线性渐变色。

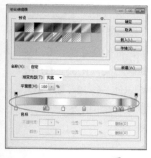
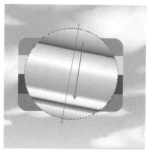

图3-468　　　　　　　　　　　　　　图3-469

06 新建一个"图层2"，然后使用"椭圆选框工具" 绘制一个合适的圆形选区，接着打开"渐变编辑器"对话框，设置第1个色标的颜色为（R:36，G:36，B:36）、第2个色标的颜色为（R:109，G:109，B:109）、第3个色标的颜色为（R:74，G:74，B:74）、第4个色标的颜色为（R:22，G:22，B:22）、第5个色标的颜色为（R:25，G:25，B:25）、第6个色标的颜色为（R:57，G:57，B:57）、第7个色标的颜色为（R:189，G:189，B:189）、第8个色标的颜色为（R:112，G:112，B:112）、第9个色标的颜色为（R:89，G:89，B:89）、第10个色标的颜色为（R:163，G:163，B:163）、第11个色标的颜色为（R:112，G:112，B:112）、第12个色标的颜色为（R:67，G:67，B:67）、第13个色标的颜色为（R:93，G:93，B:93）、第14个色标的颜色为（R:173，G:173，B:173），如图3-470所示，最后按照如图3-471所示的方向为选区填充使用线性渐变色。

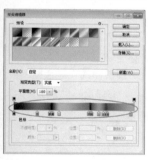

图3-470　　　　　　　　　　　　　　图3-471

07 新建一个"图层3"，然后使用"椭圆选框工具" 绘制一个合适的圆形选区，接着按照如图3-472所示的方向为选区填充使用线性渐变色。

图3-472

08 新建一个"图层4"，然后使用"椭圆选框工具" 绘制一个合适的圆形选区，接着打开"渐变编辑器"对话框，设置第1个色标的颜色为（R:65，G:65，B:65）、第2个色标的颜色为（R:233，G:233，B:233）、第3个色标的颜色为（R:110，G:110，B:110）、第4个色标的颜色为（R:28，G:28，B:28）、第5个色标的颜色为（R:123，G:123，B:123）、第6个色标的颜色为（R:219，G:219，B:219）、第7个色标的颜色为白色、第8个色标的颜色为（R:205，G:205，B:205）、第9个色标的颜色为（R:164，G:164，B:164）、第10个色标的颜色为（R:205，G:205，B:205）、第11个色标的颜色为（R:231，G:231，B:231），如图3-473所示，最后按照如图3-474所示的方向为选区填充使用线性渐变色。

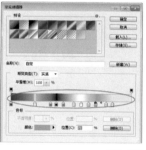

图3-473　　　　　　　　　　　　　　图3-474

09 新建一个"图层5"，然后使用"椭圆选框工具" 绘制一个合适的圆形选区，接着打开"渐变编辑器"对话框，设置第1个色标的颜色为（R:65，G:65，B:65）、第2个色标的颜色为（R:217，G:217，B:217）、第3个色标的颜色为（R:233，G:233，B:233）、第4个色标的颜色为（R:199，G:199，B:199）、第5个色标的颜色为（R:150，G:150，B:150）、第6个色标的颜色为（R:199，G:199，B:199）、第7个色标的颜色为白色、第8个色标的颜色为（R:232，G:232，B:232），如图3-475所示，最后按照如图3-476所示的方向为选区填充使用线性渐变色。

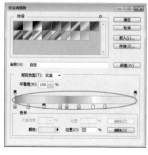

图3-475　　　　　　　　　　　　　　图3-476

10 新建一个"图层6"，然后使用"椭圆选框工具"[⬭]绘制一个合适的圆形选区，接着打开"渐变编辑器"对话框，设置第1个色标的颜色为（R:27，G:62，B:143）、第2个色标的颜色为（R:131，G:204，B:224），如图3-477所示，最后按照从上到下的方向为选区填充使用线性渐变色，效果如图3-478所示。

图3-477

图3-478

11 新建一个"图层7"，然后使用"椭圆选框工具"[⬭]绘制一个合适的圆形选区，接着按照从左到右的方向为选区填充使用线性渐变色，效果如图3-479所示。

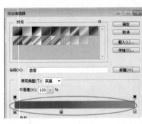
图3-479

12 新建一个"图层8"，然后使用"椭圆选框工具"[⬭]绘制一个合适的圆形选区，接着打开"渐变编辑器"对话框，设置第1个色标的颜色为（R:0，G:78，B:127）、第2个色标的颜色为（R:0，G:70，B:148）、第3个色标的颜色为（R:34，G:158，B:206），如图3-480所示，最后按照如图3-481所示的方向为选区填充使用线性渐变色。

图3-480

图3-481

13 按Ctrl+J组合键复制一个"图层7副本"图层，然后按Ctrl+T组合键进入自由变换状态，接着按住Shift键向左上方拖曳定界框右下角的角控制点，将其等比例缩小到如图3-482所示的大小。

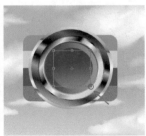
图3-482

14 新建一个"图层9"，然后使用"椭圆选框工具"[⬭]绘制一个合适的圆形选区，接着打开"渐变编辑器"对话框，设置第1个色标的颜色为（R:234，G:247，B:250）、第2个色标的颜色为（R:35，G:162，B:208）、第3个色标的颜色为（R:1，G:72，B:150），如图3-483所示，最后按照如图3-484所示的方向为选区填充使用径向渐变色。

图3-483

图3-484

15 新建一个"图层10"，然后设置前景色为（R:0，G:105，B:151），接着使用"钢笔工具"[✎]绘制出两个合适的路径，并用前景色填充路径，效果如图3-485所示。

16 新建一个"图层11"，然后继续使用"钢笔工具"[✎]绘制出高光部分，并使用白色填充路径选区，效果如图3-486所示。

图3-485

图3-486

17 选择"镜头"图层组，然后执行"图层>图层样式>投影"菜单命令，打开"图层样式"对话框，接着设置"角度"为11度、"距离"为8像素、"大小"为2像素，如图3-487所示，效果如图3-488所示。

图3-487

图3-488

18 设置前景色为（R:90，G:90，B:90），然后使用"横排文字工具"[T]在标志的下方输入文字信息，最终效果如图3-489所示。

图3-489

实战 114 婴儿用品店标志

文件位置：光盘>实例文件>CH03>实战114.psd / 难易指数：★★☆☆☆

PS技术点睛

- 结合图层样式调整各部分图案的画面效果。
- 增加"外发光"图层样式，增加标志的立体感。
- 调整文字大小差异，美化画面。

设计思路分析

本例设计的是婴儿用品商店的标志，该标志以婴儿车为主要元素，搭配类似儿童玩具的三角形积木，使整个标志体现出儿童的童趣和天真。

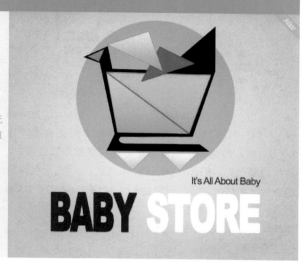

01 启动Photoshop CS6，按Ctrl+N组合键新建一个"婴儿用品店标志"文件，具体参数设置如图3-490所示。

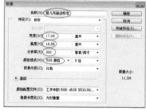

图3-490

02 选择"渐变工具" ，然后打开"渐变编辑器"对话框，接着设置第1个色标的颜色为（R:253，G:238，B:213）、第2个色标的颜色为（R:248，G:183，B:72），如图3-491所示，最后按照如图3-492所示的方向为"背景"图层填充使用径向渐变色。

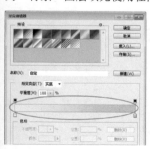

图3-491   图3-492

03 新建一个"图层1"，然后使用"椭圆选框工具" 绘制一个合适的圆形选区，并使用黑色填充选区，接着设置"不透明度"为18%，如图3-493所示，效果如图3-494所示。

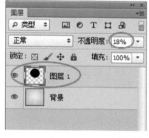

图3-493   图3-494

04 新建一个"组1"图层组，然后在该图层组中新建一个"图层1"，接着使用"钢笔工具" 绘制出婴儿车的大致轮廓，并使用黑色填充选区，如图3-495所示。

05 新建一个"图层2"，然后使用"钢笔工具" 绘制一个三角形，接着使用白色填充选区，如图3-496所示。

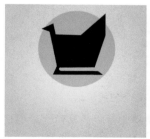

图3-495   图3-496

06 执行"图层>图层样式>描边"菜单命令，打开"图层样式"对话框，然后设置"大小"为4像素、"位置"为"内部"、"颜色"为（R:67，G:142，

B:206），如图3-497所示，效果如图3-498所示。

B:75），如图3-504所示，效果如图3-505所示。

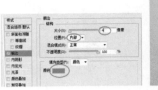

图3-497　　　　　　　　　图3-498

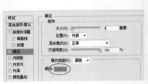

图3-502　　　　　　　　　图3-503

07 在"图层样式"对话框中单击"渐变叠加"样式，然后在"渐变编辑器"对话框中设置第1个色标的颜色为（R:101，G:182，B:252）、第2个色标的颜色为（R:179，G:225，B:225），如图3-499和图3-500所示，效果如图3-501所示。

图3-504　　　　　　　　　图3-505

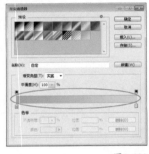
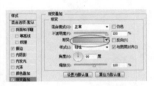

图3-499　　　　　　　　　图3-500

技术专题：07 复制/粘贴图层样式

　　在这里介绍一个复制/粘贴图层样式的简便方法。按住Alt键将"效果"拖曳到目标图层上，可以复制并粘贴所有样式，如图3-506和图3-507所示；按住Alt键将单个样式拖曳到目标图层上，可以复制并粘贴这个样式，如图3-508和图3-509所示。

　　这里要注意一点，如果没有按住Alt键，则是将样式移动到目标图层中，原始图层不再有样式，如图3-510和图3-511所示。

图3-506

图3-501

技巧与提示

　　以下绘制的三角形所使用的图层样式都是相同的，只是更改了描边的颜色和渐变叠加的颜色；此外，还可以执行"编辑>描边"菜单命令和使用"渐变工具" 来制作效果。

08 新建一个"图层3"，然后使用"钢笔工具" 绘制一个三角形，如图3-502所示。

09 将"图层2"的图层样式拷贝并粘贴给"图层3"，然后修改"描边"样式的"颜色"为（R:208，G:115，B:0），如图3-503所示，接着将"渐变叠加"样式的第1个色标颜色修改为（R:255，G:146，B:10）、第2个色标颜色修改为（R:255，G:175，

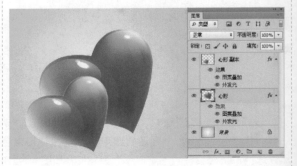

图3-507

图3-508

图3-509

图3-510

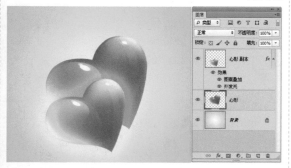

图3-511

10 新建一个"图层4",然后使用"钢笔工具" 绘制一个三角形,效果如图3-512所示。

11 将"图层2"的图层样式拷贝并粘贴给"图层4",然后修改"描边"样式的"颜色"为(R:152,G:0,B:0),如图3-513所示,接着将"渐

变叠加"样式的第1个色标颜色修改为(R:133,G:0,B:10)、第2个色标颜色修改为(R:204,G:0,B:0),如图3-514所示,效果如图3-515所示。

图3-512   图3-513

图3-514   图3-515

12 新建一个"图层5",然后使用"钢笔工具" 绘制一个三角形,效果如图3-516所示。

图3-516

13 将"图层2"的图层样式复制并粘贴给"图层5",然后修改"描边"样式的"颜色"为(R:145,G:169,B:89),如图3-517所示,接着将"渐变叠加"样式的第1个色标颜色修改为(R:171,G:188,B:111)、第2个色标颜色修改为(R:231,G:241,B:196),如图3-518所示,效果如图3-519所示。

图3-517

色标颜色修改为（R:241，G:218，B:52）、第2个色标颜色修改为白色，如图3-526所示，效果如图3-527所示。

图3-524　　　　　　　　　　　　　　图3-525

图3-518　　　　　　　　　　　　　　图3-519

14 新建一个"图层6"，然后使用"钢笔工具" 绘制一个三角形，如图3-520所示。

15 将"图层2"的图层样式拷贝并粘贴给"图层6"，然后修改"描边"样式的"颜色"为（R:101，G:101，B:153），如图3-521所示，接着将"渐变叠加"样式的第1个色标颜色修改为（R:137，G:137，B:186）、第2个色标颜色修改为（R:167，G:166，B:203），如图3-522所示，效果如图3-523所示。

图3-526　　　　　　　　　　　　　　图3-527

18 在"图层样式"对话框中单击"内发光"样式，然后设置"混合模式"为"正常"、"不透明度"为40%、发光颜色为（R:242，G:221，B:66）、"大小"为29像素，具体参数设置如图3-528所示，效果如图3-529所示。

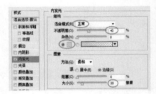

图3-528　　　　　　　　　　　　　　图3-529

图3-520　　　　　　　　　　　　　　图3-521

19 按Ctrl+J组合键复制一个副本图层，然后使用"移动工具" 移动到如图3-530所示的位置。

20 使用"横排文字工具" 在标志的下方输入文字信息，最终效果如图3-531所示。

图3-522　　　　　　　　　　　　　　图3-523

技巧与提示

　　为了使标志能够更加突出效果，所以在制作最后两个三角形时添加了内发光的效果。

16 新建一个"图层7"，然后使用"钢笔工具" 绘制一个三角形，效果如图3-524所示。

17 将"图层2"的图层样式拷贝并粘贴给"图层7"，然后修改"描边"样式的"颜色"为（R:206，G:183，B:13），如图3-525所示，接着将"渐变叠加"样式的第1个

图3-530　　　　　　　　　　　　　　图3-531

实战 115 游戏标志

文件位置：光盘>实例文件>CH03>实战115.psd / 难易指数：★★★☆☆

PS技术点睛

● 结合"渐变工具"和图层样式制作标志的立体感。
● 使用"钢笔工具"绘制标志的基本形状。

设计思路分析

本例设计的是以手机游戏为对象的游戏标志，配以幽默卡通的动物形象，表现出游戏的趣味性。

01 启动Photoshop CS6，按Ctrl+N组合键新建一个"游戏标志设计"文件，具体参数设置如图3-532所示。

02 打开光盘中的"素材文件>CH03>115.jpg"文件，然后将其拖曳到"游戏标志设计"操作界面中，如图3-533所示。

图3-532　　　　　　　图3-533

03 设置前景色为（R:86，G:191，B:36），然后新建一个"图层1"，接着使用"椭圆选框工具"绘制一个合适的椭圆形选区，最后按Alt+Delete组合键用前景色填充选区，效果如图3-534所示。

图3-534

04 新建一个"图层2"，然后使用"钢笔工具"绘制一个合适的圆形路径，并使用黑色填充选区，如图3-535所示。

图3-535

05 执行"图层>图层样式>外发光"菜单命令，打开"图层样式"对话框，然后设置"不透明度"为67%、发光颜色为（R:255，G:179，B:0），如图3-536所示，效果如图3-537所示。

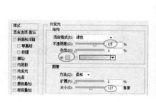

图3-536　　　　　　　图3-537

06 新建一个"猫头鹰"图层组，然后在该图层组中新建一个"身体"，接着使用"椭圆选框工具"绘制一个如图3-538所示的圆形选区。

141

07 选择"渐变工具" ▤，然后打开"渐变编辑器"对话框，接着设置第1个色标的颜色为（R:41，G:171，B:226）、第2个色标的颜色为（R:22，G:28，B:61）、第3个色标的颜色为（R:13，G:13，B:13），如图3-539所示，最后按照图3-540所示的方向为选区填充使用径向渐变色。

图3-538　　　　　　图3-539　　　　　　图3-540

08 使用"钢笔工具" ✐ 绘制一个猫头鹰的大致轮廓，如图3-541所示，然后按Ctrl+Enter组合键将路径转换为选区，接着执行"选择>反向"菜单命令，最后按Delete键删除选区内的像素，效果如图3-542所示。

09 新建一个"眼睛"，然后使用"椭圆选框工具" ◯ 绘制一个如图3-543所示的圆形选区。

图3-541　　　　　　图3-542　　　　　　图3-543

10 选择"渐变工具" ▤，然后打开"渐变编辑器"对话框，接着设置第1个色标的颜色为（R:105，G:206，B:249）、第2个色标的颜色为（R:45，G:57，B:115），如图3-544所示，最后按照图3-545所示的方向为选区填充使用径向渐变色。

11 选择"椭圆选框工具" ◯，然后在选项栏中选择"添加到选区"按钮 ◉，接着在图像中绘制出两个大小相同的圆形选区，如图3-546所示。

图3-544　　　　　　图3-545　　　　　　图3-546

12 保持选区状态，然后执行"选择>反向"菜单命令，接着按Delete键删除选区内的像素，效果如图3-547所示。

13 新建一个"爪子"图层，然后继续使用"椭圆选框工具" ◯ 绘制一个如图3-548所示的圆形选区。

图3-547　　　　　　　　　　　图3-548

14 选择"渐变工具" ▤，然后打开"渐变编辑器"对话框，接着设置第1个色标的颜色为（R:252，G:210，B:125）、第2个色标的颜色为（R:205，G:72，B:3），如图3-549所示，最后按照图3-550所示的方向为选区填充使用径向渐变色。

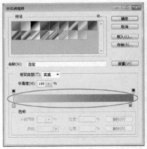 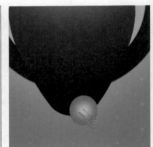

图3-549　　　　　　　　　　　图3-550

15 使用"钢笔工具" ✐ 绘制出大致轮廓，如图3-551所示，然后按Ctrl+Enter组合键将路径转换为选区，接着执行"选择>反向"菜单命令，最后按Delete键删除选区内的像素，效果如图3-552所示。

 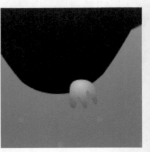

图3-551　　　　　　　　　　　图3-552

16 按Ctrl+J组合键复制一个"爪子副本"图层，然后使用"移动工具" ►₊ 将图像移动到如图3-553所示的位置。

图3-553

17 选择"钢笔工具" ✍，然后在选项栏中设置绘图模式为"形状"、描边颜色为（R:255，G:179，B:0）、形状描边宽度为"3点"，如图3-554所示，接着在描边类型的下面面板中单击"更多选项"按钮 更多选项… ，如图3-555所示，最后在弹出的"描边"对话框中设置"对齐"为"居中"、"端点"为"圆形"、"角点"为"圆形"，如图3-556所示。

图3-554

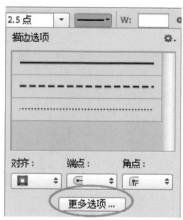

图3-555

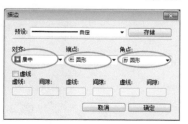

图3-556

18 使用"钢笔工具" ✍ 绘制出猫头鹰的眉毛、眼睛和嘴的形状，如图3-557所示。

图3-557

> **技巧与提示**
>
> 路径不能被打印出来，因为它是矢量对象，不包含像素，只有在路径中填充颜色后才能打印出来。

19 新建一个图层，然后使用"椭圆选框工具" ◯ 绘制两个大小不一的圆形选区，并使用黑色填充选区，如图3-558所示。

图3-558

20 在"背景"图层上方新建一个"投影"图层，然后使用"椭圆选框工具" ◯ 绘制一个椭圆选区，并使用黑色填充选区，如图3-559所示，接着设置该图层的"不透明度"为22%，如图3-560所示，效果如图3-561所示。

图3-559

143

图3-560

图3-561

21 使用白色"横排文字工具" 在标志的下方输入
文字，效果如图3-562所示。

图3-562

22 执行"图层>图层样式>斜面和浮雕"菜单命令，
打开"图层样式"对话框，然后设置"深度"为
113%、"大小"为10像素，如图3-563所示，效果如图
3-564所示。

图3-563

图3-564

23 在文字图层的下方新建一个图层，然后使用
"钢笔工具" 将文字的外轮廓勾勒出来，接
着设置前景色设置为（R:255，G:179，B:0），最后按
Alt+Delete组合键用前景色填充选区，如图3-565所示。

图3-565

24 执行"图层>图层样式>投影"菜单命令，打开
"图层样式"对话框，然后设置"距离"为14像
素、"大小"为3像素，如图3-566所示，效果如图3-567
所示。

图3-566   图3-567

25 使用"横排文字工具" 在标志的下方输入网
址，最终效果如图3-568所示。

图3-568

实战 116 食品标志

文件位置：光盘>实例文件>CH03>实战116.psd / 难易指数：★★★☆☆

PS技术点睛

- 结合"钢笔工具"和"描边路径"命令绘制图案。
- 填充合适的颜色，使图案具有层次感。
- 调整文字大小，使画面完整。

设计思路分析

本例设计的标志是以粗粮产品为主的系列商品，整体形状以圆形为主，搭配植物的图像，给人一种生态且安全可靠的印象。

01 启动Photoshop CS6，按Ctrl+N组合键新建一个"食品标志设计"文件，具体参数设置如图3-569所示。

02 打开光盘中的"素材文件>CH03>116.jpg"文件，然后将其拖曳到"食品标志设计"操作界面中，如图3-570所示。

图3-569　　　　　　　　　　　图3-570

03 设置前景色为（R:8，G:80，B:164），然后新建一个"图层1"，接着使用"椭圆选框工具" 绘制一个合适的圆形选区，最后按Alt+Delete组合键用前景色填充选区，效果如图3-571所示。

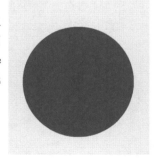

图3-571

04 使用"椭圆选框工具" 绘制一个如图3-572所示的圆形选区，然后按Delete键删除选区内的像素，效果如图3-573所示。

图3-572　　　　　　　　　　　图3-573

技巧与提示

在制作如图3-573所示的效果时，也可以执行"选择>修改>收缩"菜单命令，然后在弹出的"收缩选区"对话框中设置"收缩量"为90像素，如图3-574所示，效果如图3-575所示。

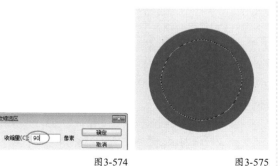

图3-574　　　　　　　　　　　图3-575

应用"收缩"命令收缩选区时，可按照一定的量收缩选区以缩小选区范围，但同时也会对选区形态轮廓造成一定程度的影响，尤其是椭圆选区。在收缩椭圆选区至一定程度后，该选区边缘轮廓将变得不如原始椭圆选区平滑，效果如图3-576所示。

图3-576

05 执行"图层>图层样式>描边"菜单命令，打开"图层样式"对话框，然后设置"大小"为16像素、发光颜色为（R:243，G:203，B:49），如图3-577所示，效果如图3-578所示。

图3-577　　　　　　图3-578

06 使用"钢笔工具" 绘制出如图3-579所示的路径，然后设置前景色为（R:81，G:32，B:21），并使用前景色填充路径，如图3-580所示。

图3-579　　　　　　图3-580

07 按Ctrl+J组合键复制一个副本图层，然后按Ctrl+T组合键将图像进行旋转，如图3-581所示。

08 按Ctrl+J组合键再次复制一个副本图层，然后执行"编辑>变换>水平翻转"菜单命令，如图3-582所示。

09 使用相同的方法制作其他麦穗，如图3-583所示，完成后将制作麦穗的所有图层合并为一个图层，如图3-584所示。

图3-581　　　　　　图3-582

图3-583　　　　　　图3-584

10 按Ctrl+J组合键复制3个副本图层，然后使用"移动工具" 将图像移动到如图3-585所示的位置。

11 新建一个"图层5"，然后使用"钢笔工具" 绘制出如图3-586所示的路径，接着设置前景色为（R:221，G:208，B:155），最后使用前景色填充路径，效果如图3-587所示。

图3-585　　　　　图3-586　　　　　图3-587

12 使用"钢笔工具" 绘制出如图3-588所示的路径，然后设置前景色为（R:81，G:32，B:21），接着使用前景色填充路径，效果如图3-589所示。

13 使用"钢笔工具" 绘制出合适的路径，然后设置前景色为（R:170，G:123，B:85），接着使用前景色填充路径，效果如图3-590所示。

图3-588　　　　　图3-589　　　　　图3-590

14 选择"多边形工具" ⚫，然后在选项栏中设置绘图模式为"路径"，接着单击"多边形选项按钮" ⚙，最后勾选"星形"选项，并设置"缩进边依据"为50%，如图3-591所示。

图3-591

15 新建一个"星星"图层，然后使用"多边形工具" ⚫绘制3个大小不一的五角星，接着设置前景色为（R:243，G:203，B:49），最后使用前景色填充路径，如图3-592所示。

16 新建一个图层，然后使用"钢笔工具" ✐绘制出一个四边形路径，接着设置前景色为（R:239，G:135，B:41），接着使用前景色填充路径，效果如图3-593所示。

17 新建一个图层，然后使用"钢笔工具" ✐绘制一个合适的路径，接着设置前景色为（R:216，G:94，B:3），接着使用前景色填充路径，效果如图3-594所示。

图3-592　　　　　　图3-593　　　　　　图3-594

18 按Ctrl+J组合键复制一个副本图层，然后执行"编辑>变换>水平翻转"菜单命令，效果如图3-595所示。

19 使用"钢笔工具" ✐绘制出飘带折叠的部分，如图3-596所示。

图3-595　　　　　　图3-596

> **技巧与提示**
>
> 飘带折叠的部分颜色为（R:174，G:58，B:0）。

20 按Ctrl+E组合键将制作飘带的所有图层合并为一个图层，然后将新生成的图层命名为

"飘带"，接着执行"图层>图层样式>投影"菜单命令，打开"图层样式"对话框，然后设置"不透明度"为74%、"角度"为86度、"距离"为4像素、"大小"为2像素，如图3-597所示，效果如图3-598所示。

图3-597　　　　　　　　　　　图3-598

21 选择"钢笔工具" ✐，然后在选项栏中设置绘图模式为"形状"、描边颜色为白色、形状描边宽度为"1点"，接着在描边类型的下面面板中选择虚线，如图3-599所示。

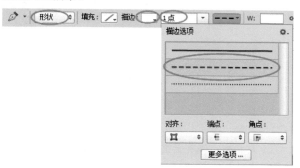

图3-599

22 使用"钢笔工具" ✐沿着飘带的边缘绘制虚线，如图3-600所示。

23 使用"横排文字工具" T在标志的下方输入文字信息，最终效果如图3-601所示。

图3-600　　　　　　　　　　图3-601

实战 117 运动鞋标志

文件位置：光盘>实例文件>CH03>实战117.psd / 难易指数：★★☆☆☆

PS技术点睛

● 使用"钢笔工具"绘制标志的外轮廓。
● 运用自由变换命令旋转并复制图像。

设计思路分析

　　本例设计的是运动鞋的标志。标志中涂鸦的背景以及划痕的特效，既表现出时代的潮流也表现出年轻人的青春活力。

01 启动Photoshop CS6，按Ctrl+N组合键新建一个"运动鞋标志设计"文件，具体参数设置如图3-602所示。

图3-602

02 选择"渐变工具" ，然后打开"渐变编辑器"对话框，接着设置第1个色标的颜色为白色、第2个色标的颜色为（R:242，G:240，B:233），如图3-603所示，最后按照如图3-604所示的方向为"背景"图层填充使用径向渐变色。

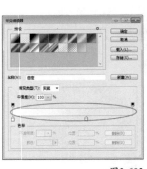

图3-603　　　　　　　　　　　图3-604

03 打开光盘中的"素材文件>CH03>117-1.png"文件，然后将其拖曳到"运动鞋标志设计"操作界面中，接着将新生成的图层更名为"图层1"，如图3-605所示。

04 打开光盘中的"素材文件>CH03>117-2.png"文件，然后将其拖曳到"运动鞋标志设计"操作界面中，接着将新生成的图层更名为"图层2"，如图3-606所示。

图3-605　　　　　　　　　　　图3-606

05 打开光盘中的"素材文件>CH03>117-3.png"文件，然后将其拖曳到"运动鞋标志设计"操作界面中，接着将新生成的图层更名为"图层3"，如图3-607所示。

图3-607

技巧与提示

在制作划痕效果时可以到网上下载一些带有划痕效果的笔刷，也可以使用已经制作好的素材。

06 新建一个"图层4"，然后设置前景色为（R:79，G:8，B:20），接着使用"钢笔工具" ![]绘制一个三角形，并使用前景色填充选区，如图3-608所示。

07 按Ctrl+J组合键复制一个副本图层，然后执行"编辑>变换>垂直翻转"菜单命令，接着使用"移动工具" ![]将图像移动到如图3-609所示的位置，最后将"图层4"和"图层4副本"图层合并为一个图层。

图3-608

图3-609

08 按Ctrl+Alt+T组合键进入自由变换并复制状态，然后在选项栏中设置旋转为15度，如图3-610所示，效果如图3-611所示，最后按Enter键确认操作。

图3-610

图3-611

09 连续按若干次Shift+Ctrl+Alt+T组合键按照上一步的复制规律继续复制图形，效果如图3-612所示，然后选中所有副本图层，并将其合并为"图层4"。

图3-612

技巧与提示

按住Ctrl+Alt+Shift+T组合键可移动并复制图层，而且这种复制方法可以规则地排列这些图层。

10 使用"椭圆工具" ![]绘制一个大小合适的圆形路径，然后按Ctrl+Enter组合键将路径转换为选区，

并按Delete键删除选区内的像素，效果如图3-613所示。

图3-613

技巧与提示

若绘制圆形选区时，不好控制圆形选区的大小，可先使用"椭圆工具" ![]绘制一个大小合适的圆形路径，然后调整圆形路径的大小。

11 使用"椭圆工具" ![]绘制一个大小合适圆形路径，然后按Ctrl+Enter组合键将路径转换为选区，接着用前景色填充选区，效果如图3-614所示。

12 继续使用"椭圆工具" ![]绘制一个大小合适的圆形路径，然后按Ctrl+Enter组合键将路径转换为选区，并按Delete键删除选区内的像素，效果如图3-615所示。

图3-614

图3-615

13 使用"多边形工具" ![]绘制一个合适的五角星路径，然后按Ctrl+Enter组合键将路径转换为选区，接着用前景色填充选区，效果如图3-616所示。

14 打开光盘中的"素材文件>CH03>117-4.png"文件，然后将其拖曳到"运动鞋标志设计"操作界面中，接着将新生成的图层更名为"图层5"，最后使用"横排文字工具" ![]在输入文字信息，最终效果如图3-617所示。

图3-616

图3-617

实战 **118** 绿茶标志

文件位置：光盘>实例文件>CH03>实战118.psd / 难易指数：★★★☆☆

PS技术点睛
● 使用填充工具绘制圆形中的渐变颜色。
● 使用"钢笔工具"勾画出树木形状。

设计思路分析

　　本例设计的是绿茶的标志，该标志以绿色为主色调，体现出环保安全的食品特征，搭配富有生机的嫩芽和起伏的山坡，把绿茶的生长环境和基本特质表现得淋漓尽致。

01 启动Photoshop CS6，按Ctrl+N组合键新建一个"绿茶标志设计"文件，具体参数设置如图3-618所示。

图3-618

02 选择"渐变工具" ，然后打开"渐变编辑器"对话框，设置第1个色标的颜色为白色、第2个色标的颜色为（R:206，G:220，B:155），如图3-619所示，最后按照如图3-620所示的方向为"背景"图层填充使用径向渐变色。

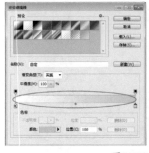

图3-619　　　　　　　图3-620

03 使用"椭圆选框工具" 绘制一个如图3-621所示的圆形选区，然后执行"选择>修改>羽化"菜单命令，并在弹出的"羽化选区"对话框中设置"羽化半径"为15像素，如图3-622所示。

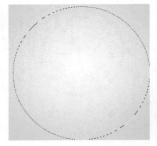

图3-621　　　　　　　图3-622

04 新建一个"图层1"，然后使用白色填充选区，接着设置"图层1"的"不透明度"为75%，如图3-623所示。

图3-623

05 执行"图层>图层样式>外发光"菜单命令，打开"图层样式"对话框，然后设置"不透明度"为60%、"扩展"为6%、"大小"为68像素，如图3-624所示，效果如图3-625所示。

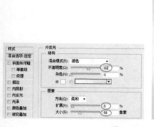 

图3-624　　　　　　　　　图3-625

06 设置前景色为（R:174，G:208，B:36），然后新建一个"图层2"，接着使用"椭圆选框工具" 绘制一个合适的圆形选区，最后按Alt+Delete组合键用前景色填充选区，效果如图3-626所示。

07 新建一个"图层3"，接着使用"椭圆选框工具" 绘制一个合适的圆形选区，并使用白色填充选区，效果如图3-627所示。

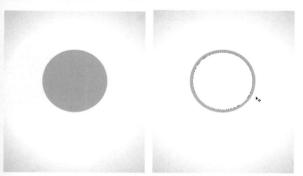

图3-626　　　　　　　　　图3-627

08 新建一个"图层4"，设置前景色为（R:82，G:117，B:51），然后使用"钢笔工具" 绘制出一个合适的路径，并使用前景色填充路径，效果如图3-628所示。

图3-628

09 新建一个"图层5"，设置前景色为（R:216，G:174，B:41），然后使用"钢笔工具" 绘制出一个合适的路径，并使用前景色填充路径，效果如图3-629所示。

图3-629

10 在"图层4"的下方新建一个"图层6"，然后使用"钢笔工具" 绘制出一个如图3-630所示的路径。

图3-630

11 按Ctrl+Enter组合键将路径转换为选区，然后打开"渐变编辑器"对话框，设置第1个色标的颜色为（R:126，G:174，B:41）、第2个色标的颜色为（R:16，G:66，B:43），如图3-631所示，最后从上到下为选区填充使用线性渐变色，效果如图3-632所示。

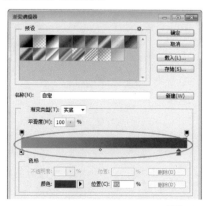

图3-631

图3-632

图3-635

12 新建一个"图层7"，然后设置前景色为（R:190，G:198，B:26），接着使用"钢笔工具"[图]绘制出叶子的大致轮廓，最后使用前景色填充路径，效果如图3-633所示。

图3-633

13 按Ctrl+J组合键复制多个副本图层，并调整好图像的位置和大小，完成后将复制的图层合并为一个图层，效果如图3-634所示。

图3-634

14 选择"矩形工具"[图]，然后在选项栏中设置绘图模式为"形状"、描边颜色为黑色、形状描边宽度为"1点"，如图3-635所示，接着使用"矩形工具"[图]绘制出两个矩形边框，效果如图3-636所示。

图3-636

15 使用"横排文字工具"[T]在黑色边框内输入文字信息，效果如图3-637所示。

图3-637

16 结合"钢笔工具"[图]和"渐变工具"[图]绘制出右下角的叶子，最终效果如图3-638所示。

图3-638

实战 119 服装标志

文件位置: 光盘>实例文件>CH03>实战119.psd / 难易指数: ★★★☆☆

设计思路分析

　　本例设计的是一款女性的服装标志,标志以一只美丽的孔雀为主体,既表现出女性的优雅,同时也表现出商品给人们传达的信息,文字和背景的选择,更使整个设计作品显得更加完整。

01 启动Photoshop CS6,按Ctrl+N组合键新建一个"服装标志设计"文件,具体参数设置如图3-639所示。

02 打开光盘中的"素材文件>CH03>119.png"文件,然后将其拖曳到"服装标志设计"操作界面中,接着将新生成的图层更名为"图层1",如图3-640所示。

图3-642

04 使用"钢笔工具" ☑ 绘制出标志的大致轮廓,然后按Ctrl+Enter组合键将路径转换为选区,接着执行"选择>反向"菜单命令,最后按Delete键删除选区内的像素,效果如图3-643所示。

05 使用相同的方法将标志绘制完整,效果如图3-644所示。

图3-639　　　　　　　　　　　　　图3-640

03 新建一个"图层2",然后使用"椭圆选框工具" ☑ 绘制一个合适的圆形选区,接着打开"渐变编辑器"对话框,设置第1个色标的颜色为(R:141,G:131,B:173)、第2个色标的颜色为(R:72,G:90,B:130)、第3个色标的颜色为(R:24,G:37,B:61),如图3-641所示,最后使用径向渐变为选区填充渐变色,效果如图3-642所示。

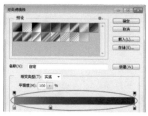

图3-643　　　　　　　　　　　　　图3-644

图3-641

06 新建一个"图层4",然后继续使用"椭圆选框工具" ☑ 绘制一个合适的圆形选区,接着

153

打开"渐变编辑器"对话框，设置第1个色标的颜色为（R:216，G:227，B:128）、第2个色标的颜色为（R:121，G:179，B:28）、第3个色标的颜色为（R:47，G:142，B:66），如图3-645所示，最后使用径向渐变为选区填充渐变色，效果如图3-646所示。

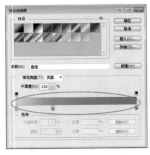 

图3-645 　　　　　　　 图3-646

07 使用"钢笔工具" 绘制一个合适的路径，然后按Ctrl+Enter组合键将路径转换为选区，接着执行"选择>反向"菜单命令，最后按Delete键删除选区内的像素，效果如图3-647所示。

图3-647

08 使用"椭圆选框工具" 绘制一个合适的椭圆形选区，然后打开"渐变编辑器"对话框，接着设置第1个色标的颜色为（R:60，G:171，B:45）、第2个色标的颜色为（R:193，G:216，B:67），如图3-648所示，最后使用线性渐变为选区填充渐变色，效果如图3-649所示。

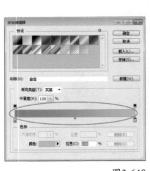 

图3-648 　　　　　　　 图3-649

09 设置前景色为（R:170，G:240，B:3），然后使用"钢笔工具" 绘制一个合适的路径，接着使用

前景色填充该路径，效果如图3-650所示。

10 在另一边绘制同样的路径，并使用白色填充路径，效果如图3-651所示。

图3-650 　　　　　　　 图3-651

11 使用"椭圆选框工具" 绘制两个椭圆形选区，并使用白色填充选区，效果如图3-652所示。

12 新建一个图层，然后继续使用"椭圆选框工具" 绘制一个合适的圆形选区，接着打开"渐变编辑器"对话框，设置第1个色标的颜色为（R:239，G:130，B:0）、第2个色标的颜色为（R:187，G:27，B:32）如图3-653所示，最后使用径向渐变为选区填充渐变色。

 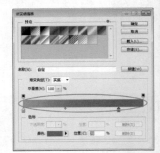

图3-652 　　　　　　　 图3-653

13 使用"钢笔工具" 绘制一个合适的路径，然后按Ctrl+Enter组合键将路径转换为选区，接着执行"选择>反向"菜单命令，最后按Delete键删除选区内的像素，效果如图3-654所示。

图3-654

14 使用"椭圆选框工具"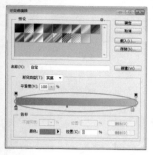绘制一个合适的椭圆形选区，然后打开"渐变编辑器"对话框，接着设置第1个色标的颜色为（R:233，G:37，B:49）、第2个色标的颜色为（R:245，G:167，B:157），如图3-655所示，最后使用线性渐变为选区填充渐变色，效果如图3-656所示。

图3-655   图3-656

15 设置前景色为（R:237，G:142，B:96），然后使用"钢笔工具"绘制一个合适的路径，接着使用前景色填充该路径，效果如图3-657所示。

16 在另一边绘制同样的路径，并使用白色填充路径，效果如图3-658所示。

图3-657   图3-658

17 使用"椭圆选框工具"绘制两个椭圆形选区，并使用白色填充选区，效果如图3-659所示。

图3-659

18 使用相同的方法制作其他的图像，如图3-660所示，完成后将"图层4"至"图层54"全部选中，并将其合并为"图层4"，如图3-661所示。

图3-660

图3-661

19 设置前景色为（R:79，G:94，B:62），然后使用"横排文字工具"输入文字信息，最终效果如图3-662所示。

图3-662

155

实战 120 科技公司标志

文件位置：光盘>实例文件>CH03>实战120.psd / 难易指数：★★★☆☆

PS技术点睛
- 使用图层样式制作标志的透明质感。
- 添加图层蒙版调整图案的高光效果。
- 运用图层的混合模式制作文字的不同效果。

设计思路分析

本例设计的是以科技为主题的标志，运用图层样式制作标志的立体感，添加星光等素材使标志更具美感。

01 启动Photoshop CS6，按Ctrl+N组合键新建一个"科技公司标志设计"文件，具体参数设置如图3-663所示。

图3-663

02 新建一个"图层1"，然后打开"渐变编辑器"对话框，设置第1个色标的颜色为（R:209，G:16，B:17）、第2个色标的颜色为（R:255，G:223，B:73），如图3-664所示，最后从上到下为图层填充使用线性渐变色，效果如图3-665所示。

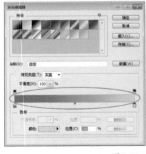

图3-664　　　　　　　图3-665

03 设置"图层1"的"混合模式"为"排除"，如图3-666所示，效果如图3-667所示。

技巧与提示

如果不想使用图层的"混合模式"来制作效果，也可以直接使用"渐变工具"  来制作效果。

图3-666　　　　　　　图3-667

04 打开光盘中的"素材文件>CH03>120-1.jpg"文件，然后将其拖曳到"科技公司标志设计"操作界面中，接着将新生成的图层更名为"图层2"，最后将该图层的"混合模式"设置为"强光"，如图3-668所示，效果如图3-669所示。

图3-668　　　　　　　图3-669

05 使用"横排文字工具" T 输入大写字母C，如图3-670所示，然后执行"图层>图层样式>斜面

和浮雕"菜单命令,打开"图层样式"对话框,然后设置"样式"为"浮雕效果"、"深度"为461%、"大小"为79像素、"软化"为16像素、"高光模式"为"正常"、高光不透明度为100%、"阴影模式"为"叠加"、阴影颜色为白色、阴影不透明度为63%,具体参数设置如图3-671所示。

图3-670

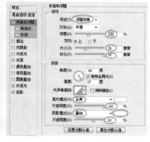

图3-671

06 在"图层样式"对话框中单击"光泽"样式,然后设置"混合模式"为"柔光"、效果颜色为(R:46,G:239,B:238)、"不透明度"为34%、"距离"为1像素、"大小"为0像素,具体参数设置如图3-672所示。

07 在"图层样式"对话框中单击"外发光"样式,然后设置"不透明度"为19%、发光颜色为(R:37,G:65,B:235)、"大小"为65像素,具体参数设置如图3-673所示。

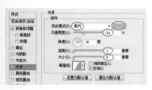

图3-672

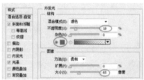

图3-673

08 在"图层样式"对话框中单击"投影"样式,然后设置"不透明度"为52%、"距离"为36像素、"大小"为32像素,具体参数设置如图3-674所示,接着设置文字图层的"填充"为0%,效果如图3-675所示。

图3-674

图3-675

09 打开光盘中的"素材文件>CH03>120-2.png"文件,然后将其拖曳到"科技公司标志设计"操作界面中,接着将新生成的图层更名为"图层3",最后将该图层的"混合模式"设置为"排除",如图3-676所示,效果如图3-677所示。

图3-676

图3-677

技巧与提示

"图层3"一定要放置在C图层的下方,因为素材图层应用了"混合模式"中的效果,如果弄错了图层的摆放位置,那么就达不到如图3-677所示的效果。

10 使用"横排文字工具" T 输入其他英文字母,如图3-678所示。

11 执行"图层>图层样式>斜面和浮雕"菜单命令,打开"图层样式"对话框,然后设置"样式"为"枕状浮雕"、"深度"为720%、"大小"为21像素、"软化"为7像素、高光不透明度为100%、阴影颜色为(R:46,G:239,B:238)、阴影不透明度为100%,具体参数设置如图3-679所示。

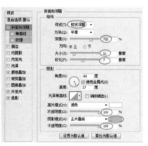

图3-678

图3-679

12 在"图层样式"对话框中单击"颜色叠加"样式,然后设置"混合模式"为"颜色"、叠加颜色为(R:0,G:32,B:182),具体参数设置如图3-680所示。

图3-680

13 在"图层样式"对话框中单击"外发光"样式，然后设置"杂色"为14%、发光颜色为（R:252，G:245，B:150）、"扩展"为7%、"大小"为62像素，具体参数设置如图3-681所示。

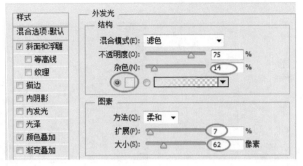

图3-681

14 在"图层样式"对话框中单击"投影"样式，然后设置"不透明度"为100%、"距离"为5像素、"大小"为9像素，具体参数设置如图3-682所示，效果如图3-683所示。

图3-682　　　　　　　　图3-683

15 设置文字图层的"不透明度"为50%，如图3-684所示，效果如图3-685所示。

图3-684　　　　　　　　图3-685

16 设置前景色为（R:7，G:188，B:177），然后使用"横排文字工具" [T] 在标志下方输入文字信息，如图3-686所示。

图3-686

17 执行"图层>图层样式>斜面和浮雕"菜单命令，打开"图层样式"对话框，然后设置"深度"为150%、"大小"为6像素，如图3-687所示；在"图层样式"对话框中单击"外发光"样式，然后为其添加一个系统默认的"外发光"样式，效果如图3-688所示。

图3-687　　　　　　　　图3-688

18 打开光盘中的"素材文件>CH03>120-3.png"文件，然后将其拖曳到"科技公司标志设计"操作界面中，接着将新生成的图层更名为"光斑"，最终效果如图3-689所示。

图3-689

第4章
文字设计

■荧光立体字/164页　■水滴文字/169页　■斑驳金属文字/175页　■饰料发光文字/184页　■金属文字/191页

■冰块立体文字/198页　■霓虹灯文字/201页　■积木文字/203页　■金属发光字体/210页　■草地文字/218页

PS达人　广告设计师　包装设计师　插画设计师　网页设计师

实战 121 闪光钻石文字

文件位置：光盘>实例文件>CH04>实战121.psd / 难易指数：★★★☆☆

PS技术点睛

● 运用图层样式制作闪光钻石文字。
● 运用"亮度/对比度"等调整图层调节画面整体亮度。
● 运用自由变换命令以及图层蒙版制作倒影。

设计思路分析

本例主要运用图层样式以及自由变换命令制作闪光钻石文字，搭配星光点缀画面效果。

01 启动Photoshop CS6，按Ctrl+N组合键新建一个"闪光钻石文字"文件，具体参数设置如图4-1所示。

02 打开光盘中的"素材文件>CH04>121-1.jpg"文件，然后将其拖曳到"闪光钻石文字"操作界面中，如图4-2所示。

图4-1

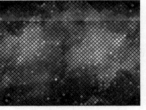

图4-2

03 在"图层"面板下方单击"创建新的填充或调整图层"按钮 ⊘.，在弹出的菜单中选择"亮度/对比度"命令，然后在"属性"面板中设置"亮度"为-111、"对比度"为86，具体参数设置如图4-3所示，效果如图4-4所示。

图4-3

图4-4

04 设置前景色为（R:100，G:1，B:83），然后使用"横排文字工具" **T.**（字体大小和样式可根据实际情况而定）在绘图区域中输入字母，效果如图4-5所示。

图4-5

技巧与提示

输入文字以后，可以采用以下3种方法来结束文字的输入。

第1种：按大键盘上的Ctrl+Enter组合键。

第2种：直接按小键盘上的Enter键。

第3种：在"工具箱"中单击其他工具。

05 按Ctrl+N组合键新建一个文件，具体参数设置如图4-6所示。

06 使用"矩形选框工具" □ 绘制一个合适的矩形选区，然后新建一个图层，接着使用白色填充选区，效果如图4-7所示。

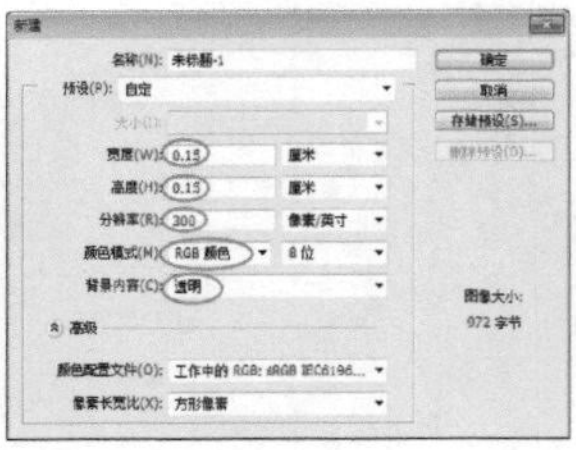

图4-6

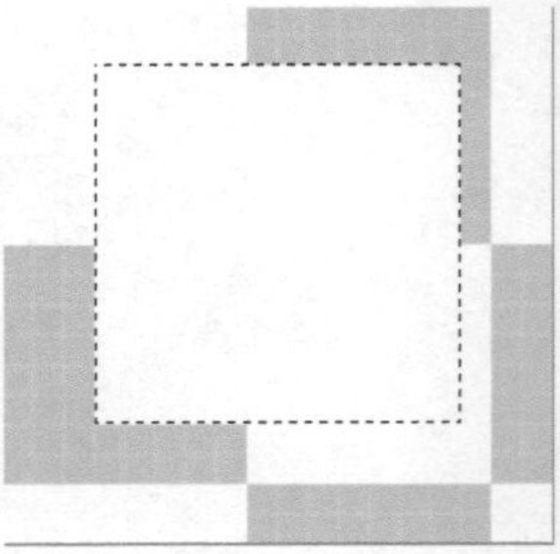

图4-7

07 按Ctrl+D组合键取消选区，然后执行"图层>图层样式>外发光"菜单命令，打开"图层样式"对话框，接着设置"混合模式"为"柔光"、"不透明度"为86%、发光颜色为（R:235，G:229，B:134）、"扩展"为6%、"大小"为6像素，如图4-8所示，效果如图4-9所示。

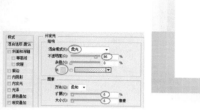

图4-8 图4-9

08 执行"编辑>定义图案"菜单命令，然后在弹出的"图案名称"对话框中采用系统默认的名称，如图4-10所示。

图4-10

09 返回到"闪光钻石文字"操作界面，然后新建一个"图层1"，接着按住Ctrl键并单击文字图层缩略图将其载入选区，最后选择"油漆桶工具"，并在选项栏中设置填充区域的源为"图案"，如图4-11所示，效果如图4-12所示。

图4-11 图4-12

10 执行"图层>图层样式>外发光"菜单命令，打开"图层样式"对话框，然后设置"不透明度"为100%、发光颜色为（R:255，G:255，B:205）、"大小"为117像素、"范围"为57%，如图4-13所示，效果如图4-14所示。

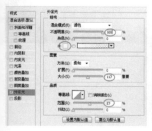

图4-13 图4-14

11 确定"图层1"为当前图层，在"图层"面板下方单击"创建新的填充或调整图层"按钮，在弹出的菜单中选择"亮度/对比度"命令，然后在"属性"面板中设置"亮度"为150，具体参数设置如图4-15所示，接着按Alt键将调整图层创建为"图层1"的剪贴蒙版，如图4-16所示，效果如图4-17所示。

图4-15

图4-16 图4-17

12 新建一个"图层2"，然后使用白色填充图层，接着载入文字图层选区，最后在"图层"面板下方单击"添加图层蒙版"按钮，为该图层添加一个图层蒙版，如图4-18所示，效果如图4-19所示。

图4-18 图4-19

13 新建一个"图层3"，然后载入文字图层选区，接着执行"编辑>描边"菜单命令，最后在弹出的"描边"对话框中设置"宽度"为2像素、"颜色"为（R:187，G:81，B:90）、"位置"为"内部"，具体参数设置如图4-20所示，效果如图4-21所示。

图4-20 图4-21

14 保持选区状态，再次执行"描边"命令，然后在弹出的"描边"对话框中设置"宽度"为6像素、"颜色"为（R:190, G:164, B:87）、"位置"为"居外"，具体参数设置如图4-22所示，效果如图4-23所示。

图4-22   图4-23

15 执行"图层>图层样式>投影"菜单命令，打开"图层样式"对话框，然后设置"混合模式"为"颜色减淡"、阴影颜色为（R:233，G:129，B:20）、"不透明度"为82%、"距离"为5像素、"扩展"为33%、"大小"为0像素、"等高线"为"半圆"，具体参数设置如图4-24所示，效果如图4-25所示。

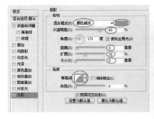

图4-24   图4-25

16 设置"图层3"的"混合模式"为"正片叠底"、"不透明度"为45%，如图4-26所示，效果如图4-27所示。

图4-26

图4-27

17 暂时隐藏"背景"图层和调整图层，然后按Ctrl+Alt+Shift+E组合键盖印可见图层，得到"图层4"，如图4-28所示，完成后显示"背景"图层和调整图层，效果如图4-29所示。

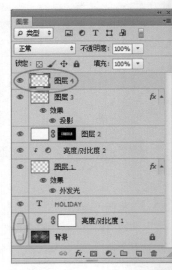

图4-28

图4-29

18 确定"图层4"为当前图层，然后按Ctrl+J组合键复制出两个副本图层，接着选择"图层4副本2"图层，并将其移动到"图层4"的下方，最后执行"编辑>变换>垂直翻转"菜单命令，效果如图4-30所示。

图4-30

19 在"图层"面板下方单击"添加图层蒙版"按钮 ▣，为该图层添加一个图层蒙版，然后使用"渐变工具" ▣在蒙版中从上往下填充黑色到白色的线性渐变，如图4-31所示，此时的蒙版效果如图4-32所示。

图4-31

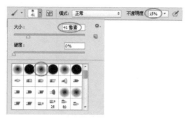

图4-32

20 在"图层4"的下方新建一个"图层5"，然后选择"画笔工具" ✍，接着在选项栏中选择一种柔边笔刷，并设置"大小"为41像素、"不透明度"为15%，如图4-33所示。

图4-33

21 设置前景色为黑色，然后使用"画笔工具" ✍在文字的下方进行涂抹，增加投影的效果，如图4-34所示。

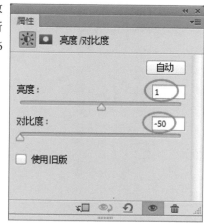

图4-34

22 在最上方新建一个"亮度/对比度"调整图层，然后在"属性"面板中设置"亮度"为1、"对比度"为-50，具体参数设置如图4-35所示，效果如图4-36所示。

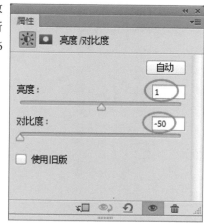

图4-35

图4-36

23 打开光盘中的"素材文件>CH04>121-2.psd"文件，然后将其拖曳到"闪光钻石文字"操作界面中，接着将新生成的图层更名为"图层6"图层，效果如图4-37所示。

图4-37

24 使用"横排文字工具" T.在版面中输入相关文字信息，最终效果如图4-38所示。

图4-38

实战 122 荧光立体字

文件位置：光盘>实例文件>CH04>实战122.psd / 难易指数：★★★★☆

PS技术点睛

- 运用"描边"命令制作字体效果。
- 运用"动感模糊"、"查找边缘"等滤镜制作字体立体效果。
- 运用"自由变换"命令以及图层蒙版制作倒影。
- 运用"云彩"滤镜制作字体背景效果。
- 运用"画笔工具"、"渐变工具"制作文字荧光立体效果。
- 运用图层的混合模式和不透明度制作荧光立体字。

设计思路分析

　　本例主要运用图层样式以及滤镜命令制作荧光立体文字，运用图层的混合模式以及更改图层的不透明度来制作荧光背景，依次搭配文字画面效果。

---

01 启动Photoshop CS6，按Ctrl+N组合键新建一个"荧光立体字"文件，具体参数设置如图4-39所示。

02 将"背景"图层转换为可操作图层"图层0"，然后用黑色填充该图层，效果如图4-40所示。

图4-39　　　　　　　　　　图4-40

03 新建一个"文字"图层组，然后设置前景色为白色，接着使用"横排文字工具" T.（字体大小和样式可根据实际情况而定）在绘图区域中输入字母，效果如图4-41所示。

04 在"文字"图层组中新建一个"图层1"，然后暂时隐藏文字图层，接着按住Ctrl键并单击文字图层缩略图将其载入选区，效果如图4-42所示。

图4-41　　　　　　　　　　图4-42

05 执行"编辑>描边"菜单命令，然后在弹出的"描边"对话框中设置"宽度"为3像素、"颜色"为（R:220，G:31，B:187）、"位置"为"居外"，具体参数设置如图4-43所示，效果如图4-44所示。

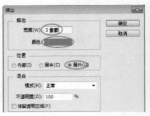

图4-43　　　　　　　　　　图4-44

06 按Ctrl+J组合键复制一个副本图层，然后将图层更名为"图层2"，接着设置该图层的"混合模式"为"明度"，如图4-45所示，最后选择"工具箱"中的"移动工具" ⊕，并按住Shift键单击键盘上的右方向键→和上方向键↑各一次，效果如图4-46所示。

图4-45　　　　　　　　　　图4-46

07 选择"图层1"图层,然后按Ctrl+J组合键复制一个"图层3",接着执行"滤镜>模糊>动感模糊"菜单命令,最后在弹出的"动感模糊"对话框中设置"角度"为-45度、"距离"为45像素,具体参数设置如图4-47所示,效果如图4-48所示。

图4-47

图4-48

08 确定"图层3"为当前图层,然后执行"滤镜>风格化>查找边缘"菜单命令,接着使用"移动工具" ▸⊕ 将其移动到如图4-49所示的位置。

图4-49

09 按住Ctrl键并单击"图层1"缩略图将其载入选区,然后在"图层3"的上方新建一个"图层4",接着打开"渐变编辑器"对话框,设置第1个色标的颜色为(R:100,G:1,B:83)、第2个色标的颜色为白色,如图4-50所示,最后从下向上为选区填充使用线性渐变色,效果如图4-51所示。

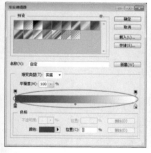

图4-50

图4-51

10 设置"图层4"图层的"混合模式"为"强光",如图4-52所示,效果如图4-53所示。

11 暂时隐藏"图层0",然后按Ctrl+Alt+Shift+E组合键盖印可见图层,得到"图层5",如图4-54所示,接着执行"编辑>变换>垂直翻转"菜单命令,完成后显示"图层0"图层,效果如图4-55所示。

图4-52

图4-53

图4-54

图4-55

12 按Ctrl+T组合键进入自由变换状态,然后按住Ctrl键拖曳定界框的角控制点进行变形,效果如图4-56所示。

图4-56

13 设置"图层5"的"不透明度"为14%,如图4-57所示,效果如图4-58所示。

图4-57

图4-58

14 选择"文字"图层组,然后执行"图层>图层样式>外发光"菜单命令,打开"图层样式"对话

165

框，接着设置发光颜色为（R:255，G:115，B:154）、"大小"为5像素，如图4-59所示，效果如图4-60所示。

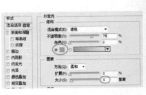
图4-59

图4-60

15 暂时隐藏"文字"图层组，然后在该图层组的下方新建一个"背景"图层组，接着将"图层0"拖曳到"背景"图层组中，如图4-61所示。

16 在"背景"图层组中新建一个"图层1"，然后将其拖曳到"图层0"的下方，并暂时隐藏"图层0"，接着按D键还原前景和背景色，最后执行"滤镜>渲染>云彩"菜单命令，效果如图4-62所示。

图4-61

图4-62

17 执行"滤镜>模糊>高斯模糊"菜单命令，然后在弹出的"高斯模糊"对话框中设置"半径"为63.5像素，具体参数设置如图4-63所示，效果如图4-64所示。

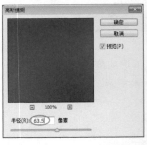
图4-63

图4-64

18 显示"图层0"图层，然后设置前景色为（R:239，G:4，B:126），接着选择"画笔工具"，并在选项栏中选择一种柔边笔刷，最后在图像中进行涂抹，效果如图4-65所示。

图4-65

19 设置"图层0"图层的"混合模式"为"叠加"、"不透明度"为79%，如图4-66所示，效果如图4-67所示。

图4-66

图4-67

20 显示"文字"图层组，然后在"图层0"的上方新建一个"图层2"，接着使用"钢笔工具"绘制出如图4-68所示的路径。

图4-68

21 按Ctrl+Enter组合键载入路径的选区，然后按Alt+Delete组合键用前景色填充选区，如图4-69所示，接着执行"选择>反向"菜单命令，最后在"图层"面板下方单击"添加图层蒙版"按钮，为该图层添加一个图层蒙版，如图4-70所示。

图4-69

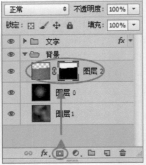
图4-70

22 设置前景色为黑色，然后选择"画笔工具"，并在选项栏中选择一种柔边笔刷，接着设置"大小"为121像素、"不透明度"为50%，如图4-71所示，最后在蒙版中进行涂抹，效果如图4-72所示，此时的蒙版效果如图4-73所示。

图4-71

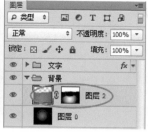

图4-72　　　　　　　　　　　　图4-73

23 设置"图层2"的"不透明度"为57%，如图
4-74所示，效果如图4-75所示。

图4-74　　　　　　　　　　　　图4-75

24 在图层最上方新建一个"光线"图层组，然后
新建一个"图层1"，接着使用"多边形套索工
具" 绘制一个合适的选
区，并使用白色填充选区，
效果如图4-76所示。

图4-76

25 设置"图层1"的"混合模式"为"叠加"、"不透明
度"为80%，如图4-77所示，效果如图4-78所示。

图4-77　　　　　　　　　　　　图4-78

26 按Ctrl+J组合键复制3个副本图层，然后将3个副
本图层的"不透明度"调整为21%，接着使用
"移动工具"调整好位置，效果如图4-79所示。

27 选择"光线"图层组，然后在"图层"面板下方
单击"添加图层蒙版"按钮 ，为该图层组添
加一个图层蒙版，如图4-80所示。

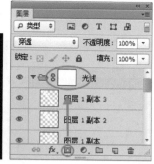

图4-79　　　　　　　　　　　　图4-80

28 选择"光线"图层组的蒙版，然后使用"渐变工
具" 在蒙版中按照如图4-81所示的方向填充黑
色到白色的线性渐变，此时的蒙版效果如图4-82所示。

图4-81　　　　　　　　　　　　图4-82

29 在"背景"图层组上方新建一个"圆"图层组，
然后新建一个"图层1"，接着使用"椭圆选框
工具" 绘制一个合适的
圆形选区，并使用白色填充
选区，效果如图4-83所示。

图4-83

30 设置"图层1"的"混合模式"为"叠加"、"不透明
度"为26%，如图4-84所示，效果如图4-85所示。

图4-84　　　　　　　　　　　　图4-85

31 按Ctrl+J组合键复制4个副本图层，然后分别调整图像的不透明度和位置，效果如图4-86所示。

32 新建一个"投影1"图层，然后使用白色"画笔工具" 在图像中进行涂抹，效果如图4-87所示。

图4-86　　　　　　　　　　图4-87

33 执行"图层>图层样式>内发光"菜单命令，打开"图层样式"对话框，接着设置发光颜色为（R:255，G:0，B:138）、"大小"为4像素，具体参数设置如图4-88所示。

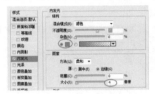

图4-88

34 在"图层样式"对话框中单击"外发光"样式，然后设置发光颜色为（R:255, G:0, B:198）、"大小"为4像素，具体参数设置如图4-89所示，效果如图4-90所示。

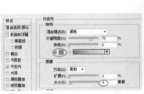 

图4-89　　　　　　　　　　图4-90

35 新建一个"投影2"图层，然后使用黑色"画笔工具" 在图像中进行涂抹，接着设置该图层的"不透明度"为80%，如图4-91所示，效果如图4-92所示。

图4-91　　　　　　　　　　图4-92

36 打开光盘中的"素材文件>CH04>122.psd"文件，然后将其拖曳到"荧光立体字"操作界面

中，接着将新生成的图层更名为"图层1"图层，如图4-93所示。

图4-93

37 设置"图层1"的"混合模式"为"颜色减淡"、"不透明度"为69%，如图4-94所示，效果如图4-95所示。

 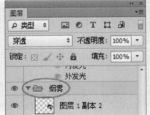

图4-94　　　　　　　　　　图4-95

38 按Ctrl+J组合键复制3个副本图层，然后调整好其位置和大小，效果如图4-96所示，接着按Ctrl+G组合键为制作烟雾所在的图层创建一个"烟雾"图层组，如图4-97所示。

图4-96　　　　　　　　　　图4-97

39 设置前景色为白色，然后使用"横排文字工具" 在版面中输入相关文字信息，效果如图4-98所示。

40 选择"投影1"图层，然后执行"图层>图层样式>复制图层样式"菜单命令，接着选择文字图层，最后执行"图层>图层样式>粘贴图层样式"菜单命令，这样可以将"投影1"图层的样式复制并粘贴给文字图层，最终效果如图4-99所示。

图4-98　　　　　　　　　　图4-99

实战 ⑫③ 水滴文字

文件路径：光盘>素材文件>CH04>实战123.psd /难易指数 ★★★★☆

PS技术点睛

● 运用"云彩"、"图章"滤镜制作水滴文字效果。
● 运用"高斯模糊"、"阈值"制作水滴效果。
● 调整图层"填充"来调整水滴质感。
● 运用"投影"、"内阴影"、"描边"图层样式制作水滴文字。

设计思路分析

　　本例将制作水滴文字，以水滴的晶莹剔透搭配清新宜人的绿色背景，该效果适用于饮料、酒水等广告制作。

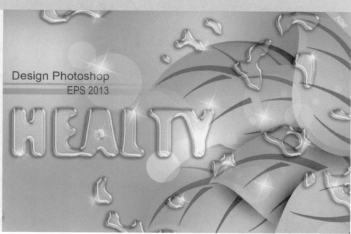

01 启动Photoshop CS6，按Ctrl+N组合键新建一个"水滴文字"文件，具体参数设置如图4-100所示。

02 使用"横排文字工具" T（字体大小和样式可根据实际情况而定）在绘图区域中输入字母，效果如图4-101所示。

图4-100

HEALTY

图4-101

03 新建一个"图层1"，然后执行"滤镜>渲染>云彩"菜单命令，接着按Ctrl+F组合键重复执行一次，效果如图4-102所示。

图4-102

04 执行"滤镜>滤镜库"菜单命令，打开"滤镜库"对话框，然后在"素描"滤镜组下选择"图章"滤镜，接着设置"明/暗平衡"为26、"平滑度"为18，如图4-103所示，图像效果如图4-104所示。

05 执行"图层>栅格化>文字"菜单命令，使文字图层转换为普通图层，如图4-105所示，然后执行"滤镜>模糊>高斯模糊"菜单命令，接着在弹出的"高斯模糊"对话框中设置"半径"为8像素，如图4-106所

示，效果如图4-107所示。

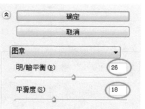

图4-103

HEALTY

图4-104

图4-105

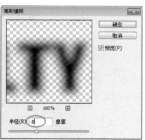

图4-106

图4-107

06 按Ctrl+E组合键合并文字图层与"图层1"，并将合并后的图层更名为"图层1"，然后执行

"图像>调整>阈值"菜单命令，接着在弹出的"阈值"对话框中设置"阈值色阶"为100，如图4-108所示，效果如图4-109所示。

图4-108　　　　　　　　　图4-109

07 选择"魔棒工具" 🪄，然后按Shift键选中黑色区域，如图4-110所示，接着按Ctrl+J组合键复制一个"图层2"，完成后删除"图层1"图层，如图4-111所示。

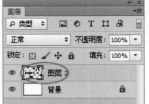

图4-110　　　　　　　　　图4-111

08 打开光盘中的"素材文件>CH04>123-1.jpg"文件，然后将其拖曳到"水滴文字"操作界面中，接着将新生成的图层更名为"图层3"图层，效果如图4-112所示。

图4-112

09 将"图层3"移动到"图层2"的下方，然后选择"图层2"图层，接着选择"橡皮擦工具" ✐，并在选项栏中设置"大小"为40像素、"不透明度"为100%，如图4-113所示，最后在图像中进行涂抹，效果如图4-114所示。

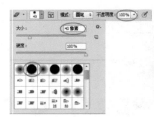

图4-113　　　　　　　　　图4-114

10 设置"图层2"的"填充"为0%，然后执行"图层>图层样式>斜面和浮雕"菜单命令，打开"图层样式"对话框，接着设置"大小"为17像素、"光泽等高线"为"环形"，并勾选"消除锯齿"，最后设置

高光不透明度为100%、"阴影模式"为"线性减淡（添加）"、阴影不透明度为26%，具体参数设置如图4-115所示，效果如图4-116所示。

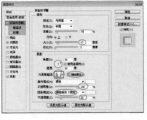

图4-115　　　　　　　　　图4-116

11 单击"斜面和浮雕"样式下面的"等高线"选项，然后打开"等高线编辑器"对话框，接着将等高线调节成如图4-117所示的形状，最后返回到"图层样式"对话框中设置"范围"为25%，如图4-118所示，效果如图4-119所示。

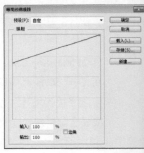

图4-117

图4-118　　　　　　　　　图4-119

12 在"图层样式"对话框中单击"内阴影"样式，然后设置"不透明度"为56%、"角度"为132度、"距离"为15像素、"大小"为11像素，具体参数设置如图4-120所示，效果如图4-121所示。

图4-120　　　　　　　　　图4-121

13 在"图层样式"对话框中单击"内发光"样式，然后设置"混合模式"为叠加、"不透明度"为42%、发光颜色为（R:0，G:151，B:149）、"阻塞"为10%、"大小"为34像素，具体参数设置如图4-122所示，效果如图4-123所示。

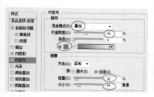

图4-122   图4-123

14 在"图层样式"对话框中单击"投影"样式，然
后设置阴影颜色为（R:1，G:77，B:76）、"不
透明度"为50%、"距离"为5像素、"大小"为20像
素、"等高线"为"锥形"，具体参数设置如图4-124所
示，效果如图4-125所示。

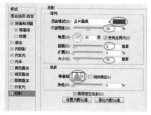

图4-124   图4-125

15 新建一个"图层4"，然后使用"矩形选框工
具" 绘制两个如
图4-126所示的矩形选区。

图4-126

16 设置前景色为（R:120，G:182，B:76），然后打
开"渐变编辑器"对话框，接着选择"前景色到
透明渐变"，如图4-127所示，最后从右向左为选区填充
使用线性渐变色，如图4-128所示。

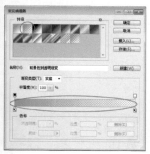

图4-127   图4-128

17 设置"图层4"的"混合模式"为"正片叠
底"，如图4-129所示，效果如图4-130所示。

18 设置前景色为（R:46，G:76，B:0），然后使
用"横排文字工具" （字体大小和样式可根
据实际情况而定）在绘图区域中输入字母，效果如图

4-131所示。

19 打开光盘中的"素材文件>CH04>123-2.psd"文
件，然后将其拖曳到"水滴文字"操作界面中，
接着将新生成的图层更名为"星光"图层，效果如图
4-132所示。

图4-129   图4-130

图4-131   图4-132

20 设置"星光"图层的"不透明度"为80%，如图
4-133所示，最终效果如图4-134所示。

图4-133

图4-134

实战 124 立体光影文字

文件位置：光盘>实例文件>CH04>实战124.psd／难易指数：★★★☆☆

PS技术点睛

● 运用"外发光"、"内发光"等图层样式制作立体光影文字效果。
● 运用自由变换命令进行字体的变形。
● 运用"画笔工具"制作发光曲线，使画面更具有动感。

设计思路分析

本例运用了很多图层样式制作立体光影文字，通过搭配富有动感的线条，使画面更具有张力。

01 启动Photoshop CS6，按Ctrl+N组合键新建一个"立体光影文字"文件，具体参数设置如图4-135所示。

02 打开光盘中的"素材文件>CH04>124-1.jpg"文件，然后将其拖曳到"立体光影文字"操作界面中，如图4-136所示。

图4-135　　　　　　　　　　图4-136

03 打开光盘中的"素材文件>CH04>124-2.jpg"文件，然后将其拖曳到"立体光影文字"操作界面中，接着将新生成的图层更名为"图层1"图层，效果如图4-137所示。

图4-137

04 设置"图层1"图层的"不透明度"为35%，如图4-138所示，效果如图4-139所示。

图4-138　　　　　　　　　　图4-139

05 使用"横排文字工具" ▢（字体大小和样式可根据实际情况而定）在绘图区域中输入字母，效果如图4-140所示。

06 执行"图层>栅格化>文字"菜单命令，使文字图层转换为普通图层，然后执行"编辑>变换>变形"菜单命令，将文字按照如图4-141所示进行变形。

图4-140　　　　　　　　　　图4-141

07 按Ctrl+J组合键复制一个副本图层，然后选择文字图层，接着执行"图层>图层样式>外发光"菜单命令，打开"图层样式"对话框，最后设置"不透明度"为40%、发光颜色为（R:165，G:22，B:255）、"扩展"为15%、"大小"为120像素、"等高线"为"半圆"，具体参数设置如图4-142所示，效果如图4-143所示。

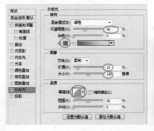
图4-142　　　　　　　　　　图4-143

08 选择文字副本图层，然后执行"图层>图层样式>渐变叠加"菜单命令，打开"图层样式"对话框，接着单击"点按可编辑渐变"按钮 ▬▬▬，最后在弹出的"渐变编辑器"对话框中设置第1个色标的颜色为（R:0，G:116，B:243）、第2个色标的颜色为（R:180，G:240，B:251），如图4-144和图4-145所示，效果如图4-146所示。

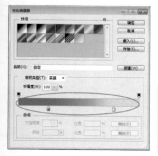

图4-144　　　　　　　　图4-145

图4-146

09 在"图层样式"对话框中单击"斜面和浮雕"样式，然后设置"大小"为39像素、高亮颜色为（R:200，G:241，B:253）、高光不透明度为100%，具体参数设置如图4-147所示，效果如图4-148所示。

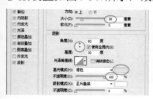

图4-147　　　　　　　　图4-148

10 在"图层样式"对话框中单击"描边"样式，然后设置"填充类型"为"渐变"，接着单击"点按可编辑渐变"按钮，在弹出的"渐变编辑器"对话框中设置第1个色标的颜色为（R:0，G:116，B:243）、第2个色标的颜色为（R:2，G:250，B:253）、第3个色标的颜色为（R:0，G:116，B:243），如图4-149所示，最后返回"图层样式"对话框，设置"大小"为13像素、"样式"为"迸发状"、"角度"为90度、"缩放"为89%，具体参数设置如图4-150所示，效果如图4-151所示。

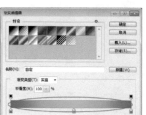

图4-149

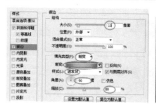

图4-150　　　　　　　　图4-151

11 在"图层样式"对话框中单击"内阴影"样式，然后设置阴影颜色为（R:1，G:10，B:99）、"距离"为12像素、"大小"为4像素、"等高线"为"画圆步骤"，具体参数设置如图4-152所示，效果如图4-153所示。

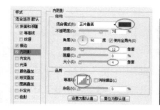

图4-152　　　　　　　　图4-153

12 在"图层样式"对话框中单击"投影"样式，然后设置"距离"为26像素、"大小"为2像素，具体参数设置如图4-154所示，效果如图4-155所示。

图4-154　　　　　　　　图4-155

13 使用相同的方法制作其他文字效果，然后关闭"描边"和"内阴影"效果，如图4-156所示，效果如图4-157所示。

图4-156　　　　　　　　图4-157

14 设置前景色为白色，然后在"图层1"上方新建一个"图层2"，接着使用"画笔工具"结合

173

钢笔路径绘制出几条白色曲线，如图4-158所示。

15 执行"图层>图层样式>外发光"菜单命令，打开"图层样式"对话框，然后设置"混合模式"为"强光"、"不透明度"为80%、发光颜色为（R:229，G:30，B:212）、"大小"为23像素、"等高线"为"高斯"、"范围"为60%，具体参数设置如图4-159所示。

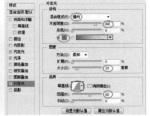

图4-158   图4-159

16 在"图层样式"对话框中单击"光泽"样式，然后设置效果颜色为（R:255，G:239，B:255）、"不透明度"为40%、"距离"为14像素、"大小"为18像素，具体参数设置如图4-160所示。

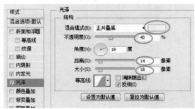

图4-160

17 在"图层样式"对话框中单击"内发光"样式，然后设置发光颜色为（R:251，G:99，B:253）、"大小"为6像素，具体参数设置如图4-161所示，效果如图4-162所示。

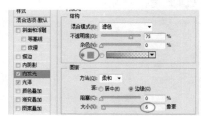

图4-161

图4-162

18 按Ctrl+J组合键复制一个"图层2副本"图层，然后在"图层"面板下方单击"添加图层蒙版"按钮 ▣，为该图层添加一个图层蒙版，如图4-163所示。

图4-163

19 选择"图层2副本"图层的蒙版，然后使用黑色"画笔工具" ☑ 在蒙版中进行涂抹，隐藏多余的线条，如图4-164所示，此时的蒙版效果如图4-165所示。

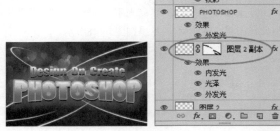

图4-164   图4-165

20 在图层顶层新建一个"亮度/对比度"调整图层，然后在"属性"面板中设置"亮度"为9、"对比度"为30，如图4-166所示，最终效果如图4-167所示。

图4-166   图4-167

实战 125 斑驳金属文字

文件位置：光盘>实例文件>CH04>实战125.psd / 难易指数：★★★☆☆

PS技术点睛
● 运用"渐变工具"对文字图像进行垂直渐变填充。
● 为文字图层应用图层样式，制作出金属纹理的效果。
● 运用"滤镜"制作文字裂纹效果，以表现出怀旧的意境。
● 为文字图层应用图层样式，制作出金属纹理的效果。

设计思路分析
　　本例运用图层样式制作文字斑驳的效果，通过滤镜来表现出金属的质感，添加裂纹让画面更加生动。

01　启动Photoshop CS6，按Ctrl+N组合键新建一个"斑驳金属文字"文件，具体参数设置如图4-168所示。

02　打开光盘中的"素材文件>CH04>125.jpg"文件，然后将其拖曳到"斑驳金属文字"操作界面中，如图4-169所示。

图4-168　　　　　　图4-169

03　新建一个"文字"图层组，然后使用"横排文字工具" T（字体大小和样式可根据实际情况而定）在绘图区域中输入字母，效果如图4-170所示。

04　新建一个"图层1"，然后暂时隐藏文字图层，接着按住Ctrl键并单击文字图层缩略图将其载入选区，如图4-171所示。

图4-170　　　　　　图4-171

05　设置前景色为白色、背景色为（R:162，G:115，B:91），然后打开"渐变编辑器"对话框，接着选择"前景色到背景色渐变"，如图4-172所示，最后从下向上为选区填充线性渐变色，效果如图4-173所示。

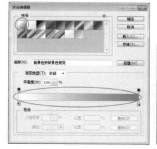

图4-172　　　　　　图4-173

06　按Ctrl+D组合键取消选区，然后执行"图层>图层样式>斜面和浮雕"菜单命令，打开"图层样式"对话框，接着设置"样式"为"浮雕效果"、"方法"为"雕刻清晰"、"深度"为511%、"方向"为"下"、"大小"为21像素、"软化"为13像素，最后设置高亮颜色为（R:109，G:48，B:3）、高光不透明度为70%、阴影颜色为（R:92，G:45，B:0），具体参数设置如图4-174所示，效果如图4-175所示。

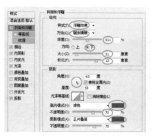

图4-174　　　　　　图4-175

07　在"图层样式"对话框中单击"描边"样式，然后设置"大小"为6像素、"混合模式"为"正片叠底"、"不透明度"为61%、"颜色"为（R:37，

175

G:18，B:0），具体参数设置如图4-176所示，效果如图4-177所示。

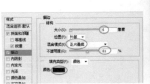
图4-176

图4-177

08 在"图层样式"对话框中单击"内阴影"样式，然后设置"混合模式"为"柔光"、阴影颜色为（R:42，G:22，B:0）、"不透明度"为70%、"距离"为13像素、"大小"为10像素，具体参数设置如图4-178所示，效果如图4-179所示。

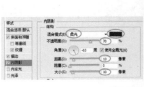
图4-178

图4-179

09 在"图层样式"对话框中单击"光泽"样式，然后设置"混合模式"为"叠加"、效果颜色为（R:232，G:203，B:175）、"距离"为18像素、"大小"为23像素，具体参数设置如图4-180所示，效果如图4-181所示。

图4-180

图4-181

10 在"图层样式"对话框中单击"投影"样式，然后设置"不透明度"为77%、"距离"为18像素、"扩展"为12%、"大小"为178像素，具体参数设置如图4-182所示，效果如图4-183所示。

图4-182

图4-183

11 按Ctrl+J组合键复制一个副本图层，然后执行"图层>图层样式>清除图层样式"菜单命令，将该图层

的样式消除掉，接着设置该图层的"混合模式"为"正片叠底"，如图4-184所示，效果如图4-185所示。

图4-184

图4-185

12 在"图层"面板下方单击"添加图层蒙版"按钮 ，为该图层添加一个图层蒙版，然后使用黑色"画笔工具" 在图像中进行涂抹，如图4-186所示，效果如图4-187所示。

图4-186

图4-187

13 按Ctrl+J组合键复制一个"图层1副本2"图层，然后执行"图层>图层蒙版>删除"菜单命令，将该图层的图层蒙版删除掉，接着载入"图层1副本2"图层选区，如图4-188所示。

图4-188

14 设置前景色为黑色、背景色为（R:135，G:135，B:136），然后打开"渐变编辑器"对话框，接着选择"前景色到背景色渐变"，如图4-189所示，最后从上向下为选区填充线性渐变色，效果如图4-190所示。

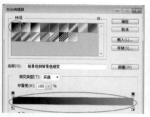

图4-189　　　　　　　　　　图4-190

15 按Ctrl+D组合键取消选区，然后执行"滤镜>滤镜库"菜单命令，打开"滤镜库"对话框，然后在"艺术效果"滤镜组下选择"海绵"滤镜，接着设置"画笔大小"为8、"清晰度"为3、"平滑度"为12，如图4-191所示，图像效果如图4-192所示。

图4-191　　　　　　　　　　图4-192

16 执行"滤镜>滤镜库"菜单命令，打开"滤镜库"对话框，然后在"纹理"滤镜组下选择"龟裂缝"滤镜，接着设置"裂缝间距"为12、"裂缝深度"为5、"裂缝亮度"为8，如图4-193所示，图像效果如图4-194所示。

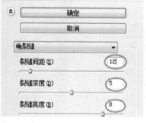

图4-193　　　　　　　　　　图4-194

17 在"图层"面板下方单击"添加图层蒙版"按钮，为该图层添加一个图层蒙版，然后使用黑色"画笔工具"在图像中进行涂抹，如图4-195所示，效果如图4-196所示。

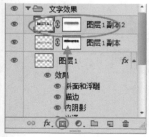

图4-195　　　　　　　　　　图4-196

18 在"背景"图层上方新建一个"裂纹"图层组，如图4-197所示，然后使用"钢笔工具"在绘图区域中绘制如图4-198所示的路径。

图4-197　　　　　　　　　　图4-198

19 按Ctrl+Enter组合键载入路径的选区，然后新建一个"图层2"，接着使用黑色填充选区，效果如图4-199所示。

20 执行"图层>图层样式>斜面和浮雕"菜单命令，打开"图层样式"对话框，然后设置"深度"为1000%、"大小"为0像素、"角度"为-24度、"高度"为40度，接着设置高亮颜色为（R:255，G:246，B:229）、高光不透明度为100%、阴影颜色为（R:63，G:37，B:0）、阴影不透明度为30%，具体参数设置如图4-200所示。

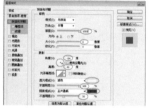

图4-199　　　　　　　　　　图4-200

21 在"图层样式"对话框中单击"内发光"样式，然后设置"混合模式"为"正片叠底"、"不透明度"为100%、发光颜色为（R:100，G:59，B:0）、"阻塞"为20%、"大小"为4像素，具体参数设置如图4-201所示，效果如图4-202所示。

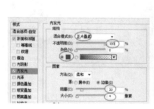

图4-201　　　　　　　　　　图4-202

22 使用"钢笔工具"在绘图区域中绘制出其他裂纹的路径，然后使用相同的方法为其添加图层样式，最终效果如图4-203所示。

图4-203

实战 126 多彩立体文字

文件位置：光盘>实例文件>CH04>实战126.psd / 难易指数：★★☆☆☆

PS技术点睛
● 运用图层样式制作多彩立体文字。
● 运用"动感模糊"等滤镜制作字体立体效果。
● 运用"亮度/对比度"等菜单命令调节画面整体亮度。

设计思路分析

在本例中将彩色幻影背景与文字结合，调整文字的动感模糊效果，结合渐变工具和图层样式制作多彩立体文字。

01 启动Photoshop CS6，按Ctrl+N组合键新建一个"多彩立体文字"文件，具体参数设置如图4-204所示。

图4-204

02 打开光盘中的"素材文件>CH04>126.jpg"文件，然后将其拖曳到"多彩立体文字"操作界面中，如图4-205所示。

03 使用"横排文字工具" [T.]（字体大小和样式可根据实际情况而定）在绘图区域中输入字母，效果如图4-206所示。

图4-205　　　　　　　　　　　图4-206

04 在"图层"面板中双击文字图层的缩略图，选择所有的文本，然后单独选择字母P，接着在选项栏中单击颜色块，并在弹出的"拾色器（文本颜色）"对话框中设置颜色为（R:74，G:63，B:160），如图4-207所示，效果如图4-208所示。

05 采用相同的方法将其他字母更改为如图4-209所示的颜色。

06 按Ctrl+J组合键复制一个文字副本图层，然后在副本图层的名称上单击鼠标右键，接着在弹出的

快捷菜单中选择"栅格化文字"命令，如图4-210所示。

图4-207　　　　　　　　　　　图4-208

图4-209　　　　　　　　　　　图4-210

07 在"图层"面板下单击"添加图层蒙版"按钮 [◻]，为副本图层添加一个图层蒙版，然后使用"矩形选框工具" [▢] 绘制一个如图4-211所示的矩形选区。

08 设置前景色为黑色，然后按Alt+Delete组合键用黑色填充蒙版选区，如图4-212所示。

图4-211　　　　　　　　　　　图4-212

09 选择文字副本图层，然后按Ctrl+U组合键打开"色相/饱和度"对话框，接着设置"明度"为60，如图4-213所示，效果如图4-214所示。

图4-213　　　　　　　　　　图4-214

10 选择原始的文字图层，然后按Ctrl+J组合键再次复制一个副本图层，并将其放置在原始文字图层的下一层，如图4-215所示。

11 将副本文字图层栅格化，然后执行"滤镜>模糊>动感模糊"命令，接着在弹出的"动感模糊"对话框中设置"角度"为90度、"距离"为320像素，如图4-216所示，效果如图4-217所示。

12 使用"橡皮擦工具"擦去底部的模糊部分，如图4-218所示。

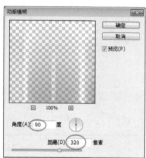

图4-215　　　　　　　　　　图4-216

图4-217　　　　　　　　　　图4-218

13 选择原始的文字图层，然后执行"图层>图层样式>斜面和浮雕"菜单命令，打开"图层样式"对话框，接着设置"深度"为1%、"方向"为"下"、"大小"为4像素，具体参数设置如图4-219所示，效果如图4-220所示。

图4-219　　　　　　　　　　图4-220

14 使用"横排文字工具"在英文PHOTOSHOP的底部输入英文，如图4-221所示。

15 执行"图层>图层样式>渐变叠加"菜单命令，然后单击"点按可编辑渐变"按钮，接着在弹出的"渐变编辑器"对话框中设置第1个色标的颜色为（R:255，G:0，B:255）、第2个色标的颜色为（R:0，G:0，B:255）、第3个色标的颜色为（R:0，G:255，B:0），如图4-222和图4-223所示，效果如图4-224所示。

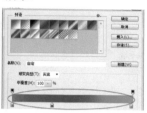

图4-221　　　　　　　　　　图4-222

图4-223　　　　　　　　　　图4-224

16 在"图层样式"对话框中单击"内发光"样式，然后为文字图层添加一个系统默认的"内发光"样式；在"图层样式"对话框中单击"斜面和浮雕"样式，然后设置"大小"为2像素，具体参数设置如图4-225所示，效果如图4-226所示。

图4-225　　　　　　　　　　图4-226

17 继续使用"横排文字工具"在英文PHOTOSHOP的底部输入较小的英文，如图4-227所示。

18 选择PS文字图层，然后执行"图层>图层样式>拷贝图层样式"菜单命令，接着选择较小的英文文字图层，最后执行"图层>图层样式>粘贴图层样式"菜单命令，这样可以将PS文字图层的样式复制并粘贴给较小的英文文字图层，最终效果如图4-228所示。

图4-227　　　　　　　　　　图4-228

实战 127 雪花文字

文件位置：光盘>实例文件>CH04>实战127.psd / 发烧指数：★★★★☆

PS技术点睛

● 运用"通道"制作雪花效果。
● 运用"扩展"、"收缩"选区来制作雪花堆积效果。
● 运用"风"制作文字的雪花效果。
● 运用图层样式制作雪花文字。

设计思路分析

本例通过滤镜库制作出雪花堆积的效果，运用多种图层样式制作出雪花文字。

01 启动Photoshop CS6，按Ctrl+N组合键新建一个"雪花文字"文件，具体参数设置如图4-229所示。

02 打开光盘中的"素材文件>CH04>127.jpg"文件，然后将其拖曳到"雪花文字"操作界面中，如图4-230所示。

图4-229

图4-230

03 设置前景色为（R:102，G:15，B:21），然后使用"横排文字工具" T（字体大小和样式可根据实际情况而定）在绘图区域中输入字母，效果如图4-231所示。

04 暂时隐藏"背景"图层，然后按Ctrl+Alt+Shift+E组合键盖印可见图层，得到"图层1"，如图4-232所示，完成后显示"背景"图层。

图4-231

图4-232

05 确定当前图层为"图层1"，执行"选择>修改>扩展"菜单命令，然后在弹出的"扩展选区"对话框中设置"扩展量"为7像素，具体参数设置如图4-233所示，效果如图4-234所示。

扩展选区
扩展量(E): 7 像素 确定 取消
图4-233

图4-234

06 切换到"通道"面板，然后单击"通道"面板下面的"创建新通道"按钮 ，新建一个Alpha1，接着使用白色填充选区，最后按Ctrl+D组合键取消选区，如图4-235所示，效果如图4-236所示。

图4-235

图4-236

07 按住Ctrl键并单击"图层1"缩略图将其载入选区，然后执行"选择>修改>扩展"菜单命令，然后在弹出的"扩展选区"对话框中设置"扩展量"为8像

素，具体参数设置如图4-237所示，效果如图4-238所示。

图4-237　　　　　　　　　　　图4-238

08 切换到"通道"面板，然后将选区向下移动到如图4-239所示的位置，接着使用黑色填充选区。

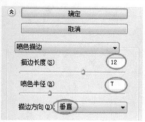

图4-239

09 按Ctrl+D组合键取消选区，然后执行"滤镜>滤镜库"菜单命令，打开"滤镜库"对话框，然后在"画笔描边"滤镜组下选择"喷色描边"滤镜，接着设置"描边长度"为12、"喷色半径"为7、"描边方向"为"垂直"，如图4-240所示，图像效果如图4-241所示。

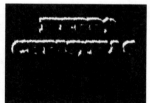

图4-240　　　　　　　　　　　图4-241

10 继续执行"滤镜>滤镜库"菜单命令，打开"滤镜库"对话框，然后在"素描"滤镜组下选择"图章"滤镜，接着设置"明/暗平衡"为2、"平滑度"为2，如图4-242所示，图像效果如图4-243所示。

图4-242　　　　　　　　　　　图4-243

11 执行"图像>图像旋转>90度（顺时针）"菜单命令，如图4-244所示。

12 执行"滤镜>风格化>风"菜单命令，然后在弹出的"风"对话框中设置"方向"为"从右"，如

图4-245所示，效果如图4-246所示，接着按Ctrl+F组合键再次执行"风"滤镜命令，效果如图4-247所示。

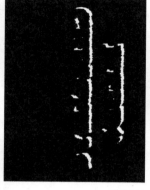
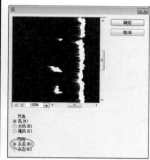

图4-244　　　　　　　　　　　图4-245

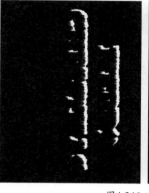
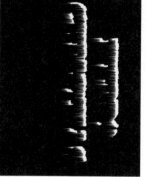

图4-246　　　　　　　　　　　图4-247

13 执行"图像>图像旋转>90度（逆时针）"菜单命令，如图4-248所示，然后执行"滤镜>模糊>特殊模糊"菜单命令，接着在弹出的"特殊模糊"对话框中设置"半径"为15.1、"阈值"为100、"品质"为"高"，如图4-249所示，效果如图4-250所示。

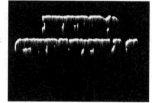

图4-248

图4-249　　　　　　　　　　　图4-250

14 执行"滤镜>滤镜库"菜单命令，打开"滤镜库"对话框，然后在"素描"滤镜组下选择"撕边"滤镜，接着设置"图像平衡"为25、"平滑度"为14、"对比度"为10，如图4-251所示，图像效果如图4-252所示。

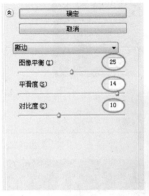

图4-251   图4-252

15 按住Ctrl键并单击Alpha1通道将其载入选区，然后新建一个"图层2"，接着使用白色填充选区，效果如图4-253所示。

图4-253

16 执行"图层>图层样式>斜面和浮雕"菜单命令，打开"图层样式"对话框，然后设置"深度"为1000%、"大小"为5像素、"角度"为30度、"高光模式"为"正常"、高光不透明度为100%、阴影颜色为（R:200，G:200，B:200）、阴影不透明度为35%，具体参数设置如图4-254所示，效果如图4-255所示。

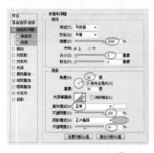

图4-254   图4-255

17 在"图层样式"对话框中单击"渐变叠加"样式，然后单击"点按可编辑渐变"按钮，接着在弹出的"渐变编辑器"对话框中设置第1个色标的颜色为（R:203，G:223，B:244）、第2个色标的颜色为白

色，如图4-256所示，最后返回"图层样式"对话框，设置"样式"为"径向"，如图4-257所示，效果如图4-258所示。

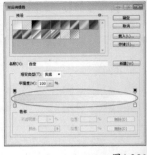

图4-256

图4-257   图4-258

18 在"图层样式"对话框中单击"外发光"样式，然后设置"混合模式"为"正常"、"不透明度"为100%、"扩展"为11%、"大小"为5像素、"范围"为55%、"抖动"为100%，具体参数设置如图4-259所示，效果如图4-260所示。

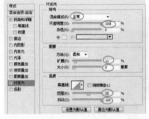

图4-259   图4-260

19 确定当前图层为"图层2"，在"图层"面板下方单击"添加图层蒙版"按钮，为该图层添加一个图层蒙版，如图4-261所示。

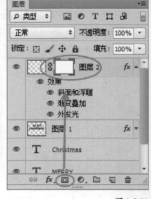

图4-261

20 选择"图层2"图层的蒙版，然后使用黑色"画笔工具"在图像中进行涂抹，如图4-262所示，此时的蒙版效果如图4-263所示。

图4-262 　　　　　　　　　　图4-263

21 选择"图层1"图层，然后执行"图层>图层样式>斜面和浮雕"菜单命令，打开"图层样式"对话框，接着设置"方法"为雕刻柔和、"大小"为250像素、"软化"为6像素、高光不透明度为50%、"阴影模式"为"叠加"、阴影不透明度为90%，具体参数设置如图4-264所示，效果如图4-265所示。

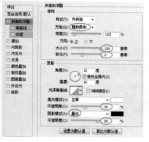

图4-264 　　　　　　　　　　图4-265

22 在"图层样式"对话框中单击"内阴影"样式，然后设置"混合模式"为"颜色加深"、"不透明度"为45%、"距离"为8像素、"阻塞"为10%、"大小"为16像素，具体参数设置如图4-266所示，效果如图4-267所示。

图4-266 　　　　　　　　　　图4-267

23 在"图层样式"对话框中单击"内发光"样式，然后设置"大小"为39像素，具体参数设置如图4-268所示，效果如图4-269所示。

图4-268

图4-269

24 在"图层样式"对话框中单击"渐变叠加"样式，然后单击"点按可编辑渐变"按钮，在弹出的"渐变编辑器"对话框中设置第1个色标的颜色为（R:10，G:0，B:178）、第2个色标的颜色为（R:255，G:0，B:0）、第3个色标的颜色为（R:255，G:252，B:0），如图4-270和图4-271所示，效果如图4-272所示。

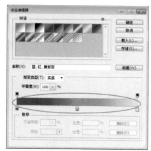

图4-270

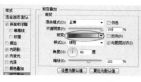

图4-271 　　　　　　　　　　图4-272

25 在"图层样式"对话框中单击"外发光"样式，然后设置"大小"为5像素，具体参数设置如图4-273所示，效果如图4-274所示。

图4-273 　　　　　　　　　　图4-274

26 选择原始文字图层，然后选择"工具箱"中的"移动工具"，单击键盘上的右方向键→和下方向键↓各两次，最终效果如图4-275所示。

图4-275

实战 128 塑料发光文字

文件位置：光盘>实例文件>CH04>实战128.psd / 难易指数：★★★☆☆

PS技术点睛

- 运用图层的混合模式制作背景效果。
- 运用自由变换命令调整文字位置。
- 对文字添加多种图层样式，制作文字的塑料效果。

设计思路分析

本例中以制作塑料发光立体文字为主体，搭配金属背景和五彩渐变背景结合，打造出画面的强烈冲击力。

---

01 启动Photoshop CS6，按Ctrl+N组合键新建一个"塑料发光文字"文件，具体参数设置如图4-276所示。

02 打开光盘中的"素材文件>CH04>128-1.jpg"文件，然后将其拖曳到"塑料发光文字"操作界面中，如图4-277所示。

图4-276　　　　　　　　图4-277

03 打开光盘中的"素材文件>CH04>128-2.jpg"文件，然后将其拖曳到"塑料发光文字"操作界面中，接着将新生成的图层更名为"图层1"图层，最后将该图层的"混合模式"设置为"正片叠底"，如图4-278所示，效果如图4-279所示。

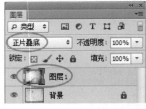
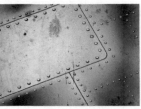

图4-278　　　　　　　　图4-279

04 打开光盘中的"素材文件>CH04>128-3.jpg"文件，然后将其拖曳到"塑料发光文字"操作界面中，接着将新生成的图层更名为"图层2"图层，最后将

该图层的"混合模式"设置为"正片叠底"，效果如图4-280所示。

05 设置前景色为（R:179, G:178, B:178），然后使用"横排文字工具" [T]（字体大小和样式可根据实际情况而定）在绘图区域中输入字母，效果如图4-281所示。

图4-280　　　　　　　　图4-281

06 将文字图层栅格化，然后按Ctrl+T组合键进入自由变换状态，接着将文字放大并旋转到如图4-282所示的角度。

图4-282

07 执行"图层>图层样式>斜面和浮雕"菜单命令，打开"图层样式"对话框，然后单击光泽等高线右侧的图标，接着在弹出的"等高线编辑器"对话框中将等高线编辑成如图4-283所示的形状，最后设置"样式"为"枕状浮雕"、"深度"为144%、"大小"为62像素、"高光模式"为"实色混合"、高光不透明度为41%，具体参数设置如图4-284所示，效果如图4-285所示。

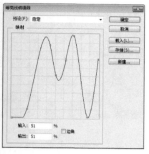

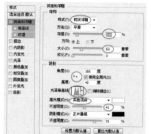

图4-283　　　　　　　　图4-284

B:217)、第4个色标的颜色为（R:233，G:173，B:68)、第5个色标的颜色为（R:237，G:33，B:35)，如图4-289和图4-290所示，效果如图4-291所示。

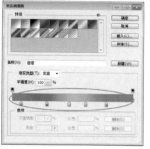

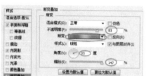

图4-289　　　　　　　　　　图4-290

图4-285

图4-291

08 在"图层样式"对话框中单击"内阴影"样式，然后单击等高线右侧的图标，接着在弹出的"等高线编辑器"对话框中将等高线编辑成如图4-286所示的形状，最后设置"混合模式"为"亮光"、"不透明度"为38%、"距离"为10像素、"大小"为46像素、"杂色"为2%，具体参数设置如图4-287所示，效果如图4-288所示。

10 在"图层样式"对话框中单击"内发光"样式，然后设置"混合模式"为"强光"、"不透明度"为66%、"阻塞"为2%、"大小"为5像素，具体参数设置如图4-292所示，效果如图4-293所示。

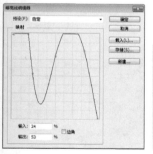

图4-286　　　　　　　　图4-287

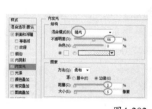

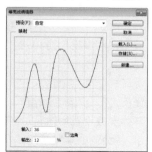

图4-292　　　　　　　　　图4-293

11 在"图层样式"对话框中单击"光泽"样式，然后单击等高线右侧的图标，接着在弹出的"等高线编辑器"对话框中将等高线编辑成如图4-294所示的形状，最后设置"混合模式"为"线性光"、"不透明度"为43%、"角度"为17度、"距离"为14像素、"大小"为12像素，具体参数设置如图4-295所示，效果如图4-296所示。

图4-288

09 在"图层样式"对话框中单击"渐变叠加"样式，然后单击"点按可编辑渐变"按钮，在弹出的"渐变编辑器"对话框中设置第1个色标的颜色为（R:237，G:33，B:35)、第2个色标的颜色为（R:181，G:81，B:158)、第3个色标的颜色为（R:114，G:205，

图4-294

185

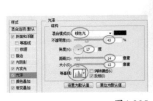

图4-295　　　　　　　　图4-296

12 在"图层样式"对话框中单击"光泽"样式，然后设置"混合模式"为"排除"、"不透明度"为74%、"大小"为21像素、"范围"为74%、"抖动"为94%，具体参数设置如图4-297所示，效果如图4-298所示。

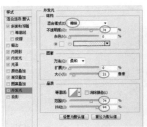

图4-297　　　　　　　　图4-298

13 使用"横排文字工具" T.在绘图区域中输入字母，效果如图4-299所示。

14 选择PS图层，然后执行"图层>图层样式>复制图层样式"菜单命令，接着选择PHOTOSHOP图层，最后执行"图层>图层样式>粘贴图层样式"菜单命令，这样可以将PS图层的样式复制并粘贴给PHOTOSHOP图层，效果如图4-300所示。

图4-299　　　　　　　　图4-300

15 确定当前图层为PHOTOSHOP图层，然后执行"图层>图层样式>斜面和浮雕"菜单命令，打开"图层样式"对话框，接着更改"深度"为409%、"方向"为"下"、"光泽等高线"为"线性"、"高光模式"为"颜色减淡"，具体参数设置如图4-301所示，效果如图4-302所示。

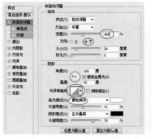

图4-301

图4-302

16 在"图层样式"对话框中单击"渐变叠加"样式，然后单击"点按可编辑渐变"按钮，在弹出的"渐变编辑器"对话框中设置第1个色标的颜色为（R:237，G:33，B:35）、第2个色标的颜色为（R:51，G:78，B:162）、第3个色标的颜色为（R:181，G:81，B:158）、设置第4个色标的颜色为（R:114，G:205，B:217）、第5个色标的颜色为（R:222，G:208，B:76）、第6个色标的颜色为（R:213，G:54，B:40），如图4-303和图4-304所示，效果如图4-305所示。

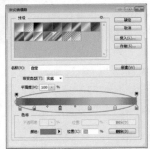

图4-303　　　　　　　　图4-304

图4-305

17 使用"横排文字工具" T.继续在绘图区域中输入字母，效果如图4-306所示。

18 将PHOTOSHOP图层的样式复制并粘贴给2013 DESIGN图层，最终效果如图4-307所示。

图4-306　　　　　　　　图4-307

实战 129 空间立体文字

文件位置：光盘>实例文件>CH04-实战129.psd / 难易指数 ★★★★☆

● 运用"画笔工具"和"填充工具"制作文字立体效果。
● 使用"色相/饱和度"调整图层调整图像的色调。
● 结合"颜色填充"和"可选颜色"调整图层调整文字的颜色效果。

设计思路分析

　　本例运用画笔工具制作出文字的立体效果，结合"颜色填充"和"可选颜色"调整图层调整文字的颜色效果。

01 启动Photoshop CS6，按Ctrl+N组合键新建一个"空间立体文字"文件，具体参数设置如图4-308所示。

02 打开光盘中的"素材文件>CH04>129-1.jpg"文件，然后将其拖曳到"空间立体文字"操作界面中，如图4-309所示。

图4-308

图4-309

03 新建一个"文字"图层组，然后使用"横排文字工具" T.（字体大小和样式可根据实际情况而定）在绘图区域中输入字母，效果如图4-310所示。

图4-310

04 将文字栅格化，然后执行"图层>图层样式>投影"菜单命令，打开"图层样式"对话框，接着设置"不透明度"为56%、"角度"为40度、"距离"为26像素、"大小"为10像素，具体参数设置如图4-311所示，效果如图4-312所示。

图4-311

图4-312

05 执行"图层>新建填充图层>纯色"菜单命令，打开"新建图层"对话框，然后单击"确定"按钮 确定 ，如图4-313所示，接着在弹出的"拾色器"对话框中设置颜色为（R:255，G:155，B:200），如图4-314所示，最后单击"确定"按钮 确定 后即可创建一个纯色填充图层，完成后将该填充图层创建为文字图层的剪贴蒙版，如图4-315所示，效果如图4-316所示。

图4-313

图4-314

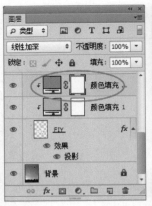

图4-320

图4-321

图4-315

图4-316

08 选择"颜色填充1副本"图层的蒙版，然后使用"矩形选框工具" ⊞ 绘制一个如图4-322所示的矩形选区，接着使用黑色填充选区，最后使用白色在蒙版中进行涂抹，如图4-323所示，此时的蒙版效果如图4-324所示。

06 设置填充图层的"混合模式"为"线性加深"，如图4-317所示，效果如图4-318所示。

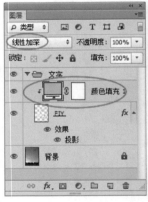

图4-317

图4-318

图4-322

图4-323

07 按Ctrl+J组合键复制一个"颜色填充1副本"图层，然后双击图层缩览图，接着在弹出的"拾色器"对话框中更改颜色为（R:200，G:111，B:166），如图4-319所示，最后单击"确定"按钮 确定 ，完成后将该填充副本图层创建为文字图层的剪贴蒙版，如图4-320所示，效果如图4-321所示。

图4-324

图4-319

09 在"图层"面板下方单击"创建新的填充或调整图层"按钮 ◎. ，在弹出的菜单中选择"可选颜色"命令，然后在"属性"面板中设置"青色"为63、"洋红"为-11、"黄色"为16，具体参数设置如图4-325所示，效果如图4-326所示。

图4-325　　　　　　　　　　图4-326

10 新建一个"高光"图层，然后使用白色"画笔工具" 绘制出字体的高光部分，效果如图4-327所示。

11 新建一个"光线"图层组，然后新建一个"图层1"，接着使用"多边形套索工具" 绘制一个如图4-328所示的选区。

图4-327　　　　　　　　　　图4-328

12 设置前景色为（R:121，G:21，B:75），然后按Alt+Delete组合键用前景色填充选区，如图4-329所示，接着设置"图层1"的"不透明度"为10%，如图4-330所示，效果如图4-331所示。

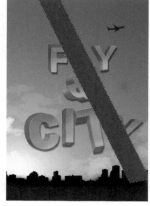

图4-329

图4-330　　　　　　　　　　图4-331

13 按Ctrl+J组合键复制出一个"图层1副本"图层，然后将该图层移动到"图层1"的下方，接着设置"图层1副本"图层的"混合模式"为"线性减淡（添加）"、"不透明度"为20%，如图4-332所示，效果如图4-333所示。

图4-332　　　　　　　　　　图4-333

14 新建一个"图层2"，然后使用"多边形套索工具" 绘制一个合适的选区，并用前景色填充选区，接着设置该图层的"不透明度"为10%，如图4-334所示，效果如图4-335所示。

图4-334　　　　　　　　　　图4-335

189

15 新建一个"图层3"，然后使用"多边形套索工具" ☑绘制一个合适的选区，并用前景色填充选区，接着设置该图层的"不透明度"为20%，最后将该图层移动到"图层2"的下方，如图4-336所示，效果如图4-337所示。

图4-336

图4-337

16 新建一个"图层4"，然后使用"多边形套索工具" ☑绘制一个合适的选区，并用前景色填充选区，接着设置该图层的"不透明度"为10%，最后将该图层移动到"图层3"的下方，如图4-338所示，效果如图4-339所示。

图4-338

图4-339

17 分别为"图层1"和"图层1副本"图层添加一个图层蒙版，然后使用黑色"画笔工具"在蒙版中进行涂抹，如图4-340所示，效果如图4-341所示。

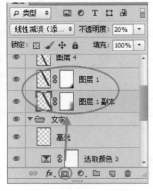
图4-340

图4-341

18 打开光盘中的"素材文件>CH04>129-2.png"文件，然后将其拖曳到"立体空间文字"操作界面中，接着将新生成的图层更名为"心形"图层，效果如图4-342所示。

图4-342

19 使用"横排文字工具" ☑在图像中输入一些装饰性的文字，最终效果如图4-343所示。

图4-343

实战 130 金属文字

文件设置：光盘>实例文件>CH04>实战130.psd／难易指数：★★☆☆☆

● 对文字添加多种图层样式，制作文字的金属效果。
● 运用自由变换命令调整文字位置。
● 运用图层的混合模式合成文字金属效果。

设计思路分析

　　本实例运用素材合成的形式，制作文字金属效果，结合"斜面和浮雕"、"内发光"、"投影"等图层样式使文字看起来像嵌进去的视觉效果。

01 启动Photoshop CS6，按Ctrl+N组合键新建一个"金属文字"文件，具体参数设置如图4-344所示。

02 打开光盘中的"素材文件>CH04>130-1.jpg"文件，然后将其拖曳到"金属文字"操作界面中，如图4-345所示。

图4-344　　　　　　　　　　图4-345

03 使用"横排文字工具" [T]（字体大小和样式可根据实际情况而定）在绘图区域中输入字母，效果如图4-346所示。

图4-346

04 执行"图层>图层样式>斜面和浮雕"菜单命令，打开"图层样式"对话框，然后设置"深度"为1000%、"大小"为2像素、"角度"为-24度、"高度"为40度、接着设置高亮颜色为（R:255，G:246，B:229）、高光不透明度为100%、阴影颜色为（R:63，

G:37，B:0）、阴影不透明度为30%，具体参数设置如图4-347所示，效果如图4-348所示。

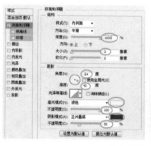

图4-347　　　　　　　　　　图4-348

05 在"图层样式"对话框中单击"内发光"样式，然后设置"混合模式"为"正片叠底"、"不透明度"为100%、发光颜色为（R:100，G:59，B:0）、"阻塞"为20%、"大小"为9像素，具体参数设置如图4-349所示，效果如图4-350所示。

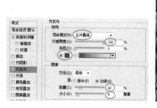

图4-349　　　　　　　　　　图4-350

06 在"图层样式"对话框中单击"投影"样式，然后设置"不透明度"为100%、"距离"为9像素、"大小"为10像素，具体参数设置如图4-351所示，效果如图4-352所示。

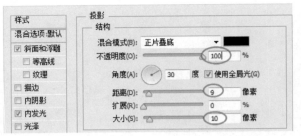

图4-351

图4-352

07 设置METAL图层的"混合模式"为"正片叠底"，如图4-353所示，效果如图4-354所示。

图4-353

图4-354

08 打开光盘中的"素材文件>CH04>130-2.jpg"文件，然后将其拖曳到"金属文字"操作界面中，如图4-355所示，接着将新生成的图层更名为"金属"图层，最后按Alt键将"金属"图层创建为METAL图层的剪贴蒙版，如图4-356所示，效果如图4-357所示。

图4-355

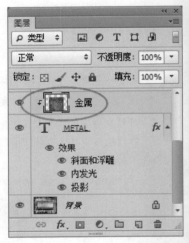

图4-356

图4-357

09 使用相同的方法制作其他文字效果，最终效果如图4-358所示。

图4-358

实战 131 金边豪华字体

文件位置：光盘>实例文件>CH04>实战131.psd//难易指数：★★★☆☆

设计思路分析

本例结合字体的形状表现豪华的氛围，结合"斜面和浮雕"、"描边"、"渐变叠加"等图层样式表现出金属的质感。

01 启动**Photoshop CS6**，按Ctrl+N组合键新建一个"金边豪华字体"文件，具体参数设置如图4-359所示。

02 打开光盘中的"素材文件>CH04>131-1.jpg"文件，然后将其拖曳到"金边豪华字体"操作界面中，如图4-360所示。

图4-359

图4-360

03 打开光盘中的"素材文件>CH04>131-2.jpg"文件，然后将其拖曳到"金边豪华字体"操作界面中，接着将新生成的图层更名为"图层1"图层，最后将该图层的"混合模式"设置为"强光"，如图4-361所示，效果如图4-362所示。

图4-361

图4-362

04 使用"横排文字工具" T（字体大小和样式可根据实际情况而定）在绘图区域中输入字母，效果如图4-363所示。

图4-363

技术专题 08 如何在计算机中安装字体

在实际工作中，往往要用到各种各样的字体，而一般的计算机中的字体又非常有限，这时就需要用户自己安装一些字体（字体可以在互联网上去下载）。下面介绍一下如何将外部的字体安装到计算机中。

第1步：打开"我的电脑"，进入系统安装盘符（一般为C盘），然后找到Windows文件夹，如图4-364所示，接着打开该文件夹，找到Fonts文件夹，如图4-365所示。

图4-364

图4-365

第2步：打开Fonts文件夹，然后选择下载的字体，接着按Ctrl+C组合键复制字体，最后按Ctrl+V组合键将其粘贴到Fonts文件夹中。在安装字体时，系统会弹出一个正在安装字体的进度对话框，如图4-366所示。

图4-366

安装好字体并重新启动Photoshop后，就可以在选项栏中的"设置字体系列"下拉列表中查找到安装的字体。注意，系统中安装的字体越多，使用文字工具处理文字的运行速度就越慢。

05 执行"图层>图层样式>斜面和浮雕"菜单命令，打开"图层样式"对话框，然后单击光泽等高线右侧的图标，接着在弹出的"等高线编辑器"对话框中将等高线编辑成如图4-367所示的形状，最后设置"样式"为"浮雕效果"、"深度"为111%、高光不透明度为84%、阴影不透明度为87%，具体参数设置如图4-368所示，效果如图4-369所示。

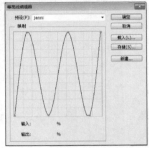

图4-367

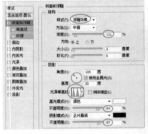

图4-368

图4-369

06 在"图层样式"对话框中单击"描边"样式，然后设置"大小"为4像素、"位置"为"居中"、"不透明度"为91%、"颜色"为（R:238，G:163，B:18），具体参数设置如图4-370所示，效果如图4-371所示。

图4-370

图4-371

07 在"图层样式"对话框中单击"光泽"样式，然后设置"效果颜色"为（R:250，G:167，B:7）、"不透明度"为41%、"角度"为108度、"大小"为7像素，具体参数设置如图4-372所示，效果如图4-373所示。

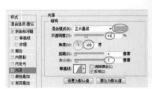

图4-372

图4-373

08 在"图层样式"对话框中单击"渐变叠加"样式，然后单击"点按可编辑渐变"按钮，接

着在弹出的"渐变编辑器"对话框中设置第1个色标的颜色为黑色、第2个色标的颜色为白色、第3个色标的颜色为黑色，如图4-374所示，最后返回"图层样式"对话框，设置"缩放"为39%，如图4-375所示，效果如图4-376所示。

图4-374

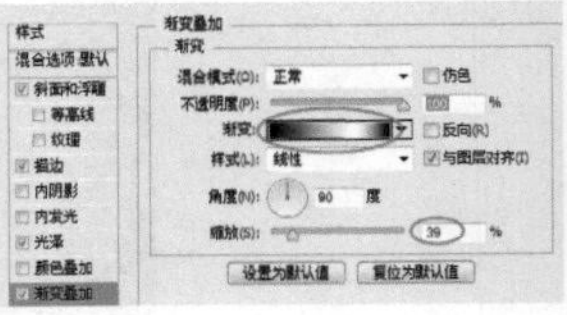

图4-375

图4-376

09 在"图层样式"对话框中单击"外发光"样式，然后设置"不透明度"为82%、发光颜色为（R:255，G:235，B:132）、"大小"为250像素，具体参数设置如图4-377所示，效果如图4-378所示。

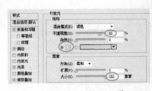

图4-377

图4-378

10 在"图层样式"对话框中单击"投影"样式，然后设置"不透明度"为100%、"距离"为15像素、"大小"为0像素、"等高线"为"锥形-反转"，具体参数设置如图4-379所示，效果如图4-380所示。

图4-379

图4-380

11 按Ctrl+J组合键复制一个副本图层，然后执行"编辑>变换>垂直翻转"菜单命令，接着为文字副本图层添加一个图层蒙版，最后使用黑色"画笔工具"进行涂抹，此时蒙版效果如图4-381所示，最终效果如图4-382所示。

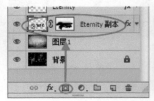

图4-381

图4-382

实战 132 卡通立体文字

文件位置：光盘>实例文件>CH04>实战132.psd / 难易指数：★★★★☆

● 使用"钢笔工具"制作文字的基本形状。
● 运用图层样式绘制出文字的立体效果。

设计思路分析

本例结合画笔工具和图层样式绘制出基础的文字图像，结合素材为文字添加立体创意效果。

01 启动Photoshop CS6，按Ctrl+N组合键新建一个"卡通立体文字"文件，具体参数设置如图4-383所示。

02 打开光盘中的"素材文件>CH04>132-1.jpg"文件，然后将其拖曳到"卡通立体文字"操作界面中，如图4-384所示。

图4-383

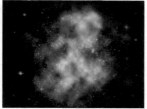

图4-384

03 新建一个PHOTO图层组，然后使用"钢笔工具" ✎ 在绘图区域中绘制出文字的路径，接着按Ctrl+Enter组合键将路径转为选区，接着使用白色填充选区，如图4-385所示。

图4-385

04 在PHOTO图层组上方新建一个SHOP图层组，然后继续使用"钢笔工具" ✎ 在绘图区域中绘制出文字的路径，并使用白色填充，如图4-386所示，效果如图4-387所示。

图4-386

图4-387

05 选择PHOTO图层组中P图层，然后执行"图层>图层样式>斜面和浮雕"菜单命令，打开"图层样式"对话框，接着设置"深度"为297%、"大小"为16像素、"软化"为4像素、高光不透明度为44%、阴影不透明度为71%，具体参数设置如图4-388所示，效果如图4-389所示。

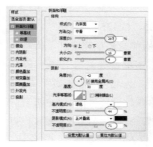

图4-388

图4-389

06 在"图层样式"对话框中单击"内阴影"样式，然后设置"不透明度"为100%、"距离"为1像素、"大小"为11像素，具体参数设置如图4-390所示，效果如图4-391所示。

图4-390　　　　　　　　　　图4-391

07 在"图层样式"对话框中单击"内发光"样式，然后设置"混合模式"为"线性加深"、"不透明度"为69%、发光颜色为（R:39，G:36，B:7）、"阻塞"为26%、"大小"为27像素，具体参数设置如图4-392所示，效果如图4-393所示。

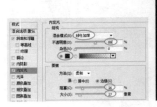

图4-392　　　　　　　　　　图4-393

08 在P图层下方新建一个"图层1"，然后载入P图层选区，接着执行"选择>修改>扩展"菜单命令，最后在弹出的"扩展选区"对话框中设置"扩展量"为5像素，如图4-394所示，效果如图4-395所示。

图4-394　　　　　　　　　　图4-395

09 设置前景色为（R:135，G:135，B:136），然后按Alt+Delete组合键用前景色填充选区，接着执行"图层>图层样式>投影"菜单命令，打开"图层样式"对话框，最后设置"角度"为42度、"距离"为6像素、"大小"为4像素，具体参数设置如图4-396所示，效果如图4-397所示。

图4-396　　　　　　　　　　图4-397

10 使用相同的方法为其他字母添加效果，如图4-398所示。

图4-398

11 打开光盘中的"素材文件>CH04>132-2.jpg"文件，然后将其拖曳到"卡通立体文字"操作界面中，接着将该图层移动到P图层的上方，如图4-399所示，接着按Ctrl+Alt+G组合键将其设置为P图层的剪贴蒙版，如图4-400所示，效果如图4-401所示。

图4-399

图4-400

图4-401

12 依次打开"132-3.jpg"、"132-4.jpg"、"132-5.jpg"、"132-6.jpg"、"132-7jpg"、"132-8.jpg"、"132-9.jpg"、"132-10.jpg"文件，并分别拖曳到当前图像文件中，然后依次调整图层的上下关系，最后分别为这些图层创建剪贴蒙版，效果如图4-402所示。

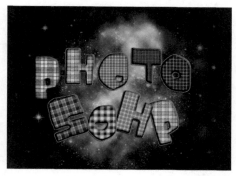

图4-402

13 新建一个"高光"图层，然后使用"钢笔工具" 在绘图区域中绘制出文字高光的路径，接着按Ctrl+Enter组合键将路径转为选区，如图4-403所示。

图4-403

14 设置前景色为白色，然后按Alt+Delete组合键用前景色填充选区，如图4-404所示，接着在"图层"面板下方单击"添加图层蒙版"按钮 ，为该图层添加一个图层蒙版，如图4-405所示。

图4-404

图4-405

15 选择"高光"图层的蒙版，然后使用黑色"画笔工具" 在蒙版中进行涂抹，增强高光的透明度，接着设置该图层的"不透明度"为60%，如图4-406所示，效果如图4-407所示。

图4-406   图4-407

16 打开光盘中的"素材文件>CH04>132-11.png"文件，然后将其拖曳到"卡通立体文字"操作界面中，接着将新生成的图层更名为"星星"图层，并调整好位置，最终效果如图4-408所示。

图4-408

实战 133 冰块立体文字

文件位置：光盘>实例文件>CH04>实战133.psd／难易指数：★★★☆☆

设计思路分析

在本例中通过图层样式制作出冰块透明质感，配合水珠素材文件，使图像显得清新自然。

01 启动Photoshop CS6，按Ctrl+N组合键新建一个"冰块立体文字"文件，具体参数设置如图4-409所示。

02 打开光盘中的"素材文件>CH04>133-1.jpg"文件，然后将其拖曳到"冰块立体文字"操作界面中，如图4-410所示。

图4-409

图4-410

03 打开光盘中的"素材文件>CH04>133-2.jpg"文件，然后将其拖曳到"冰块立体文字"操作界面中，接着将新生成的图层更名为"水珠"图层，如图4-411所示。

图4-411

04 设置"水珠"图层的"混合模式"为"柔光"，如图4-412所示，效果如图4-413所示。

图4-412　　　　图4-413

05 在"图层"面板下方单击"添加图层蒙版"按钮，为该图层添加一个图层蒙版，如图4-414所示，然后使用黑色"画笔工具"在蒙版中进行涂抹，如图4-415所示，此时蒙版效果如图4-416所示。

图4-414

图4-415　　　　　　　　　　　　　　图4-416

06 使用"横排文字工具" T（字体大小和样式可根据实际情况而定）在绘图区域中输入字母，然后将文字图层栅格化，效果如图4-417所示。

图4-417

07 执行"图层>图层样式>斜面和浮雕"菜单命令，打开"图层样式"对话框，然后设置"深度"为100%、"大小"为3像素、"软化"为4像素、"角度"为-66度、"高度"为26度，具体参数设置如图4-418所示，效果如图4-419所示。

图4-418　　　　　　　　　　　　　图4-419

08 在"图层样式"对话框中单击"光泽"样式，然后设置效果颜色为（R:0，G:111，B:206），"不透明度"为17%、"距离"为14像素、"大小"为81像素、"等高线"为"环形-双"，具体参数设置如图4-420所示，效果如图4-421所示。

图4-420　　　　　　　　　　　图4-421

09 在"图层样式"对话框中单击"投影"样式，然后设置"不透明度"为94%、"距离"为4像素、"扩展"为8%、"大小"为18像素，具体参数设置如图4-422所示，效果如图4-423所示。

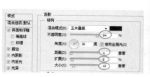

图4-422　　　　　　　　　　　图4-423

10 在"图层样式"对话框中单击"内阴影"样式，然后设置"混合模式"为"正常"、阴影颜色为白色、"距离"为6像素、"阻塞"为21%、"大小"为35像素，具体参数设置如图4-424所示，效果如图4-425所示。

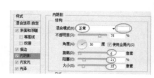

图4-424　　　　　　　　　　　图4-425

11 在"图层样式"对话框中单击"内发光"样式，然后设置发光颜色为（R:194，G:224，B:255）、"大小"为14像素，具体参数设置如图4-426所示，效果如图4-427所示。

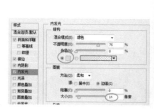

图4-426　　　　　　　　　　　图4-427

12 在"图层样式"对话框中单击"描边"样式，然后设置"大小"为1像素、"混合模式"为"柔光"、"不透明度"为53%、"填充类型"为"渐变"，具体参数设置如图4-428所示，效果如图4-429所示。

图4-428

16 使用相同的方法制作其他文字效果，如图4-434所示，效果如图4-435所示。

图4-429

13 设置TEAM图层的"填充"为0%，如图4-430所示，效果如图4-431所示。

图4-430

图4-431

图4-434

图4-435

14 选择"水珠"图层，然后按Ctrl+J组合键复制一个"水珠副本"图层，接着将新生成的图层更名为"图层1"图层，最后将该图层拖曳到TEAM图层的上方，并删除该图层的图层蒙版，如图4-432所示。

17 打开光盘中的"素材文件>CH04>133-3.png"文件，然后将其拖曳到"冰块立体文字"操作界面中，接着将新生成的图层更名为"冰块"图层，最后设置该图层的"不透明度"为78%，如图4-436所示，最终效果如图4-437所示。

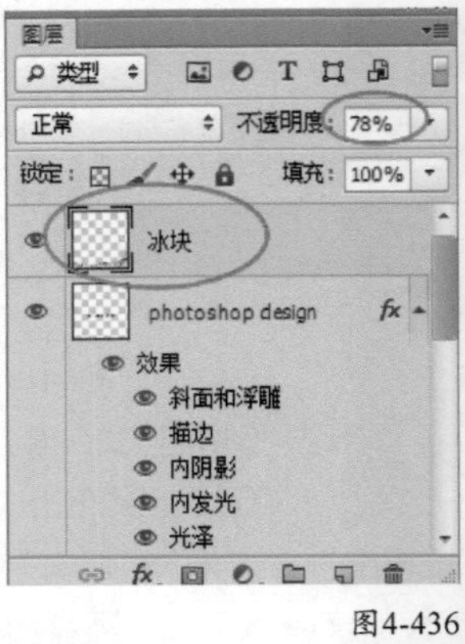

图4-432

15 按住Ctrl键并单击文字图层缩略图将其载入选区，然后执行"选择>反向"菜单命令，接着按Delete键将选区内的像素删除，最后按Ctrl+D组合键取消选区，效果如图4-433所示。

图4-436

图4-433

图4-437

实战 134 霓虹灯文字

文件位置：光盘>实例文件>CH04>实战134.psd/难易指数：★★★☆☆

PS技术点睛

● 运用图层的混合模式制作出文字的高光效果。
● 使用"移动工具"制作出文字叠加的效果。

设计思路分析

在本例中运用图层的"混合模式"制作出文字的高光效果，结合背景素材，使霓虹灯字体更具有美感。

01 启动Photoshop CS6，按Ctrl+N组合键新建一个"霓虹灯文字"文件，具体参数设置如图4-438所示。

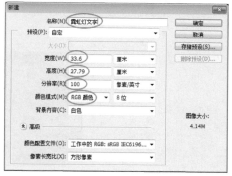

图4-438

02 打开光盘中的"素材文件>CH04>134.jpg"文件，然后将其拖曳到"霓虹灯文字"操作界面中，如图4-439所示。

图4-439

03 设置前景色为黑色，然后使用"横排文字工具" T.在操作界面中输入单词DESIGN，如图4-440所示。

图4-440

04 执行"图层>图层样式>外发光"菜单命令，打开"图层样式"对话框，然后设置"混合模式"为"颜色减淡"、"不透明度"为53%、发光颜色为白色、"大小"为6像素，具体参数设置如图4-441所示，效果如图4-442所示。

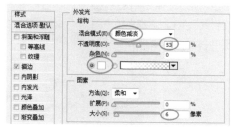

图4-441

图4-442

05 在"图层样式"对话框中单击"描边"样式，然后设置"大小"为1像素、"混合模式"为"颜色减淡"、"不透明度"为54%、"颜色"为白色，具体参数设置如图4-443所示，效果如图4-444所示。

图4-443   图4-444

06 设置文字图层"混合模式"为"减去"，如图4-445所示，效果如图4-446所示。

图4-445   图4-446

07 在"图层"面板下单击"创建新组"按钮，新建一个"霓虹光线1"图层组，然后选择文字图层，接着将其拖曳到"霓虹光线1"图层组中，如图4-447所示。

图4-447

08 按Ctrl+J组合键复制一个副本图层，然后选择"移动工具"，接着按↓键和→键微调文字副本图层的位置，使其与原始文字图层相互错开，如图4-448所示。

图4-448

09 按Ctrl+J组合键继续复制出若干个副本图层，如图4-449所示，然后利用←、↑、→、↓键微调好其位置，效果如图4-450所示。

图4-449   图4-450

技巧与提示

文档中的文字过多会导致Photoshop的运行速度减慢，由于文字是矢量图形，如果文字过多的话，会耗费计算机大量的内存，从而减慢Photoshop的运行速度。因此，在调整好文字的角度以后，可以将所有的文字图层合并（按Ctrl+E组合键）为一个图层，这样矢量文字就会自动栅格化成为像素图像。

10 使用相同的方法制作其他文字效果，最终效果如图4-451所示。

图4-451

实战 135 积木文字

文件路径: 光盘>实例文件>CH04>实战135.psd / 难易指数: ★★★★☆

PS技术点睛

● 运用"添加杂色"、"动感模糊"等滤镜制作字体纹理效果。
● 运用"颜色叠加"、"光泽"等图层样式制作积木文字效果。
● 运用"椭圆选框工具"、"加深工具"等制作钢钉。
● 运用自由变换命令调整钢钉的大小。

设计思路分析

在本实例中运用"添加杂色"、"动感模糊"等滤镜制作积木文字,搭配钢钉的摆放更加表现了字体的木质效果。

01 启动Photoshop CS6,按Ctrl+N组合键新建一个"积木文字"文件,具体参数设置如图4-452所示。

图4-452

02 设置前景色为(R:0,G:75,B:140)、背景色为(R:42,G:176,B:233),然后打开"渐变编辑器"对话框,接着选择"前景色到背景色渐变",如图4-453所示,最后从下向上为"背景"图层填充使用线性渐变色,效果如图4-454所示。

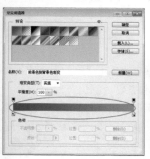

图4-453   图4-454

03 打开光盘中的"素材文件>CH04>135-1.png"文件,然后将其拖曳到"积木文字"操作界面中,接着将新生成的图层更名为"云朵"图层,效果如图4-455所示。

04 设置前景色为(R:4,G:76,B:121),然后使用"横排文字工具" T (字体大小和样式可根据实际情

况而定)在绘图区域中输入字母,效果如图4-456所示。

图4-455   图4-456

05 在文字图层上单击鼠标右键,然后在弹出的快捷菜单中选择"栅格化文字"命令,将文字图层转化为普通图层,接着将图层更名为"图层1",如图4-457所示。

图4-457

06 按Ctrl+J组合键复制出一个"图层1副本"图层,然后执行"滤镜>杂色>添加杂色"菜单命令,接着在弹出的"添加杂色"对话框中勾选"单色",最后设置"数量"为100%、"分布"为"高斯分布",如图4-458所示,效果如图4-459所示。

图4-458　　　　　　　　　　图4-459

07 执行"滤镜>模糊>动感模糊"菜单命令，然后在弹出的"动感模糊"对话框中设置"角度"为0度、"距离"为100像素，如图4-460所示，效果如图4-461所示。

图4-460　　　　　　　　　　图4-461

08 载入"图层1"选区，然后按Shift+F7组合键将选区反选，如图4-462所示，接着按Delete键删除选区内的图像，效果如图4-463所示。

图4-462　　　　　　　　　　图4-463

09 暂时隐藏"图层1"图层，如图4-464所示，效果如图4-465所示。

图4-464　　　　　　　　　　图4-465

10 确定"图层1 副本"为当前图层，执行"图层>图层样式>斜面和浮雕"菜单命令，打开"图层样式"对话框，然后设置"深度"为75%，具体参数设置如图4-466所示，效果如图4-467所示。

图4-466　　　　　　　　　　图4-467

11 在"图层样式"对话框中单击"颜色叠加"样式，然后设置"混合模式"为"线性减淡（添加）"、叠加颜色为（R:253，G:239，B:118），具体参数设置如图4-468所示，效果如图4-469所示。

图4-468　　　　　　　　　　图4-469

12 在"图层样式"对话框中单击"光泽"样式，然后设置效果颜色为白色、"距离"为11像素、"大小"为14像素，具体参数设置如图4-470所示，效果如图4-471所示。

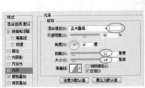

图4-470　　　　　　　　　　图4-471

13 在"图层样式"对话框中单击"描边"样式，然后设置"大小"为3像素、"颜色"为（R:136，G:99，B:1），具体参数设置如图4-472所示，效果如图4-473所示。

图4-472　　　　　　　　　　图4-473

14 设置前景色为（R:204，G:204，B:204），然后使用"椭圆选框工具" 在绘图区域中绘制一个如图4-474所示的圆形选区。

15 新建一个"图层2",然后按Alt+Delete组合键用前景色填充选区,完成后按Ctrl+D组合键取消选区,效果如图4-475所示。

图4-474　　　　　　　　　图4-475

16 执行"图层>图层样式>内阴影"菜单命令,打开"图层样式"对话框,然后设置"距离"为5像素、"大小"为5像素,具体参数设置如图4-476所示,效果如图4-477所示。

图4-476　　　　　　　　　图4-477

17 在"图层样式"对话框中单击"斜面和浮雕"样式,然后设置"大小"为30像素,具体参数设置如图4-478所示,效果如图4-479所示。

图4-478　　　　　　　　　图4-479

18 设置前景色为(R:153,G:153,B:153),然后使用"矩形选框工具"在绘图区域中绘制一个如图4-480所示的矩形选区。

19 新建一个"图层3",然后按Alt+Delete组合键用前景色填充选区,完成后按Ctrl+D组合键取消选区,效果如图4-481所示。

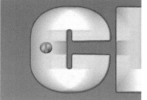

图4-480　　　　　　　　　图4-481

20 执行"编辑>自由变换"命令,然后在选项栏中设置"旋转"为30度,如图4-482所示,效果如图4-483所示。

21 按Ctrl+J组合键复制出一个"图层3副本"图层,然后执行"编辑>变换>水平翻转"菜单命令,效果如图4-484所示,接着按Ctrl+E组合键将"图层3"和"图层3副本"图层合并为一个图层。

图4-482

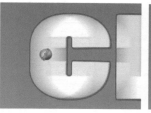

图4-483　　　　　　　　　图4-484

技巧与提示

复制图像的方法主要有以下两种。

第1种:直接按Ctrl+J组合键对图层进行复制,然后用"移动工具"调整图层的位置。

第2种:选择"移动工具",然后按住Alt键在画布中拖曳图像进行复制。如果按住Shift+Alt组合键进行拖曳,则可以在水平、垂直方向上复制图像。

22 执行"图层>图层样式>斜面和浮雕"菜单命令,打开"图层样式"对话框,然后设置"方向"为"下"、"大小"为8像素,具体参数设置如图4-485所示,效果如图4-486所示。

图4-485　　　　　　　　　图4-486

23 在"图层样式"对话框中单击"光泽"样式,然后设置"不透明度"为30%、"距离"为11像素、"大小"为16像素,具体参数设置如图4-487所示,效果如图4-488所示。

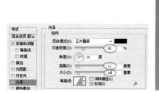

图4-487　　　　　　　　　图4-488

24 按住Alt键拖曳并复制图像，效果如图4-489所示。

25 将所有复制的图像选中，然后按Ctrl+E组合键合并为一个图层，得到"图层3"，如图4-490所示。

图4-489 　　　　　　　图4-490

26 执行"图层>图层样式>投影"菜单命令，打开"图层样式"对话框，然后设置"距离"为2像素、"大小"为2像素，具体参数设置如图4-491所示，效果如图4-492所示。

图4-491 　　　　　　　图4-492

27 在"图层样式"对话框中单击"斜面和浮雕"样式，然后设置"大小"为2像素，具体参数设置如图4-493所示，效果如图4-494所示。

图4-493 　　　　　　　图4-494

28 使用"套索工具" 将其中一个钢钉勾选出来，如图4-495所示。

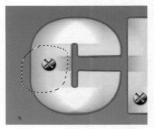

图4-495

29 按Ctrl+J组合键复制一个"图层4"，然后按Ctrl+T组合键进入自由变换状态，接着按住Shift键向左上方拖曳右下角的角控制点，将其等比例缩小到如图4-496所示的大小。

30 按住Alt键拖曳并复制图像，将所有复制的图像选中，然后按Ctrl+E组合键合并为一个图层，得到"图层4"，如图4-497所示。

图4-496 　　　　　　　图4-497

31 打开光盘中的"素材文件>CH04>135-2.jpg"文件，然后使用"移动工具" 将其拖曳到当前文档中，并将新生成的图层命名为"图层5"，效果如图4-498所示。

32 载入"图层1"选区，然后执行"选择>反向"菜单命令，接着按Delete键删除选区内的图像，效果如图4-499所示。

图4-498 　　　　　　　图4-499

33 将"图层5"拖曳至"图层3"图层的下方，然后设置该图层的"混合模式"为"深色"，如图4-500所示，效果如图4-501所示。

图4-500 　　　　　　　图4-501

34 选择"图层5"图层，然后在"图层"面板下方单击"创建新的填充或调整图层"按钮 ◎，在弹出的菜单中选择"亮度/对比度"命令，接着在"属性"面板中设置"亮度"为-30、"对比度"为63，具体参数设置如图4-502所示，效果如图4-503所示。

图4-502   图4-503

35 选择"图层5"图层，然后执行"图层>图层样式>斜面和浮雕"菜单命令，打开"图层样式"对话框，然后设置"深度"为480%、"大小"为5像素、高光不透明度为69%、阴影不透明度为51%，具体参数设置如图4-504所示，效果如图4-505所示。

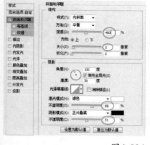

图4-504   图4-505

36 按Ctrl+E组合键将"图层3"和"图层5"合并为一个图层，然后按Ctrl+J组合键复制一个副本图层，接着执行"编辑>变换>垂直翻转"菜单命令，如图4-506所示。

图4-506

37 在"图层"面板下方单击"添加图层蒙版"按钮 ▣，为该图层添加一个图层蒙版，如图4-507所示。

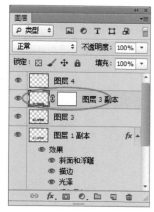

图4-507

38 选择"图层3副本"图层的蒙版，然后使用黑色"画笔工具"在图像中进行涂抹，接着设置该图层的"不透明度"为59%，如图4-508所示，效果如图4-509所示。

图4-508

图4-509

39 新建一个"图层6"，然后使用"矩形选框工具" ▣ 在图像中绘制出若干个矩形选区，接着使用白色填充选区，最终效果如图4-510所示。

图4-510

实战 ⑬⑥ 卡通插画文字

文件位置：光盘>实例文件>CH04>实战136.psd / 难易指数：★★★☆☆

PS技术点睛
◉ 运用"外发光"、"颜色叠加"等图层样式制作渐变文字。
◉ 使用"画笔工具"为文字添加星形图案。

设计思路分析

本实例通过卡通背景与文字的结合，在文字中添加星形使画面更加可爱，使用"颜色叠加"等图层样式制作文字渐变效果。

01 启动Photoshop CS6，按Ctrl+N组合键新建一个"卡通插画文字"文件，具体参数设置如图4-511所示。

02 打开光盘中的"素材文件>CH04>136-1.jpg"文件，然后将其拖曳到"卡通插画文字"操作界面中，如图4-512所示。

图4-511　　　　　　　　　图4-512

03 使用"横排文字工具" T.（字体大小和样式可根据实际情况而定）在绘图区域中输入字母，效果如图4-513所示。

图4-513

04 选择HAPPY文字图层，然后执行"图层>图层样式>内发光"菜单命令，打开"图层样式"对话框，接着设置发光颜色为（R:255，G:255，B:190）、

"阻塞"为12%、"大小"为15像素，如图4-514所示，效果如图4-515所示。

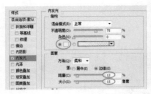

图4-514　　　　　　　　　图4-515

05 在"图层样式"对话框中单击"渐变叠加"样式，然后单击"点按可编辑渐变"按钮 ，接着在弹出的"渐变编辑器"对话框中设置第1个色标的颜色为（R:242，G:45，B:90）、第2个色标的颜色为（R:81，G:78，B:147）、第3个色标的颜色为（R:34，G:183，B:231），如图4-516所示，最后返回"图层样式"对话框，设置"角度"为-43度，如图4-517所示，效果如图4-518所示。

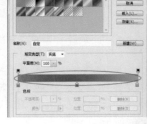

图4-516

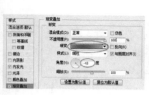

图4-517　　　　　　　　图4-518

06 在"图层样式"对话框中单击"描边"样式，然后设置"大小"为3像素、"位置"为"居中"、"颜色"为白色，如图4-519所示，效果如图4-520所示。

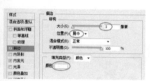

图4-519　　　　　　　　图4-520

07 在"图层样式"对话框中单击"投影"样式，然后设置"距离"为5像素、"大小"为5像素，如图4-521所示，效果如图4-522所示。

图4-521　　　　　　　　图4-522

08 执行"图层>图层样式>复制图层样式"菜单命令，然后选择HOLIDAY文字图层，接着执行"图层>图层样式>粘贴图层样式"菜单命令，这样可以将HAPPY图层的样式复制并粘贴给HOLIDAY文字图层，效果如图4-523所示。

09 将HOLIDAY文字图层栅格化，然后执行"编辑>变换>变形"菜单命令，接着按照如图4-524所示将文字进行变形。

10 在文字图层的上一层新建一个"星星"的图层，然后选择"画笔工具" ，按F5键打开"画笔"面板，接着选择一种星形画笔，最后设置"大小"为55像素、"间距"为25%，如图4-525所示。

图4-523　　　　　图4-524　　　　　图4-525

技巧与提示
如果找不到预设的星形画笔，可以使用素材自行制作一个。

11 在"画笔"面板中单击"形状动态"选项，然后设置"角度抖动"为18%，如图4-526所示。

12 在"画笔"面板中单击"散布"选项，然后关闭"两轴"选项，接着设置散布数值为1000%、"数量"为1，如图4-527所示。

13 设置前景色为白色，然后在文字上绘制一些星星作为装饰图形，效果如图4-528所示。

图4-526　　　　　图4-527　　　　　图4-528

14 打开光盘中的"素材文件>CH04>136-2.png"文件，然后将其拖曳到"卡通插画文字"操作界面中，接着将新生成的图层更名为"猫"图层，最终效果如图4-529所示。

图4-529

实战 137 金属发光字体

文件位置：光盘>实例文件>CH04>实战137.psd / 难易指数：★★★★★

PS技术点睛

● 运用"投影"、"内发光"等图层样式，使文字效果具有金属质感。
● 调整等高线的形状，使光泽效果更真实。
● 运用"钢笔工具"绘制不规则形状路径，并添加图层样式，使画面更加生动。

设计思路分析

本实例运用各种图层样式效果来设计金属发光文字，搭配背景的蓝色发光素材，使金属质感更加强烈。

01 启动Photoshop CS6，按Ctrl+N组合键新建一个"金属发光字体"文件，具体参数设置如图4-530所示。

02 打开光盘中的"素材文件>CH04>137.jpg"文件，然后将其拖曳到"金属发光字体"操作界面中，如图4-531所示。

图4-530

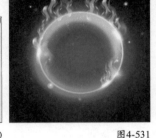

图4-531

03 设置前景色为（R:178，G:178，B:178），然后使用"横排文字工具" T（字体大小和样式可根据实际情况而定）在绘图区域中输入字母，效果如图4-532所示。

04 将文字栅格化，然后执行"编辑>变化>旋转"菜单命令，接着将文字按照如图4-533所示进行旋转变换。

图4-532

图4-533

05 按Ctrl+J组合键复制出一个文字副本图层，然后暂时隐藏副本图层，如图4-534所示。

图4-534

06 选择文字图层，然后执行"图层>图层样式>斜面和浮雕"菜单命令，打开"图层样式"对话框，接着设置"大小"为16像素、"光泽等高线"为"层叠"、高亮颜色为（R:227，G:239，B:255）、高光不透明度为100%、"阴影模式"为"滤色"、阴影颜色为（R:225，G:154，B:1），具体参数设置如图4-535所示，效果如图4-536所示。

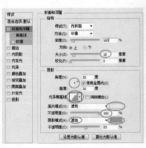

图4-535

图4-536

07 选择"斜面和浮雕"样式下面的"等高线"选项，然后为文字图层添加一个系统默认的"等高线"样式，效果如图4-537所示。

图4-537

08 在"图层样式"对话框中单击"内阴影"样式，然后设置阴影颜色为（R:3，G:144，B:253）、"不透明度"为87%、"距离"为7像素、"阻塞"为28%、"大小"为6像素，如图4-538所示，效果如图4-539所示。

图4-538　　　　图4-539

09 在"图层样式"对话框中单击"内发光"样式，然后设置"混合模式"为"正常"、发光颜色为（R:62，G:65，B:81）、"大小"为15像素、"等高线"为"锥形-反转"，如图4-540所示，效果如图4-541所示。

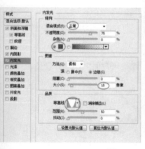

图4-540　　　　图4-541

10 在"图层样式"对话框中单击"投影"样式，然后设置阴影颜色为（R:1，G:15，B:88）、"距离"为12像素、"大小"为2像素、"等高线"为"半圆"，如图4-542所示，效果如图4-543所示。

11 显示并选择文字副本图层，然后执行"图层>图层样式>斜面和浮雕"菜单命令，打开"图层样式"对话框，接着设置"样式"为"浮雕效果"、"深度"为

40%、"方向"为"下"、"大小"为45像素、"光泽等高线"为"顶点"、"高光模式"为"线性减淡（添加）"、高亮颜色为（R:53，G:199，B:253）、高光不透明度为100%、"阴影模式"为"滤色"、阴影颜色为（R:178，G:238，B:254）、阴影不透明度为100%，具体参数设置如图4-544所示，效果如图4-545所示。

图4-542　　　　图4-543

图4-544　　　　图4-545

12 单击"斜面和浮雕"样式下面的"等高线"选项，然后打开"等高线"对话框，接着设置"范围"为47%，如图4-546所示，效果如图4-547所示。

图4-546　　　　图4-547

13 在"图层样式"对话框中单击"内阴影"样式，然后设置阴影颜色为（R:2，G:90，B:251）、"不透明度"为87%、"距离"为7像素、"阻塞"为28%、"大小"为6像素，如图4-548所示，效果如图4-549所示。

14 在"图层样式"对话框中单击"外发光"样式，然后设置"不透明度"为86%、发光颜色为（R:255，G:255，B:190）、"大小"为5像素，如图4-550所示，效果如图4-551所示。

图4-548　　　　　　　　　　图4-549

17 在"背景"图层上方新建一个"图层1"，然后使用"钢笔工具" � 沿文字的大致轮廓绘制一个路径，并按Ctrl+Enter组合键将其转化为选区，接着使用前景色填充选区，效果如图4-556所示。

图4-550　　　　　　　　　　图4-551

图4-556

15 在"图层样式"对话框中单击"投影"样式，然后设置阴影颜色为（R:132，G:130，B:130）、"不透明度"为100%、"距离"为13像素、"大小"为0像素、"等高线"为"半圆"，如图4-552所示，效果如图4-553所示。

18 执行"图层>图层样式>斜面和浮雕"菜单命令，打开"图层样式"对话框，然后设置"深度"为150%、"大小"为18像素、高光不透明度为100%、"阴影模式"为"滤色"、阴影颜色为（R:127，G:151，B:254）、阴影不透明度为100%，具体参数设置如图4-557所示，效果如图4-558所示。

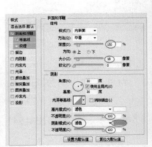

图4-552　　　　　　　　　　图4-553

16 将文字副本图层拖曳到"背景"图层的上方，如图4-554所示，效果如图4-555所示。

图4-557　　　　　　　　　　图4-558

19 选择"斜面和浮雕"样式下面的"等高线"选项，然后为"图层1"添加一个系统默认的"等高线"样式，效果如图4-559所示。

图4-554　　　　　　　　　　图4-555

图4-559

20 在"图层样式"对话框中单击"内阴影"样式，然后设置阴影颜色为（R:1，G:24，B:121）、"不透明度"为60%、"距离"为8像素、"大小"为10像素，如图4-560所示，效果如图4-561所示。

图4-560　　　　　　　图4-561

21 在"图层样式"对话框中单击"内发光"样式，然后设置"混合模式"为"变暗"、"不透明度"为100%、发光颜色为（R:2，G:127，B:255）、"大小"为50像素，如图4-562所示，效果如图4-563所示。

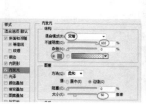

图4-562　　　　　　　图4-563

22 在"图层样式"对话框中单击"渐变叠加"样式，然后单击"点按可编辑渐变"按钮 ▬▬，接着在弹出的"渐变编辑器"对话框中设置第1个色标的颜色为（R:4，G:14，B:67）、第2个色标的颜色为（R:33，G:176，B:246）、第3个色标的颜色为（R:39，G:37，B:138），如图4-564所示，最后返回"图层样式"对话框，设置"角度"为-25度，如图4-565所示，效果如图4-566所示。

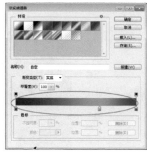

图4-564

图4-565

图4-566

23 在"图层样式"对话框中单击"投影"样式，然后设置"不透明度"为85%、"距离"为20像素、"扩展"为6%、"大小"为32像素、"等高线"为"圆形台阶"，如图4-567所示，效果如图4-568所示。

图4-567　　　　　　　图4-568

24 使用"横排文字工具" T（字体大小和样式可根据实际情况而定）在绘图区域中输入装饰文字，效果如图4-569所示。

图4-569

25 选择"图层1"图层，然后执行"图层>图层样式>复制图层样式"菜单命令，接着选择下方的文字图层，最后执行"图层>图层样式>粘贴图层样式"菜单命令，这样可以将"图层1"的样式复制并粘贴给下方文字图层，效果如图4-570所示。

图4-570

213

26 执行"图层>图层样式>斜面和浮雕"菜单命令，打开"图层样式"对话框，然后更改"大小"为15像素，如图4-571所示，效果如图4-572所示。

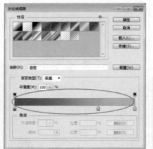

图4-577　　　　　　　图4-578

图4-571　　　　　　　图4-572

27 在"图层样式"对话框中单击"内阴影"样式，然后设置"距离"为7像素、"大小"为9像素，如图4-573所示，效果如图4-574所示。

图4-579

图4-573　　　　　　　图4-574

28 在"图层样式"对话框中单击"内发光"样式，然后设置"大小"为43像素，如图4-575所示，效果如图4-576所示。

30 在"图层样式"对话框中单击"投影"样式，然后设置"距离"为17像素、"大小"为27像素，如图4-580所示，最终效果如图4-581所示。

图4-580

图4-575　　　　　　　图4-576

29 在"图层样式"对话框中单击"渐变叠加"样式，然后单击"点按可编辑渐变"按钮，接着在弹出的"渐变编辑器"对话框中设置第1个色标的颜色为（R:0，G:43，B:182）、第2个色标的颜色为（R:78，G:186，B:255）、第3个色标的颜色为（R:135，G:197，B:254），如图4-577所示，最后返回"图层样式"对话框，设置"角度"为-25度，如图4-578所示，效果如图4-579所示。

图4-581

实战 138 多彩气球文字

文件位置：光盘>实例文件>CH04>实战138.psd/难易指数：★★★★☆

PS技术点睛

● 运用图层样式制作多彩气球文字。
● 运用图层的混合模式和不透明度调整字体效果。
● 运用"定义画笔预设"制作特定笔刷。

设计思路分析

本例运用大量图层样式将文字制作成气球的效果，结合卡通背景和卡通动物，使画面更协调。

01 启动Photoshop CS6，按Ctrl+N组合键新建一个"多彩气球文字"文件，具体参数设置如图4-582所示。

02 打开光盘中的"素材文件>CH04>138-1.jpg"文件，然后将其拖曳到"多彩气球文字"操作界面中，如图4-583所示。

图4-582

图4-583

03 打开光盘中的"素材文件>CH04>138-2.png"文件，然后将其拖曳到"多彩气球文字"操作界面中，接着将新生成的图层更名为"动物"图层，效果如图4-584所示。

04 执行"图层>图层样式>斜面和浮雕"菜单命令，打开"图层样式"对话框，然后设置"深度"为215%、"大小"为8像素、高亮颜色为（R:255，G:138，B:48），具体参数设置如图4-585所示。

图4-584

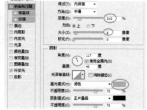

图4-585

05 在"图层样式"对话框中单击"外发光"样式，然后设置发光颜色为（R:252，G:162，B:60），如图4-586所示，效果如图4-587所示。

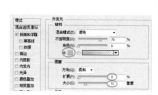

图4-586   图4-587

06 新建一个"文字"图层组，然后设置前景色为（R:244，G:192，B:22），接着使用"横排文字工具"在画布的左上角输入一个字母P，最后利用自由变换功能将其旋转一定的角度，如图4-588所示。

图4-588

07 执行"图层>图层样式>斜面和浮雕"菜单命令，打开"图层样式"对话框，然后设置"样式"为"浮雕效果"、"深度"为800%、"大小"为64像素、"软化"为9像素，接着设置高光不透明度为29%、阴影不透明度为35%，具体参数设置如图4-589所示，效果如图4-590所示。

08 在"图层样式"对话框中单击"描边"样式，然后设置"大小"为14像素、"颜色"为白色，如图4-591所示，效果如图4-592所示。

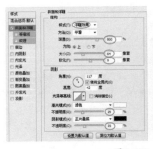

图4-589

图4-590

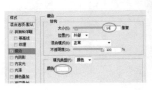

图4-591

图4-592

09 使用"横排文字工具" 在字母P后面分别输入
字母H、O、T、O，然后调整好各个字母的位置
和角度，如图4-593所示。

图4-593

10 选择P文字图层，然后执行"图层>图层样式>
复制图层样式"菜单命令，接着选择H、O、T
和O文字图层，最后执行"图层>图层样式>粘贴图层样
式"菜单命令，效果如图4-594所示。

图4-594

11 在"背景"图层上方新建一个"线"图层，然后
使用白色"画笔工具" 绘制出图像，效果如
图4-595所示。

图4-595

12 使用相同的方法制作出另一组气球文字，完成后
的效果如图4-596所示。

图4-596

13 按Ctrl+N组合键新建一个文件，具体参数设置如
图4-597所示。

图4-597

14 新建一个图层，然后使用"椭圆选框工具"
绘制一个如图4-598所示的圆形选区。

图4-598

15 按Ctrl+D组合键取消选区，然后继续使用"椭圆
选框工具" 绘制一个圆形选区，接着按Delete
键删除选区，如图4-599所示。

图4-599

16 执行"编辑>定义画笔预设"菜单命令，然后在弹出的"画笔名称"对话框中单击"确定"按钮 确定 ，如图4-600所示。

图4-600

17 切换到"多彩气球文字"操作界面，然后新建一个"装饰"图层，接着选择"画笔工具" ，并在选项栏中选择上一步定义好的笔刷，设置"大小"为20像素，如图4-601所示，最后在文字上绘制一些圆环作为装饰图案，效果如图4-602所示。

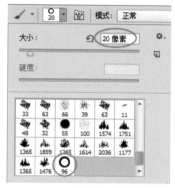

图4-601

图4-602

18 设置"装饰"图层的"混合模式"为"叠加"，如图4-603所示，效果如图4-604所示。

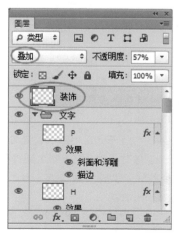

图4-603

图4-604

19 选择"背景"图层，然后在"图层"面板下方单击"创建新的填充或调整图层"按钮 ，在弹出的菜单中选择"亮度/对比度"命令，接着在"属性"面板中设置"亮度"为-4、"对比度"为35，具体参数设置如图4-605所示，最终效果如图4-606所示。

图4-605

图4-606

实战 139 草地文字

PS技术点睛

● 制作青草背景并调整图像的"亮度/对比度"。
● 运用图层蒙版制作草地背景。
● 运用特定笔刷调整字体边缘。
● 运用"动感模糊"等滤镜制作字体投影效果。

设计思路分析

本实例运用"画笔工具"和图层蒙版制作出青草文字边缘，结合"动感模糊"制作出文字的投影，使文字更加具有立体感。

01 启动Photoshop CS6，按Ctrl+N组合键新建一个"草地文字"文件，具体参数设置如图4-607所示。

02 设置前景色为（R:173，G:233，B:244），然后按Alt+Delete组合键用前景色填充"背景"图层，如图4-608所示。

图4-607

图4-608

03 新建一个"图层1"，然后设置前景色为（R:63，G:85，B:89），接着打开"渐变编辑器"对话框，选择"前景色到透明渐变"，最后从下向上为图层填充使用线性渐变色，如图4-609所示。

04 设置"图层1"的"混合模式"为"叠加"，如图4-610所示，效果如图4-611所示。

05 打开光盘中的"素材文件>CH04>139-1.png"文件，然后将其拖曳到"草地文字"操作界面中，接着将新生成的图层更名为"云朵1"图层，效果如图4-612所示。

图4-609

图4-610

图4-611　　　　　　　　　图4-612

06 打开光盘中的"素材文件>CH04>139-2.png"文件，然后将其拖曳到"草地文字"操作界面中，接着将新生成的图层更名为"云朵2"图层，最后设置该图层的"混合模式"为"叠加"、"不透明度"为15%，如图4-613所示，效果如图4-614所示。

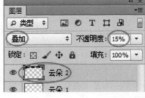

图4-613　　　　　　　　　图4-614

07 打开光盘中的"素材文件>CH04>139-3.png"文件，然后将其拖曳到"草地文字"操作界面中，接着将新生成的图层更名为"小树"图层，效果如图4-615所示。

08 打开光盘中的"素材文件>CH04>139-4.jpg"文件，然后将其拖曳到"草地文字"操作界面中，接着将新生成的图层更名为"草地"图层，效果如图4-616所示。

09 在"图层"面板下方单击"添加图层蒙版"按钮 ，为该图层添加一个图层蒙版，然后使用黑色"画笔工具"  在蒙版中进行涂抹，如图4-617所示，此时的蒙版效果如图4-618所示。

"图层"面板下单击"添加图层蒙版"按钮 ，为其添加一个选区蒙版，如图4-623所示，效果如图4-624所示。

图4-615　　　　　　图4-616

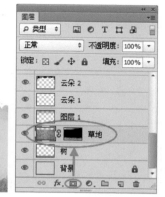

图4-617　　　　　　图4-618

10 设置"草地"图层的"混合模式"为"叠加"，如图4-619所示，效果如图4-620所示。

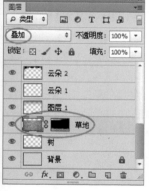

图4-619　　　　　　图4-620

11 设置前景色为（R:52，G:39，B:30），然后使用"横排文字工具" （字体大小和样式可根据实际情况而定）在绘图区域中输入字母，效果如图4-621所示。

12 选择"草地"图层，然后按Ctrl+J组合键复制一个"草地副本"图层，并删除"草地副本"图层的图层蒙版，接着将该图层拖曳到文字图层的上方，如图4-622所示。

13 栅格化文字并载入文字图层的选区，然后隐藏文字图层，接着选择"草地副本"图层，最后在

图4-621　　　　　　图4-622

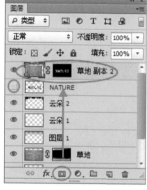

图4-623　　　　　　图4-624

14 选择"画笔工具" 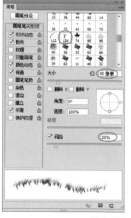，按F5键打开"画笔"面板，然后选择"草"画笔，接着设置"大小"为30像素、"间距"为25%，如图4-625所示。

15 在"画笔"面板中单击"形状动态"选项，然后设置"大小抖动"为100%、"最小直径"为52%、"角度抖动"为33%、"圆度抖动"为38%、"最小圆度"为25%，如图4-626所示。

图4-625　　　　　　图4-626

16 在"画笔"面板中单击"散布"选项，然后关闭"两轴"选项，接着设置散布的数值为65%、"数量"为3、"数量抖动"为80%，如图4-627所示。设置前景色为白色，然后选择"草地副本"图层的蒙版，接着使用"画笔工具" 在文字的边缘进行涂抹，效果如图4-628所示。

图4-627　　　　　　　　　图4-628

17 按住Ctrl键单击"草地副本"图层的蒙版缩略图，载入蒙版的选区，如图4-629和图4-630所示。

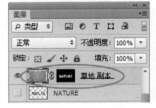

图4-629　　　　　　　　　图4-630

18 在"草地副本"图层的下一层新建一个"投影"图层，设置前景色为（R:52，G:39，B:30），然后按Alt+Delete组合键填充选区，接着设置该图层的"不透明度"为45%，如图4-631所示，最后用"移动工具" 将其向右下角拖曳一段距离，效果如图4-632所示。

图4-631　　　　　　　　　图4-632

19 按Ctrl+J组合键复制一个"投影副本"图层，然后设置该图层的"不透明度"为100%，效果如图4-633所示。

图4-633

20 执行"滤镜>模糊>动感模糊"菜单命令，然后在弹出的"动感模糊"对话框中设置"角度"为-45度、"距离"为59像素，如图4-634所示，效果如图4-635所示。

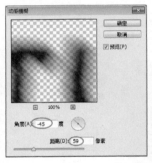

图4-634　　　　　　　　　图4-635

21 执行"图层>新建调整图层>色彩平衡"菜单命令，在最上层新建一个"亮度/对比度"调整图层，然后在"属性"面板中设置"亮度"为36、"对比度"为31，如图4-636所示，接着按Alt键将调整图层创建为"草地副本"图层的剪贴蒙版，如图4-637所示，效果如图4-638所示。

22 打开光盘中的"素材文件>CH04>139-5.png"文件，然后将其拖曳到"草地文字"操作界面中，接着调整好每个元素的位置，最后将新生成的图层更名为"鸟儿"图层，最终效果如图4-639所示。

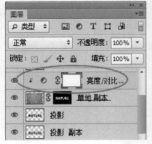

图4-636　　　　　　　　　图4-637

图4-638　　　　　　　　　图4-639

实战 140 卡通渐变文字

文件位置：光盘>实例文件>CH04>实战140.psd / 难易指数：★★★★☆

PS技术点睛

● 为上层文字添加"内发光"、"图案叠加"等图层样式。
● 使用"加深工具"和"减淡工具"绘制文字，使文字效果更加逼真。
● 运用"描边"命令制作文字边缘效果，并调整图层的混合模式。

设计思路分析

　　本实例通过复制的方式制作立体感强烈的卡通渐变文字，运用"加深工具"和"减淡工具"绘制文字，使文字效果更加逼真。

01 启动Photoshop CS6，按Ctrl+N组合键新建一个"卡通渐变文字"文件，具体参数设置如图4-640所示。

02 打开光盘中的"素材文件>CH04>140-1.jpg"文件，然后将其拖曳到"卡通渐变文字"操作界面中，如图4-641所示。

图4-640　　　　　　　　　　图4-641

03 使用"横排文字工具" T （字体大小和样式可根据实际情况而定）在绘图区域中输入字母，效果如图4-642所示。

图4-642

04 执行"图层>图层样式>内发光"菜单命令，打开"图层样式"对话框，然后设置发光颜色为（R:22，G:1，B:129）、"阻塞"为2%、"大小"为9像素，具体参数设置如图4-643所示，效果如图4-644所示。

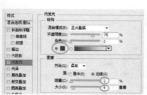

图4-643

图4-644

05 在"图层样式"对话框中单击"图案叠加"样式，然后设置"混合模式"为"颜色加深"、"图案"为"扎染"、"缩放"为6%，如图4-645所示，效果如图4-646所示。

图4-645　　　　　　　　　　图4-646

06 载入文字图层，然后新建一个"图层1"，接着执行"编辑>描边"菜单命令，并在弹出的"描边"对话框中设置"宽度"为5像素、"颜色"为白色、"位置"为"居外"，如图4-647所示，效果如图4-648所示。

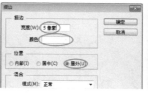

图4-647　　　　　　　　　　图4-648

07 按Ctrl+E组合键合并文字图层与"图层1"，并将合并后的图层更名为"图层1"，然后使用"套索工具" 调整文字的位置，如图4-649所示。

08 交替使用"减淡工具" 和"加深工具" 绘制出文字的明暗部分，如图4-650所示。

09 执行"图层>图层样式>斜面和浮雕"菜单命令，打开"图层样式"对话框，然后设置"深度"为100%、"大小"为38像素，具体参数设置如图4-651所示，效果如图4-652所示。

图4-649　　　　　　　　　　图4-650

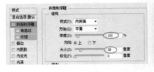

图4-651

图4-652

10 暂时隐藏文字，然后载入"图层1"选择，接着新建一个"图层2"，打开"渐变编辑器"对话框，设置第1个色标的颜色为（R:0, G:40, B:116）、第2个色标的颜色为（R:111, G:21, B:108）、第3个色标的颜色为（R:178, G:110, B:61）、第4个色标的颜色为（R:221, G:184, B:23），如图4-653所示，最后从右向左为选区填充使用线性渐变色，效果如图4-654所示。

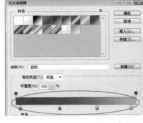

图4-653

图4-654

11 显示文字图层，然后调整图层的位置，将其拖曳到文字图层的下面，接着调整"图层2"文字的位置，如图4-655所示。

12 使用"画笔工具" 绘制出文字的转折部位，效果如图4-656所示。

图4-655

图4-656

13 在"背景"图层上方新建一个"光线"图层，然后使用白色"画笔工具" 绘制出若干条曲线，如图4-657所示。

图4-657

14 执行"图层>图层样式>内发光"菜单命令，打开"图层样式"对话框，然后设置发光颜色为（R:16, G:46, B:100）、"大小"为5像素，具体参数设置如图4-658所示，效果如图4-659所示。

图4-658

图4-659

15 在"图层样式"对话框中单击"图案叠加"样式，然后设置"混合模式"为"强光"、发光颜色为（R:252, G:219, B:140）、"扩展"为2%、"大小"为18像素，如图4-660所示，效果如图4-661所示。

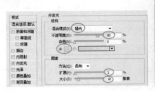

图4-660

图4-661

16 在"图层样式"对话框中单击"光泽"样式，然后设置效果颜色为（R:255, G:239, B:255）、"不透明度"为40%、"角度"为19度、"距离"为11像素、"大小"为14像素，如图4-662所示，效果如图4-663所示。

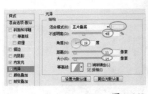

图4-662

图4-663

17 打开光盘中的"素材文件>CH04>140-2.png"文件，然后将其拖曳到"卡通渐变文字"操作界面中，接着将新生成的图层更名为"星光"图层，效果如图4-664所示。

18 使用"横排文字工具" 在图像中输入一些装饰性的文字，最终效果如图4-665所示。

图4-664

图4-665

第5章
报纸广告设计

PS达人　　广告设计师　　包装设计师　　插画设计师　　网页设计师

实战 141 香水报纸广告

文件位置：光盘>实例文件>CH05>实战141.psd / 难易指数：★★

PS技术点睛

● 使用"光圈模糊"滤镜制作朦胧的背景画面效果。
● 运用自由变换结合图层蒙版制作香水瓶的倒影。
● 运用图层蒙版隐藏部分图像，让元素之间的融合更真实自然。

设计思路分析

　　本例设计的是香水报纸广告，通过制作模糊的背景画面与清晰的香水瓶来产生梦幻的感觉，让整个画面色调清新自然，而花朵元素的运用更是突出了香水这一主题，添加文字信息主要是为了平衡画面重心。

01 启动Photoshop CS6，按Ctrl+N组合键新建一个"香水报纸广告"文件，具体参数设置如图5-1所示。

02 打开光盘中的"素材文件>CH05>141-1.jpg"文件，然后将其拖曳到"香水报纸广告"操作界面中，接着将新生成的图层更名为"花朵"图层，如图5-2所示。

图5-1

图5-2

03 执行"滤镜>模糊>光圈模糊"菜单命令，然后把椭圆形的焦点范围移到如图5-3所示的位置，接着在"模糊工具"面板中设置"光圈模糊"的"模糊"数值为75像素，如图5-4所示。

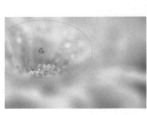

图5-3

图5-4

04 打开光盘中的"素材文件>CH05>141-2.png"文件，然后将其拖曳到"香水报纸广告"操作界面中，接着将新生成的图层更名为"香水瓶"图层，效果如图5-5所示。

图5-5

05 执行"图层>图层样式>投影"菜单命令，打开"图层样式"对话框，然后设置"不透明度"为60%、"角度"为90度、"距离"为5像素、"扩展"为7%、"大小"为9像素，具体参数设置如图5-6所示，效果如图5-7所示。

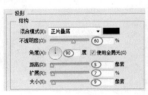

图5-6

图5-7

06 使用"横排文字工具" T 在绘图区域中输入黑色文字信息，效果如图5-8所示。

图5-8

07 执行"图层>图层样式>斜面和浮雕"菜单命令，打开"图层样式"对话框，然后设置"方法"为"雕刻清晰"、"深度"为40%、"方向"为"下"、

"大小"为3像素、"软化"为1像素、"角度"为90度、"高度"为37度、高光不透明度为65%，具体参数设置如图5-9所示，效果如图5-10所示。

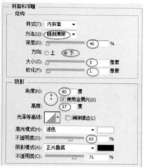

图5-9　　　　　　　　　　　图5-10

08 暂时隐藏"花朵"图层，然后按Ctrl+Alt+Shift+E组合键盖印可见图层，得到"倒影"图层，接着执行"编辑>变换>垂直翻转"菜单命令，最后移动到如图5-11所示的位置。

图5-11

09 显示"花朵"图层，然后为"倒影"图层添加一个图层蒙版，接着使用"渐变工具"在蒙版中从下往上填充黑色到透明的线性渐变，最后设置该图层的"不透明度"为47%。如图5-12所示，效果如图5-13所示。

图5-12　　　　　　　　　　　图5-13

10 在"倒影"图层的下方新建一个"水平面"图层，然后使用"矩形选框工具"绘制一个如图5-14所示的矩形选区。

11 执行"选择>修改>羽化"菜单命令，打开"羽化"对话框，然后设置"羽化半径"为10像素，接着使用"渐变工具"在选区中从上往下填充黑色到

透明的线性渐变，效果如图5-15所示。

图5-14　　　　　　　　　　　图5-15

12 打开光盘中的"素材文件>CH05>141-3.png"文件，然后将其拖曳到"香水报纸广告"操作界面中，接着将新生成的图层更名为"手绘花"图层，效果如图5-16所示。

图5-16

13 按Ctrl+J组合键复制出3个副本图层，然后分别为其添加图层蒙版，接着使用黑色"画笔工具"在蒙版中进行涂抹，此时的蒙版效果如图5-17所示，最后对图像进行调整，效果如图5-18所示。

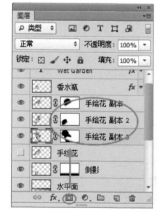

图5-17　　　　　　　　　　　图5-18

14 使用"横排文字工具"输入文字信息，最终效果如图5-19所示。

图5-19

实战 142 矿泉水报纸广告

文件位置：光盘>实例文件>CH05>实战142.psd / 难易指数：★★★

The roof of the world, so pure water.
Natural artesian glass mineral waters
from Qomolangma.

NATURAL

PS技术点睛

● 运用图层蒙版和自由变换让不同的元素自然融合在一起。
● 使用"钢笔工具"制作树叶的基本形状。
● 运用图层样式制作文字的发光效果。

设计思路分析

本例设计的是矿泉水报纸广告，运用丰富的自然元素和绿色的渐变背景增加图像的清新感，突出矿泉水环保、自然的主题。

01 启动Photoshop CS6，按Ctrl+N组合键新建一个"矿泉水报纸广告"文件，具体参数设置如图5-20所示。

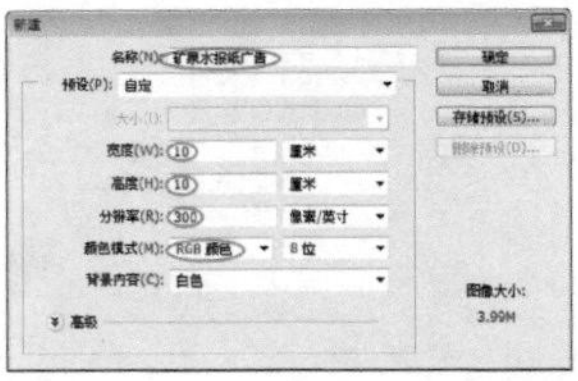

图5-20

02 设置前景色为（R:204，G:224，B:156），然后在"图层"面板下方单击"创建新的填充或调整图层"按钮 ❂.，在弹出的菜单中选择"渐变"命令，打开"渐变填充"对话框，并勾选"反向"选项，接着在"渐变编辑器"对话框中选择"前景色到透明渐变"，如图5-21所示，效果如图5-22所示。

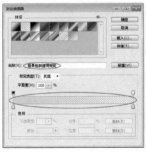

图5-21

图5-22

03 打开光盘中的"素材文件>CH05>142-1.png"文件，然后将其拖曳到操作界面中，接着将新生成

的图层更名为"瓶子"图层，效果如图5-23所示。

04 在"图层"面板下方单击"添加图层蒙版"按钮 ▣，为"瓶子"图层添加一个图层蒙版，接着使用黑色"画笔工具" ✐ 在蒙版中进行涂抹，效果如图5-24所示。

图5-23

图5-24

05 继续打开光盘中的"素材文件>CH05>142-2.jpg"文件，然后将新生成的图层命名为"风景"，接着为该图层添加一个图层蒙版，并使用黑色"画笔工具" ✐ 在蒙版中进行涂抹，效果如图5-25所示。

06 继续打开光盘中的"素材文件>CH05>142-3.png"文件，然后将其拖曳到"矿泉水报纸广告"操作界面中，接着将新生成的图层更名为"云1"图层，并采用前面的方法将其处理好，最后按Ctrl+J组合键复制一个副本图层，执行"编辑>变换>水平翻转"菜单命令，效果如图5-26所示。

图5-25　　　　　　　　图5-26

技术专题 09 在图层蒙版中填充渐变、应用画笔和滤镜

除了可以在图层蒙版中填充颜色以外，我们还可以在图层蒙版中填充渐变，如图5-27所示；同时，我们也可以使用不同的画笔工具来编辑蒙版，如图5-28所示；此外，我们还可以在图层蒙版中应用各种滤镜，图5-29所示是应用"纤维"滤镜以后的蒙版状态与图像效果。

图5-27

图5-28

图5-29

07 打开光盘中的"素材文件>CH05>142-4.png"文件，然后将其拖曳到"矿泉水报纸广告"操作界面中，接着将新生成的图层更名为"云2"图层，效果如图5-30所示。

08 打开光盘中的"素材文件>CH05>142-5.jpg"文件，然后将其拖曳到"矿泉水报纸广告"操作界面中，接着将新生成的图层更名为"水纹"图层，并将该图层移动到"风景"图层的下方，效果如图5-31所示。

图5-30　　　　　　　　图5-31

09 在"图层"面板下方单击"添加图层蒙版"按钮 ▣，为"水纹"图层添加一个图层蒙版，然后使用黑色"画笔工具" ✐在蒙版中进行涂抹，接着设置该图层的"不透明度"为54%，效果如图5-32所示。

10 在"图层"面板下方单击"创建新的填充或调整图层"按钮 ●，在弹出的菜单中选择"色阶"命令，然后在"属性"面板中设置"输出色阶"为（68，255），效果如图5-33所示。

图5-32　　　　　　　　图5-33

11 在"云2"图层的上方新建一个"图层1"，然后用"矩形选框工具" ▭绘制一个大小合适的矩形选区，接着设置前景色为（R:26，G:84，B:46），最后按Alt+Delete组合键用前景色填充选区，效果如图5-34所示。

图5-34

227

12 在"图层1"图层的上方新建一个"树叶"图层，然后使用"钢笔工具" ✐ 勾勒出叶子的形状路径，接着按Ctrl+Enter组合键载入路径的选区，最后使用白色填充选区，效果如图5-35所示。

图5-35

13 执行"图层>图层样式>内阴影"菜单命令，打开"图层样式"对话框，然后设置阴影颜色为（R:39，G:82，B:1）、"角度"为11度、"距离"为4像素、"大小"为4像素，具体参数设置如图5-36所示，效果如图5-37所示。

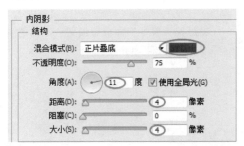

图5-36

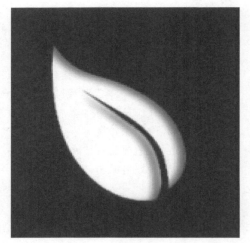

图5-37

14 使用"横排文字工具" T 在绘图区域中输入文字信息，效果如图5-38所示。

图5-38

15 执行"图层>图层样式>外发光"菜单命令，打开"图层样式"对话框，然后设置"扩展"为30%、"大小"为21像素，效果如图5-39所示。

图5-39

16 使用"横排文字工具" T 在绘图区域中输入文字信息，然后在选项栏中单击"居中对齐文本"按钮 ≡，最终效果如图5-40所示。

图5-40

实战143 电视报纸广告

文件位置：光盘>实例文件>CH05>实战143.psd / 难易指数：★★★★

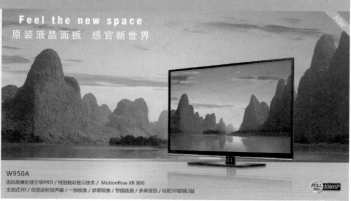

Feel the new space
原装液晶面板 感官新世界
W950A
迅锐图像处理引擎PRO / 特丽魅彩显示技术 / Motionflow XR 800
主动式3D / 低频反射扬声器 / 一触镜像 / 屏幕镜像 / 智能连接 / 多屏遥控 / 标配3D眼镜3副
FULL HD 1080P

PS技术点睛

- 运用混合模式制作风景背景效果。
- 使用“投影”图层样式制作电视的投影，让画面更真实。
- 使用“添加杂色”和“高斯模糊”滤镜制作金属拉丝效果。

设计思路分析

本例设计的是电视报纸广告，通过背景画面与电视画面的色彩对比，突出电视的显示技术，使画面具有空间感，充分展现了电视广告的视觉效果。

01 启动Photoshop CS6，按Ctrl+N组合键新建一个“电视报纸广告”文件，具体参数设置如图5-41所示。

02 打开光盘中的“素材文件>CH05>143-1.png”文件，然后将其拖曳到“电视报纸广告”操作界面中，并将新生成的图层更名为“山水风景”图层，接着按Ctrl+J组合键复制一个副本图层并暂时隐藏该图层，最后选择“山水风景”图层，并设置该图层的“填充”为90%，效果如图5-42所示。

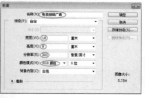

图5-41

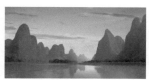

图5-42

03 在“图层”面板下方单击“创建新的填充或调整图层”按钮，在弹出的菜单中选择“黑白”命令，然后在“属性”面板中设置“青色”为114、“蓝色”为-2，具体参数设置如图5-43所示，效果如图5-44所示。

属性
黑白
预设：默认值
色调
自动
红色：40
黄色：60
绿色：40
青色：114
蓝色：-2
洋红：80

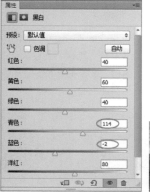

图5-43

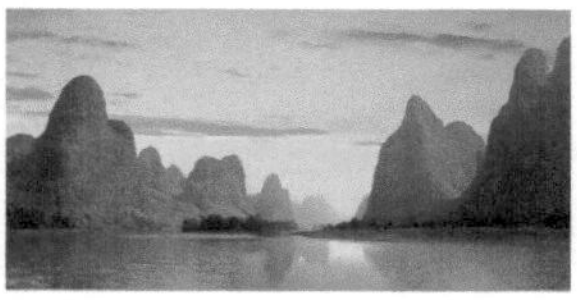

图5-44

04 新建一个“图层1”，设置前景色为（R:190，G:223，B:222），然后按Alt+Delete组合键用前景色填充选区，接着设置该图层的“不透明度”为50%，最后设置该图层的“混合模式”为“正片叠底”，效果如图5-45所示。

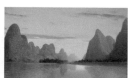

图5-45

05 执行“滤镜>渲染>镜头光晕”菜单命令，然后在弹出的“镜头光晕”对话框中设置“亮度”为150%，具体参数设置如图5-46所示，效果如图5-47所示。

镜头光晕
确定
取消
亮度(B)：150 %
镜头类型
50-300 毫米变焦(Z)
35 毫米聚焦(K)
105 毫米聚焦(L)
电影镜头(M)

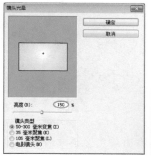

图5-46

图5-47

06 打开光盘中的“素材文件>CH05>143-2.png”文件，然后将其拖曳到“电视报纸广告”操作界面中，并将新生成的图层更名为“电视”图层，接着执行“图层>图层样式>投影”菜单命令，并设置“不透明度”为40%、“角度”为90度、“距离”为3像素、“扩展”为8%、“大小”为3像素，效果如图5-48所示。

07 显示“山水风景副本”图层，然后将其移动到“电视”图层下方，接着按Ctrl+T组合键进入自由变换状态，并调整好图像的大小，最后按住Ctrl键调整

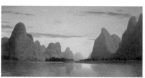

好图像的透视关系，使其符合电视屏幕的透视，完成后的效果如图5-49所示。

图5-48　　　　　　　　　　　图5-49

08 暂时隐藏除了"山水风景副本"和"电视"图层以外的所有图层，然后按Ctrl+Alt+Shift+E组合键盖印可见图层，得到"倒影"图层，接着执行"编辑>变换>垂直翻转"菜单命令，将图像移动到如图5-50所示的位置，最后执行"编辑>变换>变形"菜单命令，调整"投影"图层的扭曲程度，以符合投影关系，如图5-51所示。

图5-50　　　　　　　　　　　图5-51

09 显示全部图层，然后为"倒影"图层添加一个图层蒙版，接着使用"渐变工具"■在蒙版中从下往上填充黑色到透明的线性渐变，效果如图5-52所示。

10 在"倒影"图层的下方新建一个"金属拉丝"图层，然后使用"矩形选框工具"□绘制一个合适的矩形选区，接着设置前景色为（R:195，G:195，B:195），最后按Alt+Delete组合键用前景色填充选区，效果如图5-53所示。

图5-52　　　　　　　　　　　图5-53

11 执行"滤镜>杂色>添加杂色"菜单命令，打开"添加杂色"对话框，然后设置"数量"为40%，接着勾选"单色"选项，效果如图5-54所示。

12 执行"滤镜>模糊>动感模糊"菜单命令，打开"动感模糊"对话框，然后设置"距离"为175像素，效果如图5-55所示。

图5-54　　　　　　　　　　　图5-55

13 新建一个"反光"图层，然后使用"多边形套索工具"▽绘制一个合适的选区，并使用白色填充选区，如图5-56所示，接着执行"滤镜>模糊>高斯模糊"菜单命令，最后在弹出的"高斯模糊"对话框中设置"半径"为110像素，效果如图5-57所示。

图5-56　　　　　　　　　　　图5-57

14 使用"矩形选框工具"□绘制一个合适的矩形选区，然后按Delete键删除选区内多余的高光像素，效果如图5-58所示。

图5-58

15 新建一个"图层2"，然后继续使用"矩形选框工具"□绘制一个矩形选区，接着打开"渐变编辑器"对话框，设置第1个色标的颜色为（R:75，G:75，B:75）、第2个色标的颜色为（R:209，G:203，B:203）、第3个色标的颜色为（R:75，G:75，B:75），如图5-59所示，最后按照从左至右的方向为选区填充线性渐变色，效果如图5-60所示。

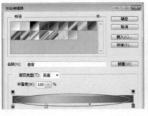

图5-59　　　　　　　　　　　图5-60

16 执行"图层>图层样式>投影"菜单命令，打开"图层样式"对话框，然后设置"角度"为90度、"距离"为2像素、"大小"为2像素，效果如图5-61所示。

17 打开光盘中的"素材文件>CH05>143-3.png"文件，然后将其拖曳到"电视报纸广告"操作界面中，接着将新生成的图层更名为"素材"图层，最后使用"横排文字工具"T输入文字信息，最终效果如图5-62所示。

图5-61　　　　　　　　　　　图5-62

实战 144 相机报纸广告

文件位置: 光盘>实例文件>CH05>实战144.psd / 难易指数: ★★★

Your pictures are stable, our competition is shaking.

1610万有效像素/Super HAD CCD/10倍光学变焦
25mm广角焦距/3.0"液晶屏/智能自动模式
720p高画质动态影像/光学防抖（增强模式）/扫描全景
4种照片效果

DC-WX200

灵感闪现之美

PS技术点睛

- 使用"画笔工具"制作梦幻背景。
- 使用图层样式制作背景星空效果。
- 使用"高斯模糊"和"渐变工具"制作相机的立体感。

设计思路分析

本例设计的是相机报纸广告，运用丰富的矢量元素和具有梦幻感的背景来增加画面的层次，以突出产品的质感，使整个画面炫丽而时尚。

01 启动Photoshop CS6，按Ctrl+N组合键新建一个"相机报纸广告"文件，具体参数设置如图5-63所示。

图5-63

02 新建一个"图层1"，然后设置前景色为（R:228，G:159，B:199），接着使用柔边"画笔工具" 在图像的右上角绘制出如图5-64所示的图像效果，最后使用其他的颜色将整个背景绘制完整，效果如图5-65所示。

图5-64   图5-65

03 新建一个"图层2"，然后用"矩形选框工具" 绘制一个合适的矩形选区，接着使用黑色填充选区，效果如图5-66所示。

04 打开光盘中的"素材文件>CH05>144-1.png和144-2.png"文件，然后将其分别拖曳到"相机报纸广告"操作界面中，接着将新生成的图层分别更名为"相机1"图层和"相机2"图层，效果如图5-67所示。

图5-66   图5-67

05 确定当前图层为"相机1"，然后执行"图层>图层样式>投影"菜单命令，打开"图层样式"对话框，并设置"距离"为6像素、"大小"为13像素，接着为"相机2"图层也添加一个"投影"样式，效果如图5-68所示。

图5-68

06 在"相机1"图层的下方新建一个"阴影1"图层，然后使用"多边形套索工具" 绘制一个合适的选区，并使用黑色填充选区，如图5-69所示，接着执行"滤镜>模糊>高斯模糊"菜单命令，然后在弹出的"高斯模糊"对话框中设置"半径"为10像素，效果如图5-70所示。

图5-69   图5-70

07 为"阴影1"图层添加一个图层蒙版，然后使用"渐变工具" 在蒙版中按照如图5-71所示的方向填充线性渐变，接着设置该图层的"不透明度"为45%，效果如图5-72所示，最后使用相同的方法为"阴影2"图层制作出阴影效果，效果如图5-73所示。

图5-71　　　　　　　　　　　图5-72

图5-73

08 选择"相机1"图层，然后在"图层"面板下方单击"创建新的填充或调整图层"按钮 ，在弹出的菜单中选择"亮度/对比度"命令，接着在"属性"面板中设置"亮度"为20，效果如图5-74所示。

图5-74

09 打开光盘中的"素材文件>CH05>144-3.png"文件，然后将其拖曳到"相机报纸广告"操作界面中，接着将新生成的图层移动到"阴影2"图层的下方，并更名为"素材"图层，效果如图5-75所示。

图5-75

10 执行"图层>图层样式>外发光"菜单命令，打开"图层样式"对话框，然后设置发光颜色为白色、"大小"为54像素，效果如图5-76所示。

图5-76

11 在"素材"图层的上方新建一个stars图层，然后选择"画笔工具" ，接着在选项栏中选择一种柔边笔刷，并设置"不透明度"为80%，如图5-77所示，最后绘制出大小不同的星星，效果如图5-78所示。

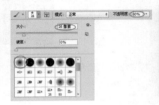

图5-77　　　　　　　　　　　图5-78

> **技巧与提示**
> 在绘制这种大小不一的图像时，可以在绘制好一个图像以后，按[键和]键来调整笔刷的大小，同时还要注意不透明度的调节，这样才能绘制出丰富的图像效果。

12 执行"图层>图层样式>外发光"菜单命令，打开"图层样式"对话框，然后设置"不透明度"为33%、"大小"为40像素，效果如图5-79所示。

图5-79

13 按Ctrl+J组合键复制一个"stars副本"图层，并调整好其位置和大小，如图5-80所示。

图5-80

14 选择"自定形状工具" ，然后在选项栏中设置"形状"为"拼贴2"图形，如图5-81所示，接着在图像的左上角和右上角绘制出如图5-82所示的图像。

图5-81 　　　　　　　　　 图5-82

15 新建一个"图层3"，然后用"矩形选框工具"  绘制一个合适的矩形选区，并设置前景色为（R:148，G:148，B:148），接着按Alt+Delete组合键用前景色填充选区，最后为"图层3"添加一个图层蒙版，使用"渐变工具" 在蒙版中从左往右以及从右到左填充黑色到透明的线性渐变，效果如图5-83所示。

图5-83

16 使用"横排文字工具" 在绘图区域中输入文字信息，效果如图5-84所示。

图5-84

17 在"图层"面板下方单击"创建新的填充或调整图层"按钮 ，在弹出的菜单中选择"渐变"命令，然后打开"渐变编辑器"对话框，接着设置第1个色标的颜色为（R:111，G:21，B:208）、第2个色标的颜色为（R:0，G:117，B:208），如图5-85所示，最后返回

"渐变填充"对话框，设置"角度"为0度，如图5-86所示，效果如图5-87所示。

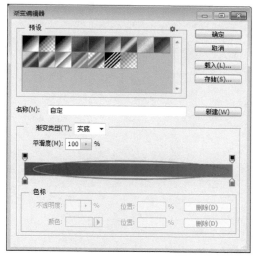

图5-85

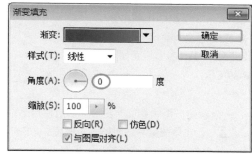

图5-86

图5-87

18 继续使用"横排文字工具" 输入其他文字信息，最终效果如图5-88所示。

图5-88

实战 145 手机报纸广告

文件位置：光盘>实例文件>CH05>实战145.psd / 难易指数：★★★

All pro

PS技术点睛

● 使用"钢笔工具"绘制卷页效果和彩色图案，丰富画面效果。
● 运用自由变换工具和混合模式调整素材的位置。
● 绘制圆形路径，使文字沿路径排列。

设计思路分析

　　本例设计的是手机报纸广告，通过将手机与各种矢量图案进行组合，从而丰富画面整体效果，展现了手机的娱乐性功能，使画面具有趣味性。

01 启动Photoshop CS6，按Ctrl+N组合键新建一个"手机报纸广告"文件，具体参数设置如图5-89所示。

图5-89

02 新建一个"卷页"图层，然后使用"钢笔工具" 在该图层右下角绘制出如图5-90所示的路径选区，接着打开"渐变编辑器"，设置前景色为（R:152，G:152，B:152），然后打开"渐变编辑器"对话框，接着选择"前景色到透明渐变"， 最后按照如图5-91所示的方向为"卷页"图层填充使用线性渐变色。

图5-90 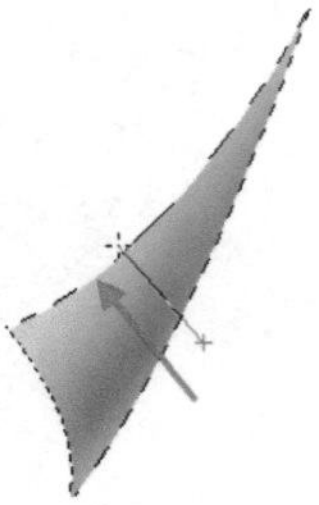　　　　　　　　　图5-91

03 执行"图层>图层样式>投影"菜单命令，打开"图层样式"对话框，然后设置"不透明度"为50%、"距离"为3像素、"大小"为13像素，最后设置该图层的"填充"为50%，效果如图5-92所示。

04 在"卷页"图层的下方新建一个"阴影"图层，然后选择"画笔工具" ，接着在选项栏中选择一种柔边笔刷，并设置"不透明度"为15%，最后在图层上进行绘制，效果如图5-93所示。

图5-92　　　　　　　　　图5-93

05 选择"钢笔工具" ，然后在选项栏中设置绘图模式为"形状"、描边颜色为（R:160，G:160，B:160）、"形状描边宽度"为3点，接着绘制出如图5-94所示的路径，最后按住Alt键并拖曳所绘制的形状复制出多个形状副本，效果如图5-95所示。

图5-94　　　　　　　　　图5-95

技巧与提示

　　在图层过多的情况下，可以按Ctrl+G组合键把所选的图层编组成组，便于管理。

06 新建一个"图层 1"，然后使用"椭圆选框工具" 绘制一个合适的圆形选区，接着选择"渐变工具" ，打开"渐变编辑器"对话框，并设置第1个色标的颜色为（R:255，G:108，B:0）、第2个色标的颜色为（R:255，G:174，B:0），最后从左下角向右上角

为"图层 1"填充使用线性渐变色，效果如图5-96所示。

07 打开光盘中的"素材文件>CH05>145-1.png和145-2.png"文件，然后分别将其拖曳到"手机报纸广告"操作界面中，接着将新生成的图层更名为"iphone"图层和"line"图层，效果如图5-97所示。

图5-96　　　　　　　　　　　图5-97

08 在"图层"面板下方单击"添加图层蒙版"按钮 ▣，为line图层添加一个图层蒙版，接着使用"渐变工具" ▣ 在蒙版中从右上角到左下角填充黑色到透明的线性渐变，效果如图5-98所示。

09 执行"图层>图层样式>外发光"菜单命令，打开"图层样式"对话框，然后设置"大小"为7像素，效果如图5-99所示。

图5-98　　　　　　　　　　　图5-99

10 新建一个"图层 2"，然后使用"钢笔工具" ✐ 绘制出如图5-100所示的路径选区，接着设置前景色为（R:11，G:162，B:154），并按Alt+Delete组合键用前景色填充选区，最后将该图层的"填充"设置为85%，效果如图5-101所示。

图5-100　　　　　　　　　　图5-101

11 使用相同的方法和合适的颜色绘制出其他图形，效果如图5-102所示。

12 打开光盘中的"素材文件>CH05>145-3.png和145-4.png"文件，然后分别将其拖曳到"手机报纸广告"操作界面中，接着将新生成的图层更名为"热气球"图层和"素材"图层，最后设置"素材"图层的"混合模式"为"滤色"效果如图5-103所示。

13 打开光盘中的"素材文件>CH05>145-5.psd"文件，然后将其拖曳到"手机报纸广告"操作界面

中，接着将新生成的图层组更名为"图标"图层组，效果如图5-104所示。

图5-102　　　　　　　　　　图5-103

图5-104

14 新建一个"图层 3"，然后使用"椭圆选框工具" ◯ 绘制一个合适的圆形选区，接着单击鼠标右键并在弹出的快捷菜单中选择"建立工作路径"命令，如图5-105所示，最后在弹出的"建立工作路径"对话框中单击"确定"按钮 ⬚ 确定，效果如图5-106所示。

图5-105　　　　　　　　　　图5-106

15 单击 "横排文字工具" ⊤，将光标放在路径上，当光标变成 形状时，单击设置文字插入点，接着在路径上输入文字信息，此时可以发现文字会沿着路径排列，效果如图5-107所示。

图5-107

16 执行"图层>图层样式>投影"菜单命令，打开"图层样式"对话框，然后设置"不透明度"为35%、"距离"为3像素、"大小"为3像素，最终效果如图5-108所示。

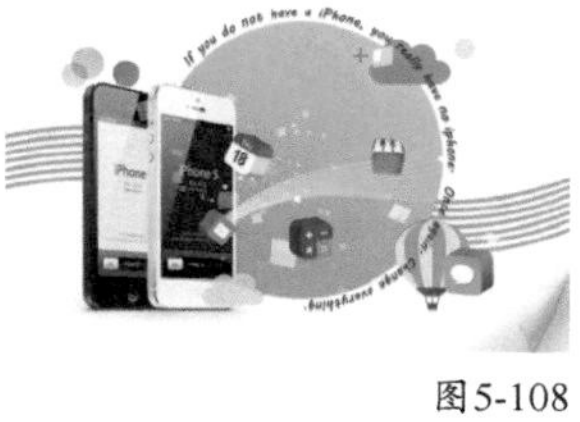

图5-108

实战 146 红酒报纸广告

文件位置：光盘>实例文件>CH05>实战146.psd / 难易指数：★★★★

PS技术点睛

● 使用"渐变工具"和图层蒙版制作丰富的背景效果。
● 使用"钢笔工具"扣取叶片，便于合成图像。
● 使用图层样式"外发光"，增强文字效果。

设计思路分析

本例设计的是红酒报纸广告，以红酒为画面主角，通过强烈的明暗对比和有趣味的整体造型来吸引观者眼球，体现红酒的品质感，配合具有空间感的背景，让整体效果更为突出。

01 启动Photoshop CS6，按Ctrl+N组合键新建一个"红酒报纸广告"文件，具体参数设置如图5-109所示。

图5-109

02 新建一个"图层 1"，然后打开"渐变编辑器"对话框，接着设置第1个色标的颜色为（R:228，G:255，B: 76）、第2个色标的颜色为黑色，如图5-110所示，最后按照如图5-111所示的方向为图层填充使用径向渐变色。

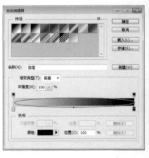

图5-110

图5-111

03 打开光盘中的"素材文件>CH05>146-1.png"文件，然后将其拖曳到"红酒报纸广告"操作界面中，并将新生成的图层更名为"庄园"图层，接着为"庄园"图层添加一个图层蒙版，最后使用黑色"画笔工具" 在蒙版中进行涂抹，效果如图5-112所示。

04 继续打开光盘中的"素材文件>CH05>146-2.jpg"文件，然后将其拖曳到当前操作界面中，接着将新生成的图层更名为"云"图层，最后按Shift+Ctrl+U组合键执行"去色"命令，效果如图5-113所示。

图5-112   图5-113

05 设置该图层的"混合模式"为"叠加"、"不透明度"为58%，然后为图层添加一个图层蒙版，接着使用黑色"画笔工具" 在蒙版中进行涂抹，效果如图5-114所示。

06 打开光盘中的"素材文件>CH05>146-3.png"文件，然后将其拖曳到"红酒报纸广告"操作界面中，接着将新生成的图层更名为"红酒"图层，效果如图5-115所示。

07 在"红酒"图层的下方新建一个"阴影"图层，然后使用"椭圆选框工具" 绘制一个合适的椭圆选区，接着在选项栏中设置羽化为10像素，如图5-116

所示，最后用黑色填充选区并设置该图层的"不透明度"为90%，效果如图5-117所示。

图5-114   图5-115

图5-116   图5-117

08 选择"红酒"图层，然后按Ctrl+J组合键复制出两个副本图层，接着选择"红酒副本"图层，执行"编辑>变换>垂直翻转"菜单命令，最后将图像移动到如图5-118所示的位置。

09 设置该图层的"不透明度"为25%，然后为"红酒副本"图层添加一个图层蒙版，接着使用"渐变工具" 在蒙版中从下往上填充黑色到透明的线性渐变，效果如图5-119所示。

图5-118   图5-119

10 在"图层 1"的上方新建一个"图层 2"，然后按Alt+Delete组合键用黑色填充该图层，接着为图层添加一个图层蒙版，最后使用黑色"画笔工具" 在蒙版中进行涂抹，效果如图5-120所示。

11 新建一个"图层 3"，然后设置前景色为（R:249，G:255，B:219），接着选择"画笔工具" ，并在选项栏中选择一种柔边笔刷，设置"不透明度"为30%，最后在图像内进行涂抹，效果如图5-121所示。

图5-120   图5-121

12 选择"红酒副本 2"图层，然后按住Ctrl键单击该图层的缩略图，载入该图层的选区，接着设置前景色为（R:64，G:78，B:26），并按Alt+Delete组合键用前景色填充选区，如图5-122所示，最后设置该图层"混合模式"为"正片叠底"、"不透明度"为50%，效果如图5-123所示。

图5-122   图5-123

13 在"图层"面板下方单击"添加图层蒙版"按钮，为"红酒副本 2"图层添加一个图层蒙版，接着使用黑色"画笔工具" 在蒙版中进行涂抹，效果如图5-124所示。

14 新建一个"暗部"图层，然后选择"画笔工具" ，接着在选项栏中选择一种柔边笔刷，并适当调节笔刷不透明度和大小，最后在图像内进行涂

抹，效果如图5-125所示。

15 打开光盘中的"素材文件>CH05>146-4.png"文件，然后将其拖曳到"红酒报纸广告"操作界面中，接着将新生成的图层更名为"标牌"图层，效果如图5-126所示。

图5-124　　　　图5-125　　　　图5-126

16 选择"红酒"图层，然后按Ctrl+J组合键再次复制出一个"红酒副本3"图层，并将该图层移动到"标牌"图层的上方，接着选择该图层，使用"钢笔工具" ✐勾勒出瓶身上叶子的路径选区，按Shift+Ctrl+I组合键反选图像，最后按Delete键删除选区内的图像，如图5-127所示。

17 在"图层"面板下方单击"添加图层蒙版"按钮，为"红酒副本3"图层添加一个图层蒙版，接着使用黑色"画笔工具" ✐在蒙版中进行涂抹，效果如图5-128所示。

18 执行"图层>图层样式>投影"菜单命令，打开"图层样式"对话框，然后设置"距离"为5像素、"大小"为10像素，效果如图5-129所示。

图5-127　　　　图5-128　　　　图5-129

19 新建一个"图层4"，然后使用"矩形选框工具" ▣绘制一个合适的矩形选区，并使用白色填充选区，如图5-130所示。

图5-130

20 执行"图层>图层样式>渐变叠加"菜单命令，打开"图层样式"对话框，然后单击"点按可

编辑渐变"按钮，并设置第1个色标的颜色为（R:212，G:164，B:91）、第2个色标的颜色为（R:255，G:222，B:173）、第3个色标的颜色为（R:212，G:164，B:91），接着设置"角度"为0度，具体参数设置如图5-131所示，效果如图5-132所示。

图5-131　　　　　　　　图5-132

21 打开光盘中的"素材文件>CH05>146-5.png"文件，然后将其拖曳到"红酒报纸广告"操作界面中，接着将新生成的图层更名为"logo"图层，效果如图5-133所示。

22 使用"横排文字工具" T在绘图区域中输入文字信息，然后执行"图层>图层样式>外发光"菜单命令，打开"图层样式"对话框，最后设置"大小"为10像素，效果如图5-134所示。

图5-133　　　　　　　　图5-134

23 继续使用"横排文字工具" T输入其他文字信息，最终效果如图5-135所示。

图5-135

实战 **147** 古典音乐会报纸广告

文件位置：光盘>实例文件>CH05>实战147.psd>难易指数：★★★

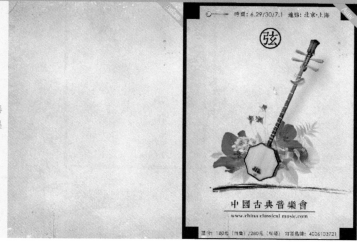

PS技术点睛

● 运用多种混合模式调节花卉元素的不同视觉效果。
● 运用"曲线"、"黑白"等调整图像，增强画面对比度。
● 使用"投影"图层样式增强花瓣的立体感，使整个画面更加生动自然。

设计思路分析

　　本例设计的是古典音乐会报纸广告，通过古典乐器与花卉的结合，营造出传统音乐的典雅特质，添加水墨元素，使整个画面视觉效果更加突出。

01 启动Photoshop CS6，按Ctrl+N组合键新建一个"古典音乐会报纸广告"文件，具体参数设置如图5-136所示。

02 打开光盘中的"素材文件>CH05>147-1.jpg"文件，然后将其拖曳到"古典音乐会报纸广告"操作界面中，接着将新生成的图层更名为"素材"图层，效果如图5-137所示。

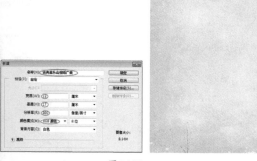

图5-136　　　　　　　图5-137

03 新建一个"出血"图层，然后按Alt+Delete组合键用黑色填充该图层，接着执行"图像>画布大小"菜单命令，打开"画布大小"对话框，设置"宽度"为11.5厘米、"高度"为16.5厘米，具体参数设置如图5-138所示，最后在弹出的警告对话框中单击"继续"按钮  进行剪切。

04 按Ctrl+R组合键显示标尺，然后将光标放置在标尺上，接着使用鼠标左键拖曳出如图5-139所示的参考线。

图5-138　　　　　　　　　图5-139

05 按Ctrl+Z组合键，返回剪切前的画布大小，然后使用"矩形选框工具" 沿参考线绘制一个合适的矩形选区，接着按Delete键删除选区内的图像，效果如图5-140所示。

图5-140

技巧与提示

　　按Ctrl+H组合键可以将参考线隐藏起来，而再次按Ctrl+H组合键又会显示出参考线。

06 打开光盘中的"素材文件>CH05>147-2.psd"文件，然后将其拖曳到"古典音乐会报纸广告"操作界面中，接着将新生成的图层更名为"乐器"图层，效果如图5-141所示。

07 在"乐器"图层下方新建一个"阴影"图层，然后选择"画笔工具"，接着在选项栏中选择一

种柔边笔刷，并适当调节笔刷不透明度和大小，最后在图像内进行涂抹，效果如图5-142所示。

工具"▨在蒙版中进行涂抹，效果如图5-148所示。

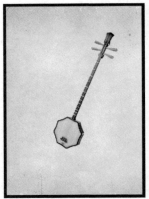 

图5-141　　　　　　　　　　图5-142

08 设置"阴影"图层的"不透明度"为25%，效果如图5-143所示。

09 打开光盘中的"素材文件>CH05>147-3.psd"文件，然后将其拖曳到"古典音乐会报纸广告"操作界面中，接着将新生成的图层组更名为"花"图层组，并置于"阴影"图层之后，最后调整该图层组内各个图层在图像中的位置，效果如图5-144所示。

图5-145　　　　　　　　　　图5-146

图5-143　　　　　　　　　　图5-144

10 设置"花"图层组的"混合模式"为"穿透"、图层组中的"图层 6"的"混合模式"为"排除"，然后选择"图层 5"，接着创建一个"曲线"调整图层，然后在"属性"面板中将曲线调节成如图5-145所示的形状，效果如图5-146所示。

11 打开光盘中的"素材文件>CH05>147-4.psd"文件，然后将其拖曳到"古典音乐会报纸广告"操作界面中，接着将新生成的图层组更名为"叶"图层组，并移动到"花"图层组的下方，最后调整该图层组内各个图层在图像中的位置，效果如图5-147所示。

12 选择"叶"图层组中的"图层 2"和"图层 4"，然后分别为其添加一个图层蒙版，接着使用黑色"画笔

图5-147　　　　　　　　　　图5-148

13 选择"图层 6"，接着创建一个"曲线"调整图层，然后在"属性"面板中将曲线调节成如图5-149所示的形状，效果如图5-150所示。

图5-149　　　　　　　　　　图5-150

14 设置"叶"图层组的"混合模式"为"点光"、"不透明度"为50%，效果如图5-151所示。

15 选择"叶"图层组，然后在"图层"面板下方单击"创建新的填充或调整图层"按钮 ◉，在弹出的菜单中选择"黑白"命令，效果如图5-152所示。

图5-151　　　　　　　图5-152

16 在"黑白1"调整图层的名称上单击鼠标右键，然后在弹出的快捷菜单中选择"创建剪贴蒙版"命令，即可将"叶"图层组和"黑白1"调整图层创建为一个剪贴蒙版组，如图5-153所示，效果如图5-154所示。

17 打开光盘中的"素材文件>CH05>147-5.jpg"文件，然后将其拖曳到"古典音乐会报纸广告"操作界面中，接着将新生成的图层更名为"水墨"图层，最后设置该图层的"混合模式"为"正片叠底"，效果如图5-155所示。

图5-153　　　　　　　图5-154　　　　　　　图5-155

18 继续打开光盘中的"素材文件>CH05>147-6.png"文件，然后将其拖曳到"古典音乐会报纸广告"操作界面中，接着将新生成的图层更名为"花瓣"图层，最后将该图层移动到"乐器"图层上方，效果如图5-156所示。

19 执行"图层>图层样式>投影"菜单命令，打开"图层样式"对话框，然后设置"不透明度"为22%、"距离"为11像素、"大小"为9像素，效果如图5-157所示。

20 新建一个"图层7"，然后使用"矩形选框工具"绘制一个合适的矩形选区，并使用黑色填充选区，接着选择"工具箱"中的"移动工具"，并按住Alt键复制出3个相同的选区，效果如图5-158所示。

21 选择"自定形状工具"，然后在选项栏中单击"形状"并选择"窄边圆形边框"图形，如图5-159所示，最后在绘图区域中绘制如图5-160所示的图形。

22 使用"横排文字工具"在绘图区域中输入文字信息，效果如图5-161所示。

23 选择"乐器"图层，然后按Ctrl+J组合键复制出一个副本图层，将该图层移动到文字图层的上方，并调整图像至合适大小和位置，接着新建一个"阴影2"图层，选择"画笔工具"并选择一种柔边笔刷，调节笔刷不透明度和大小，效果如图5-162所示。

图5-156　　　　　　　图5-157　　　　　　　图5-158

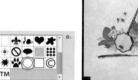

图5-159　　　　　　　图5-160　　　　　　　图5-161

图5-162

24 选择"钢笔工具"，然后在选项栏中设置绘图模式为"形状"、描边颜色为黑色、"形状描边宽度"为0.6点，具体参数设置如图5-163所示，接着绘制出如图5-164所示的路径。

图5-163　　　　　　　图5-164

25 使用"横排文字工具"输入其他文字信息，最终效果如图5-165所示。

图5-165

实战 148 冰淇淋报纸广告

文件位置：光盘>实例文件>CH05>实战148.psd / 难易指数：★★★

PS技术点睛

● 运用牛奶素材结合图层蒙版制作飞溅牛奶。
● 运用"照片滤镜"、"色彩平衡"调整图层颜色，使整个画面色彩更协调统一。
● 使用"投影"图层样式字体立体感，使整个画面更加生动自然。

设计思路分析

本例设计的是冰淇淋报纸广告，通过飞溅的牛奶营造画面动感，而其中的草莓是点睛之笔，体现画面细节质感，让整幅画面吸引眼球。

01 启动Photoshop CS6，按Ctrl+N组合键新建一个"冰淇淋报纸广告"文件，具体参数设置如图5-166所示。

02 新建一个"图层1"，然后设置前景色为（R:160，G:14，B:21），最后按Alt+Delete组合键用前景色填充该图层，效果如图5-167所示。

图5-166

图5-167

03 打开光盘中的"素材文件>CH05>148-1.png"文件，然后将其拖曳到"冰淇淋报纸广告"操作界面中，接着将新生成的图层更名为"冰淇淋"图层，效果如图5-168所示。

04 在"图层"面板下方单击"创建新的填充或调整图层"按钮 ◐.，在弹出的菜单中选择"色彩平衡"命令，然后在"属性"面板中设置"青色-红色"为+30，最后按Alt键将调整图层创建为"冰淇淋"图层的剪贴蒙版，效果如图5-169所示。

图5-168

图5-169

05 使用"横排文字工具" ⊤ 在绘图区域中输入文字信息，然后在选项栏中单击"创建文字变形"按钮 ⌐，打开"变形文字"对话框，接着设置"样式"为"扇形"、"弯曲"为-35%，具体参数设置如图5-170

所示，效果如图5-171所示。

图5-170

图5-171

06 新建一个"暗部"图层，然后使用黑色"画笔工具" ✎ 并在选项栏中选择一种柔边笔刷，接着在图像中进行涂抹，最后设置该图层的"不透明度"为70%，效果如图5-172所示。

07 打开光盘中的"素材文件>CH05>148-2.png"文件，然后将其拖曳到"冰淇淋报纸广告"操作界面中，接着将新生成的图层更名为"雪糕"图层，最后"雪糕"图层添加一个图层蒙版，并使用黑色"画笔工具" ✎ 在蒙版中进行涂抹，效果如图5-173所示。

图5-172

图5-173

08 在"图层"面板下方单击"创建新的填充或调整图层"按钮，在弹出的菜单中选择"照片滤镜"命令，然后在"属性"面板中设置"颜色"为（R:255，G:0，B:12），最后按Alt键将调整图层创建为"雪糕"图层的剪贴蒙版，效果如图5-174所示。

09 打开光盘中的"素材文件>CH05>148-3.psd"文件，然后将其拖曳到"冰淇淋报纸广告"操作界面中，接着将新生成的图层更名为"milk 1"图层，效果如图5-175所示。

图5-174   图5-175

10 在"冰淇淋"图层下方新建一个"阴影"图层，然后使用黑色"画笔工具" ，并在选项栏中选择一种柔边笔刷，最后在图像中进行涂抹，效果如图5-176所示。

11 打开光盘中的"素材文件>CH05>148-4.psd和148-5.psd"文件，然后将草莓牛奶图层分别拖曳到"冰淇淋报纸广告"操作界面中，接着依次拖放到合适的位置，最后调节每个牛奶图层与草莓图层的前后位置，效果如图5-177所示。

图5-176   图5-177

12 分别为牛奶图层添加图层蒙版，然后使用黑色"画笔工具" 在蒙版中进行涂抹，效果如图5-178所示。

图5-178

13 选择"milk 3"图层，然后按Ctrl+J组合键复制一个副本图层；接着选择"milk 7"图层，同样复

制出一个副本图层，并将其拖放到合适的位置，最后为"milk 3副本"图层添加图层蒙版，并使用黑色"画笔工具" 在蒙版中进行涂抹，效果如图5-179所示。

图5-179

14 打开光盘中的"素材文件>CH05>148-6.png"文件，然后将其拖曳到"冰淇淋报纸广告"操作界面中，接着将新生成的图层移动到"图层 1"的上方，并更名为"素材"图层，效果如图5-180所示。

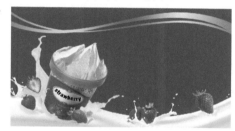

图5-180

15 使用"横排文字工具" 在绘图区域中输入文字信息，效果如图5-181所示。

图5-181

16 在"图层样式"对话框中单击"颜色叠加"样式，然后设置叠加颜色为白色；单击"投影"样式，然后设置"距离"为2像素、"大小"为20像素，最终效果如图5-182所示。

图5-182

实战 149 环保报纸广告

文件位置：光盘>实例文件>CH05>实战149.psd / 难易指数：★★★

PS技术点睛

● 添加图层蒙版让不同场景自然融合。
● 运用"动感模糊"滤镜让阴影更加自然。
● 使用"外发光"图层样式字体效果，让字体在整个画面中更加醒目突出。

设计思路分析

　　本例设计的是环保报纸广告，通过对不同图片的处理合成，展现出一个全球变暖，北极熊迁徙的画面，低饱和度的蓝色调让整个画面气氛沉稳，发光文字信息也带给人视觉上的冲击。

01 启动Photoshop CS6，按Ctrl+N组合键新建一个"环保报纸广告"文件，具体参数设置如图5-183所示。

图5-183

02 打开光盘中的"素材文件>CH05>149-1.jpg"文件，然后将其拖曳到"环保报纸广告"操作界面中，接着将新生成的图层更名为"冰川"图层，效果如图5-184所示。

03 在"图层"面板下方单击"添加图层蒙版"按钮，为"冰川"图层添加一个图层蒙版，接着使用黑色"画笔工具"在蒙版中进行涂抹，效果如图5-185所示。

04 新建一个"图层 1"，然后选择"渐变工具"，接着打开"渐变编辑器"对话框，设置第1个色标的颜色为（R:35，G:63，B:88）、第2个色标的颜色为（R:109，G:151，B:181）、第3个色标的颜色为白色，如图5-186所示，最后从上向下为"图层 1"填充使用线性渐变色，效果如图5-187所示。

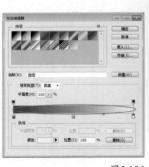

图5-186　　　　　　　　　　图5-187

05 打开光盘中的"素材文件>CH05>149-2.jpg"文件，然后将其拖曳到"环保报纸广告"操作界面中，接着将新生成的图层更名为"雪地"图层，效果如图5-188所示。

06 在"图层"面板下方单击"创建新的填充或调整图层"按钮，在弹出的菜单中选择"色彩平衡"命令，然后在"属性"面板中设置"青色-红色"为-35，最后按Alt键将调整图层创建为"冰川"图层的剪贴蒙版，效果如图5-189所示。

图5-184　　　　　　　　　　图5-185

07 选择"冰川"图层，然后在"图层"面板下方单击"创建新的填充或调整图层"按钮 ◎.，在弹出的菜单中选择"色相/饱和度"命令，然后在"属性"面板中设置"色相"为+9，效果如图5-190所示。

图5-188　　　　　图5-189　　　　　图5-190

08 打开光盘中的"素材文件>CH05>149-3.png"文件，然后将其拖曳到"环保报纸广告"操作界面中，接着将新生成的图层更名为"北极熊"图层，效果如图5-191所示。

09 在"北极熊"图层的下方新建一个"阴影"图层，然后设置前景色为（R:36，G:55，B:89），并使用"画笔工具" ✐ 在图像中进行涂抹，如图5-192所示，接着执行"滤镜>模糊>动感模糊"菜单命令，并设置"距离"为175像素，最后设置该图层的"不透明度"为85%，效果如图5-193所示。

图5-191　　　　　图5-192　　　　　图5-193

10 选择"北极熊"图层，然后创建一个"曲线"调整图层，接着在"属性"面板中将曲线调节成如图5-194所示的形状，最后按Alt键将调整图层创建为"北极熊"图层的剪贴蒙版，效果如图5-195所示。

11 打开光盘中的"素材文件>CH05>149-4.psd"文件，然后将其拖曳到"环保报纸广告"操作界面中，接着将新生成的图层更名为"moon"图层，最后设置该图层"混合模式"为"滤色"，效果如图5-196所示。

图5-194

图5-195　　　　　　　　　　图5-196

12 在"图层"面板下方单击"添加图层蒙版"按钮 ▢，为"moon"图层添加一个图层蒙版，接着使用"渐变工具" ▦ 在蒙版中从右上角到左下角填充黑色到透明的线性渐变，效果如图5-197所示。

13 使用"横排文字工具" T 在绘图区域中输入文字信息，然后在选项栏中单击"居中对齐文本"按钮 ▤，效果如图5-198所示。

图5-197　　　　　　　　　　图5-198

14 执行"图层>图层样式>外发光"菜单命令，打开"图层样式"对话框，然后设置发光颜色为（R:108，G:229，B:255）、"大小"为15像素，最终效果如图5-199所示。

图5-199

实战 150 夏日派对报纸广告

文件位置：光盘>实例文件>CH05>实战150.psd / 难易指数：★★★

PS技术点睛

● 运用多种混合模式调节花卉元素的不同视觉效果。
● 运用"曲线"、"黑白"等调整图层，增强画面对比度。
● 使用"渐变叠加"、"外发光"等图层样式增强字体在画面中的整体效果。

设计思路分析

本例设计的是夏日派对报纸广告，首先使用蒙版功能制作出该海报的沙滩背景，然后将各种海滩素材合理地摆放在画面中，接着制作出海水质感的蓝色主题文字，使整幅画面营造出海滩假日的感觉。

01 启动Photoshop CS6，按Ctrl+N组合键新建一个"夏日派对报纸广告"文件，具体参数设置如图5-200所示。

图5-200

02 新建一个"图层1"，然后设置前景色为（R:238，G:233，B:216），最后按Alt+Delete组合键用前景色填充"图层1"，效果如图5-201所示。

03 打开光盘中的"素材文件>CH05>150-1.jpg"文件，然后将其拖曳到"夏日派对报纸广告"操作界面中，接着将新生成的图层更名为"沙滩"图层，最后设置该图层"填充"为68%，效果如图5-202所示。

图5-201

图5-202

04 单击"添加图层蒙版"按钮 ◻，为"沙滩"图层添加一个图层蒙版，接着使用"渐变工具" ▣ 在蒙版中从上到下填充黑色到透明的线性渐变，效果如图5-203所示。

05 新建一个"图层2"，然后设置前景色为（R:238，G:193，B:78），接着选择"画笔工具" ▢ 在图像的下方进行涂抹，最后设置该图层的"混合模式"为"正片叠底"、"不透明度"为90%，效果如图5-204所示。

图5-203   图5-204

06 打开光盘中的"素材文件>CH05>150-2.jpg"文件，然后将其拖曳到"夏日派对报纸广告"操作界面中，并将新生成的图层更名为"海"图层，接着为该图层添加一个图层蒙版，最后使用黑色"画笔工具" ▢ 在蒙版中进行涂抹，效果如图5-205所示。

07 继续打开光盘中的"素材文件>CH05>150-3.png"文件，然后将其拖曳到"夏日派对报纸广告"操作界面中，并将新生成的图层更名为"云"图层，效果如图5-206所示。

图5-205　　　　　　　　图5-206

08 在"图层"面板下方单击"创建新的填充或调整图层"按钮 ◎，在弹出的菜单中选择"色阶"命令，然后在"属性"面板中设置"输入色阶"为（31，1.00，255），具体参数设置如图5-207所示，效果如图5-208所示。

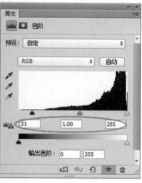

图5-207　　　　　　　　图5-208

09 打开光盘中的"素材文件>CH05>150-4.png、150-5.psd和150-6.psd"文件，然后将所有图层拖曳到"夏日派对报纸广告"操作界面中，最后依次拖放到合适的位置，效果如图5-209所示。

图5-209

10 选择"叶子"图层，然后按Ctrl+J组合键复制一个"叶子副本"图层，并调整好位置和大小；选择"海星"图层，然后在"图层样式"对话框中单击"投影"样式，接着设置"不透明度"为50%、"距离"为5像素、"大小"为5像素，效果如图5-210所示。

图5-210

技术专题 ⑩ 标记图层颜色

在"新建图层"对话框中可以设置图层的颜色，比如设置"颜色"为"黄色"，如图5-211所示，那么新建出来的图层就会被标记为黄色，这样有助于区分不同用途的图层，如图5-212所示。

图5-211　　　　　　　　图5-212

11 设置前景色为（R:196，G:53，B:34），然后选择"椭圆工具" ◎ 绘制一个合适的圆形选区，接着使用"横排文字工具" T 输入文字信息，效果如图5-213所示。

12 在"图层样式"对话框中单击"斜面和浮雕"样式，然后设置"深度"为10%、"大小"为5像素，接着单击"投影"样式，最后设置"距离"为4像素、"大小"为4像素，效果如图5-214所示。

图5-213　　　　　　　　图5-214

13 设置前景色为（R:14，G:156，B:229），然后使用"横排文字工具" T 在绘图区域中输入文字信息，最后将该图层移动到"叶子"图层之后，效果如图5-215所示。

14 在"图层样式"对话框中单击"渐变叠加"样式，然后设置"不透明度"为50%，接着打开"渐变编辑器"对话框，设置第1个色标的颜色为（R:0，G:76，B:147）、第2个色标的颜色为白色，具体参数设置如图5-216所示。

图5-215　　　　　　　　图5-216

15 单击"外发光"样式，然后设置发光颜色为白色、"大小"为75像素，具体参数设置如图5-217所示，效果如图5-218所示。

图5-217　　　　　　　　图5-218

16 打开光盘中的"素材文件>CH05>150-7.jpg"文件，然后将其拖曳到"夏日派对报纸广告"操作界面中，并将新生成的图层更名为"波纹"图层，最后按Alt键将该图层创建为"summer party"文字图层的剪贴蒙版，效果如图5-219所示。

17 新建一个"阴影"图层，然后使用黑色"画笔工具"在图像中绘制一条直线，接着执行"滤镜>模糊>动感模糊"菜单命令，并在弹出的"动感模糊"对话框中设置"距离"为200像素，最后设置该图层的"不透明度"为50%，效果如图5-220所示。

18 打开光盘中的"素材文件>CH05>150-8.jpg"文件，然后将其拖曳到"夏日派对报纸广告"操作界面中，并将新生成的图层更名为"光"图层，最后设置该图层的混合模式为"滤色"，效果如图5-221所示。

19 使用"横排文字工具"在绘图区域中输入文字信息，然后在"图层样式"对话框中单击"描边"样式，设置"大小"为1像素、描边颜色为白色，接着单击"外发光"样式，设置"扩展"为12%、"大小"为18像素，效果如图5-222所示。

图5-219　　　　　　　　图5-220

图5-221　　　　　　　　图5-222

20 在"图层"面板下方单击"创建新的填充或调整图层"按钮，在弹出的菜单中选择"自然饱和度"命令，然后在"属性"面板中设置"自然饱和度"为+40、"饱和度"为+10，具体参数设置如图5-223所示，最终效果如图5-224所示。

图5-223　　　　　　　　图5-224

实战 **151** 芭蕾舞会报纸广告

文件位置：光盘>实例文件>CH05>实战151.psd／难易指数：★★★☆

PS技术点睛

● 运用多种调整图层，统一画面色调。
● 运用"动感模糊"滤镜让光束更加自然，突出人物在画面中的唯美意境。
● 运用星光画笔工具，丰富画面，增强画面的梦幻感。

设计思路分析

　　本例设计的是芭蕾舞会报纸广告，通过调整背景，统一画面色调，光束的运用增强了画面的唯美感，最终制作出带有梦幻复古氛围的舞会广告。

01 启动Photoshop CS6，按Ctrl+N组合键新建一个"芭蕾舞会报纸广告"文件，具体参数设置如图5-225所示。

02 新建一个"图层1"，然后按Alt+Delete组合键用黑色填充该图层，效果如图5-226所示。

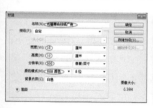

图5-225

图5-226

03 打开光盘中的"素材文件>CH05>151-1.jpg"文件，然后将其拖曳到"芭蕾舞会报纸广告"操作界面中，并将新生成的图层更名为"舞者"图层，接着为该图层添加图层蒙版，最后使用黑色"画笔工具" ✍在蒙版中进行涂抹，效果如图5-227所示。

图5-227

04 在"图层"面板下方单击"创建新的填充或调整图层"按钮 ◎ ，在弹出的菜单中选择"色彩平衡"命令，然后在"属性"面板中设置"青色-红色"为+6、"黄色-蓝色"为-8，具体参数设置如图5-228所示，效果如图5-229所示。

图5-228　　　　　　　　　　　　图5-229

05 打开光盘中的"素材文件>CH05>151-2.jpg"文件，然后将其拖曳到"芭蕾舞会报纸广告"操作界面中，并将新生成的图层更名为"建筑"图层，接着为该图层添加图层蒙版，最后使用黑色"画笔工具" ✍在蒙版中进行涂抹，效果如图5-230所示。

06 创建一个"色彩平衡"调整图层，然后在"属性"面板中设置"青色-红色"为+59、"黄色-蓝色"为-35，接着再创建一个"色阶"调整图层，最后在"属性"面板中设置"输入色阶"为（15，1.00，253），效果如图5-231所示。

图5-230　　　　　　　　　　　　图5-231

07 新建一个"图层2"，然后选择黑色"画笔工具" ✍，在图像中进行涂抹，增强"建筑"图层暗部效果，效果如图5-232所示。

08 新建一个"图层3"，然后使用"矩形选框工具" 绘制一个合适的矩形选区，接着设置前景色为（R:221，G:192，B:127），最后按Alt+Delete组合键用前景色填充选区，效果如图5-233所示。

图5-232　　　　　　　　　图5-233

09 设置"图层3"的"混合模式"为"线性加深"、"不透明度"为40%，然后为该图层添加一个图层蒙版，最后使用黑色"画笔工具" 在蒙版中进行涂抹，效果如图5-234所示。

10 使用"横排文字工具" 输入文字信息，然后在"图层样式"对话框中单击"斜面和浮雕"样式，设置"深度"为75%、"大小"为3像素，具体参数设置如图5-235所示。

图5-234　　　　　　　　　图5-235

11 单击"渐变叠加"样式，然后设置"不透明度"为70%，打开"渐变编辑器"对话框，设置第1个色标的颜色为（R:224，G:134，B:26）、第2个色标的颜色为（R:224，G:181，B:77），如图5-236所示，设置"角度"为30度，具体参数设置如图5-237所示，效果如图5-238所示。

图5-236

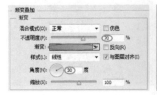

图5-237　　　　　　　　　图5-238

12 打开光盘中的"素材文件>CH05>151-3. png"文件，然后将其拖曳到"芭蕾舞会报纸广告"操作界面中，并将新生成的图层更名为"花纹"图层，效果如图5-239所示。

图5-239

13 新建一个"图层4"，然后使用"钢笔工具" 在图像中勾勒出一条如图5-240所示的路径，接着单击"横排文字工具" （字体大小和样式可根据实际情况而定），将光标放在路径上，当光标变成 形状时，在路径上输入文字信息，效果如图5-241所示。

图5-240　　　　　　　　　图5-241

14 新建一个"星光"图层，然后设置前景色为（R:239，G:233，B:165），接着选择"画笔工具" ，最后在选项栏中选择一种星光笔刷在图像中进行绘制，如图5-242所示。

15 新建一个"光束"图层，然后使用"多边形套索工具" 绘制一个合适的选区，接着在选项栏中设置羽化为15像素，用白色填充选区并设置该图层的"不透明度"为13%，最后为该图层添加一个图层蒙版，并使用黑色"画笔工具" 在蒙版中进行涂抹，效果如图5-243所示。

图5-242　　　　　　　　　图5-243

16 新建一个"图层5"，然后使用"矩形选框工具" 绘制一个合适的矩形选区，接着使用"渐变工具" ，打开"渐变编辑器"对话框，设置第1个色标的颜色为（R:74，G:36，B:6）、第2个色标的颜色为（R:242，G:164，B:64）、第3个色标的颜色为（R:92，G:36，B:4），最后从左到右为"图层5"填充使用线性渐变色，效果如图5-244所示。

图5-244

17 打开光盘中的"素材文件>CH05>151-4. png"文件，然后将其拖曳到"芭蕾舞会报纸广告"操作界面中，并将新生成的图层更名为"素材"图层，效果如图5-245所示。

图5-245

18 设置前景色为（R:149，G:133，B:81），然后使用"横排文字工具" T. 在绘图区域中输入文字信息，接着在"图层样式"对话框中单击"内阴影"样式，设置"距离"为2像素、"大小"为8像素，具体参数设置如图5-246所示。

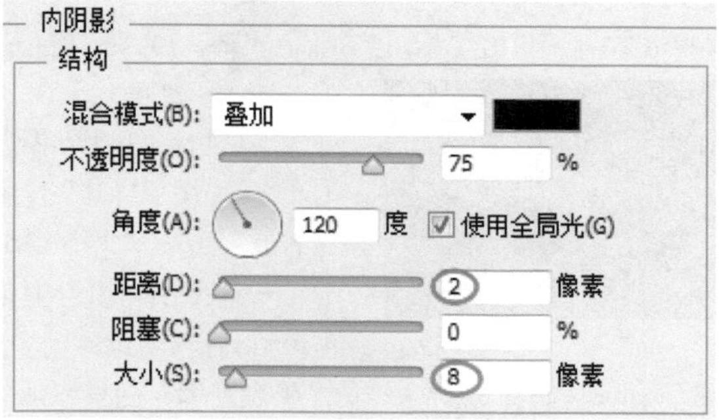

图5-246

19 单击"投影"样式，然后设置"混合模式"为"正常"、阴影颜色为白色、"不透明度"为44%、"距离"为2像素、"大小"为1像素，最终效果如图5-247所示。

图5-247

实战 ⑤ 手表报纸广告

文件位置：光盘>实例文件>CH05>实战152.psd / 难易指数：★★★☆

PS技术点睛
- 运用"色彩平衡"、"曲线"等调整图层，使整个画面更加生动自然。
- 使用"投影"图层样式增强手表的立体感。
- 运用自由变换命令结合图层蒙版制作手表的倒影。

设计思路分析
　　本例设计的是手表报纸广告，通过调整素材色调，使画面色调和谐自然，且更加绚丽，排版大气简洁，突出主题。

腕上风景线
Who will you be in the next 24 hours?

Lukcom
SWISS WATCH

01 启动Photoshop CS6，按Ctrl+N组合键新建一个"手表报纸广告"文件，具体参数设置如图5-248所示。

02 新建一个"图层1"，然后设置前景色为（R:23，G:3，B:0），最后按Alt+Delete组合键用前景色填充该图层，效果如图5-249所示。

图5-248　　　　　　　　　　　图5-249

03 打开光盘中的"素材文件>CH05>152-1.jpg"文件，然后将其拖曳到"手表报纸广告"操作界面中，并将新生成的图层更名为"风景"图层，效果如图5-250所示。

图5-250

04 在"图层"面板下方单击"创建新的填充或调整图层"按钮，在弹出的菜单中选择"色彩平衡"命令，然后在"属性"面板中设置"青色-红色"为+5、"黄色-蓝色"为-15，接着创建一个"曲线"调整图层，并在"属性"面板中将曲线调节成如图5-251所示的形状，效果如图5-252所示。

05 打开光盘中的"素材文件>CH05>152-2.png"文件，然后将其拖曳到"手表报纸广告"操作界面中，并将新生成的图层更名为"手表"图层，效果如图5-253所示。

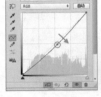

图5-251　　　　　图5-252　　　　　图5-253

06 执行"图层>图层样式>投影"菜单命令，打开"图层样式"对话框，然后设置"距离"为7像素、"扩展"为7%、"大小"为13像素，效果如图5-254所示。

07 按Ctrl+J组合键复制一个"手表副本"图层，然后将图像移动到如图5-255所示的位置，接着为"手表副本"图层添加一个图层蒙版，最后使用"渐变工具"在蒙版中从下往上填充黑色到透明的线性渐变，效果如图5-256所示。

图5-254　　　　　图5-255　　　　　图5-256

08 选择"钢笔工具"，然后在选项栏中设置绘图模式为"形状"、描边颜色为白色、"形状描边宽度"为0.5点，具体参数设置如图5-257所示，接着绘制出如图5-258所示的路径。

09 使用"横排文字工具"输入其他文字信息，最终效果如图5-259所示。

图5-257　　　　　图5-258　　　　　图5-259

实战 153 化妆品报纸广告

文件位置：光盘>实例文件>CH05>实战153.psd / 难易指数 ★★★

● 运用"曲线"、"黑白"等调整图层，增强画面黑白对比效果。
● 结合水晶、星光等素材，突出化妆品的奢华感。
● 使用"渐变叠加"图层样式增强文字效果，提升整个画面的质感。

设计思路分析

　　本例设计的是化妆品报纸广告，以黑色夜景搭配水晶素材，淡淡月光尽显化妆品的高贵与奢华。

01 启动Photoshop CS6，按Ctrl+N组合键新建一个"化妆品报纸广告"文件，具体参数设置如图5-260所示。

图5-260

02 新建一个"图层1"，然后按Alt+Delete组合键用黑色填充该图层，效果如图5-261所示。

03 打开光盘中的"素材文件>CH05>153-1.jpg"文件，然后将其拖曳到"化妆品报纸广告"操作界面中，并将新生成的图层更名为"城市"图层，效果如图5-262所示。

图5-261　　　　　　　图5-262

04 在"图层"面板下方单击"创建新的填充或调整图层"按钮 ●.，在弹出的菜单中选择"黑白"命令，然后在"属性"面板中设置"青色"为-50、"蓝色"为0、"洋红"为80，具体参数设置如图5-263所示，最后按Alt键将调整图层创建为"城市"图层的剪贴蒙版，效果如图5-264所示。

图5-263　　　　　　　图5-264

05 打开光盘中的"素材文件>CH05>153-2.jpg"文件，然后将其拖曳到"化妆品报纸广告"操作界面中，并将新生成的图层更名为"星空"图层，接着为该图层添加图层蒙版，最后使用黑色"画笔工具" ✓ 在蒙版中进行涂抹，效果如图5-265所示。

06 创建一个"黑白"调整图层，然后在"属性"面板中设置"青色"为-90、"蓝色"为-10、"洋红"为80，具体参数设置如图5-266所示，最后按Alt键将

调整图层创建为"城市"图层的剪贴蒙版，效果如图5-267所示。

图5-265　　　　　　图5-266　　　　　　图5-267

07 打开光盘中的"素材文件>CH05>153-3.png"文件，然后将其拖曳到"化妆品报纸广告"操作界面中，并将新生成的图层更名为"moon"图层，效果如图5-268所示。

08 继续打开光盘中的"素材文件>CH05>153-4.png"文件，然后将其拖曳到"化妆品报纸广告"操作界面中，并将新生成的图层更名为"化妆品"图层，接着创建一个"曲线"调整图层，在"属性"面板中将曲线调节成如图5-269所示的形状，最后按Alt键将调整图层创建为"化妆品"图层的剪贴蒙版，效果如图5-270所示。

图5-268　　　　　　图5-269　　　　　　图5-270

09 选择"化妆品"图层，然后执行"图层>图层样式>外发光"菜单命令，打开"图层样式"对话框，接着设置"不透明度"为45%、发光颜色为白色、"大小"为10像素，效果如图5-271所示。

10 打开光盘中的"素材文件>CH05>153-5.psd和153-6.png"文件，然后分别将图层分别拖曳到"化妆品报纸广告"操作界面中，最后依次拖放到合适的位置，效果如图5-272所示。

11 新建一个"星光"图层，然后使用白色"画笔工具"，最后在选项栏中选择一种星光笔刷在图像中进行绘制，如图5-273所示。

12 设置前景色为（R:148，G:148，B:148），然后使用"横排文字工具"（字体大小和样式可根据实际情况而定）在绘图区域中输入文字信息，效果如图5-274所示。

图5-271　　　　　　　　　　　　　　图5-272

图5-273　　　　　　　　　　　　　　图5-274

13 设置前景色为（R:237，G:236，B:236），然后使用"横排文字工具"输入文字信息，接着在"图层样式"对话框中单击"渐变叠加"样式，最后打开"渐变编辑器"对话框，设置第1个色标的颜色为（R:120，G:120，B:120）、第2个色标的颜色为白色，最终效果如图5-275所示。

图5-275

实战 154 茶文化报纸广告

文件位置：光盘>实例文件>CH05>实战154.psd/难易指数：★★★

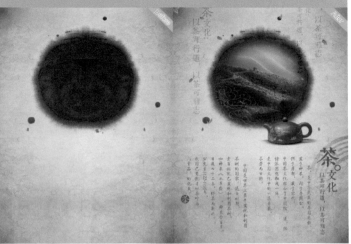

PS技术点睛

● 运用图层蒙版隐藏部分图像，让元素融合更真实自然。
● 使用"投影"图层样式增强茶壶的立体感，使整个画面更加生动自然。
● 通过调整文字的混合模式，增强画面效果。

设计思路分析

本例设计的是茶文化报纸广告，通过茶园、茶壶和飞舞的茶叶的融合，营造意境感，水墨元素的运用让整个画面具有文化气息，文字的添加进一步突出茶文化的主题。

01 启动Photoshop CS6，按Ctrl+N组合键新建一个"茶文化报纸广告"文件，具体参数设置如图5-276所示。

图5-276

02 打开光盘中的"素材文件>CH05>154-1.jpg和154-2.png"文件，然后将其分别拖曳到"茶文化报纸广告"操作界面中，接着将新生成的图层更名为"纹理"图层和"墨"图层，效果如图5-277所示。

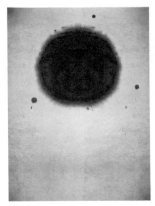

图5-277

03 继续打开光盘中的"素材文件>CH05>154-3.jpg"文件，然后将其拖曳到"茶文化报纸广告"操作界面中，并将新生成的图层更名为"茶园"图层，接着

为"茶园"图层添加一个图层蒙版，按Alt+Delete组合键用黑色填充蒙版，最后用白色"画笔工具"在蒙版中进行涂抹效果如图5-278所示。

04 打开光盘中的"素材文件>CH05>154-4.png"文件，然后将其拖曳到"茶文化报纸广告"操作界面中，接着将新生成的图层更名为"云纹"图层，最后设置该图层的"不透明度"为30%，效果如图5-279所示。

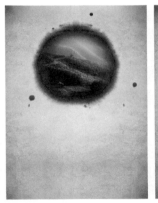

图5-278 图5-279

05 打开光盘中的"素材文件>CH05>154-5.png"文件，然后将其拖曳到"茶文化报纸广告"操作界面中，并将新生成的图层更名为"茶壶"图层，接着执行"图层>图层样式>投影"菜单命令，最后设置"角度"为90度、"距离"为3像素、"大小"为6像素，效果如图5-280所示。

06 选择"茶壶"图层，并按住Ctrl键单击"茶壶"图层缩略图将图层载入选区，然后在该图层的下方新建一

个"阴影"图层，接着按Alt+Delete组合键用黑色填充选区，最后按Ctrl+T组合键进入自由变换状态，效果如图5-281所示。

图5-280　　　　　　　　　　图5-281

07 设置"阴影"图层的"不透明度"为85%，然后执行"滤镜>模糊>高斯模糊"菜单命令，最后在弹出的"高斯模糊"对话框中设置"半径"为5像素，效果如图5-282所示。

图5-282

08 打开光盘中的"素材文件>CH05>154-6.psd"文件，然后将"叶"图层组拖曳到"茶文化报纸广告"操作界面中，并拖放到如图5-283所示的位置，接着设置前景色为（R:103，G:88，B:64），使用"直排文字工具" [T]输入文字信息，效果如图5-284所示。

图5-283　　　　　　　　　　图5-284

09 打开光盘中的"素材文件>CH05>154-7.psd"文件，然后将其中的图层分别拖曳到"茶文化报纸广告"操作界面中，最后依次拖放到合适的位置，效果如图5-285所示。

图5-285

10 选择"素材"图层，然后设置该图层的"混合模式"为"颜色加深"、"不透明度"为65%，接着为其添加图层蒙版，最后使用黑色"画笔工具" [✎]在蒙版中进行涂抹，效果如图5-286所示。

图5-286

11 使用黑色"直排文字工具" [T]在绘图区域中输入文字信息，然后设置该文字图层的"混合模式"为"柔光"，接着按Ctrl+J组合键复制出两个文字副本图层，最后分别移动到合适的位置，效果如图5-287所示。

图5-287

实战 155 购物节报纸广告

文件位置：光盘>实例文件>CH05>实战155.psd / 难易指数：★★★★

PS技术点睛

● 运用多种混合模式，结合图层蒙版，制作背景素材的不同视觉效果。
● 使用"径向模糊"滤镜让鸽子在画面中呈现展翅飞翔的效果。
● 运用"色彩平衡"、"色相/饱和度"调整图层，使画面效果更加突出。
● 添加光线效果，增强画面的视觉冲击力。

设计思路分析

本例设计的是购物节报纸广告，通过各种元素的运用，制作出绚丽的背景效果，运用各种调整图层调整画面色调，使整个画面更加协调，添加光线，发光效果，增添画面梦幻感。

01 启动Photoshop CS6，按Ctrl+N组合键新建一个"购物节报纸广告"文件，具体参数设置如图5-288所示。

图5-288

02 新建一个"图层1"，然后设置前景色为（R:62，G:76，B:85），接着打开"渐变编辑器"对话框，并在选项栏中勾选"反向"，如图5-289所示，选择"前景色到透明渐变"，如图5-290所示，最后按照如图5-291所示的方向为图层填充使用径向渐变色。

图5-289

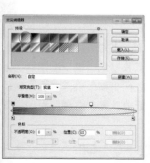

图5-290

图5-291

03 按Ctrl+T组合键进入自由变换状态，将图像进行变形，然后设置该图层的"不透明度"为50%，效果如图5-292所示。

04 打开光盘中的"素材文件>CH05>155-1.png"文件，然后将其拖曳到"购物节报纸广告"操作界面中，接着将新生成的图层更名为"人物"图层，最后将该图层移动到"图层1"的下方，效果如图5-293所示。

图5-292

图5-293

05 在"图层"面板下方单击"添加图层蒙版"按钮 ，为"人物"图层添加一个图层蒙版，接着使用黑色"画笔工具" 在蒙版中进行涂抹，效果如图5-294所示。

06 在"图层"面板下方单击"创建新的填充或调整图层"按钮 ，在弹出的菜单中选择"亮度/对比度"命令，接着在"属性"面板中设置"亮度"为10、"对比度"为5，效果如图5-295所示。

图5-294   图5-295

07 打开光盘中的"素材文件>CH05>155-2.psd"文件，然后所有图层分别拖曳到"购物节报纸广告"操作界面中，最后依次拖放到合适的位置，效果如图5-296所示。

08 选择"素材0"图层，然后设置该图层的"不透明度"为83%，接着选择"素材1"图层，最后设置该图层的"混合模式"为"叠加"，效果如图5-297所示。

图5-296   图5-297

09 打开光盘中的"素材文件>CH05>155-3.psd"文件，然后将所有图层分别拖曳到"购物节报纸广告"操作界面中，最后依次拖放到合适的位置，效果如图5-298所示。

图5-298

10 选择disco ball图层，然后为该图层添加图层蒙版，接着使用"渐变工具"▣在蒙版中从下往上填充黑色到透明的线性渐变，最后设置该图层的"不透明度"为35%，如图5-299所示，效果如图5-300所示。

图5-299   图5-300

11 在disco ball图层上方新建一个"图层2"，然后设置前景色为（R:114，G:109，B:142），接着选择"画笔工具"☑并选择一种柔边笔刷，在图像中进行涂抹，最后使用合适的颜色如图5-301所示在图像其他位置进行涂抹。

12 设置该图层的"混合模式"为"颜色加深"、"不透明度"为73%，然后按Alt键将"图层2"创建为disco ball图层的剪贴蒙版，效果如图5-302所示。

图5-301   图5-302

13 选择"鸽子"图层，然后按Ctrl+J组合键复制出一个副本图层，并将其移动到"鸽子"图层的下方，接着执行"滤镜>模糊>径向模糊"菜单命令，然后在弹出的"径向模糊"对话框中设置"数量"为10，效果如图5-303所示。

14 在"图层1"下方新建一个"图层3"，然后选择白色"画笔工具"☑，接着在选项栏中选择一种

涂鸦笔刷如图5-304所示在图像中进行绘制。

图5-303　　　　　　　　　　　图5-304

15 新建一个"图层 4"，然后用相同的方法在图像中进行绘制，接着为该图层添加图层蒙版，最后使用黑色"画笔工具" 在蒙版中进行涂抹，效果如图5-305所示。

16 在"图层 1"上方新建一个"star"图层，然后选择白色"画笔工具" ，接着在选项栏中选择一种星光笔刷如图5-306所示在图像中进行绘制。

17 打开光盘中的"素材文件>CH05>155-4.png"文件，然后将其拖曳到"购物节报纸广告"操作界面中，接着将新生成的图层更名为"素材 4"图层，并将该图层移动到star图层的下方，最后使用"横排文字工具" 输入文字信息，效果如图5-307所示。

图5-305　　　　　　　图5-306　　　　　　　图5-307

18 执行"图层>图层样式>斜面和浮雕"菜单命令，打开"图层样式"对话框，然后设置"深度"为10%、"大小"为0像素、"软化"为0像素，接着单击"投影"样式，最后设置"距离"为4像素、"大小"为4像素，效果如图5-308所示。

19 设置前景色为（R:80，G:17，B:91），然后使用"横排文字工具" 输入文字信息，接着执行"图层>图层样式>投影"菜单命令，打开"图层样式"对话框，最后设置"不透明度"为50%、"距离"为5像素、"大小"为10像素，效果如图5-309所示。

20 新建一个"图层 5"，然后设置前景色为（R:146，G:84，B:163），接着选择"画笔工具" 并选择一种柔边笔刷在图像中进行涂抹，最后设置该图层的"不透明度"为80%，再按Alt键将"图层 5"创建为shopping carnival文字图层的剪贴蒙版，效果如图5-310所示。

图5-308　　　　　　　图5-309　　　　　　　图5-310

21 使用"横排文字工具" 在绘图区域中输入文字信息，效果如图5-311所示。

22 打开光盘中的"素材文件>CH05>155-5.psd"文件，然后将其拖曳到"购物节报纸广告"操作界面中，接着将新生成的图层更名为"光束"图层，效果如图5-312所示。

图5-311　　　　　　　　　　图5-312

23 新建一个"调色"图层组，然后创建一个"色彩平衡"调整图层，并在"属性"面板中设置"洋红-绿色"为-18、"黄色-蓝色"为+17，接着继续创建一个"色相/饱和度"调整图层，在"属性"面板中设置"饱和度"为+8，最后创建一个"照片滤镜"调整图层，最终效果如图5-313所示。

图5-313

实战 156 瑜伽报纸广告

文件位置：光盘>实例文件>CH05>实战156.psd / 难易指数：★★★

美好生活，源自 瑜伽

PS技术点睛

● 运用图层蒙版和"去色"菜单命令，让不同的元素自然融合。
● 运用"色相/饱和度"调整图层，统一画面色调。
● 使用"钢笔工具"绘制出基本图形。

设计思路分析

　　本例设计的是瑜伽报纸广告，画面有山有水，云雾缭绕，营造出空灵之感，展现瑜伽的静之美，突出画面的空间感，整个画面色调为蓝色，带给人宁静的感受。

01 启动Photoshop CS6，按Ctrl+N组合键新建一个"瑜伽报纸广告"文件，具体参数设置如图5-314所示。

02 新建一个"图层 1"，然后设置前景色为（R:22，G:141，B:180），接着使用"渐变工具"在图像中从上往下填充前景色到透明的线性渐变，效果如图5-315所示。

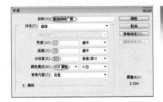

图5-314　　　　　　　　　　　　　图5-315

03 打开光盘中的"素材文件>CH05>156-1.png、156-2.jpg和156-3.jpg"文件，然后将其分别拖曳到"瑜伽报纸广告"操作界面中，接着将新生成的图层分别更名为"云"、"远山"和"水纹"图层，效果如图5-316所示。

图5-316

04 暂时隐藏"水纹"图层，然后选择"远山"图层，接着执行"图像>调整>去色"菜单命令，使其色调与"云"图层一致，最后为该图层添加图层蒙版，并使用黑色"画笔工具"在蒙版中进行涂抹，效果如图5-317所示。

05 显示"水纹"图层，使用相同的方法对图像进行处理，然后按Ctrl+J组合键复制出一个副本图层，接着执行"编辑>变换>缩放"菜单命令进行调整，效果如图5-318所示。

图5-317

图5-318

06 打开光盘中的"素材文件>CH05>156-4.psd"文件，然后将"石头"和"倒影"图层拖曳到"瑜伽报纸广告"操作界面中，并拖放到合适的位置，最后设置"倒影"图层的"混合模式"为"正片叠底"，效果如图5-319所示。

图5-319

07 按Shift键的同时选择"石头"和"倒影"图层，然后按Ctrl+J组合键同时复制出一个副本图层，接着执行"编辑>变换>水平翻转"菜单命令进行调整，最后将图像移动到如图5-320所示的位置。

图5-320

08 新建一个"调色"图层组，然后创建一个"色相/饱和度"调整图层，接着在"属性"面板中设置"色相"为194、"饱和度"为34、勾选"着色"选项，效果如图5-321所示。继续创建一个"色相/饱和度"调整图层，然后在"属性"面板中设置"色相"为+6、"饱和度"为-37，效果如图5-322所示。

图5-321

图5-322

09 打开光盘中的"素材文件>CH05>156-5.png"文件，然后将其拖曳到"瑜伽报纸广告"操作界面中，接着将新生成的图层更名为"人物"图层，效果如图5-323所示。

图5-323

10 选择"图层 1"，然后按Ctrl+J组合键复制出一个副本图层，并将其移动到"石头副本"图层上方，最后设置该图层的"混合模式"为"正片叠底"，效果如图5-324所示。

图5-324

11 选择"钢笔工具" ，然后在选项栏中设置绘图模式为"形状"、描边颜色为白色、"形状描边宽度"为0.4点，如图5-325所示，接着绘制出如图5-326所示的路径。

图5-325

图5-326

12 使用白色"横排文字工具" 输入文字信息，最终效果如图5-327所示。

图5-327

实战 157 汽车报纸广告

文件位置：光盘>实例文件>CH05>实战157.psd / 难易指数：★★★

PS技术点睛
● 运用图层蒙版让不同场景自然融合。
● 运用"色相/饱和度"调整图层，改变光束颜色。
● 使用"外发光"图层样式增强文字效果。

设计思路分析

本例设计的是汽车报纸广告，运用天空、马路、建筑元素的结合，制作出一个具有空间感的背景，增强画面的层次感，光束的运用在画面中起着点睛作用，彰显汽车大气之感。

01 启动Photoshop CS6，按Ctrl+N组合键新建一个"汽车报纸广告"文件，具体参数设置如图5-328所示。

02 打开光盘中的"素材文件>CH05>157-1.jpg、157-2.jpg和157-3.psd"文件，然后将其分别拖曳到"汽车报纸广告"操作界面中，接着将新生成的图层分别更名为"天空"图层、"公路"图层和"城市"图层，并拖放到合适的位置，效果如图5-329所示。

图5-328

图5-329

03 选择"城市"图层，然后将其移动到"天空"图层之上，接着按Ctrl+J组合键复制出一个副本图层，并调整好位置和大小，最后分别为"城市"图层和"城市副本"图层添加图层蒙版，分别使用黑色"画笔工具" 在蒙版中进行涂抹，效果如图5-330所示。

04 打开光盘中的"素材文件>CH05>157-4.png"文件，然后将其拖曳到"汽车报纸广告"操作界面中，并将新生成的图层更名为"汽车"图层，效果如图5-331所示。

图5-330

图5-331

05 在"汽车"图层下方新建一个"阴影"图层，然后使用"多边形套索工具" 绘制一个合适的选区，接着在选项栏中设置羽化为15像素，最后使用黑色填充选区，效果如图5-332所示。

06 执行"滤镜>模糊>动感模糊"菜单命令，然后在弹出的"动感模糊"对话框中设置"角度"为-25度、"距离"为200像素，效果如图5-333所示。

图5-332

图5-333

07 在"汽车"图层上方创建一个"曲线"调整图层，然后在"属性"面板中将曲线调节成如图5-334所示的形状，接着选择图层蒙版，最后使用黑色"画笔工具" 在蒙版中进行涂抹，此时的蒙版效果如图5-335所示，效果如图5-336所示。

图5-334

图5-335

图5-336

08 打开光盘中的"素材文件>CH05>157-5.png"文件，然后将其拖曳到"汽车报纸广告"操作界面中，并将新生成的图层更名为"光束"图层，效果如图5-337所示。

图5-337

09 按Ctrl+T组合键进入自由变换状态，然后按住Alt键，接着用鼠标左键拖曳定界框4个角上的控制点调整角度，最后为该图层添加图层蒙版，并使用黑色"画笔工具" 在蒙版中进行涂抹，效果如图5-338所示。

图5-338

10 在"图层"面板下方单击"创建新的填充或调整图层"按钮 ，在弹出的菜单中选择"色相/饱和度"命令，然后在"属性"面板中设置"色相"为+131，具体参数设置如图5-339所示，最后按Alt键将调整图层创建为"光束"图层的剪贴蒙版，效果如图5-340所示。

图5-339

图5-340

11 打开光盘中的"素材文件>CH05>157-6.png"文件，然后将其拖曳到"汽车报纸广告"操作界面中，并将新生成的图层更名为"logo"图层，效果如图5-341所示。

图5-341

12 使用白色"横排文字工具" 在绘图区域中输入文字信息，然后在"图层样式"对话框中单击"描边"样式，然后设置"大小"为3像素、"不透明度"为55%、"颜色"为（R:79，G:64，B:51），具体参数设置如图5-342所示。

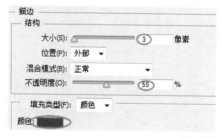

图5-342

13 在"图层样式"对话框中单击"外发光"样式，然后设置发光颜色为（R:0，G:173，B:199）、"大小"为25像素，接着单击"投影"样式，最后设置"距离"为4像素、"大小"为4像素，最终效果如图5-343所示。

图5-343

实战 158 游乐园报纸广告

文件位置：光盘>实例文件>CH05>实战158.psd / 难易指数：★★★

THE FANCY CAROUSEL

CARNIVAL
AMUSEMENT PARK

PS技术点睛

● 运用"多边形工具"绘制所需图形，并以中心点旋转复制该图形。
● 运用"色彩平衡"调整图层，增强画面对比度。
● 使用"横排文字工具"，制作文字变形效果。

设计思路分析

　　本例设计的是游乐园报纸广告，通过卡通元素的结合，让整个画面充满趣味感，文字的衬托营造可爱气氛，体现出游乐场欢快和谐的氛围。

01 启动Photoshop CS6，按Ctrl+N组合键新建一个"游乐园报纸广告"文件，具体参数设置如图5-344所示。

02 新建一个"图层 1"，然后设置前景色为（R:220，G:227，B:255），接着按Alt+Delete组合键用前景色填充选区，效果如图5-345所示。

图5-344　　　　　　　　图5-345

03 选择"多边形工具" ⬡，然后在选项栏中设置"填充颜色"为（R:231，G:188，B:193）、"描边"为"无颜色"、"边"为3，具体参数设置如图5-346所示，接着绘制出如图5-347所示的图形，最后按Ctrl+T组合键调节至合适大小，效果如图5-348所示。

图5-346

图5-347　　　　　　　　图5-348

04 按Ctrl+T组合键进入自由变换状态，然后将中心点移动到如图5-349所示的位置，接着在选项栏中设置"旋转度数"为15°，最后按Enter键应用变换，效果如图5-350所示。

图5-349　　　　　　　　图5-350

05 按Shift+Ctrl+Alt+T组合键，以中心点旋转复制该图形，如图5-351所示，然后按Ctrl+T组合键调节至合适大小，最后设置"不透明度"为35%，效果如图5-352所示。

06 设置前景色为（R:251，G:221，B:232），然后选择"画笔工具" ✍并选择一种柔边笔刷，并设置"不透明度"为90%，最后在图像中进行涂抹，效果如图5-353所示。

图5-351　　　　图5-352　　　　图5-353

07 打开光盘中的"素材文件>CH05>158-1.png"文件，然后将其拖曳到"游乐园报纸广告"操作界面中，并将新生成的图层更名为"木马"图层，接着执行"图层>图层样式>外发光"菜单命令，打开"图层样式"对话框，最后设置发光颜色为白色、"扩展"为3%、"大小"为15像素，效果如图5-354所示。

08 在"图层"面板下方单击"创建新的填充或调整图层"按钮 ●，在弹出的菜单中选择"色彩平衡"命令，然后在"属性"面板中设置"洋红绿色"为-27，最后按Alt键将调整图层创建为"木马"图层的剪贴蒙版，效果如图5-355所示。

09 打开光盘中的"素材文件>CH05>158-2.png"文件，然后将其拖曳到"游乐园报纸广告"操作界面中，并将新生成的图层更名为"剪影"图层，效果如图5-356所示。

图5-354　　　　图5-355　　　　图5-356

10 继续打开光盘中的"素材文件>CH05>158-3.jpg"文件，然后将其拖曳到"游乐园报纸广告"操作

界面中，并将新生成的图层更名为"星空 1"图层，接着设置该图层的"混合模式"为"柔光"，最后按Alt键将其创建为"剪影"图层的剪贴蒙版，效果如图5-357所示。

图5-357

11 设置前景色为（R:169，G:0，B:68），然后使用"横排文字工具" T输入文字信息，接着在选项栏中单击"创建文字变形"按钮 ⚐，打开"变形文字"对话框，最后设置"样式"为"下弧"、"弯曲"为+20，具体参数设置如图5-358所示，效果如图5-359所示。

图5-358

图5-359

12 打开光盘中的"素材文件>CH05>158-4.jpg"文件，然后将其拖曳到"游乐园报纸广告"操作界面中，并将新生成的图层更名为"星空 2"图层，接着设置该图层的"混合模式"为"明度"，最后按Alt键将其创建为文字图层的剪贴蒙版，效果如图5-360所示。

图5-360

13 设置前景色为（R:201，G:90，B:128），然后使用"横排文字工具" T. 输入文字信息，接着在选项栏中单击"创建文字变形"按钮 ，打开"变形文字"对话框，最后设置"样式"为"扇形"、"弯曲"为+45，效果如图5-361所示。

14 打开光盘中的"素材文件>CH05>158-5.psd"文件，然后将小孩图层分别拖曳到"游乐园报纸广告"操作界面中，接着依次拖放到合适的位置，效果如图5-362所示。

图5-363

图5-361　　　　　　　　　图5-362

15 选择"自定形状工具" ，然后在选项栏中设置"填充颜色"为（R:241，G:158，B:194）、"描边"为"无颜色"，单击"形状图层"按钮，接着选择"形状"中的"红心形卡"图形，如图5-363所示，最后在绘图区域中绘制出如图5-364所示的图形。

图5-364

16 按Ctrl+J组合键复制出两个形状副本图层，并调整好位置、大小和颜色，最终效果如图5-365所示。

图5-365

实战 159 房地产报纸广告

文件位置：光盘>实例文件>CH05>实战159.psd / 难易指数：★★★☆☆

PS技术点睛

● 运用"色彩平衡"、"色阶"等调整图层，统一画面色调。
● 使用"斜面和浮雕"、"颜色叠加"等图层样式制作文字金属效果。
● 添加素材文件，使整个画面主题更明确。

设计思路分析

　　本例设计的是房地产报纸广告，通过欧式建筑和雕塑的结合，体现楼盘的奢华感，画面色调统一和谐，最后结合图文排版的方式突出广告的叙事能力。

01 启动Photoshop CS6，按Ctrl+N组合键新建一个"房地产报纸广告"文件，具体参数设置如图5-366所示。

图5-366

02 打开光盘中的"素材文件>CH05>159-1.jpg和159-2.jpg"文件，然后分别拖曳到"房地产报纸广告"操作界面中，接着将新生成的图层更名为"底纹"图层和"室内"图层，最后设置"室内"图层的"混合模式"为"明度"、"不透明度"为53%，效果如图5-367所示。

03 新建一个"图层 1"，然后使用黑色"画笔工具"，接着在选项栏中选择一种柔边笔刷调节至合适大小，最后在图像中进行涂抹，效果如图5-368所示。

图5-367

图5-368

04 创建一个"色彩平衡"调整图层，然后在"属性"面板中设置"青色-红色"为+40、"黄色-蓝色"为-30，接着再创建一个"色阶"调整图层，最后在"属性"面板中设置"输入色阶"为（15，1.00，253），效果如图5-369所示。

05 打开光盘中的"素材文件>CH05>159-3.png、159-4.jpg和159-5.png"文件，然后将其拖曳到"房地产报纸广告"操作界面中，并将新生成的图层分别更名为"素材1"、"背景"和"植物"图层，效果如图5-370所示。

图5-369　　　　　　　　　　　　　　　　　图5-370

06 继续打开光盘中的"素材文件>CH05>159-6.psd"文件，然后将其拖曳到"房地产报纸广告"操作界面中，并将新生成的图层更名为"雕塑"图层，接着将其移动到"植物"图层之后，最后为该图层添加图层蒙版，使用黑色"画笔工具"在蒙版中进行涂抹，效果如图5-371所示。

07 在"图层"面板下方单击"创建新的填充或调整图层"按钮，在弹出的菜单中选择"色彩平

衡"命令，然后在"属性"面板中设置"青色-红色"为
+62、"黄色-蓝色"为-10，最后按Alt键将其创建为"雕
塑"图层的剪贴蒙版，效果如图5-372所示。

图5-371　　　　　　　　　　　　　　　　图5-372

08 设置前景色为（R:231，G:214，B:156），然后使
用"横排文字工具" T 在绘图区域中输入文字信
息，效果如图5-373所示。

09 选择"上品"文字图层，然后执行"图层>图层样
式>斜面和浮雕"菜单命令，打开"图层样式"对
话框，设置"大小"为10像素，在"图层样式"对话框中
单击"渐变叠加"样式，打开"渐变编辑器"对话框，
设置第1个色标的颜色为（R:184，G:134，B:42）、第2个
色标的颜色为（R:229，G:212，B:131），单击"投影"
样式，然后设置"角度"为-20度、"距离"为4像素、
"大小"为5像素，效果如图5-374所示。

图5-373　　　　　　　　　　　　　　　　图5-374

10 打开光盘中的"素材文件>CH05>159-7.psd"文件，然
后将所有图层分别拖曳到"房地产报纸广告"操作界
面中，最后依次拖放到合适的位置，效果如图5-375所示。

11 选择"上品"文字图层，然后按Alt键复制该图
层的"渐变叠加"图层效果到"素材 2"，如图
5-376所示，效果如图5-377所示。

12 设置前景色为（R:229，G:213，B:150），然后使
用"横排文字工具" T 在绘图区域中输入文字信
息，效果如图5-378所示。

13 选择"素材 2"图层，然后按Alt键复制该图层的
"渐变叠加"图层效果到Exclusive, beautiful life
文字图层，效果如图5-379所示。

图5-375　　　　　　　图5-376　　　　　　　图5-377

图5-378　　　　　　　　　　　　　　　　图5-379

14 选择"尊享，唯美生活"文字图层，然后执行
"图层>图层样式>斜面和浮雕"菜单命令，设
置"大小"为29像素、"角度"为90度、"高度"为
53度，在"图层样式"对话框中单击"渐变叠加"样
式，打开"渐变编辑器"对话框，设置第1个色标的
颜色为（R:184，G:134，B:42）、第2个色标的颜色为
（R:229，G:212，B:131），最后单击"投影"样式，然
后设置"角度"为-20度、
"距离"为5像素、"大
小"为15像素，最终效果如
图5-380所示。

图5-380

实战 160 有机蔬菜报纸广告

文件位置: 光盘>实例文件>CH05>实战160.psd / 难易指数: ★★★

PS技术点睛

● 添加素材文件,调整画面疏密效果。
● 运用"多边形套索工具"制作撕纸效果。
● 使用"外发光"图层样式增强字体效果。

设计思路分析

　　本例设计的是有机蔬菜报纸广告,缤纷的蔬菜合理的布满整个画面,使整个画面充满绿色生态的气息,配合文字更让图文效果达到统一,突出广告主题。

01 启动Photoshop CS6,按Ctrl+N组合键新建一个"有机蔬菜报纸广告"文件,具体参数设置图5-381所示。

图5-381

02 新建一个"图层 1",然后设置前景色为(R:228,G:241,B:226),接着按Alt+Delete组合键用前景色填充选区,效果如图5-382所示。

图5-382

03 设置前景色为(R:194,G:213,B:190),使用"横排文字工具" T. 在绘图区域中输入文字信息,效果如图5-383所示。

图5-383

04 执行"图层>图层样式>外发光"菜单命令,打开"图层样式"对话框,然后设置"扩展"为30%、"大小"为30像素,效果如图5-384所示。

图5-384

05 打开光盘中的"素材文件>CH05>160.psd"文件,然后将蔬菜图层分别拖曳到"有机蔬菜报纸广告"操作界面中,接着依次将各个图层拖放到合适的

位置并调节大小，使画面整体分布和谐，最后按Ctrl+G组合键把蔬菜相关图层编成组，效果如图5-385所示。

图5-385

技术专题 ⑪ 查看图层组内的图层和图层组

创建图层组以后，默认状态下的图层组处于折叠状态，如图5-386所示。如果要查看该图层组内的图层或图层组，可以单击图层组左侧的 ▶ 图标展开该图层组，这样该组内的所有图层或图层组都会展示出来，如图5-387所示。

图5-386　　　　　　图5-387

06 在"组 1"下方新建一个"图层 2"，然后使用"矩形选框工具" □ 绘制一个矩形选区，接着打开"渐变编辑器"对话框，设置第1个色标的颜色为（R:184，G:231，B:93）、第2个色标的颜色为（R:66，G:163，B:48），最后按照从左至右的方向为选区填充线性渐变色，效果如图5-388所示。

图5-388

07 新建一个"图层 3"，然后使用"多边形套索工具" ▽ 绘制一个选区，并使用白色填充该选区，效果如图5-389所示，接着按Ctrl+J组合键复制出一个副

本图层并将其移动到"图层 3"之后，最后按住Ctrl键单击该图层缩略图将图层载入选区并按Alt+Delete组合键用黑色填充该选区，再向上移动到如图5-390所示的位置。

图5-389

图5-390

08 执行"滤镜>模糊>高斯模糊"菜单命令，然后在弹出的"高斯模糊"对话框中设置"半径"为4像素，最后设置该图层的"不透明度"为45%，效果如图5-391所示。

图5-391

09 按Shift键同时选中"图层 3"和"图层 3副本"图层，然后按Ctrl+J组合键分别复制出一个副本图层，接着执行"编辑>变换>垂直翻转和水平翻转"菜单命令，最后将图像移动到如图5-392所示的位置。

图5-392

10 使用白色"横排文字工具" T 输入文字信息，最终效果如图5-393所示。

图5-393

第6章
海报招贴设计

PS达人　　广告设计师　　包装设计师　　插画设计师　　网页设计师

实战 **161** 圣诞主题海报

文件位置：光盘>实例文件>CH06>实战161.psd / 难易指数：★★★★

PS技术点睛

● 使用"渐变工具"制作字体的渐变效果。
● 使用"镜头光晕"制作炫光效果。
● 运用图层样式制作文字的立体效果。

设计思路分析

本例设计的是一个圣诞主题海报，深色的背景配以圣诞老人、铃铛等元素，将海报的主题表现得淋漓尽致，添加了带有特效效果的字体使整张海报显得更加完整生动。

01 启动Photoshop CS6，按Ctrl+N组合键新建一个"圣诞主题海报"文件，具体参数设置如图6-1所示。

02 使用黑色填充"背景"图层，然后按Ctrl+J组合键复制一个"图层1"，接着执行"滤镜>渲染>镜头光晕"菜单命令，打开"镜头光晕"对话框，最后将光晕拖曳到左上方，并设置"亮度"为89%，具体参数设置如图6-2所示。

图6-1

图6-2

03 设置"图层1"的"不透明度"为80%，效果如图6-3所示。

04 打开光盘中的"素材文件>CH06>161-1.jpg"文件，然后将其拖曳到当前操作界面中，接着设置该图层的"混合模式"为"线性减淡（添加）"、"不透明度"为20%，效果如图6-4所示。

图6-3

图6-4

05 打开光盘中的"素材文件>CH06>161-2.png"文件，然后将其拖曳到当前操作界面中，接着将新生成的图层命名为"星光1"图层，效果如图6-5所示。

06 打开光盘中的"素材文件>CH06>161-3.psd"文件，然后将其图层组拖曳到当前操作界面中，并调整图像的位置和大小，效果如图6-6所示。

图6-5

图6-6

07 新建一个"文字"图层组，然后使用白色"横排文字工具" T. 在图像中输入文字，效果如图6-7所示。

08 在文字图层的下方新建一个"图层2"，然后载入文字选区，接着执行"选择>修改>扩展"菜单命令，并在弹出的"扩展选区"对话框中设置"扩展量"为5像素，如图6-8所示。

图6-7

图6-8

09 保持选区状态，然后打开"渐变编辑器"对话框，接着选择系统预设的"透明彩虹渐变"，如图6-9所示，最后从左向右为选区填充使用线性渐变色，效果如图6-10所示。

图6-9　　　　　　　　　　图6-10

图6-15

因文字的大小有差异，所以在载入文字选区时无法同时载入选区，可以单独为文字制作渐变效果，完成后将两个选区的图层合并为一个图层。

10 同时选择两个文字图层，然后按Ctrl+J组合键复制出两个副本图层，接着将两个副本图层合并为"倒影"图层，最后执行"编辑>变换>垂直翻转"菜单命令，效果如图6-11所示。

11 在"图层"面板下方单击"添加图层蒙版"按钮，为该图层添加一个图层蒙版，然后使用"渐变工具"在蒙版中从下往上填充黑色到白色的线性渐变，效果如图6-12所示。

图6-11　　　　　　　　　　图6-12

12 新建一个"图层3"，然后使用"矩形选框工具"绘制一个合适的矩形选区，接着同样使用"渐变工具"从左向右填充彩虹渐变，最后按住Alt键移动并复制图像，并调整图像的大小和位置，效果如图6-13所示。

13 继续使用白色"横排文字工具"在图像下方输入其他文字信息，效果如图6-14所示。

图6-13　　　　　　　　　　图6-14

14 打开光盘中的"素材文件>CH06>161-4.png"文件，然后将其图层组拖曳到当前操作界面中，并调整图像的位置和大小，效果如图6-15所示。

15 执行"图层>图层样式>外发光"菜单命令，打开"图层样式"对话框，然后打开"渐变编辑器"对话框，设置第1个色标的颜色为（R:237，G:148，B:223）、第2个色标的颜色为（R:112，G:160，B:200）、第3个色标的颜色为（R:130，G:191，B:184）、第4个色标的颜色为（R:187，G:184，B:85）、第5个色标的颜色为（R:204，G:148，B:60）、第6个色标的颜色为（R:200，G:36，B:36），如图6-16所示，最后返回"图层样式"对话框，并设置"大小"为87像素，如图6-17所示，效果如图6-18所示。

16 打开光盘中的"素材文件>CH06>161-5.png"文件，然后将其图层组拖曳到当前操作界面中，并调整图像的位置和大小，接着按住Alt键移动并复制图像，最后执行"编辑>变换>水平翻转"菜单命令，完成后将两个图层合并为"花纹"图层，最终效果如图6-19所示。

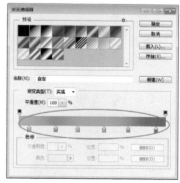

图6-16

图6-17

图6-18　　　　　　　　　　图6-19

实战 162 香水广告海报

文件位置：光盘>实例文件>CH06>实战162.psd / 难易指数：★★

PS技术点睛

● 使用"渐变工具"制作标志和背景的渐变效果。
● 使用"减淡工具"和"加深工具"绘制背景效果。
● 运用图层样式制作文字的立体效果。
● 运用调整图层来调整画面的对比度。

设计思路分析

本例设计的是一款香水广告海报，明亮的黄色是整个作品的主色调，带给人们在视觉上一种奢华高贵的感觉，添加人物和丝绸等元素将整个设计作品的主题表达出来，即表现香水这种商品带给人们的心理感受。

01 启动Photoshop CS6，按Ctrl+N组合键新建一个"香水广告海报"文件，具体参数设置如图6-20所示。

图6-20

02 选择"渐变工具" ，然后打开"渐变编辑器"对话框，接着设置第1个色标的颜色为（R:162，G:104，B:51）、第2个色标的颜色为（R:234，G:204，B:135），如图6-21所示，最后按照如图6-22所示的方向为"背景"图层填充线性渐变色。

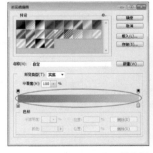

图6-21　　　　　　　图6-22

03 交替使用"减淡工具" 和"加深工具" 在图像上进行涂抹，如图6-23所示。

04 打开光盘中的"素材文件>CH06>162-1.jpg"文件，然后将其拖曳到当前操作界面中，接着设置该图层的"不透明度"为65%，效果如图6-24所示。

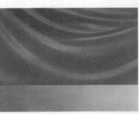

图6-23　　　　　　　　　　　　图6-24

05 在"图层"面板下方单击"创建新的填充或调整图层"按钮 ，在弹出的菜单中选择"色相/饱和度"命令，然后在"属性"面板中勾选"着色"选项，接着设置"色相"为27、"饱和度"为53，具体参数设置如图6-25所示。

图6-25

06 继续添加一个"曲线"调整图层，然后将曲线编辑成如图6-26所示的样式，效果如图6-27所示。

图6-26　　　　　　　　　　　图6-27

07 打开光盘中的"素材文件>CH06>162-2.png"文件，然后将其拖曳到当前操作界面中，接着将新生成的图层命名为"人物"图层，效果如图6-28所示。

图6-28

08 在"图层"面板下方单击"创建新的填充或调整图层"按钮，然后为其添加一个"曲线"调整图层，接着将曲线编辑成如图6-29所示的样式，完成后将调整图层创建为"人物"图层的剪贴蒙版，效果如图6-30所示。

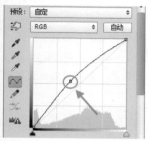

图6-29

图6-30

09 新建一个"颜色蒙版"图层，然后载入"人物"图层的选区，接着设置前景色为（R:227，G:186，B:142），最后设置该图层的"混合模式"为"正片叠底"、"不透明度"为30%，效果如图6-31所示。

10 选择"人物"图层，然后按Ctrl+J组合键复制一个副本图层，并将副本图层拖曳到"人物"图层的下方，接着执行"编辑>变换>垂直翻转"菜单命令，最后设置该图层的"不透明度"为18%，效果如图6-32所示。

图6-31

图6-32

11 在"人物"图层的下方新建一个"阴影"图层，然后使用黑色画笔在人物的下方绘制阴影，效果如图6-33所示。

图6-33

12 选择"人物"图层，然后使用"套索工具"将人物的嘴唇勾勒出来，如图6-34所示，接着按Ctrl+J组合键复制一个"嘴唇"图层，最后使用"加深工具"进行涂抹，效果如图6-35所示。

图6-34

图6-35

13 为"嘴唇"图层添加一个"色相/饱和度"命令，然后在"属性"面板中勾选"着色"选项，接着设置"色相"为357、"饱和度"为59、"明度"为8，具体参数设置如图6-36所示，完成后将调整图层创建为"嘴唇"图层的剪贴蒙版，效果如图6-37所示。

图6-36

图6-37

14 打开光盘中的"素材文件>CH06>162-3.png"文件，然后将其拖曳到当前操作界面中，接着将图像拖曳到图像的下方，效果如图6-38所示。

15 打开光盘中的"素材文件>CH06>162-4.png"文件，然后将其拖曳到当前操作界面中，接着将新生成的图层命名为"香水"图层，最后复制一个"香水副本"图层，并执行"编辑>变换>垂直翻转"菜单命令，效果如图6-39所示。

图6-38

图6-39

16 选择"香水"图层，然后执行"图层>图层样式>斜面和浮雕"菜单命令，打开"图层样式"对话框，然后设置"深度"为317%、"大小"为2像素，如图6-40所示。

17 在"图层样式"对话框中单击"外发光"样式，然后设置发光颜色为（R:253，G:164，B:36）、"扩展"为6%、"大小"为250像素，具体参数设置如图6-41所示。

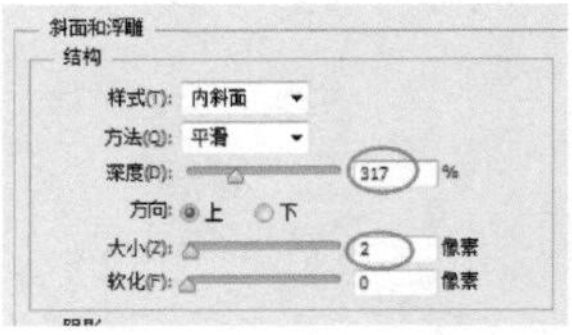

图6-40

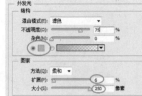

图6-41

18 在"图层样式"对话框中单击"投影"样式，然后设置"距离"为16像素、"大小"为2像素，具体参数设置如图6-42所示，效果如图6-43所示。

图6-42

图6-43

19 为"香水"图层添加一个"色相/饱和度"命令，然后在"属性"面板中勾选"着色"选项，接着设置"色相"为30、"饱和度"为25，具体参数设置如图6-44所示，完成后将调整图层创建为"香水"图层的剪贴蒙版，效果如图6-45所示。

图6-44

图6-45

20 设置前景色为（R:250，G:130，B:0），然后使用"横排文字工具" T 在图像下方输入文字信息，接着执行"图层>图层样式>斜面和浮雕"菜单命令，打开"图层样式"对话框，最后设置"大小"为25像素、"光泽等高线"为"画圆步骤"、"高光模式"为"正常"、高光不透明度为100%、阴影颜色为（R:248，G:148，B:29），如图6-46所示。

21 在"图层样式"对话框中单击"内发光"样式，然后设置发光颜色为（R:106，G:201，B:243）、"大小"为4像素，如图6-47所示。

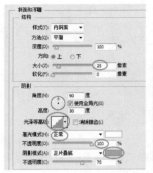

图6-46

图6-47

22 在"图层样式"对话框中单击"颜色叠加"样式，然后设置叠加颜色为（R:161，G:121，B:48），如图6-48所示。

23 在"图层样式"对话框中单击"外发光"样式，然后设置发光颜色为（R:100，G:67，B:41）、"扩展"为5%、"大小"为20像素，具体参数设置如图6-49所示。

图6-48

图6-49

24 在"图层样式"对话框中单击"投影"样式，然后设置"不透明度"为30%、"距离"为9像素、"大小"为9像素，具体参数设置如图6-50所示，效果如图6-51所示。

图6-50

图6-51

25 使用白色"横排文字工具" T 在图像下方输入其他文字信息，最终效果如图6-52所示。

图6-52

实战 163 电影海报

文件位置：光盘>实例文件>CH06>实战163.psd / 难易指数：★★★☆☆

设计思路分析

本例设计的是电影海报，整体以暖色调为主，搭配人物和优美的字体，使整张海报显得更加精致。

01 启动Photoshop CS6，按Ctrl+N组合键新建一个"电影海报设计"文件，具体参数设置如图6-53所示。

02 使用"渐变工具" 在"背景"图层中填充如图6-54所示的径向渐变色。

03 导入光盘中的"素材文件>CH06>163-1.jpg"文件，并将新生成的图层命名为"纹理"，如图6-55所示，然后设置该图层的"混合模式"为"柔光"，效果如图6-56所示。

图6-53　　　　　　　　　　　　图6-54

图6-55　　　　　　　　　　　　图6-56

04 新建一个"颜色"图层，然后使用"渐变工具" 在该图层中填充如图6-57所示的径向渐变色，接着设置该图层的"混合模式"为"颜色"、"不透明度"为60%，效果如图6-58所示。

图6-57　　　　　　　　　　　　图6-58

05 导入光盘中的"素材文件>CH06>163-2.jpg"文件，并将新生成的图层命名为"云彩"，如图6-59所示，然后设置该图层的"混合模式"为"线性加深"、"不透明度"为60%，接着为该图层添加一个图层蒙版，最后使用黑色"画笔工具" 在蒙版中涂去多余的部分，效果如图6-60所示。

图6-59

图6-60

06 导入光盘中的"素材文件>CH06>163-3.jpg"文件，并将新生成的图层命名为"远山"，如图6-61所示，然后设置该图层的"混合模式"为"线性加深"，接着为该图层添加一个图层蒙版，最后使用黑色"画笔工具"在蒙版中涂去多余的部分，效果如图6-62所示。

图6-61   图6-62

07 导入光盘中的"素材文件>CH06>163-4.jpg"文件，并将新生成的图层命名为"石桥"，如图6-63所示，然后将该图层放在"颜色"图层的下一层，接着为该图层添加一个图层蒙版，最后使用黑色"画笔工具"在蒙版中涂去多余的部分，效果如图6-64所示。

图6-63   图6-64

08 导入光盘中的"素材文件>CH06>163-5.jpg"文件，并将新生成的图层命名为"人物"，然后将

该图层放在"颜色"图层的下一层，接着为该图层添加一个图层蒙版，最后使用黑色"画笔工具"在蒙版中涂去多余的部分，效果如图6-65所示。

09 导入光盘中的"素材文件>CH06>163-6.jpg"文件，将其放在最上层，并将新生成的图层命名为"破纹理"，如图6-66所示，然后执行"选择>色彩范围"菜单命令，打开"色彩范围"对话框，接着使用"吸管工具"在图像的中间单击，再设置"颜色容差"为111，如图6-67所示，最后按Delete键删除选中的图像，效果如图6-68所示。

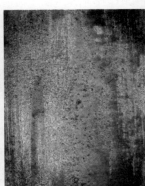

图6-65   图6-66

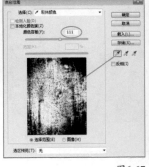

图6-67   图6-68

10 按Ctrl+I组合键将"破纹理"图层进行反相处理，效果如图6-69所示，然后执行"滤镜>渲染>光照效果"菜单命令，接着在"属性"面板中设置光源为"点光"，最后设置"纹理"为"红"通道、"高度"为100，如图6-70所示，效果如图6-71所示。

图6-69

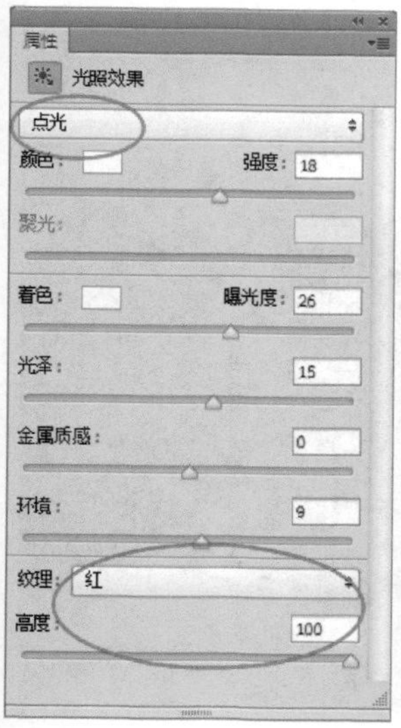

图6-70

图6-71

11 设置“破纹理”图层的“混合模式”为“叠加”、“不透明度”为40%，效果如图6-72所示。

图6-72

12 为该图层添加一个图层蒙版，最后使用黑色“画笔工具”在蒙版中涂去多余的部分，效果如图6-73所示。

图6-73

13 导入光盘中的“素材文件>CH06>163-7.png”文件，然后将其放在“颜色”图层的下方，并将新生成的图层命名为“剪影”，接着将该图层的“不透明度”设置为70%，效果如图6-74所示。

图6-74

14 导入光盘中的“素材文件>CH06>163-8.png”文件，将其放在“剪影”图层的下方，并将新生成的图层命名为“边框”，效果如图6-75所示。

图6-75

技巧与提示

制作效果时，要注意图层的摆放位置，这样才能达到最佳的效果。

15 使用“横排文字工具”在画面上输入一些文字作为装饰，最终效果如图6-76所示。

图6-76

实战 164 红酒海报

文件位置: 光盘>实例文件>CH06>实战164.psd / 难易指数: ★★★★

PS技术点睛

● 运用"画笔工具"制作阴影效果。
● 运用图层样式制作发光效果。

设计思路分析

本例设计的是一款红酒海报，以红酒为主体，搭配红色的丝带和文字，展现出该海报设计的高档与奢华。

01 导入光盘中的"素材文件>CH06>164-1.jpg"文件，效果如图6-77所示。

图6-77

02 导入光盘中的"素材文件>CH06>164-2.jpg"文件，然后为该图层添加一个图层蒙版，接着使用黑色"画笔工具" 在蒙版中涂去多余的部分，效果如图6-78所示。

图6-78

03 导入光盘中的"素材文件>CH06>164-3.png、164-4.png和164-5.png"文件，并将图像摆放到合适的位置，效果如图6-79所示。

图6-79

04 使用红色"画笔工具" 在红酒瓶的下方绘制阴影效果，效果如图6-80所示。

图6-80

05 在"红酒"图层的下方新建一个图层，然后使用黄色"画笔工具" 绘制发光效果，效果如图6-81所示。

图6-81

06 导入光盘中的"素材文件>CH06>164-6.png"文件，效果如图6-82所示。

图6-82

07 使用"横排文字工具" 在画面中输入一些文字信息，最终效果如图6-83所示。

图6-83

实战 165 蔬菜海报

文件位置：光盘>实例文件>CH06>实战165.psd / 难易指数：★★★

PS技术点睛

● 使用"渐变工具"制作渐变效果。
● 使用调整图层调整色彩的对比度。
● 运用图层样式制作文字的立体效果。

设计思路分析

　　本例设计的是一个蔬菜海报，明亮的绿色是整个设计中的主色调，添加具有蔬菜素材文件，体现出蔬菜的健康绿色。

01 启动Photoshop CS6，按Ctrl+N组合键新建一个"蔬菜海报设计"文件，具体参数设置如图6-84所示。

图6-84

02 选择"渐变工具" ，然后打开"渐变编辑器"对话框，接着设置第1个色标的颜色为（R:115，G:161，B:27）、第2个色标的颜色为白色，如图6-85所示，最后按照从上到下的方向为"背景"图层填充使用线性渐变色，效果如图6-86所示。

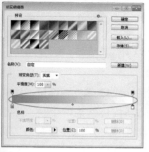

图6-85 　　　　　　　图6-86

03 导入光盘中的"素材文件>CH06>165-1.png"文件，然后设置该图层的"混合模式"为"滤色"，效果如图6-87所示。

04 导入光盘中的"素材文件>CH06>165-2.png和165-3.png"文件，并调整图像的位置，然后设置这两个图层的"混合模式"为"柔光"，效果如图6-88所示。

图6-87 　　　　　　　图6-88

05 继续导入光盘中的"素材文件>CH06>165-4.png"文件，然后按Ctrl+J组合键复制一个副本图层，效果如图6-89所示。

图6-89

06 在"图层"面板下方单击"创建新的填充或调整图层"按钮 ，然后为其添加一个"曲线"调整图层，接着将曲线编辑成如图6-90所示的样式，效果如图6-91所示。

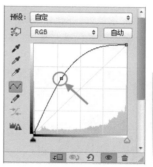

图6-90 　　　　　　　图6-91

07 继续导入光盘中的"素材文件>CH06>165-5. png"文件，然后执行"图层>图层样式>外发光"菜单命令，打开"图层样式"对话框，接着设置"不透明度"为71%、"大小"为72像素、"范围"为17%，具体参数设置如图6-92所示，效果如图6-93所示。

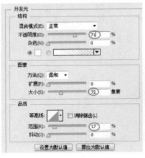

图6-92 　　　　　　　　　　　图6-93

08 新建一个图层，然后使用"钢笔工具" 绘制一个合适的路径选区，接着使用"渐变工具" 按照从左到右的方向为路径填充渐变色，效果如图6-94所示。

图6-94

09 新建一个图层，然后使用"矩形选框工具" 绘制一个合适的矩形选区，然后设置前景色为（R:112，G:158，B:26），接着按Alt+Delete组合键用前景色填充选区，最后设置该图层的"填充"为25%，效果如图6-95所示。

10 新建一个图层，然后使用相同的方法再次绘制一个矩形选区，接着设置前景色为（R:53，G:79，B:4），最后按Alt+Delete组合键用前景色填充选区，效果如图6-96所示。

图6-95 　　　　　　　　　　　图6-96

11 使用"钢笔工具" 绘制一条曲线路径，然后将光标放在路径上，当光标变成工形状时，单击设置文字插入点，接着在路径上输入文字，此时可以发现文字会沿着路径排列，如图6-97所示。

12 执行"图层>图层样式>外发光"菜单命令，打开"图层样式"对话框，接着设置"不透明度"为100%、"扩展"为20%、"大小"为20像素，具体参数设置如图6-98所示。

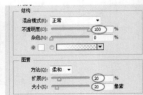

图6-97 　　　　　　　　　　　图6-98

13 在"图层样式"对话框中单击"投影"样式，然后设置"角度"为120度、"距离"为12像素、"扩展"为11%、"大小"为46像素，具体参数设置如图6-99所示，效果如图6-100所示。

图6-99 　　　　　　　　　　　图6-100

14 使用"横排文字工具" 在画面上输入一些文字作为装饰，效果如图6-101所示。

图6-101

15 新建一个图层，然后使用白色填充该图层，接着执行"图层>图层样式>描边"菜单命令，打开"图层样式"对话框，最后设置"大小"为8像素、"位置"为"内部"、"颜色"为（R:88，G:122，B:4），具体参数设置如图6-102所示，最终效果如图6-103所示。

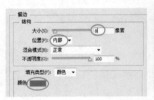

图6-102 　　　　　　　　　　　图6-103

实战 **166** 手表海报

文件位置：光盘>实例文件>CH06>实战166.psd / 难易指数：★★★★

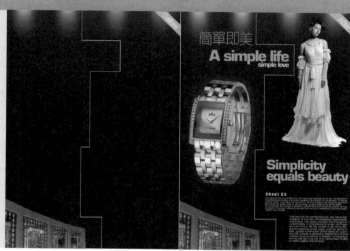

设计思路分析

　　本例设计的是手表海报，运用中间对称的排列方式，将奢华的手表与美女作为整张海报的主体，搭配暖色调，更把手表的奢华表现得淋漓尽致。

01 启动Photoshop CS6，按Ctrl+N组合键新建一个"手表海报设计"文件，具体参数设置如图6-104所示。

图6-104

02 选择"渐变工具" ，然后打开"渐变编辑器"对话框，接着设置第1个色标的颜色为（R:43，G:25，B:8）、第2个色标的颜色为黑色，如图6-105所示，最后按照从上到下的方向为"背景"图层填充使用线性渐变色，效果如图6-106所示。

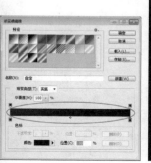

图6-105

图6-106

03 新建一个图层，然后使用"多边形套索工具" 绘制一个合适的选区，接着使用"渐变工具" 按照从右到左的方向为"选区填充使用线性渐变色，效果如图6-107所示。

04 选择"直线工具" ，然后在选项栏中设置"描边"颜色为（R:180，G:145，B:29），接着在图像中绘制出不规则的直线，效果如图6-108所示。

图6-107　　　　　　　　　　图6-108

05 导入光盘中的"素材文件>CH06>166-1.psd"文件，然后将灯光移动到图像的最上方，效果如图6-109所示。

06 导入光盘中的"素材文件>CH06>166-2.jpg"文件，然后为该图层添加一个图层蒙版，接着使用黑色"画笔工具" 在蒙版中涂去多余的部分，效果如图6-110所示。

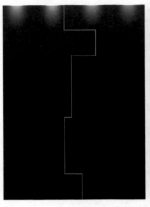
图6-109

图6-110

07 导入光盘中的"素材文件>CH06>166-3.png"文件，然后执行"图层>图层样式>投影"菜单命令，打开"图层样式"对话框，接着设置"角度"为90度、"距离"为9像素、"大小"为9像素，如图6-111所示，效果如图6-112所示。

09 执行"图层>图层样式>外发光"菜单命令，打开"图层样式"对话框，然后设置"不透明度"为10%、发光颜色为（R:254，G:181，B:27）、"扩展"为2%、"大小"为106像素，如图6-114所示，效果如图6-115所示。

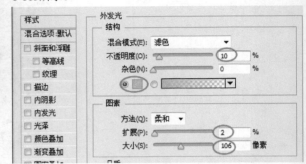
图6-114

图6-115

图6-111   图6-112

08 导入光盘中的"素材文件>CH06>166-4.png"文件，然后为该图层添加一个图层蒙版，接着使用黑色"画笔工具" 在蒙版中涂去多余的部分，效果如图6-113所示。

10 使用"横排文字工具" 在画面上输入一些文字作为装饰，效果如图6-116所示。

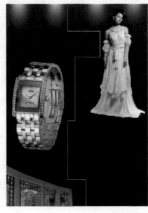
图6-113

图6-116

实战167 运动服饰海报

文件位置：光盘>实例文件>CH06>实战167.psd / 难易指数：★★☆☆☆

PS技术点睛

- 使用“渐变工具”制作渐变效果。
- 运用图层样式制作文字的立体效果。

设计思路分析

本例设计的是运动服饰海报，动感的人物搭配涂鸦背景，更彰显了运动服饰的风格，同时立体的字体效果使整个海报显得更加精致。

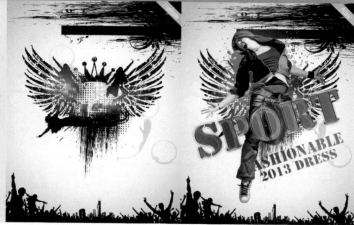

01 导入光盘中的“素材文件>CH06>167-1.jpg”文件，效果如图6-117所示。

02 导入光盘中的“素材文件>CH06>167-2.png”文件，效果如图6-118所示。

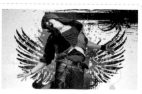

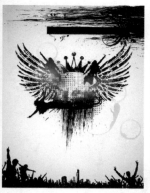

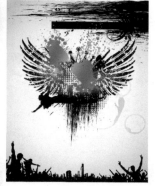

图6-117

图6-118

03 导入光盘中的“素材文件>CH06>167-3.png”文件，然后执行“图层>图层样式>外发光”菜单命令，打开“图层样式”对话框，接着设置“不透明度”为35%，再设置发光颜色为（R:252，G:125，B:42），最后设置“大小”为200像素，具体参数设置如图6-119所示。

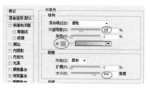

图6-119

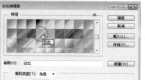

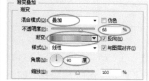

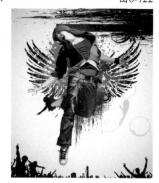

技巧与提示

这里添加“外发光”样式的目的主要是为了遮盖人像边缘的白色像素，同时也是为了美化人像边缘，如图6-120所示。

图6-120

04 在“图层样式”对话框中单击“渐变叠加”样式，单击“点按可编辑渐变”按钮，然后在弹出的“渐变编辑器”对话框中选择预设的“日出”渐变，如图6-121所示，接着在“图层样式”对话框中设置“混合模式”为“叠加”、“不透明度”为68%、“角度”为90度，具体参数设置如图6-122所示，效果如图6-123所示。

图6-121

图6-122

图6-123

在默认情况下，"日出"样式没有在"预设"框中，但是我们可以将其加载到"预设"框中进行选择。在"渐变编辑器"对话框的右上角单击 ⚙ 图标，然后在弹出的菜单中选择"杂色样本"命令，如图6-124所示，接着在弹出的对话框中单击"追加"按钮 追加(A)，这样就可以将"杂色样本"样式加载到"预设"框中，如图6-125所示。

图6-124　　　　　　　　图6-125

05 执行"图层>图层样式>斜面和浮雕"菜单命令，打开"图层样式"对话框，然后单击光泽等高线右侧的图标，接着在弹出的"等高线编辑器"对话框中将等高线编辑成如图6-126所示的形状，最后设置"样式"为"枕状浮雕"、"深度"为62%、"大小"为16像素、"高光模式"为"实色混合"、高光不透明度为50%，如图6-127所示。

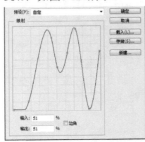
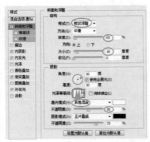

图6-126　　　　　　　　图6-127

06 在"图层样式"对话框中单击"内阴影"样式，然后单击等高线右侧的图标，接着在弹出的"等高线编辑器"对话框中将等高线编辑成如图6-128所示的形状，最后设置"混合模式"为"亮光"、"不透明度"为38%、"距离"为10像素、"大小"为46像素、"杂色"为2%，如图6-129所示。

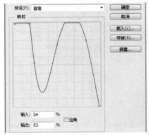
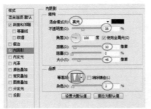

图6-128　　　　　　　　图6-129

07 在"图层样式"对话框中单击"渐变叠加"样式，然后单击"点按可编辑渐变"按钮 ▬▬▬▬▬ ，在弹出的"渐变编辑器"对话框中设置第1个色标的颜色为（R:237, G:33, B:35）、第2个色标的颜色为（R:181, G:81, B:158）、第3个色标的颜色为（R:114, G:205, B:217）、第4个色标的颜色为（R:233, G:173, B:68）、第5个色标的颜色为（R:237, G:33, B:35），如图6-130和图6-131所示。

图6-130　　　　　　　　图6-131

08 在"图层样式"对话框中单击"内发光"样式，然后设置"混合模式"为"强光"、"不透明度"为66%、"阻塞"为2%、"大小"为5像素，具体参数设置如图6-132所示。

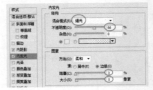

图6-132

09 在"图层样式"对话框中单击"外发光"样式，然后设置"混合模式"为"排除"、"不透明度"为74%、"大小"为21像素、"范围"为74%、"抖动"为94%，具体参数设置如图6-133所示，效果如图6-134所示。

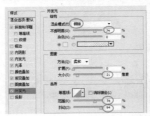

图6-133　　　　　　　　图6-134

10 使用相同的方法制作其他文字效果，最终效果如图6-135所示。

图6-135

实战 168 牛奶海报

文件位置：光盘>实例文件>CH06>实战168.psd / 难易指数：★★★

PS技术点睛
● 运用"钢笔工具"将花朵勾勒出来并进行复制。
● 运用图层样式制作文字的立体效果。

设计思路分析

本例设计的是牛奶海报，明亮的色调体现出了奶牛的生长环境，添加牛奶和牛奶质感的字体使整个海报设计更加完整。

01 启动Photoshop CS6，按Ctrl+N组合键新建一个"牛奶海报设计"文件，具体参数设置如图6-136所示。

02 导入光盘中的"素材文件>CH06>168-1.jpg"文件，效果如图6-137所示。

图6-136

图6-137

03 导入光盘中的"素材文件>CH06>168-2.png"文件，然后为该图层添加一个图层蒙版，接着使用黑色"画笔工具" ✐ 在蒙版中涂去多余的部分，效果如图6-138所示。

04 选择"背景"图层，然后使用"钢笔工具" ✐ 将图像中的花朵勾勒出来，接着按Ctrl+J组合键复制出两个副本图层，并调整好位置和大小，效果如图6-139所示。

图6-138

图6-139

05 导入光盘中的"素材文件>CH06>168-3.png"文件，效果如图6-140所示。

06 导入光盘中的"素材文件>CH06>168-4.psd"文件，然后将其移动到奶浪的上方，并将该图层组

标记为黄色，以便于区分，效果如图6-141所示。

图6-140

图6-141

技巧与提示

在"新建图层"对话框中可以设置图层的颜色，比如设置"颜色"为"黄色"，那么新建出来的图层就会被标记为黄色，这样有助于区分不同用途的图层，如图6-142所示。

图6-142

07 导入光盘中的"素材文件>CH06>168-5.png"文件，效果如图6-143所示。

08 执行"图层>图层样式>斜面和浮雕"菜单命令，打开"图层样式"对话框，然后设置"方法"为"雕刻清晰"、"深度"为200%、"大小"为3像素、"软化"为7像素、阴影不透明度为32%，具体参数设置如图6-144所示。

图6-143

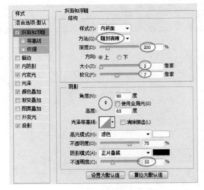

图6-144

09 在"图层样式"对话框中单击"内阴影"样式，然后设置"混合模式"为"正常"、"不透明度"为100%、"距离"为10像素、"大小"为0像素，具体参数设置如图6-145所示。

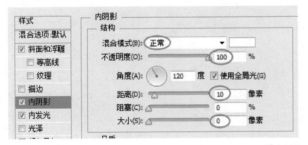

图6-145

10 在"图层样式"对话框中单击"内发光"样式，然后设置"大小"为21像素，具体参数设置如图6-146所示。

图6-146

11 在"图层样式"对话框中单击"颜色叠加"样式，然后设置叠加颜色为（R:242，G:242，B:242），具体参数设置如图6-147所示。

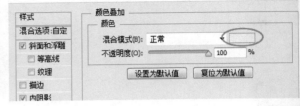

图6-147

12 在"图层样式"对话框中单击"投影"样式，然后设置"混合模式"为"正常"、投影颜色为（R:27，G:82，B:111）、"不透明度"为40%、"距离"为2像素、"大小"为20像素，具体参数设置如图6-148所示，效果如图6-149所示。

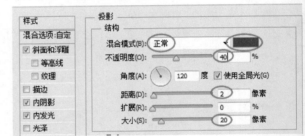

图6-148

图6-149

13 新建一个"喷溅"图层，然后使用"画笔工具"绘制出牛奶喷溅的效果，接着将文字的图层样式复制并粘贴给"喷溅"图层，最终效果如图6-150所示。

图6-150

实战 169 旅游度假海报

文件位置：光盘>实例文件>CH06>实战169.psd / 难易指数：★★★

● 运用"钢笔工具"制作白云和海鸥的基本形状。
● 使用"渐变工具"制作背景的渐变效果。
● 运用图层样式制作文字的立体效果。

设计思路分析

　　本例设计的是旅游度假海报，整体画面以轻松活泼的气氛进行设计，运用"钢笔工具"绘制装饰元素使画面显得更加生动逼真。

01 启动Photoshop CS6，按Ctrl+N组合键新建一个"旅游度假海报"文件，具体参数设置如图6-151所示。

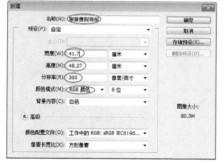

图6-151

02 选择"渐变工具" ，然后打开"渐变编辑器"对话框，接着设置第1个色标的颜色为（R:20，G:85，B:144）、第2个色标的颜色为（R:89，G:180，B:193）、第3个色标的颜色为（R:239，G:227，B:141），如图6-152所示，最后从上向下为"背景"图层填充使用线性渐变色，效果如图6-153所示。

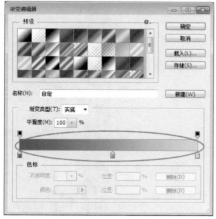

图6-152

图6-153

03 在"图层"面板下方单击"创建新的填充或调整图层"按钮 ，在弹出的菜单中选择"色相/饱和度"命令，然后在"属性"面板中设置"色相"为-7、"饱和度"为13，具体参数设置如图6-154所示，效果如图6-155所示。

图6-154

图6-155

04 导入光盘中的"素材文件>CH06>169-1.png"文件，然后设置该图层的"混合模式"为"浅色"、"不透明度"为85%，效果如图6-156所示。

图6-156

05 导入光盘中的"素材文件>CH06>169-2.psd"文件，然后调整好位置，效果如图6-157所示。

图6-157

06 新建一个图层，然后使用"钢笔工具" 绘制出白云和海鸥的轮廓，并使用白色填充路径，效果如图6-158所示。

图6-158

07 新建一个"小标题"图层，然后设置前景色为（R:251，G:201，B:65），接着使用"钢笔工具" 绘制出合适的路径，并使用前景色填充该路径，效果如图6-159所示。

图6-159

08 使用"横排文字工具" 在画面上输入一些文字，然后导入光盘中的"素材文件>CH06>169-3.png"文件，并放置到图像的左上角，最终效果如图6-160所示。

图6-160

实战 170 茶文化宣传海报

文件位置：光盘>实例文件>CH06>实战170.psd / 难易指数：★★☆☆☆

PS技术点睛

● 运用调整图层调整画面的对比度。
● 使用"移动工具"调整各个元素之间的位置。

设计思路分析

本例设计的是茶文化宣传海报，整个海报以茶文化为主题，搭配水墨元素，增强了整个海报的视觉效果。

01 导入光盘中的"素材文件>CH06>170-1.jpg"文件，效果如图6-161所示。

图6-161

02 在"图层"面板下方单击"创建新的填充或调整图层"按钮 ，然后为其添加一个"曲线"调整图层，接着将曲线编辑成如图6-162所示的样式，效果如图6-163所示。

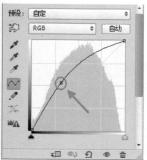

图6-162

图6-163

03 导入光盘中的"素材文件>CH06>170-2.png和170-3.psd"文件，效果如图6-164所示。

图6-164

04 选择茶壶所在的图层，然后在"图层"面板下方单击"创建新的填充或调整图层"按钮 ，然后为其添加一个"曲线"调整图层，接着将曲线编辑成如图6-165所示的样式，效果如图6-166所示。

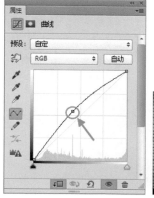

图6-165

图6-166

05 为海报添加水墨元素，并将其摆放到合适的位置，最终效果如图6-167所示。

图6-167

技巧与提示

素材位置："素材文件>CH06>170-4.png和170-5.png"

实战 171 房地产宣传海报

文件位置：光盘>实例文件>CH06>实战171.psd / 难易指数：★★★☆☆

PS技术点睛
● 运用调整图层调整画面的对比度。
● 添加素材，使画面更加完整。

设计思路分析

本例设计的是房地产宣传海报，以宁静的气氛凸显出了环境的舒适，添加标志和文字使整个作品显得更加精致。

01 导入光盘中的"素材文件>CH06>171-1.jpg"文件，效果如图6-168所示。

02 导入光盘中的"素材文件>CH06>171-2.psd"文件，然后将图像移动到中部，效果如图6-169所示。

图6-168　　　　　　　　　图6-169

03 导入光盘中的"素材文件>CH06>171-3.png"文件，然后调整好位置和大小，效果如图6-170所示。

图6-170

04 导入光盘中的"素材文件>CH06>171-4.png"文件，然后设置该图层的"填充"为80%，效果如图6-171所示。

05 导入光盘中的"素材文件>CH06>174-5.png"文件，然后为该图层添加一个图层蒙版，接着使用黑色"画笔工具" 在蒙版中涂去多余的部分，效果如图6-172所示。

图6-171　　　　　　　　　图6-172

06 在"图层"面板下方单击"创建新的填充或调整图层"按钮，然后为其添加一个"色相/饱和度"调整图层，接着设置"色相"为5、"饱和度"为11，如图6-173所示，完成后将该调整图层创建为"人物"图层的剪贴蒙版。

07 继续为其添加一个"亮度/对比度"调整图层，然后设置"亮度"为-3、"对比度"为-12，如图6-174所示，完成后将该调整图层创建为"人物"图层的剪贴蒙版，效果如图6-175所示。

图6-173

图6-178

图6-174

图6-175

10 新建一个"线条"图层，然后单击"工具箱"中的"画笔工具"按钮，接着在选项栏中设置"大小"为7像素、"硬度"为100%、"不透明度"为100%，如图6-179所示，最后切换到"路径"面板，单击该面板下面的"用画笔描边路径"按钮，效果如图6-180所示。

08 新建一个"翅膀"图层，然后结合"钢笔工具"和"渐变工具"绘制出翅膀，接着执行"图层>图层样式>外发光"菜单命令，打开"图层样式"对话框，最后设置发光颜色为（R:255，G:255，B:190）、"大小"为59像素，如图6-176所示，效果如图6-177所示。

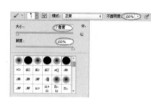

图6-179

图6-180

11 导入光盘中的"素材文件>CH06>174-6.png"文件，然后为图像添加一个星光特效，效果如图6-181所示。

12 使用"横排文字工具"在画面上输入一些文字信息，最终效果如图6-182所示。

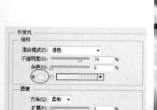

图6-176

图6-177

09 新建一个"翅膀深色"图层，然后使用"钢笔工具"绘制出翅膀的外轮廓，并使用合适的颜色进行填充，完成后将该图层创建为"翅膀"图层的剪贴蒙版，效果如图6-178所示。

图6-181

图6-182

实战 172 MP3播放器海报

文件位置：光盘>实例文件>CH06>实战172.psd / 难易指数：★★★★☆

PS技术点睛
- 使用"图层蒙版"制作背景的渐变效果。
- 运用图层样式制作文字的立体效果。

设计思路分析

　　本例设计的是MP3播放器海报，整个作品以海洋的氛围进行展示，给人带来眼前一亮的视觉效果，添加音乐符号等元素，更凸显了播放器的功能性。

01 导入光盘中的"素材文件>CH06>172-1.jpg"文件，效果如图6-183所示。

02 导入光盘中的"素材文件>CH06>172-2.png"文件，然后将其移动到画面的右下角，效果如图6-184所示。

03 导入光盘中的"素材文件>CH06>172-3.png"文件，如图6-185所示，然后按Ctrl+J组合键复制一个副本图层，接着执行"编辑>变换>垂直翻转"菜单命令，最后设置副本图层的"不透明度"为50%，效果如图6-186所示。

04 导入光盘中的"素材文件>CH06>172-4.psd"文件，然后调整位置和大小，效果如图6-187所示。

05 导入光盘中的"素材文件>CH06>172-5.jpg"文件，然后为该图层添加一个图层蒙版，接着使用黑色"画笔工具" 在蒙版中涂去多余的部分，效果如图6-188所示。

图6-183

图6-184

图6-185

图6-186　　　　图6-187　　　　图6-188

06 分别导入光盘中的"素材文件>CH06>172-6.png、172-7.png和172-8.png"文件，然后调整位置和大小，效果如图6-189所示。

07 导入光盘中的"素材文件>CH06>172-9.psd"文件，并将人物移动到图像的右侧，然后新建一个"颜色蒙版"图层，接着使用"矩形选框工具" 在人物的上方绘制一个合适的矩形选区，如图6-190所示。

图6-189

图6-190

08 设置前景色为（R:0, G:67, B:89），然后按Alt+Delete组合键使用前景色填充选区，接着为该图层添加一个图层蒙版，并使用黑色填充蒙版，最后使用白色"画笔工具" 在蒙版中进行涂抹，效果如图6-191所示。

09 导入光盘中的"素材文件>CH06>172-10.png"文件，然后将其移动到人物的下方，效果如图6-192所示。

图6-191

图6-192

10 使用"横排文字工具" 在画面上输入一些文字信息，最终效果如图6-193所示。

图6-193

> **技巧与提示**
>
> 装饰素材位置："素材文件>CH06>172-11.png"。

实战 **173** 护肤品海报

文件位置：光盘>实例文件>CH06>实战173.psd / 难易指数：★★★☆☆

设计思路分析

　　本例设计的是护肤品海报，作品以黑色背景为主色调，体现出高贵奢华的特质，添加具有金属质感的文字以及素材，使护肤品的特征表现得淋漓尽致。

01 新建一个文档，然后使用黑色填充背景图层，接着新建一个"光斑"图层，最后使用"画笔工具" ✍ 在图像中绘制出星光的效果，如图6-194所示。

图像的大小，如图6-198所示。

图6-194

02 导入光盘中的"素材文件>CH06>173-1.png"文件，效果如图6-195所示。

03 导入光盘中的"素材文件>CH06>173-2.png"文件，然后将图像移动到画面的左侧，以增加分割的视觉效果，如图6-196所示。

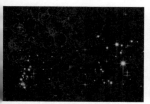

图6-195　　　　　　　图6-196

04 导入光盘中的"素材文件>CH06>173-3.jpg"文件，然后为该图层添加一个图层蒙版，接着使用黑色"画笔工具" ✍ 在蒙版中涂去多余的部分，效果如图6-197所示。

05 导入光盘中的"素材文件>CH06>173-4.png"文件，然后将图像移动到画面的右下角，并调整好

图6-197　　　　　　　图6-198

06 新建一个图层，然后使用"矩形选框工具" ▢ 绘制一个合适的矩形选区，接着使用"白色到透明渐变"按照从上到下的方向为选区填充使用线性渐变，效果如图6-199所示。

07 按Ctrl+J组合键复制一个副本图层，然后按Ctrl+T组合键进入自由变换状态，接着按住Shift键向左上方拖曳定界框的右下角的角控制点，将其比例缩小到如图6-200所示的大小。

图6-199　　　　　　　图6-200

变换状态，然后操作定界框上的边控制点或角控制点，如图6-201所示。

定界框　边控制点　角控制点

图6-201

在"编辑>变换"菜单下包含有缩放、旋转和翻转等命令，其功能是对所选图层或选区内的图像进行缩放、旋转或翻转等操作，而自由变换其实也是变换中的一种，按Ctrl+T组合键可以使所选图层或选区内的图像进入自由变换状态。

在进入自由变换状态以后，Ctrl键、Shift键和Alt键这3个快捷键将经常一起搭配使用。

1.在没有按住任何快捷键的情况下

鼠标左键拖曳定界框4个角上的控制点，可以形成以对角不变的自由矩形方式变换，也可以反向拖曳形成翻转变换。

鼠标左键拖曳定界框边上的控制点，可以形成以对边不变的等高或等宽的自由变形。

鼠标左键在定界框外拖曳可以自由旋转图像，精确至0.1°，也可以直接在选项栏中定义旋转角度。

2.按住Shift键

鼠标左键拖曳定界框4个角上的控制点，可以等比例放大或缩小图像，也可以反向拖曳形成翻转变换。

鼠标左键在定界框外拖曳可以以15°为单位顺时针或逆时针旋转图像。

3.按住Ctrl键

鼠标左键拖曳定界框4个角上的控制点，可以形成以对角为直角的自由四边形方式变换。

鼠标左键拖曳定界框边上的控制点时，可以形成以对边不变的自由平行四边形方式变换。

4.按住Alt键

鼠标左键拖曳定界框4个角上的控制点，可以形成以中心对称的自由矩形方式变换。

鼠标左键拖曳定界框边上的控制点，可以形成以中心对称的等高或等宽的自由矩形方式变换。

5.按住Shift+Ctrl组合键

鼠标左键拖曳定界框4个角上的控制点，可以形成以对角为直角的直角梯形方式变换。

鼠标左键拖曳定界框边上的控制点，可以形成以对边不变的等高或等宽的自由平行四边形方式变换。

6.按住Ctrl+Alt组合键

鼠标左键拖曳定界框4个角上的控制点，可以形成以相邻两角位置不变的中心对称自由平行四边形方式变换。

鼠标左键拖曳定界框边上的控制点，可以形成以相邻两边位置不变的中心对称自由平行四边形方式变换。

7.按住Shift+Alt组合键

鼠标左键拖曳定界框4个角上的控制点，可以形成以中心对称的等比例放大或缩小的矩形方式变换。

鼠标左键拖曳定界框边上的控制点，可以形成以中心对称的对边不变的矩形方式变换。

8.按下Shift+Ctrl+Alt组合键

鼠标左键拖曳定界框4个角上的控制点，可以形成以等腰梯形、三角形或相对等腰三角形方式变换。

鼠标左键拖曳定界框边上的控制点，可以形成以中心对称等高或等宽的自由平行四边形方式变换。

通过以上8种快捷键或组合键的介绍可以得出一个规律：Ctrl键可以使变换更加自由；Shift键只要用来控制方向、旋转角度和等比例缩放；Alt键主要用来控制中心对称。

08 使用"横排文字工具" 在画面上输入一些文字信息，然后执行"图层>图层样式>投影"菜单命令，打开"图层样式"对话框，接着设置投影颜色为（R:63，G:3，B:55）、"距离"为4像素、"大小"为6像素，如图6-202所示，效果如图6-203所示。

图6-202　　　　　　　　　　　图6-203

09 选择"植物精华•天然养护"文字图层，然后在"图层样式"对话框中单击"渐变叠加"样式，单击"点按可编辑渐变"按钮 ，接着在弹出的"渐变编辑器"对话框中设置第1个色标的颜色为（R:248，G:244，B:197）、第2个色标的颜色为白色，如图6-204和图6-205所示，效果如图6-206所示。

10 使用"横排文字工具" 在画面上输入一些其他文字信息，最终效果如图6-207所示。

图6-204　　　　　　　　　　　图6-205

图6-206　　　　　　　　　　　图6-207

实战 **174** 啤酒海报

文件位置：光盘>实例文件>CH06>实战174.psd / 难易指数：★★☆☆☆

设计思路分析

　　本例设计的是一个啤酒海报，将文字进行排版，运用鲜明的色彩和背景进行对比，制作出简洁的画面效果。

01 导入光盘中的"素材文件>CH06>174-1.jpg"文件，效果如图6-208所示。

02 新建一个图层，然后使用黑色填充该图层，接着为该图层添加一个图层蒙版，最后使用"渐变工具" ▣ 在蒙版中从下往上填充黑色到白色的线性渐变，如图6-209所示。

图6-210　　　　　　　　　　　　　图6-211

图6-208　　　　　　　　图6-209

03 新建一个"图层2"，然后使用黑色填充该图层，接着设置该图层的"混合模式"为"柔光"、"不透明度"为92%，效果如图6-210所示。

04 导入光盘中的"素材文件>CH06>174-2.jpg"文件，然后为该图层添加一个图层蒙版，接着使用黑色"画笔工具" ▨ 在蒙版中涂去多余的部分，效果如图6-211所示。

05 导入光盘中的"素材文件>CH06>174-3.png"文件，然后将图像移动到画面的下方，效果如图6-212所示。

图6-212

06 载入"啤酒"图层的选区，然后新建一个"啤酒1"图层，并使用黑色填充选区，接着设置该图层的"混合模式"为"柔光"、"不透明度"为81%，最后为该图层添加一个图层蒙版，再使用黑色"画笔工具" ▨ 在蒙版

中涂去多余的部分，效果如
图6-213所示。

图6-213

07 再次载入"啤酒"图层的选区，然后新建一个"啤
酒2"图层，接着设置前景色为（R:55, G:59, B:9），
并按Alt+Delete组合键使用前景色填充选区，最后设置该图
层的"混合模式"为"柔光"，效果如图6-214所示。

图6-214

08 新建4个图层，然后结合"画笔工具" ☑ 和图层蒙
版绘制出不同的高光效果，效果如图6-215所示。

图6-215

09 导入光盘中的"素材文件>CH06>174-4.png"文件，然
后将图像移动到画面的下方，效果如图6-216所示。

图6-216

10 使用"横排文字工具" Ⓣ 在画面上输入文字信
息，最终效果如图6-217所示。

图6-217

实战 175 女装促销宣传海报

文件位置：光盘>实例文件>CH06>实战175.psd / 难易指数：★★★★

PS技术点睛

- 运用图层样式制作文字的立体效果。
- 调整图层的混合模式和不透明度制作发光效果。

设计思路分析

本例设计的是一款女装促销宣传海报，通过调整背景，统一画面色调，制作出简洁丰富的视觉效果，强调了整体的艺术氛围。

01 导入光盘中的"素材文件>CH06>175-1.jpg"文件，效果如图6-218所示。

02 使用"横排文字工具" T.在画面上输入一些文字信息，然后执行"图层>图层样式>描边"菜单命令，打开"图层样式"对话框，接着设置"位置"为"内部"、"颜色"为白色，如图6-219所示。

图6-218

图6-219

03 在"图层样式"对话框中单击"内阴影"样式，然后设置"不透明度"为12%、"角度"为-90度、"距离"为3像素、"阻塞"为18%、"大小"为9像素，如图6-220所示。

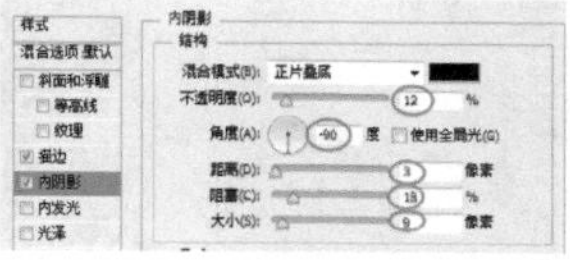

图6-220

04 在"图层样式"对话框中单击"外发光"样式，然后设置"混合模式"为"正常"、"不透明度"为100%、发光颜色为（R:197，G:238，B:255）、"大小"为

70像素，如图6-221所示，效果如图6-222所示。

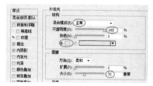

图6-221

图6-222

05 按Ctrl+J组合键复制一个文字副本图层，然后设置"混合模式"为"叠加"、"不透明度"为60%，效果如图6-223所示。

06 导入光盘中的"素材文件>CH06>175-2.png"文件，效果如图6-224所示。

图6-223

图6-224

07 使用"横排文字工具" T 在画面上输入一些标题文字，然后执行"图层>图层样式>内阴影"菜单命令，打开"图层样式"对话框，接着设置"混合模式"为"正常"、阴影颜色为白色、"不透明度"为100%、"角度"为-90度、"距离"为5像素、"大小"为0像素，如图6-225所示。

图6-225

08 在"图层样式"对话框中单击"渐变叠加"样式，单击"点按可编辑渐变"按钮 ，接着在弹出的"渐变编辑器"对话框中编辑出一种金属的渐变色，如图6-226和图6-227所示。

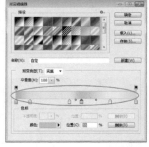

图6-226   图6-227

09 在"图层样式"对话框中单击"投影"样式，然后设置"不透明度"为56%、"距离"为26像素、"大小"为1像素，如图6-228所示，效果如图6-229所示。

图6-228

图6-229

10 新建一个"图层3"，然后使用"多边形套索工具" 绘制一个合适的选区，并使用黑色填充选区，效果如图6-230所示。

图6-230

11 按Ctrl+J组合键复制一个副本图层，然后将该副本图层移动到"图层3"的下方，接着执行"图层>图层样式>描边"菜单命令，打开"图层样式"对话框，最后设置"位置"为"内部"、"混合模式"为"叠加"、"颜色"为白色，如图6-231所示。

12 在"图层样式"对话框中单击"内阴影"样式，然后设置"不透明度"为12%、"角度"为-90度、"距离"为3像素、"阻塞"为18%、"大小"为0像素，如图6-232所示。

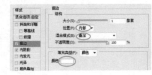

图6-231   图6-232

13 在"图层样式"对话框中单击"外发光"样式，然后设置"混合模式"为"叠加"、"不透明度"为100%、发光颜色为（R:255, G:229, B:56）、"扩展"为19%、"大小"为250像素，如图6-233所示，接着设置该图层的"混合模式"为"叠加"，效果如图6-234所示。

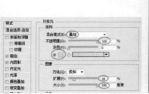

图6-233   图6-234

14 导入光盘中的"素材文件>CH06>175-3.psd"文件，然后调整好位置和大小，效果如图6-235所示。

15 使用白色"横排文字工具" T 在画面上输入一些标题文字，最终效果如图6-236所示。

图6-235   图6-236

实战 176 音乐会交流海报

文件位置：光盘>实例文件>CH06>实战176.psd / 难易指数：★★

PS技术点睛
● 使用"渐变工具"制作背景渐变效果。
● 运用图层样式制作文字的立体效果。

设计思路分析

本例设计的是一款音乐会交流海报，运用大量的音乐器材与名胜古迹搭配在一起，以此表达音乐没有界限的含义。

01 启动Photoshop CS6，按Ctrl+N组合键新建一个"音乐会交流海报"文件，具体参数设置如图6-237所示。

图6-237

02 选择"渐变工具"，然后打开"渐变编辑器"对话框，接着设置第1个色标的颜色为（R:204，G:234，B:238）、第2个色标的颜色为白色，如图6-238所示，最后按照从上到下的方向为"背景"图层填充使用线性渐变色，效果如图6-239所示。

图6-238　　　　　　　　图6-239

03 依次导入光盘中的"素材文件>CH06>176-1.png、176-2.png、176-3.png、176-4.png"文件，效果如图6-240所示。

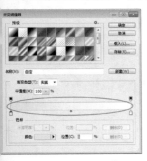

图6-240

04 使用"横排文字工具"在画面上输入一些文字信息，然后执行"图层>图层样式>斜面和浮雕"菜单命令，打开"图层样式"对话框，接着设置"深度"为150%、"大小"为15像素、高光不透明度为100%、阴影颜色为（R:127，G:151，B:254）、阴影不透明度为100%，如图6-241所示。

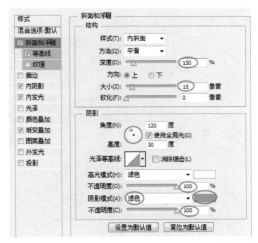

图6-241

05 在"图层样式"对话框中单击"内阴影"样式，然后设置阴影颜色为（R:1，G:24，B:121）、"不透明度"为60%、"距离"为7像素、"大小"为9像素，如图6-242所示。

图6-242

06 在"图层样式"对话框中单击"内发光"样式，然后设置"混合模式"为"变暗"、"不透明度"为100%、发光颜色为（R:2，G:127，B:255）、"大小"为43像素，如图6-243所示。

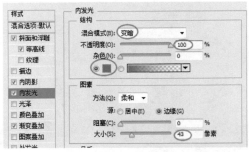

图6-243

07 在"图层样式"对话框中单击"渐变叠加"样式，然后单击"点按可编辑渐变"按钮 ▐▐ ，接着在弹出的"渐变编辑器"对话框中设置第1个色标的颜色为（R:0，G:43，B:182）、第2个色标的颜色为（R:78，G:186，B:255）、第3个色标的颜色为（R:135，G:197，B:254），如图6-244所示，最后返回到"图层样式"对话框中设置"角度"为-25度，如图6-245所示，效果如图6-246所示。

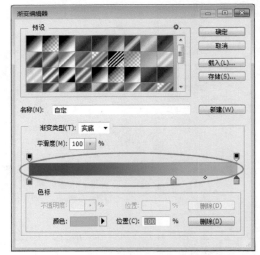

图6-244

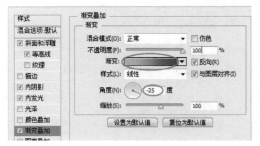

图6-245

图6-246

08 选择顶层文字图层，然后将文字栅格化，接着执行"编辑>自由变换"菜单命令，最后在选项栏中选择"在自由变换和变形模式之间切换"按钮 ，调整文字的扭曲程度，以达到最佳的视觉效果，如图6-247所示。

图6-247

09 使用"横排文字工具" T 在画面上输入一些装饰文字，然后适当地调整文字的大小和方向，最终效果如图6-248所示。

图6-248

实战 177 汽车海报

文件位置：光盘>实例文件>CH06>实战177.psd / 难易指数：★★★

PS技术点睛

● 运用调整图层调整画面的色彩。
● 使用图层蒙版制作合成效果。
● 运用图层样式制作立体效果。

设计思路分析

　　本例设计的是一款汽车海报，结合图层蒙版和调整图层，运用图层样式制作出立体效果，添加汽车等素材更突出了整个设计作品的庄重。

01 导入光盘中的"素材文件>CH06>177-1.jpg"文件，效果如图6-249所示。

图6-249

02 在"图层"面板下方单击"创建新的填充或调整图层"按钮 ◐，在弹出的菜单中选择"亮度/对比度"命令，然后在"属性"面板中设置"亮度"为33、"对比度"为29，具体参数设置如图6-250所示，效果如图6-251所示。

图6-250　　　　　　　　　图6-251

03 导入光盘中的"素材文件>CH06>177-2.png"文件，然后为该图层添加一个图层蒙版，接着使用黑色"画笔工具" ☑ 在蒙版中涂去多余的部分，最后设置该图层的"混合模式"为"颜色减淡"、"不透明度"为20%，效果如图6-252所示。

04 按Ctrl+J组合键复制一个副本图层，然后移动到图像的左侧，接着删除副本图层原有的蒙版，并为该图层添加一个新的图层蒙版，最后使用黑色"画笔工具" ☑ 在蒙版中涂去多余的部分，效果如图6-253所示。

图6-252　　　　　　　　　图6-253

05 依次导入光盘中的"素材文件>CH06>177-3.png、177-4.png、177-5.png"文件，然后将图像移动到合适的位置，效果如图6-254所示。

06 导入光盘中的"素材文件>CH06>177-6.psd"文件，然后选择"局部"图层组，接着执行"图层>图层样式>描边"菜单命令，打开"图层样式"对话框，最后设置"大小"为4像素、"位置"为"内部"、

"颜色"为白色，如图6-255所示，效果如图6-256所示。

07 导入光盘中的"素材文件>CH06>177-7.png"文件，然后按Ctrl+J组合键复制一个副本图层，并调整好位置和大小，效果如图6-257所示。

图6-254 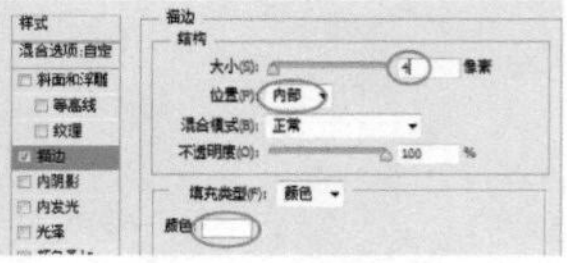　　　　　　　　　　图6-255

图6-256　　　　　　　　　　图6-257

08 选择"圆角矩形工具" ，然后在选项栏中设置绘图模式为"形状"、描边颜色为白色、形状描边宽度为"2.06点"、"半径"为50像素，如图6-258所示。

图6-258

09 选择形状图层，执行"图层>图层样式>斜面和浮雕"菜单命令，打开"图层样式"对话框，然后设置"大小"为27像素、"软化"为8像素、"角度"为90度、"高度"为67度、高光不透明度为100%、阴影不透明度为0%，如图6-259所示。

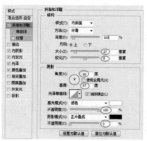

图6-259

10 在"图层样式"对话框中单击"内阴影"样式，然后设置阴影颜色为（R:152, G:152, B:152）、"不透明度"为25%、"角度"为90度、"距离"为27像素、"阻塞"为25%、"大小"为53像素，如图6-260所示。

11 在"图层样式"对话框中单击"内发光"样式，然后设置"不透明度"为50%、阴影颜色为（R:154，G:154，B:154）、"大小"为14像素，如图6-261所示。

图6-260　　　　　　　　　　图6-261

12 在"图层样式"对话框中单击"光泽"样式，然后设置"混合模式"为"叠加"、效果颜色为白色、"不透明度"为100%、"角度"为90度、"距离"为92像素、"大小"为92像素、"等高线"为"环形"，如图6-262所示。

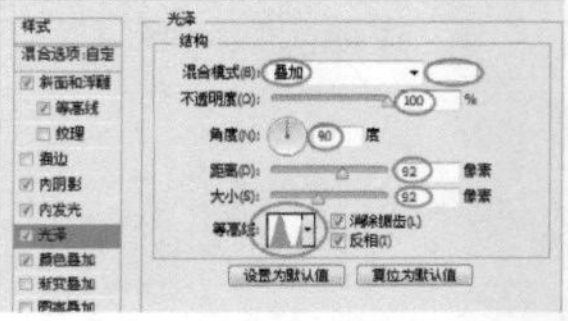

图6-262

13 在"图层样式"对话框中单击"颜色叠加"样式，然后设置叠加颜色为（R:247, G:247, B:247），如图6-263所示，局部放大效果如图6-264所示。

图6-263 　　　　　　　　　　图6-264

14 使用"横排文字工具" 在画面上输入文字信息，然后适当地调整文字的大小，最终效果如图6-265所示。

图6-265

实战 178 巧克力海报

文件位置：光盘>实例文件>CH06>实战178.psd / 难易指数：★★ ☆☆☆

PS技术点睛

● 使用图层蒙版制作合成效果。
● 运用图层样式制作文字的立体效果。

设计思路分析

本例设计的是一款巧克力海报，运用图层蒙版制作女性独有的亮丽色调，并结合矢量元素让画面更为活跃，使其赏心悦目更加突出广告主题。

01 导入光盘中的"素材文件>CH06>178-1.jpg"文件，效果如图6-266所示。

02 导入光盘中的"素材文件>CH06>178-2.jpg"文件，然后设置该图层的"混合模式"为"颜色减淡"，效果如图6-267所示。

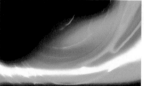

图6-266　　　　　　　　　　图6-267

03 按Ctrl+J组合键复制一个副本图层，然后将"混合模式"更改为"正常"，接着使用"多边形套索工具" ☑ 将局部勾勒出来，效果如图6-268所示。

04 在"图层"面板下方单击"添加图层蒙版"按钮 ◙ ，为该副本图层添加一个图层蒙版，接着使用黑色的"画笔工具" ☑ 在蒙版中涂去多余的部分，效果如图6-269所示。

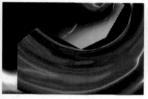
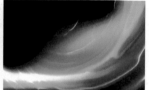

图6-268　　　　　　　　　　图6-269

05 依次导入光盘中的"素材文件>CH06>178-3.png、178-4.png、178-5.png、178-6.png、178-7.png"文件，然后分别将图像移动到合适的位置，效果如图6-270所示。

06 新建一个"光线"图层组，然后设置前景色为（R:222，G:210，B:155），接着选择"画笔工具" ☑ ，并在选项栏中设置"大小"为1像素、"硬度"为

100%，最后按照如图6-271所示的方向进行绘制。

图6-270　　　　　　　　　　图6-271

07 执行"图层>图层样式>外发光"菜单命令，打开"图层样式"对话框，然后设置"不透明度"为45%，再设置发光颜色为（R:255，G:156，B:0），最后设置"扩展"为12%、"大小"为41像素，具体参数设置如图6-272所示，效果如图6-273所示。

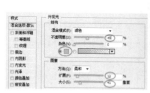

图6-272　　　　　　　　　　图6-273

08 按Ctrl+J组合键复制出多个副本图层，然后调整好光线的位置，最终效果如图6-274所示。

图6-274

技巧与提示

复制图像时，也可以按住Alt键的同时拖曳图像，即可完成复制图像的命令。

实战 179 家电海报

文件位置：光盘>实例文件>CH06>实战179.psd / 难易指数：★★★

PS技术点睛

● 使用"渐变工具"制作背景的渐变效果。
● 运用"钢笔工具"制作装饰元素的基本形状。

设计思路分析

　　本例设计的是一款家电海报，明亮的黄色是整个作品中的主色调，添加素材文件使整个画面更加活跃，同时立体的字体效果使整个作品显得更加精致。

01 启动Photoshop CS6，按Ctrl+N组合键新建一个"家电海报设计"文件，具体参数设置如图6-275所示。

02 设置前景色为（R:246，G:197，B:13），然后按Alt+Delete组合键使用前景色填充"背景"图层，效果如图6-276所示。

图6-275

图6-276

03 新建一个"图层1"，然后使用"钢笔工具" 绘制一个合适的路径，并使用白色填充该路径，如图6-277所示，接着设置"图层1"的"混合模式"为"正片叠底"、"不透明度"为62%，效果如图6-278所示。

04 按Ctrl+J组合键复制一个副本图层，然后执行"编辑>变换>水平翻转"菜单命令，效果如图6-279所示。

图6-277

图6-278

图6-279

05 新建一个图层，然后使用"矩形选框工具" 绘制一个大小合适的矩形选区，接着在"渐变编辑器"对话框中设置一个白色到黑色的渐变色，最后按照如图6-280所示的方向为选区填充径向渐变色。

06 设置该图层的"混合模式"为"正片叠底"、"不透明度"为14%，效果如图6-281所示。

07 导入光盘中的"素材文件>CH06>179-1.png"文件，效果如图6-282所示。

图6-280　　　　　　图6-281　　　　　　图6-282

08 导入光盘中的"素材文件>CH06>179-2.psd"文件，然后选择"花纹1"图层，设置该图层的"混合模式"为"滤色"，效果如图6-283所示。

09 导入光盘中的"素材文件>CH06>179-3.psd"文件，然后调整好位置和大小，效果如图6-284所示。

图6-283　　　　　　　　　图6-284

10 导入光盘中的"素材文件>CH06>179-4.png"文件，然后将图像移动到左下角，效果如图6-285所示。

11 使用"横排文字工具" 在画面上输入文字信息，然后适当地调整文字的大小和方向，最终效果如图6-286所示。

图6-285　　　　　　　　　图6-286

实战 180 音乐狂欢节海报

文件位置：光盘>实例文件>CH06>实战180.psd / 难易指数：★★★★

PS技术点睛

● 使用"渐变工具"制作背景的渐变效果。
● 运用调整图层调整画面的色彩。

设计思路分析

　　本例设计的是一款音乐狂欢节海报，运用人物配合广告语的应用，制作出整体的和谐感，搭配整洁的文字排列体现出一种复古而又时尚的感觉，达到了图文统一的效果。

01 导入光盘中的"素材文件>CH06>180-1.jpg"文件，效果如图6-287所示。

02 新建一个"图层"，然后打开"渐变编辑器"对话框，接着选择系统预设的"前景色到透明渐变"，如图6-288所示，最后按照从上到下的方向为图层填充线性渐变色。

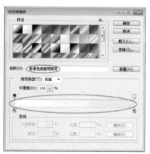

图6-287　　　　　　　　图6-288

03 在"图层"面板下方单击"添加图层蒙版"按钮 ，为"图层"添加一个图层蒙版，然后使用"渐变工具" 在蒙版中从下往上填充黑色到白色的线性渐变，接着设置该图层的"混合模式"为"叠加"，效果如图6-289所示。

图6-289

04 新建一个图层，然后使用白色"画笔工具" （设置"不透明度"为20%）绘制出光的效果，接着设置该图层的"混合模式"为"叠加"、"不透明度"为50%，效果如图6-290所示。

图6-290

05 导入光盘中的"素材文件>CH06>180-2.png"文件，然后设置该图层的"混合模式"为"叠加"、"不透明度"为80%，接着执行"图层>图层样式>外发光"菜单命令，打开"图层样式"对话框，最后设置"混合模式"为"亮光"、"大小"为27像素，如图6-291所示，效果如图6-292所示。

图6-291　　　　　　　　图6-292

06 导入光盘中的"素材文件>CH06>180-3.png"文件，然后将图像移动到画面的右上角，效果如图6-293所示。

07 新建一个图层，然后使用黑色"画笔工具" ☑ 在画面的边缘处进行涂抹，接着设置该图层的"混合模式"为"变暗"，效果如图6-294所示。

图6-293　　　　　　　　　　图6-294

08 在"图层"面板下方单击"创建新的填充或调整图层"按钮 ◯.，在弹出的菜单中选择"色相/饱和度"命令，然后在"属性"面板中设置"色相"为-3、"饱和度"为24、"明度"为-5，具体参数设置如图6-295所示，效果如图6-296所示。

图6-295　　　　　　　　　　图6-296

09 使用"横排文字工具" ⊤ 在画面上输入文字信息，效果如图6-297所示。

图6-297

10 选择"画笔工具" ☑，然后按住Shift键绘制出3条直线作为分割线，效果如图6-298所示。

图6-298

11 选择"自定义形状工具" ⬟，然后在选项栏中设置绘图模式为"形状"、填充颜色为白色、"形状"为"拼贴2"，如图6-299所示，效果如图6-300所示。

图6-299

图6-300

技巧与提示 ✎

　　此处绘制图像，可以直接复制，也可以直接使用"自定义形状工具" ⬟ 进行绘制多个。

12 选择"矩形工具" ▭，然后在选项栏中设置绘图模式为"形状"、描边颜色为白色、形状描边宽度为"1点"、描边类型为虚线，如图6-301所示，最终效果如图6-302所示。

图6-301

图6-302

第7章
杂志广告设计

地产杂志广告/312页　　游戏网站杂志广告/321页　　食品杂志广告/324页　　手机杂志广告/328页　　运动鞋杂志广告设计/336页

钻石杂志广告/338页　　音乐节杂志广告/342页　　数码产品广告/344页　　儿童杂志广告/349页　　网站杂志广告/350页

PS达人　　广告设计师　　包装设计师　　插画设计师　　网页设计师

实战 181 封面杂志广告

文件位置：光盘>实例文件>CH07>实战181.psd / 难易指数：★★★☆☆

PS技术点睛

● 运用调整图层调整画面的色彩。
● 结合"渐变工具"和图层蒙版制作人物渐变效果。
● 运用图层样式制作文字的立体效果。

设计思路分析

本例设计的是一款封面杂志广告，以人物为主体，巧妙地使用图层蒙版制作出人物绚丽的头发色彩，添加文字信息，并添加适合的图层样式，使封面效果更加突出。

01 导入光盘中的"素材文件>CH07>181-1.jpg"文件，如图7-1所示。

图7-1

02 新建一个"曲线"调整图层，然后在"属性"面板中将曲线调节成如图7-2所示的形状，接着使用黑色"画笔工具"在该调整图层的蒙版中涂去头发以外的部分，效果如图7-3所示。

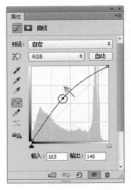

图7-2

图7-3

03 新建一个"图层1"，然后使用"渐变工具"制作一个橙黄色到红色的渐变效果，如图7-4所示。

04 为"图层1"添加一个图层蒙版，然后用黑色填充蒙版，接着使用白色"画笔工具"在头发区域仔细涂抹（注意，发根的颜色为本来的颜色），接着设置该图层的"混合模式"为"柔光"，效果如图7-5所示。

图7-4   图7-5

> **技巧与提示**
>
> 在为图像的局部更改颜色时，可以使用纯色或者渐变颜色图层配合相应的混合模式来进行制作。

05 在最上层新建一个"杂志"图层组，然后使用"横排文字工具"（选择一种较细的字体）在图像顶部输入STUDIO，如图7-6所示。

06 设置文字图层的"不透明度"为31%，然后为其添加一个图层蒙版，接着使用黑色"画笔工

具"涂去挡住头发的部分，如图7-7所示。

图7-6

图7-9

08 继续使用"横排文字工具"在版面上输入其他的文字信息，如图7-10所示。

图7-10

09 导入光盘中的"素材文件>CH07>181-2.jpg"文件，然后将其放在版面的左下角作为条形码，最终效果如图7-11所示。

图7-7

07 执行"图层>图层样式>投影"菜单命令，打开"图层样式"对话框，然后设置"混合模式"为"正常"、阴影颜色为深蓝色（R:0，G:11，B:45）、"不透明度"为100%，接着设置"角度"为119度、"距离"为11像素，如图7-8所示，效果如图7-9所示。

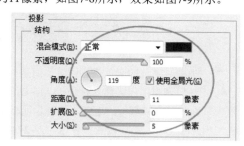

图7-8

图7-11

技巧与提示

注意，这里的条形码只作为装饰使用，不具备任何商业意义。

实战 182 地产杂志广告

文件位置: 光盘>实例文件>CH07>实战182.psd / 难易指数: ★★★☆☆

PS技术点睛
● 运用调整图层调整画面的色彩。
● 运用图层蒙版使画面合成更加逼真。
● 运用"图层样式"制作文字的立体效果。

设计思路分析
　　本例设计的是地产杂志广告，运用两种不同场景的结合，配合人物和草地，使其与画面完美地结合，体现出地产杂志广告的设计感。

01 打开光盘中的"素材文件>CH07>182-1.jpg"文件，如图7-12所示。

图7-12

02 新建一个"浮岛"图层组，然后导入光盘中的"素材文件>CH07>182-2.jpg"文件，并将新生成的图层命名为"岩石"，接着执行"编辑>变换>垂直翻转"菜单命令，效果如图7-13所示。

图7-13

03 为岩石副本添加一个图层蒙版，然后使用黑色"画笔工具" 在蒙版中涂去多余的部分，效果如图7-14所示。

图7-14

04 导入光盘中的"素材文件>CH07>182-3.jpg"文件，然后为其添加一个图层蒙版，接着使用黑色"画笔工具" 在蒙版中涂去多余的部分，如图7-15所示。

图7-15

05 下面对草地的颜色进行调整。创建一个"可选颜色"调整图层，然后按Ctrl+Alt+G组合键将其设置为草地的剪贴蒙版，接着在"属性"面板中设置"颜色"为"红色"，最后设置"青色"为-27%、"洋红"为-31%、"黄色"为-29%，如图7-16所示；设置"颜色"为"黄色",然后设置"青色"为-100%、"洋红"为-100%、"黄色"为100%,如图7-17所示;设置"颜色"为"绿色",然后设置"青色"为-72%、"洋红"为-100%、"黄色"为100%,如图7-18所示,效果如图7-19所示。

图7-16   图7-17

图7-18   图7-19

06 下面调整画面的整体亮度。创建一个"曲线"调整图层,然后在"属性"面板中将曲线调节成如图7-20所示的形状,效果如图7-21所示。

图7-20   图7-21

07 导入光盘中的"素材文件>CH07>182-4.jpg"文件,然后为其添加一个图层蒙版,接着使用黑色"画笔工具" 在蒙版中涂去多余的部分,效果如图7-22所示,最后设置其"混合模式"为"滤色",效果如图7-23所示。

图7-22

图7-23

08 导入光盘中的"素材文件>CH07>182-5.png和182-6.png"文件,然后将其放在合适的位置,效果如图7-24所示。

图7-24

09 使用"横排文字工具" 在图像中输入相应的文字信息,最终效果如图7-25所示。

图7-25

实战 **183** 唇膏杂志广告

文件位置：光盘>实例文件>CH07>实战183.psd / 难易指数：★★★

PS技术点睛

● 运用图层蒙版使人物更加贴合画面。
● 使用图层样式使唇膏更加立体化，并为其添加合适的阴影效果。
● 使用"画笔工具"制作光斑效果。

设计思路分析

　　本例设计的是唇膏杂志广告，运用图层样式制作立体效果，通过图层蒙版的局部调整让素材结合更加自然，结合"钢笔工具"和"画笔工具"使整个画面效果更加丰富，使整体效果更加突出。

01 启动Photoshop CS6，按Ctrl+N组合键新建一个"唇膏杂志广告"文件，具体参数设置如图7-26所示。

02 设置前景色为红色（R:228，G:106，B:140），然后按Alt+Delete组合键用前景色填充"背景"图层，效果如图7-27所示。

图7-26　　　　　　　　　　图7-27

03 新建一个"花朵"图层组，然后导入光盘中的"素材文件>CH07>183-1.png"文件，接着使用"移动工具" ▶⊞ 将其拖曳到图像的左侧并调整好其大小和位置，如图7-28所示。

04 导入光盘中的"素材文件>CH07>183-2.png"文件，然后将其放在图像的右侧，接着设置该图层的"混合模式"为"滤色"，效果如图7-29所示。

图7-28　　　　　　　　　　图7-29

05 导入光盘中的"素材文件>CH07>183-3.png"文件，然后设置该图层的"不透明度"为50%，接着按Ctrl+J组合键复制两个副本图层，并暂时隐藏这两个副本图层，如图7-30所示，最后设置"花朵3"图层的"混合模式"为"叠加"，效果如图7-31所示。

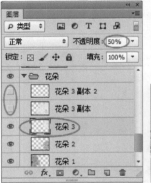

图7-30　　　　　　　　　　图7-31

06 显示并选择"花朵3副本"图层，然后按Ctrl+T组合键调整图像的大小，接着设置该图层的"混合模式"为"柔光"，效果如图7-32所示。

图7-32

07 显示并选择"花朵3副本2"图层，然后调整图像的大小和位置，接着设置该图层的"混合模式"

为"变亮",效果如图7-33所示。

08 选择"花朵3副本"图层,然后按Ctrl+J组合键复制出一个"花朵3副本3"图层,接着将其移动到图像的左下角,效果如图7-34所示。

图7-33　　　　　　　　　　　　　图7-34

09 新建一个"渐变条"图层,然后使用"矩形选框工具" 在图像的下方绘制一个矩形选区,接着打开"渐变编辑器"对话框,设置第1个色标的颜色为(R:186,G:31,B:158)、第2个色标的颜色为(R:55,G:72,B:194),如图7-35所示,最后从左向右为选区填充使用线性渐变色,效果如图7-36所示。

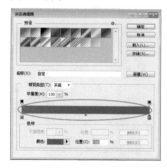

图7-35

图7-36

10 在"图层"面板下方单击"添加图层蒙版"按钮 ,为该图层添加一个图层蒙版,然后使用"渐变工具" 在蒙版中从左往右填充黑色到白色的线性渐变,接着设置该图层的"混合模式"为"线性加深",效果如图7-37所示。

图7-37

11 导入光盘中的"素材文件>CH07>183-4.png"文件,然后为该图层添加一个图层蒙版,接着使用黑色"画笔工具" 在人物的边缘处进行涂抹,效果如图7-38所示。

图7-38

12 导入光盘中的"素材文件>CH07>183-5.png"文件,然后使用"移动工具" 将其拖曳到图像的下方,接着为该图层添加一个图层蒙版,并使用黑色"画笔工具" 在人物的脸部进行涂抹,效果如图7-39所示。

图7-39

13 导入光盘中的"素材文件>CH07>183-6.png"文件,然后使用"移动工具" 将其拖曳到图像的右侧,效果如图7-40所示。

图7-40

14 执行"图层>图层样式>投影"菜单命令,打开"图层样式"对话框,然后设置"角度"为120度、"距离"为17像素、"大小"为40像素,具体参数设置如图7-41所示,效果如图7-42所示。

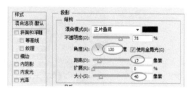

图7-41

图7-42

15 使用"画笔工具"✐绘制两条不规则的曲线，然后为该图层添加一个图层蒙版，并使用黑色"画笔工具"✐在蒙版中进行涂抹，效果如图7-43所示。

图7-43

16 执行"图层>图层样式>外发光"菜单命令，打开"图层样式"对话框，然后设置"大小"为9像素，如图7-44所示，效果如图7-45所示。

图7-44

图7-45

17 新建一个"文字"图层组，然后设置前景色为（R:255，G:247，B:147），接着使用"横排文字工具"Ⓣ在画面中输入一些文字信息，效果如图7-46所示。

图7-46

18 按Ctrl+J组合键复制若干个副本图层，然后调整文字的大小和位置，效果如图7-47所示。

图7-47

19 继续使用"横排文字工具"Ⓣ在画面中输入一些其他文字信息，效果如图7-48所示。

图7-48

实战 184 风景杂志广告

文件位置：光盘>实例文件>CH07>实战184.psd / 难易指数：★★★☆☆

PS技术点睛

● 使用调整图层调整画面的整体色彩。
● 调整文字的大小，使画面更加完整。

设计思路分析

本例设计的是一款风景杂志广告，以风景照片为主体，并使用"画笔工具"绘制出光特效，更加强调了整体的艺术氛围。

01 打开光盘中的"素材文件>CH07>184-1.jpg"文件，如图7-49所示。

图7-49

02 创建一个"可选颜色"调整图层，然后在"属性"面板中设置"颜色"为"黄色"，接着设置"洋红"为13%，如图7-50所示；设置"颜色"为"蓝色"，然后设置"青色"为70%、"洋红"为61%、"黄色"为70%，如图7-51所示；设置"颜色"为"黑色"，然后设置"黑色"为13%，如图7-52所示，效果如图7-53所示。

03 再次创建一个"可选颜色"调整图层，然后在"属性"面板中设置"颜色"为"红色"，然后设置"青色"为30%、"洋红"为-32%，如图7-54所示；设置"颜色"为"黄色"，然后设置"青色"为97%、"洋红"为-15%、"黄色"为-36%，如图7-55所示，接着使用黑色"画笔工具" 在该调整图层的蒙版中涂去植物以外的部分，效果如图7-56所示。

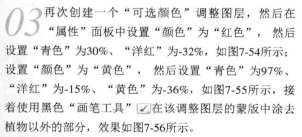

图7-52

图7-53

图7-50

图7-51

图7-54

图7-55

图7-56

04 创建一个"曲线"调整图层，然后在"属性"面板中将曲线调节成如图7-57所示的形状，接着使用黑色"画笔工具"  在该调整图层的蒙版中涂去最亮的天空以外的部分，效果如图7-58所示。

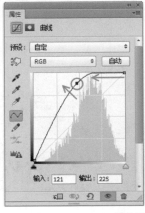

图7-57　　　　　　图7-58

05 继续创建一个"曲线"调整图层，然后在"属性"面板中将曲线调节成如图7-59所示的形状，接着使用黑色"画笔工具"  在该调整图层的蒙版中涂去4个边角区域，效果如图7-60所示。

图7-59　　　　　　图7-60

06 创建一个"照片滤镜"调整图层，然后在"属性"面板中勾选"颜色"选项，接着设置颜色为（R:172、G:122、B:51）、"浓度"为91%，如图7-61所示，效果如图7-62所示。

图7-61

图7-62

07 创建一个"曲线"调整图层，然后在"属性"面板中将曲线调节成如图7-63所示的形状，接着使用黑色"画笔工具"  在该调整图层的蒙版中涂去中间部分，效果如图7-64所示。

图7-63　　　　　　图7-64

08 导入光盘中的"素材文件>CH07>184-2.png"文件，然后将其放在最亮的天空下作为光线特效，如图7-65所示。

图7-65

09 使用"横排文字工具"  在风景照的左下角输入相应的文字信息，最终效果如图7-66所示。

图7-66

实战 185 果汁杂志广告

文件位置：光盘>实例文件>CH07>实战185.psd / 难易指数 ★★★

PS技术点睛

● 运用图层样式制作画面的立体感。
● 运用调整图层调整画面的对比度。
● 运用文字工具添加合适的文字信息。

设计思路分析

本例设计的是一款果汁杂志广告，以不同形态的水果来体现果汁的主要特色，通过添加不同素材使整个画面更加完美。

01 打开光盘中的"素材文件>CH07>185-1.jpg"文件，如图7-67所示。

02 导入光盘中的"素材文件>CH07>185-2.jpg"文件，然后将其放在底部的水纹上，接着设置该图层的"混合模式"为"正片叠底"，最后为该图层添加一个图层蒙版，并使用黑色"画笔工具" 进行涂抹，效果如图7-68所示。

图7-67　　　　　　　　　图7-68

03 导入光盘中的"素材文件>CH07>185-3.psd"文件，然后将该图层组拖曳到"背景"图层的上方，效果如图7-69所示。

04 导入光盘中的"素材文件>CH07>185-4.png"文件，然后将新生成的图层命名为"灯光"图层，接着设置该图层的"混合模式"为"滤色"，效果如图7-70所示。

05 导入光盘中的"素材文件>CH07>185-5jpg"文件，然后设置该图层的"混合模式"为"滤

色"，效果如图7-71所示。

图7-69　　　　　　　　　图7-70

图7-71

06 导入光盘中的"素材文件>CH07>185-6.png"文件，效果如图7-72所示，然后将新生成的图层命名为"饮料"图层，接着添加一个"外发光"样式，最

后设置"不透明度"为70%，如图7-73所示。

图7-72 图7-73

07 在"图层样式"对话框中单击"投影"样式，然后设置"不透明度"为100%、"距离"为7像素、"大小"为0像素，如图7-74所示，效果如图7-75所示。

图7-74 图7-75

08 导入光盘中的"素材文件>CH07>185-7.png"文件，然后使用黑色"画笔工具" ![] 进行涂抹，效果如图7-76所示。

09 导入光盘中的"素材文件>CH07>185-8.png"文件，然后将新生成的图层命名为"水果"，接着将该图层拖曳到"饮料"图层的下方，效果如图7-77所示。

图7-76 图7-77

10 新建一个"光斑"图层，然后使用"画笔工具" ![] 在画面中绘制光斑效果，并为该图层添加外发光效果，效果如图7-78所示。

图7-78

11 在最上层新建一个"色相/饱和度"调整图层，然后在"属性"面板中设置"饱和度"为12，如图7-79所示，效果如图7-80所示。

图7-79 图7-80

12 新建一个"文字"图层组，然后设置前景色为（R:237，G:31，B:35），接着使用"横排文字工具" ![T] 在画面中输入英文字母，最后分别为文字图层添加蒙版，并使用黑色"画笔工具" ![] 在蒙版中进行涂抹，效果如图7-81所示。

13 使用白色"横排文字工具" ![T] 在画面中输入广告信息，最终效果如图7-82所示。

图7-81 图7-82

技巧与提示

在实际工作中，创意合成并没有这么简单，这个实例只是让大家掌握创意合成的流程与相关技巧。

实战 186 游戏网站杂志广告

文件位置：光盘>实例文件>CH07>实战186.psd / 难易指数：★★★

● 运用通道对人物进行抠像处理。
● 运用图层样式制作蝴蝶翅膀的立体感。

设计思路分析

　　本例设计的是一款游戏网站杂志广告，因顾客群体大多为特定群体，所以以梦幻星空搭配人物来表现出游戏的特征。

01 打开光盘中的"素材文件>CH07>186-1.jpg"文件，如图7-83所示。

02 下面合成人像。导入光盘中的"素材文件>CH07>186-2.jpg"文件，然后调整好其大小和位置，如图7-84所示。

图7-83　　　　　　　　　　图7-84

03 切换到"通道"面板，然后复制一个"蓝副本"通道，按Ctrl+M组合键打开"色阶"对话框，具体参数设置如图7-85所示，效果如图7-86所示。

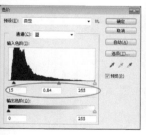

图7-85　　　　　　　　　　图7-86

04 选择"画笔工具" ，设置前景色为白色，然后在人像上涂抹，接着将背景的黑色部分涂抹成白色，最后执行"图像>调整>反向"菜单命令，效果如图7-87所示。

05 按住Ctrl键单击"蓝副本"通道的缩略图，载入该通道的选区，然后按Shift+Ctrl+I组合键反向选择选区，如图7-88所示。

图7-87　　　　　　　　　　图7-88

06 隐藏"蓝副本"通道，并显示RGB通道，然后切换到"图层"面板，接着按Ctrl+J组合键将选区内的图像复制到一个新的"人像"图层中，最后隐藏图层，效果如图7-89所示。

图7-89

07 打开光盘中的"素材文件>CH07>186-3.jpg"文件，然后使用"魔棒工具" 选择蝴蝶，如图7-90所示，接着使用"移动工具" 将选区内的图像拖曳到当前文档中，如图7-91所示。

08 使用"矩形选框工具" 框选蝴蝶的一半，然后按Ctrl+J组合键将选区内的图像复制到一个新的"翅膀1"图层中，接着按Ctrl+U组合键打开"色相/饱和度"对话框，并设置"色相"为126，如图7-92所示，再按Ctrl+T组合键进入自由变换状态，最后将其调整成如图7-93所示的效果。

图7-90 图7-91

图7-92 图7-93

09 执行"图层>图层样式>外发光"菜单命令，打开"图层样式"对话框，然后设置"不透明度"为39%、发光颜色为绿色（R:161，G:255，B:78），接着设置"大小"为59像素，如图7-94所示。

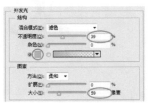

图7-94

10 在"图层样式"对话框中单击"内发光"样式，然后设置"不透明度"为20%、发光颜色为绿色（R:147，G:232，B:106），接着设置"源"为"边缘"、"大小"为40像素，如图7-95所示，效果如图7-96所示。

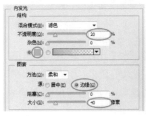

图7-95 图7-96

11 按Ctrl+J组合键将"翅膀1"图层复制一层，并将复制出来的图层命名为"翅膀2"，接着执行"编辑>变换>水平翻转"菜单命令，效果如图7-97所示。

12 下面合成光效。导入光盘中的"素材文件>CH07>186-4.jpg"文件，并将新生成的图层命名为"光效"，然后设置其"混合模式"为"滤色"，效果如图7-98所示。

图7-97 图7-98

13 为"光效"图层添加一个图层蒙版，然后使用黑色"画笔工具" 在蒙版中涂去多余的光效，完成后的效果如图7-99所示。

14 下面制作光斑特效。选择"画笔工具" ，然后按F5键打开"画笔"面板，接着选择一种柔角笔刷，并设置"大小"为30像素、"间距"为38%，如图7-100所示；单击"形状动态"选项，然后设置"大小抖动"为100%，如图7-101所示；单击"散布"选项，然后关闭"两轴"选项，接着设置"散布"为1000%、"数量"为1、"数量抖动"为20%，具体参数设置如图7-102所示。

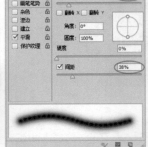

图7-99 图7-100

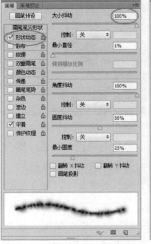

图7-101 图7-102

15 新建一个"光斑"图层，然后使用设置好的"画笔工具" ☑ 在图像上绘制一些光斑，如图7-103所示。

图7-103

16 执行"图层>图层样式>外发光"菜单命令，打开"图层样式"样式，然后设置"不透明度"为29%、发光颜色为白色，接着设置"大小"为18像素，如图7-104所示。

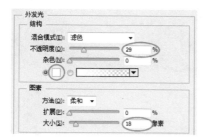

图7-104

17 在"图层样式"对话框中单击"渐变叠加"样式，然后设置"渐变"为Photoshop预设的"橙，黄，橙渐变"，接着设置"角度"为-155度，如图7-105所示，效果如图7-106所示。

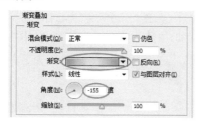

图7-105

图7-106

18 导入光盘中的"素材文件>CH07>186-5.png"文件，并将新生成的图层命名为"飞鸽"，然后设置其"不透明度"为60%，接着按Ctrl+J组合键复制一个副本图层，并移动到合适的位置，效果如图7-107所示。

图7-107

19 导入光盘中的"素材文件>CH07>186-6.psd"文件，然后将该图层组移动到图像的下方，如图7-108所示。

图7-108

20 导入光盘中的"素材文件>CH07>186-7.jpg"文件，并将新生成的图层命名为"星球"，然后设置其"混合模式"为"滤色"、"不透明度"为80%，效果如图7-109所示。

图7-109

21 使用"横排文字工具" ⊤ 及图层样式在图像的左侧制作一些特效文字来装饰画面，最终效果如图7-110所示。

图7-110

实战 187 食品杂志广告

文件位置：光盘>实例文件>CH07>实战187.psd／难易指数：★★★★☆

01 导入光盘中的"素材文件>CH07>187-1.jpg"文件，效果如图7-111所示。

02 导入光盘中的"素材文件>CH07>187-2.jpg"文件，然后设置该图层的"混合模式"为"正片叠底"，接着按Ctrl+J组合键复制一个副本图层，效果如图7-112所示。

图7-111

图7-112

03 导入光盘中的"素材文件>CH07>187-3.png"文件，效果如图7-113所示。

图7-113

04 导入光盘中的"素材文件>CH07>187-4.png"文件，然后将"生菜"图层移动到"食物"图层的下方，接着执行"图层>图层样式>内阴影"菜单命令，打开"图层样式"对话框，最后设置"混合模式"为"叠加"、阴影颜色为白色、"不透明度"为80%、"距离"为5像素、"大小"为25像素，如图7-114所示。

图7-114

05 在"图层样式"对话框中单击"投影"样式，然后设置"不透明度"为45%、"距离"为15像素、"大小"为35像素，如图7-115所示，效果如图7-116所示。

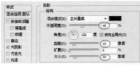
图7-115

图7-116

06 在"图层"面板下方单击"创建新的填充或调整图层"按钮，在弹出的菜单中选择"色相/饱和度"命令，然后在"属性"面板中设置"饱和度"为20，如图7-117所示，效果如图7-118所示。

图7-117

图7-118

07 导入光盘中的"素材文件>CH07>187-5.psd"文件，然后调整好图层的位置，效果如图7-119所示。

图7-119

08 导入光盘中的"素材文件>CH07>187-6.png"文件，然后执行"图层>图层样式>投影"菜单命令，打开"图层样式"对话框，接着设置"不透明度"为35%、"距离"为40像素、"大小"为12像素，如图7-120所示，效果如图7-121所示。

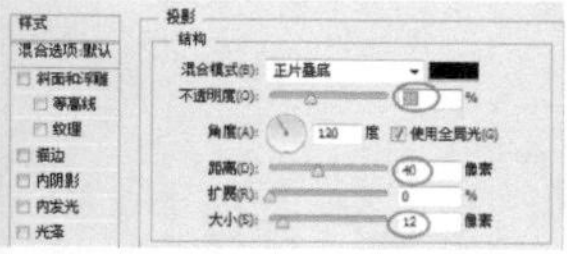

图7-120 　　　　　　　　　图7-121

09 新建一个图层，然后使用"钢笔工具" ✐ 绘制一个合适的路径，接着设置前景色为（R:111，G:20，B:62），并使用前景色填充该路径，最后使用"横排文字工具" Ⓣ 在画面上输入文字信息，效果如图7-122所示。

图7-122

10 继续使用"横排文字工具" Ⓣ 在画面上输入文字信息，然后执行"图层>图层样式>投影"菜单命令，打开"图层样式"对话框，接着设置"距离"为2像素，如图7-123所示，效果如图7-124所示。

图7-123 　　　　　　　　　图7-124

11 设置前景色为（R:9，G:51，B:0），然后使用"横排文字工具" Ⓣ 在画面上输入文字信息，接着调整好方向和大小，效果如图7-125所示。

图7-125

12 导入光盘中的"素材文件>CH07>187-7.png"文件，如图7-126所示，然后使用"椭圆工具" ⬭ 在图像的左下角绘制一个白色的圆形，效果如图7-127所示。

图7-126　　　　　　　　　图7-127

13 确定当前图层是形状图层，然后执行"图层>图层样式>渐变叠加"菜单命令，接着单击"点按可编辑渐变"按钮，在弹出的"渐变编辑器"对话框中设置第1个色标的颜色为（R:1，G:40，B:3）、第2个色标的颜色为（R:82，G:89，B:6），如图7-128所示，最后返回图层样式对话框中设置"缩放"为150%，如图7-129所示。

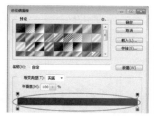 

图7-128　　　　　　　　　图7-129

14 在"图层样式"对话框中单击"外发光"样式，然后设置"混合模式"为"叠加"、"不透明度"为35%、"大小"为44像素，如图7-130所示，效果如图7-131所示。

图7-130　　　　　　　　　图7-131

15 使用"横排文字工具" Ⓣ 在左下角输入文字信息，最终效果如图7-132所示。

图7-132

实战 188 唯美风景杂志广告

文件位置：光盘>实例文件>CH07>实战188.psd / 难易指数：★★★★☆

PS技术点睛

● 运用调整图层调整画面的对比度。
● 运用图层蒙版使画面更加生动逼真。
● 使用文字工具添加合适的字体。

设计思路分析

本例设计的是唯美风景杂志广告，作品主要以较大的颜色反差使读者产生兴趣，搭配适合的文字信息使作品更加完整。

---

01 打开光盘中的"素材文件>CH07>188.jpg"文件，如图7-133所示。

02 执行"图像>模式>Lab颜色"菜单命令，将图像转换为Lab颜色模式，然后在"通道"面板中选择a通道，按Ctrl+A组合键全选通道图像，接着按Ctrl+C组合键复制通道图像，如图7-134所示，再选择b通道，按Ctrl+V组合键将复制的通道图像粘贴到b通道中，如图7-135所示，最后显示出Lab复合通道，效果如图7-136所示。

03 创建一个"色彩平衡"调整图层，然后在"属性"面板中设置"绿色-洋红"为-47、"蓝色-黄色"为-50，如图7-137所示，效果如图7-138所示。

图7-137　　　　　　　　　　　　　　图7-138

04 使用黑色"画笔工具"在"色彩平衡"调整图层的蒙版中涂去人像区域，如图7-139所示，效果如图7-140所示。

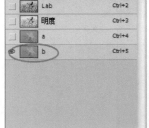

图7-133　　　　　　　　　　　图7-134

图7-135　　　　　　　　　　　图7-136

图7-139　　　　　　　　　　　　　图7-140

05 按Ctrl+J组合键将"色彩平衡"调整图层复制一层,然后在"属性"面板中单击"复位到调整默认值"按钮 ,接着设置"色调"为"阴影",最后设置"绿色-洋红"为-65、"蓝色-黄色"为-64,如图7-141所示,效果如图7-142所示。

图7-141　　　　　　　　　图7-142

06 继续按Ctrl+J组合键将"色彩平衡"调整图层复制一层,然后在"属性"面板中单击"复位到调整默认值"按钮 ,接着设置"色调"为"高光",再设置"绿色-洋红"为-58、"蓝色-黄色"为-11,如图7-143所示,最后使用黑色"画笔工具" 在蒙版中涂去多余的高光区域,完成后的效果如图7-144所示。

图7-143　　　　　　　　　图7-144

07 创建一个"色相/饱和度"调整图层,然后在"属性"面板中选择"青色"通道,接着设置"色相"为53,如图7-145所示,效果如图7-146所示,最后使用黑色"画笔工具" 在蒙版中涂去草地以外的区域,完成后的效果如图7-147所示。

图7-145

图7-146　　　　　　　　　图7-147

08 创建一个"曲线"调整图层,然后在"属性"面板中将曲线调节成如图7-148所示的形状,效果如图7-149所示。

图7-148　　　　　　　　　图7-149

09 使用黑色"画笔工具" 在"曲线"调整图层的蒙版中进行涂抹,以形成暗角效果,如图7-150所示,效果如图7-151所示。

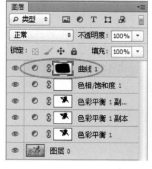

图7-150　　　　　　　　　图7-151

10 使用"裁剪工具" 将画布向右扩展一段距离,如图7-152所示,然后使用"横排文字工具" 在扩展的区域输入一些装饰文字,最终效果如图7-153所示。

图7-152　　　　　　　　　图7-153

实战 189 手机杂志广告

文件位置：光盘>实例文件>C1807>实战189.psd / 难易指数：★★★★☆

设计思路分析

　　本例设计的是一款手机杂志广告，以手机为主体搭配一些科技元素，以此来体现手机的智能程度，重点体现出商品的特征。

01　启动Photoshop CS6，执行"文件>新建"菜单命令或按Ctrl+N组合键新建一个"手机广告设计"文件，具体参数设置如图7-154所示。

图7-154

02　选择"渐变工具" ▣，然后打开"渐变编辑器"对话框，接着设置第1个色标的颜色为白色、第2个色标的颜色为（R:142，G:142，B:142），如图7-155所示，最后为"背景"图层填充使用径向渐变色，效果如图7-156所示。

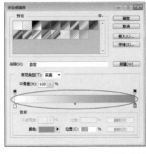

图7-155　　　　　　　图7-156

03　新建一个"主体"图层组，并在该组内新建一个"图层1"，然后使用"圆角矩形工具" ▣（设置"半径"为150像素）创建一个如图7-157所示的圆角矩形路径，接着按Ctrl+Enter组合键载入路径的选区，最后用黑色填充选区，效果如图7-158所示。

图7-157　　　　　　　图7-158

技巧与提示

　　在本书中，涉及鼠绘的内容很少，本例原本可以直接使用手机素材来进行设计，但考虑到鼠绘技术也比较重要，因此本例就用鼠绘技术来教大家如何绘制手机。

04　载入"图层1"的选区，然后执行"选择>修改>收缩"菜单命令，在弹出的"收缩选区"对话框中设置"收缩量"为2像素，接着新建一个"图层2"，最后用黑色填充选区，如图7-159所示。

05　执行"图层>图层样式>颜色叠加"菜单命令，打开"图层样式"对话框，然后设置叠加颜色为白色、"不透明度"为82%，如图7-160所示。

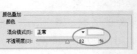

图7-159　　　　　　　图7-160

06　在"图层样式"对话框中单击"渐变叠加"样式，然后编辑出如图7-161所示的金属渐变色，接着设置"角度"为180度，如图7-162所示。

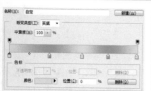 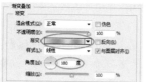

图7-161　　　　　　　　图7-162

图7-169

07 在"图层样式"对话框中单击"描边"样式，然后设置"大小"为4像素、"位置"为"内部"、"不透明度"为50%，接着设置"填充类型"为"渐变"，并编辑出如图7-163所示的金属渐变，最后设置"样式"为"线性"、"角度"为0度，如图7-164所示，效果如图7-165所示。

10 新建一个"图层5"，然后使用"钢笔工具" 勾勒出高光路径，按Ctrl+Enter组合键载入路径的选区，如图7-170所示，并用黑色填充选区，接着为该图层添加一个"渐变叠加"样式，再编辑出一种半透明到白色的渐变色，最后设置"角度"为127度，如图7-171所示，效果如图7-172所示。

08 新建一个"图层3"，然后使用"矩形选框工具" 制作一个如图7-166所示的黑条。

11 新建一个"图层6"，然后使用"圆角矩形工具" （设置"半径"为20像素）制作一个如图7-173所示的黑色圆角图像。

 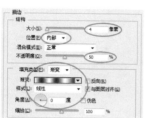

图7-163　　　　　　　　图7-164

 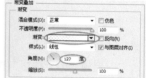

图7-170　　　　　　　　图7-171

图7-165　　　　　　　　图7-166

图7-172　　　　　　　　图7-173

09 新建一个"图层4"，然后使用"圆角矩形工具" 制作一个如图7-167所示的黑色圆角图像，按Ctrl+J组合键复制一个"图层4副本"图层，接着为其添加一个"斜面和浮雕"样式，再设置"深度"为184%、"大小"为15像素、"角度"为-90度、"高度"为79度，并关闭"使用全局光"选项，最后设置高光的"不透明度"为33%，如图7-168所示，效果如图7-169所示。

12 新建一个"左侧按钮"图层组，并在该组内新建一个"图层1"，然后使用"矩形选框工具" 在手机的左上侧绘制一个如图7-174所示的矩形选区，并用白色填充选区，接着为其添加一个"渐变叠加"样式，再编辑出如图7-175示的金属渐变，最后设置"角度"为90度，如图7-176所示。

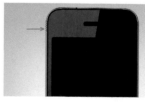

图7-174

图7-167　　　　　　　　图7-168

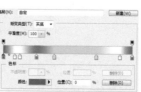 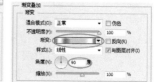

图7-175　　　　　　　　图7-176

329

13 在"图层样式"对话框中单击"描边"样式，然后设置"大小"为1像素、"位置"为"外部"、"颜色"为黑色，如图7-177所示，效果如图7-178所示，接着向下复制两个按钮，如图7-179所示。

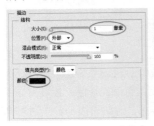

图7-177

图7-178

图7-179

14 新建一个"按钮"图层组，并在该组内新建一个"图层1"，然后使用"椭圆选框工具" ◯ 制作一个如图7-180所示的黑色圆形图像，执行"选择>修改>收缩"菜单命令，在弹出的"收缩选区"对话框中设置"收缩量"为2像素，接着新建一个"图层2"，并填充为黑色，再为其添加一个"描边"样式，设置"大小"为3像素、"位置"为"内部"，并编辑出如图7-181所示的渐变色，最后设置"角度"为-36度，如图7-182所示，效果如图7-183所示。

图7-180

图7-181

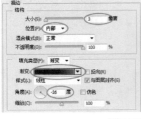

图7-182

图7-183

15 新建一个"图层3"，然后使用"圆角矩形工具" ▢ （设置"半径"为25像素）绘制一个圆角矩形路径，接着按Ctrl+Enter组合键载入路径的选区，并

用黑色填充选区，如图7-184所示。

16 为"图层3"添加一个"描边"样式，然后设置"大小"为15像素、"位置"为"内部"，接着设置"填充类型"为"渐变"，并编辑出如图7-185所示的渐变色，最后设置"角度"为90度，如图7-186所示，效果如图7-187所示。

图7-184

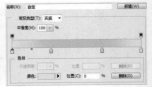

图7-185

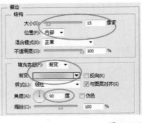

图7-186

图7-187

17 新建一个"图层4"，使用"钢笔工具" ✎ 创建一个月牙形的选区，如图7-188所示，并用黑色填充选区，然后为其添加一个"渐变叠加"样式，接着设置"不透明度"为21%，并编辑出黑色到白色的渐变色，最后设置"角度"为-53度，如图7-189所示，效果如图7-190所示。

图7-188

图7-189

图7-190

18 创建一个"听筒"图层组，并在该组内新建一个"图层1"，然后使用"钢笔工具" ✎ 创建一个如图7-191所示的选区，并用白色填充选区，接着为其添加一个"渐变叠加"样式，再编辑出如图7-192所示的渐变色，最后设置"角度"为180度，如图7-193所示，效果如图7-194所示。

图7-191　　　　　　　　　　　图7-192

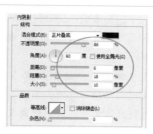

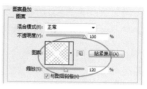

图7-197　　　　　　　　　　　图7-198

图7-193　　　　　　　　　　　图7-194

23 在"图层样式"对话框中单击"斜面和浮雕"样式，然后设置"深度"为205%、"大小"为6像素、"角度"为90度、"高度"为79度，并关闭"使用全局光"选项，接着设置高光的"不透明度"为0%，如图7-199所示，效果如图7-200所示，整体效果如图7-201所示。

19 新建一个"图层2"，使用"圆角矩形工具" （设置"半径"为30像素）创建一个如图7-195所示的黑色圆角图像。

20 按Ctrl+N组合键新建一个尺寸为20×20像素、分辨率为300像素/英寸、背景为透明的文档，然后使用"铅笔工具" 绘制一个如图7-196所示的图像。绘制完成后执行"编辑>定义图案"菜单命令，将其定义为图案。

24 导入光盘中的"素材文件>CH07>189-1.png"文件，将其放在手机屏幕上，然后调整好其大小，如图7-202所示。

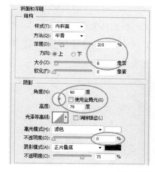

图7-195　　　　　　　　　　　图7-196

图7-199　　　　　　　　　　　图7-200

技巧与提示

使用图案填充方式有一个前提，那就是所使用的图案必须是背景透明的，这样颜色填充就只会针对图案中有像素存在的部分有效，否则颜色填充将充满整个画面。用来填充的图案具有连续平铺的特性，当在一个较大的范围（大于图案）内填充图案的时候，平铺的效果关键取决于图案边界，因此首先要保证图案边界的连续性，这样所制作才会产生上下左右彼此衔接的效果。

图7-201　　　　　　　　　　　图7-202

21 切换到手机文档，然后为"图层2"添加一个"内阴影"样式，接着设置"不透明度"为86%、"角度"为90度，并关闭"使用全局光"选项，最后设置"距离"为6像素、"阻塞"为18%、"大小"为10像素，如图7-197所示。

22 在"图层样式"对话框中单击"图案叠加"样式，然后选择前面定义的图案，接着设置"缩放"为120%，如图7-198所示。

25 隐藏"背景"图层，然后按Ctrl+Shift+Alt+E组合键将手机盖印到一个"倒影"图层中，接着执行"编辑>变换>垂直翻转"菜单命令，效果如图7-203所示。

图7-203

26 为"倒影"图层添加一个图层蒙版，然后使用黑色"画笔工具" ✎ 在蒙版中涂去部分图像，完成后的效果如图7-204所示。

27 导入光盘中的"素材文件>CH07>189-2.png"文件，放在"背景"图层的上一层，并将新生成的图层命名为"城市"，然后调整好其大小，接着设置其"混合模式"为"正片叠底"、"不透明度"为37%，效果如图7-205所示。

图7-204　　　　　　　　　　　　　图7-205

28 导入光盘中的"素材文件>CH07>189-3.png"文件，放在"城市"图层上一层，然后调整好其大小和位置，如图7-206所示。

29 导入光盘中的"素材文件>CH07>189-4.png"文件，然后使用"套索工具"调整好其位置，接着设置该图层的"不透明度"为50%，效果如图7-207所示。

图7-206　　　　　　　　　　　　　图7-207

30 新建一个"彩带"图层，然后使用"钢笔工具" ✐ 绘制路径选区，并使用合适的颜色进行填充，效果如图7-208所示。

31 按Ctrl+J组合键复制一个副本图层，然后执行"编辑>变换>垂直翻转"菜单命令，接着使用"移动工具" ⊞ 将图像拖曳到右上角，效果如图7-209所示。

图7-208　　　　　　　　　　　　　图7-209

32 导入光盘中的"素材文件>CH07>189-5.png"文件，然后将该图层拖曳到"城市"图层的上方，效果如图7-210所示。

33 导入光盘中的"素材文件>CH07>189-6.png"文件，然后设置该图层的"混合模式"为"柔

光"，接着为该图层添加一个图层蒙版，最后在蒙版中从下往上填充黑色到白色的线性渐变，如图7-211所示。

图7-210　　　　　　　　　　　　　图7-211

34 新建一个"组1"，然后使用"直线工具" ╱ 绘制出若干条直线，效果如图7-212所示。

图7-212

35 在"组1"图层组中新建一个"正方形"图层，然后使用"矩形选框工具" ⊡ 绘制出若干个矩形选区，并使用白色填充选区，接着设置该图层的"不透明度"为50%，效果如图7-213所示。

图7-213

36 在正方形的上方使用"横排文字工具" Ⓣ 输入文字作为装饰，效果如图7-214所示。

图7-214

37 继续使用"横排文字工具" Ⓣ 在图像中输入相应的文字信息，最终效果如图7-215所示。

图7-215

实战 190 电影杂志广告

文件位置：光盘>实例文件>CH07>实战190.psd / 难易指数 ★★★☆☆

设计思路分析

　　本例设计的是一款电影杂志广告，以带有纹理的背景搭配人物和城市等元素，体现出电影海报的设计灵感，应用图层样式制作出半透明的文字效果使整个作品更加生动。

01 打开光盘中的"素材文件>CH07>190-1.jpg"文件，如图7-216所示。

图7-216

技巧与提示

　　本例的难点在于抠取头发，这里使用的是当前最主流的通道抠图法。本例所涉及的通道知识并不多，主要就是通过"加深工具"■和"减淡工具"■将某一个通道的前景与背景颜色拉开层次。

02 按Ctrl+J组合键复制一个"图层1"，然后切换到"通道"面板，分别观察红、绿、蓝通道，可以发现"蓝"通道的头发颜色与背景色的对比最强烈，如图7-217所示。

图7-217

03 将"蓝"通道拖曳到"通道"面板下面的"创建新通道"按钮 ■ 上，复制一个"蓝副本"通道，如图7-218所示。

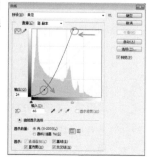

图7-218

技巧与提示

　　如果直接在"蓝"通道上进行操作，会破坏原始图像。

04 选择"蓝副本"通道，然后按Ctrl+M组合键打开"曲线"对话框，接着将曲线调节成如图7-219所示的形状，效果如图7-220所示。

图7-219

图7-220

效果如图7-227所示，接着按Delete键删除背景区域，效果如图7-228所示。

图7-225　　　　　　　　　　图7-226

05 在"减淡工具" 🔍 的选项栏中选择一种柔边画笔，并设置画笔的"大小"为44像素、"硬度"为0%，然后设置"范围"为"高光"、"曝光度"为100%，如图7-221所示，接着在图像右侧和左侧的背景边缘区域进行涂抹，如图7-222所示。

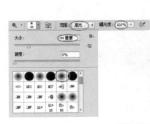 

图7-221　　　　　　　　　　图7-222

图7-227　　　　　　　　　　图7-228

09 在"图层"面板下面单击"添加图层蒙版"按钮 🔳 ，为"图层1"添加一个图层蒙版，然后使用黑色柔边"画笔工具" 🖌 进行涂抹，效果如图7-229所示。

06 在"加深工具" 🖐 的选项栏中选择一种柔边画笔，并设置画笔的"大小"为189像素、"硬度"为0%，然后设置"范围"为"阴影"、"曝光度"为100%，如图7-223所示，接着在人像的头发部分进行涂抹，以加深头发的颜色，如图7-224所示。

图7-229

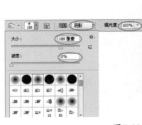 

图7-223　　　　　　　　　　图7-224

10 使用"裁剪工具" 🔳 将画布放大到如图7-230所示的大小，然后按住Shift键拖曳右上角的角控制点，将其等比例放大到如图7-231所示的大小。

技巧与提示

此时头发部分基本已经选择完毕，下面就需要对面部和身体部位进行处理。

07 使用黑色"画笔工具" 🖌 将面部和身体部分涂抹成黑色，如图7-225所示。

08 按住Ctrl键单击"蓝副本"的缩略图，载入该通道的选区（白色部分为所选区域），如图7-226所示，然后单击RGB通道，并切换到"图层"面板，选区

图7-230　　　　　　　　　　图7-231

11 打开光盘中的"素材文件>CH07>190-2.jpg"文件，然后将其拖曳到当前操作界面中，效果如图7-232所示。

图7-232

12 打开光盘中的"素材文件>CH07>190-3.jpg"文件，然后将其拖曳到当前操作界面中，接着设置该图层的"混合模式"为"柔光"，效果如图7-233所示。

13 打开光盘中的"素材文件>CH07>190-4.png"文件，然后将其拖曳到当前操作界面中，效果如图7-234所示。

图7-233

图7-234

14 选择"图层1"，然后执行"图层>图层样式>外发光"菜单命令，打开"图层样式"对话框，接着设置"不透明度"为100%、发光颜色为（R:106，G:27，B:122）、"大小"为62像素，具体参数设置如图7-235所示，效果如图7-236所示。

图7-235

图7-236

15 设置"图层1"的"混合模式"为"强光"，效果如图7-237所示。

图7-237

16 确定当前图层为"图层1"，在"图层"面板下方单击"创建新的填充或调整图层"按钮 ◐ ，在弹出的菜单中选择"亮度/对比度"命令，然后在"属性"面板中设置"亮度"为-45、"对比度"为1，具体参数设置如图7-238所示，效果如图7-239所示。

图7-238　　　　　　　　　　图7-239

17 打开光盘中的"素材文件>CH07>190-5.png"文件，然后将其拖曳到当前操作界面中，效果如图7-240所示。

图7-240

18 使用白色"横排文字工具" T 在图像中输入文字，最终效果如图7-241所示。

图7-241

实战 191 运动鞋杂志广告

文件位置：光盘>实例文件>CH07>实战191.psd / 难易指数：★★★☆☆

PS技术点睛

● 运用"画笔工具"为休闲鞋绘制颜色。
● 使用调整图层调整画面的效果。
● 运用图层样式制作字体的立体效果。

设计思路分析

　　本例设计的是一款运动鞋杂志广告，该设计简洁大方，含义清晰明确，而且具有很好的视觉识别力。

01 打开光盘中的"素材文件>CH07>191-1.jpg"文件，然后使用"移动工具" ➤ 将其拖曳到"运动鞋杂志广告"文档中，效果如图7-242所示。

02 导入光盘中的"素材文件>CH07>191-2.png"文件，然后将其放在图像的中下部，如图7-243所示。

03 新建一个图层，然后设置前景色为红色（R:255，G:46，B:18），接着使用"画笔工具" ✎ 在鞋面上进行绘制，最后设置该图层的"混合模式"为"颜色减淡"，效果如图7-244所示。

图7-242　　　　　　图7-243　　　　　　图7-244

04 导入光盘中的"素材文件>CH07>191-3.png"文件，然后将其放在鞋子的下方，并将新生成的图层命名为"前景"，如图7-245所示。

05 导入光盘中的"素材文件>CH07>191-4.png"文件，然后将其放在鞋子的上方，并将新生成的图层命名为"中景"，如图7-246所示。

06 新建一个"主体"图层组，然后使用"横排文字工具" T 在图像的左侧输入相应的文字信息，如图7-247所示。

图7-245　　　　　　图7-246　　　　　　图7-247

07 执行"图层>图层样式>内阴影"菜单命令，打开"图层样式"对话框，然后设置"不透明度"为100%、"阻塞"为23%，如图7-248所示，接着继续为文字添加一个"描边"样式，并设置"大小"为13像素、"位置"为"外部"、"颜色"为褐色（R:58，G:14，B:13），如图7-249所示，文字效果如图7-250所示。

图7-248　　　　　　图7-249　　　　　　图7-250

08 导入光盘中的"素材文件>CH07>191-5.jpg"文件，然后将其放在文字上，使小男孩像是抱住文字一样，如图7-251所示。

09 继续使用"横排文字工具"[T]和图层样式制作出底部的文字，完成后的效果如图7-252所示。

图7-251　　　　　　　　　图7-252

10 使用"矩形选框工具"[▣]为两组文字分别制作一个褐色和黑色的底色，完成后的效果如图7-253所示。

11 导入光盘中的"素材文件>CH07>191-6.png"文件，然后将其将新生成的图层命名为"北极熊"图层，如图7-254所示。

图7-253　　　　　　　　　图7-254

12 在"图层"面板下方单击"创建新的填充或调整图层"按钮[◐]，在弹出的菜单中选择"可选颜色"命令，然后在"属性"面板中设置"颜色"为"红色"，接着设置"青色"为-15%、"黄色"为-100%，具体参数设置如图7-255所示，完成后将该调整图层创建为"北极熊"图层的剪贴蒙版。

图7-255

13 为该图层添加一个"色相/饱和度"调整图层，然后在"属性"面板中设置"饱和度"为-90、"明度"为-6，如图7-256所示，然后将该调整图层创建为"北极熊"图层的剪贴蒙版。

图7-256

14 继续为该图层添加一个"曲线"调整图层，然后在"属性"面板中将曲线编辑成如图7-257所示的形状，接着将该调整图层创建为"北极熊"图层的剪贴蒙版，效果如图7-258所示。

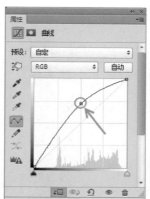 

图7-257　　　　　　　　　图7-258

15 使用"横排文字工具"[T]在画面的底部输入文字信息，最终效果如图7-259所示。

图7-259

实战 192 钻石杂志广告

文件位置：光盘>实例文件>CH07>实战192.psd/难易指数：★★★★

PS技术点睛
- 运用调整图层调整画面的色彩。
- 运用图层样式制作字体立体效果。

设计思路分析

本例设计的是一款钻石杂志广告，主要突出了优质的钻石质地，既体现出高贵华美的主要特征，也是该广告设计的成功之处。

01 打开光盘中的"素材文件>CH07>192-1.jpg"文件，如图7-260所示。

图7-260

02 执行"图层>新建调整图层>自然饱和度"菜单命令，创建一个"自然饱和度"调整图层，然后在"属性"面板中设置"自然饱和度"为66、"饱和度"为-86，如图7-261所示，效果如图7-262所示。

图7-261

图7-262

03 创建一个"色彩平衡"调整图层，然后在"属性"面板中设置"青色-红色"为29、"洋红-绿色"为10，向图像中加入少许红色和绿色，如图7-263所示，效果如图7-264所示。

图7-263

图7-264

04 创建一个"曲线"调整图层，然后在"属性"面板中将曲线调节成如图7-265所示的形状，效果如图7-266所示。

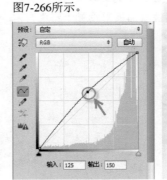

图7-265

图7-266

05 选择"曲线"调整图层的蒙版，然后用黑色柔边"画笔工具" ✐ 在图像的4个角上涂抹，只保留对画面中心的调整，如图7-267所示，效果如图7-268所示。

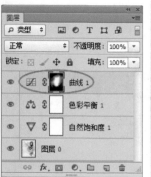

图7-267　　　　　　　　图7-268

06 继续创建一个"曲线"调整图层，然后在"属性"面板中将曲线调节成如图7-269所示的形状，效果如图7-270所示。

图7-269　　　　　　　　图7-270

07 选择"曲线"调整图层的蒙版，然后用"不透明度"较低的黑色柔边"画笔工具" ✐ 在图像中间区域涂抹，只保留对图像4个角的调整，如图7-271所示，效果如图7-272所示。

图7-271　　　　　　　　图7-272

08 导入光盘中的"素材文件>CH07>192-2.png"文件，然后执行"图层>图层样式>外发光"菜单命令，打开"图层样式"对话框，接着设置发光颜色为（R:148，G:50，B:3）、"扩展"为27%、"大小"为180像素，如图7-273所示，效果如图7-274所示。

图7-273　　　　　　　　图7-274

09 使用"横排文字工具" T 在画面上输入文字信息，然后执行"图层>图层样式>斜面和浮雕"菜单命令，打开"图层样式"对话框，接着设置"大小"为5像素，如图7-275所示，效果如图7-276所示。

图7-275　　　　　　　　图7-276

10 在最上层创建一个"自然饱和度"调整图层，然后在"属性"面板中设置"自然饱和度"为60，如图7-277所示，最终效果如图7-278所示。

图7-277　　　　　　　　图7-278

实战 193 时尚杂志广告

文件位置：光盘>实例文件>CH07>实战193.psd / 难易指数：★★☆☆☆

01 打开光盘中的"素材文件>CH07>193-1.jpg"文件，如图7-279所示。

02 在"背景橡皮擦工具"的选项栏中设置画笔的"大小"为50像素、"硬度"为0%，然后单击"取样:一次"按钮，接着设置"限制"为"连续"、"容差"为50%，并勾选"保护前景色"选项，如图7-280所示。

图7-279　　　　　　　　　　　图7-280

03 按Ctrl+J组合键复制一个"图层1"，然后隐藏"背景"图层，接着使用"吸管工具"吸取胳膊部分的皮肤颜色作为前景色，如图7-281所示，最后使用"背景橡皮擦工具"沿着人物头部的边缘擦除背景，如图7-282所示。

图7-281　　　　　　　　　　　图7-282

技巧与提示

　　由于在选项栏中勾选了"保护前景色"选项，并且设置了皮肤颜色作为前景色，因此在擦除时便能够有效地保证人像部分不被擦除。

04 在选项栏中设置画笔的"大小"为14像素，然后使用"背景橡皮擦工具"擦除贴近皮肤的细节部分，如图7-283所示。

05 使用"吸管工具"吸取裤子上的蓝色作为前景色，然后使用"背景橡皮擦工具"擦除裤子附近的背景，如图7-284所示。

图7-283　　　　　　　　　图7-284

06 继续使用"背景橡皮擦工具"擦除所有的背景，完成后的效果如图7-285所示。

图7-285

技术专题 14 如何验证是否完全擦除

　　通常在擦除背景以后，为了验证是否完全擦除，可以在人像图层的下方新建一个图层，并填充与前景人像差异较大的颜色（例如黑色或白色），如图7-286所示，然后仔细观察后进行进一步的擦除。如在图7-287中，设置了一个黑色背景，可以观察到残留了一些多余的像素，这时就可以继续使用"背景橡皮擦工具"将其擦除，如图7-288所示。

　　另外，在抠图过程中，经常会残留一些多余的半透明像素，如果不仔细观察很难发现。这时，可以将人像图层多复制几次，如图7-289所示，这样半透明像素经过多次重叠就可以很容易查找出来。如在图7-290中，经过多次复制以后，可以发现残留了很多半透明像素，这时就可以继续使用"背景橡皮擦工具" 将其擦除，如图7-291所示。

图7-286  图7-287

图7-288 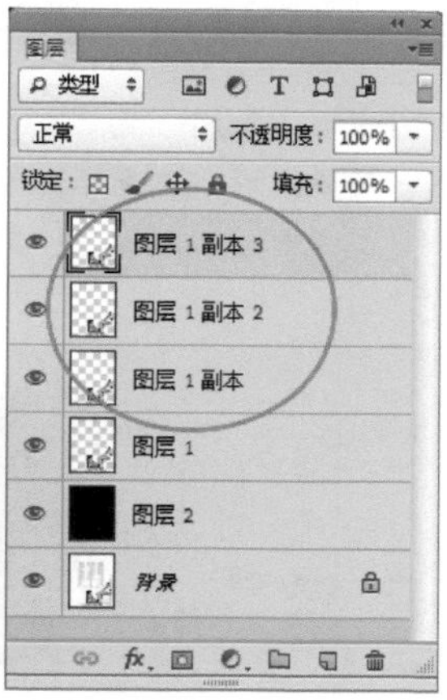 图7-289

图7-290

图7-291

07 打开光盘中的"素材文件>CH07>193-2.jpg"文件，然后将其拖曳到当前操作界面中，并将其放置在人像的下一层，效果如图7-292所示。

图7-292

08 打开光盘中的"素材文件>CH07>193-3.png"文件，然后将其拖曳到图像的下方，效果如图7-293所示。

图7-293

09 打开光盘中的"素材文件>CH07>193-4.jpg"文件，然后将其拖曳到当前操作界面中，接着设置该图层为"滤色"，最后为该图层添加一个图层蒙版，并使用黑色画笔进行涂抹，最终效果如图7-294所示。

图7-294

341

实战 194 音乐节杂志广告

文件位置：光盘>实例文件>CH07>实战194.psd / 服务信息：★★★☆☆

PS技术点睛

● 运用通道对人物进行抠像处理。
● 运用"曲线"调节图像的色彩度。
● 栅格化文字，并对文字进行编辑。

设计思路分析

本例设计的是一款音乐节杂志广告，整体以人物为主，搭配摇滚元素，充分体现出音乐节给人带来的视觉感受。

01 打开光盘中的"素材文件>CH07>194-1.jpg"文件，如图7-295所示。

图7-295

02 在"通道"面板观察红、绿、蓝这3个通道，其中"蓝"通道的头发的明暗差异最为明显，如图7-296所示，下面就使用这个通道来进行抠图。

03 将"蓝"通道拖曳到"创建新通道"按钮 上，复制一个"蓝副本"通道，如图7-297所示。

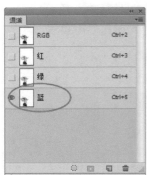

图7-296

图7-297

04 选择"蓝副本"通道，然后执行"图像>调整>色阶"菜单命令，接着在弹出的"色阶"对话框中

设置"输入色阶"为（86，0.36，255），如图7-298所示，效果如图7-299所示。

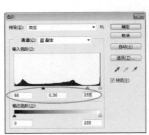

图7-298

图7-299

05 设置前景色为黑色，然后使用"画笔工具" 将人物绘制成纯黑色，如图7-300所示。

图7-300

技巧与提示

在抠取发丝的时候，要注意保持发丝的完整度，不必将发梢部分完全绘制为黑色。

06 由于通道中的白色才是需要的部分，因此执行"图像>调整>反相"菜单命令，对通道进行反相处理，效果如图7-301所示。

07 按住Ctrl键单击"蓝副本"通道的缩略图，载入该通道的选区，效果如图7-302所示。

图7-301　　　　　　　　图7-302

08 单击RGB通道，显示彩色图像，然后切换到"图层"面板，接着按Ctrl+J组合键将选区中的图像复制到一个新的"图层1"中，最后隐藏"背景"图层，效果如图7-303所示。

09 打开光盘中的"素材文件>CH07>194-2.jpg"文件，然后将其拖曳到"194-2.jpg"操作界面中，并将新生成的"图层2"放在"图层1"的下一层，效果如图7-304所示。

图7-303　　　　　　　　图7-304

10 选择"图层1"，然后按Ctrl+J组合键复制一个"图层1副本"图层，接着设置该图层的混合模式为"叠加"，如图7-305所示，效果如图7-306所示。

图7-305　　　　　　　　图7-306

11 选择"图层1"，然后设置该图层的"不透明度"为45%，如图7-307所示，效果如图7-308所示。

图7-307　　　　　　　　图7-308

12 选择"图层1"，按Ctrl+J组合键复制一个"图层1副本2"图层，按Ctrl+M组合键打开"曲线"对话框，然后设置"通道"为"红"通道，接着将曲线调节成如图7-309所示的形状；设置"通道"为"蓝"通道，然后将曲线调节成如图7-310所示的形状，效果如图7-311所示。

13 在"工具箱"中选择"横排文字工具" T ，然后在图像中输入装饰文字（最好选择艺术效果较好的字体），最终效果如图7-312所示。

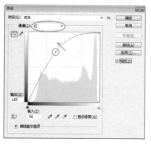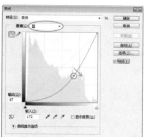

图7-309　　　　　　　　图7-310

图7-311　　　　　　　　图7-312

实战 195 数码产品广告

文件位置：光盘>实例文件>CH07>实战195.psd/难易指数：★★★☆☆

PS技术点睛

● 使用"套索工具"勾勒出图像。
● 添加图层蒙版使素材更加贴合自然。

设计思路分析

　　本例设计的是一款以数码产品为主题的广告，运用素材叠加的方法制作出活泼生动的画面。

01 导入光盘中的"素材文件>CH07>195-1.jpg"文件，效果如图7-313所示。

02 导入光盘中的"素材文件>CH07>195-2.png"文件，然后设置该图层的"不透明度"为35%，效果如图7-314所示。

图7-313　　　　　　　　　　图7-314

03 导入光盘中的"素材文件>CH07>195-3.png"文件，效果如图7-315所示。

图7-315

04 导入光盘中的"素材文件>CH07>195-4.psd"文件，然后依次调整好图层的位置，接着选择"植物2"图层，并为该图层添加一个图层蒙版，最后使用黑色"画笔工具" 在蒙版中涂去多余的部分，效果如图7-316所示。

05 导入光盘中的"素材文件>CH07>195-5.png"文件，然后使用"套索工具" 调整好前景图像的位置，效果如图7-317所示。

图7-316

图7-317

06 使用"横排文字工具" 在画面上输入文字信息，最终效果如图7-318所示。

图7-318

实战 196 啤酒杂志广告

文件位置: 光盘>实例文件>CH07>实战196.psd / 难易指数 ★★☆☆☆

设计思路分析

　　本例设计的是啤酒杂志广告,运用黄色为主色调,突出显示出啤酒的特色,搭配涂鸦的背景,既表现出时代的潮流也表现出年轻人的青春活力。

01 打开光盘中的"素材文件>CH07>196-1.jpg"文件,如图7-319所示。

图7-319

02 按Q键进入快速蒙版编辑模式,设置前景色为黑色,然后使用柔边"画笔工具"✐在背景上绘制,如图7-320所示。绘制完成后按Q键退出快速蒙版编辑模式,得到如图7-321所示的选区。

图7-320

图7-321

03 按Ctrl+J组合键将选区内的图像复制一个到新的"人像"图层中,然后隐藏"背景"图层,效果如图7-322所示。

图7-322

04 导入光盘中的"素材文件>CH07>196-2.jpg"文件,然后将其放在"人像"图层的下一层作为背景,效果如图7-323所示。

图7-323

05 选择"人像"图层，然后按Ctrl+J组合键复制一个"人像副本"图层，接着执行"图像>调整>阈值"菜单命令，接着在弹出的"阈值"对话框中设置"阈值色阶"为95，如图7-324所示，效果如图7-325所示，最后设置该图层的"混合模式"为"柔光"，如图7-326所示，效果如图7-327所示。

图7-324　　　　　　　　图7-325

图7-326　　　　　　　　图7-327

06 导入光盘中的"素材文件>CH07>196-3.png"文件，然后将其放在"人像"图层的上一层，效果如图7-328所示。

图7-328

07 在"图层"面板下单击"添加图层蒙版"按钮 ⬚，为"投影"图层添加一个蒙版，然后使用黑色柔边"画笔工具" ✐ 在蒙版中涂去头部后面的投影，如图7-329所示，接着设置"投影"图层的"不透明度"为60%，效果如图7-330所示。

图7-329

图7-330

08 使用"横排文字工具" T 在图像顶部输入文字信息，最终效果如图7-331所示。

图7-331

实战 197 婚礼摄影杂志广告

文件位置：光盘>实例文件>CH07>实战197.psd / 难易指数：★★★

PS技术点睛
● 运用"色彩半调"制作纹理效果。
● 添加图层蒙版使图片更加贴合。
● 使用图层样式制作文字的立体感。

设计思路分析
　　本例设计的是一款婚礼摄影杂志广告，在素材文件的基础上进行创作，以五彩的背景以及带有立体感的文字把整个作品表现得淋漓尽致。

01 打开光盘中的"素材文件>CH07>197.jpg"文件，如图7-332所示。

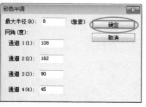

图7-332

02 按Ctrl+J组合键将"背景"图层复制一层，然后将其重命名为"半调"，接着执行"滤镜>像素化>彩色半调"菜单命令，最后在弹出的"彩色半调"对话框中单击"确定"按钮 确定 ，如图7-333所示，效果如图7-334所示。

图7-333　　　　　　　　　图7-334

03 设置"半调"图层的"混合模式"为"实色相混"、"不透明度"为20%，效果如图7-335所示。

图7-335

04 在"图层"面板下单击"添加图层蒙版"按钮 ，为"半调"图层添加一个图层蒙版，然后选择图层蒙版，接着使用黑色柔边"画笔工具" 在人像上涂抹，以隐藏掉人像，如图7-336所示，效果如图7-337所示。

图7-336　　　　　　　　　图7-337

05 新建一个"彩虹"图层，然后选择"渐变工具" ，接着在选项栏中选择"色谱"渐变，再单击"径向渐变"按钮 ，如图7-338所示，最后从图像的左下角向右上角拉出渐变，效果如图7-339所示。

图7-338　　　　　　　　　图7-339

06 设置"彩虹"图层的"混合模式"为"颜色减淡"、"不透明度"为60%，效果如图7-340所示。

图7-340

图7-345

图7-346

07 为"彩虹"图层添加一个图层蒙版，然后选择图层蒙版，接着使用黑色柔边"画笔工具" ▨ （设置画笔的"不透明度"为30%）在人像上涂抹，以隐藏部分彩虹，如图7-341所示，效果如图7-342所示。

图7-341

图7-342

图7-347

08 在"图层"面板下单击"创建新的填充或调整图层"按钮 ◎.，然后在弹出的菜单中选择"曲线"命令，创建一个"曲线"调整图层，接着在"属性"面板中将"曲线"调节成如图7-343所示的形状，以降低画面的亮度，效果如图7-344所示。

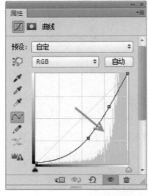

图7-343

图7-344

图7-348

10 使用"横排文字工具" Ⓣ 在画面上输入一些文字作为装饰，效果如图7-349所示。

09 选择"半调"图层的蒙版，然后按住Alt键将其拖曳到"曲线"调整图层的蒙版上，如图7-345所示，接着在弹出的提示对话框中单击"是"按钮 是(Y)，如图7-346所示，这样可以将"半调"图层的蒙版复制并替换掉"曲线"调整图层的蒙版，如图7-347所示，效果如图7-348所示。

图7-349

实战 ⑲⑧ 儿童杂志广告

文件位置: 光盘>实例文件>CH07>实战198.psd / 难易指数: ★★★

设计思路分析

本例设计的是一款儿童杂志广告，以活泼生动的背景，搭配可爱的儿童进行创作，运用图层样式制作出文字的立体效果，使作品更具美感。

01 打开光盘中的"素材文件>CH07>198.psd"文件，如图7-350所示。这个文件包含两个图层，其中"图层1"中有一个矢量蒙版，如图7-351所示。

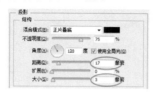

图7-350　　　　　　　　图7-351

02 选择"图层1"，然后执行"图层>图层样式>阴影"菜单命令，打开"图层样式"对话框，接着设置"距离"为17像素、"大小"为3像素，如图7-352所示。

图7-352

技巧与提示

在添加图层样式时，既可以选择图层，也可以选择矢量蒙版进行添加。

03 在"图层样式"对话框中单击"内阴影"样式，然后设置"距离"和"大小"为4像素，如图7-353所示。

04 在"图层样式"对话框中单击"外发光"样式，然后设置发光颜色为白色，接着设置"大小"为18像素，如图7-354所示。

图7-353　　　　　　　　图7-354

05 在"图层样式"对话框中单击"描边"样式，然后设置"大小"为3像素、"颜色"为白色，如图7-355所示，最终效果如图7-356所示。

图7-355　　　　　　　　图7-356

06 使用"横排文字工具"在画面上输入文字信息，最终效果如图7-357所示。

图7-357

实战 **199** 网站杂志广告

文件位置：光盘>实例文件>CH07>实战199.psd / 难易指数：★★★☆☆

PS技术点睛

- 使用"滤镜"效果进行抠图。
- 使用色彩平衡调整图像的色彩度。
- 使用"动感模糊"制作特效合成。

设计思路分析

本例设计的是一款网站杂志广告，主要表现地理风景类的网站，作品以优美的风景搭配鲜明的颜色，使作品所表达的信息更加明确。

---

01 打开光盘中的"素材文件>CH07>199-1.jpg"文件，如图7-358所示。

图7-358

02 执行"滤镜>抽出"菜单命令，打开"抽出"对话框，然后使用"边缘高光器工具" 沿鹦鹉的边缘绘制出高光，接着使用"填充工具" 在绘制的边缘内单击鼠标左键填充高光，如图7-359所示。

图7-359

03 单击"预览"按钮 预览 ，然后使用"清除工具" 和"边缘修饰工具" 对多余的边缘进行擦除和修饰，如图7-360所示，接着单击"确定"按钮 确定 完成抠像，效果如图7-361所示。

图7-360

图7-361

技巧与提示

抠像完成后，如果仍然残留有多余像素，可以继续使用"工具箱"中的"橡皮擦工具" 将其擦除。

04 导入光盘中的"素材文件>CH07>199-2.jpg"文件,将其作为背景,如图7-362所示。

图7-362

05 按Ctrl+B组合键打开"色彩平衡"对话框,接着设置"黄色-蓝色"为100,如图7-363所示,效果如图7-364所示。

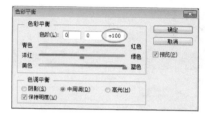

图7-363

图7-364

06 按Ctrl+J组合键复制一个"鹦鹉副本"图层,将其放在"鹦鹉"图层的下一层,并将其命名为"动感",然后执行"滤镜>模糊>动感模糊"菜单命令,打开"动感模糊"对话框,接着设置"角度"为36度、"距离"为79像素,如图7-365所示,效果如图7-366所示。

图7-365   图7-366

07 设置"鹦鹉副本"图层的"混合模式"为"正片叠底",然后使用"橡皮擦工具" 擦除多余的图像,效果如图7-367所示,接着按Ctrl+J组合键复制一个"动感副本"图层,将其放在"鹦鹉"图层的上一层,最后设置该图层的"混合模式"为"正常"、"不透明度"为30%,效果如图7-368所示。

图7-367   图7-368

08 导入光盘中的"素材文件>CH07>199-3.png"文件,然后将新生成的图层更名为"星星",效果如图7-369所示。

图7-369

09 导入光盘中的"素材文件>CH07>199-4.psd"文件,然后调整好位置,最终效果如图7-370所示。

图7-370

技巧与提示 ✍

因为在第15章有详细讲解网页制作的方法,这里就不详细讲解了。

实战 200 服饰杂志广告

文件位置：光盘>实例文件>CH07>实战200.psd / 库景指数 ★★★

PS技术点睛

● 使用"滤镜"效果进行人物抠图。
● 使用"渐变工具"制作出五彩的背景效果。
● 运用"描边"为人物进行描边。

设计思路分析

本例设计的是一款服饰杂志广告，运用五彩的背景效果搭配鲜明的人物，给人视觉带来清爽明快的视觉效果。

01 打开光盘中的"素材文件>CH07>200-1.jpg"文件，如图7-371所示。

图7-371

图7-372

02 按Ctrl+J组合键将"背景"图层复制一层，将其命名为"人像"，然后执行"滤镜>抽出"菜单命令，打开"抽出"对话框，设置"画笔大小"为20，接着使用"边缘高光器工具" 🖊 沿着人物边缘绘制出高光，再设置"画笔大小"为10，最后将人物手臂处和腿部的高光绘制出来，如图7-372所示。

图7-373

03 使用"填充工具" 🖌 在人物上单击鼠标左键，以填充保护区域，如图7-373所示，然后单击"确定"按钮 确定 完成抽取操作，接着将人像拖曳到如图7-374所示的位置。

图7-374

04 在"人像"图层的下一层新建一个"渐变"图层，然后选择"渐变工具" ，打开"渐变编辑器"对话框，接着设置"渐变类型"为"杂色"、"粗糙度"为100%、"颜色模型"为LAB，最后调节好L和a色标的位置，如图7-375所示。

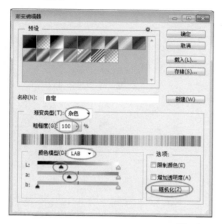

图7-375

> **技巧与提示**
>
> 如果调节出来的渐变色不合适，可以单击"随机化"按钮 随机化(Z) 重新生成渐变。

05 在"渐变工具" 的选项栏中单击"线性渐变"按钮 ，然后按住Shift键从左向右拉出渐变，效果如图7-376所示。

图7-376

06 在"图层"面板下单击"创建新组"按钮 ，创建一个"轮廓"图层组，然后将"人像"图层拖曳到该图层组中，如图7-377所示。

图7-377

07 创建一个"描边"图层，然后按住Ctrl键单击"人像"图层的缩略图，载入其选区，如图7-378所示。

图7-378

08 执行"编辑>描边"菜单命令，打开"描边"对话框，然后设置"宽度"为3像素、"颜色"为白色、"位置"为"居中"，如图7-379所示，效果如图7-380所示。

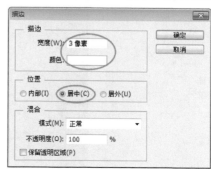

图7-379

图7-380

09 在"人像"图层的下一层创建一个"轮廓"图层，然后设置前景色为（R:0，G:142，B:255），接着载入"人像"图层的选区，再按Alt+Delete组合键用前景色填充选区，最后使用"移动工具" ▶╋ 将"轮廓"图层往右下方移动一段距离，效果如图7-381所示。

图7-381

10 使用相同的方法继续制作出另外两道轮廓，完成后的效果如图7-382所示。

图7-382

11 导入光盘中的"素材文件>CH07>200-2.png"文件，然后将其放在如图7-383所示的位置。

图7-383

12 执行"编辑>变换>变形"菜单命令，然后将图形按照如图7-384所示进行变形。

图7-384

13 导入光盘中的"素材文件>CH07>200-3.jpg"文件，然后设置光效图层的"混合模式"为"变亮"、"不透明度"为50%，如图7-385所示，最终效果如图7-386所示。

图7-385

图7-386

第8章
POP广告设计

■ 骑行装备广告/356页　　■ 运动鞋广告/362页　　■ 冰淇淋广告/367页　　■ 少女服装广告/369页　　■ 招募广告/371页

■ 环保公益广告/379页　　■ 圣诞节广告/381页　　■ 蛋糕广告/387页　　■ 咖啡屋广告/389页　　■ 糖果广告/394页

 PS达人　　 广告设计师　　 包装设计师　　 插画设计师　　 网页设计师

实战 ⑳ 骑行装备广告

文件位置：光盘>实例文件>CH08>实战201.psd / 难易指数：★★★☆☆

PS技术点睛

● 运用"正片叠底"混合模式制作背景效果。
● 运用图层蒙版制作火焰效果。
● 运用图层样式和滤镜制作火焰文字。

设计思路分析

本例以棕色作为主要色调，运用蒙版与滤镜制作车轮与标题文字中的火效果，用这些火效果来表达年轻人的激情。

01 启动Photoshop CS6，按Ctrl+N组合键新建一个"骑行装备广告"文件，具体参数设置如图8-1所示。

02 打开光盘中的"素材文件>CH08>201-1.jpg"文件，然后将其拖曳到"骑行装备广告"操作界面中，接着执行"图层>新建>背景图层"菜单命令将其设置为背景图层，并将其命名为"背景"，如图8-2所示。

图8-1

图8-2

03 继续将光盘中的"素材文件>CH08>201-2.jpg"文件拖曳到"骑行装备广告"操作界面中，如图8-3所示，然后将其命名为"图层1"，接着设置该图层的"混合模式"为"正片叠底"，此时效果如图8-4所示。

图8-3

图8-4

04 将光盘中的"素材文件>CH08>201-3.jpg"文件拖曳到操作界面中，并将其命名为"图层2"，如图8-5所示。

05 设置前景色为黑色，然后为"图层2"添加一个图层蒙版，接着使用"画笔工具" ✎ 在蒙版中进

行涂抹，如图8-6所示，效果如图8-7所示。

06 确定当前图层为"图层2"，按Ctrl+J组合键复制两个副本图层，并分别调整其大小、方向和位置等，效果如图8-8所示。

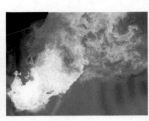

图8-5

图8-6

图8-7

图8-8

07 将这3个图层的"混合模式"设置为"强光"，如图8-9所示，然后将"图层2"、"图层2副本"、"图层2副本1"链接到一起，效果如图8-10所示。

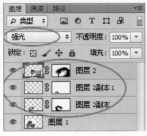

图8-9

图8-10

08 使用"横排文字工具" T （字体大小和样式可根据实际情况而定）在绘图区域中输入字母Traveler，效果如图8-11所示。

09 执行"图层>图层样式>投影"菜单命令，打开"图层样式"对话框，然后设置"混合模式"为"正常"、阴影颜色为（R:255，G:0，B:0），接着设置"角度"为108度、"距离"为0像素、"扩展"为36%、"大小"为16像素，具体参数设置如图8-12所示。

 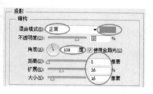

图8-11　　　　　　　　　　　图8-12

10 在"图层样式"对话框中单击"内发光"选项，然后设置"混合模式"为"正常"、"不透明度"为100%，接着设置发光颜色为（R:255，G:186，B:0），再设置"方法"为"精确"、"阻塞"为60%、"大小"为10像素，具体参数设置如图8-13所示。

11 在"图层样式"对话框中单击"颜色叠加"样式，然后设置叠加颜色为（R:148，G:11，B:11），如图8-14所示。

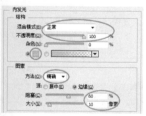

图8-13　　　　　　　　　　　图8-14

12 在"图层样式"对话框中单击"光泽"样式，然后设置光泽颜色为（R:150，G:14，B:14）、"不透明度"为50%，接着设置"角度"为19度、"距离"为11像素、"大小"为14像素，具体参数设置如图8-15所示，效果如图8-16所示。

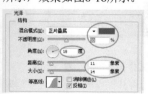 

图8-15　　　　　　　　　　　图8-16

技巧与提示

本例中的图层样式主要是用来模拟字体燃烧时所呈现的由橙黄色过渡到红色的渐变效果。

13 执行"图层>栅格化>图层样式"菜单命令将Traveler图层进行栅格化，然后对该图层执行"滤镜>液化"菜单命令，打开"液化"对话框，接着使用"向前变形工具" 将文字涂抹成如图8-17的形状（使文字产生燃烧效果），整体效果如图8-18所示。

14 使用"横排文字工具" T （字体大小和样式可根据实际情况而定）在Traveler下面输入相应文字，效果如图8-19所示。

图8-17

图8-18　　　　　　　　　　　图8-19

15 分别为上一步创建的两个文字图层添加"斜面和浮雕"图层样式，打开"图层样式"对话框，然后设置"大小"为0像素、"高光模式"的颜色为（R:242，G:167，B:22），具体参数设置如图8-20所示，最终效果如图8-21所示。

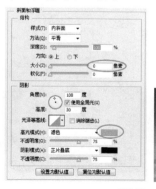 

图8-20　　　　　　　　　　　图8-21

实战 202 钻戒广告

文件位置：光盘>实例文件>CH08>实战202.psd / 难易指数：★★★☆☆

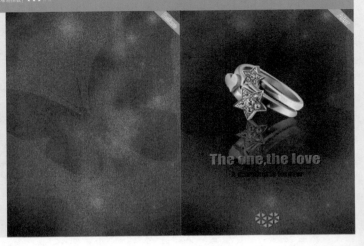

PS技术点睛

● 运用滤镜、"渐变工具"、图层蒙版制作背景效果。
● 运用图层、"渐变工具"、自由变换模式制作倒影效果。
● 运用图层样式、混合模式制作文字效果。

设计思路分析

　　本例设计的是钻戒广告，首先为背景图添加一些杂色，营造高端的感觉，然后为钻戒制作投影，并使用图层样式制作文字效果。

01 启动Photoshop CS6，按Ctrl+N组合键新建一个"钻戒广告"文件，具体参数设置如图8-22所示。

图8-22

02 将背景图层填充为黑色，然后再新建一个"图层1"，并将其填充为灰色（R:55，G:51，B:50），接着执行"滤镜>杂色>添加杂色"菜单命令，打开"添加杂色"对话框，设置"数量"为5，如图8-23所示，效果如图8-24所示。

图8-23　　　　　　　　图8-24

03 打开光盘中的"素材文件>CH08>202-1.jpg"文件，如图8-25所示，然后将其拖曳到"钻戒广告"操作界面中，并将其命名为"图层2"，接着执行"图像>

调整>色相/饱和度"菜单命令，打开"色相/饱和度"对话框，具体参数如图8-26所示，效果如图8-27所示。

04 将"图层2"的"混合样式"设置为"叠加"，效果如图8-28所示。

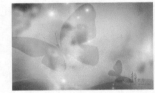

图8-25　　　　　　　　图8-26

05 打开光盘中的"素材文件>CH08>202-2.png"文件，如图8-29所示，然后将其拖曳到"钻戒广告"操作界面中，并将其命名为"钻戒"，效果如图8-30所示。

图8-27　　　　　　　　图8-28

06 将"钻戒"图层进行复制，并将其命名为"倒影"，然后按Ctrl+T组合键进入自由变换模式，接着单击鼠标右键，在弹出的快捷菜单中选择"变形"命令进入"变形"编辑状态，如图8-31所示，效果如图8-32所示。

07 将前景色设置为黑色,然后为"倒影"图层添加一个图层蒙版,接着使用"渐变工具" 的"线性渐变"模式为"倒影"图层添加渐变效果,如图8-33所示,最后设置"不透明度"为40%,效果如图8-34所示。

图8-29

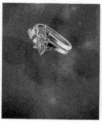
图8-30

图8-31

图8-32

图8-33

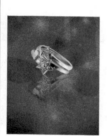
图8-34

08 为"图层1"添加一个图层蒙版,然后使用"渐变工具" ,并设置其模式为"径向渐变",为其添加一个渐变效果,如图8-35所示,效果如图8-36所示。

09 使用"横排文字工具" (字体大小和样式可根据实际情况而定)在绘图区域中输入英文字母,并将其命名为"图层3",效果如图8-37所示。

图8-35

图8-36

图8-37

10 将"图层3"的"混合模式"设置为"叠加",效果如图8-38所示。

11 执行"图层>图层样式>斜面和浮雕"菜单命令,打开"图层样式"对话框,然后勾选"斜面和浮雕"选项,并设置其"大小"为0像素,如图8-39所示,

接着勾选"投影"选项,并设置其"距离"为2像素,如图8-40所示,此时效果如图8-41所示。

图8-38

图8-39

图8-40

图8-41

12 使用"横排文字工具" (字体大小和样式可根据实际情况而定)在绘图区域中输入英文字母,然后设置字体颜色为(R:168,G:149,B:118),并将其命名为"图层4",接着将其"混合模式"设置为"正片叠底",效果如图8-42所示。

图8-42

13 打开光盘中的"素材文件>CH08>202-3.png"文件,然后将其拖曳到"钻戒广告"操作界面中,并将其命名为"图层5",接着执行"图层>图层样式>投影"菜单命令,打开"图层样式"对话框,并设置"不透明度"为82%、"距离"为2像素、"杂色"为50%,具体参数设置如图8-43所示,最终效果如图8-44所示。

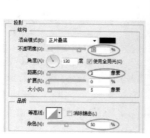
图8-43

图8-44

实战 ⑳ 美食广告

文件位置：光盘>实例文件>CH08>实战203.psd / 难易指数：★★☆☆☆

PS技术点睛

● 调整图层的不透明度制作透明白条效果。
● 运用混合模式、图层样式制作文字效果。
● 运用图层样式、路径制作装饰效果。

设计思路分析

本例制作的美食广告主要突出的是产品，所以背景直接用产品图平铺，然后加上透明色块，并添加文字信息。

01 启动Photoshop CS6，按Ctrl+N组合键新建一个"美食广告"文件，具体参数设置如图8-45所示。

02 打开光盘中的"素材文件>CH08>203.jpg"文件，然后将其拖曳到"美食广告"操作界面中，接着将其命名为"图层1"，如图8-46所示。

图8-45

图8-46

03 新建一个图层，并将其命名为"图层2"，然后利用"矩形选框工具" 在该图层中绘制一个矩形选框，如图8-47所示。

04 设置前景色为白色，然后按Alt+Delete组合键填充矩形选框，接着设置其"不透明度"为56%，最后按Ctrl+D组合键退出选区，效果如图8-48所示。

图8-47

图8-48

05 使用"直排文字工具" （字体大小和样式可根据实际情况而定）在绘图区域中输入"韩国料

理"4个字，效果如图8-49所示。

06 将文字图层复制两个（图层名字分别为"韩国料理副本"和"韩国料理副本2"），分别放在合适的位置，然后分别将这两个图层的"混合模式"设置为"叠加"，接着设置其"不透明度"为50%，效果如图8-50所示。

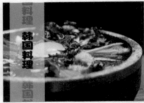

图8-49   图8-50

07 为了使中间的"韩国料理"字样更加突出和清晰，单击"韩国料理"图层，然后执行"图层>图层样式>投影"菜单命令，打开"图层样式"对话框，接着设置"混合模式"为"正常"、"不透明度"为50%、"距离"为0像素、"扩展"为50%、"大小"为100像素，具体参数设置如图8-51所示，此时效果如图8-52所示。

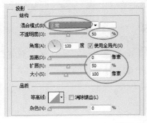

图8-51   图8-52

08 使用"直排文字工具" （字体大小和样式可根据实际情况而定）在绘图区域中输入其他信息，

并将其摆放到合适的位置,然后设置其"混合模式"为"叠加",效果如图8-53所示。

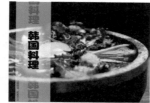

图8-53

09 将前景色设置为深红色(R:145,G:9,B:9),然后使用"钢笔工具"，绘制出如图8-54所示的路径,接着使用"路径选择工具"对该路径进行调整。

10 按Ctrl+Enter组合键将上一步绘制的路径载入选区,然后新建一个"图层3",接着按Alt+Delete组合键将其进行填充,最后按Ctrl+D组合键退出选区,效果如图8-55所示。

图8-58

13 将"图层3"和"石锅拌饭"文字图层拖曳到合适的位置,然后将"图层3"置于"图层2"之下,如图8-59所示,最终效果如图8-60所示。

图8-54 图8-55

11 执行"图层>图层样式>斜面和浮雕"菜单命令,打开"图层样式"对话框,然后设置"大小"为2像素,具体参数设置如图8-56所示,效果如图8-57所示。

图8-59

图8-56 图8-57

12 将前景色设置为黑色,然后使用"直排文字工具"（字体大小和样式可根据实际情况而定）在绘图区域中输入"石锅拌饭"4个字,并将其摆放到合适的位置,然后设置其"混合模式"为"叠加",效果如图8-58所示。

图8-60

361

实战 204 运动鞋广告

文件位置：光盘>实例文件>CH08>实战204.psd / 难易指数：★★☆☆☆

PS技术点睛

● 运用"矩形选框工具"、画笔预设、描边路径制作背景效果。
● 运用文字工具制作文字变形效果。
● 运用画笔样式制作喷漆效果。
● 运用图层样式制作运动鞋投影效果。

设计思路分析

　　本例设计的是潮流运动鞋的广告，首先使用画笔工具制作出撕边的黑色底图，然后使用喷墨画笔制作彩色的背景，为产品描边以突出主题，最后由于画面色彩已经非常丰富，所以使用白色添加文字信息。

01 启动Photoshop CS6，按Ctrl+N组合键新建一个"运动鞋广告"文件，具体参数设置如图8-61所示。

02 新建一个"图层1"，然后使用"矩形工具" ▣ 绘制一个矩形路径，如图8-62所示。

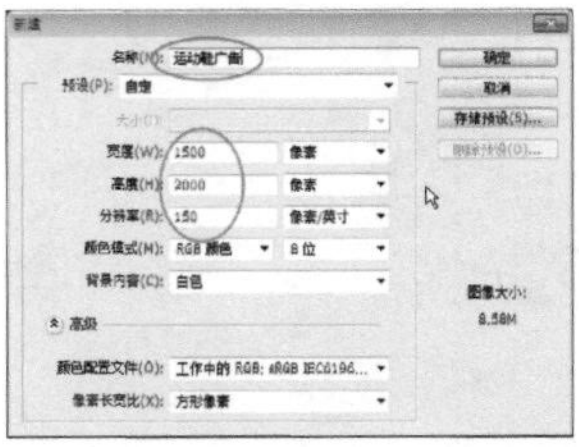

图8-61　　　　　　　　　　　　图8-62

03 单击"画笔工具" ✐ 按钮，然后打开"画笔"面板，选择如图8-63所示的画笔笔尖形状，并设置其"大小"为15像素，最后勾选"形状动态"选项、"散布"选项和"纹理"选项。

04 设置前景色为黑色，然后进入"路径"面板，在刚才绘制的"工作路径"上单击鼠标右键，在弹出的快捷菜单中选择"描边路径"选项，如图8-64所示，接着在弹出的"描边路径"对话框中设置"工具"为"画笔"，最后单击"确定"按钮，如图8-65所示，效果如图8-66所示。

05 按Ctrl+Enter组合键将矩形路径载入选区，然后按Alt+Delete组合键将其进行填充，效果如图8-67所示。

06 打开光盘中的"素材文件>CH08>204.png"文件，然后将其导入到"运动鞋广告"操作界面中，如图8-68所示。

图8-63　　　　　　　图8-64　　　　　　　图8-65

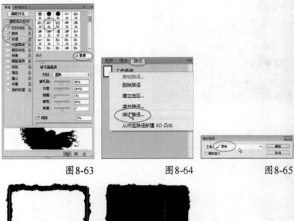

图8-66　　　　　　　图8-67 　　　　　　　图8-68

07 使用"横排文字工具" T（字体大小和样式可根据实际情况而定）在绘图区域中输入字母RAINBOW，然后单击"创建文字变形按钮" ✑，打开"变形文字"对话框，接着设置"样式"为"扇形"、"弯曲"为+55%，具体参数设置如图8-69所示，效果如图8-70所示。

08 继续使用"横排文字工具" T（字体大小和样式可根据实际情况而定）在绘图区域中输入字母

NIKE，效果如图8-71所示。

图8-69　　　　　　图8-70　　　　　　图8-71

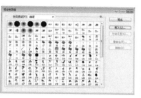

图8-76　　　　　　　　　图8-77

09 选择"画笔工具"，并打开"预设管理器"对话框，将"素材文件>CH08>90款水墨.abr"文件载入到画笔"预设管理器"中，然后新建一个"图层3"，接着选择相应的画笔和颜色，如图8-72所示，在图层中进行喷绘，效果如图8-73所示。

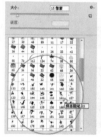

图8-72　　　　　　图8-73

10 为了作品更具层次感，可以再新建一个"图层4"，仿照上一步的操作继续使用"画笔工具"，然后将设置其"不透明度"为53%，其效果如图8-78所示。

图8-78

技术专题 15 载入画笔样式

在Photoshop中默认画笔样式是有限的，但是在设计过程中常常需要用到更多的画笔样式以达到更高的设计要求，因此，编者在这里简单讲解一下如何加载外部画笔样式。

具体操作步骤如下。

第1步：打开"画笔"面板，然后单击"打开预设管理器"按钮，如图8-74所示。

第2步：在打开的"预设管理器"对话框中单击"载入"按钮，如图8-75所示。

技巧与提示

注意将文字和运动鞋的图层置于顶层。

11 为了使运动鞋更加明显，执行"图层>图层样式>投影"菜单命令，打开"图层样式"对话框，然后设置其"不透明度"为100%、"距离"为9像素、"扩展"为76%、"大小"为32像素，具体参数设置如图8-79所示，最后调整好位置，效果如图8-80所示。

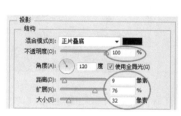

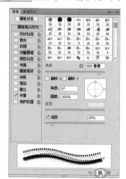
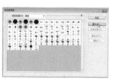

图8-74　　　　　　图8-75

第3步：打开"载入"对话框，并选择需要载入的画笔文件，最后单击"载入"按钮，完成操作，如图8-76所示，载入后的"预设管理器"中便出现了这些画笔样式，如图8-77所示。

图8-79　　　　　　　　　图8-80

12 保持对"图层2"的选择，然后执行"滤镜>风格化>风"菜单命令，打开"风"对话框，接着设置其方法为"风"，如图8-81所示，最终效果如图8-82所示。

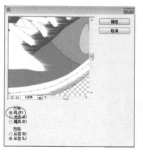

图8-81　　　　　　　　　图8-82

实战 205 音乐播放器广告

文件位置：光盘>实例文件>CH08>实战205.psd / 难易指数：★★★☆☆

PS技术点睛

● 运用图层样式使播放器与背景更加融合。
● 运用图层蒙版和图层样式制作五线谱以及音符发光效果。
● 运用文字工具、图层样式制作文字效果。

设计思路分析

本例设计的音乐播放器广告，以黑色为基调更加突出播放器的发光效果，然后运用图层样式制作一些发光的音符，表现出音乐的律动效果。

01 启动Photoshop CS6，按Ctrl+N组合键新建一个"音乐播放器广告"文件，具体参数设置如图8-83所示。

02 打开光盘中的"素材文件>CH08>205-1.jpg"文件，然后将其拖曳到"音乐播放器广告"操作界面中，并摆放到合适的位置，接着将其命名为"图层1"，如图8-84所示。

图8-85

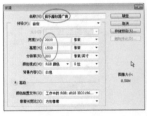

图8-83

图8-84

图8-86

03 打开光盘中的"素材文件>CH08>205-2.png"文件，然后将其拖曳到"音乐播放器广告"操作界面中，并摆放到合适的位置，接着将其命名为"图层2"，如图8-85所示。

04 选择"图层2"，然后执行"图层>图层样式>投影"菜单命令，打开"图层样式"对话框，接着设置阴影颜色为紫色（R:179，G:37，B:226）、"距离"为0像素、"扩展"为35%、"大小"为90像素，具体参数设置如图8-86所示，此时效果如图8-87所示。

05 打开光盘中的"素材文件>CH08>205-3.png"文件，然后将其拖曳到"音乐播放器广告"操作界面中，并将其命名为"图层3"，接着将其置于"图层2"之下，最后调整其方向与大小并摆放到合适的位置，效果如图8-88所示。

图8-87

图8-88

06 将前景色设置为黑色，然后为"图层3"新建一个蒙版，如图8-89所示，接着使用"画笔工具"，在蒙版图层中进行绘制以达到合适的效果，如图8-90所示。

图8-89

图8-90

07 将"图层3"的"混合模式"设置为"柔光"，其效果如图8-91所示。

08 打开光盘中的"素材文件>CH08>205-4.png"文件，然后将其拖曳到"音乐播放器广告"操作界面中，并将其命名为"音符1"，如图8-92所示。

图8-91　　　　　　　　　　　　图8-92

09 执行"图层>图层样式>混合选项"菜单命令，打开"图层样式"对话框，然后勾选"内发光"和"渐变叠加"选项，并在"渐变叠加"选项组下设置"渐变"为"橙，黄，橙渐变"，最后勾选"外发光"选项、在"外发光"选项组下设置发光的"大小"为38像素，具体参数设置如图8-93~图8-95所示，效果如图8-96所示。

 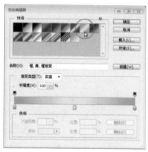

图8-93　　　　　　　　　　　　图8-94

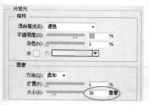 

图8-95　　　　　　　　　　　　图8-96

10 调整"音符1"的大小和方向，然后将其放置到合适的位置，效果如图8-97所示。

图8-97

11 打开光盘中的"素材文件>CH08>205-5.png"文件，然后将其拖曳到"音乐播放器广告"操作界面中，并将其命名为"音符2"，如图8-98所示。

图8-98

12 执行"图层>图层样式>内发光"菜单命令，然后为该图层添加一个系统默认的"内发光"样式；在"图层样式"对话框中单击"渐变叠加"样式，然后在"渐变叠加"选项组下设置"渐变"的第1个色标的颜色为紫色（R:204，G:24，B:203）、第2个色标的颜色为蓝色（R:39，G:181，B:222），如图8-99和图8-100所示，接着勾选"外发光"选项，并在"外发光"选项组下设置其"大小"为38像素，得到的图像效果如图8-101所示。

图8-99

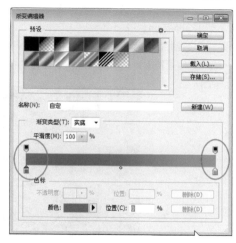

图8-100

图8-101

这里制作的音符效果，由于每个音符需要设置的"图层样式"相似，因此为了提高效率，读者们还可以直接通过复制图层样式的方法，将"音符1"的图层样式复制到"音符2"，然后再进行颜色的修改。

具体操作方法为：选择"音符1"图层，然后单击鼠标右键，在弹出的快捷菜单中选择"拷贝图层样式"命令，接着选择"音符2"图层，并单击鼠标右键，在弹出的快捷菜单中选择"粘贴图层样式"命令，这样便将"音符1"图层的样式复制给了"音符2"图层。

13 调整"音符2"的大小和方向，然后将其放置到合适的位置，效果如图8-102所示。

图8-102

14 继续分别对光盘中的"素材文件>205-6.png、205-7.png、205-8.png"文件进行相同操作，并设置好合适的大小、颜色（可根据自己的喜好进行设置），最后将这5种音符多复制一些，摆放到合适的位置，效果如图8-103所示。

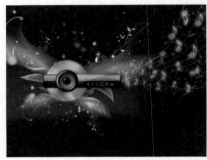

图8-103

15 将前景色设置为白色，然后使用"横排文字工具" T （字体大小和样式可根据实际情况而定）在绘图区域中输入相应的文字，并设置合适的不透明度，效果如图8-104所示。

图8-104

16 执行"图层>图层样式>渐变叠加"菜单命令，分别为"音乐播放器"图层和MUSIC图层添加"渐变叠加"图层样式，具体参数设置如图8-105所示，最终效果如图8-106所示。

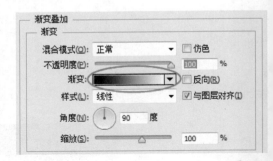

图8-105

图8-106

实战 206 冰淇淋广告

文件位置：光盘>实例文件>CH08>实战206.psd / 难易指数：★★☆☆☆

PS技术点睛

● 运用图层样式制作冰淇淋效果。
● 运用图层蒙版和"渐变工具"制作冰淇淋倒影。
● 运用文字工具、图层样式制作文字效果。

设计思路分析

　　本例是一款冰淇淋POP海报设计，简洁明了地展示出了产品，搭配卡通人物增加视觉吸引力，再加上文字并制作出投影效果，使图案更加丰富。

01 启动Photoshop CS6，按Ctrl+N组合键新建一个"冰淇淋广告"文件，具体参数设置如图8-107所示。

图8-107

02 打开光盘中的"素材文件>CH08>206-1.jpg"文件，然后将其拖曳到"冰淇淋广告"操作界面中，接着将其命名为"图层1"，如图8-108所示。

03 打开光盘中的"素材文件>CH08>206-2.png"文件，然后将其拖曳到"冰淇淋广告"操作界面中，接着将其命名为"图层2"，如图8-109所示。

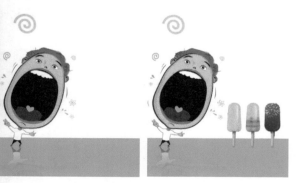

图8-108　　　　　　图8-109

04 执行"图层>图层样式>混合选项"菜单命令，打开"图层样式"对话框，然后勾选"斜面和浮

雕"选项，接着勾选"投影"选项，并设置阴影的"大小"为10像素，具体参数设置如图8-110所示，效果如图8-111所示。

图8-110　　　　　　　　　　图8-111

05 按Ctrl+J组合键将"图层2"复制一个，并将其命名为"图层3"，然后按Ctrl+T组合键进入自由变换模式进行水平反转，接着将其拖曳到合适的位置，效果如图8-112所示。

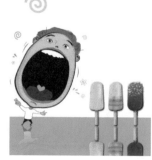

图8-112

06 使用"渐变工具" ▣ 在"图层3"的蒙版中使用"线性渐变"模式从下往上填充黑色到灰色渐

变，然后将其"不透明度"设置为30%，具体参数设置如图8-113所示，此时效果如图8-114所示。

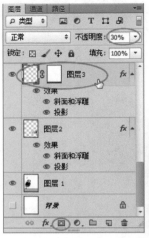

图8-113　　　　　　　　　图8-114

07 使用"横排文字工具" T （字体大小和样式可根据实际情况而定）在绘图区域中创建3个文字图层，分别输入orange、colorful、chocolate，并设置orange为橙色、chocolate为咖啡色，然后为colorful添加一个"渐变叠加"图层样式，接着设置其"渐变"为"蓝，绿，橙，黄"渐变色，如图8-115~图8-117所示，最后将这3个文字图层拖曳到合适的位置，效果如图8-118所示。

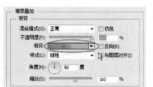

图8-115　　　　　　　　　图8-116

图8-117　　　　　　　　　图8-118

08 使用"横排文字工具" T （字体大小和样式可根据实际情况而定）在绘图区域中输入

ICECREAM，设置其大小为80点，然后执行"图层>图层样式>渐变叠加"菜单命令，打开"图层样式"对话框，并设置其"渐变"为"蓝，橙，黄"渐变色，如图8-119所示，接着勾选"描边"选项，并设置描边的"大小"为10像素、"颜色"为咖啡色，如图8-120所示，效果如图8-121所示。

09 将前景色设置为白色，然后使用"矩形选框工具" 绘制一个矩形选区，接着填充该矩形选区，并将其摆放到合适的位置，最后设置其"不透明度"为50%，其效果如图8-122所示。

10 使用"横排文字工具" T （字体大小和样式可根据实际情况而定）在绘图区域中输入一排大小为20点的文字，并设置其颜色为咖啡色，然后将其摆放到ICECREAM的下面，效果如图8-123所示。

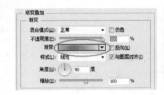

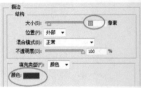

图8-119　　　　　　　　　图8-120

图8-121　　　　　　图8-122　　　　　　图8-123

11 设置前景色为淡黄色，然后使用"横排文字工具" T （字体大小和样式可根据实际情况而定）在绘图区域中创建两个文字图层，并分别输入相应文字，接着执行"图层>图层样式>描边"菜单命令，打开"图层样式"对话框为其添加一个"描边"图层样式，并设置描边的"大小"为10像素、"颜色"为咖啡色，具体参数设置如图8-124所示，效果如图8-125所示。

12 为了突出主题，可以将"图层1"的"不透明度"设置为80%，最终效果如图8-126所示。

图8-124　　　　　　图8-125　　　　　　图8-126

实战 207 少女服装广告

文件位置:光盘>实例文件>CH08>实战207.psd / 难易指数:★★☆☆☆

PS技术点睛

● 调整图层的"不透明度"制作背景效果。
● 运用图层样式制作人物效果。
● 运用"横排文字工具"、"创建文字变形"命令、图层样式制作文字效果。

设计思路分析

本例设计的是少女服装广告,因此这里使用少女系的粉红色作为主色调,主图为具有发光效果的潮流少女,然后在图的上下位置加上粉色色块,最后以纯白色加上相关文字信息,以完善该设计。

01 启动Photoshop CS6,按Ctrl+N组合键新建一个"少女服装广告"文件,具体参数设置如图8-127所示。

图8-127

02 打开光盘中的"素材文件>CH08>207-1.jpg"文件,然后将其拖曳到"少女服装广告"操作界面中,接着将其命名为"图层1",最后设置其"不透明度"为60%,如图8-128所示。

03 打开光盘中的"素材文件>CH08>207-2.png"文件,然后将其拖曳到"少女服装广告"操作界面中,接着将其命名为"图层2",如图8-129所示。

图8-128

图8-129

04 执行"图层>图层样式>投影"菜单命令,打开"图层样式"对话框,然后设置阴影颜色为红色(R:236,G:65,B:96),接着设置"距离"为0像素、"扩展"为10%、"大小"为"50像素",具体参数设置如图8-130所示,最后勾选"内发光"图层样式选项,效果如图8-131所示。

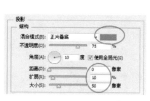

图8-130   图8-131

05 设置前景色为粉色(R:234,G:141,B:167),然后使用"横排文字工具"[T]在绘图区域中输入相应文字,并设置字体的样式为Stencil Std、大小为92点,接着单击"创建文字变形"按钮[⊿],打开"变形文字"对话框,并设置"样式"为"花冠"、"弯曲"为37%,具体参数设置如图8-132所示,效果如图8-133所示。

06 执行"图层>图层样式>投影"菜单命令,打开"图层样式"对话框,然后设置阴影颜色为深红色(R:105,G:1,B:37)、"距离"为0像素、"扩展"为5%、"大小"为10像素,具体参数设置如图8-134所示,效果如图8-135所示。

图8-132

为25%、"大小"为35像素，具体参数设置如图8-137所示，效果如图8-138所示。

图8-133

图8-137　　　　　　　　　　图8-138

09 设置前景色为白色，然后使用"横排文字工具" T 分别在绘图区域中输入相应文字，并设置字体样式为Impact（字体大小根据情况自定），接着将其摆放到合适的位置，并调整"不透明度"，效果如图8-139所示。

图8-134　　　　　　　　　　图8-135

07 使用"横排文字工具" T 在绘图区域中输入相应文字，并设置字体的样式为Impact、大小为37点，接着将MY DREAM文字图层的图层样式复制粘贴到FASHION GIRL文字图层中，效果如图8-136所示。

图8-139

10 设置前景色为浅粉色（R:253，G:165，B:190），然后新建一个"图层4"，接着使用"椭圆选框工具" ○ 绘制一个较大的椭圆选区，并执行"选择>反向"菜单命令，按Alt+Delete组合键进行填充，最后将"图层3"的图层样式复制到"图层4"上，并将投影"大小"设置调整为5像素，具体参数设置如图8-140所示，最终效果如图8-141所示。

图8-136

08 设置前景色为粉色（R:249，G:122，B:158），然后新建一个"图层3"，使用"矩形选框工具" □ 在操作界面下方绘制一个矩形，并按Alt+Delete组合键进行填充，接着执行"图层>图层样式>投影"菜单命令，打开"图层样式"对话框，并设置阴影颜色为粉色（R:235，G:112，B:159）、"距离"0像素、"扩展"

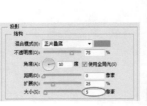

图8-140　　　　　　　　　　图8-141

实战 208 招募广告

文件位置：光盘>实例文件>CH08>实战208.psd / 难易指数：★★☆☆☆

PS技术点睛

● 运用"纹理"滤镜与混合模式制作背景效果。
● 运用文字工具、图层样式等制作文字效果。

设计思路分析

本例没有过多的图案，使用图层样式制作出夸张的文字来进行排列，以作为该海报的视觉中心，直接明了地表达主题，最后在下面加上一些附加信息，背景尽量低调，以突出重点。

01 启动Photoshop CS6，按Ctrl+N组合键新建一个"招募广告"文件，具体参数设置如图8-142所示。

图8-142

02 设置前景色为淡黄色（R:255，G:239，B:197），然后按Alt+Delete组合键将背景图层进行填充，接着执行"滤镜>滤镜库"菜单命令，打开"纹理化"对话框，并设置纹理的"凸现"为8，具体参数设置如图8-143所示，效果如图8-144所示。

图8-143

图8-144

03 打开光盘中的"素材文件>CH08>208.jpg"文件，然后将其拖曳到"招募广告"操作界面中，接着将其命名为"图层1"，最后设置其"混合模式"为"正片叠底"、"不透明度"为80%，如图8-145所示。

图8-145

04 设置前景色为白色，然后使用"横排文字工具" T 在绘图区域中输入"暑"字，并设置合适的字体样式和字体大小，效果如图8-146所示。

图8-146

371

05 执行"图层>图层样式>斜面和浮雕"菜单命令，打开"图层样式"对话框，然后设置其"样式"为"外斜面"、"深度"为1000%、"大小"为21像素，接着勾选"渐变叠加"选项，并设置"渐变"的"预设"为"前景色到透明渐变"，再将两个色标颜色设置为蓝色，最后调整其方向，具体参数设置如图8-147~图8-149所示，效果如图8-150所示。

07 将前景色设置为桔黄色，然后使用"横排文字工具" T 在绘图区域中输入"课"字，并设置其样式为"华文彩云"、其大小为218点，接着执行"图层>图层样式>斜面和浮雕"菜单命令，打开"图层样式"对话框，并设置其"样式"为"外斜面"、"大小"为0像素，具体参数设置如图8-152所示，最后勾选"外发光"选项，并设置其"扩展"为14%、"大小"为200像素，具体参数设置如图8-153所示，效果如图8-154所示。

08 设置前景色为褐色（R:91，G:78，B:42），然后输入相应文字（可根据需要设置字体与大小），最后设置其"不透明度"为80%，效果如图8-155所示。

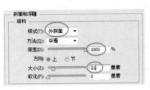

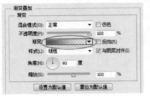

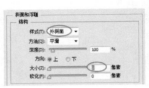

图8-147　　　　　　　　图8-148　　　　图8-152　　　　　　　　图8-153

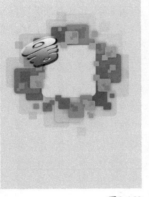

图8-149　　　　　　　　图8-150

06 使用相同的方法创建出其余文字，然后分别设置不同的渐变色，最后调整好位置和方向，效果如图8-151所示。

图8-154　　　　　　　　图8-155

09 为上一步创建的文字分别添加"斜面和浮雕"图层样式，并将浮雕的大小设置为2像素，最终效果如图8-156所示。

图8-151

图8-156

实战 209 轮滑广告

文件位置：光盘>实例文件>CH08>实战209.psd / 难易指数：★★☆☆☆

PS技术点睛

- 运用"波纹"滤镜和调整自然饱和度的方式制作背景效果。
- 运用自由变换模式调整人物动态。
- 运用文字工具、图层样式等制作文字效果。

设计思路分析

　　本例运用滤镜将背景图虚化，将人物进行描边以提升人物动态，再加上一些街头样式的文字，简单地表现了一个轮滑招募广告。

01 启动Photoshop CS6，按Ctrl+N组合键新建一个"轮滑广告"文件，具体参数设置如图8-157所示。

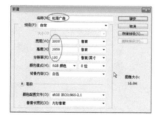

图8-157

02 打开光盘中的"素材文件>CH08>209-1.jpg"文件，然后将其拖曳到"轮滑广告"操作界面中，并将其命名为"图层1"，接着执行"图像>调整>自然饱和度"菜单命令，打开"自然饱和度"对话框，并设置其"自然饱和度"为-60、"饱和度"为-15，具体参数设置如图8-158所示，效果如图8-159所示。

图8-158　　　　　　　　图8-159

03 打开光盘中的"素材文件>CH08>209-2.png"文件，然后将其拖曳到"轮滑广告"操作界面中，并将其命名为"图层2"，接着执行"滤镜>扭曲>波纹"菜单命令，打开"波纹"对话框，并设置"数量"为999%、"大小"为"中"，具体参数设置如图8-160所示，效果如图8-161所示。

图8-160

图8-161

04 按Ctrl+T组合键进入自由变换模式，并使用"变形"命令将人物图像进行调整，如图8-162所示，调整后的效果如图8-163所示。

图8-162　　　　　　　　　图8-163

05 执行"图层>图层样式>投影"菜单命令，打开"图层样式"对话框，然后设置阴影的"不透明度"为100%、"距离"为0像素、"扩展"为97%、"大小"为38像素、"杂色"为50%，具体参数设置如图8-164所示，效果如图8-165所示。

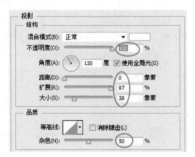

图8-164

图8-165

06 设置前景色为黑色，然后使用"横排文字工具" T 在绘图区域中输入英文JOIN US，并设置合适的字体样式和字体大小，接着执行"图层>图层样式>投影"菜单命令，打开"图层样式"对话框，并设置其"距离"为26像素、"扩展"为24%，具体参数设置如图8-166所示，效果如图8-167所示。

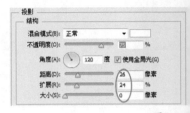

图8-166

图8-167

07 继续使用"横排文字工具" T 在绘图区域中输入其他英文字，然后设置合适的字体样式和字体大小，并摆放在合适的位置使画面看起来美观，最终效果如图8-168所示。

图8-168

实战 210 沙拉促销广告

文件位置：光盘>实例文件>CH08>实战210.psd / 难易指数：★★★☆☆

PS技术点睛

● 运用"表面模糊"滤镜、调整自然饱和度等制作背景效果。
● 运用路径绘制图块。
● 运用文字工具、描边路径、图层样式等制作文字效果。

设计思路分析

本例设计的沙拉广告是一种最常见的POP海报表现形式，以简洁的色块、可爱明确的文字表达主题。

01 启动Photoshop CS6，按Ctrl+N组合键新建一个"沙拉促销广告"文件，具体参数设置如图8-169所示。

图8-169

02 将前景色设置为淡黄色（R:245，G:240，B:228），然后按Alt+Delete组合键将"背景"图层进行填充，接着打开光盘中的"素材文件>CH08>210-1.jpg"文件，并将其拖曳到"沙拉促销广告"操作界面中，最后将其命名为"图层1"，如图8-170所示。

03 为"图层1"添加一个图层蒙版，然后使用"渐变工具" 和"画笔工具" 将多余的部分进行蒙盖，效果如图8-171所示。

图8-170　　　　　　　图8-171

04 打开光盘中的"素材文件>CH08>210-2.jpg"文件，然后将其拖曳到"沙拉促销广告"操作界面中，并将其命名为"图层2"，接着将该图层置于"图层1"之下，效果如图8-172所示。

图8-172

05 执行"图像>调整>自然饱和度"菜单命令，打开"自然饱和度"对话框，并设置其"自然饱和度"为-90、"饱和度"为-23，然后执行"图像>调整>亮度/对比度"菜单命令，打开"亮度/对比度"对话框，并设置其"亮度"为60，具体参数设置如图8-173和图8-174所示，此时效果如图8-175所示。

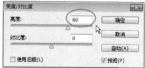

图8-173　　　　　　　图8-174

06 执行"滤镜>模糊>表面模糊"菜单命令，打开"表面模糊"对话框，然后设置"半径"为50像素，如图8-176所示，接着按Ctrl+T组合键进入自由变换模式，将该图层水平反转，效果如图8-177所示。

07 使用"钢笔工具" ✐绘制出如图8-178所示的路径，并使用"路径选择工具" ▶进行调整。

图8-175　　　　　　　　图8-176

图8-177　　　　　　　　图8-178

08 按Ctrl+Enter组合键将上一步绘制的路径载入选区，然后新建一个"图层3"，接着设置前景色为浅绿色（R:185，G:225，B:115），最后按Alt+Delete组合键将其进行填充，效果如图8-179所示。

图8-179

09 设置前景色为白色，然后使用"椭圆工具" ⬭同时按住Shift键创建一个圆形选框，接着按下"画笔工具"按钮✐并设置其"大小"为40像素，新建一个"图层4"，并在路径面板中单击鼠标右键，在弹出的快捷菜单中选择"描边路径"命令为该路径描边，如图8-180所示，再新建一个"图层5"并置于"图层4"之下，最后设置前景色为橙色（R:237，G:138，B:42），并按Alt+Delete组合键进行填充，效果如图8-181所示。

图8-180　　　　　　　　图8-181

10 使用"横排文字工具" Ｔ在绘图区域中输入相应的文字，并调整好其属性及位置等，然后将光盘中的"素材文件>CH08>210-3.png"文件导入到操作界面中，最后将这些文字和图案拖曳到合适的位置，效果如图8-182所示。

图8-182

技巧与提示

　该例字体大小、样式、颜色等可根据实际情况和自己的喜好而定，这里不做具体讲解。

11 使用"钢笔工具" ✐沿着文字周围描出路径，然后使用"路径选择工具" ▶进行调整，如图8-183所示，绘制完成后按Ctrl+Enter组合键将该路径载入选区，如图8-184所示，接着设置前景色为白色，再新建一个"图层6"，最后按Ctrl+Delete组合键进行填充，效果如图8-185所示。

12 执行"图层>图层样式>描边"菜单命令，打开"图层样式"对话框，然后设置描边的"大小"为21像素、"颜色"为草绿色（R:191，G:201，B:28），具体参数设置如图8-186所示，效果如图8-187所示。

图8-183　　　图8-184　　　图8-185

图8-186　　　　　　　　图8-187

13 使用"横排文字工具" Ｔ在绘图区域中输入其他文字信息，最终效果如图8-188所示。

图8-188

实战 211 芭蕾演出广告

文件位置：光盘>实例文件>CH08>实战211.psd / 难易指数：★★★☆☆

PS技术点睛

● 运用"自然饱和度"命令、"表面模糊"滤镜等制作背景效果。
● 运用图层样式、路径、载入选区等制作芭蕾舞者的图像效果。
● 运用文字工具、图层样式等制作文字效果和其他装饰效果。

设计思路分析

　　本例以浪漫的紫色为基调，将芭蕾舞女、蝴蝶、模糊的灯光以和谐、流畅的布局组成了一幅优雅的宣传海报。

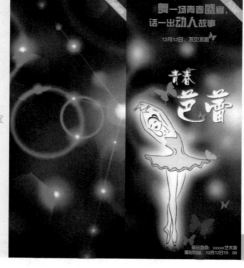

01 启动Photoshop CS6，按Ctrl+N组合键新建一个"芭蕾演出广告"文件，具体参数设置如图8-189所示。

02 打开光盘中的"素材文件>CH08>211-1.jpg"文件，然后将其拖曳到"芭蕾演出广告"操作界面中，并放置到合适的位置，接着将其命名为"图层1"，如图8-190所示。

03 执行"图像>调整>自然饱和度"菜单命令，打开"自然饱和度"对话框，然后设置"自然饱和度"为-100、"饱和度"为-50，具体参数设置如图8-191所示，接着执行"滤镜>模糊>表面模糊"菜单命令，打开"表面模糊"对话框，并设置"半径"为50像素，具

体参数设置如图8-192所示，效果如图8-193所示。

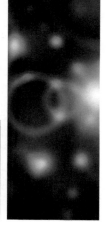

图8-189　　　　　　图8-190

图8-191　　　　　图8-192　　　　　图8-193

04 打开光盘中的"素材文件>CH08>211-2.jpg"文件，然后将其拖曳到"芭蕾演出广告"操作界面中，并放置到合适的位置，接着将其命名为"图层2"，最后将其"混合模式"设置为"正片叠底"，效果如图8-194所示。

05 使用"钢笔工具" ，勾勒出芭蕾人物的轮廓，如图8-195所示，然后按Ctrl+Enter组合键将其载入选区，接着在选区中单击鼠标右键，在弹出的快捷菜单中选择"羽化"命令，打开"羽化选区"对话框，并设置"羽化半径"为40像素，如图8-196和图8-197所示，最后在"图层"面板中新建一个"图层3"并置于"图层2"之下，再按Ctrl+Delete组合键将其填充为白色，效果如图8-198所示。

图8-194

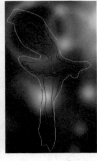
图8-195

图8-196

图8-197　　图8-198

06 执行"图层>图层样式>外发光"菜单命令，打开"图层样式"对话框，然后设置发光颜色为紫色（R:195，G:102，B:171）、"大小"为0像素、"范围"为100%，具体参数设置如图8-199所示，效果如图8-200所示。

07 将"图层2"复制一个并垂直翻转制作倒影效果，然后设置其"不透明度"为50%，效果如图8-201所示。

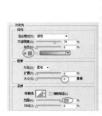
图8-199　　图8-200　　图8-201

08 设置前景色为白色，然后使用"横排文字工具" T 在绘图区域中输入相应的文字，并设置合适的字体样式、位置等，接着分别添加"斜面和浮雕"

图层样式，并设置其"样式"为"外斜面"，如图8-202所示，效果如图8-203所示。

09 设置前景色为深紫色（R:171，G:131，B:160），然后继续使用"横排文字工具" T 在绘图区域中输入其余文字，并设置合适的字体样式、位置等，效果如图8-204所示。

10 打开光盘中的"素材文件>CH08>211-3.png"文件，然后将其拖曳到"芭蕾演出广告"操作界面中，并将其命名为"图层4"，接着为其添加一个"投影"图层样式，最后将制作好的蝴蝶多复制几个，同时设置合适的位置、形态，以及颜色，最终效果如图8-205所示。

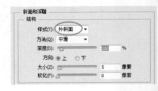
图8-202

图8-203　　图8-204　　图8-205

技巧与提示

在设计过程中常常需要发散思维，一种主题做多种尝试，下面是编者为本例设计的第2种方案，供大家参考，如图8-206所示，同时也为大家提供了源文件。

图8-206

实战 212 环保公益广告

文件位置：光盘>实例文件>CH08>实战212.psd / 难易指数：★★☆☆☆

PS技术点睛
- 运用选区、填充命令制作背景效果。
- 运用图层样式、路径等制作文字效果。
- 运用路径、选区、图层样式等制作地球的效果。

设计思路分析

本例是一个公益海报的广告，以绿色和白色这两个简单、干净的颜色作为基调，中间为同住一个地球的人类、动物和植物，与前面绿色的地球共同呼应了爱护地球、保护环境这个主题。

01 启动Photoshop CS6，按Ctrl+N组合键新建一个"环保公益广告"文件，具体参数设置如图8-207所示。

02 将前景色设置为绿色（R:127，G:200，B:73），然后按Alt+Delete组合键进行填充，效果如图8-208所示。

03 打开光盘中的"素材文件>CH08>212.png"文件，然后将其拖曳到"环保公益广告"操作界面中，并放置到合适的位置，接着将其命名为"图层1"，如图8-209所示。

图8-207   图8-208   图8-209

04 设置前景色为白色，然后按住Ctrl键不松开，接着用鼠标左键单击"图层1"的缩略图，如图8-210所示，此时便将"图层1"的轮廓形状载入了选区，如图8-211所示，最后按Alt+Delete组合键进行填充，此时效果如图8-212所示。

05 使用"横排文字工具" ⊤ 在绘图区域中输入相应的文字，并设置合适的字体样式、位置等，然后在"图层"面板中单击"添加图层样式"按钮 ƒx，为其添加一个"描边"图层样式，接着在"图层样式"对话框中设置其"大小"为15像素、"颜色"为绿色（R:127，G:200，B:73），具体参数设置如图8-213所

示，效果如图8-214所示。

图8-210   图8-211   图8-212

图8-213   图8-214

技巧与提示

编者建议大家在公益广告中运用的文字尽量简洁大方。

06 使用"横排文字工具" ⊤ 在绘图区域中输入相应的文字，并设置合适的字体样式、位置等，然后将"我们只有一个"图层的图层样式拷贝到该图层上，接着用鼠标左键双击图层样式位置，打开"图层样式"对话框，再勾选"渐变叠加"选项，最后设置"渐变"为绿色到透明色渐变，具体参数设置如图8-215所示，效果如图8-216所示。

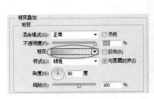

图8-215　　　　　　　　　图8-216

加"外发光"图层样式，并设置其颜色为绿色（R:152，G:236，B:102）、"扩展"为17%、"大小"为250像素，具体参数设置如图8-224所示，最后将其放置在合适的位置，此时效果如图8-225所示。

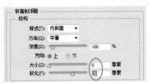

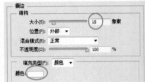

图8-221　　　　　　　　　图8-222

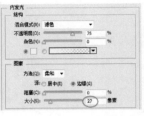

图8-223　　　　　　　　　图8-224

07 再次将"素材文件>CH08>212.png"文件导入到"环保公益广告"操作界面中，并将其命名为"图层2"，然后使用"椭圆工具" 创建一个圆形路径，并按住Ctrl键同时使用鼠标左键进行调整，如图8-217所示，接着按Shift+Ctrl+I组合键进行反向选择，最后按Delete键将多余部分删除，如图8-218所示，效果如图8-219所示。

08 执行"滤镜>滤镜库"菜单命令，在打开的对话框中选择"木刻"艺术效果，效果如图8-220所示。

图8-217　　　　　　　　　图8-218

图8-225

图8-219　　　　　　　　　图8-220

10 将前景色设置为白色，然后使用"横排文字工具" 在绘图区域中输入相应的文字，并设置合适的字体样式、位置等，最终效果如图8-226所示。

09 在"图层"面板中单击"添加图层样式"按钮 *fx.*，首先为"图层2"添加一个"斜面和浮雕"图层样式，并设置"大小"为0像素、"软化"为10像素，具体参数设置如图8-221所示，然后添加"描边"图层样式，并设置"大小"为15像素、"颜色"为白色，具体参数设置如图8-222所示，接着添加"内发光"图层样式，并设置其"大小"为27像素，具体参数设置如图8-223所示，再添

图8-226

实战 **213** 圣诞节广告

文件位置：光盘>实例文件>CH08>实战213.psd / 难易指数：★★★☆☆

PS技术点睛

- 运用选区、"填充"命令制作背景效果。
- 运用蒙版、"渐变工具"、图层样式、自由变换模式中的"变形"命令等制作图形及倒影效果。
- 运用文字工具、图层样式、蒙版和"渐变工具"等制作文字及倒影效果。

设计思路分析

　　本例设计的是一个蛋糕坊贴出的圣诞节海报，主要表达的是节日的气氛，同时加入了自己店铺的风格与Logo，无形中为自己做了广告。月亮、圣诞鹿、雪花等作为主要元素，表现出圣诞夜月光下的圣诞鹿。

01 启动Photoshop CS6，按Ctrl+N组合键新建一个"圣诞节广告"文件，具体参数设置如图8-227所示。

图8-227

02 新建一个"图层1"，然后设置前景色为黑色，并按Ctrl+Delete组合键将背景填充为黑色，接着使用"椭圆选框工具" 并同时按住Shift键绘制一个圆形选框，再设置前景色为白色，最后将圆形选区填充为白色，效果如图8-228所示。

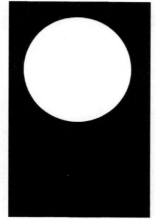

图8-228

03 打开光盘中的"素材文件>CH08>213-1.png"文件，然后将其拖曳到"圣诞节广告"操作界面中，并放置到合适的位置，接着将其命名为"图层2"，最后设置其"不透明度"为60%，效果如图8-229所示。

图8-229

04 设置前景色为红色（R:217，G:9，B:9），然后使用"横排文字工具" 在绘图区域中输入英文字母MERRY，并设置合适的字体样式、位置等，接着执行"图层>图层样式>投影"菜单命令，打开"图层样式"对话框，并设置"混合模式"为"正常"、阴影颜色为绿色（R:3，G:72，B:17）、"不透明度"为100%、"角度"为150度、"距离"为15像素，具体参数设置如图8-230所示，效果如图8-231所示。

05 设置前景色为白色，然后使用"横排文字工具" 在绘图区域中输入英文字母

381

CHRISTMAS，并设置合适的字体样式、位置等，接着将MERRY的图层样式复制到CHRISTMAS中，并双击图层下的"投影"选项，最后在弹出的"图层样式"对话框中将投影的颜色设置为红色（R:217，G:9，B:9），效果如图8-232所示。

图8-230

图8-231

图8-232

06 将光盘中的"素材文件>CH08>213-2.png"文件导入到"圣诞节广告"操作界面中，然后放置到合适的位置，并将其命名为"图层3"，最后为其添加一个"斜面和浮雕"图层样式，效果如图8-233所示。

07 按Ctrl+J组合键将"图层3"进行复制，然后按Ctrl+T组合键进入自由变换模式，将其进行垂直翻转，并拖曳到合适的位置，接着在"图层"面板中单击"添加图层蒙版"按钮，为其添加一个图层蒙版，再使用"渐变工具"中的"线性渐变"模式在蒙版中绘制渐变色，最后设置"不透明度"为20%，效果如图8-234所示。

图8-233

图8-234

08 将光盘中的"素材文件>CH08>213-3.png"文件导入到"圣诞节广告"操作界面中，然后放置到合适的位置，并将其命名为"图层4"，接着为其添加一个图层蒙版，最后使用"渐变工具"中的"线性渐变"模式在蒙版中绘制渐变色，效果如图8-235所示。

图8-235

09 按Ctrl+J组合键将"图层4"进行复制，然后按Ctrl+T组合键进入自由变换模式，将其进行垂直翻转，并调整出倒影的轮廓，效果如图8-236所示，接着在"图层4副本"的图层蒙版中使用"渐变工具"在蒙版中绘制渐变色，最后将"不透明度"设置为30%，效果如图8-237所示。

图8-236   图8-237

10 设置前景色为白色，然后使用"横排文字工具"在绘图区域中分别输入相应的英文字母，并利用前面所讲的方法为其分别添加倒影效果，最后将其摆放到合适的位置，效果如图8-238所示。

11 将光盘中的"素材文件>CH08>213-4.png"文件导入到"圣诞节广告"操作界面中，并将其命名为"图层5"，然后该图层置于最顶层，接着在操作界面中将其放置到合适的位置，最终效果如图8-239所示。

图8-238

图8-239

实战 214 商场活动广告

文件位置：光盘>实例文件>CH08>实战214.psd / 难易指数：★★☆☆☆

- 运用路径、选区、"填充"命令制作背景效果。
- 运用"画笔工具"、文字工具制作文字与喷墨效果。

设计思路分析

　　本例是很多商场中常见的一款POP海报，以圣诞经典色绿色和红色进行搭配，此外，以活泼的形式明确地分割出两个色块，整个设计在表达圣诞节的同时又突出该商场的折扣信息。

01 启动Photoshop CS6，按Ctrl+N组合键新建一个"商场活动广告"文件，具体参数设置如图8-240所示。

图8-240

02 打开光盘中的"素材文件>CH08>214-1.jpg"文件，然后将其拖曳到"商场活动广告"操作界面中，并放置到合适的位置，接着将其命名为"图层1"，如图8-241所示。

03 利用"钢笔工具" ✍ 在界面下方绘制出如图8-242所示的路径，然后利用"路径选择工具" ▶ 进行调整，使其更加平滑，并按Ctrl+Enter组合键载入选区，接着设置前景色为白色，并在"图层"面板中新建一个"图层2"，最后按Alt+Delete组合键对选区进行填充，效果如图8-243所示。

图8-241

图8-242

图8-243

04 设置前景色为黑色，然后使用"横排文字工具" T 分别在绘图区域中输入相应的4个字，并设置合适的字体样式、位置等，效果如图8-244所示。

05 新建一个"图层3"，然后利用"矩形选框工具" □ 绘制一个较小的矩形，并将其填充为红色（R:151，G:18，B:3），接着使用"横排文字工具" T 输入数字2013，并设置颜色为白色，最后将其放置在合适的位置，效果如图8-245所示。

06 设置前景色为白色，然后新建一个"图层4"，并将其置于上一步创建的4个文字图层之下，接着使用"画笔工具"中的喷墨样式绘出如图8-246所示的效果。

图8-244

图8-245

图8-246

技巧与提示

　　这里使用的喷墨样式的画笔请读者参照实战204中所述内容，相关画笔文件也可以在素材文件中找到。

07 再次利用"横排文字工具" T 创建相应文字，并设置合适的字体样式、颜色等，效果如图8-247所示。

08 将光盘中的"素材文件>CH08>214-2.png"文件，导入到"商场活动广告"操作界面中，并将其命名为"图层5"然后执行"图层>图层样式>斜面和浮雕"菜单命令，打开"图层样式"对话框，接着勾选"斜面和浮雕"选项，并设置"样式"为"外斜面"，如图8-248所示，最后对画面进行调整，最终效果如图8-249所示。

图8-247

此时便将其轮廓载入选区，然后用鼠标单击"矩形选框工具"，接着在选区内单击鼠标右键，并在弹出的快捷菜单中选择"建立工作路径"，如图8-251所示，最后在弹出的对话框中单击"确定"按钮，此时路径便建立好了。

图8-251

第3步：由于在这里编者想要将绿色突出部分往回收一点，并且向上移动，选择"直接选择工具"以框选方式将相关的几个锚点同时选中，并向右上拖移，如图8-252所示。

第4步：拖曳相关锚点的控制柄，将路径进行更精细的调整，使其更加平滑，如图8-253所示。

图8-252　　　　　　图8-253

第5步：按Ctrl+Enter组合键将路径载入选区，然后删除"图层2"，再新建一个"图层2"，最后再将选区填充为白色，如图8-254所示。

这里提示一下，在路径的选择工具中除了"直接选择工具"，还有一个"路径选择工具"，该工具不能单个调节锚点，而是只能将整个路径进行移动，如图8-255所示，按Ctrl键可以在两个工具间进行切换，希望读者可以掌握并能够灵活运用。

图8-254　　　　　　图8-255

图8-248　　　　　　图8-249

技术专题 16 调整路径

在上例中，最后创建完成的画面如图8-250所示，画面有遮挡，且不美观，所以编者便对"图层2"的路径进行了修改，并且重新载入选区进行填充。

图8-250

具体操作步骤如下。

第1步：在路径面板中找到之前绘制的工作路径。

第2步：如果路径不小心被删掉，可以在"图层"面板中，按住Ctrl键的同时用鼠标左键单击"图层2"的缩略图，

实战 215 海滩派对广告

文件位置：光盘>实例文件>CH08>实战215.psd / 难易指数：★★☆☆☆

PS技术点睛

● 运用文字工具、图层样式、"栅格化图层样式"命令制作文字与人物效果。

● 运用"钢笔工具"、图层样式、"栅格化图层样式"命令等制作云朵效果。

设计思路分析

本例设计的海滩派对广告以活泼、俏皮的风格为主，以蓝色和黄色作为主色调，其中文字、人物及装饰素材用图层样式制作出贴纸的效果，文字中的蓝色与红色是经典潮流搭配色，为画面效果加分不少。

01 启动Photoshop CS6，按Ctrl+N组合键新建一个"海滩派对广告"文件，具体参数设置如图8-256所示。

图8-256

02 打开光盘中的"素材文件>CH08>215-1.jpg"文件，然后将其拖曳到"海滩派对广告"操作界面中，接着将其放置到合适的位置，并拉伸到适合界面的宽度，最后将其命名为"图层1"，如图8-257所示。

03 设置前景色为蓝色（R:6，G:153，B:237），然后使用"横排文字工具" T 分别在绘图区域中输入相应的大写英文字母，并设置合适的字体样式、位置等，效果如图8-258所示。

图8-257

图8-258

技巧与提示

本例使用的字体样式为Baby Kruffy，大家可以到网上去下载。

04 执行"图层>图层样式>描边"菜单命令，打开"图层样式"对话框，然后设置"描边"的"大小"为15像素、"位置"为"居中"、"颜色"为白色，接着勾选"投影"选项，并设置其"混合模式"的颜色为（R:76，G:50，B:3）、"距离"为23像素、"扩展"为24%、"大小"为20像素，具体参数设置如图8-259和图8-260所示，效果如图8-261所示。

05 设置前景色为红色（R:255，G:5，B:5），然后使用"横排文字工具" T 分别在绘图区域中输入相英文字母summer，并设置合适的字体样式、位置等，接着将PARTY文字图层中的图层样式复制到summer文字图层中，效果如图8-262所示。

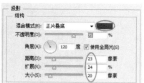

图8-259　　　　　　　　　图8-260

图8-261　　　　　　　　　图8-262

06 将光盘中的"素材文件>CH08>215-2.png"文件导入到"海滩派对广告"操作界面中，然后将其放置到合适的位置，并将其命名为"图层2"，接着为

其添加一个"描边"图层样式，并设置描边的"大小"为20像素、"颜色"为白色，具体参数设置如图8-263所示，效果如图8-264所示。

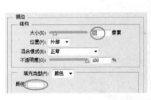

图8-263　　　　　　　　图8-264

07 在"图层"面板中，用鼠标右键单击"图层2"，然后在弹出的快捷菜单命令中选择"栅格化图层样式"命令，接着再次为"图层2"添加一个"投影"图层样式，并设置"混合模式"的颜色为（R:4，G:45，B:69）、"距离"为10像素，具体参数设置如图8-265所示，效果如图8-266所示。

图8-265　　　　　　　　图8-266

08 将光盘中的"素材文件>CH08>215-3.png、215-4.png"文件导入到"海滩派对广告"操作界面中，然后分别放置到合适的位置，并分别命名为"图层3"和"图层4"，接着按照步骤（6）和步骤（7）所述的方法进行相同的设置，效果如图8-267所示。

图8-267

09 使用"钢笔工具" 绘制出云朵形状的路径，如图8-268所示，然后按Ctrl+Enter组合键进行填充，接着执行"图层>图层样式>渐变叠加"菜单命令，打开"图层样式"对话框，并设置其"渐变"为"白，蓝"渐变色、"样式"为"径向"，再添加一个"投影"图层样式，并设置阴影颜色为（R:139，G:146，

B:125）、"距离"为24像素、"扩展"为8%、"大小"为29像素，具体参数设置如图8-269和图8-270所示，最后将制作好的云朵多复制两个，并放置到合适的位置，最终效果如图8-271所示。

图8-268

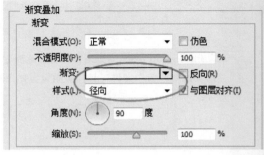

图8-269

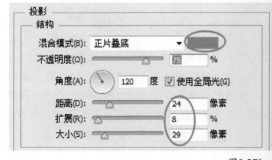

图8-270

图8-271

实战 216 蛋糕广告

文件位置：光盘>实例文件>CH08>实战216.psd / 难易指数：★★☆☆☆

PS技术点睛

● 运用"矩形选框工具"、"自由变换并复制"命令制作背景效果。
● 运用文字工具、图层样式等制作文字及蛋糕效果。

设计思路分析

本例设计的蛋糕POP海报主要使用暖色调，可爱的粉色及诱人的蛋糕图案表达出甜蜜温馨的主旨。

01 启动Photoshop CS6，按Ctrl+N组合键新建一个"蛋糕广告"文件，具体参数设置如图8-272所示。

图8-272

02 打开光盘中的"素材文件>CH08>216-1.jpg"文件，然后将其拖曳到"蛋糕广告"操作界面中，接着将其放置到合适的位置，并拉伸到适合界面的宽度，最后将其命名为"图层1"，如图8-273所示。

03 新建一个图层，然后使用"矩形选框工具" 绘制一个长条形的矩形选框，接着设置前景色为白色，并进行填充，效果如图8-274所示。

图8-273

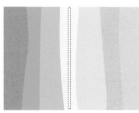

图8-274

04 按Ctrl+T组合键进入自由变换模式，然后将这个白色长条旋转5度，并按回车键退出自由变换模式，接着按Ctrl+Shift+Alt+T组合键进入自由变换并复制

状态复制出若干个，最后按Ctrl+E组合键将这些图层合并为"图层2"，效果如图8-275所示。

05 将"图层2"放大并放置到合适的位置，然后设置其"不透明度"为20%，效果如图8-276所示。

图8-275

图8-276

06 设置前景色为白色，然后使用"横排文字工具" 在绘图区域中输入相应的英文字母，并设置合适的字体样式、位置等，接着执行"图层>图层样式>描边"菜单命令，打开"图层样式"对话框，设置"大小"为15像素、"颜色"为（R:211，G:58，B:58），如图8-277所示；继续单击"投影"样式，然后设置阴影颜色为（R:84，G:6，B:7）、"距离"为34像素、"扩展"为37%、"大小"为51像素，如图8-278所示，效果如图8-279所示。

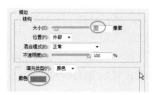

图8-277

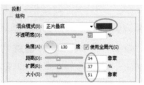

图8-278

图8-279

07 新建一个"图层3"，然后使用"矩形选框工具" 绘制一个矩形选框，接着设置前景色为红色（R:211，G:58，B:58），并进行填充，再打开"图层样式"对话框，为其添加一个"描边"图层样式，并设置描边的"大小"为15像素，最后添加一个"投影"图层样式，并设置阴影的"距离"为16像素、"扩展"为12%、"大小"为40像素，具体参数设置如图8-280所示，效果如图8-281所示。

图8-280

图8-281

08 设置前景色为白色，然后使用"横排文字工具" 在绘图区域中输入相应的英文字母，并设置合适的字体样式、位置等，接着将其摆放到合适的位置，效果如图8-282所示。

09 将光盘中的"素材文件>CH08>216-2.png"文件导入到"蛋糕广告"操作界面中，然后将其放置到合适的位置，并拉伸到适合界面的宽度，最后将其命名为"图层4"，如图8-283所示。

图8-282

图8-283

10 执行"图层>图层样式>描边"菜单命令，打开"图层样式"对话框，然后添加一个"描边"图层样式，并设置其"大小"为20像素、"颜色"为白色，接着添加一个"投影"图层样式，并设置其"距离"为10像素、"扩展"为24%、"大小"为40像素，具体参数设置如图8-284和图8-285所示，最后将"图层4"复制两个并调整好位置和大小，效果如图8-286所示。

11 新建一个"图层5"，并将其放置到"图层3"下面，然后设置前景色为淡黄色，接着使用"柔边圆"画笔绘制出发光效果，效果如图8-287所示。

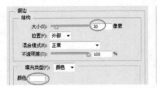

图8-284

图8-285

图8-286

图8-287

12 将光盘中的"素材文件>CH08>216-3.png"文件导入到"蛋糕广告"操作界面中，然后将其放置到合适的位置，接着将其命名为"图层6"，最后为其添加一个"大小"为15像素的"描边"图层样式，最终效果如图8-288所示。

图8-288

实战 **217** 咖啡屋广告

文件位置：光盘>实例文件>CH08>实战217.psd / 难易指数：★★☆☆☆

PS技术点睛

● 运用"矩形选框工具"、"填充工具"等制作背景效果。
● 运用文字工具、图层样式等命令制作文字效果。

设计思路分析

　　本例采用咖啡色作为底色，画面分为不均等的两部分，上半部分以图为主，下半部分以文字为主，以咖啡杯作为过渡，互相独立亦相互呼应，下面的文字部分故意使用深色是为了主次分明，突出该POP海报的主题。

01 启动Photoshop CS6，按Ctrl+N组合键新建一个"咖啡屋广告"文件，具体参数设置如图8-289所示。

图8-289

02 设置前景色为淡黄色（R:248，G:230，B:204），然后按Ctrl+Delete组合键将"背景"图层进行填充，效果如图8-290所示。

图8-290

03 新建一个"图层1"，然后使用"矩形选框工具"绘制一个矩形选框，接着设置前景色为深黄色（R:204，G:151，B:102），最后填充该矩形选框，效果如图8-291所示。

图8-291

04 打开光盘中的"素材文件>CH08>217-1.jpg"文件，然后将其拖曳到"咖啡屋广告"操作界面中，将其命名为"图层2"，接着将其放置到合适的位置，并设置其"混合模式"为"正片叠底"，效果如图8-292所示。

05 设置前景色为咖啡色（R:86，G:37，B:1），然后使用"横排文字工具"在绘图区域中输入相应的英文字母，并设置合适的字体样式、位置等，接着执行"图层>图层样式>描边"菜单命令，打开"图层样

式"对话框，设置描边的"大小"为15像素、"颜色"为（R:235，G:194，B:141），具体参数设置如图8-293所示，效果如图8-294所示。

图8-292

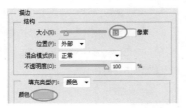

图8-293

图8-294

06 设置前景色为橘红色（R:166，G:62，B:5），然后继续使用"横排文字工具" T 在绘图区域中输入相应的英文字母，并设置合适的字体样式、位置等，接着将Coffee图层中的图层样式复制到该文字图层中，效果如图8-295所示。

图8-295

07 将光盘中的"素材文件>CH08>217-2.png"文件导入到"咖啡屋广告"操作界面中，并将其命名为"图层3"，接着将其放置到合适的位置，效果如图8-296所示。

图8-296

08 使用"横排文字工具" T 在绘图区域中输入相应的文字，然后将光盘中的"素材文件>CH08>217-3.png"文件导入到"咖啡屋广告"操作界面中，并调整好其位置、大小，最终效果如图8-297所示。

图8-297

实战 218 化妆馆广告

文件位置：光盘>实例文件>CH08>实战218.psd / 难易指数：★★☆☆☆

PS技术点睛

● 运用"仿制图章工具"、滤镜修饰背景效果。
● 运用文字工具、图层样式等命令制作文字。

设计思路分析

这是一款以化妆品为主题的海报，底图运用了一个优雅自信的女人，加上一些花瓣效果丰富画面，为了呼应"梦"这个主题，将底图使用"油画"滤镜制作出朦胧感与颜料质感，最后加上化妆品的图案以及一些广告语，完成整体设计。

01 启动Photoshop CS6，按Ctrl+N组合键新建一个"化妆馆广告"文件，具体参数设置如图8-298所示。

图8-298

02 打开光盘中的"素材文件>CH08>218-1.jpg"文件，然后将其拖曳到"化妆馆广告"操作界面中，并将其命名为"图层1"，效果如图8-299所示。

03 使用"仿制图章工具" 将"图层1"中不和谐的部分进行调整，如图8-300所示，然后执行"滤镜>油画"菜单命令，打开"油画"对话框，接着设置画笔的"样式化"为0.1、"清洁度"为10、"缩放"为0.1、"硬毛刷细节"为0，再设置光照的"角方向"为333、"闪亮"为1，具体参数设置如图8-301所示，效果如图8-302所示。

04 设置前景色为白色，然后使用"横排文字工具" 在绘图区域中输入相应的文字和英文字母，并设置合适的字体样式、位置等，接着执行"图层>图层样式>描边"菜单命令，打开"图层样式"对话框，设置描边的"大小"为9像素、"颜色"为（R:139, G:71, B:62），具体参数设置如图8-303所示，效果如图8-304所示。

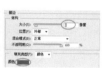

图8-302　　　　图8-303　　　　图8-304

05 将光盘中的"素材文件>CH08>218-2.png"文件导入到"化妆馆广告"操作界面中，并将其命名为"图层2"，然后打开"图层样式"对话框添加一个"投影"图层样式，接着设置阴影颜色为（R:47, G:1, B:6）、"角度"为90度、"距离"为24像素、"扩展"为0%、"大小"为16像素，具体参数设置如图8-305所示，效果如图8-306所示。

图8-305　　　　　图8-306

06 添加并调整好其余文字，最终效果如图8-307所示。

图8-299　　　　图8-300　　　　图8-301

图8-307

391

实战 219 比萨复古风格广告

文件位置：光盘>实例文件>CH08>实战219.psd / 难易指数：★★☆☆☆

PS技术点睛

● 运用"自由变换并复制"命令制作背景效果。
● 运用文字工具、图层样式等命令制作文字。

设计思路分析

　　本例设计的比萨POP海报主要运用复古风格，复古风格大多颜色以低明度为主，这里采用淡黄色、中绿色以及浅朱红色进行搭配，背景以复古风独有的条纹，再加上一些斑驳的效果，使这款海报更有意思。

01 启动Photoshop CS6，按Ctrl+N组合键新建一个"比萨复古风格广告"文件，具体参数设置如图8-308所示。

02 打开光盘中的"素材文件>CH08>219-1.jpg"文件，然后将其拖曳到"比萨复古风格广告"操作界面中，并将其命名为"图层1"，效果如图8-309所示。

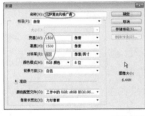

图8-308

图8-309

03 设置前景色为淡黄色（R:240，G:231，B:183），然后新建一个图层，接着使用"矩形选框工具" 绘制一个矩形选框，并将其进行填充，再按Ctrl+T组合键进入自由变换模式，将矩形变换为梯形，最后按Enter键退出自由变换模式，如图8-310所示。

图8-310

04 再次按Ctrl+T组合键进入自由变换模式，然后在"工具栏"中设置角度值为5度，如图8-311所示，并将控制点移动到下方作为旋转基点，如图8-312所示，接着按Enter键退出自由变换模式，再多次按Ctrl+Shift+Alt+T组合键进入自由变换复制状态复制出若干个，最后按Ctrl+E组合键将这些图层合并为"图层2"，效果如图8-313所示。

图8-311

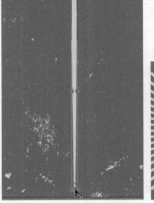

图8-312

图8-313

05 使用"矩形选框工具" 在"图层2"中绘制一个矩形选框，如图8-314所示，然后按Ctrl+Shift+N组合键将选框反向选择，并将选框中的内容删除，再次

按Ctrl+Shift+I组合键，接着新建一个"图层3"，然后在选中"矩形选框工具"按钮后在选区中单击鼠标右键，选择"描边"命令，并在弹出的"描边"对话框中设置"宽度"为15像素、"颜色"为淡黄色，具体参数设置如图8-315所示，效果如图8-316所示。

06 将"图层2"的"不透明度"设置为40%，然后将光盘中的"素材文件>CH08>219-2.png"文件导入到"比萨复古风格广告"操作界面中，并将其命名为"图层4"，接着为其添加一个"大小"为15像素的"描边"图层样式，效果如图8-317所示。

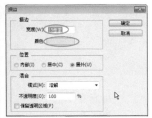

图8-314　　　　　　　　　　图8-315

图8-316　　　　　　　　　　图8-317

07 设置前景色为墨绿色（R:68，G:90，B:59），然后使用"横排文字工具"T.在绘图区域中输入相应的英文字母，并设置合适的字体样式、位置等，接着为其添加一个"大小"为15像素的"描边"图层样式，再添加一个"投影"图层样式，并设置其"距离"为18像素、"扩展"为39%、"大小"为13像素，具体参数设置如图8-318所示，效果如图8-319所示。

图8-318　　　　　　　　　　图8-319

08 新建一个"图层5"，然后使用"矩形选框工具"□□绘制一个矩形框，并将其填充为墨绿色，接着进入自由变换模式进行变形，最后将PIZZA文字图层中的图层样式复制到"图层5"中，效果如图8-320所示。

图8-320

09 设置前景色为深红色（R:121，G:50，B:34），然后输入其余文字并调整其形状、位置及图层样式，效果如图8-321所示。

图8-321

10 设置前景色为淡黄色，然后新建一个"图层6"，接着使用喷墨画笔样式，在画面中绘制出一些斑驳的效果，最后将"图层6"置于最顶层，最终效果如图8-322所示。

图8-322

实战 220 糖果广告

文件位置：光盘>实例文件>CH08>实战220.psd / 难易指数：★☆☆☆☆

PS技术点睛

● 运用矩形选框裁切背景图片。
● 运用文字工具、图层样式等命令制作文字。
● 运用图层编组命令对多个重复对象进行编组并为组添加图层样式。

设计思路分析

　　由于糖果给人以快乐、乐趣、彩色的感觉，所以本例设计的糖果POP海报以色彩丰富且明亮为基调，糖果的主图搭配可爱的字体与装饰，使观者一看就有想吃的冲动。

01 启动Photoshop CS6，按Ctrl+N组合键新建一个"糖果广告"文件，具体参数设置如图8-323所示。

图8-323

02 打开光盘中的"素材文件>CH08>220-1.jpg"文件，然后将其拖曳到"糖果广告"操作界面中，并将其命名为"图层1"，接着进行剪裁，最后摆放到合适的位置，效果如图8-324所示。

03 使用"横排文字工具" T.在绘图区域中输入相应的英文字母，并设置合适的字体样式、位置及颜色等，接着执行"图层>图层样式>描边"菜单命令，打开"图层样式"对话框，最后设置描边的"大小"为15像素、"颜色"为白色，效果如图8-325所示。

图8-324　　　　　　　　　图8-325

04 将光盘中的"素材文件>CH08>220-2.png"、220-3.png"文件导入到"糖果广告"操作界面中，并分别将其命名为"图层2"和"图层3"，并将文字图层中的图层样式拷贝到"图层2"和"图层3"，效果如图8-326所示。

05 将光盘中的"素材文件>CH08>220-4.png"文件导入到"糖果广告"操作界面中，并将其命名为"图层4"，然后按Ctrl+J组合键将"图层4"多复制几个，并分别调整其大小、方向，然后摆放到合适的位置，效果如图8-327所示。

图8-326　　　　　　　　　图8-327

06 将"图层4"以及其副本图层全部选中，然后执行"图层>图层编组"菜单命令或按Ctrl+G组合键将其合并为一个组，接着在"图层"面板中单击"添加图层样式"按钮 fx.为该组添加一个"描边"图层样式，并在"图层样式"对话框中设置描边的"大小"为10像素、"颜色"为白色，最终效果如图8-328所示。

图8-328

第9章
户外广告设计

■ 站台广告/396页　■ 户外易拉宝饮料广告/400页　■ 户外海报广告/404页　■ 户外场地广告/408页　■ 户外阅报栏广告/423页

■ 户外灯箱广告/436页　■ 化妆品户外广告/442页　■ 户外路标/447页　■ 牙膏户外广告/449页　■ 咖啡户外广告/453页

PS达人　广告设计师　包装设计师　插画设计师　网页设计师

实战 221 站台广告

文件位置：光盘>实例文件>CH09>实战221.psd / 难易指数：★★★☆☆

设计思路分析

本例是使用钢笔工具在画面绘制耳机插头图像，并多次复制调整以拼合整体效果，最后创建主题文字，传达广告内容效果。

01 启动Photoshop CS6，按Ctrl+N组合键新建一个"电子音乐演唱会站台广告"文件，具体参数设置如图9-1所示。

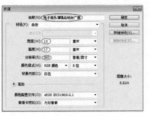

图9-1

02 单击"矩形工具"，然后在选项栏中设置绘图模式为"形状"、填充颜色为黑色，接着在画面绘制矩形形状，效果如图9-2所示。

03 打开光盘中的"素材文件>CH09>221-1.jpg"文件，然后将其拖曳至当前文件中并调整其位置，接着按Ctrl+Alt+G组合键创建剪贴蒙版，最后按住Alt键拖曳该图像，以复制拼接完整背景，效果如图9-3所示。

图9-2   图9-3

04 新建"图层2"，然后选择"渐变工具"，在"渐变编辑器"对话框中设置黑色到透明渐变，

如图9-4所示，接着从上至下拖动鼠标为"图层2"填充使用黑色到透明线性渐变，最后设置该图层"混合模式"为"叠加"，效果如图9-5所示。

05 按照相同的方法创建"图层3"和"图层4"，然后使用"渐变工具"，在画面分别填充相应的渐变颜色，以增强画面色调对比度，效果如图9-6所示。

图9-4   图9-5   图9-6

06 单击"椭圆工具"，然后在选项栏设置填充颜色为(R:0，G:183，B:238)，接着在画面中绘制圆形，最后按照相同的方法在画面绘制圆形状，效果如图9-7所示。

07 打开光盘中的"素材文件>CH09>221-2.jpg"文件，然后将其拖曳至当前文件中并调整其位置和大小，接着按Ctrl+Alt+G组合键创建剪贴蒙版，效果如图9-8所示。

08 单击"矩形工具"，然后在选项栏中设置填充为白色，接着在画面中绘制两个白色矩形，效果如图9-9所示。

09 单击"钢笔工具"，然后在选项栏中设置绘图模式为"形状"、填充颜色为白色，接着在画面中绘制多个月牙形状，效果如图9-10所示。

图9-7　　　　　　图9-8　　　　　　图9-9

图9-10

10 新建"组1"图层组，在该组中新建"图层6"，
然后单击"钢笔工具" ，接着在选项栏中
设置绘图模式为"路径"，再在画面中绘制形状，最后按
Ctrl+Enter组合键将路径转换为选区，效果如图9-11所示。

11 单击"渐变工具" ，然后打开"渐变编辑器"
对话框，接着设置第1个色标的颜色为（R:8，
G:10，B:37）、第2个色标的颜色为（R:1，G:77，
B:114），如图9-12所示，接着按照如图9-13所示的方向
填充选区使用线性渐变色。

图9-11　　　　　　图9-12　　　　　　图9-13

12 单击"椭圆工具" ，然后在选项栏中设置填充
色为（R:2，G:121，B:163），接着在画面中绘制
椭圆形状，最后采用相同的方法在画面绘制更多椭圆形
状，如图9-14所示。

13 新建"图层7"，然后单击"钢笔工具" ，接
着在选项栏中设置绘图模式为"路径"，最后在
画面中创建选区，如图9-15所示。

14 单击"渐变工具" ，然后打开"渐变编辑器"
对话框，接着设置第1个色标的颜色为（R:153，
G:139，B:63）、第2个色标的颜色为（R:0，G:59，

B:37）、第3个色标的颜色为白色、第4个色标的颜色为
（R:103，G:155，B:226）、第5个色标的颜色为白色，
如图9-16所示，最后按照如图9-17所示的方向为选区填充
线性渐变色。

图9-14　　　　　　　　　　图9-15

图9-16　　　　　　　　　　图9-17

15 采用相同的方法，继续使用"钢笔工具" 和
"椭圆工具" ，在画面绘制更多图形，以完善
耳机插孔整体效果，效果如图9-18所示。

16 选择"组1"图层组，然后按Ctrl+J组合键复制一
个"组1副本"图层组，接着执行"编辑>变换>
垂直翻转"菜单命令，并调整其位置，最后采用相同的
方法复制更多图像，效果如图9-19所示。

图9-18　　　　　　　　　　图9-19

17 单击"横排文字工具" ，在"字符"面板依次
设置各项参数，接
着在画面中创建相应文字，
最后使用"矩形工具" ，
在画面中绘制一个矩形条，
最终效果如图9-20所示。

图9-20

实战 **222** 汽车户外广告

文件位置：光盘>实例文件>CH09>实战222.psd / 难易指数：★★★☆☆

PS技术点睛

● 载入"云朵"画笔，并绘制天空效果。
● 添加汽车和撕裂素材进行合成处理。
● 使用"钢笔工具"绘制图形，并结合图层样式调整。

设计思路分析

　　本例首先在画面合成汽车冲破广告牌，以增强画面整体视觉效果，再继续添加恐龙素材与汽车图像相呼应，夸张画面效果。

01 启动Photoshop CS6，按Ctrl+N组合键新建一个"汽车户外广告"文件，具体参数设置如图9-21所示。

图9-21

02 选择"画笔工具"，在"画笔"预设选取器中单击按钮，然后在弹出的菜单中选择"载入画笔"命令，如图9-22所示，接着在弹出的"载入"对话框中选择光盘中的"素材文件>CH09>222-1.abr"文件，这样就将新的画笔载入到Photoshop中了，如图9-23所示。

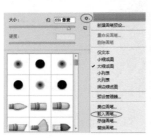
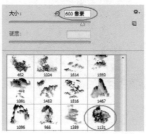

图9-22　　　　　　　　　　图9-23

03 设置前景色为（R:201，G:217，B:221），然后绘制云朵，如图9-24所示。

图9-24

04 单击"钢笔工具"然后在选项栏中设置绘制模式为"形状"、填充方式为黑色到白色的渐变色，接着设置渐变的旋转角度为108°、"缩放"为110%，如图9-25所示，最后在画面中绘制一个斜切形状的矩

形，如图9-26所示。

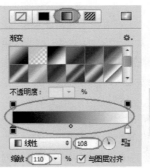

图9-25　　　　　　　　　　图9-26

技巧与提示

　　在"设置形状填充类型"面板中，可以调整"指定渐变样式"、"旋转角度"和"缩放"各项参数，以达到画面需要的展示效果。

05 设置前景色为白色，然后新建"图层1"，接着单击"画笔工具"，在"画笔预设器"中设置"大小"为659像素，如图9-27所示，最后在画面相应区域多次涂抹，并设置该图层的"混合模式"为"柔光"、"不透明度"为49%，效果如图9-28所示。

06 打开光盘中的"素材文件>CH09>222-2.png"文件，然后将其拖曳到当前文件中并调整其位置，效果如图9-29所示。

图9-27　　　　图9-28 　　　　图9-29

07 在"图层"面板下方单击"创建新的填充或调整图层"按钮，在弹出的菜单中选择"曲线"命令，然

后在"属性"面板中将曲线编辑成如图9-30所示的形状,接着按Ctrl+Alt+G组合键创建剪贴蒙版,效果如图9-31所示。

08 新建"图层2",然后单击"套索工具" ,在选项栏中单击"添加到选区"按钮,接着在画面中创建选区并填充为黑色,效果如图9-32所示。

图9-30 　　　　　　 图9-31 　　　　　　 图9-32

09 为"图层2"添加"内发光"样式,打开"图层样式"对话框,然后设置"不透明度"为69%、"大小"为16像素,具体参数设置如图9-33所示,效果如图9-34所示。

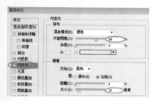

图9-33 　　　　　　　　　　　　 图9-34

10 在"图层样式"对话框中单击"光泽"样式,然后设置"角度"为19度、"距离"为5像素、"大小"为8像素,具体参数设置如图9-35所示,效果如图9-36所示。

图9-35 　　　　　　　　　　　　 图9-36

11 打开光盘中的"素材文件>CH09>222-3.png"文件,然后将其拖曳至当前文件中并调整其位置,接着在"图层"面板下方单击"添加图层蒙版"按钮,最后使用"画笔工具"隐藏多余图像,效果如图9-37所示。

图9-37

12 双击"图层3",在弹出的"图层样式"对话框中单击"渐变叠加"样式,然后设置"不透明度"为82%、"角度"为155度、"缩放"为29%,具体参数设置如图9-38所示,效果如图9-39所示。

图9-38 　　　　　　　　　　　　 图9-39

13 新建"图层4",然后按Ctrl+Alt+G组合键创建剪贴蒙版,接着设置前景色为黑色,再单击"画笔工具",在画面相应区域多次涂抹,最后设置该图层的"混合模式"为"柔光",效果如图9-40所示。

14 在"图层2"上方新建一个"图层5",接着单击"画笔工具",在画面中绘制汽车阴影效果,最后设置该图层"混合模式"为"线性加深"、"不透明度"为82%,效果如图9-41所示。

15 单击"钢笔工具",然后在选项栏中设置绘制模式为"形状"、填充颜色为(R:139, G:217, B:255),接着在画面中绘制多个有弧度的四边形,效果如图9-42所示。

图9-40 　　　　　　 图9-41 　　　　　　 图9-42

16 打开光盘中的"素材文件>CH09>222-4.png"文件,然后将其拖曳至当前文件中并调整其位置和角度,接着在"图层"面板下方单击"创建新的填充或调整图层"按钮,在弹出的菜单中选择"亮度/对比度"命令,最后在"属性"面板中设置"亮度"为-74、"对比度"为47,如图9-43所示,再按Ctrl+Alt+G组合键创建剪贴蒙版,效果如图9-44所示。

图9-43 　　　　　　　　　　　　 图9-44

17 使用黑色"横排文字工具"在绘图区域中输入文字,然后执行"编辑>自由变换"命令,接着按住Ctrl键同时拖曳各锚点调整文字倾斜角度,效果如图9-45所示。

18 按照相同的方法,在画面中创建更多文字,最终效果如图9-46所示。

图9-45 　　　　　　　　　　　　 图9-46

实战 223 户外易拉宝饮料广告

文件位置：光盘>实例文件>CH09>实战223.psd / 难易指数：★★★☆☆

PS技术点睛
- 运用"形状"制作画面整体框架
- 使用"自定义形状"制作光芒效果
- 运用图层样式制作文字的立体效果

设计思路分析

本例多处使用形状工具和钢笔工具绘制而成，然后添加相应素材增加画面趣味效果，最后为文字添加图层样式，制作出立体效果。

01　启动Photoshop CS6，按Ctrl+N组合键新建一个"户外易拉宝饮料设计"文件，具体参数设置如图9-47所示。

02　设置前景色为（R:91，G:60，B:6），然后按Alt+Delete组合键填充"背景"图层为前景色，效果如图9-48所示。

图9-47

图9-48

03　单击"矩形工具" ，然后在选项栏中设置绘制模式为"形状"、填充颜色为（R:247，G:158，B:30），接着在画面中绘制矩形图形，效果如图9-49所示。

图9-49

04　在"图层"面板下方单击"添加图层样式"按钮 ，在弹出的菜单选择中"投影"命令，然后在"投影"对话框中设置"距离"为24像素、"大小"为29像素，具体参数设置如图9-50所示，效果如图9-51所示。

图9-50　　　　　　　　　　　　图9-51

05　按住Alt键同时拖曳矩形进行复制，然后按Ctrl+T组合键显示变换编辑框，拖曳锚点调整形状，效果如图9-52所示。

06　单击"圆角矩形工具" ，然后在选项栏中设置绘制模式为"形状"、填充方式为（R:250，G:155，B:27）到（R:249，G:197，B:1）渐变，接着设置指定渐变样式为"径向"，如图9-53所示，最后在画面中绘制一个圆角矩形，效果如图9-54所示。

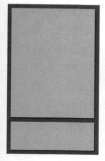

图9-52　　　　　图9-53　　　　　图9-54

07 单击"自定义形状工具" ，设置填充为（R:249，G:191，B:5），然后在"自定义形状"拾色器中单击按钮 ，在弹出的菜单栏中选择"符号"命令，如图9-55所示，接着在弹出的对话框中单击"追加"按钮 ，再选择如图9-56所示的图案，最后绘制出如图9-57所示的图形。

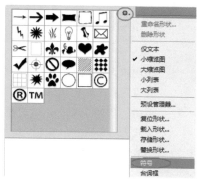

图9-55

图9-56　　　　　图9-57

08 执行"滤镜>模糊>高斯模糊"命令，在弹出的"高斯模糊"对话框中设置"半径"为30.5像素，如图9-58所示，然后按Ctrl+Alt+G组合键创建剪贴蒙版，效果如图9-59所示。

图9-58　　　　　图9-59

09 单击"钢笔工具" ，然后在选项栏中设置绘制模式为"形状"、填充颜色为（R:76，G:255，B:6），接着在画面中绘制河流形状，最后按照相同的方法绘制完整河流图像，效果如图9-60所示。

图9-60

10 打开光盘中的"素材文件>CH09>223-1.png"文件，然后使用"套索工具" 沿产品边缘创建选区，接着将其拖曳至当前文件并调整其位置，最后使用"矩形选框工具" 在画面中创建选区，如图9-61所示，再按Delete键删除选区，效果如图9-62所示。

图9-61　　　　　图9-62

11 双击"图层1"，在弹出的"图层样式"对话框单击"投影"样式，然后依次设置"距离"为34像素、"扩展"为5%、"大小"为40像素，具体参数如图9-63所示，效果如图9-64所示。

图9-63　　　　　图9-64

12 将画面切换至"223-1.png"文件中，然后按照前面相同的方法将产品包装拖曳至当前文件中，接着选择"图层1"，执行"图层>图层样式>拷贝图层样式"菜单命令，最后选择"图层2"，执行"图层>图层样式>粘贴图层样式"菜单命令，这样可以将"图层1"图层的样式拷贝并粘贴给"图层2"图层，效果如图9-65所示。

图9-65

13 按照前面相同的方法，将"223-1.png"文件中剩下的产品包装拖曳至当前文件中并调整其位置，然后执行"图层>图层样式>粘贴图层样式"菜单命令，效果如图9-66所示。

14 新建"图层4"，单击"画笔工具"，并在选项栏中选择笔刷样式，然后设置"大小"为1281像素，具体参数设置如图9-67所示。

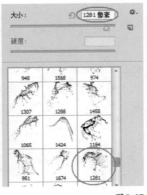

图9-66   图9-67

技巧与提示

使用相同的方法载入笔刷。

笔刷素材文件位置："素材文件>CH09>223-2.abr"。

15 设置前景色为白色，然后在画面下方多次绘制水花，效果如图9-68所示，接着在图层面板下方单击"添加图层蒙版"按钮，结合使用"画笔工具"隐藏多余部分，效果如图9-69所示。

16 打开光盘中的"素材文件>CH09>223-3.png"文件，将其拖曳至当前文件中并调整其位置，效果如图9-70所示。

图9-68   图9-69   图9-70

17 新建"图层6"，然后单击"钢笔工具"，接着在选项栏中设置绘制模式为"路径"，最后在画面中创建选区，效果如图9-71所示。

图9-71

18 单击"渐变工具"，然后打开"渐变编辑器"对话框，接着设置第1个色标的颜色为（R:62，G:54，B:52）、第2个色标的颜色为（R:154，G:152，B:150）、第3个色标的颜色为（R:70，G:70，B:70）、第4个色标的颜色为（R:149，G:149，B:149）、第5个色标的颜色为（R:31，G:31，B:31），如图9-72所示，最后按照如图9-73所示的方向为选区填充线性渐变色。

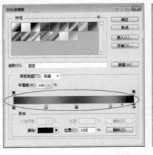

图9-72   图9-73

19 使用相同的方法，在画面中绘制更多图形，完成耳机效果，效果如图9-74所示。

20 单击"钢笔工具"，然后在选项栏中设置绘制模式为"形状"、填充方式为（R:255，G:151，B:2）到（R:249，G:208，B:97）渐变颜色，接着设置渐变的旋转角度为27°，如图9-75和图9-76所示，最后在画面中绘制多个斜切形状的矩形，效果如图9-77所示。

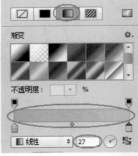

图9-74   图9-75

图9-76   图9-77

21 使用蓝色"横排文字工具" T. 在绘图区域中输入文字，然后执行"编辑>自由变换"命令，接着按住Ctrl键同时拖曳各锚点调整文字倾斜角度，效果如图9-78所示。

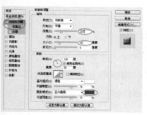

图9-78

22 执行"图层>栅格化>图层"命令，然后双击KARL图层，在弹出的"图层样式"对话框单击"斜面和浮雕"样式，接着设置"深度"为307%、"大小"为43像素、阴影颜色为（R:8，G:55，B:95），最后单击"斜面和浮雕"样式下面的"等高线"选项，具体参数设置如图9-79所示，效果如图9-80所示。

图9-79　　　　　　　图9-80

23 在"图层样式"对话框中选择"内阴影"样式，然后设置"不透明度"为39%、"阻塞"为46%、"大小"为1像素，具体参数设置如图9-81所示，效果如图9-82所示。

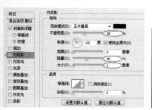

图9-81　　　　　　　图9-82

24 在"图层样式"对话框中单击"投影"样式，然后设置"距离"为25像素、"扩展"为33%、"大小"为24像素，具体参数设置如图9-83所示，效果如图9-84所示。

图9-83　　　　　　　图9-84

25 按照前面相同的方法，创建更多文字以丰富画面，效果如图9-85所示。

图9-85

26 新建"图层17"，并设置前景色为（R:254，G:68，B:236），然后单击"钢笔工具" ⟋，接着在画面中绘制一条路径弧线，最后选择"画笔工具" ⟋，打开"画笔预设"选取器，参数设置如图9-86所示。

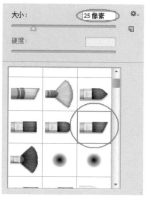

图9-86

27 单击"钢笔工具" ⟋，然后在画面中单击鼠标右键，接着在弹出的快捷菜单中选择"路径描边"命令，最后在弹出的"描边路径"对话框中勾选"模拟压边"选项并单击"确定"按钮 确定 ，最终效果如图9-87所示。

图9-87

实战 224 户外海报广告

文件位置：光盘>实例文件>CH09>实战224.psd/难易指数：★★★★☆

设计思路分析

本例首先在画面添加多种素材并分别调整其色调，使画面整体表现和谐，再将树木放置在杯子顶端传达出产品属于纯天然有机饮品含义。

01 启动Photoshop CS6，按Ctrl+N组合键新建一个"户外海报设计"文件，具体参数设置如图9-88所示。

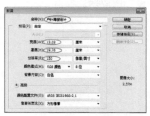

图9-88

02 设置前景色为（R:192，G:211，B:217），然后按Alt+Delete组合键填充"背景"图层，效果如图9-89所示。

03 新建"图层1"，然后设置前景色为白色，接着单击"画笔工具"，最后在画面中心区域稍作涂抹并设置该图层"不透明度"为80%，效果如图9-90所示。

图9-89   图9-90

04 选择"画笔工具"，在"画笔"预设选取器中单击按钮，然后在弹出的菜单中选择"载入画笔"命令，接着在弹出的"载入"对话框中选择光盘中的"素材文件>CH09>224-1.abr"文件，最后在选项栏中选择画笔样式，并设置"大小"为1516像素，具体参数如图9-91所示。

05 继续使用"画笔工具"，然后在画面绘制云朵效果，接着在"画笔"预设选取器中多次调整画笔相应参数并绘制更多云朵，效果如图9-92所示。

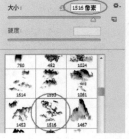

图9-91   图9-92

06 打开光盘中的"素材文件>CH09>224-2.png"文件，然后将其拖曳到当前文件中并调整其位置，效果如图9-93所示。

07 按Ctrl+J组合键复制"图层3"生成"图层3副本"，然后调整"图层3副本"至"图层3"下方，接着执行"编辑>变换>垂直翻转"命令，调整图像位置，效果如图9-94所示。

08 在"图层"面板下方单击"添加图层蒙版"按钮，然后选择"渐变工具"，接着在画面中从上至下拖曳鼠标，以填充蒙版白色至黑色线性渐变，最后设置该图层"不透明度"为80%，效果如图9-95所示。

09 新建"图层4",然后设置前景色为黑色,接着单击"画笔工具" ,在选项栏设置画笔"大小"为100像素、"不透明度"为30%,最后在画面下方阴影区域稍作涂抹,效果如图9-96所示。

图9-93　　　　　　　　　　　图9-94

图9-95　　　　　　　　　　　图9-96

10 打开光盘中的"素材文件>CH09>224-3.jpg"文件,然后将其拖曳到当前文件中并调整其位置,设置该图层"混合模式"为"叠加",效果如图9-97所示。

图9-97

11 新建"图层6",然后单击"画笔工具" ,接着在画面相应区域涂抹,最后设置该图层"混合模式"为"叠加"、"不透明度"为42%,如图9-98所示,效果如图9-99所示。

12 新建"图层7",设置前景色为白色,然后使用"画笔工具" 在画面中涂抹,接着设置该图层的"混合模式"为"叠加"、"不透明度"为34%,效果如图9-100所示。

图9-98　　　　　　　　　　　图9-99

图9-100

13 在"图层"面板下方单击"创建新的填充或调整图层"按钮 ,在弹出的菜单中选择"色相/饱和度"命令,然后在"属性"面板中设置"饱和度"为-10、第2个设置色阶为黄色、"色相"为+7、"饱和度"为+9,具体参数设置如图9-101和图9-102所示,效果如图9-103所示。

图9-101　　　　　　　　　　　图9-102

图9-103

405

14 新建"图层8"，单击"画笔工具" ✍，然后按照步骤4中的方法载入"素材文件>CH09>224-4.abr"文件"，接着在选项栏中选择合适的画笔样式，并设置"大小"为748像素，如图9-104所示，最后在杯子区域绘制水珠，效果如图9-105所示。

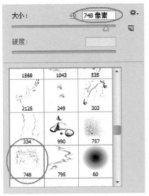

图9-104　　　　　　　　　　图9-105

15 新建"组1"图层组，然后打开光盘中的"素材文件>CH09>224-5.png"文件，接着将其拖曳至当前文件中并调整位置，接着在"图层"面板下方单击"添加图层蒙版"按钮 ▢，最后使用"画笔工具" ✍隐藏边缘图像，效果如图9-106所示。

16 按Ctrl+J组合键复制"图层9"，生成"图层9副本"和"图层9副本2"，然后分别调整图像位置，接着使用"画笔工具" ✍分别进行涂抹，效果如图9-107所示。

图9-106　　　　　　　　　　图9-107

17 在"图层"面板下方单击"创建新的填充或调整图层"，在弹出的菜单中选择"色相/饱和度"命令，然后在"属性"面板中设置"色相"为+7、"饱和度"为+44，如图9-108所示、按Ctrl+Alt+G组合键创建剪贴蒙版，效果如图9-109所示。

图9-108　　　　　　　　　　图9-109

18 打开光盘中的"素材文件>CH09>224-6.png"文件，然后将其拖曳至当前文件中并调整位置、大小和角度，接着在"图层10"下方新建"图层11"，最后使用"画笔工具" ✍，在图像边缘添加阴影，效果如图9-110所示。

19 打开光盘中的"素材文件>CH09>224-7.png"文件，然后将其拖曳至当前文件中并调整其位置，接着设置该图层"混合模式"为"正片叠底"，效果如图9-111所示。

图9-110　　　　　　　　　　图9-111

20 设置前景色为（R:244，G:248，B:191），然后在"色相/饱和度1"图层上方新建"图层13"，接着单击"画笔工具" ✍，并在选项栏中设置画笔"大小"为120像素、"不透明度"为30%，最后在画面中涂抹，效果如图9-112所示。

图9-112

21 单击"椭圆工具"，然后在选项栏中设置绘制模式为"形状"、填充方式为（R:244，G:248，B:191）到白色的渐变色，如图9-113所示，接着在画面中绘制一个圆形，如图9-114所示。

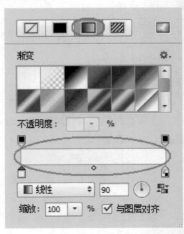

图9-113

图9-114

22 设置前景色为黑色，然后新建"图层14"，接着
单击"画笔工具" ，最后在画面相应区域涂
抹，效果如图9-115所示。

图9-115

23 在"图层10"上方新建"图层15"，然后按
Alt+Delete组合键填充图层黑色，接着执行"滤镜>
渲染>镜头光晕"命令，并在弹出的"镜头光晕"对话框
中设置"亮度"为143%，如图9-116所示，最后设置该图
层的"混合模式"为"柔光"，效果如图9-117所示。

图9-116

图9-117

24 在"图层"
面板下方
单击"添加图层
蒙版"按钮 ，
然后选择"画笔工
具" ，接着在选
项栏中设置"不透
明度"为80%，最后
在画面中涂抹，效
果如图9-118所示。

图9-118

25 设置前景色为（R:250，G:250，B:182），然后在
"图层12"上方新建"图层16"，接着使用"画
笔工具" 在画面多次涂抹，效果如图9-119所示。

图9-119

26 打开光盘中的"素材文件>CH09>224-8.png"文
件，然后将其拖曳至当前文件中并调整其位置，
接着继续打开盘中的"素材文件>CH09>224-9.png"文
件，同样将其拖曳至当前文件中并调整位置，最终效果
如图9-120所示。

图9-120

实战 225 户外场地广告

PS技术点睛

● 运用"钢笔工具"制作标志的基本形状。
● 使用"渐变工具"制作标志和背景的渐变效果。
● 应用图层样式制作文字的立体效果。

设计思路分析

　　本例广告主要设置于大型集会活动场地，所以展现内容面积较大，首先添加多张素材进行合成，然后将文字制作为立体效果。

01 启动Photoshop CS6，按Ctrl+N组合键新建一个"电器户外场地广告"文件，具体参数设置如图9-121所示。

02 单击"矩形选框工具"，然后在画面上方创建矩形选区，接着使用"渐变工具"在画面中从下至上拖动鼠标填充该图层白色至黑色线性渐变色，效果如图9-122所示。

图9-121　　　　　　　　　图9-122

03 新建"图层1"，然后单击"矩形选框工具"，接着在画面上方创建矩形选区，最后按Alt+Delete组合键填充前景色，效果如图9-123所示。

04 打开光盘中的"素材文件>CH09>225-1.jpg"文件，然后将其拖曳至当前文件中并调整位置，接着按下Ctrl+Alt+G组合键创建剪贴蒙版，效果如图9-124所示。

图9-123　　　　　　　　　图9-124

技巧与提示

　　在灰色的Photoshop窗口中双击鼠标左键或按Ctrl+O组合键，都可以弹出"打开"对话框。

05 新建"图层3"，然后单击"渐变工具"，在选项栏中选择"径向渐变"按钮，接着打开"渐变编辑器"，选择黑色至透明渐变，如图9-125所示，最后从画面中心向外拖动鼠标填充黑色至透明径向渐变色，同时设置该图层"混合模式"为"柔光"，效果如图9-126所示。

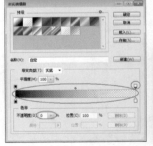

图9-125　　　　　　　　　图9-126

06 打开光盘中的"素材文件>CH09>225-2.png"文件，然后将其拖曳至当前文件中并调整位置，接着新建"图层4"，最后使用"矩形选框工具"在画面中创建矩形选框，同时填充任意颜色，效果如图9-127所示。

图9-127

07 打开光盘中的"素材文件>CH09>225-3.jpg"文件，然后拖曳至当前文件中并调整位置，接着按

Ctrl+Alt+G组合键创建剪贴蒙版，效果如图9-128所示。

08 打开光盘中的"素材文件>CH09>225-4.png"文件，然后将其拖曳至当前文件中并调整位置，效果如图9-129所示。

图9-128　　　　　　　　　　　　图9-129

09 在"图层"面板下方单击"创建新的填充或调整图层"按钮 ⬤ ，然后在弹出的菜单中选择"亮度/对比度"命令，接着在"属性"面板中设置"亮度"为26、"对比度"为60，如图9-130所示，最后按Ctrl+Alt+G组合键创建剪贴蒙版，效果如图9-131所示。

图9-130　　　　　　　　　　　　图9-131

10 按照前面相同的方法创建"色相/饱和度"调整图层，然后在弹出的"属性"面板中设置"色相"为+7、"饱和度"为+17，如图9-132所示，接着按Ctrl+Alt+G组合键创建剪贴蒙版，效果如图9-133所示。

图9-132　　　　　　　　　　　　图9-133

11 选择"画笔工具" ✎ ，将"素材文件>CH09>225-5.abr"载入笔刷，如图9-134和图9-135所示。

12 继续使用"画笔工具" ✎ ，在选项栏单击"切换画笔面板"按钮 ▦ ，然后在"画笔"面板中设置

"角度"为25°，如图9-136所示，接着在画面绘制水花效果，最后按照相同的方法多次调整画笔角度并绘制，效果如图9-137所示。

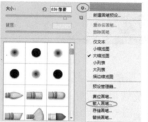
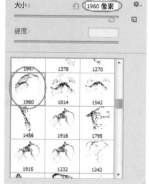

图9-134　　　　　　　　　　　　图9-135

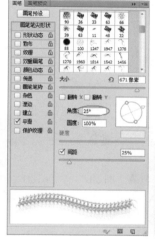
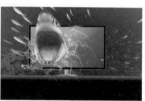

图9-136　　　　　　　　　　　　图9-137

13 打开光盘中的"素材文件>CH09>225-6.png"文件，然后将其拖曳至当前文件中并调整位置，效果如图9-138所示。

14 在"图层"面板下方单击"添加图层蒙版"按钮 ▣ ，然后单击"画笔工具" ✎ ，接着在选项栏中打开"画笔预设"选取器，选择"柔边圆"画笔，同时设置"大小"为86像素，如图9-139所示，最后在图像多余区域涂抹以隐藏，效果如图9-140所示。

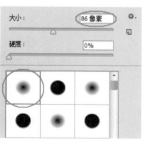

图9-138　　　　　　　　　　　　图9-139

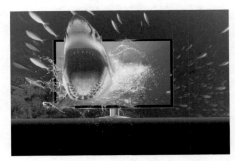

图9-140

15 按Ctrl+J组合键复制"图层8"，然后按Ctrl+T组合键显示自由变换框旋转角度，接着使用"画笔工具" ✎ 结合图层蒙版进行调整，最后按照相同的方法多次复制并调整，效果如图9-141所示。

图9-141

16 按住Shift键的同时，选择"图层8"和"图层8副本3"，然后按Ctrl+Alt+E组合键合并图层，生成"图层8副本3（合并）"，接着隐藏"图层8"至"图层8副本3"，如图9-142所示。

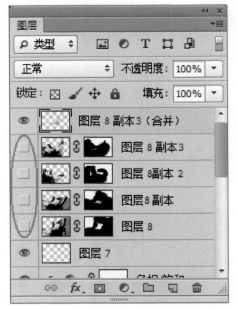

图9-142

17 设置前景色为（R:57，G:113，B:151），然后新建"图层9"，接着使用"画笔工具" ✎ 在画面中多次涂抹，最后设置该图层"混合模式"为"颜色加深"，效果如图9-143所示。

图9-143

18 打开光盘中的"素材文件>CH09>225-7.jpg"文件，然后将其拖曳至当前文件中并调整位置，接着设置该图层"不透明度"为80%，最后在"图层"面板下方单击"添加图层蒙版"按钮 □，同时使用"画笔工具" ✎ 进行调整，效果如图9-144所示。

图9-144

19 单击"圆角矩形工具" □，然后在选项栏中设置绘制模式为"形状"、填充颜色为白色，接着在画面下方绘制一个圆角矩形，效果如图9-145所示。

图9-145

20 双击"圆角矩形1"图层，然后在弹出的"图层样式"对话框左侧勾选"斜面和浮雕"，接着设置"深度"为623%、"大小"为9像素、"软化"为6像素，具体参数设置如图9-146所示，效果如图9-147所示。

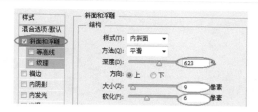

图9-146

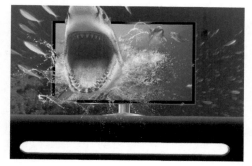

图9-147

21 在"图层样式"对话框左侧勾选"图案叠加"样式，然后在"图案"拾色器中单击 ⚙ 按钮，在弹出的菜单中选择"彩色纸"命令，如图9-148所示，接着在弹出的"Adobe photoshop"对话框中单击"追加"按钮追加(A)，接着在"图案"拾色器中选择"白色木质纤维纸"，如图9-149所示，效果如图9-150所示。

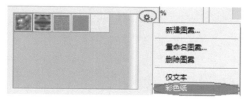

图9-148

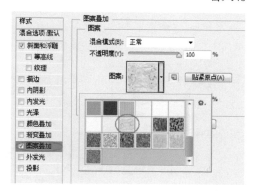

图9-149

图9-150

22 打开光盘中的"素材文件>CH09>225-8.png"文件，然后将其拖曳至当前文件中并调整位置，效果如图9-151所示。

图9-151

23 使用红色"横排文字工具" T 在绘图区域中输入文字，然后执行"编辑>自由变换"命令，接着按住Ctrl键的同时拖曳各锚点调整文字倾斜角度，效果如图9-152所示。

图9-152

24 长按Ctrl+Alt+↑组合键复制，效果如图9-153所示时停止复制，然后按住Ctrl键同时单击"畅享你的副本18"缩览图创建选区并填充白色，接着按照相同的方法创建更多文字，效果如图9-154所示。

图9-153

图9-154

25 在"图层"面板下方单击"创建新的填充或调整图层"按钮 ●.，然后在弹出的菜单中选择"照片滤镜"命令，接着在"属性"面板中设置"滤镜"为"水下"，如图9-155所示，最终效果如图9-156所示。

图9-155

图9-156

实战 226 户外公益广告

文件位置：光盘>实例文件>CH09>实战226.psd / 难易指数：★★★☆☆

PS技术点睛
● 运用"水滴画笔工具"添加画面水滴往外洒出效果。
● "创建"色相/饱和度"调整图层加强画面色调。
● 添加水纹素材，增强画面质感效果。

设计思路分析
　　本例首先在画面中心制作一个含有水滴的视觉窗口，直接地传达出了广告的意义，接着使用文字与图片的结合增强图文呼应的设计感。

01 启动Photoshop CS6，按Ctrl+N组合键新建一个"户外公益广告"文件，具体参数设置如图9-157所示。

02 选择"渐变工具" ，然后打开"渐变编辑器"对话框，设置第1个色标的颜色为白色、第2个色标的颜色为（R:0，G:100，B:146），如图9-158所示，接着在选项栏单击"径向渐变"按钮 ，最后从中心向右为"背景"图层填充使用径向渐变色，效果如图9-159所示。

03 新建"组1"图层组，然后打开光盘中的"素材文件>CH09>226-1.png"文件，接着将其拖动至当前文件中，效果如图9-160所示。

图9-161

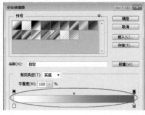

图9-157　　　　　　　　　图9-158

图9-159　　　　　　　　　图9-160

04 在"图层"面板下方单击"添加图层蒙版"按钮 ，然后使用"画笔工具" 在画面中涂抹隐藏部分图像，效果如图9-161所示。

技术专题 17 图层蒙版的原理解析

　　图层蒙版可以理解为在当前的图层上面覆盖了一层玻璃，这种玻璃有透明的和不透明的两种，前者显示全部的图像，后者隐藏部分图像。在Photoshop中，图层蒙版遵循"黑透、白不透"的工作原理。

　　打开一个文档，如图9-162所示。该文档包含两个图层，"背景"图层和"图层1"，且"图层1"有一个图层蒙版，并且蒙版为白色。按照图层蒙版"黑透、白不透"的工作原理，此时文档窗口中将完全显示"图层1"的内容。

图9-162

　　如果要全部显示"背景"图层的内容，可以将"图层1"

的蒙版填充为黑色，如图9-163所示。

图9-163

如果以半透明方式来显示当前图像，可以用灰色填充"图层1"蒙版，如图9-164所示。

图9-164

05 选择"画笔工具" ，载入"素材文件>CH09>226-2.abr"笔刷，如图9-165和图9-166所示。

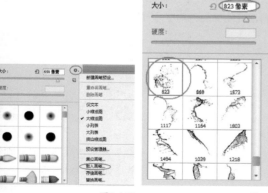

图9-165　　　　　　　图9-166

06 新建"图层2"，然后在画面中绘制水滴图像，接着按Ctrl+J组合键复制生成"图层2副本"，最后按Ctrl+T组合键显示自由变换框进行旋转并结合使用相同的方法继续复制调整，效果如图9-167所示。

07 新建"组2"图层组，然后单击"椭圆工具" ，接着在选项栏中设置填充模式为"形状"、填充颜色为（R:70，G:169，B:224），最后在画面中绘制一个圆形，效果如图9-168所示。

图9-167　　　　　　　图9-168

08 选择"画笔工具" ，然后采用前面相同的方法在载入"素材文件>CH09>226-3.abr"笔刷文件，接着在"画笔预设"选取器中设置参数，如图9-169所示，最后在画面中绘制云朵，效果如图9-170所示。

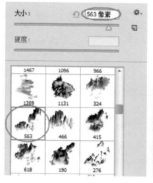

图9-169　　　　　　　图9-170

09 执行"编辑>变换>变形"命令，然后拖曳锚点进行变形处理，如图9-171所示，接着按下Ctrl+Alt+G组合键创建剪贴蒙版，效果如图9-172所示。

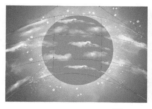

图9-171　　　　　　　图9-172

10 打开光盘中的"素材文件>CH09>226-4.png"文件，然后将其拖曳至当前文件中并调整位置，接着在"图层"面板下方单击"添加图层蒙版"按钮 ，同时使用"画笔工具" 隐藏局部区域，最后设置该图层"混合模式"为"叠加"、"不透明度"为77%，效果如图9-173所示。

11 在"图层"面板下方单击"创建新的填充或调整图层"按钮 ，然后在弹出的菜单中选择"渐

变填充"命令，接着在"渐变填充"对话框中打开"渐变编辑器"，具体参数设置如图9-174所示，完成后单击"确定"按钮 ▬确定▬ ，继续在对话框中设置"样式"为"径向"、"角度"为101.31度、"缩放"为60%，具体参数设置如图9-175所示，最后按Ctrl+Alt+G组合键创建剪贴蒙版，效果如图9-176所示。

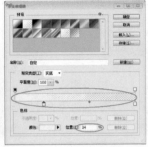

图9-173 　　　　　　　　　　图9-174

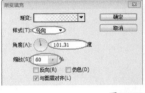

图9-175 　　　　　　　　　　图9-176

12 打开光盘中的"素材文件>CH09>226-5.jpg"文件，然后将其拖曳至当前文件中并调整位置，然后执行"编辑>变换>变形"命令，接着拖曳各锚点进行变形处理，最后按Ctrl+Alt+G组合键创建剪贴蒙版，效果如图9-177所示。

图9-177

13 在"图层"面板下方单击"添加图层样式"按钮 *fx.* ，然后在弹出的菜单栏中选择"投影"命令，接着在"投影"样式对话框中设置"不透明度"为100%、"距离"为13像素、"大小"为0像素，具体参数设置如图9-178所示，效果如图9-179所示。

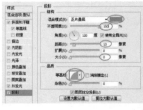

图9-178 　　　　　　　　　　图9-179

14 新建"图层6"，然后单击"画笔工具" ✔ ，在"画笔预设"选取器中选择柔角画笔、设置"大小"为400像素，接着在画面中绘制白色笔触，最后设置该图层"混合模式"为"叠加"、"不透明度"为62%，并创建图层蒙版，效果如图9-180所示。

15 打开光盘中的"素材文件>CH09>226-6.png"文件，然后将其拖曳至当前文件中并调整位置，效果如图9-181所示。

图9-180 　　　　　　　　　　图9-181

16 在"图层"面板下方单击"创建新的填充或调整图层"按钮 *.* ，然后在弹出的菜单中选择"亮度/对比度"命令，接着在"属性"面板中设置"亮度"为50、"对比度"为86，如图9-182所示，最后按下Ctrl+Alt+G组合键创建剪贴蒙版，效果如图9-183所示。

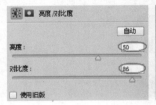

图9-182 　　　　　　　　　　图9-183

17 打开光盘中的"素材文件>CH09>226-7.png"文件，然后将其拖曳至当前文件中并调整位置，然后按住Alt键同时拖曳树叶图像，最后按Ctrl+T组合键显示自由变换框旋转角度，效果如图9-184所示。

图9-184

18 按照前面相同的方法继续复制树叶图形并分别调整位置和旋转角度，效果如图9-185所示。

图9-185

19 在"图层"面板下方单击"创建新的填充或调整图层"按钮 ⊘，在弹出的菜单中选择"色相/饱和度"命令，然后在"属性"面板中设置"色相"为+6、"饱和度"为+31、"明度"为-3，如图9-186所示，最后按Ctrl+Alt+G组合键创建剪贴蒙版，效果如图9-187所示。

图9-186

图9-187

20 新建"组3"图层组，然后打开光盘中的"素材文件>CH09>226-8.png"文件，接着按住Shift键的同时选择所有图层并拖曳至当前文件中，效果如图9-188所示。

图9-189

22 选择"节约用水，从点开始"图层，然后按下Ctrl+J组合键复制文字图层，接着执行"文字>栅格化文字图层"命令，再隐藏"节约用水，从点开始"文字图层，最后执行"滤镜>扭曲>波纹"命令，在弹出的"波纹"对话框中设置"数量"为-166%，如图9-190所示，效果如图9-191所示。

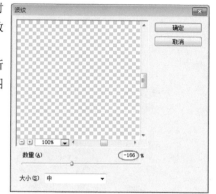

图9-190

图9-191

23 选择"图层7"，然后按Ctrl+J组合键复制，接着将"图层7副本"移动至"亮度/对比度"调整图层上方，最后将图像移动至文字中，最终效果如图9-192所示。

图9-188

21 使用白色"横排文字工具" T 在绘图区域中输入文字，效果如图9-189所示。

图9-192

实战 227 吧台展架

文件位置：光盘>实例文件>CH09>实战227-平面图.psd和实战227-效果图.psd / 难易指数：★★★ ☆☆

PS技术点睛
● 运用"图层蒙版"合成倒出红酒效果。
● 使用"渐变工具"制作红酒液体和背景的渐变效果。

设计思路分析

　　本例新建一个空白文档，再将酒杯、酒品和倒出红酒的效果进行合成处理，形成和谐的画面效果，接着新建一个有展架模板的文档，将前面制作的效果盖印图层拖曳至该文件，形成展架效果。

01 启动Photoshop CS6，按Ctrl+N组合键新建一个"吧台展架"文件，具体参数设置如图9-193所示。

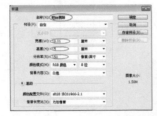

图9-193

02 选择"渐变工具" ■，然后打开"渐变编辑器"对话框，接着设置第1个色标的颜色为（R:31，G:0，B:0）、第2个色标的颜色为（R:159，G:17，B:16），如图9-194所示，最后从上向下为"背景"图层填充使用对称渐变色，效果如图9-195所示。

图9-194

图9-195

03 新建一个"图层1"，然后使用"矩形选框工具" ▢，绘制一个矩形选区，接着使用"渐变工具" ■，按照如图9-196所示的方向为"图层1"图层填充使用渐变色，最后设置该图层"不透明度"为59%，效果如图9-197所示。

图9-196　　　　　　　　　　图9-197

04 新建"图层2"，然后设置前景色为黑色，接着选择"画笔工具" ✎，在"画笔"预设选取器中选择"柔角画笔"，设置"大小"为400像素，最后在画面边缘绘制阴影，并设置该图层"不透明度"为40%，效果如图9-198所示。

05 打开光盘中的"素材文件>CH09>227-1.png"文件，然后将其拖曳至当前文件中并调整位置，接着选择"橡皮擦工具" ✎，在"画笔预设"选取器中设置"大小"为215像素、"不透明度"为13%，最后在酒杯区域涂抹，效果如图9-199所示。

06 按住Ctrl键同时单击"图层3"缩览图创建酒杯选区，然后在"图层3"下方新建"图层4"并按Alt+Delete组合键填充选区前景色，接着按Ctrl+T组合键显示自由变换框，按住Ctrl键同时拖曳锚点进行变形，效果如图9-200所示。

图9-198 　　　　　图9-199 　　　　　图9-200

07 执行"滤镜>模糊>高斯模糊"命令，在弹出的"高斯模糊"对话框中设置"半径"为9.8像素，如图9-201所示，然后设置该图层"不透明度"为52%，效果如图9-202所示。

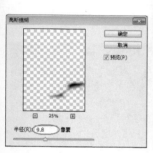

图9-201 　　　　　　　　　　图9-202

08 在"图层4"上方新建"图层5"，然后选择"画笔工具" ，在"画笔预设"选取器中设置"大小"为64像素、"不透明度"为20%，最后在杯底边缘加深阴影，效果如图9-203所示。

09 打开光盘中的"素材文件>CH09>227.2png"文件，然后将其拖曳至当前文件中并调整位置，如图9-204所示。

图9-203 　　　　　　　　　　图9-204

10 单击"套索工具" ，然后沿瓶颈创建选区，如图9-205所示，接着按Ctrl+J组合键复制生成"图层7"，最后将复制的图形移动至瓶口，效果如图9-206所示。

图9-205 　　　　　　　　　　图9-206

11 新建"组1"图层组，然后打开光盘中的"素材文件>CH09>227-3.png"文件，接着将其拖曳至当前文件并调整位置，最后按Ctrl+T组合键显示自由变换框，将其等比例缩小和变形处理，效果如图9-207所示。

12 按住Alt键同时拖曳倒出的红酒图像，然后按Ctrl+T组合键进行旋转，效果如图9-208所示。

图9-207 　　　　　　　　　　图9-208

13 在"图层"面板下方单击"添加图层蒙版"按钮 ，然后选择"画笔工具" ，在液体区域柔化边缘，接着按照相同的方法继续复制并结合"图层蒙版" 和"画笔工具" 分别调整，效果如图9-209所示。

图9-209

14 在"组1"图层组上方新建"图层9"，然后设置前景色为（R:63，G:9，B:6），接着选择"渐变工具" ，打开"渐变编辑器"对话框，并选择预设中的"前景色到透明渐变"，具体参数设置如图9-210所示，最后从下向上为"图层9"图层填充使用对称渐变色，效果如图9-211所示。

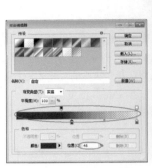

图9-210　　　　　　　　　　图9-211

15 按Ctrl+Alt+G组合键创建剪贴蒙版，然后设置该图层"混合模式"为"强光"，效果如图9-212所示。

16 使用橙色"横排文字工具" T 在绘图区域中输入文字，然后按Ctrl+J组合键复制"法国庄园红酒图层"，并隐藏该图层，接着选择"法国庄园红酒副本"，执行"文字>栅格化文字图层"命令，最后按下Ctrl+T组合键显示自由变换框，按住Ctrl键同时拖曳锚点以变形处理，效果如图9-213所示。

图9-212　　　　　　　　　　图9-213

17 继续使用"横排文字工具" T ，在画面中创建相应文字，效果如图9-214所示，最后按Ctrl+Alt+Shift+E组合键盖印生成"图层10"。

图9-214

18 按Ctrl+N组合键新建一个"吧台展架效果"文件，具体参数设置如图9-215所示。

图9-215

19 新建"图层1"，然后选择"渐变工具" ，接着打开"渐变编辑器"并选择系统预设的"黑，白渐变"，如图9-216所示，最后按照如图9-217所示方向为"图层1"填充使用对称渐变色。

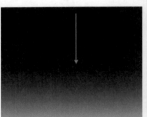

图9-216　　　　　　　　　　图9-217

20 打开光盘中的"素材文件>CH09>227-4.jpg"文件，然后将其拖曳至当前文件中并调整位置，接着按下Ctrl+T组合键显示自由变换框，按住Ctrl键的同时拖曳锚点进行变形处理，效果如图9-218所示。

21 打开光盘中的"素材文件>CH09>227-5.png"文件，然后将其拖曳至当前文件中并调整位置，效果如图9-219所示。

图9-218　　　　　　　　　　图9-219

22 单击"矩形工具" ，然后在选项栏中设置绘制模式为"形状"、填充颜色为黑色，接着在画面中绘制一个矩形形状，效果如图9-220所示。

23 将画面切换至"吧台展架"文件，然后按住Shift键的同时拖曳画面，接着切换至"吧台展架效果"文件中，最后按Ctrl+T组合键进行等比例缩小，效果如图9-221所示。

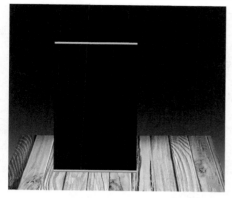

图9-220

图9-221

24 按Ctrl+Alt+G组合键创建剪贴蒙版，然后按住Shift键同时选择"图层3"和"图层4"，接着按Ctrl+Alt+E组合键合并图层，并隐藏"图层3"至"图层4"，如图9-222所示。

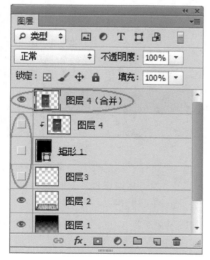

图9-222

25 选择"移动工具" ，然后将画面展架图形调整位置，接着按Ctrl+T组合键显示自由变换框，最后按住Ctrl键同时拖曳锚点进行变形，效果如图9-223所示。

图9-223

26 在"图层4"下方新建"图层5"，然后使用"钢笔工具" 绘制出阴影部分，接着将路径转换为选区，并填充黑色，最后执行"滤镜>模糊>高斯模糊"菜单命令，并在"高斯模糊"对话框中设置"半径"为120像素，效果如图9-224所示。

图9-224

27 按住Ctrl键的同时选择"图层4"和"图层5"，然后按Ctrl+J组合键复制图层，接着按Ctrl+T组合键显示自由变换框进行等比例缩放并调整图像位置，最终效果如图9-225所示。

图9-225

实战 228 户外橱窗广告

文件位置：光盘>实例文件>CH09>实战228.psd-2／难易指数：★★★☆

PS技术点睛
● 叠加人物制作"水彩"滤镜效果
● 添加高层蒙版隐藏多余图像
● 创建橱窗文档，凸显画面真实效果

设计思路分析
　　本例设计先将人物处理为时尚色调，然后再创建一个文档并将调好的人物移动至当前文档，再添加一些灯光，制作出时尚橱窗设计效果。

01 启动Photoshop CS6，按Ctrl+N组合键新建一个"女装橱窗广告"文件，具体参数设置如图9-226所示。

02 选择"渐变工具" ，然后打开"渐变编辑器"对话框，设置第1个色标的颜色为白色、第2个色标的颜色为（R:87，G:93，B:125），如图9-227所示，接着在选项栏中单击"径向渐变"按钮 ，最后从画面中间向外拖动鼠标为"背景"图层填充使用径向渐变色，效果如图9-228所示。

03 新建一个"图层1"，然后设置前景色为（R:130，G:133，B:162），接着使用"画笔工具" 在画面相应区域涂抹，效果如图9-229所示。

04 打开光盘中的"素材文件>CH09>228-1.png"文件，然后将其拖曳至当前文件中并调整位置，如图9-230所示。

05 按住Ctrl键同时单击"图层2"缩览图，载入人物选区，然后新建"图层3"并填充为黑色，接着按Ctrl+T组合键显示自由变换框，按住Ctrl键同时拖曳锚点进行变形处理，最后设置该图层的"不透明度"为65%，效果如图9-231所示。

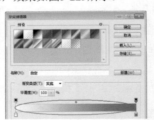

图9-226　　　　　　　　　　图9-227

图9-230　　　　　　　　　　图9-231

06 执行"滤镜>模糊>高斯模糊"命令，然后在弹出的"高斯模糊"对话框中设置"半径"为18.2像素，如图9-232所示，接着在"图层"面板下方单击"添加图层蒙版"按钮 ，再结合使用"渐变工具" 隐藏相应颜色，效果如图9-233所示。

07 选择"图层3"，按Ctrl+J组合键复制，生成"图层3副本"，然后按Ctrl+Shift+]组合键，将图层置于顶端，接着执行"滤镜>滤镜库"命令，具体参数设置如图9-234所示，效果如图9-235所示。

图9-228　　　　　　　　　　图9-229

图9-232

图9-233

图9-236

图9-237

图9-234

图9-238

图9-235

08 在"图层"面板下方单击"添加图层蒙版"按钮 ⬜，然后使用"画笔工具" ✐，在画面相应区域涂抹，接着按Ctrl+Alt+G组合键创建剪贴蒙版，最后设置该图层"混合模式"为"强光"，效果如图9-236所示。

09 新建"图层4"，然后单击"画笔工具" ✐，在"画笔预设器"中设置"大小"为900像素，接着在画面中绘制黑色效果，最后按Ctrl+Alt+G组合键创建剪贴蒙版并设置该图层"混合模式"为"强光"，效果如图9-237所示。

10 新建"图层5"，然后切换前景色为白色，接着继续使用"画笔工具" ✐，在画面中绘制白色效果并创建剪贴蒙版，最后设置该图层"混合模式"为"叠加"、"不透明度"为17%，效果如图9-238所示。

11 在"图层"面板下方单击"创建新的填充或调整图层"按钮 ⬤，在弹出的菜单中选择"曲线"命令，然后在"属性"面板中将曲线编辑成如图9-239所示的形状，效果如图9-240所示。

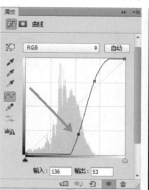
图9-239

图9-240

12 在"图层"面板下方单击"添加图层蒙版"按钮，然后使用"画笔工具" ✐减淡色调，效果如图9-241所示。

13 按照相同的方法创建"亮度/对比度"调整图层，然后在"属性"面板中设置"亮度"为43、"对比度"为27，如图9-242所示，接着按照前面相同的方法创建图层蒙版并结合"画笔工具" ✐隐藏局部色调，效果如图9-243所示。

图9-241

图9-246　　　图9-247　　　图9-248

组合键创建剪贴蒙版，效果如图9-247所示。

17 单击"自定形状工具"，然后在选项栏中设置绘制模式为"形状"、填充为白色，接着在"自定义形状"拾色器中选择"靶标2"形状，最后在画面中绘制一个靶标形状并按Ctrl+T组合键对其进行变形，效果如图9-248所示。

18 执行"滤镜>模糊>高斯模糊"命令，然后在弹出的"高斯模糊"对话框中设置"半径"为25像素，如图9-249所示，接着在"图层"面板下方单击"添加图层蒙版"按钮，结合使用"画笔工具"隐藏多余图像，效果如图9-250所示。

19 在"图层"面板下方单击"创建新的填充或调整图层"按钮，在弹出的菜单中选择"亮度/对比度"命令，然后在"属性"面板中设置"亮度"为76、"对比度"为26，如图9-251所示，接着按照前面相同的方法添加图层蒙版隐藏局部色调，效果如图9-252所示。

20 使用白色"横排文字工具"在绘图区域中输入文字，最终效果如图9-253所示。

图9-242　　　　　　　　图9-243

14 继续创建"照片滤镜"调整图层，然后在弹出的"属性"面板中设置如图9-244所示具体参数，接着对其添加图层蒙版，并结合"画笔工具"，隐藏局部色调，效果如图9-245所示，最后按Ctrl+Alt+Shift+E组合键盖印生成"图层6"。

图9-249　　　图9-250　　　图9-251

图9-244　　　　　　　图9-245

15 打开光盘中的"素材文件>CH09>228-2.jpg"文件，然后单击"矩形工具"，接着在选项栏中设置绘制模式为"形状"、填充颜色为白色，最后在画面中绘制一个矩形图形，效果如图9-246所示。

16 切换画面至"女装橱窗广告"文件，然后按住Shift键同时拖曳画面至当前文件中，接着在按Ctrl+T组合键显示自由变换框进行等比例缩小，最后按下Ctrl+Alt+G

图9-252　　　　　　　　图9-253

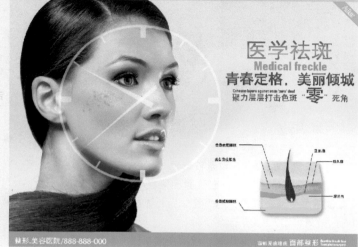

实战 229 户外阅报栏广告

文件位置: 光盘>实例文件>CH09>实战229.psd / 难易指数 ★★★☆☆

PS技术点睛
● 结合"蒙尘与划痕"和"添加杂色"制作斑点。
● 栅格化文字填充渐变颜色效果。

设计思路分析
　　本例首先结合使用相应滤镜制作人物斑点效果，然后再盖上一层时钟图像，巧妙地表达了时间祛斑的含义。

医学祛斑
Medical freckle
青春定格，美丽倾城
聚力层层打击色斑"零"死角

整形.美容医院/888-888-000

01 启动Photoshop CS6，按Ctrl+N组合键新建一个"户外阅报栏广告"文件，具体参数设置如图9-254所示。

02 选择"渐变工具"，然后打开"渐变编辑器"对话框，接着设置第1个色标的颜色为（R:247，G:221，B:230）、第2个色标的颜色为（R:255，G:208，B:219），第3个色标的颜色为（R：247，G：221，B：230）如图9-255所示，最后从上向下为"背景"图层填充使用对称渐变色，效果如图9-256所示。

03 单击"画笔工具"，然后在选项栏中设置"不透明度"为60%，接着在画面相应处绘制白色笔触，效果如图9-257所示。

图9-254

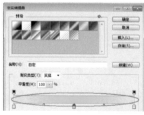

图9-255

图9-256　　　　　　　　　　图9-257

04 打开光盘中的"素材文件>CH09>229-1.png"文件，然后将其拖曳至当前文件中并调整位置，效

果如图9-258所示。

图9-258

05 在"图层"面板下方单击"创建新的填充或调整图层蒙版"按钮，在弹出的菜单中选择"色相/饱和度"命令，然后在"属性"面板中设置"色相"为-2、"饱和度"为+7，如图9-259所示，接着按Ctrl+Alt+G组合键创建图层剪贴蒙版，效果如图9-260所示。

图9-259

图9-260

06 按照相同的方法创建"曲线"调整图层，然后在"属性"面板中将曲线编辑成如图9-261所示的形状，接着按Ctrl+Alt+G组合键创建剪贴蒙版，效果如图9-262所示。

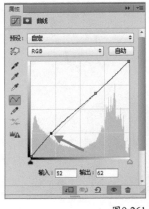

图9-261 图9-262

07 新建"图层2"，设置前景色为黑色，然后选择"画笔工具" ✎，在画面相应区域涂抹，接着设置该图层"混合模式"为"叠加"、"不透明度"为80%，效果如图9-263所示。

08 单击"椭圆工具" ◯，然后在选项栏中取消"颜色填充"、"描边"颜色为白色、"描边宽度"为4点，接着在画面中绘制一个空心圆圈，最后设置该图层"不透明度"为50%，效果如图9-264所示。

图9-263 图9-264

09 单击"矩形工具" ▭，然后在选项栏设置填充颜色为白色，取消"描边"，接着在画面绘制4个矩形，并设置矩形图层"不透明度"为50%，最后按下Alt键拖曳任意一个矩形，同时按Ctrl+T组合键旋转角度，按照相同方法继续复制更多矩形，效果如图9-265所示。

图9-265

10 新建"图层3"，然后选择"椭圆选框工具" ◯，接着在画面中创建一个椭圆选区并填充任意色，最后执行"滤镜>杂色>添加杂色"命令，在弹出的"添加杂色"对话框中设置"数量"为350.6，如图9-266所示，效果如图9-267所示。

图9-266 图9-267

11 执行"滤镜>杂色>蒙尘与划痕"命令，然后在弹出的"蒙尘与划痕"对话框中设置"半径"为3像素，如图9-268所示，效果如图9-269所示。

图9-268 图9-269

12 新建"图层4"，然后设置前景色为（R:201，G:153，B:125），接着选择"魔棒工具" ✦，在选项栏中单击"添加到选区"按钮 ◻，最后在画面中创建颗粒选区并填充前景色，效果如图9-270所示。

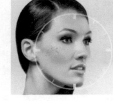

图9-270

13 隐藏"图层3"，然后执行"滤镜>模糊>高斯模糊"命令，接着在弹出的"高斯模糊"对话框中设置"半径"为1.3像素，如图9-271所示，效果如图9-272所示。

图9-271 图9-272

14 单击"钢笔工具" ，然后在选项栏中设置绘图模式为"形状"、"填充"颜色为（R:248，G:181，B:81），接着在画面中绘制一个半圆形，最后设置该图层"不透明度"为20%，效果如图9-273所示；用相同的方法在画面中绘制出指南针图像，并填充颜色，效果如图9-274所示。

图9-273　　　　　　　　　　　图9-274

15 新建"组1"图层组，然后打开光盘中的"素材文件>CH09>229-2.png"文件，接着将其拖曳至当前文件中并调整位置，最后使用"直线工具" 在画面绘制多条直线，效果如图9-275所示。

图9-275

16 单击"矩形工具" ，然后在选项栏设置绘制模式为"形状"、填充颜色为（R:232，G:152，B:172），接着在画面下方绘制一个矩形条，效果如图9-276所示。

图9-276

17 使用"横排文字工具" 在绘图区域中输入文字，效果如图9-277所示。

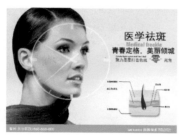

图9-277

18 选择"医学祛斑"文字图层，然后按Ctrl+J组合键复制并隐藏该文字图层，接着单击鼠标右键，在弹出的快捷菜单中选择"栅格化文字"命令，如图9-278所示。

图9-278

19 按住Ctrl键同时单击"医学祛斑副本"图层缩览图创建文字选区，然后使用"渐变工具" ，接着打开"渐变编辑器"对话框，设置第1个色标的颜色为（R:177，G:72，B:101）、第2个色标的颜色为（R:222，G:123，B:159）、第3个色标的颜色为（R:177，G:72，B:101），最后从上至下拖动鼠标填充选区使用线性渐变色，效果如图9-279所示。

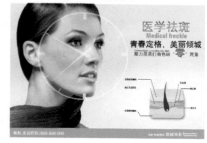

图9-279

20 按照前面相同的方法将"青春定格，美丽倾城"文字图层栅格化并填充相应渐变色，最终效果如图9-280所示。

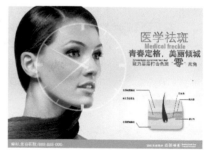

图9-280

实战 230 户外悬挂广告

文件位置：光盘>实例文件>CH09>实战230.psd/难易指数：★★★☆☆

设计思路分析

本例主要使用钢笔工具绘制各图像，以形成道路旗帜效果，最后创建文字达到广告传达意义。

01 启动Photoshop CS6，按Ctrl+N组合键新建一个"户外悬挂广告"文件，具体参数设置如图9-281所示。

图9-281

02 打开光盘中的"素材文件>CH09>230-1.jpg"文件，然后将其拖曳至当前文件中，效果如图9-282所示。

03 单击"钢笔工具" ，然后在选项栏中设置绘制模式为"路径"，接着在画面中创建一个吊旗选区并填充黑色，效果如图9-283所示。

图9-282　　　　　　　图9-283

04 继续使用"钢笔工具" ，然后在选项栏中设置绘图模式为"形状"、"填充"颜色为灰色、

"描边"颜色为黑色，接着在画面中绘制图形，效果如图9-284所示。

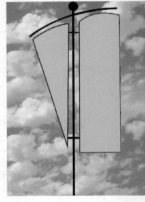

图9-284

05 选择"形状"，然后打开光盘中的"素材文件>CH09>230-2.jpg"文件，接着将其拖曳至当前文件中并按Ctrl+Alt+G组合键创建剪贴蒙版，效果如图9-285所示。

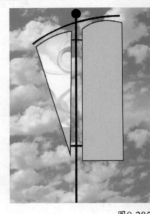

图9-285

06 按住Alt键的同时向下拖曳图像，然后在"图层"面板下方单击"添加图层蒙版"按钮 ，接着使用"画笔工具" 隐藏局部图像，效果如图9-286所示。

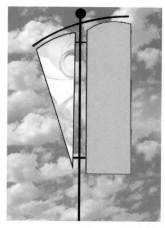

图9-286

07 打开光盘中的"素材文件>CH09>230-3.jpg"文件，然后将其拖曳至当前文件中并调整位置，接着按Ctrl+Alt+G组合键创建剪贴蒙版，效果如图9-287所示。

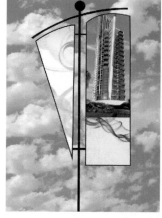

图9-287

08 新建"图层6"，然后按住Ctrl键同时单击"图层5"缩览图创建选区并创建剪贴蒙版，接着使用"渐变工具" ，打开"渐变编辑器"对话框选择系统预设的"黑色至白色渐变"，如图9-288所示，最后按照如图9-289所示方向填充径向渐变色。

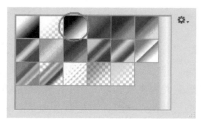

图9-288

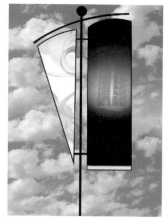

图9-289

09 在"图层"面板下方单击"添加图层蒙版"按钮 ，然后使用"画笔工具" 隐藏部分色调，接着设置该图层"混合模式"为"柔光"，效果如图9-290所示。

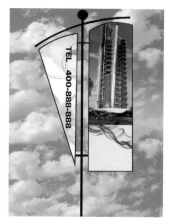

图9-290

10 使用黑色"直排文字工具" 在绘图区域中输入文字，然后使用黑色"横排文字工具" 在绘图区域输入文字，最终效果如图9-291所示。

图9-291

实战 231 户外电话亭广告

文件位置：光盘>实例文件>CH09>实战231.psd / 难易指数：★★★☆☆

PS技术点睛

● 添加图层样式制作公路断裂效果。
● 将文字栅格化制作炫彩效果

设计思路分析

本例将手机屏幕延伸出高速公路和前行汽车来呼应
画面文字，以达到广告主题宣传效果。

---

01 启动Photoshop CS6，按Ctrl+N组合键新建一个"户外电话亭广告"文件，具体参数设置如图9-292所示。

图9-292

02 打开光盘中的"素材文件>CH09>231-1.jpg和231-2.png"文件，然后将其分别拖曳至当前文件中并调整位置，效果如图9-293所示。

03 选择"图层2"，然后执行"编辑>变换>变形"命令，接着在自由变换框拖曳锚点进行变形，效果如图9-294所示。

图9-293   图9-294

04 打开光盘中的"素材文件>CH09>231-3.jpg和231-4.jpg"文件，然后分别拖曳至当前文件中，接着选择"图层4"，按Ctrl+J组合键复制并调整图像位置，最后按照前面相同的方法对"图层3"进行变形，效果如图9-295所示。

05 选择"图层4"，然后在"图层"面板下方单击"添加图层蒙版" ，接着使用"画笔工具" 隐藏多余图像，最后按照相同的方法调整"图层4副本"，效果如图9-296所示。

图9-295   图9-296

06 打开光盘中的"素材文件>CH09>231-5.png"文件，然后使用"套索工具" ，沿公路图像创建选区并拖曳至当前文件中，接着按Alt键同时拖曳图像，最后按Ctrl+T组合键显示自由变换框对其进行缩小、旋转和水平翻转，效果如图9-297所示。

07 将画面切换至"231-3.png"文件中，继续使用"套索工具" ，沿汽车区域创建选区并拖曳至当前文件中，效果如图9-298所示。

图9-297　　　　　　　　　图9-298

08 选择"图层4"，然后在"图层"面板下方单击"创建新的填充或调整图层"按钮 ，在弹出的菜单中选择"色相/饱和度"命令，接着在"属性"面板选择"绿色"通道，设置"色相"为-24、"饱和度"为-16、"明度"为-10，最后按Ctrl+Alt+G组合键创建剪贴蒙版，效果如图9-299所示。

09 使用相同的方法，在"图层4副本"上方创建"色相/饱和度"调整图层，然后添加图层蒙版隐藏局部色调，效果如图9-300所示。

图9-299　　　　　　　　　图9-300

10 在"图层6"上方新建"图层8"，然后设置前景色为（R:87，G:87，B:87），接着使用"套索工具" ，在画面中创建选区并填充前景色，效果如图9-301所示。

图9-301

11 双击"图层8"，然后在弹出的"图层样式"对话框中选择"图案叠加"样式，接着设置"混合模式"为"颜色加深"、"不透明度"为58%、"缩放"为93%，具体参数如图9-302所示，效果如图9-303所示。

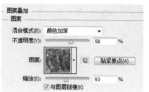

图9-302　　　　　　　　　图9-303

12 在"图层样式"对话框中选择"斜面和浮雕"样式，然后设置"深度"为551%、"软化"为4像素，具体参数设置如图9-304所示，效果如图9-305所示。

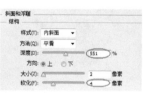

图9-304　　　　　　　　　图9-305

13 在"图层5"下方新建"图层9"，然后设置前景色为黑色，接着使用"画笔工具" ，在画面相应区域绘制阴影，效果如图9-306所示。

14 在"图层2"上方新建"图层10"，然后按Ctrl键同时单击"图层2"缩览图创建选区并填充黑色，接着按Ctrl+T组合键显示自由变换框对其进行变形，最后设置该图层"不透明度"为40%，效果如图9-307所示。

图9-306　　　　　　　　　图9-307

15 执行"滤镜>模糊>高斯模糊"命令，在弹出的"高斯模糊"对话框中设置"半径"为5.9像素，如图9-308所示，效果如图9-309所示。

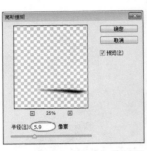

图9-308　　　　　　　图9-309

16 在"图层"面板下方单击"创建新的填充或调整图层"按钮 ●.，然后在弹出的菜单中选择"亮度/对比度"命令，接着在"属性"面板中设置"亮度"为22、"对比度"为33，如图9-310所示，效果如图9-311所示。

图9-310　　　　　　　图9-311

17 使用"横排文字工具" T. 在绘图区域中输入文字，然后按Ctrl+J组合键复制图层，接着选择文字图层副本单击鼠标右键，在弹出的快捷菜单中选择"栅格化文字"，并填充灰色，最后按Ctrl+T组合键显示自由变换框，对其进行变形，并调整不透明度，效果如图9-312所示。

图9-312

18 将"超凡动力驾驭从容"文字图层进行栅格化，然后双击该图层，在弹出的"图层样式"对话框中选择"斜面和浮雕"样式，接着设置"深度"为337%，如图9-313所示，效果如图9-314所示。

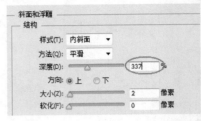

图9-313

图9-314

19 打开光盘中的"素材文件>CH09>231-6.png"文件，然后将其拖曳至当前文件中，接着使用"横排文字工具" T.，在画面中创建相应文字，最终效果如图9-315所示。

图9-315

实战 232 户外墙体广告

文件路径：光盘>实例文件>CH09>实战232.psd >海景楼群 ★★★ 个个

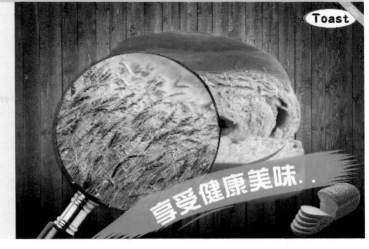

PS技术点睛
● 使用"画笔工具"调整画面色调。
● 运用"路径"制作文字效果。

设计思路分析
本例将放大效果制作成麦田，不仅表达了产品的特性，还从视觉上展现了特别的创意想法。

01 启动Photoshop CS6，按Ctrl+O组合键弹出"打开"对话框，然后在对话框中选择"232-1.jpg"文件，接着单击"打开"按钮 打开(O)，效果如图9-316所示。

02 在"图层"面板下方单击"创建新的填充或调整图层"按钮 ○.，然后在弹出的菜单中选择"色相/饱和度"命令，接着在"属性"面板中设置"色相"为+9、"饱和度"为+11、"明度"为-10，如图9-317所示，效果如图9-318所示。

图9-316　　　　　图9-317　　　　　图9-318

03 新建一个"图层1"，然后单击"渐变工具" ■，接着在选项栏中单击"径向渐变"按钮 ■，最后从画面中心往外拖动鼠标填充径向渐变色，效果如图9-319所示。

04 设置"混合模式"为"柔光"、"不透明度"为80%，效果如图9-320所示。

05 新建"图层2"，然后设置前景色为黑色，接着使用"画笔工具" /，在画面下方涂抹，最后设置该图层"混合模式"为"柔光"，效果如图9-321所示。

图9-319　　　　　图9-320　　　　　图9-321

06 打开光盘中的"素材文件>CH09>232-2.png"文件，然后将其拖曳至当前文件中并调整位置，效果如图9-322所示。

07 在"图层"面板下方单击"创建新的填充或调整图层"按钮 ○.，然后在弹出的菜单栏中选择"色相/饱和度"命令，接着在"属性"面板中设置"色相"为+2、"饱和度"为+15、"明度"为+7，如图9-323所示，最后按Ctrl+Alt+G组合键创建剪贴蒙版，效果如图9-324所示。

图9-322　　　　　图9-323　　　　　图9-324

08 新建"图层4"，选择"画笔工具" /，接着在画面左侧涂抹，最后设置该图层"混合模式"为"柔光"、"不透明度"为75%，效果如图9-325所示。

09 打开光盘中的"素材文件>CH09>232-3.png"文件，然后将其拖曳至当前文件中并调整位置，效果如图9-326所示。

图9-325　　　　　图9-326

10 双击"图层5"，然后在弹出的"图层样式"对话框中选择"投影"样式，接着设置"不透明

431

度"为68%、"距离"为12像素、"扩展"为1%、"大小"为10像素，具体参数设置如图9-327所示，效果如图9-328所示。

11 打开光盘中的"素材文件>CH09>232-4.jpg"文件，然后将其拖曳至当前文件中，接着按Ctrl+T组合键显示自由变换框，对其进行等比例缩小和旋转，最后在"图层"面板下方单击"添加图层蒙版"按钮 ▣，结合使用"画笔工具" ✎ 隐藏多余图像，效果如图9-329所示。

图9-327　　　　图9-328　　　　图9-329

12 在"图层"面板下方单击"创建新的填充或调整图层"按钮 ◐，然后在弹出的菜单中选择"曲线"命令，接着在"属性"面板中将曲线编辑成如图9-330所示的形状，最后按Ctrl+Alt+G组合键创建剪贴蒙版，效果如图9-331所示。

13 单击"钢笔工具" ✎，然后在选项栏中设置绘图模式为"形状"、填充颜色为（R: :51, G:153, B:0），接着在画面中绘制两个月牙形状，效果如图9-332所示。

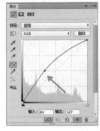 

图9-330　　　　图9-331　　　　图9-332

14 新建"图层7"，然后选择"画笔工具" ✎，在"画笔预设器"中选择"圆角低硬度"画笔，接着设置"大小"为180像素，如图9-333所示，最后在画面绘制一条有弧度的笔触，效果如图9-334所示。

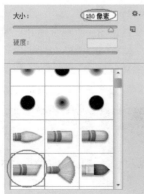 

图9-333　　　　图9-334

15 单击"钢笔工具" ✎，然后在选项栏中设置绘图模式为"路径"，接着在画面中绘制一条路径，最后使用"横排文字工具" T，沿路径创建相应文字，效果如图9-335所示。

图9-335

16 单击"椭圆工具" ◯，然后在选项栏中设置绘图模式为"形状"、填充颜色为（R:153, G:108, B:51），接着在画面中绘制一个椭圆形状，最后按照相同的方法在选项栏更改参数，在画面中绘制一个白色椭圆，效果如图9-336所示。

17 使用黑色"横排文字工具" T 在白色椭圆区域创建文字，然后打开光盘中的"素材文件>CH09>232-5.png"文件，接着将其拖曳至当前文件中，效果如图9-337所示。

图9-336　　　　图9-337

18 在"图层"面板下方单击"创建新的填充或调整图层"按钮 ◐，然后在弹出的菜单中选择"亮度/对比度"命令，接着在"属性"面板中设置"亮度"为16、"对比度"为17，如图9-338所示，最终效果如图9-339所示。

图9-338

图9-339

实战 **233** 户外候车亭广告

文件位置: 光盘>实例文件>CH09>实战233.psd / 难易指数 ★★★★☆

PS技术点睛
● 添加"色相/饱和度"图层调整背景色调。
● 使用"动感模糊"制作撒盐效果。

设计思路分析

本例首先在调味料容器中合成海底效果，然后制作撒盐，两者结合可以充分展现广告的创意和表达的含义。

01 启动Photoshop CS6，按Ctrl+N组合键新建一个"户外候车亭广告"文件，具体参数设置如图9-340所示。

图9-340

图9-343　　　　　　　图9-344

02 打开光盘中的"素材文件>CH09>233-1.jpg"文件，然后将其拖曳至当前文件中并调整位置，接着执行"滤镜>模糊>高斯模糊"命令，最后在弹出的"高斯模糊"对话框中设置"半径"为14像素，如图9-341所示，效果如图9-342所示。

04 打开光盘中的"素材文件>CH09>233-2.png"文件，然后将其拖曳至当前文件中并调整位置，效果如图9-345所示。

图9-341　　　　　　　图9-342

图9-345

03 在"图层"面板下方单击"创建新的填充或调整图层"按钮，然后在弹出的菜单中选择"色相/饱和度"命令，接着在"属性"面板中设置"色相"为+115、"饱和度"为-20、"明度"为+9，如图9-343所示，效果如图9-344所示。

05 在"图层"面板下方单击"创建新的填充或调整图层"按钮，在弹出的菜单中选择"曲线"命令，然后在"属性"面板中将曲线编辑成如图9-346所示的形状，接着按Ctrl+Alt+G组合键创建剪贴蒙版，效果如图9-347所示。

06 在"图层2"下方新建"组1"图层组，然后打开光盘中的"素材文件>CH09>233-3.png和233-4.png"文件，然后将其分别拖曳至当前文件中并调整位置，最后按

Ctrl+Alt+G组合键创建剪贴蒙版，效果如图9-348所示。

07 选择"图层4"，然后在"图层"面板下方单击"添加图层蒙版"按钮 ▣，接着使用"画笔工具" ✐，隐藏多余图像，最后按Ctrl+J组合键复制"图层4"并按照前面相同的方法调整，效果如图9-349所示。

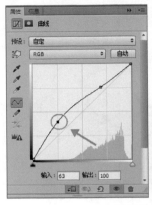

图9-346 图9-347

图9-348 图9-349

08 打开光盘中的"素材文件>CH09>233-5.png"文件，然后使用"套索工具" ◯ 沿图像边缘创建选区，接着将其拖曳至当前文件中，最后按Ctrl+T组合键显示自由变换框并进行旋转，效果如图9-350所示。

09 按Ctrl+Alt+G组合键创建图层蒙版，在"图层"下方单击"添加图层蒙版"按钮 ▣，然后使用"画笔工具" ✐隐藏局部图像，效果如图9-351所示。

图9-350 图9-351

10 按照前面相同的方法，将"233-5.png"文件中的图像依次拖曳至当前文件中并添加图层蒙版进行调整，效果如图9-352所示。

11 打开光盘中的"素材文件>CH09>233-6.psd"文件，然后依次将"图层1"至"图层4"分别拖曳至当前文件中并调整位置和角度，接着结合图层蒙版进行调整，效果如图9-353所示。

图9-352 图9-353

12 在"图层"下方单击"创建新的填充或调整图层"按钮 ◑，然后在弹出的菜单中选择"照片滤镜"命令，接着在"属性"面板中设置"滤镜"为"水下"、"浓度"为57%，如图9-354所示，最后按Ctrl+Alt+G组合键创建剪贴蒙版，效果如图9-355所示。

图9-354 图9-355

13 新建"图层15"，然后单击"画笔工具" ✐，接着在画面相应区域涂抹，最后设置该图层的"混合模式"为"叠加"、"不透明度"为74%，效果如图9-356所示。

14 新建"图层16"，然后单击"套索工具" ◯，接着在画面中创建选区并填充任意色，效果如图9-357所示。

图9-356 图9-357

15 执行"滤镜>杂色>添加杂色"命令，接着在弹出的"添加杂色"对话框中设置"数量"为310.61%，如图9-358所示，效果如图9-359所示。

图9-358

图9-359

16 执行"滤镜>杂色>蒙尘与划痕"命令,然后弹出的"蒙尘与划痕"对话框中设置"半径"为5像素、"阈值"为7色阶,如图9-360所示,效果如图9-361所示。

图9-360

图9-361

17 新建"图层17",然后选择"魔棒工具" ,接着在选项栏单击"添加到选区"按钮 ,接着在画面中创建颗粒选区并填充白色,最后隐藏"图层16",效果如图9-362所示。

图9-362

18 执行"滤镜>模糊>动感模糊"命令,然后在弹出的"动感模糊"对话框中设置"角度"为50度、"距离"为13像素,如图9-363所示,效果如图9-364所示。

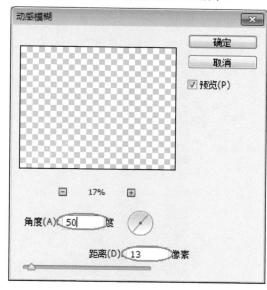

图9-363

图9-364

19 打开光盘中的"素材文件>CH09>233-7.png",然后将其拖曳至当前文件中,接着使用白色"横排文字工具" ,在画面中创建相应文字,最终效果如图9-365所示。

图9-365

实战 234 户外灯箱广告

文件位置：光盘>实例文件>CH08>实战234.psd / 难易指数：★★/难

01 启动Photoshop CS6，按Ctrl+N组合键新建一个"户外灯箱广告"文件，具体参数设置如图9-366所示。

图9-366

02 选择"渐变工具" ，然后打开"渐变编辑器"对话框，设置第1个色标的颜色为（R:13，G:58，B:0）、第2个色标的颜色为黑色，如图9-367所示，接着从中心向外拖动鼠标为"背景"图层填充使用径向渐变色，效果如图9-368所示。

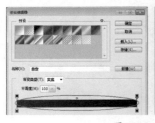

图9-367

图9-368

03 设置前景色为（R:3，G:100，B：29），然后新建"图层1"，接着使用"画笔工具" ，在

画面中涂抹，最后设置该图层的"混合模式"为"滤色"，效果如图9-369所示。

04 打开光盘中的"素材文件>CH09>234-1.png"文件，然后将其拖曳至当前文件中并调整位置，效果如图9-370所示。

图9-369　　　　　　　　图9-370

05 在"图层"面板下方单击"创建新的填充或调整图层" ，然后在弹出的菜单中选择"色相/饱和度"命令，接着在"属性"面板中设置"色相"为-7、"饱和度"为-14、"明度"为+6，如图9-371所示，最后按Ctrl+Alt+G组合键创建剪贴蒙版，效果如图9-372所示。

06 在"图层1"上方新建"图层3"，然后设置前景色为（R:211，G:238，B:247），接着使用"椭圆选框工具" ，在画面中创建圆形选区并填充前景色，最后设置该图层"不透明度"为40%，效果如图9-373所示。

07 按照前面相同的方法，继续在画面中绘制更多正圆图形，效果如图9-374所示。

图9-371　　　　　　　　　图9-372

图9-373　　　　　　　　　图9-374

08 打开光盘中的"素材文件>CH09>234-2.png"文件，然后将其拖曳至当前文件中并调整位置，效果如图9-375所示。

09 新建"图层11"，然后设置前景色为（R:22，G:200，B:22），接着选择"钢笔工具" ✐，在选项栏中设置绘制模式为"路径"，最后在画面中创建相应曲线形状并填充前景色，效果如图9-376所示。

图9-375　　　　　　　　　图9-376

10 继续使用"钢笔工具" ✐，然后多次调整前景色，接着在画面中绘制更多曲线形状，最后设置该图层"不透明度"为30%，效果如图9-377所示。

图9-377

11 按照前面相同的方法，继续在画面中绘制不规则形状，效果如图9-378所示。

12 选择"图层10"，然后按Ctrl+J组合键复制图层，接着按Ctrl+Shift+]组合键将图层置于顶端，最后调整其位置并设置该图层"混合模式"为"浅色"，效果如图9-379所示。

图9-378　　　　　　　　　图9-379

13 新建"图层13"，然后设置前景色为（R:221，G:245，B:109），接着使用"钢笔工具" ✐，最后在画面中创建一个曲线形状并填充前景色，效果如图9-380所示。

图9-380

14 双击"图层13"，然后在弹出的"图层样式"对话框中单击"斜面和浮雕"样式，接着设置"深度"为399%、"大小"为9像素、"软化"为5像素、高光不透明度为57%、阴影颜色为（R:174，G:189，B:5）、阴影不透明度为77%，具体参数设置如图9-381所示，效果如图9-382所示。

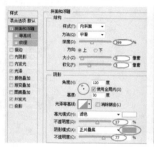

图9-381　　　　　　　　　图9-382

15 在"图层样式"对话框中选择"光泽"样式，然后设置"混合模式"为"强光"、"不透明度"

为14%、"角度"为155度、"距离"为45像素、"大小"为35像素，具体参数设置如图9-383所示，效果如图9-384所示。

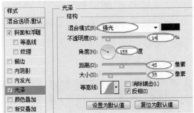

图9-383

图9-384

16 在"图层样式"对话框中选择"外发光"命令，然后再设置"不透明度"为61%、"方法"为"精确"，如图9-385所示，效果如图9-386所示。

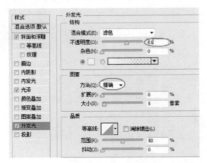

图9-385

图9-386

17 在"图层"面板下方单击"添加图层蒙版"按钮 ▣ ，然后使用"画笔工具" ✐ ，隐藏多余曲线形状，效果如图9-387所示。

图9-387

18 打开光盘中的"素材文件>CH09>234-3.png"文件，然后将其拖曳至当前文件中并调整位置，效果如图9-388所示。

图9-388

19 新建"图层15"，然后设置前景色为（R:221，G:231，B:174），接着选择"画笔工具" ✐ ，在"画笔预设器"中选择柔角画笔、设置"大小"为35像素、"不透明度"为70%，最后在画面中单击鼠标添加点光，最终效果如图9-389所示。

图9-389

实战 235 户外公交车广告

文件位置：光盘>源文件>CH09>实战235.psd/难易指数：★★★★☆

PS技术点睛
● 创建"文字变形"制作烟形文字
● 使用"渐变工具"制作汽车倒影效果

设计思路分析

本例的公交车身广告主要将产品和相关辅助内容进行整体化处理，再添加城市感的背景素材，使广告与车身相结合。

01 启动Photoshop CS6，按Ctrl+O组合键弹出"打开"对话框，然后在对话框中选择"235-1.jpg"文件，接着单击"打开"按钮 打开(O)，效果如图9-390所示。

02 打开光盘中的"素材文件>CH09>235-2.png"文件，然后将其拖曳至当前文件中并调整位置，效果如图9-391所示。

图9-390　　　　　　　　　　图9-391

03 新建"图层2"，然后设置前景色为（R:40，G:161，B:72），接着选择"钢笔工具" ，在选项栏中设置绘图模式为"路径"，最后在画面中创建选区并填充前景色，效果如图9-392所示。

04 打开光盘中的"素材文件>CH09>235-3.png"文件，然后将其拖曳至当前文件中并调整位置，接着按Ctrl+Alt+G组合键创建剪贴蒙版，效果如图9-393所示。

图9-392　　　　　　　　　　图9-393

05 按Ctrl+J组合键复制"图层3"，然后执行"编辑>变换>水平翻转"命令，同时创建剪贴蒙版、调整图像位置，接着在"图层"面板下方单击"添加图层蒙版"按钮 ，结合"画笔工具" ，隐藏多余部分进行合成，效果如图9-394所示。

06 按照前面相同的方法，继续多次复制"图层3"，然后结合"添加图层蒙版" 和"画笔工具" 进行合成，完成牛奶浪背景，效果如图9-395所示。

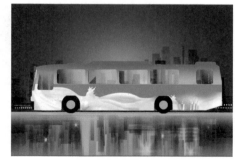

图9-394

图9-395

07 打开光盘中的"素材文件>CH09>235-4.psd"文件，然后选择"图层1"，接着将其拖曳至当前文件中并调整位置和角度，效果如图9-396所示。

图9-396

08 在"图层"面板下方单击"添加图层蒙版"按钮，然后选择"画笔工具"，接着在图像边缘进行涂抹，效果如图9-397所示。

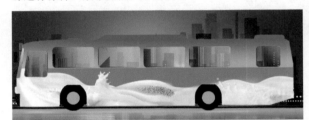

图9-397

09 按照前面相同的方法，将"235-4.psd"文件中的"图层2"至"图层7"依次拖曳至当前文件中进行调整，效果如图9-398所示。

图9-398

10 新建"图层9"，然后设置前景色为（R:219，G:202，B:8），接着使用"矩形选区工具"，最后在画面中创建一个矩形选框并填充前景色，效果如图9-399所示。

图9-399

11 按住Shift键的同时单击"图层1"和"图层9"，然后按Ctrl+Alt+E组合键拼合图层，生成"图层9"，接着执行"编辑>变换>垂直翻转"命令，同时调整图像位置，效果如图9-400所示。

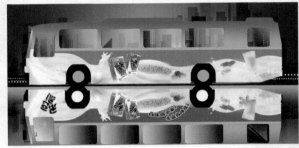

图9-400

12 在"图层"面板下方单击"添加图层蒙版"，然后使用"渐变工具"，打开"渐变编辑器"对话框，选择黑色至白色如图9-401所示，最后从下至上填充"图层9"蒙版，隐藏多余图像，效果如图9-402所示。

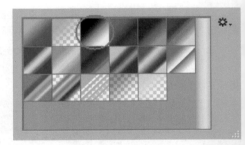

图9-401

图9-402

13 使用"横排文字工具"，然后在画面中创建相应文字，接着在选项栏中单击"创建文字变形"按钮，在弹出的"变形文字"对话框中设置"样式"为"扇形"、"弯曲"为+45%，如图9-403所示，效果如图9-404所示。

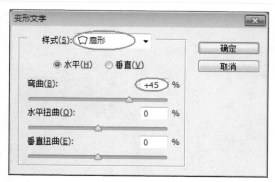

图9-403

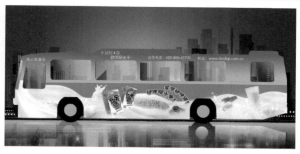

图9-407

图9-404

16 新建"图层11",然后设置前景色为白色,接着使用"矩形选框工具" [□],在画面中创建选区并填充前景色,最后按照相同的方法创建多个矩形,效果如图9-408所示。

在"图层"面板下方单击"添加图层样式"按钮 *fx.*,在弹出的菜单中选择"描边"命令,然后在"描边"样式对话框中设置"颜色"为(R:255,G:211,B:6),如图9-405所示,效果如图9-406所示。

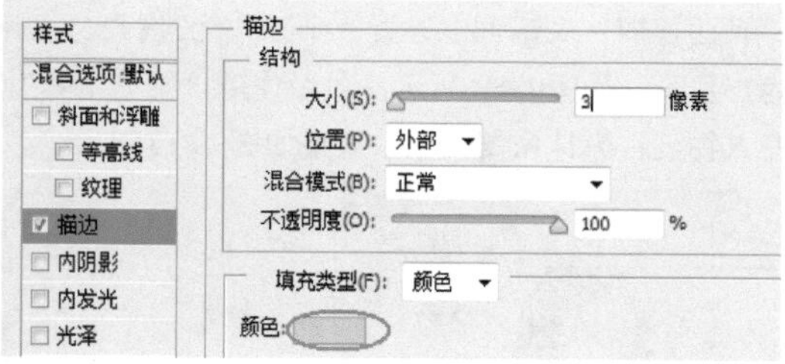

图9-408

17 在"图层"面板下方单击"创建新的填充或调整图层"按钮 [●.],然后在弹出的菜单中选择"曲线"命令,接着在"属性"面板中将曲线编辑成如图9-409所示的形状,最终效果如图9-410所示。

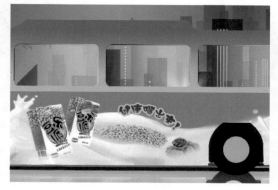

图9-405

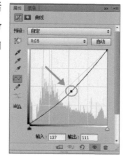

图9-409

图9-406

15 按照前面相同的方法,在画面中创建更多文字,效果如图9-407所示。

图9-410

实战 236 化妆品户外广告

文件位置：光盘>实例文件>CH09>实战236.psd/海笔指数：★★★☆☆

PS技术点睛

● 使用"液化"滤镜调整人物的脸型
● 创建"可选颜色"调整人物头发颜色

设计思路分析

　　本例主要展示人物面部精致透亮的肤质，再将画面色调调整为淡褐色，呈现出自然清新的广告效果。

01 启动Photoshop CS6，按Ctrl+N组合键新建一个"化妆品户外广告"文件，具体参数设置如图9-411所示。

图9-411

02 选择"渐变工具" ，然后打开"渐变编辑器"对话框，接着设置第1个色标的颜色为（R:255，G:212，B:204）、第2个色标的颜色为白色，如图9-412，最后从下至上为"背景"图层填充使用对称渐变色，效果如图9-413所示。

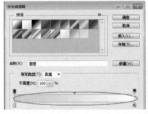

图9-412　　　　　　　　图9-413

03 选择"画笔工具" ，然后在"画笔预设选取器"中设置"大小"为290像素、"不透明度"为30%，接着在画面右侧涂抹，效果如图9-414所示。

04 打开光盘中的"素材文件>CH09>236-1.png"文件，然后将其拖曳至当前文件中并调整位置，效果如图9-415所示。

图9-414　　　　　　　　图9-415

05 执行"滤镜>转换为智能滤镜"命令，然后执行"滤镜>模糊>表面模糊"命令，接着在弹出的"表面模糊"对话框中设置"半径"为2像素、"阈值"为15色阶，如图9-416所示，最后使用"画笔工具" ，在人物五官涂抹恢复图像，效果如图9-417所示。

图9-416　　　　　　　　图9-417

06 按Ctrl+J组合键复制"图层1"，然后执行"滤镜>液化"命令，接着在弹出的"液化"对话框中设置"画笔大小"为179，最后按照如图9-418所示方向多次拖动鼠标调整面部，效果如图9-419所示。

07 设置前景色为（R:200，G:155，B:107），然后新建"图层2"，并创建剪贴蒙版，接着使用"画笔工具" ，在人物头发区域涂抹颜色，最后设置该图

层的"混合模式"为"叠加"、"不透明度"为60%,
效果如图9-420所示。

图9-418

图9-419

图9-420

08 设置前景色为白色,然后新建"图层3",并创建剪贴蒙版,接着使用"画笔工具" ,在人物额头、鼻梁等区域提亮高光,最后设置该图层"混合模式"为"叠加",效果如图9-421所示。

09 在"图层"面板下方单击"创建新的填充或调整图层"按钮 ,然后在弹出的菜单中选择"可选颜色"命令,接着在"属性"面板中设置如图9-422和图9-423所示参数,最后按Ctrl+Alt+G组合键创建剪贴蒙版,效果如图9-424所示。

图9-421

图9-422

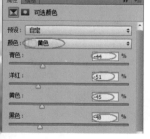

图9-423

图9-424

10 单击"套索工具" ,然后在人物嘴唇区域创建选区,接着在"图层"面板下方,单击"创建新的填充或调整图层"按钮 ,在弹出的菜单中选择"色相/饱和度"命令,最后在"属性"面板中设置"色相"为+12、"饱和度"为-7、"明度"为+2,如图9-425所示,效果如图9-426所示。

图9-425

图9-426

11 在"图层"面板下方单击"创建新的填充或调整图层"按钮 ,然后在弹出的菜单中选择"曲线"命令,接着在"属性"面板中将曲线编辑成如图9-427所示的形状,效果如图9-428所示。

图9-427

图9-428

12 选择"图层1",然后单击"套索工具" ,沿人物肩膀区域创建选区并按Ctrl+J组合键复制,接着执行"滤镜>模糊>表面模糊"命令,在弹出的"表面模糊"对话框中设置"半径"为5像素、"阈值"为10色阶,如图9-429所示,最后按Ctrl+Shift+]组合键调整图层至顶端,效果如图9-430所示。

图9-429

图9-430

13 在"图层"面板下方单击"创建新的填充或调整图层"按钮 ⊘，然后在弹出的菜单中选择"可选颜色"命令，接着在"属性"面板中设置"青色"为+70、"黄色"为-49、"黑色"为-69，如图9-431所示，最后按Ctrl+Alt+G组合键创建剪贴蒙版，效果如图9-432所示。

图9-431

图9-432

14 按照前面相同的方法，继续创建"亮度/对比度"调整图层，在"属性"面板中设置"亮度"为29、"对比度"为21，如图9-433所示，然后对其创建剪贴蒙版，效果如图9-434所示。

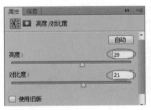

图9-433

图9-434

15 设置前景色为（R;212，G:179，B:160），然后新建"图层5"，接着使用"矩形选框工具" ▢，在画面下方创建一个矩形选区并填充前景色，并设置该图层"不透明度"为50%，最后按照相同的方法再绘制一个矩形条，效果如图9-435所示。

图9-435

16 打开光盘中的"素材文件>CH09>236-2.png"文件，然后将其拖曳至当前文件中并调整位置，效果如图9-436所示。

图9-436

17 新建"图层8"，然后使用"钢笔工具" ✐，在画面下方创建选区，接着打开"渐变编辑器"对话框，设置第1个色标的颜色为白色、第2个色标的颜色为（R:60，G:80，B:121），如图9-437所示，并从左至右填充选区使用对称渐变色，最后按照相同的方法继续绘制一个月牙选区并填充白色，效果如图9-438所示。

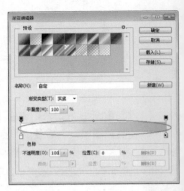

图9-437

图9-438

18 使用"横排文字工具" T，在画面中创建相应文字，然后使用"矩形选框工具" ▢，在文字中间绘制一个矩形条，最终效果如图9-439所示。

图9-439

实战 237 户外霓虹灯广告

文件位置：无盘>实例文件>CH09>实战237.psd / 难易指数：★★☆

PS技术点睛
- 添加文字图层样式增加发光效果
- 使用"自定义形状工具"绘制箭头图形

设计思路分析

本例主要是为广告牌制作霓虹灯效果，将文字与品牌logo合理摆放，也可以制作出有趣的效果。

01 启动Photoshop CS6，按Ctrl+O组合键弹出"打开"对话框，然后在对话框中选择"237-1.jpg"文件，接着单击"打开"按钮，效果如图9-440所示。

02 新建"图层1"，然后打开"渐变编辑器"对话框，选择系统预设的"黑色至白色渐变"，如图9-441所示，接着在画面中从左至右拖动鼠标为"图层1"填充使用对称渐变色，最后设置该图层的"混合模式"为"颜色减淡"、"不透明度"为40%，效果如图9-442所示。

03 设置前景色为（R:79，G:45，B:1），然后新建"图层2"，接着单击"矩形选框工具"，在画面中创建一个矩形选区并填充前景色，效果如图9-443所示。

图9-440

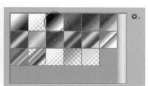
图9-441

图9-442

图9-443

04 双击"图层2"，然后在弹出的"图层样式"选择"外发光"样式，接着设置"不透明度"为79%、发光颜色为（R:12，G:221，B:7）、"扩展"为8%、"大小"为24像素，如图9-444所示，效果如图9-445所示。

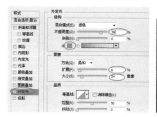
图9-444

图9-445

05 使用"横排文字工具"在画面中创建相应文字，然后按Ctrl+T组合键显示自由变换框，接着按Ctrl键的同时拖曳上面锚点进行变形，最后在图层中单击鼠标右键，在弹出的快捷菜单中选择"创建工作路径"，效果如图9-446所示。

06 将"图层"面板切换至"路径"面板，然后在下方单击"创建新路径"按钮，接着使用"钢笔工具"，在画面绘制一个酒杯路径，效果如图9-447所示。

图9-446

图9-447

07 设置前景色为（R:95，G:6，B:6），然后单击"路径1"缩览图创建选区，接着切换至"图层"面板，新建"图层3"，同时填充选区前景色，最后按照相同的方法创建"路径2"选区并填充颜色，效果如图9-448所示。

图9-448

08 双击"图层3"，然后在弹出的"图层样式"对话框左侧勾选"描边"样式，接着设置"大小"为3像素、"不透明度"为57%、"颜色"为"白色"，如图9-449所示，效果如图9-450所示。

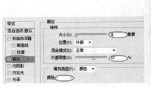

图9-449　　　　　　　　　　图9-450

09 在"图层样式"对话框中选择"内发光"样式，然后设置发光颜色为（R:208，G:62，B:196），如图9-451所示，效果如图9-452所示。

图9-451　　　　　　　　　　图9-452

10 在"图层样式"对话框中选择"外发光"样式，然后设置"不透明度"为86%、"杂色"为2%、发光颜色为（R:211，G:2，B:28）、"扩展"为15%、"大小"为18像素，如图9-453所示，效果如图9-454所示。

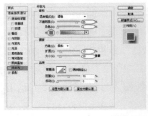

图9-453　　　　　　　　　　图9-454

11 在"图层样式"对话框中选择"投影"样式，然后设置"距离"为16像素、"扩展"为3%、"大小"为9像素，如图9-455所示，效果如图9-456所示。

图9-455　　　　　　　　　　图9-456

12 单击"自定义形状工具"，然后在选项栏中设置填充颜色为（R:95，G:6，B:6），接着打开"自定义形状拾色器"，选择"箭头6"形状，如图

9-457所示，最后在画面中绘制一个箭头形状，效果如图9-458所示。

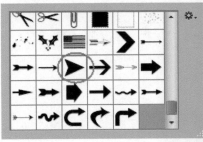

图9-457

图9-458

13 选择"图层3"，然后单击鼠标右键，在弹出的快捷菜单中选择"复制图层样式"命令，接着选择"形状1"图层并单击鼠标右键，在弹出的快捷菜单中选择"粘贴图层样式"，这样可以将"图层3"图层的样式复制并粘贴给"图层3副本"图层，效果如图9-459所示。

图9-459

14 使用白色"横排文字工具"，在画面中创建相应文字，然后按Ctrl+T组合键显示自由变换框，对其进行旋转，最终效果如图9-460所示。

图9-460

实战 238 户外路标广告

文件位置：光盘>实例文件>CH09>实战238.psd/难易指数 ★★★★☆

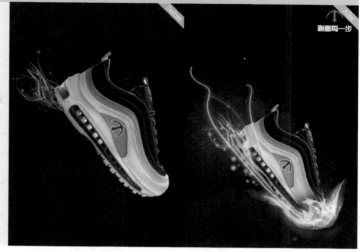

01 启动Photoshop CS6，按Ctrl+N组合键新建一个"户外路标广告"文件，具体参数设置如图9-461所示。

02 设置前景色为黑色，然后按Alt+Delete组合键填充"背景"图层为前景色，效果如图9-462所示。

图9-461   图9-462

03 打开光盘中的"素材文件>CH09>238-1.png"文件，然后将其拖曳至当前文件中，效果如图9-463所示。

04 新建"组1"图层组，然后打开光盘中的"素材文件>CH09>238-2.png和238-3.png"文件，然后分别将其拖曳至当前文件中，效果如图9-464所示。

图9-463   图9-464

05 设置前景色为（R:249，G:244，B:155），然后新建"图层4"，接着使用"画笔工具"，打

开"画笔预设器"设置"大小"为297、"不透明度"为5%，最后在画面中绘制，效果如图9-465所示。

06 打开光盘中的"素材文件>CH09>238-4.png"文件，然后使用"套索工具"，沿火焰边缘创建选区，并将其拖曳至当前文件中，接着在"图层"面板下方单击"添加图层蒙版"按钮，最后使用"画笔工具"，隐藏多余图像，效果如图9-466所示。

图9-465   图9-466

07 切换画面至"238-4.png"文件，按照前面相同的方法将剩下的图像依次使用"套索工具"拖曳至当前文件中，然后结合"图层蒙版"、"画笔工具"进行调整，最后按住Shift键的同时选择"图层6"和"图层8"，按Ctrl+Alt+E组合键合并图层并隐藏"图层6"至"图层8"，显示"图层8"，效果如图9-467所示。

图9-467

08 设置前景色为（R:114，G:12，B:12），然后在"图层2"上方新建"图层10"，接着使用"画笔工具" ，在火焰下方涂抹，效果如图9-468所示。

图9-468

09 在"图层"下方单击"创建新的填充或调整图层"按钮 ，然后在弹出的菜单中选择"亮度/对比度"命令，接着在"属性"面板中设置"亮度"为79、"对比度"为-7，如图9-469所示，最后按Ctrl+Alt+G组合键创建剪贴蒙版，效果如图9-470所示。

图9-469

图9-470

10 新建"图层11"，然后使用"画笔工具" ，多次调整填充色和柔角画笔大小，在画面绘制光点，效果如图9-471所示。

11 新建"图层12"，然后选择"钢笔工具" ，在选项栏设置绘制模式为"路径"，接着在画面绘制一条路径，最后选择"画笔工具" ，在"画笔预设器"设置"大小"为14像素，如图9-472所示。

图9-471

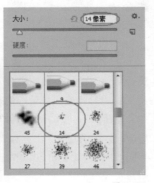

图9-472

12 单击"钢笔工具" ，然后在路径线条区域单击鼠标右键，接着在弹出的快捷菜单中选择"路径描边"命令，最后在弹出的"路径描边"对话框中单击"确定"按钮 确定 ，效果如图9-473所示。

图9-473

13 双击"图层12"，然后在弹出的"图层样式"对话框左侧勾选"外发光"样式，接着设置"发光颜色"为（R:245，G:197，B:239）、"大小"为11像素，如图9-474所示，最后按照前面相同的方法绘制更多发光线条，效果如图9-475所示。

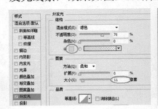

图9-474

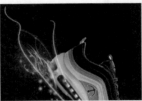

图9-475

14 在"图层"面板下方单击"创建新的填充或调整图层"按钮 ，在弹出的菜单中选择"曲线"命令，然后在"属性"面板中将曲线编辑成如图9-476所示的形状，效果如图9-477所示。

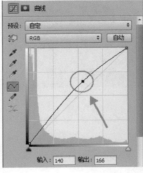

图9-476

图9-477

15 打开光盘中的"素材文件>CH09>238-5.png"文件，然后将其拖曳至当前文件中并调整位置，接着使用白色"横排文字工具" ，在画面右上角创建文字，最终效果如图9-478所示。

图9-478

实战 239 牙膏户外广告

文件位置：光盘>实例文件>CH09>实战239.psd / 难易指数：★★★★

设计思路分析

本例制作的是牙膏广告，所以广告整体以蓝色为主，然后将文字填充渐变色，并添加图层样式，以传达广告效果。

01 启动Photoshop CS6，按Ctrl+N组合键新建一个"膏户外广告"文件，具体参数设置如图9-479所示。

02 设置前景色为（R:2，G:62，B:125），然后按Alt+Delete组合键填充"背景"为前景色，效果如图9-480所示。

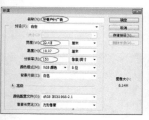

图9-479

图9-480

03 设置前景色为白色，然后新建"图层1"，接着选择"画笔工具" ✎，在选项栏中打开"画笔预设器"，设置"大小"为1238像素、"不透明度"为50%，最后在画面右侧单击绘制，效果如图9-481所示。

04 打开光盘中的"素材文件>CH09>239-1.jpg"文件，然后将其拖曳至当前文件中并调整位置，接着按Ctrl+T组合键显示自由变换框进行旋转，最后在"图层"面板下方单击"添加图层蒙版"按钮 ▣，同时使用"画笔工具" ✎隐藏多余图像，效果如图9-482所示。

图9-481

图9-482

05 按Alt键同时拖曳海水图像，进行复制，然后选择"图层2"和"图层2副本"，按Ctrl+Alt+E组合

键合并，接着隐藏"图层2"和"图层2副本"，效果如图9-483所示。

图9-483

06 在"图层"面板下方单击"创建新的填充或调整图层"按钮 ⊘，然后在弹出的菜单中选择"色相/饱和度"命令，接着在"属性"面板中设置"色相"为+12、"饱和度"为-3、"明度"为-2，如图9-484所示，最后按Ctrl+Alt+G组合键创建剪贴蒙版，效果如图9-485所示。

图9-484

图9-485

07 打开光盘中的"素材文件>CH09>239-2.jpg"文件，然后将其拖曳至当前文件中，接着在"图层"面板下方单击"添加图层蒙版"按钮 ▣，同时使用"渐变工具" ▣隐藏多余图像，效果如图9-486所示。

08 新建"图层4"，然后单击"矩形选框工具" ▢，接着在画面上方创建矩形选区并填充前景色，效果如图9-487所示。

图9-486　　　　　　　　　图9-487

09 打开光盘中的"素材文件>CH09>239-3.png"文件，然后使用"套索工具" ，沿其中一支牙膏边缘创建选区，接着将其拖曳至当前文件中，最后按照相同方法将剩下一支牙膏拖曳至当前文件中，效果如图9-488所示。

10 设置前景色为（R:164，G:0，B:0），然后新建"图层7"，接着使用"钢笔工具" ，在画面中创建选区并填充前景色，最后按照前面相同的方法再绘制一个蓝色矩形条，效果如图9-489所示。

图9-488　　　　　　　　　图9-489

11 使用白色"横排文字工具" ，在画面中创建相应文字，然后执行"文字>栅格化文字图层"命令，效果如图9-490所示。

图9-490

12 选择"冰爽出击"图层，然后打开"渐变编辑器"对话框，接着设置第1个色标的颜色为（R:250，G:243，B:104）、第2个色标的颜色为白色，如图9-491所示，最后从中心向外拖动鼠标为"冰爽出击"图层填充使用对称渐变色，效果如图9-492所示。

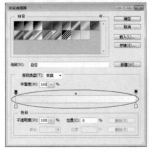

图9-491　　　　　　　　　图9-492

13 双击"冰爽出击"图层，然后在弹出的"图层样式"对话框左侧勾选"描边"样式，接着设置"大小"为13像素、"不透明度"为87%、"颜色"为（R:0，G:133，B:208），如图9-493所示，效果如图9-494所示。

图9-493

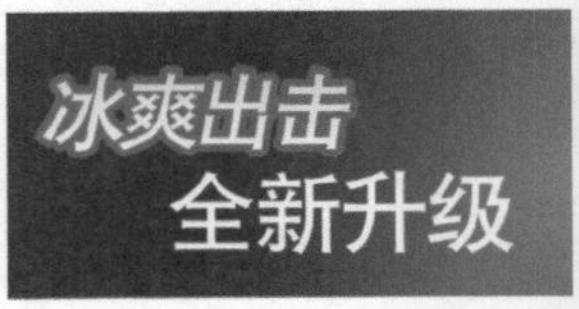

图9-494

14 在"图层样式"对话框选择"外发光"样式，然后设置发光颜色为（R:39，G:168，B:241）、"扩展"为20%、"大小"为70像素，如图9-495所示，效果如图9-496所示。

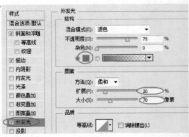

图9-495

图9-496

15 在"图层样式"对话框中选择"投影"样式，效果如图9-497所示。

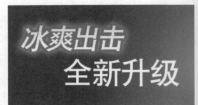

图9-497

16 选择"全新升级"，然后选择"渐变工具" ，在选项栏打开"渐变编辑器"对话框，接着设置第1个色标的颜色为（R:221，G:102，B:0）、第2个色标的颜色为（R:250，G:243，B:104）、第3个色标的颜色为白色，如图9-498所示，最后从上至下为"全面升级"图层填充使用线性渐变色，效果如图9-499所示。

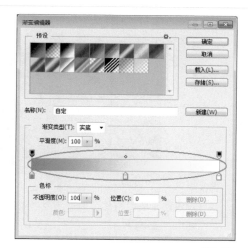

图9-498

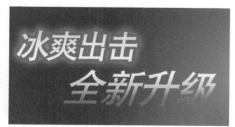

图9-499

17 双击"全新升级"图层，然后在"图层样式"对话框左侧勾选"描边"样式，接着设置"大小"为18像素、"不透明度"为87%、"颜色"为（R:12，G:98，B:146），如图9-500所示，效果如图9-501所示。

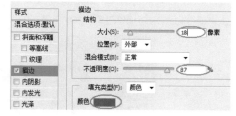

图9-500

图9-501

18 在"图层样式"对话框中选择"斜面和浮雕"样式，然后设置"样式"为"描边浮雕"、"深度"为113%、"大小"为8像素，具体参数设置如图9-502所示，效果如图9-503所示。

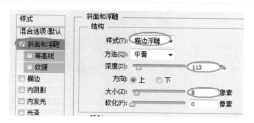

图9-502

图9-503

19 在"图层样式"对话框中选择"外发光"样式，然后设置发光颜色为（R:7，G:130，B:199）、"扩展"为20%、"大小"为70像素，如图9-504所示，效果如图9-505所示。

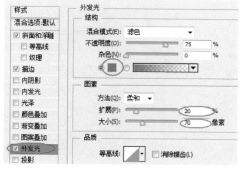

图9-504

图9-505

20 在"图层8"上方新建"图层9"，然后使用"钢笔工具" ，在画面中创建一个不规则选区，接着选择"渐变工具" ，在选项栏中打开"渐变编辑器"对话框，同时设置第1个色标的颜色为（R:41，G:140，B:211）、第2个色标的颜色为白色，如图9-506所示，最后从左至右填充该选区渐变色，效果如图9-507所示。

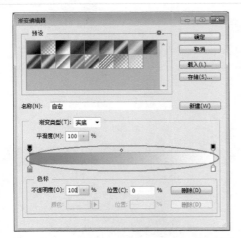

图9-506

图9-507

21 执行"滤镜>模糊>高斯模糊"命令，然后在弹出的"高斯模糊"对话框中设置"半径"为6.4像素，如图9-508所示，效果如图9-509所示。

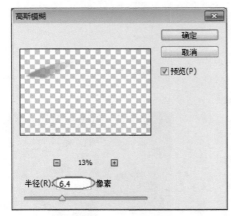

图9-508

图9-509

22 按照前面相同的方法绘制更多不规则形状，效果如图9-510所示。

图9-510

23 设置前景色为白色，然后新建"图层10"，接着使用"画笔工具" ，在牙膏图像左侧涂抹绘制，效果如图9-511所示。

图9-511

24 打开光盘中的"素材文件>CH09>239-4.png"文件，然后使用"套索工具" ，将冰块图像依次创建选区并拖曳至当前文件中，接着在"图层"面板下方单击"添加图层蒙版"按钮 ，同时使用"画笔工具" ，隐藏多余图像，最后设置图层"混合模式"为"叠加"，效果如图9-512所示。

图9-512

25 使用"横排文字工具" ，在画面中创建更多文字，最终效果如图9-513所示。

图9-513

实战 **240** 咖啡户外广告

文件位置：光盘\实例文件\CH09\实战240.psd / 增息指数：★★★★★

PS技术点睛
● 添加"调整图层"加强画面对比度。
● 使用"自由变换框"调整图像立体效果。

设计思路分析
　本例制作的是咖啡广告，主要将咖啡杯周围添加多种素材和草坪，增强画面趣味性。

01 启动Photoshop CS6，按Ctrl+O组合键弹出"打开"对话框，然后在对话框中选择"240-1.jpg"文件，接着单击"打开"按钮 打开(O) ，效果如图9-514所示。

02 在"图层"面板下方单击"创建新的填充或调整图层"按钮 ，然后在弹出的菜单中选择"纯色"命令，接着在"拾色器"对话框中设置（R:151，G:155，B:69），最后设置该图层"混合模式"为"正片叠底"、"不透明度"为63%，效果如图9-515所示。

图9-514　　　　　　　　　　图9-515

03 在"图层"面板下方单击"创建新的填充或调整图层"按钮 ，然后在弹出的菜单中选择"亮度/对比度"命令，接着在"属性"面板设置"亮度"为100、"对比度"为-14，如图9-516所示，最后在"图层"面板下方单击"添加图层蒙版"按钮 ，同时使用"画笔工具" ，隐藏局部色调，效果如图9-517所示。

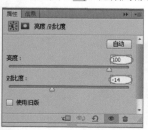 

图9-516　　　　　　　　　　图9-517

04 打开光盘中的"素材文件>CH09>240-2.png"文件，然后将其拖曳至当前文件中，效果如图9-518所示。

05 在"图层"面板下方单击"添加图层蒙版"按钮 ，然后使用"画笔工具" ，隐藏多余图像，效果如图9-519所示。

图9-518　　　　　　　　　　图9-519

06 按照前面相同的方法，多次复制"图层2"，然后添加图层蒙版进行合成，接着按住Shift键的同时选择"图层2"和"图层2副本4"，最后按Ctrl+Alt+E组合键合并图层，同时隐藏"图层2"至"图层2副本4"，效果如图9-520所示。

图9-520

07 双击"图层2副本4"，然后在"图层样式"对话框中选择"投影"样式，接着设置"不透明度"为94%，如图9-521所示，效果如图9-522所示。

图9-521

图9-522

08 在"图层"面板下方单击"创建新的填充或调整图层"按钮 ▣，然后在弹出的菜单中选择"色彩平衡"命令，接着在"属性"面板设置"青色"为-26、"洋红"为-31、"黄色"为-53，如图9-523所示，最后按Ctrl+Alt+G组合键创建剪贴蒙版，效果如图9-524所示。

图9-523

图9-524

09 按照前面相同的方法创建"色阶"调整图层，然后在"属性"面板中设置输入色阶为42, 1.00, 248，如图9-525所示，接着创建剪贴蒙版，效果如图9-526所示。

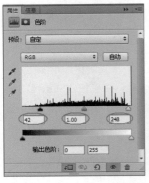

图9-525

图9-526

10 在"图层 1 副本4（合并）"下方新建"图层2"，然后选择"画笔工具" ✎，接着在选项栏中打开"画笔预设器"，设置"大小"为186、"不透明度"为20%，最后在画面中绘制阴影部分，效果如图9-527所示。

图9-527

11 打开光盘中的"素材文件>CH09>240-3.png"文件，然后将其拖曳至当前文件中并调整位置，效果如图9-528所示。

图9-528

12 新建"图层4"，然后按住Ctrl键同时单击"图层3"缩览图创建咖啡杯选区，接着使用"渐变工具" ▣，在"渐变编辑器"中选择系统预设的"黑色至白色渐变"，并从左至右填充选区渐变色，最后设置该图层"混合模式"为"正片叠底"、"不透明度"为85%，效果如图9-529所示。

图9-529

13 新建"组1"图层组，然后打开光盘中的"素材文件>CH09>240-4.png"文件，接着将其拖曳至当前文件中并调整大小和位置，最后在"图层"面板下方单击"添加图层蒙版"按钮 ▣，并使用"画笔工具" ✎，隐藏多余图像，效果如图9-530所示。

图9-530

14 按住Alt键同时多次拖曳绿草图像进行复制，然后对其分别调整其位置和蒙版，最后选择"组1"图层组，按Ctrl+Alt+E组合键合并该组并隐藏，效果如图9-531所示。

图9-531

15 在"图层"面板下方单击"创建新的填充或调整图层"按钮 ，然后在弹出的菜单中选择"曲线"命令，接着在"属性"面板中将曲线编辑成如图9-532所示的形状，最后按Ctrl+Alt+G组合键创建剪贴蒙版，效果如图9-533所示。

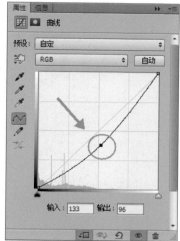

图9-532

图9-533

16 按照前面相同的方法创建"自然饱和度"调整图层，然后在"属性"面板中设置"自然饱和度"为+41、"饱和度"为+46，如图9-534所示，接着创建剪贴蒙版，效果如图9-535所示。

图9-534

图9-535

17 选择"图层 2 副本4（合并）"，然后按Ctrl+J组合键复制，接着将其移动至"自然饱和度"调整图层上方，最后在"图层"面板下方单击"添加图层蒙版"按钮 ，同时使用"画笔工具" ，隐藏多余泥土图像，效果如图9-536所示。

图9-536

18 在"组1"下方新建"组2"图层组，然后打开光盘中的"素材文件>CH09>240-5.png"文件，接着将其拖曳至当前文件中并调整位置、大小和角度，最后在"图层"面板下方单击"添加图层蒙版"按钮 ，同时使用"画笔工具" ，隐藏多余图像，效果如图9-537所示。

图9-537

19 按照前面相同的方法，多次复制树干图像，然后分别调整其位置、角度和蒙版，进行合成，效果如图9-538所示。

图9-538

20 在"图层"面板下方单击"创建新的填充或调整图层"按钮 ，然后在弹出的菜单中选择"色相/饱和度"命令，接着在"属性"面板中设置"色相"为-33、"饱和度"为-20，如图9-539所示，最后按Ctrl+Alt+G组合键创建剪贴蒙版，效果如图9-540所示。

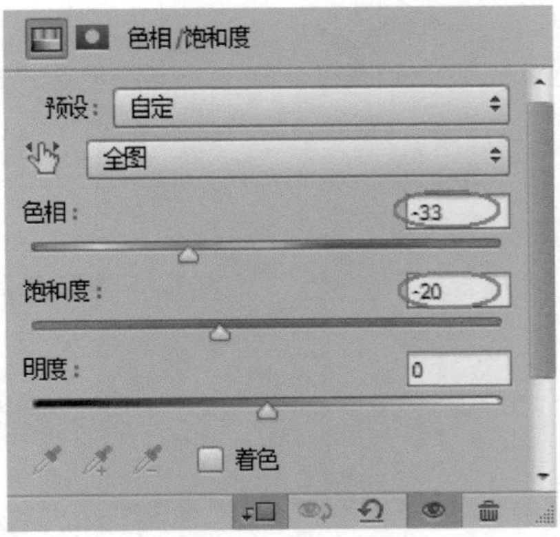

图9-539

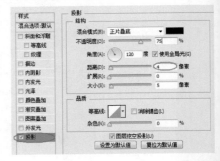

23　选择"图层2"，打开光盘中的"素材文件>CH09>240-7.png"文件，然后将其拖曳至当前文件中，接着双击"图层19"，在弹出的"图层样式"对话框中选择"投影"命令，最后设置"距离"为4像素，如图9-543所示，效果如图9-544所示。

图9-540

图9-543

21　新建"图层17"，然后按Ctrl+Alt+G组合键创建剪贴蒙版，接着选择"渐变工具" ▣，在选项栏中打开"渐变编辑器"，选择系统预设的"黑色至透明渐变"，并在画面从左至右填充该图层渐变色，最后设置该图层"混合模式"为"叠加"、"不透明度"为20%，效果如图9-541所示。

图9-544

24　打开光盘中的"素材文件>CH09>240-8.psd"文件，然后依次将"图层1"至"图层3"拖曳至当前文件中并调整位置，效果如图9-545所示。

图9-541

图9-545

22　打开光盘中的"素材文件>CH09>240-6.psd"文件，然后依次将"图层1"至"图层7"拖曳至当前文件中并调整位置，效果如图9-542所示。

25　使用黑色"横排文字工具" T，在画面中创建相应文字，最终效果如图9-546所示。

图9-542

图9-546

第10章
DM单与宣传画册设计

■ 大型超市DM单/460页　　■ 宾馆DM单/463页　　■ 普通美食店DM单/468页　　■ 旅行社DM单/471页　　■ 服装卖场DM单/473页

■ 健身房DM单/477页　　■ 美容店DM单/480页　　■ 企业画册/484页　　■ 房产画册/488页　　■ 招商画册/489页

 PS达人　　 广告设计师　　 包装设计师　　 插画设计师　　 网页设计师

实战 **241** 房地产DM单

文件位置：光盘>实例文件>CH10>实战241.psd / 难易指数：★★★

PS技术点睛

● 使用"渐变叠加"样式制作渐变文字。
● 使用"钢笔工具"制作箭头符号。

设计思路分析

　　本例设计的是房地产DM单，沉稳的蓝色是整个房地产DM单的主色调，添加房地产宣传海报与建筑效果图，更彰显了房地产的独特风格，渐变的字体效果使整个DM单显得更加精致。

01 启动Photoshop CS6，按Ctrl+N组合键新建一个"房地产DM单"文件，具体参数设置如图10-1所示。

02 设置前景色为（R:224，G:238，B:254），然后按Alt+Delete组合键用前景色填充"背景"图层，效果如图10-2所示。

图10-1　　　　　　　　　　图10-2

03 新建一个"图层1"，然后选择"矩形选框工具"，接着在选项栏中设置"样式"为"固定大小"、"宽度"为14.9厘米、"高度"为21.3厘米，如图10-3所示。

图10-3

技巧与提示

　　在默认情况下，选区的单位是"像素"，要将单位改为"厘米"，可以直接在输入框中输入数值，同时将"像素"改为"厘米"即可。

04 设置前景色为白色，然后按Alt+Delete组合键用前景色填充"图层1"，接着用同样的方法绘制一个大小相同的矩形，效果如图10-4所示。

05 新建一个"组1"图层组，然后打开光盘中的"素材文件>CH10>241-1.jpg"文件，将其拖曳到"房地产DM单"操作界面中，并调整大小和位置，接着将新生成的图层更名为"图1"，效果如图10-5所示。

图10-4　　　　　　　　　　图10-5

06 选择"横排文字工具"，然后设置文本颜色为（R:11，G:65，B:85），接着在矩形框和图片上方输入相应的文字信息，效果如图10-6所示。

图10-6

07 设置前景色为（R:13，G:45，B:82），然后选择"画笔工具"，并在选项栏中选择"样本画笔38"笔刷，接着设置"大小"为90像素，如图10-7所示，接着在顶端文字的两侧绘制出装饰图像，效果如图10-8所示。

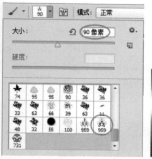

图10-7　　　　　　　　　　　图10-8

08 新建一个"组2"图层组，然后使用"横排文字
工具" T 在图片下方输入文字信息，接着单击
"切换字符和段落面板"按钮，在"字符"面板中调
整好字体、间距和大小，效果如图10-9所示。

09 执行"图层>图层样式>渐变叠加"菜单命令，
打开"图层样式"对话框，然后打开"渐变编
辑器"对话框，设置第1个色标的颜色为（R:20，G:78，
B:112）、第2个色标的颜色为（R:150，G:187，B:230），如图
10-10和图10-11所示，效果如图10-12所示。

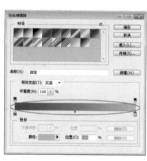

图10-9　　　　　　　　　　　图10-10

图10-11　　　　　　　　　　图10-12

10 继续使用"横排文字工具" T 在下方输入文字信
息，然后使用"钢笔工具" 在文字的前面绘

制出箭头路径，接着按Ctrl+Enter组合键将路径转换为选
区，并使用黑色填充选区，最后复制出3个相同的箭头，
效果如图10-13所示。

11 新建一个"组3"图层组，然后设置前景色为
（R:13，G:45，B:82），接着使用"矩形选框工
具"和"画笔工具"制作出如图10-14所示的图像。

图10-13　　　　　　　　　　图10-14

12 导入光盘中的"素材
文件>CH10>241-2.
jpg"文件，然后将其摆放到
合适的位置，接着使用"横排
文字工具" T 输入其他文字信
息，效果如图10-15所示。

图10-15

13 新建一个"组4"图层组，并在该组内新建一个
图层，然后使用"矩形选框工具"制作一个深
蓝色的矩形图像，接着使用"横排文字工具" T 在矩形
图像上输入相应的文字信息，效果如图10-16所示。

14 采用相同的方法导入DM单背面的图片素材，然
后使用"横排文字工具" T 输入相应的文字信
息，并适当调整位置和间距，最终效果如图10-17所示。

图10-16　　　　　　　　　　图10-17

实战 (242) 大型超市DM单

文件位置：光盘>实例文件>CH10>实战242.psd / 难易指数：★★★

PS技术点睛

● 使用"渐变工具"制作背景的渐变效果。
● 使用"钢笔工具"绘制基本轮廓。
● 使用图层样式制作文字的立体效果。

设计思路分析

本例设计的是大型超市DM单，整体色调以黄色红色为主，突出超市周年庆的大型活动，使整个DM单更加喜庆生动。

01 启动Photoshop CS6，按Ctrl+N组合键新建一个"大型超市DM单"文件，具体参数设置如图10-18所示。

02 新建一个"渐变背景"图层，然后选择"钢笔工具" 勾出渐变背景的路径，接着打开"渐变编辑器"对话框，设置第1个色标的颜色为（R:255，G:110，B:2）、第2个色标的颜色为（R:255，G:249，B:0），如图10-19所示，接着在选项栏中勾选"反向"，如图10-20所示，最后为"渐变背景"图层填充使用径向渐变色，效果如图10-21所示。

03 选择"画笔工具" ，然后在选项栏中选择"样式画笔12"笔刷，接着设置"大小"为392像素，如图10-22所示，最后在合适的位置进行绘制，效果如图10-23所示。

04 打开光盘中的"素材文件>CH10>242-1.jpg"文件，将其拖曳到"大型超市DM单"操作界面中，并调整大小和位置，接着将新生成的图层更名为"标志"图层，最后使用"横排文字工具" 输入文字信息，效果如图10-24所示。

图10-18

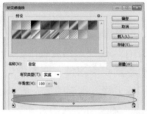

图10-19

图10-20

图10-22

图10-23

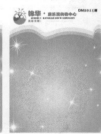

图10-24

05 新建一个"底纹"图层，然后使用"矩形选框工具" 绘制两个不同颜色的矩形图像，接着将"底纹"图层拖曳至文字图层下方，效果如图10-25所示。

06 新建一个"圆"图层，然后选择"椭圆选框工具" 绘制一个大小合适的圆形，接着打开"渐变编辑器"对话框，设置第1个色标的颜色为（R:184，G:218，B:246）、第2个色标的颜色为（R:9，G:44，B:99），如图10-26所示，最后为选区填充使用径向渐变色，效果如图10-27所示。

图10-21

 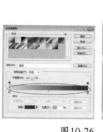 

图10-25　　　　　图10-26　　　　　图10-27

07 选择"钢笔工具" 绘制出合适的路径，然后设置前景色为（R:252，G:217，B:73），并用前景色填充路径选区，接着将前景色更改为（R:244，G:129，B:26），最后选择"画笔工具" 在适当位置绘制一个圆点，如图10-28所示。

08 选择"横排文字工具" 输入文字信息，然后打开"渐变编辑器"对话框，接着设置第1个色标的颜色为（R:255，G:110，B:2）、第2个色标的颜色为（R:255，G:249，B:0），如图10-29所示，并为文字添加渐变效果，最后按Ctrl+T组合键为文字进行变形，效果如图10-30所示。

图10-28　　　　　图10-29　　　　　图10-30

09 为文字图层添加"投影"样式，然后设置"距离"为7像素，具体参数设置如图10-31所示，效果如图10-32所示。

10 继续使用"横排文字工具" 输入文字信息，然后为文字添加渐变效果，效果如图10-33所示。

图10-31　　　　　图10-32　　　　　图10-33

11 为文字图层添加"描边"样式，然后打开"图层样式"对话框，接着设置"大小"为24像素、"颜色"为（R:155，G:25，B:25），如图10-34所示，效果如图10-35所示。

12 打开光盘中的"素材文件>CH10>242-2.psd和242-3.psd"文件，将其拖曳到"大型超市DM单"操作界面中，并调整大小和位置，效果如图10-36所示。

图10-34　　　　　图10-35　　　　　图10-36

13 使用红色"横排文字工具" 输入文字信息，然后在文字图层下方新建一个"底纹2"图层，接着选择"矩形选框工具" 在文字底部绘制一个白色矩形图像，效果如图10-37所示。

图10-37

14 使用"横排文字工具" 输入文字信息，然后添加"描边"样式，打开"描边"对话框，设置"大小"为13像素、"颜色"为白色，如图10-38所示，接着打开"投影"对话框，设置"距离"为29像素，如图10-39所示，效果如图10-40所示。

图10-38　　　　　图10-39　　　　　图10-40

15 新建一个"底纹3"图层，然后选择"画笔工具" ，接着在选项栏中选择笔刷"5"，并设置"大小"为700像素，如图10-41所示，最后在适当的位置进行绘制，效果如图10-42所示。

16 继续使用"横排文字工具" 输入文字信息，然后添加"描边"样式，打开"描边"对话框，接着设置"大小"为9像素、"颜色"为黑色，效果如图10-43所示。

图10-41　　　　　图10-42　　　　　图10-43

17 使用"横排文字工具" T 输入文字信息，然后添加"描边"样式，打开"描边"对话框，设置"大小"为21像素、"颜色"为白色，打开"投影"对话框，然后设置"距离"为35像素，效果如图10-44所示。

图10-44

18 选择"自定形状工具" ，然后在选项栏设置"形状"为"星爆"，如图10-45所示，效果如图10-46所示。

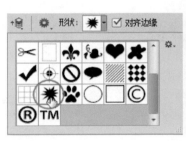

图10-45　　　　　　图10-46

19 新建一个"圆环"图层，然后选择"椭圆选框工具" 绘制一个大小合适的圆形，接着设置前景颜色为（R:255，G:122，B:1），并使用前景色填充选区，最后按照相同的方法绘制一个略大的圆形，并使用径向渐变填充选区，效果如图10-47所示。

图10-47

> **技巧与提示**
>
> 　　圆的渐变色为：第1个色标的颜色为（R:255，G:252，B:58）、第2个色标的颜色为（R:57，G:189，B:18）。

20 为"圆环"图层添加"内发光"样式，然后打开"图层样式"对话框，设置"大小"为27像素、"颜色"为白色；打开"投影"对话框，然后设置"大小"为8像素，效果如图10-48所示。

21 打开光盘中的"素材文件>CH10>242-4.psd"文件，并调整大小和位置，然后使用"横排文字工具" T 输入文字信息，并添加"描边"样式，效果如图10-49所示。

图10-48　　　　　　　　　　图10-49

> **技巧与提示**
>
> 　　文字描边效果的制作方法相同，所以这里就不多讲解与介绍了。

22 新建一个"图层5"，然后使用"矩形选框工具" 绘制一个合适的矩形选区，接着打开"渐变编辑器"对话框，设置第1个色标的颜色为（R:126，G:20，B:19）、第2个色标的颜色为红色，最后为"图层5"图层填充使用线性渐变色，并添加"描边"样式，效果如图10-50所示。

23 继续使用"横排文字工具" T 输入文字信息并调整大小、颜色和位置，最终效果如图10-51所示。

图10-50　　　　　　　　　　图10-51

实战 243 宾馆DM单

文件位置：光盘>实例文件>CH10>实战243.psd／难易指数：★★★☆☆

PS技术点睛

● 运用"钢笔工具"进行抠图。
● 使用文字工具输入合适的文字信息。

设计思路分析

本例设计的是宾馆DM单，整体以黄色和深紫色为主色调，彰显出宾馆的品位与档次，背面主要是宾馆的一些特色服务，并采用花瓣的造型呈现，更多了一些趣味性在其中。

01 启动Photoshop CS6，按Ctrl+N组合键新建一个"宾馆DM单"文件，具体参数设置如图10-52所示。

图10-52

02 新建一个"DM单正面"图层组，然后新建一个"图层1"图层，接着使用"矩形选框工具"绘制一个合适的矩形选区，并设置前景色为（R:74，G:49，B:68），最后按Alt+Delete组合键用前景色填充选区，效果如图10-53所示。

03 继续使用"矩形选框工具"绘制一个合适的矩形选区，然后设置前景色为（R:255，G:249，B:217），最后按Alt+Delete组合键用前景色填充选区，效果如图10-54所示。

图10-53　　　　　　图10-54

04 打开光盘中的"素材文件>CH10>243-1.jpg"文件，将其拖曳到"宾馆DM单"操作界面中，并调整大小和位置，接着将新生成的图层更名为"243-1"

图层，效果如图10-55所示。

05 使用"钢笔工具"绘制出路径，然后按Ctrl+Enter组合键将路径转为选区，如图10-56所示，最后按Delete键将其删除，效果如图10-57所示。

图10-55　　　　　图10-56　　　　　图10-57

06 设置前景色为（R:74，G:49，B:68），然后打开"渐变编辑器"对话框，并选择系统预设的"透明条纹渐变"，接着按照如图10-58所示进行修改，最后按照如图10-59所示的方向为选区填充使用线性渐变色。

图10-58　　　　　图10-59

技巧与提示

在设置渐变的过程中，要不断地调节透明条纹的位置，以达到最佳的渐变效果。

07 使用"横排文字工具" [T] 输入文字信息，效果如图10-60所示。

08 设置前景色为（R:74，G:49，B:68），然后选择"画笔工具" [✐]，并在选项栏中选择"样本画笔37"笔刷，接着设置"大小"为250像素，如图10-61所示，最后在顶端文字的两侧进行绘制，效果如图10-62所示。

图10-60　　　　　图10-61　　　　　图10-62

09 打开光盘中的"素材文件>CH10>243-2.psd"文件，将其拖曳到"宾馆DM单"操作界面中，并调整大小和位置，接着将新生成的图层更名为"243-2"图层，效果如图10-63所示。

10 为"243-2"图层添加"描边"样式，打开"图层样式"对话框，接着设置"大小"为62像素、"颜色"为（R:74，G:49，B:68），如图10-64所示，效果如图10-65所示。

图10-63　　　　　图10-64　　　　　图10-65

11 使用"横排文字工具" [T] 输入文字信息，效果如图10-66所示。

图10-66

12 新建一个"DM单背面"图层组，然后新建一个"图层2"图层，接着使用"矩形选框工具" [□] 绘制一个合适的矩形选区，并设置前景色为（R:255，G:249，B:217），最后按Alt+Delete组合键用前景色填充选区，效果如图10-67所示。

13 使用"钢笔工具" [✐] 绘制出路径，然后按Ctrl+Enter组合键将路径转换为选区，如图10-68所示，最后按Delete键将其删除，效果如图10-69所示。

14 打开光盘中的"素材文件>CH10>243-3.psd"文件，将其拖曳到"宾馆DM单"操作界面中，并放在"图层2"下方，接着调整大小和位置，效果如图10-70所示。

图10-67　　　　　　　　　图10-68

图10-69　　　　　　　　　图10-70

15 使用"横排文字工具" [T] 输入文字信息，最终效果如图10-71所示。

图10-71

实战 244 特色饭店DM单

文件位置：光盘>实例文件>CH10>实战244.psd / 难易指数：★★★

PS技术点睛
● 调整图层"不透明度"为背景添加底纹。
● 运用图层样式命令添加描边效果。

设计思路分析

本例设计的是特色饭店DM单，整体以土黄为主色调，给人一种生态放心的感觉，添加一些生态图片和中国传统元素，更加突出饭店独特的一面。

01 启动Photoshop CS6，按Ctrl+N组合键新建一个"特色饭店DM单"文件，具体参数设置如图10-72所示。

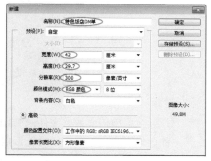

图10-72

02 设置前景色为（R:243，229，184），然后按Alt+Delete组合键用前景色填充"背景"图层，如图10-73所示。

图10-73

03 打开光盘中的"素材文件>CH10>244-1.jpg"文件，将其拖曳到"特色饭店DM单"操作界面中，然后设置该图层的"不透明度"为15%、"混合模式"为"正片叠底"，如图10-74所示，效果如图10-75所示。

图10-74

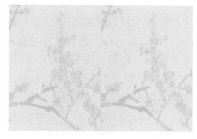

图10-75

04 按Ctrl+R组合键显示出标尺，然后将画面平均分为两个部分，接着按Ctrl+G组合键新建一个"DM单正面"图层组，如图10-76所示。

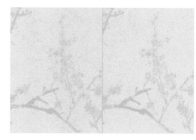

图10-76

465

05 新建一个"图层1"图层，然后使用"矩形选框工具" 📷 绘制一个矩形选区，并设置前景色为（R:207，G:123，B:90），接着按Alt+Delete组合键用前景色填充选区，最后设置该图层的"不透明度"为40%，效果如图10-77所示。

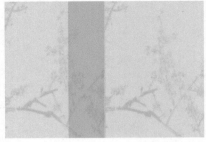

图10-77

06 打开光盘中的"素材文件>CH10>244-2.psd"文件，然后将其拖曳到"特色饭店DM单"操作界面中，并调整大小和位置，接着将新生成的图层更名为"荷花"图层，最后设置该图层的"不透明度"为70%，效果如图10-78所示。

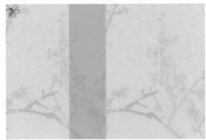

图10-78

07 继续打开光盘中的"素材文件>CH10>244-3.psd"文件，然后执行"图层>图层样式>描边"菜单命令，打开"图层样式"对话框，接着设置"大小"为18像素、"颜色"为（R:253，G:248，B:113），如图10-79所示，效果如图10-80所示。

图10-79

图10-80

08 新建一个"图层2"，然后使用"钢笔工具" 🖊️ 绘制出一个合适的路径，接着按Ctrl+Enter组合键将路径转换为选区，最后设置前景色为（R:127，G:52，B:23），并按Alt+Delete组合键用前景色填充选区，效果如图10-81所示。

图10-81

09 使用"横排文字工具" 🅣 输入文字信息，效果如图10-82所示。

图10-82

10 打开光盘中的"素材文件>CH10>244-4.psd"文件，然后将其拖曳到"特色饭店DM单"操作界面中，并调整大小和位置，接着将新生成的图层更名为"梅花"图层，效果如图10-83所示。

图10-83

11 打开光盘中的"素材文件>CH10>244-5.psd"文件，然后将其拖曳到"特色饭店DM单"操作界面中，接着添加"描边"样式，并设置"大小"为5像素、"颜色"为白色，效果如图10-84所示。

12 使用"横排文字工具" 🅣 在图片下方输入文字信息，效果如图10-85所示。

图10-84

图10-85

13 按Ctrl+G组合键新建一个"DM单背面"图层组，然后打开光盘中的"素材文件>CH10>244-2.psd、244-3.psd、244-6.psd"文件，然后将其拖曳到"特色饭店DM单"操作界面中，并调整大小和位置，效果如图10-86所示。

图10-86

14 使用"横排文字工具" T 输入文字信息，然后为其添加一个"描边"样式，效果如图10-87所示。

图10-87

15 打开光盘中的"素材文件>CH10>244-7.psd"文件，然后将其拖曳到"特色饭店DM单"操作界面中，接着根据需要复制多个素材并调整合适的位置，最后设置该图层的"不透明度"为15%，效果如图10-88所示。

图10-88

16 打开光盘中的"素材文件>CH10>244-8.psd"文件，然后添加"描边"样式，并设置"大小"为24、"颜色"为（R:38，G:75，B:8），效果如图10-89所示。

图10-89

17 使用"横排文字工具" T 输入其他文字信息，最终效果如图10-90所示。

图10-90

467

实战 245 普通美食店DM单

文件位置：光盘>实例文件>CH10>实战245.psd / 难易指数：★★★

PS技术点睛

● 使用图层混合样式制作背景底纹效果。
● 运用"钢笔工具"等绘制基本形状。

设计思路分析

本例设计的是普通美食店DM单，喜庆的红色与明快的黄色为DM单的主色调，彰显了新店开张的喜庆气氛，加上美食的图片，更加突出美食店的特色并能增进顾客的购买欲，字体效果使整个DM单显得更加精致。

01 启动Photoshop CS6，按Ctrl+N组合键新建一个"普通美食店DM单"文件，具体参数设置如图10-91所示。

图10-91

02 新建一个名"渐变背景"图层，然后选择"矩形选框工具" ▭绘制一个矩形选区，接着打开"渐变编辑器"对话框，设置第1个色标的颜色为（R:225，G:0，B:25），第2个色标的颜色为（R:136，G:22，B:22），如图10-92所示，最后为"渐变背景"图层填充使用线性渐变色，效果如图10-93所示。

图10-92

图10-93

03 打开光盘中的"素材文件>CH10>素材245-1.jpg"文件，然后将其拖曳到"普通美食店DM单"操作界面中，接着将新生成的图层更名为"祥云"图层，如图10-94所示。

04 选择"祥云"图层，然后设置图层的"混合模式"为"柔光"，效果如图10-95所示。

图10-94   图10-95

05 设置前景色为红色，然后选择"画笔工具" ✎在选项栏中选择"样本画笔56"笔刷，接着设置"大小"为3700像素，如图10-96所示，最后调整图形位置，效果如图10-97所示。

06 新建一个"图层1"，然后使用"钢笔工具" ✎绘制出如图10-98所示的路径，接着打开"渐变编辑器"对话框，设置第1个色标的颜色为（R:225，G:0，B:25）、第2个色标的颜色为（R:136，G:22，B:22），最后使用线性渐变色填充选区，再复制一个相同的图形于右边，效果如图10-99所示。

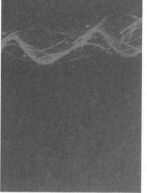

图10-96 　　　　　　　　　　图10-97

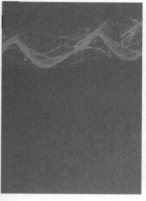

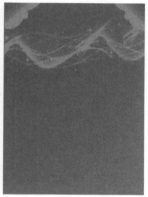

图10-98 　　　　　　　　　　图10-99

07 使用"横排文字工具" T 输入文字信息，然后使用"矩形选框工具"在文字两端绘制出两个合适的白色矩形图像，效果如图10-100所示。

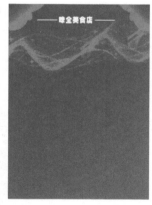

图10-100

08 使用"横排文字工具" T 在下方输入文字信息，并将文字栅格化，然后按住Ctrl键并单击文字图层缩略图将其载入选区，接着打开"渐变编辑器"对话框，设置第1个色标的颜色为（R:255，G:48，B:94）、第2个色标的颜色为（R:255，G:254，B:231）、第3个色

标的颜色为（R:255，G:48，B:94），最后为文字图层填充使用线性渐变色，效果如图10-101所示。

图10-101

09 为文字图层添加"投影"样式，然后打开"投影"对话框，设置投影颜色为（R:112，G:13，B:13）、"距离"为75像素、"扩展"为44%、"大小"为35像素，如图10-102所示，效果如图10-103所示。

图10-102 　　　　　　　　　　图10-103

10 打开光盘中的"素材文件>CH10>素材245-2.psd"文件，然后将其拖曳到"普通美食店DM单"操作界面中，接着将素材放置于文字两端，最后将该图层放置于文字图层下方，效果如图10-104所示。

图10-104

11 使用"横排文字工具" T 在下方输入文字信息，然后根据需要对文字大小、颜色、样式和位置进行调整，效果如图10-105所示。

图10-105

12 新建一个"图层2"，然后使用"钢笔工具" ✐ 绘制出一个合适的路径选区，接着设置前景色为（R:252，G:243，B:214），并按Alt+Delete组合键用前景色填充选区，最后执行"编辑>描边"菜单命令，在弹出的"描边"对话框中设置"宽度"为15像素、"颜色"为（R:63，G:24，B:3），如图10-106所示，再复制一个相同大小的图形放置于下方，效果如图10-107所示。

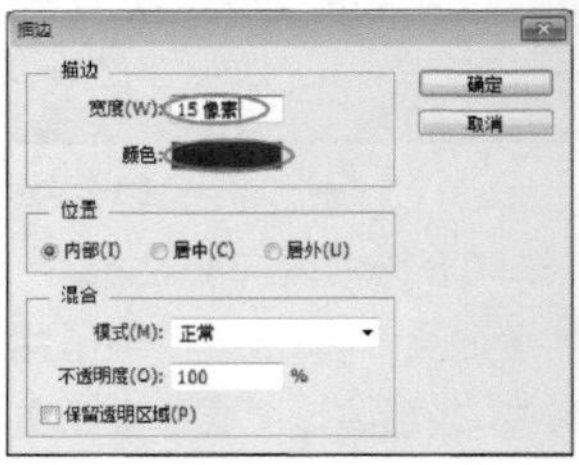

图10-106

图10-107

13 使用"横排文字工具" T 输入文字信息，然后根据需要对文字大小、颜色、样式和位置进行调整，效果如图10-108所示。

图10-108

14 新建一个"图层3"，然后使用"矩形选框工具" ▣，在底端绘制出合适的选区，接着设置前景色为（R:252，G:243，B:214），最后按Alt+Delete组合键用前景色填充选区，效果如图10-109所示。

15 继续使用"横排文字工具" T 输入文字信息，然后根据需要对文字大小、颜色、样式和位置进行调整，效果如图10-110所示。

图10-109

图10-110

16 打开光盘中的"光盘>素材文件>CH10>素材245-3.psd"文件，然后将其拖曳到"普通美食店DM单"操作界面中，接着将新生成的图层更名为"素材"图层，最后添加"描边"样式，效果如图10-111所示。

图10-111

17 使用相同的方法制作DM单的背面，最终效果如图10-112所示。

图10-112

实战 246 旅行社DM单

文件位置：光盘>实例文件>CH10>实战246.psd / 难易指数：★★★

PS技术点睛
● 运用"矩形工具"制作的基本形状。
● 使用文字工具输入合适的文字信息。

设计思路分析

　　本例设计的是一款旅行社DM单，以风景素材为主体，搭配文字排版，使整个DM单显得整齐又不失特色。

01 启动Photoshop CS6，按Ctrl+N组合键新建一个"旅行社DM单"文件，具体参数设置如图10-113所示。

图10-113

02 设置前景色为（R:216，G:236，B:237），然后按Alt+Delete组合键用前景色填充"背景"图层，效果如图10-114所示。

03 按Ctrl+R组合键显示标尺，然后添加如图10-115所示的参考线，将顶、侧、正面分出来。

图10-115

04 导入光盘中的"素材文件>CH10>246.jpg"文件，然后将其放在版面的上方，效果如图10-116所示。

图10-114

图10-116

471

05 设置前景色为（R:227，G:116，B:32），然后使用"横排文字工具" T 在版面上输入文字信息，并进行旋转变换，接着使用"钢笔工具" ✐ 绘制出两个圆形并叠加，然后使用前景色进行填充，效果如图10-117所示。

图 10-117

06 使用"矩形工具" ▭ 绘制出5个矩形，并使用合适的颜色进行填充，效果如图10-118所示。

图 10-118

07 设置前景色为（R:216，G:236，B:237），然后使用"横排文字工具" T 在矩形色块上输入文字信息，接着新建一个图层，并使用"矩形选框工具" ▭ 绘制一个合适的矩形选区，并使用前景色进行填充，最后按住Alt+Shift组合键复制出若干个矩形图形，并调整好大小，效果如图10-119所示。

图 10-119

08 选择合适的字体，然后在版面中输入相应的文字信息，效果如图10-120所示。

图 10-120

09 选择合适的颜色，然后继续添加标志和联系方式，最终效果如图10-121所示。

图 10-121

实战 247 服装卖场DM单

文件位置：光盘>实例文件>CH10-实战247.psd／难易指数：★★★

PS技术点睛

● 运用"渐变工具"等制作背景的渐变效果。
● 使用"描边"样式绘制外轮廓。
● 使用图层"不透明度"命令调整背景效果。

设计思路分析

本例设计的是服装卖场DM单，该DM单在色调上运用了粉色为主色调，整体感觉浪漫温馨，符合女性审美标准，适合用于女性节日以及服装DM单宣传中。

01 启动Photoshop CS6，按Ctrl+N组合键新建一个"服装卖场DM单"文件，具体参数设置如图10-122所示。

图10-122

02 选择"渐变工具" ，然后打开"渐变编辑器"对话框，接着设置第1个色标的颜色为（R:240，G:206，B:213）、第2个色标的颜色为（R:255，G:252，B:245），如图10-123所示，最后按照如图10-124所示的方向为"背景"图层填充使用线性渐变色。

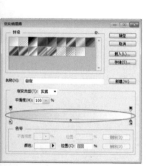

图10-123　　　　　　　　图10-124

03 打开光盘中的"素材文件>CH10>247-1.psd"文件，然后将其拖曳到"服装卖场DM单"操作界

面中，接着调整素材位置，最后将新生成的图层更名为"素材1"图层，效果如图10-125所示。

04 选择"素材1"图层，然后设置该图层的"不透明度"为50%，效果如图10-126所示。

05 打开光盘中的"素材文件>CH10>247-2.psd"文件，然后将其拖曳到"服装卖场DM单"操作界面中，接着调整素材位置并根据需要复制素材，最后将新生成的图层更名为"素材2"图层，并设置图层的"不透明度"为65%，效果如图10-127所示。

图10-125　　　　　　图10-126　　　　　　图10-127

06 新建一个"图层1"，然后选择"画笔工具" ，并在选项栏中选择花瓣笔刷（样式、大小和颜色可根据需要自行选择），接着设置图层的"不透明度"为50%，效果如图10-128所示。

07 打开光盘中的"素材文件>CH10>247-3.psd"文件，然后将其拖曳到"服装卖场DM单"操作界面中，接着调整素材位置，最后将新生成的图层更名为"素材3"图层，效果如图10-129所示。

图10-128　　　　　　　　　图10-129

08 添加"描边"样式，然后设置"大小"为29像素、"填充类型"为"渐变"，如图10-130所示，打开"渐变编辑器"对话框，设置第1个色标的颜色为（R:238，G:187，B:95）、第2个色标的颜色为白色，接着设置"位置"为74%，如图10-131所示。

图10-130　　　　　　　　　图10-131

09 继续添加"内阴影"样式，然后设置阴影颜色为（R:250，G:148，B:148）、"大小"为13像素，具体参数如图10-132所示。

10 在"图层样式"对话框中单击"内发光"样式，然后设置"大小"为5像素，具体参数如图10-133所示。

图10-132　　　　　　　　　图10-133

11 在"图层样式"对话框中单击"投影"样式，然后设置阴影颜色为（R:279，G:108，B:161）、"距离"73像素、"扩展"51%、"大小"为65像素，具体参数如图10-134所示，效果如图10-135所示。

12 新建一个"图层2"，然后使用"矩形选框工具"绘制出两个合适的选区，接着打开"渐变编辑器"对话框，设置第1个色标的颜色为（R:57，G:19，B:89）、第2个色标的颜色为（R:242，G:177，

B:230），如图10-136所示，最后使用径向渐变色填充选区，效果如图10-137所示。

图10-134　　　　　　　　　图10-135

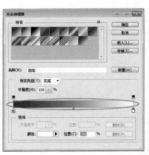

图10-136　　　　　　　　　图10-137

13 设置前景色为（R:57，G:19，B:69），然后选择"画笔工具"，接着在选项栏中选择"样本画笔10"笔刷，并设置"大小"为600像素，最后在两个矩形图形的上方进行绘制，效果如图10-138所示。

14 使用"横排文字工具"输入文字信息，并调整文字的位置和文字之间的距离，最终效果如图10-139所示。

图10-138　　　　　　　　　图10-139

实战 248 水果卖场DM单

文件位置: 光盘>实例文件>CH10>实战248.psd / 难易指数: ★★★

PS技术点睛

● 使用"钢笔工具"路径进行抠图。
● 使用"画笔工具"制作虚线。
● 使用"描边"样式突出文字内容。

设计思路分析

　　本例设计的是水果卖场DM单,该DM单设计以清爽为主要特色,因此选用黄色和绿色为主色调,在炎炎夏日给人以凉爽的感觉,配上可口的水果图片,突出了卖场的特色,红色的字体则加深了顾客对商品活动的印象。

01 启动Photoshop CS6,按Ctrl+N组合键新建一个"水果卖场DM单"文件,具体参数设置如图10-140所示。

02 使用黑色填充"背景"图层,然后在"路径"面板下单击"创建新路径"按钮 ◙,新建一个"路径1",接着使用"钢笔工具" ◢绘制出如图10-141所示的路径。

图10-140　　　　　　　　图10-141

03 打开光盘中的"素材文件>CH10>248-1.jpg"文件,然后将其拖曳到"水果卖场DM单"操作界面中,接着将新生成的图层更名为"图层1"图层,效果如图10-142所示。

04 将"图层2"移动到"背景"图层的上方,然后选择"路径1",接着按Ctrl+Enter组合键将路径转换为选区,最后执行"选择>反向"菜单命令,并按Delete键删除选区内的像素,如图10-143所示。

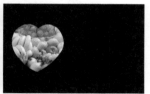

图10-142　　　　　　　　图10-143

05 设置前景色为白色,然后选择"画笔工具" ✐,并在选项栏中选择一种硬边笔刷,接着打开"画笔"面板,设置"大小"为30像素、"间距"为200%,具体参数设置如图10-144所示。

06 选择"路径1",然后新建一个"图层2",接着选择"钢笔工具" ◢并在绘图区域中单击鼠标右键,在弹出的快捷菜单中选择"描边路径"命令,最后在弹出的对话框中单击"确定"按钮,效果如图10-145所示。

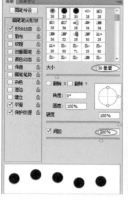

图10-144　　　　　　　　　　　　图10-145

07 打开光盘中的"素材文件>CH10>248-2.jpg"文件,然后将其拖曳到"水果卖场DM单"操作界面中,接着调整素材大小位置,最后将新生成的图层更名为"素材背景"图层,再将"素材背景"移动到"背景"图层的上方,效果如图10-146所示。

08 打开光盘中的"素材文件>CH10>248-3.psd"文件,然后将其拖曳到"水果卖场DM单"操作界

面中，接着调整素材大小位置，最后设置该图层的"不透明度"为45%，效果如图10-147所示。

图10-146　　　　　　　　　　　　图10-147

09 使用"横排文字工具" T 输入文字信息，然后添加"描边"样式，接着设置"大小"为43像素、"颜色"为白色，如图10-148所示，效果如图10-149所示。

图10-148　　　　　　　　　　　　图10-149

10 使用"横排文字工具" T 输入文字信息，然后为文字添加"描边"样式，效果如图10-150所示。

图10-150

11 新建一个"图层4"图层，选择"矩形选框工具" ，然后在底部创建一个矩形选框，接着设置颜色为（R:195，G:236，B:30），按Alt+Delete组合键用前景色填充，最后设置该图层的"不透明度"为65%，效果如图10-151所示。

图10-151

12 在绿色矩形框中使用"横排文字工具" T ，然后输入文字内容，接着调整好位置，效果如图10-152所示。

图10-152

13 打开光盘中的"素材文件>CH10>248-4.psd"文件，然后将其拖曳到"水果卖场DM单"操作界面中，接着调整素材大小位置，最后将新生成的图层更名为"图层5"图层，效果如图10-153所示。

图10-153

14 使用相同的方法制作DM单的背面，最终效果如图10-154所示。

图10-154

技巧与提示

DM单的背面标价下方的图形可先使用"钢笔工具"绘制路径，然后对路径进行"描边"，最后对选区填充颜色即可。

实战 249 健身房DM单

文件位置: 光盘>实例文件>CH10>实战249.psd / 难易指数: ★★★

PS技术点睛
● 运用图层样式制作立体感。
● 运用"渐变颜色"制作背景效果。
● 运用"钢笔工具"对文字进行编辑。

设计思路分析
　　本例设计的是健身休闲俱乐部DM单,因健身房带给人们的是种健康、运动的感觉,所以以动感十足的街舞形象为主体来突出健身房。

01 启动Photoshop CS6, 按Ctrl+N组合键新建一个"健身房DM单"文件, 具体参数设置如图10-155所示。

图10-155

02 设置前景色为黑色, 然后按Alt+Delete组合键用前景色填充"背景"图层, 如图10-156所示。

03 打开光盘中的"素材文件>CH10>249-1.jpg"文件, 然后将其拖曳到"健身房DM单"操作界面中, 接着按Ctrl+T组合键将素材旋转到合适位置, 最后将新生成的图层更名为"背景方格"图层, 效果如图10-157所示。

04 打开"渐变编辑器"对话框, 然后选择系统预设的"前景色到透明色渐变", 接着按照如图10-158所示的方向为选区填充使用线性渐变色, 效果如图10-159所示。

图10-156

图10-157

图10-158

图10-159

05 新建一个"烟雾"图层, 然后选择"画笔工具" , 并在选项栏中设置笔刷样式与大小, 如图10-160所示, 接着设置前景色为 (R:128, G:87, B:135) 绘制图形, 最后更改前景色为白色, 再绘制图形, 效果如图10-161所示。

06 新建一个"星星"图层, 然后继续使用"画笔工具" 在选项栏中选择笔刷样式与大小绘制图形, 效果如图10-162所示。

图10-160

图10-161

图10-162

07 打开光盘中的"素材文件>CH10>249-2.psd、249-3.psd"文件，然后将其拖曳到"健身房DM单"操作界面中，接着调整图片位置和大小，最后将新生成的图层更名为"人物"图层，效果如图10-163所示。

08 使用"横排文字工具" T 在标志的上方输入文字信息，然后添加"描边"样式，接着设置"大小"为9像素、"颜色"红色，具体参数如图10-164所示。

图10-163　　　　　　　　　图10-164

09 在"图层样式"对话框中单击"投影"样式，然后设置"距离"为48像素、"大小"为16像素，具体参数如图10-165所示，接着按Ctrl+T组合键将素材旋转到如图10-166所示的位置。

图10-165　　　　　　　　　图10-166

10 使用"横排文字工具" T 输入文字信息，将文字栅格化，然后为文字填充黄色，接着在"图层样式"对话框中单击"描边"样式，设置"大小"为18像素、"颜色"为黑色，效果如图10-167所示。

图10-167

11 在"图层样式"对话框中单击"渐变叠加"样式，然后单击"点按可编辑渐变"按钮 ，接着在弹出的"渐变编辑器"对话框中设置第1个色标的颜色为（R:255，G:110，B:2）、第2个色标的颜色为（R:255，G:255，B:163），如图10-168所示，最后返回"图层样式"对话框，设置"样式"为"线性"、"缩放"为150%，具体参数设置如图10-169所示。

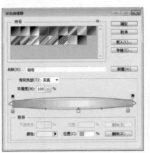

图10-168　　　　　　　　　图10-169

12 在"图层样式"对话框中单击"内发光"样式，为文字添加一个系统预设的"内发光"样式，然后单击"外发光"样式，接着设置"扩展"为18%、"大小"为133像素，如图10-170所示。

图10-170

13 在"图层样式"对话框中单击"投影"样式，然后设置颜色为白色、"距离"为35像素、"大小"为81像素，如图10-171所示，效果如图10-172所示。

图10-171　　　　　　　　　图10-172

14 新建一个"底纹"图层，然后选择"椭圆选框工具" ，绘制一个椭圆选区，接着打开"渐变编辑器"对话框，设置第1个色标的颜色为（R:132，

G:191，B:19)、第2个色标的颜色为（R:216，G:254，B:0)、第3个色标的颜色为（R:132，G:191，B:19)，如图10-173所示，并对椭圆选区进行线性渐变色填充，最后为该图层添加一个"描边"效果，效果如图10-174所示。

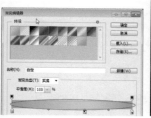

图10-173　　　　　　　图10-174

15 设置前景色为白色，然后使用"横排文字工具" T 在椭圆图形中输入文字信息，效果如图10-175所示。

16 打开光盘中的"素材文件>CH10>249-4.psd"文件，然后将其拖曳到"健身房DM单"操作界面中，接着调整图片位置，最后将新生成的图层更名为"文字素材"图层，效果如图10-176所示。

图10-175　　　　　　　图10-176

17 选择"文字素材"图层，然后设置前景色（根据需要自行选择），接着使用"钢笔工具" 将一部分文字勾勒出来，并使用前景色填充路径，最后根据需要反复进行此操作，效果如图10-177所示。

图10-177

18 使用"自定形状工具" ，然后在选项栏中选择"形状"，如图10-178所示，接着在合适位置进行绘制，效果如图10-179所示。

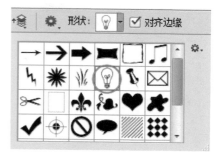

图10-178

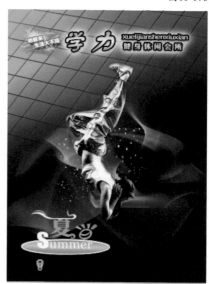

图10-179

19 设置前景色为白色，然后使用"横排文字工具" T 输入文字信息，最终效果如图10-180所示。

图10-180

实战250 美容店DM单

文件位置：光盘>实例文件>CH10>实战250.psd / 难易指数：★★★☆☆

PS技术点睛

- 运用图层样式制作描边效果。
- 运用图层“不透明度”制作透明效果。
- 使用文字工具输入合适的文字信息。

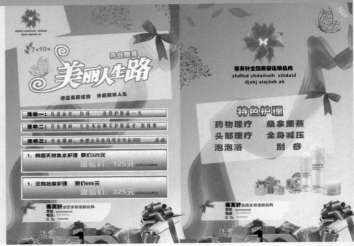

设计思路分析

本例设计的是美容店DM单，该DM单大胆地运用了粉紫色作为主色调，因为美容店DM单的消费群体主要是女性，而粉色与紫色常受到女性的喜爱并给人以浪漫的感觉，因此这样的选择突出了美容店的特点。

01 启动Photoshop CS6，按Ctrl+N组合键新建一个“美容店DM单”文件，具体参数设置如图10-181所示。

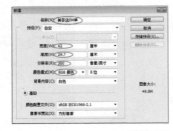

图10-181

02 新建一个“渐变背景”图层，然后使用“矩形选框工具”绘制一个合适的矩形选区，接着打开“渐变编辑器”对话框，设置第1个色标的颜色为（R:224，G:89，B:223）、第2个色标的颜色为白色，如图10-182所示，最后按照如图10-183所示为“渐变背景”图层填充使用线性渐变色。

03 选择“画笔工具”，然后在选项栏中选择一种图形笔刷（样式和大小可根据实际情况而定），在适合的位置进行绘制，效果如图10-184所示。

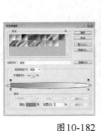

图10-182

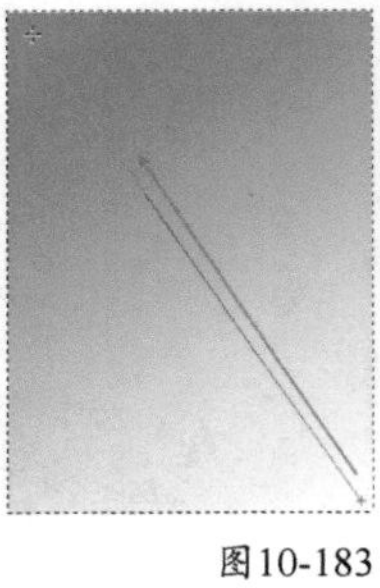

图10-183

图10-184

04 新建一个“彩带”图层，然后设置前景色为（R:183，G:55，B:183），接着选择“画笔工具”在选项栏中设置笔刷“样式156”、“大小”为978像素，如图10-185所示，最后在“彩带”图层上方进行绘制，效果如图10-186所示。

05 新建一个“图层1”图层，然后设置前景色为白色，接着使用“矩形选框工具”，绘制一个大小合适的矩形，按Alt+Delete组合键用前景色填充，按Ctrl+T组合键将矩形进行旋转，最后用相同的方法继续绘制一个白色的矩形，效果如图10-187所示。

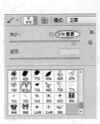

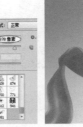

图10-185

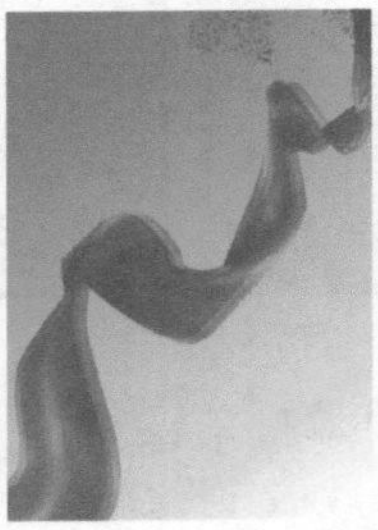

图10-186

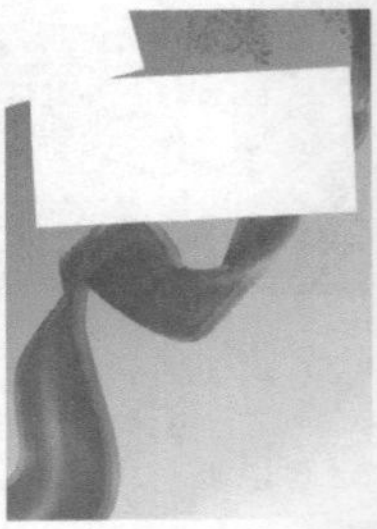

图10-187

06 设置“图层1”的“不透明度”为60%，如图10-188所示，效果如图10-189所示。

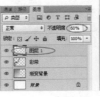

图10-188

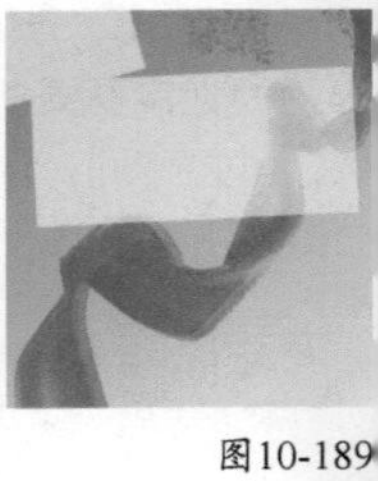

图10-189

07 打开光盘中的"素材文件>CH10>250-1.jpg"文件,将其拖曳到"美容店DM单"操作界面中,并调整大小和位置,接着将新生成的图层更名为"标志"图层,效果如图10-190所示。

08 使用"横排文字工具" T 输入文字信息,效果如图10-191所示。

图10-190   图10-191

09 打开光盘中的"素材文件>CH10>250-2.psd"文件,将其拖曳到"美容店DM单"操作界面中,并调整大小和位置,接着将新生成的图层更名为"素材2"图层,效果如图10-192所示。

图10-192

10 为"素材2"图层添加"描边"样式,然后设置"大小"为9像素、"颜色"为(R:243,G:49,B:117),具体参数设置如图10-193所示,效果如图10-194所示。

图10-193

图10-194

11 新建一个"图层2"图层,选择"画笔工具" ,然后在选项栏中选择一种图形笔刷,在适合的位置进行绘制,效果如图10-195所示。

12 使用"横排文字工具" T 输入文字信息,效果如图10-196所示。

图10-195   图10-196

13 继续使用"横排文字工具" T 输入文字信息,然后添加"描边"样式,接着设置"大小"为9像素、"颜色"为(R:195,G:65,B:200),如图10-197所示。

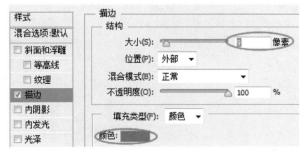

图10-197

14 在"图层样式"对话框中单击"渐变叠加"样式,然后单击"点按可编辑渐变"按钮,接着

在弹出的"渐变编辑器"对话框中，设置第1个色标的颜色为（R:255，G:198，B:0）、第2个色标的颜色为白色，效果如图10-198所示。

15 继续使用"横排文字工具" [T] 输入文字信息，如图10-199所示。

图10-198　　　　　　　　图10-199

16 打开光盘中的"素材文件>CH10>250-3.jpg"文件，将其拖曳到"美容店DM单"操作界面中，并调整大小和位置，接着将新生成的图层更名为"素材3"图层，效果如图10-200所示。

图10-200

17 新建一个"图层3"图层，然后使用"矩形选框工具" [□]，绘制一个大小合适的矩形，接着执行"编辑>描边"菜单命令，设置"宽度"为25像素、"颜色"为（R:216，G:69，B:215），如图10-201所示。

图10-201

18 添加"描边"样式，打开"图层样式"对话框，设置"大小"为15像素、位置为居中、"颜色"为白色，效果如图10-202所示。

图10-202

19 选择"渐变工具" [□]，然后打开"渐变编辑器"对话框，接着设置第1个色标的颜色为（R:218，G:79，B:216）、第2个色标的颜色为白色，如图10-203所示，最后为"图层3"图层填充线性渐变色，效果如图10-204所示。

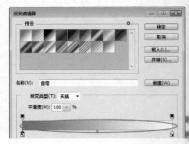

图10-203

图10-204

20 按Ctrl+J组合键复制出4个副本图层，然后按Ctrl+T组合键对每个图层的图形进行大小和位置的调整，最后将制作矩形的所有图层合并为一个图层，效果如图10-205所示。

21 使用"横排文字工具" T 在矩形框中输入文字信息，如图10-206所示。

图10-205   图10-206

22 新建一个"图层4"图层，然后使用"矩形选框工具" 绘制一个大小合适的白色矩形图形，接着使用"钢笔工具" 勾出多余的形状并按Delete键进行删除，最后设置"图层4"的"不透明度"为60%，效果如图10-207所示。

图10-207

23 选择"素材3"图层，然后按Ctrl+J组合键复制一个副本图层，接着将图层拖曳到"图层4"上方，并调整位置，效果如图10-208所示。

图10-208

24 使用"横排文字工具" T 在矩形框中输入文字信息，如图10-209所示。

图10-209

25 打开光盘中的"素材文件>CH10>250-4.psd"文件，将其拖曳到"美容店DM单"操作界面中，并调整大小和位置，接着将新生成的图层更名为"素材4"图层，效果如图10-210所示。

图10-210

26 使用相同的方法制作DM单的背面，最终效果如图10-211所示。

图10-211

实战 251 企业画册

文件位置：光盘>实例文件>CH10>实战251-平面图.psd和实战251-效果图/难易指数：★★★★☆

PS技术点睛

● 调整图层"不透明度"制作透明效果。
● 运用"渐变工具"制作渐变效果。

设计思路分析

　　本例设计的是企业画册，因该企业主要以生产工业配件为主要项目，所以在设计该画册时背景就选用了齿轮的图形，并以蓝色为主要色系，搭配密集的方格，将该企业特色表现得淋漓尽致。

01 启动Photoshop CS6，按Ctrl+N组合键新建一个"企业画册"文件，具体参数设置如图10-212所示。

02 新建一个"图层1"图层，然后使用"矩形选框工具" ▣ 绘制一个合适的矩形，接着打开"渐变编辑器"对话框，设置第1个色标的颜色为（R:79，G:168，B:218）、第2个色标的颜色为（R:10，G:103，B:170），如图10-213所示，最后为"图层1"填充使用径向渐变色，效果如图10-214所示。

03 选择"图层1"，然后按Ctrl+J组合键复制一个副本图层，接着按住Ctrl键的同时单击"图层1副本"缩略图将其载入选区，最后设置前景色为（R:10，G:103，B:170），并按Alt+Delete组合键用前景色填充副本图层，效果如图10-215所示。

图10-212

图10-213

图10-214

图10-215

04 新建一个"正面"图层组，然后打开光盘中的"素材文件>CH10>251-1.jpg"文件，将其拖曳到"企业画册"操作界面中，并调整大小与副本图层相

同，接着将新生成的图层更名为"图层2"图层，效果如图10-216所示。

图10-216

05 设置"图层2"的"不透明度"为10%，如图10-217所示，效果如图10-218所示。

图10-217　　　　　　　　图10-218

06 新建一个"图层3"，然后使用"矩形选框工具" ▣ 绘制出一个矩形选区，接着设置前景色为（R:255，G:246，B:0），最后按Alt+Delete组合键用前景填充图层，效果如图10-219所示。

07 选择"图层3"，然后继续使用"矩形选框工具" ▣ 在原图形上方绘制出一个狭窄的矩形，并按Delete键进行删除，接着采用相同的方法在图形下方进行相同的操作，如图10-220所示，最后设置"图层3"的"不透明度"为10%，效果如图10-221所示。

08 打开光盘中的"素材文件>CH10>251-2.jpg"文件，将其拖曳到"企业画册"操作界面中，然后根据需要调整大小、位置和数量，最后将新生成的图层更名为"图层4"图层，效果如图10-222所示。

图10-219　　　　　　　　图10-220

图10-221　　　　　　　　　图10-222

09 继续打开光盘中的"素材文件>CH10>251-3.jpg"文件，将其拖曳到"企业画册"操作界面中，然后调整大小和位置，最后将新生成的图层更名为"标志"图层，效果如图10-223所示。

10 使用"横排文字工具" T 输入文字信息，效果如图10-224所示。

图10-223　　　　　　　　　图10-224

11 新建一个"背面"图层组，然后打开光盘中的"素材文件>CH10>251-4.jpg"文件，将其拖曳到"企业画册"操作界面中，并调整大小和位置，接着将新生成的图层更名为"图层5"图层，效果如图10-225所示。

图10-225

12 选择"图层5"，然后选择"橡皮擦工具" ，接着在选项栏中选择一种柔边笔刷，并设置"大小"为339像素，如图10-226所示，最后对多余的地方进行擦除，效果如图10-227所示。

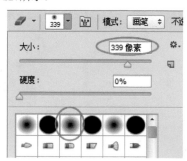

图10-226

图10-227

13 确定当前图层为"图层5"，然后设置该图层的"不透明度"为30%，效果如图10-228所示。

图10-228

14 选择"标志"图层，然后按Ctrl+J组合键复制该图层，接着将该图层拖曳到"图层5"上方，效果如图10-229所示。

图10-229

15 使用"横排文字工具" T 在素材下方输入文字信息，效果如图10-230所示。

图10-230

16 打开光盘中的"素材文件>CH10>251-2.jpg"文件，将其拖曳到"企业画册"操作界面中，并根据需要调整大小、位置和数量，接着将新生成的图层更名为"图层7"图层，效果如图10-231所示。

图10-231

实战 ②52 医疗画册

文件位置：光光盘>实例文件>CH10>实战252.psd / 难易指数：★★★

PS技术点睛
- 运用"钢笔工具"制作基本形状。
- 使用文字工具输入合适的文字信息。

设计思路分析

　　本例设计的是一款医疗画册，庄重严谨是整个画册所要体现的重要信息，添加简单的装饰元素，使整个画册更加完整。

---

01 启动Photoshop CS6，按Ctrl+N组合键新建一个"医疗画册"文件，具体参数设置如图10-232所示。

02 设置前景色为（R:12，G:132，B:168），然后使用"钢笔工具" ✍ 绘制出合适的路径选区，并使用前景色进行填充，效果如图10-233所示。

图10-232　　　　　　　　　　图10-233

03 新建一个图层，然后使用"矩形选框工具" ▢ 绘制一个合适的矩形选区，接着选择"渐变工具" ▣ ，并在选项栏中选择"黑色到透明渐变色"，最后按照从左到右的方向为选区填充线性渐变色，并设置该图层的"不透明度"为25%，效果如图10-234所示。

04 导入光盘中的"素材文件>CH10>252-1.jpg、252-2.jpg、252-3.jpg"文件，然后将其放在合适的位置，效果如图10-235所示。

图10-234　　　　　　　　　　图10-235

05 导入光盘中的"素材文件>CH10>252-4.psd"文件，然后选择该图层组，添加"投影"样式，打开"图层样式"对话框，接着设置"不透明度"为24%、"距离"为7像素，如图10-236所示，效果如图10-237所示。

图10-236　　　　　　　　　　图10-237

06 使用"横排文字工具" T 在版面上输入文字信息，最终效果如图10-238所示。

图10-238

实战 **253** 食品画册

文件位置：光盘>实例文件>CH10>实战253.psd / 难易指数：★★★

PS技术点睛

● 运用"钢笔工具"制作的基本形状。
● 使用文字工具输入合适的文字信息。

设计思路分析

　　本例设计的是一款食品画册，明亮的绿色是整个画册中的主色调，添加新鲜的水果素材，使整个画册更彰显了健康自然的气息。

01 启动Photoshop CS6，按Ctrl+N组合键新建一个"食品画册"文件，具体参数设置如图10-239所示。

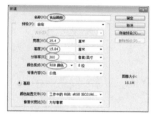

图10-239

02 设置前景色为（R:130，G:193，B:40），然后导入光盘中的"素材文件>CH10>253-1.jpg"文件，并移动到图像的右侧，效果如图10-240所示。

03 在最上层新建一个"图层2"，然后使用"钢笔工具" 绘制出一个合适的路径选区，并使用前景色进行填充，效果如图10-241所示。

图10-240　　　　　　　图10-241

技巧与提示

前景色为（R:130，G:193，B:40）。

04 按Ctrl+J组合键复制出一个副本图层，并将该图层移动到"图层2"的下方，然后按住Ctrl键并单击该图层缩略图将其载入选区，将颜色更换为（R:0，G:131，B:64），效果如 图10-242所示。

05 导入光盘中的"素材文件>CH10>253-2.jpg"文件，然后将图像摆放到合适的位置，效果如图10-243所示。

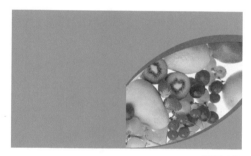

图10-242

图10-243

06 使用"横排文字工具" 在版面上输入文字信息，最终如图10-244所示。

图10-244

实战 254 房产画册

文件位置：光盘>实例文件>CH10>实战254.psd / 难易指数：★★★☆☆

PS技术点睛
● 运用"椭圆工具"制作基本形状。
● 使用文字工具输入合适的文字信息。

设计思路分析

　　本例设计的是一款房产画册，以大小不一的圆圈组成整个画册的构成元素，搭配文字的排列方式，使整个画册显得高档气派。

01 启动Photoshop CS6，按Ctrl+N组合键新建一个"房产画册"文件，具体参数设置如图10-245所示。

图10-245

02 使用"矩形选框工具"绘制一个合适的矩形选区，然后设置前景色为（R:130，G:130，B:130），接着使用前景色填充选区，效果如图10-246所示。

图10-246

03 新建一个图层，然后使用"矩形选框工具"绘制出合适的矩形选区，并选择合适的颜色进行填充，效果如图10-247所示。

图10-247

04 使用"椭圆工具"依次绘制出两个大小不一的圆形，然后导入光盘中的"素材文件>CH10>254-1.jpg"文件，接着继续使用"椭圆工具"将素材文件裁剪出合适的比例，效果如图10-248所示。

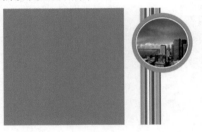

图10-248

05 使用相同的方法制作其他圆形，效果如图10-249所示。

图10-249

06 使用"横排文字工具"在版面上输入文字信息，最终效果如图10-250所示。

图10-250

实战 255 招商画册

文件位置：光盘>实例文件>CH10>实战255.psd / 难易指数：★★★☆☆

PS技术点睛

● 运用"钢笔工具"制作基本形状。
● 运用图层样式制作图片的立体效果。

设计思路分析

本例设计的是一款招商画册，明亮的蓝绿色是整个画册的主色调，添加具有科技主题的图片，更彰显了画册的简洁和大方，同时字体的选择使整个画册显得更加精致。

01 启动Photoshop CS6，按Ctrl+N组合键新建一个"招商画册"文件，具体参数设置如图10-251所示。

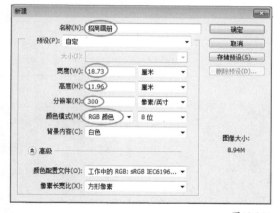

图10-251

02 设置前景色为（R:59, G:179, B:195），然后使用前景色填充"背景"图层，效果如图10-252所示。

图10-252

03 使用"钢笔工具"绘制出合适的路径选区，然后新建一个图层，并设置前景色为（R:217，G:120，B:31），最后使用前景色填充选区，效果如图10-253所示。

图10-253

04 导入光盘中的"素材文件>CH10>255.psd"文件，然后依次将素材文件调整好位置，效果如图10-254所示。

图10-254

05 使用"横排文字工具" T.在版面上输入文字信息，效果如图10-255所示。

图10-255

06 选择"图层1"图层，然后使用"矩形选框工具" 🔲将画册的另一半剪贴到"图层2"，如图10-256所示，接着添加"斜面和浮雕"样式，打开"图层样式"对话框，最后设置"深度"为256%、"大小"为38像素，如图10-257所示，效果如图10-258所示。

图10-256

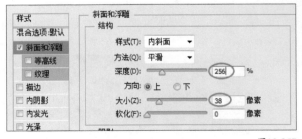

图10-257

图10-258

07 选择"图层1"，同样为该图层添加一个"斜面和浮雕"图层样式，然后设置"深度"为205%、"大小"为18像素，如图10-259所示，最终效果如图10-260所示。

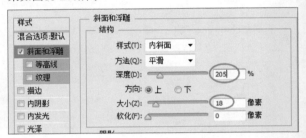

图10-259

图10-260

第11章
商业广告插画设计

■ 绘制卡通猫/步骤图　　■ 绘制儿童插画/步骤图　　■ 绘制写实猫/步骤图　　■ 女将军/步骤图　　■ 魔法师/步骤图

■ 绘制卡通猫/492页　　■ 绘制儿童插画/494页　　■ 绘制写实猫/497页　　■ 女将军/500页　　■ 魔法师/502页

PS达人　　广告设计师　　包装设计师　　插画设计师　　网页设计师

实战 256 绘制卡通猫

文件位置：光盘>实例文件>CH11>实战256.psd / 难易指数：★★★★

PS技术点睛

● 运用画笔工具进行精细绘制绒毛效果。
● 灵活调整笔刷进行刻画。

设计思路分析

本例设计的是卡通猫，结合钢笔工具绘制出猫咪的外轮廓，通过创建选区，绘制出阴影、高光、渐变颜色等。

01 启动Photoshop CS6，按Ctrl+N组合键新建一个"卡通猫"文件，具体参数设置如图11-1所示。

02 使用"钢笔工具" 绘制猫的外围轮廓，然后转换为选区，接着填充颜色为（R:69，G:76，B:69），效果如图11-2所示。

图11-1   图11-2

03 新建一个图层，然后单击"画笔工具" ，接着设置前景色为（R:85，G:92，B:82），最后选取画笔样式 绘制浅色绒毛，效果如图11-3所示。

04 设置前景色为（R:142,G:176,B:175），然后调整画笔大小绘制过渡色绒毛，效果如图11-4所示。

图11-3   图11-4

05 调整画笔大小绘制高光处的绒毛和暗部的绒毛，然后柔和交接处，使之更加逼真，如图11-5所示，接着丰富身体绒毛效果，效果如图11-6所示。

06 设置前景色为（R:34，G:46，B:44），然后选取画笔样式 绘制斑纹，如图11-7所示，接着调整

前景色丰富斑纹效果，效果如图11-8和图11-9所示。

图11-5   图11-6

图11-7   图11-8

图11-9

07 将背景载入选区，然后单击"渐变工具" ，在"渐变编辑器"中编辑渐变样式，如图11-10所示，接着拖曳渐变效果，效果如图11-11所示。

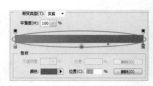

图11-10   图11-11

08 单击"画笔工具" ，然后打开画笔面板进行设置，具体参数设置如图11-12所示，接着调整前景色为背景添加质感，如图11-13和图11-14所示。

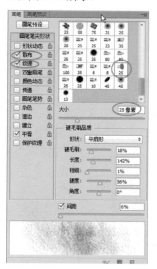

图11-12

图11-13　　　　　　图11-14

09 下面绘制面部。单击"画笔工具" ，然后设置前景色为黑色，接着选取画笔样式 绘制五官轮廓，效果如图11-15所示。

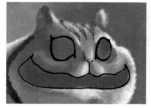

图11-15

10 将前景色更改为（R:137，G:173，B:28），然后绘制眼睛底色，如图11-16所示，接着选取画笔样式 绘制眼睛光感，效果如图11-17所示。

图11-16　　　　　　图11-17

11 选取画笔样式 绘制瞳孔，然后调整整体眼睛的光感，效果如图11-18所示。

图11-18

12 使用"钢笔工具" 绘制嘴内部，然后转换为选区，并填充颜色为（R:97，G:93，B:79），如图11-19所示，接着使用"画笔工具" 绘制牙齿数个，效果如图11-20所示。

图11-19　　　　　　图11-20

13 调整画笔大小和前景色绘制牙齿过渡区域和高光，如图11-21所示，接着调整画笔"大小"为3像素绘制胡须和耳朵内的长毛，如图11-22所示。

图11-21　　　　　　图11-22

14 调整卡通猫的大小，最终效果如图11-23所示。

图11-23

实战 257 绘制儿童插画

文件位置：光盘>实例文件>CH11>实战257.psd / 难易指数：★★★★

PS技术点睛

● 运用"画笔工具"进行精细绘制油画效果。
● 灵活调整笔刷的大小进行刻画。

设计思路分析

本例设计的是儿童插画，主要运用"画笔工具"和"橡皮擦工具"绘制儿童插画。

01 启动Photoshop CS6，按Ctrl+N组合键新建一个"儿童插画"文件，具体参数设置如图11-24所示。

02 单击"画笔工具" ✐，然后选取画笔样式 ▦ 绘制人物的色块，效果如图11-25所示，将主要的3个人物大体颜色确定下来。

图11-24   图11-25

03 首先绘制小狗。单击"画笔工具" ✐，然后选取画笔样式 ▦，再调整前景色绘制小狗的转折颜色，将小狗身上的色块绘制出来，效果如图11-26所示。

04 单击"画笔工具" ✐，然后选取画笔样式 ▦，接着在"画笔"面板中设置笔刷样式，如图11-27所示，最后吸取中间色进行柔和笔触，效果如图11-28所示。

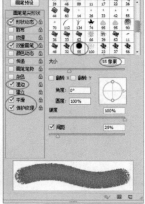

图11-26   图11-27

图11-28

05 选取画笔样式 ▦ 绘制小狗面部细节，然后调整不透明度绘制棒球上的红线，效果如图11-29所示。

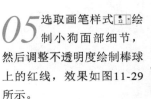

图11-29

06 下面绘制小孩。单击"画笔工具" ✐，然后选取画笔样式 ▦，再调整前景色绘制小孩的转折颜色，丰富孩子身上的色块，将小孩的轮廓体现出来，效果如图11-30所示。

07 单击"画笔工具" ✐，然后选取画笔样式 ▦，接着在"画笔"面板中将"湿边"选项勾掉，最后吸取中间色进行柔和笔触，效果如图11-31所示。

图11-30   图11-31

08 调整笔触大小刻画人物细部，然后调整人物局部颜色偏差，接着将人物脸部提亮，效果如图11-32所示。

图11-32

09 选取画笔样式▦，然后调整前景色绘制笔触线条，使画面更生动，注意排线的时候尽量排成平行线，如图11-33和图11-34所示。

图11-33

图11-34

10 采用相同的方法为小狗添加线条笔触，然后将两个人物分别建组，接着调整小狗和小孩的位置，效果如图11-35所示。

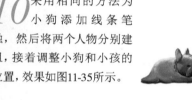

图11-35

11 下面绘制死神。单击"画笔工具"✐，然后选取画笔样式▦绘制黑色帽衫的光感，效果如图11-36所示。

图11-36

12 选取画笔样式▦绘制死神的双手，然后调整大小形状，如图11-37所示，接着绘制骷髅头，使头部与手的颜色相同，效果如图11-38所示。

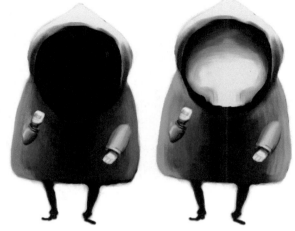

图11-37 图11-38

13 选取画笔样式▦，然后调整不透明度为60%，再调整柔化程度，绘制死神的眼眶，如图11-39所示，接着调整前景色绘制发光的眼睛，效果如图11-40所示。

图11-39 图11-40

14 选取画笔样式▦，然后设置前景色为黑色，再调整柔化程度，绘制面部细节，接着调整前景色绘制发光的眼睛，效果如图11-41所示。

图11-41

15 将前景色设置为白色，然后调整不透明度绘制帽衫的细节，如图11-42所示。

图11-42

16 设置前景色为（R:98，G:48，B:0）绘制镰刀手柄，然后设置前景色为灰色绘制镰刀刃，接着使用"加深工具" ⊙涂抹出暗部，最后使用"减淡工具" ◕涂抹出亮部，效果如图11-43所示。

图11-43

17 将绘制好的死神编组，然后调整小狗和死神的位置，接着使用"画笔工具" ✎绘制牵狗绳，效果如图11-44所示。

图11-44

18 调整3个人物之间的关系，然后使用"画笔工具" ✎添加小装饰，效果如图11-45所示。

图11-45

19 打开光盘中的"素材文件>CH11>257.jpg"文件，然后将其拖曳到"儿童插画"操作界面中，如图11-46所示。

图11-46

20 使用"椭圆选框工具" ○绘制一个椭圆，然后填充颜色为黑色，接着取消选区执行"滤镜>模糊>高斯模糊"菜单命令添加模糊效果，最后调整"混合模式"为"实色混合"，最终效果如图11-47所示。

图11-47

实战 258 绘制写实猫

文件位置：光盘>实例文件>CH11>实战258.psd / 难易指数：★★★★★

PS技术点睛

● 运用"画笔工具"进行精细绘制绒毛效果。
● 灵活调整笔刷大小进行刻画。
● 运用"滤镜"效果使猫咪更逼真。

设计思路分析

　　本例设计的是写实猫，运用"画笔工具"绘制出猫咪的大致轮廓，对阴影、高光部分进行细致涂抹，并添加背景素材，使背景画面更加逼真。

01 启动Photoshop CS6，按Ctrl+N组合键新建一个"写实猫"文件，具体参数设置如图11-48所示。

02 新建一个图层，然后单击"画笔工具" ，再选取画笔样式 绘制猫的轮廓色块，然后使用"加深工具" 涂抹出深色猫毛区域，效果如图11-49所示。

图11-48

图11-49

03 单击"画笔工具"按钮 ，然后在"画笔"面板中选择毛发画笔，并调整画笔样式，如图11-50所示，接着新建一个图层绘制第一层毛发，效果如图11-51所示。

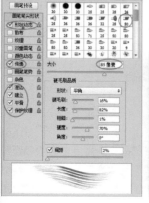

图11-50

图11-51

04 新建一个图层，然后调整前景色绘制猫咪头部的毛发层次，将深色的底层毛发绘制出来，效果如图11-52所示。

05 新建一个图层，然后调整画笔大小和颜色绘制猫咪胸部的毛发，接着调整画笔的"不透明度"将毛发的层次绘制出来，效果如图11-53所示。

图11-52

图11-53

06 新建一个图层，然后将前景色设置为（R:253，G:251，B:249）绘制面部胸部的白色毛发，效果如图11-54所示。

07 下面绘制耳朵。单击"画笔工具" ，使用相同的笔刷绘制耳朵内部绒毛，然后调整颜色层次，效果如图11-55所示。

图11-54

图11-55

08 将头部的毛向耳朵根部延伸一下，使耳朵深色部分结合更自然，然后设置画笔样式，具体参数设置如图11-56所示，接着绘制耳朵的厚度，效果如图11-57所示。

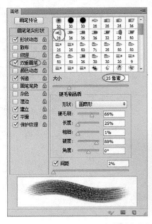
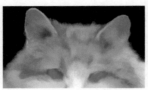

图11-56　　　　　　　图11-57

09 新建一个图层，然后使用毛发笔刷丰富耳根和头部的斑纹，效果如图11-58所示，接着将绘制好的图层编组。

10 下面绘制眼睛。新建一个图层，然后选取画笔样式绘制肉色眼眶，接着调整眼眶颜色进行刻画，效果如图11-59所示。

图11-58　　　　　　　图11-59

11 将前景色设置为黑色，然后涂抹眼眶内部，如图11-60所示，接着设置前景色为（R:198，G:146，B:43），最后涂抹眼球底色，效果如图11-61所示。

图11-60　　　　　　　图11-61

12 使用"画笔工具"将眼睛内部光感绘制出来，效果如图11-62所示。

图11-62

13 将眼球载入选区，然后新建一个图层填充颜色为（R:103，G:52，B:21），如图11-63所示，接着执行"滤镜>杂色>添加杂色"菜单命令，按照如图11-64所示进行设置。

图11-63　　　　　　　图11-64

14 使用"矩形选框工具"选中其中一个眼球，如图11-65所示，然后执行"滤镜>模糊>径向模糊"菜单命令，在"径向模糊"对话框中进行如图11-66所示的设置，接着将另一边的眼睛也添加径向模糊，效果如图11-67所示。

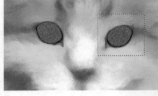

图11-65

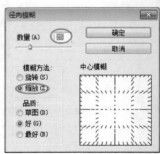

图11-66

图11-67

15 将添加模糊效果的图层拖曳到最上边，然后设置该图层的"混合模式"为"变暗"，如图11-68所示，接着调整前景色为黑色绘制瞳孔，最后复制瞳孔图层添加模糊效果，效果如图11-69所示。

图11-68

图11-69

16 新建一个图层，然后设置前景色为白色绘制眼球的高光，效果如图11-70所示。

图11-70

17 下面绘制鼻子。选取画笔样式 [图] 绘制鼻子大色调，如图11-71所示，然后调整画笔大小进行刻画，效果如图11-72所示。

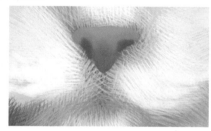

图11-71

图11-72

18 将画笔大小调整到2像素，然后设置前景色为白色，接着顺着毛发方向绘制眉毛和胡须，效果如图11-73所示。

图11-73

19 打开光盘中的"素材文件>CH11>258.jpg"文件，然后将其拖曳到"写实猫"操作界面中，接着调整猫咪的位置，最终效果如图11-74所示。

图11-74

技术专题 18 画笔工具技巧汇总

由于"画笔工具" ☑ 非常重要，所以在这里总结一下使用该工具绘画时的5点技巧。

第1点：在英文输入法状态下，可以按[键和]键来减小或增大画笔笔尖的"大小"值。

第2点：按Shift+[组合键和Shift+]组合键可以减小和增大画笔的"硬度"值。

第3点：按数字键1~9来快速调整画笔的"不透明度"，数字1~9分别代表10%~90%的"不透明度"。如果要设置100%的"不透明度"，可以按一次0键。

第4点：按住Shift+1~9的数字键可以快速设置"流量"值。

第5点：按住Shift键可以绘制出水平、垂直的直线，或是以45°为增量的直线。

实战 259 女将军
文件位置：光盘>实例文件>CH11>实例259.psd / 难易指数：★★★☆☆

PS技术点睛
● 通过在底色上绘制阴影、高光等部分颜色，调整人物的立体感。
● 使用"画笔工具"绘制衣服的阴影等。
● 通过绘制深浅不一的褐色，制作出盔甲的金属感。

设计思路分析

　　本例设计的是女将军游戏插画，通过绘制人物线稿，并为线稿上一层底色，在底色的基础上，结合"画笔工具"绘制出人物阴影、高光等图像，制作人物的立体效果。

01 启动Photoshop CS6，按Ctrl+N组合键新建一个"女将军"文件，具体参数设置如图11-75所示。

02 新建一个图层，然后设置前景色为（R:143，G:133，B:129），接着使用前景色填充图层，效果如图11-76所示。

图11-75　　　　　　　　　　　图11-76

03 选择"画笔工具"，然后选择合适的颜色，分别涂抹出人物的大致外形，效果如图11-77所示。

图11-77

04 新建一个图层，然后选择"画笔工具"，接着在选项栏中选择一种硬边笔刷，并设置"大小"为3像素，如图11-78所示，最后细致刻画人物的脸部，效果如图11-79所示。

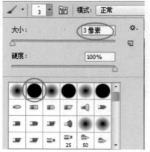

图11-78

图11-79

05 新建一个图层，然后继续选择"画笔工具"，接着在选项栏中设置"大小"为300像素、"不透明度"为50%，如图11-80所示，效果如图11-81所示。

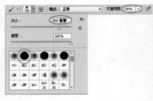

图11-80　　　　　　　　　　　图11-81

06 新建一个图层，然后将人物头顶的头盔刻画出来，效果如图11-82所示。

07 设置前景色为黑色，然后适当调节画笔的不透明度，接着将头盔的花纹大致刻画出来，效果如图11-83所示。

图11-82　　　　　　　　　　　图11-83

08 新建一个图层，然后设置前景色为（R:164，G:154，B:139），然后使用"画笔工具"绘制羽毛的大致轮廓，效果如图11-84所示。

09 继续使用"画笔工具" 绘制出头发以及披风的大致方向，效果如图11-85所示。

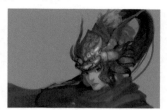

图11-84

图11-85

10 按Ctrl++组合键将图像局部放大，细致地刻画人物的眼部，并添加高光效果，效果如图11-86所示。

图11-86

11 为人物添加头盔上的鳞片和盔甲，调整披风的层次效果，效果如图11-87所示。

图11-87

12 新建一个图层，然后结合"加深工具" 和"减淡工具" 绘制出头盔的立体效果，如图11-88所示。

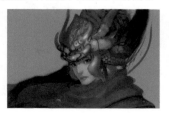

图11-88

13 将图像缩小至合适屏幕大小，然后继续使用"画笔工具" 绘制头盔上的羽毛效果，如图11-89所示。

图11-89

14 新建一个图层，然后设置前景色为（R:141，G:231，B:237），接着绘制出虎头的眼睛，并为头盔添加细节，效果如图11-90所示。

图11-90

15 新建一个图层，然后在选项栏中选择一种柔角笔刷，接着设置"大小"为40像素，如图11-91所示，最后绘制出虎头眼部的特效光效，效果如图11-92所示。

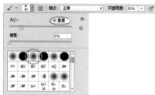

图11-91

图11-92

16 最后为头盔加上相应的鳞片，并调整好明暗效果，最终效果如图11-93所示。

图11-93

实战 260 魔法师

文件位置：光盘>实例文件>CH11>实例260.psd / 难易指数：★★★☆☆

PS技术点睛

● 运用"画笔工具"制作人物的大体轮廓。
● 使用"加深工具"制作出人物的立体感。

设计思路分析

本例设计的是一款女魔法师，运用"画笔工具"绘制出人物的线稿，再结合线稿绘制出人物局部颜色，通过选择深浅不同的颜色，绘制出人物的立体感。

01 启动Photoshop CS6，按Ctrl+N组合键新建一个"魔法师"文件，具体参数设置如图11-94所示。

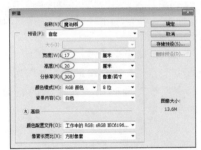

图11-94

02 新建一个图层，然后设置前景色为（R:94，G:94，B:94），接着使用前景色填充图层，最后使用"画笔工具" ✐绘制出魔法师的大致轮廓，效果如图11-95所示。

图11-95

03 新建多个图层，然后使用合适的颜色将人物的轮廓绘制出来，效果如图11-96所示。

04 新建一个图层，然后细致地绘制人物头部的铃铛，以及人物衣服上的饰品，效果如图11-97所示。

图11-96

图11-97

05 使用"橡皮擦工具" ✐ 将人物以外的线条擦除干净，并调整人物整体的外轮廓，效果如图11-98所示。

图11-98

06 将人物头部的铃铛复制出两个副本图层，然后移动到人物手臂的两侧，接着调整好位置和大小，效果如图11-99所示。

图11-99

07 新建一个图层，然后为魔法师添加一个魔法棒，并不断调整魔法棒的高光和阴影颜色，效果如图11-100所示。

图11-100

08 继续深入地刻画人物的头饰和项链，并使用"加深工具" ✑ 分别绘制出金属的立体感，效果如图11-101所示。

图11-101

09 继续使用"画笔工具" ✐ 调整人物袖子的蓬松度，使人物姿势看起来更加舒适，效果如图11-102所示。

图11-102

10 新建一个图层，然后设置前景色为（R:236，G:37，B:35），接着使用"画笔工具" ✐ 绘制出人物手中的莲花，并不断地调整画笔的大小以及笔刷的软硬度，效果如图11-103所示。

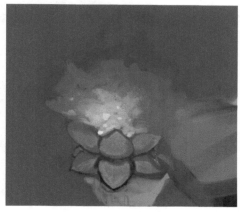

图11-103

11 继续细致地刻画人物头部的饰品，并调整眼睛的位置和高光效果，效果如图11-104所示。

图11-104

12 调整人物头部的轮廓以及添加头部的明暗效果，效果如图11-105所示。

图11-105

13 将人物缩小，观察整体效果，然后为人物在脸部两侧添加两束头发，效果如图11-106所示。

图11-106

14 将画笔调整到最小，然后依次画出头发的纹理以及方向，效果如图11-107所示。

图11-107

15 继续调整整体效果，我们发现人物的裙子不太适合整体人物，然后将人物的裙子改为长裙，并调整明暗效果，如图11-108所示。

图11-108

16 设置前景色为（R:17，G:93，B:66），然后使用"画笔工具" 绘制出腰部的饰品，最终效果如图11-109所示。

图11-109

第12章
书籍装帧设计

PS达人　　广告设计师　　包装设计师　　插画设计师　　网页设计师

实战 261 儿童图书设计

文件位置：光盘>实例文件>CH12>实战261-平面图.psd和实战261-立体图.psd / 难易指数：★★☆☆☆

PS技术点睛

● 运用混合模式调节背景元素的不同视觉效果。
● 添加素材文件，丰富整个画面效果。
● 使用钢笔工具绘制所需图形。

设计思路分析

　　本例是儿童图书设计，通过卡通元素的结合运用，调整画面的层次感，制作涂鸦效果，丰富画面整体效果，突出儿童图书的趣味性。

01 启动Photoshop CS6，按Ctrl+N组合键新建一个"儿童图书设计"文件，具体参数设置如图12-1所示。

图12-1

02 按Ctrl+R组合键显示出标尺，然后添加出如图12-2所示的参考线，将封面、书脊、封底分出来。

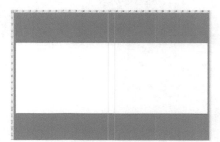

图12-2

技巧与提示

　　按Ctrl+H组合键可以显示或隐藏参考线。

03 新建一个"封面"图层组，然后打开光盘中的"素材文件>CH12>261-1.jpg"文件，接着将其拖曳到"儿童图书设计"操作界面中，并将新生成的图层更名为"手绘"图层，最后设置该图层的"混合模式"为"正片叠底"，效果如图12-3所示。

图12-3

04 继续打开光盘中的"素材文件>CH12>261-2.png"文件，然后将其拖曳到"儿童图书设计"操作界面中，接着将新生成的图层更名为"素材"图层，并将该图层移动到"手绘"图层的下方，最后设置该图层的"不透明度"为90%，效果如图12-4所示。

图12-4

05 设置前景色为（R:204，G:233，B:238），然后新建一个"图层 1"，接着选择"画笔工具" ，并在选项栏中选择一种柔边笔刷调节至合适大小，最后在图像中进行涂抹，效果如图12-5所示。

图12-5

06 打开光盘中的"素材文件>CH12>261-3.png"文件，然后将其拖曳到"儿童图书设计"操作界面中，接着将新生成的图层更名为"云"图层，并设置该图层的"不透明度"为70%，效果如图12-6所示。

图12-6

07 按住Shift键的同时选择"图层 1"和"云"图层，然后按Alt键将所选图层创建为"素材"图层的剪贴蒙版，效果如图12-7所示。

图12-7

08 打开光盘中的"素材文件>CH12>261-4.psd"文件，然后将其中的图层分别拖曳到"儿童图书设计"操作界面中，最后调整各个图层在图像中的位置，效果如图12-8所示。

图12-8

09 设置前景色为（R:255，G:227，B:23），然后在"太阳"图层的上方新建一个"图层 2"，接着使用"钢笔工具" ✐绘制出如图12-9所示的路径，并按Ctrl+Enter组合键将路径转换为选区，最后按Alt+Delete组合键填充选区，效果如图12-10所示。

图12-9

图12-10

10 设置前景色为（R:210，G:205，B:240），然后在"素材"图层的下方新建一个"图层 3"，接着用同样的方法，使用"钢笔工具" ✐绘制出如图12-11所示的路径，最后填充选区。

图12-11

11 打开光盘中的"素材文件>CH12>261-5.png和261-6.png"文件，然后将其分别拖曳到"儿童图书设计"操作界面中，接着将新生成的图层分别更名为"波点 1"图层和"波点 2"图层，并移动到"图层 2"的上方，最后按Alt键将"波点 2"图层创建为"图层 2"的剪贴蒙版，效果如图12-12所示。

图12-12

12 设置前景色为（R:142，G:193，B:239），然后新建一个"书脊"图层组，接着新建一个"图层4"，最后使用"矩形选框工具" 🔲 绘制一个合适的矩形选区，并按Alt+Delete组合键用前景色填充选区，效果如图12-13所示。

图12-13

13 打开光盘中的"素材文件>CH12>261-7.png"文件，然后将其拖曳到"儿童图书设计"操作界面中，接着将新生成的图层更名为"铅笔"图层，效果如图12-14所示。

图12-14

14 新建一个"点"图层，然后使用"椭圆选框工具" 🔘，并按住Shift键在图像中心绘制一个合适的圆形选区，接着设置前景色为（R:91, G:8, B:10），最后按Alt+Delete组合键用前景色填充选区，效果如图12-15所示。

图12-15

15 新建一个"封底"图层组，然后打开光盘中的"素材文件>CH12>261-8.png和261-9.png"文件，然后将其分别拖曳到"儿童图书设计"操作界面中，接着将新生成的图层分别更名为"调色盘"图层和"条形码"图层，效果如图12-16所示。

图12-16

16 在"封面"图层组中同时选择"图层 2"和"波点 2"图层，然后按Ctrl+J组合键分别复制出一个副本图层，并将其移动到"封底"图层组内，接着按住Ctrl键的同时单击"图层 2副本"图层缩略图将其载入选区，设置前景色为（R:210，G:205，B:240），最后按Alt+Delete组合键用前景色填充选区，效果如图12-17所示。

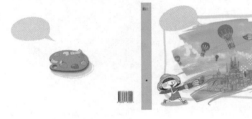

图12-17

17 设置前景色为（R:91，G:8，B:10），然后使用"横排文字工具" Ｔ（字体大小和样式可根据实际情况而定）在绘图区域中输入文字信息，最终效果如图12-18所示。

图12-18

实战 262 运动杂志设计

文件位置：光盘>实例文件>CH12>实战262-平面图.psd和实战262-立体图.psd / 难易指数：★★★☆☆

PS技术点睛
● 运用"高斯模糊"滤镜，制作投影效果。
● 使用"投影"图层样式增强图案的立体感。
● 调整文字的不同字体，对杂志的文字进行布局设计。

设计思路分析
　　本例是运动杂志设计，融合多种矢量素材并为其添加阴影效果，让整个画面清新自然，叶子元素的运用展现杂志绿色主题。

01 启动Photoshop CS6，按Ctrl+N组合键新建一个"运动杂志设计"文件，具体参数设置如图12-19所示。

02 按Ctrl+R组合键显示出标尺，然后添加出如图12-20所示的参考线，将封面、书脊、封底分出来。

图12-19　　　　　　　　　　图12-20

03 新建一个"封面"图层组，然后打开光盘中的"素材文件>CH12>262-1.png"文件，接着将其拖曳到"运动杂志设计"操作界面中，并将新生成的图层更名为"人物"图层，效果如图12-21所示。

图12-21

04 选择"人物"图层并按住Ctrl键，单击该图层缩略图将其载入选区，然后在"人物"图层下方新

建一个"图层1"，接着用黑色填充该选区，最后执行"滤镜>模糊>高斯模糊"菜单命令，效果如图12-22所示。

05 在"图层1"下方新建一个"图层2"，然后使用"椭圆选框工具"，并按住Shift键在图像中心绘制一个合适的圆形选区，如图12-23所示。

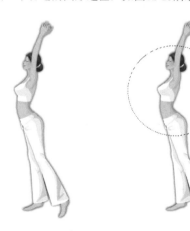

图12-22　　　　　　　　　　图12-23

06 选择"渐变工具"，然后打开"渐变编辑器"对话框，接着设置第1个色标的颜色为（R:188，G:206，B:120）、第2个色标的颜色为（R:235，G:240，B:184），如图12-24所示，最后从左下角向右上角为"图层2"填充使用线性渐变色，效果如图12-25所示。

07 打开光盘中的"素材文件>CH12>262-2.png"文件，然后将其拖曳到"运动杂志设计"操作界面中，并将新生成的图层更名为"素材"图层，效果如图12-26所示。

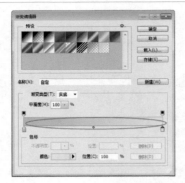

图12-24

图12-27

图12-28

图12-25

09 打开光盘中的"素材文件>CH12>262-3.psd"文件，然后将其中的图层分别拖曳到"运动杂志设计"操作界面中，并置于"图层2"的上方，接着选择"花1"图层，按Ctrl+J组合键复制出一个副本图层，调整各个图层在图像中的位置，最后按Alt键将其分别创建为"图层2"的剪贴蒙版，效果如图12-29所示。

图12-26

图12-29

08 执行"图层>图层样式>投影"菜单命令，打开"图层样式"对话框，然后设置"不透明度"为50%、"角度"为-166度、"距离"为5像素、"大小"为10像素，具体参数设置如图12-27所示，效果如图12-28所示。

10 打开光盘中的"素材文件>CH12>262-4.png"文件，然后将其拖曳到"运动杂志设计"操作界面中，将新生成的图层更名为"花纹"图层，接着按Ctrl+J组合键复制出多个副本图层，并为该图层添加图层蒙版，隐藏部分图形，最后调整各个图层在图像中的位置，效果如图12-30所示。

图12-30

11 新建一个"封底"图层组，然后打开光盘中的"素材文件>CH12>262-5.png"文件，然后将其拖曳到"运动杂志设计"操作界面中，并将新生成的图层更名为"叶脉"图层，接着使用相同的方法对图层进行调整，效果如图12-31所示。

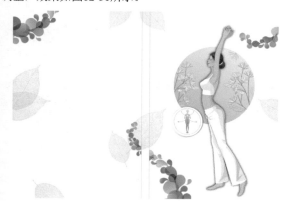

图12-31

12 在"封面"图层组中，在"人物"图层的上方新建一个"图层 3"，然后使用"矩形选框工具" ⬚ 绘制一个合适的矩形选区，接着设置前景色为（R:91, G:157, B:78），最后按Alt+Delete组合键用前景色填充选区，并设置该图层的"填充"为70%，效果如图12-32所示。

图12-32

13 选择"图层 3"，然后按Ctrl+J组合键复制出两个副本图层，接着按Ctrl+T组合键进入自由变换状态，最后按住Shift键调整图像至合适大小，效果如图12-33所示。

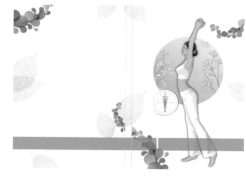

图12-33

14 选择"封底"图层组，然后打开光盘中的"素材文件>CH12>262-6.png"文件，接着将其拖曳到"运动杂志设计"操作界面中，最后将新生成的图层更名为"条形码"图层，效果如图12-34所示。

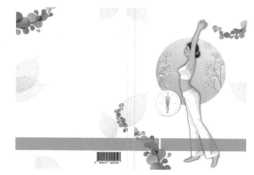

图12-34

15 使用"横排文字工具" T （字体大小、颜色和样式可根据实际情况而定）在绘图区域中输入文字信息，最终效果如图12-35所示。

图12-35

技巧与提示

在输入竖排文字时，可以使用"直排文字工具" ⁣T⁣ 来完成操作。

实战 263 鉴赏收藏图书设计

文件位置：光盘>实例文件>CH12>实战263-平面图.psd和实战263-立体图.psd/难易指数：★★★★★

PS技术点睛

● 添加纹理素材，制作背景纹理效果。
● 使用"自然饱和度"调整图层，让主题物色彩更加鲜明自然。
● 使用"高斯模糊"滤镜，制作阴影效果。

设计思路分析

本例设计的是鉴赏收藏图书设计，通过水墨元素和瓷器的结合，使整个画面带有传统文化的气息。

01 启动Photoshop CS6，按Ctrl+N组合键新建一个"鉴赏收藏图书设计"文件，具体参数设置如图12-36所示。

02 按Ctrl+R组合键显示出标尺，然后添加出如图12-37所示的参考线，将封面、书脊、封底分出来。

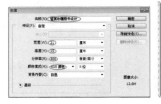

图12-36   图12-37

03 新建一个"封面"图层组，然后打开光盘中的"素材文件>CH12>263-1.jpg"文件，接着将其拖曳到"鉴赏收藏图书设计"操作界面中，并将新生成的图层更名为"素材"图层，效果如图12-38所示。

图12-38

04 继续打开光盘中的"素材文件>CH12>263-2.png"文件，接着将其拖曳到"鉴赏收藏图书设计"操作界面中，并将新生成的图层更名为"瓷器"图层，效果如图12-39所示。

图12-39

05 在"图层"面板下方单击"创建新的填充或调整图层"按钮 ，在弹出的菜单中选择"自然饱和度"命令，然后在"属性"面板中设置"自然饱和度"为+50，具体参数设置如图12-40所示；接着创建一个"曲线"调整图层，然后在"属性"面板中将曲线调节如图12-41所示的形状，最后按Alt键将两个调整图层分别创建为"瓷器"图层的剪贴蒙版，效果如图12-42所示。

图12-40

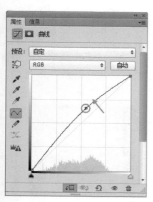

图12-41　　　　　　　　　图12-42

06 选择"瓷器"图层并按住Ctrl键，单击该图层缩略图将其载入选区，然后在"瓷器"图层下方新建一个"阴影"图层，并用黑色填充该选区，接着执行"滤镜>模糊>高斯模糊"菜单命令，最后在弹出的"高斯模糊"对话框中设置"半径"为10像素，具体参数设置如图12-43所示，效果如图12-44所示。

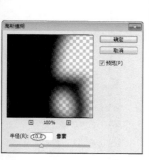

图12-43　　　　　　　　　图12-44

07 打开光盘中的"素材文件>CH12>263-3.jpg、263-4.png和263-5.png"文件，然后将其分别拖曳到"鉴赏收藏图书设计"操作界面中，接着将新生成的图层分别更名为"水墨1"、"水墨2"和"山"图层，并将其移动到"阴影"图层的下方，最后设置"水墨1"和"山"图层的"混合模式"为"正片叠底"，效果如图12-45所示。

图12-45

08 在调整图层"曲线1"上方新建一个"图层1"，然后使用"矩形选框工具"图绘制一个合适的矩形选区，接着用黑色填充该选区，最后按Ctrl+J组合键复制出一个副本图层，并移动到如图12-46所示的位置。

09 使用"横排文字工具"（字体大小和样式可根据实际情况而定）在绘图区域中输入文字信息，效果如图12-47所示。

图12-46　　　　　　　　　图12-47

10 新建一个"图层2"，然后使用"钢笔工具"绘制出如图12-48所示的路径，并按Ctrl+Enter组合键将路径转为选区，接着设置前景色为（R:120，G:0，B:0），最后按Alt+Delete组合键用前景色填充选区，效果如图12-49所示。

11 使用"直排文字工具"（字体大小和样式可根据实际情况而定）在绘图区域中输入文字信息，效果如图12-50所示。

图12-48　　　　　　图12-49　　　　　　图12-50

12 新建一个"书脊"图层组，接着新建一个"图层3"，最后使用"矩形选框工具"图绘制一个合适的矩形选区，并按Alt+Delete组合键用黑色填充选区，效果如图12-51所示。

13 使用"直排文字工具"（字体大小和样式可根据实际情况而定）在绘图区域中输入文字信息，效果如图12-52所示。

图12-51　　　　　　　　　　　图12-52

14 打开光盘中的"素材文件>CH12>263-6.png"文件，然后将其拖曳到"鉴赏收藏图书设计"操作界面中，并将新生成的图层更名为"云纹"图层，接着执行"图层>图层样式>颜色叠加"菜单命令，最后设置叠加颜色为（R:162，G:35，B:39），效果如图12-53所示。

图12-53

15 新建一个"封底"图层组，然后在"封面"图层组中，同时选择"素材"图层和"山"图层，接着按Ctrl+J组合键复制出两个副本图层，最后将其移动到"封底"图层组中，效果如图12-54所示。

图12-54

16 打开光盘中的"素材文件>CH12>263-7.png"文件，然后将其拖曳到"鉴赏收藏图书设计"操作界面中，并将新生成的图层更名为sky图层，接着设置该图层的"混合模式"为"正片叠底"、"不透明度"为70%，最后为该图层添加图层蒙版，虚化边缘，效果如图12-55所示。

图12-55

17 新建一个"图层 4"，然后使用"矩形选框工具" ▥ 绘制一个合适的矩形选区，接着用白色填充该选区，效果如图12-56所示。

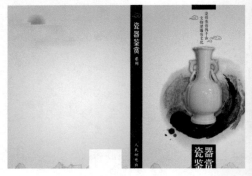

图12-56

18 打开光盘中的"素材文件>CH12>263-8.png"文件，然后将其拖曳到"鉴赏收藏图书设计"操作界面中，接着将新生成的图层更名为"条形码"图层，最后使用"横排文字工具" Ⅰ 在绘图区域中输入文字信息，最终效果如图12-57所示。

图12-57

实战 264 旅游书籍设计

文件位置：光盘>实例文件>CH12>实战249-平面图.psd和实战249-立体图.psd / 难易指数：★★★☆☆

PS技术点睛

- 使用"渐变工具"制作背景效果。
- 使用阈值，调整图像效果。
- 调整文字的不同字体，对书籍的文字进行布局设计。

设计思路分析

本例是旅游书籍设计，运用欢乐的人物形象，并结合各国的标志性建筑，展现出一幅蓝天白云下，人们快乐畅游的画面，突出旅游书籍的主题。

01 启动Photoshop CS6，按Ctrl+N组合键新建一个"旅游书籍设计"文件，具体参数设置如图12-58所示。

02 按Ctrl+R组合键显示出标尺，然后添加出如图12-59所示的参考线，将封面、书脊、封底分出来。

图12-58

图12-59

03 新建一个"封面"图层组，并在图层组中新建一个"背景"图层，然后使用"矩形选框工具"绘制一个如图12-60所示的矩形选区，接着选择"渐变工具"，打开"渐变编辑器"对话框，设置第1个色标的颜色为（R:232，G:215，B: 179）、第2个色标的颜色为（R:17，G:39，B: 80），如图12-61所示，最后从下到上为图层填充使用线性渐变色，效果如图12-62所示。

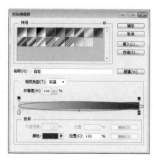

图12-60

图12-61

图12-62

04 打开光盘中的"素材文件>CH12>264-1.png"文件，然后将其拖曳到"旅游书籍设计"操作界面中，并将新生成的图层更名为"人物"图层，接着执行"图像>调整>阈值"，设置"阈值色阶"为125，具体参数设置如图12-63所示，最后设置该图层的"混合模式"为"叠加"，并为该图层添加图层蒙版，效果如图12-64所示。

05 新建一个"建筑"图层组，然后打开光盘中的"素材文件>CH12>264-2.psd"文件，接着将其中的图层分别拖曳到"旅游书籍设计"操作界面中，最后依次拖放到合适的位置，效果如图12-65所示。

图12-63

图12-64

图12-65

06 继续打开光盘中的"素材文件>CH12>264-3.png和264-4.png"文件，然后将其分别拖曳到"旅游书籍设计"操作界面中，接着将新生成的图层分别更名为earth和cloud图层，最后选择cloud图层，为该图层添加一个图层蒙版，接着使用黑色"画笔工具" ✎ 在蒙版中进行涂抹，效果如图12-66所示。

07 使用"横排文字工具" T（字体大小和样式可根据实际情况而定）在绘图区域中输入文字信息，然后选择文字图层，在选项栏中选择"右对齐"按钮 ▤，效果如图12-67所示。

图12-66   图12-67

08 新建一个"封底"图层组，然后选择could和"背景"图层，接着按Ctrl+J组合键复制出两个副本图层，最后将其移动到"封底"图层组中，效果如图12-68所示。

09 新建一个"图层 2"，然后使用"矩形选框工具" ▢ 绘制一个合适的矩形选区，接着用白色填充该选区，效果如图12-69所示。

图12-68   图12-69

10 打开光盘中的"素材文件>CH12>264-5.png"文件，然后将其拖曳到"旅游书籍设计"操作界面中，接着将新生成的图层更名为"条形码"图层，效果如图12-70所示。

11 使用"横排文字工具" T（字体大小和样式可根据实际情况而定）在绘图区域中输入文字信息，效果如图12-71所示。

12 打开光盘中的"素材文件>CH12>264-6.png"文件，然后将其拖曳到"旅游书籍设计"操作界面中，接着将新生成的图层分别更名为airplane图层，效果

如图12-72所示。

图12-70   图12-71

图12-72

13 新建一个"书脊"图层组，然后新建一个"图层 2"，并设置前景色为（R:232，G:215，B:179），接着使用"矩形选框工具" ▢ 绘制一个合适的矩形选区，最后按Alt+Delete组合键用前景色填充选区，效果如图12-73所示。

图12-73

14 打开光盘中的"素材文件>CH12>264-7.png"文件，然后将其拖曳到"旅游书籍设计"操作界面中，接着将新生成的图层分别更名为Logo图层，最后使用"直排文字工具" T 绘图区域中输入文字信息，最终效果如图12-74所示。

图12-74

实战 265 时尚书籍设计

文件位置：光盘>实例文件>CH12>实战265-平面图.psd和实战265-立体图.psd/难易指数：★★★☆☆

PS技术点睛

● 使用"魔棒工具"抠取人物图像。
● 运用"曲线"、"照片滤镜"等调整图层，调整人物图像。
● 运用混合模式调整素材的整体效果。
● 调整文字的不同字体，对书籍的文字进行布局设计。

设计思路分析

　　本例设计的是时尚书籍设计，通过将人物图像与素材图案进行结合，运用文字进行排版，制作时尚书籍封面。

01 启动Photoshop CS6，按Ctrl+N组合键新建一个"时尚书籍设计"文件，具体参数设置如图12-75所示。

02 按Ctrl+R组合键显示出标尺，然后添加出图12-76所示的参考线，将封面、书脊、封底分出来。

图12-75　　　　　　　　　　图12-76

03 新建一个"封面"图层组，然后打开光盘中的"素材文件>CH12>265-1.png"文件，接着将其拖曳到"时尚书籍设计"操作界面中，并将新生成的图层更名为"背景"图层，效果如图12-77所示。

04 打开光盘中的"素材文件>CH12>265-2.jpg"文件，然后将其拖曳到"时尚书籍设计"操作界面中，接着将新生成的图层更名为"人物"图层，最后选择"魔棒工具"，抠除白色背景，效果如图12-78所示。

图12-77　　　　　　　　　图12-78

05 在"图层"面板下方单击"创建新的填充或调整图层"按钮，在弹出的菜单中选择"曲线"命令，然后在"属性"面板中将曲线调节成如图12-79所示的形状，最后按Alt键将该调整图层创建为"人物"图层的剪贴蒙版，效果如图12-80所示。

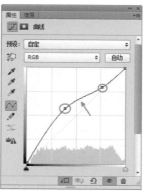

图12-79　　　　　　　　　　图12-80

06 继续创建一个"照片滤镜"调整图层，具体参数设置如图12-81所示；再创建一个"自然饱和度"调整图层，然后在"属性"面板中设置"自然饱和度"为-5、"饱和度"为-10，具体参数设置如图12-82所示，效果如图12-83所示。

图12-81　　　　　　　　　图12-82

图12-83

息，然后在选项栏中选择"左对齐文本"按钮▤，效果如图12-88所示。

图12-88

07 打开光盘中的"素材文件>CH12>265-3.png和265-4.png"文件，然后将其分别拖曳到"时尚书籍设计"操作界面中，接着将新生成的图层分别更名为"莲"和"星光"图层，最后将该图层移动到"人物"图层的下方，效果如图12-84所示。

08 选择"莲"图层，然后按Ctrl+G组合键新建一个"组1"，接着设置该图层的"混合模式"为"正片叠底"、"不透明度"为63%，效果如图12-85所示。

12 执行"图层>图层样式>描边"菜单命令，打开"图层样式"对话框，然后设置"大小"为3像素、描边颜色为（R:255，G:241，B: 103），具体参数设置如图12-89所示，效果如图12-90所示。

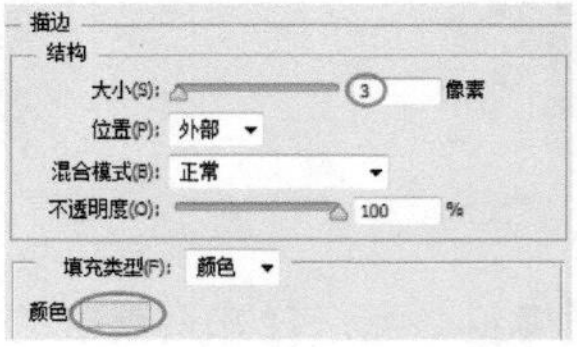

图12-84

图12-85

09 按Ctrl+J组合键复制出两个副本图层，先隐藏"莲副本 2"图层，选择"莲副本"图层，设置该图层的"混合模式"为"滤色"、"不透明度"为37%；显示"莲副本 2"图层，设置该图层的"混合模式"为"滤色"、"不透明度"为66%，效果如图12-86所示。

10 新建一个"图层 1"，然后使用"矩形选框工具"▣绘制一个合适的矩形选区，接着用白色填充该选区，最后设置该图层的"填充"为60%，效果如图12-87所示。

图12-89

图12-90

13 新建一个"图层 2"，然后设置前景色为（R:255，G:244，B:176），接着选择"画笔工具"✎，在选项栏中选择一种柔边笔刷，如图12-91所示在图像中进行涂抹，最后按Alt键将该图层创建为文字图层的剪贴蒙版，效果如图12-92所示。

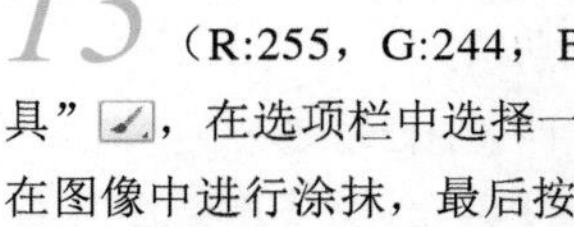

图12-91

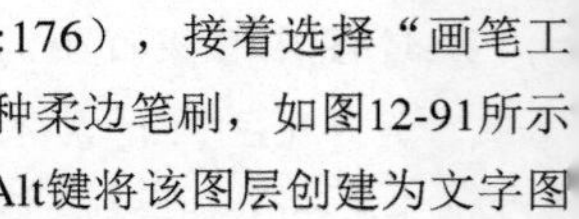

图12-92

11 使用 "横排文字工具" ▐T▌（字体大小和样式可根据实际情况而定）在绘图区域中输入文字信

图12-86

图12-87

14 打开光盘中的"素材文件>CH12>265-5.png"文件，然后将其拖曳到"时尚书籍设计"操作界面中，接着将新生成的图层更名为"花"图层，最后设置该图层的"混合模式"为"颜色加深"，效果如图12-93所示。

15 新建一个"图层 3"，然后设置前景色为（R:255，G:237，B:71），接着使用"矩形选框

工具"绘制一个合适的矩形选区，最后用前景色填充该选区，效果如图12-94所示。

图12-93　　　　　　　　　　图12-94

16 执行"图层>图层样式>投影"菜单命令，打开"图层样式"对话框，然后设置"不透明度"为30%、"距离"为3像素、"大小"为3像素，具体参数设置如图12-95所示，效果如图12-96所示。

图12-95　　　　　　　　　　图12-96

17 使用"横排文字工具"在绘图区域中输入文字信息，然后在选项栏中单击"左对齐文本"按钮，效果如图12-97所示。

图12-97

18 新建一个"书脊"图层组，然后打开光盘中的"素材文件>CH12>265-6.jpg"文件，然后将其拖曳到"时尚书籍设计"操作界面中，接着将新生成的图层更名为logo图层，效果如图12-98所示。

19 使用"直排文字工具"（字体大小和样式可根据实际情况而定）在绘图区域中输入文字信息，效果如图12-99所示。

图12-98　　　　　　　　　　图12-99

20 新建一个"封底"图层组，然后打开光盘中的"素材文件>CH12>265-7.jpg和265-8.png"文件，然后将其分别拖曳到"时尚书籍设计"操作界面中，接着将新生成的图层分别更名为"条形码"图层和"花纹"图层，效果如图12-100所示。

21 选择"花纹"图层，然后为该图层添加一个图层蒙版，接着使用"渐变工具"在蒙版中从右下角到左上角填充黑色到透明的线性渐变，最后设置该图层的"不透明度"为70%，效果如图12-101所示。

图12-100　　　　　　　　　　图12-101

22 使用"横排文字工具"（字体大小和样式可根据实际情况而定）在绘图区域中输入文字信息，最终效果如图12-102所示。

图12-102

实战 266 书法图书设计

文件位置：光盘>实例文件>CH12>实战266-平面图.psd和实战266-立体图.psd / 难易指数：★★★★

PS技术点睛

● 添加纹理素材，制作背景纹理效果。
● 调整图层的混合模式，使图像的融合更加真实自然。
● 使用矩形工具绘制所需图案。

设计思路分析

本例是书法图书设计，通过各种笔墨元素的运用，以及纸制背景效果来展现书法元素，整个画面简洁大气，一目了然。

01 启动Photoshop CS6，按Ctrl+N组合键新建一个"书法图书设计"文件，具体参数设置如图12-103所示。

02 按Ctrl+R组合键显示出标尺，然后添加出如图12-104所示的参考线，将封面、书脊、封底分出来。

图12-103　　　　　　　　图12-104

03 将背景转换为可操作"图层 0"，然后设置前景色为（R:228，G:255，B: 76），最后按Alt+Delete组合键用前景色填充该图层，效果如图12-105所示。

04 新建一个"封面"图层组，然后打开光盘中的"素材文件>CH12>266-1.jpg"文件，接着将其拖曳到"书法图书设计"操作界面中，并将新生成的图层更名为"背景"图层，最后设置该图层的"混合模式"为"正片叠底"，效果如图12-106所示。

图12-105　　　　　　　　图12-106

05 选择"背景"图层，然后按Ctrl+J组合键复制出一个副本图层，接着新建一个"封底"图层组，

最后将"背景副本"图层移动到该图层组，效果如图12-107所示。

06 打开光盘中的"素材文件>CH12>266-2.jpg、266-3.jpg和266-4.jpg"文件，然后将其分别拖曳到"书法图书设计"操作界面中，接着将新生成的图层分别更名为"墨迹 1"、"墨迹 2"和"墨迹 3"图层，最后设置图层的"混合模式"为"正片叠底"，效果如图12-108所示。

图12-107

图12-108

07 选择"封面"图层组，然后打开光盘中的"素材文件>CH12>266-5.psd"文件，接着将其中的图层分别拖曳到"书法图书设计"操作界面中，并依次拖放到合适的位置，最后选择"墨点 1"图层，设置该图层的"混合模式"为"正片叠底"，效果如图12-109所示。

08 选择"钢笔工具" ，然后在选项栏中设置绘图模式为"形状"、描边颜色为黑色、"形状描边宽度"为0.5点，具体参数设置如图12-110所示，接着绘制出图12-111所示的路径。

图12-109

图12-110　　　　　　　　图12-111

09 使用 "直排文字工具" （字体大小和样式可根据实际情况而定）在绘图区域中输入文字信息，效果如图12-112所示。

10 选择"封底"图层组，然后打开光盘中的"素材文件>CH12>266-6.jpg和266-7.png"文件，然后将其分别拖曳到"书法图书设计"操作界面中，接着将新生成的图层分别更名为"条形码"和"田字格"图层，效果如图12-113所示。

图12-112　　　　　　　　图12-113

11 使用 "横排文字工具" （字体大小和样式可根据实际情况而定）在绘图区域中输入文字信息，效果如图12-114所示。

图12-114

12 新建一个"书脊"图层组，然后新建一个"图层1"，接着使用"矩形选框工具" 绘制一个合适的矩形选区，并按Alt+Delete组合键用黑色填充选区，效果如图12-115所示。

图12-115

13 选择"封面"图层组中的"墨"图层，并按Ctrl+J组合键复制出一个副本图层，然后将该图层移动到"书脊"图层组中，接着按住Ctrl键并单击该副本图层缩略图将其载入选区，用白色填充该选区，最后使用"直排文字工具" 在绘图区域中输入文字信息，最终效果如图12-116所示。

图12-116

实战 267 食品书籍设计

文件位置：光盘>实例文件>CH12>实战267-平面图.psd和实战267-立体图.psd / 难易指数：★★★★☆

PS技术点睛

● 使用"矩形选框工具"绘制所需背景。
● 使用"投影"图层样式增强便签纸的立体感，使整个画面更加生动自然。
● 使用"图案叠加"、"斜面和浮雕"等图层样式制作图案效果，让皇冠在整个画面中更加醒目突出。

设计思路分析

本例是食品书籍设计，结合食品图片，然后添加一些便签纸的元素，对文字进行调整，使整个画面充满淡淡的甜蜜感。

01 启动Photoshop CS6，按Ctrl+N组合键新建一个"食品书籍设计"文件，具体参数设置如图12-117所示。

02 按Ctrl+R组合键显示出标尺，然后添加出如图12-118所示的参考线，将封面、书脊、封底分出来。

图12-117

图12-118

03 使用"矩形选框工具"绘制一个如图12-119所示的矩形选区，然后设置前景色为（R:245，G:242，B: 235），最后按Alt+Delete组合键填充该选区，效果如图12-120所示。

图12-119

图12-120

04 新建一个"封面"图层组，然后打开光盘中的"素材文件>CH12>267-1.jpg"文件，然后将其拖曳到"食品书籍设计"操作界面中，接着将新生成的图层更名为"甜点"图层，效果如图12-121所示。

05 继续打开光盘中的"素材文件>CH12>267-2.psd"文件，接着将其中的图层分别拖曳到"食品书籍设计"操作界面中，并依次拖放到合适的位置，效果如图12-122所示。

图12-121

图12-122

06 选择"便签"图层，然后执行"图层>图层样式>投影"菜单命令，打开"图层样式"对话框，然后设置"距离"为5像素、"大小"为23像素，具体参数设置如图12-123所示，效果如图12-124所示。

图12-123

图12-124

07 选择"皇冠"图层，然后执行"图层>图层样式>投影"菜单命令，打开"图层样式"对话框，然后设置"距离"为3像素、"大小"为10像素，具体参数设置如图12-125所示；在"图层样式"对话框中单击"图案叠加"和"描边"样式，设置描边颜色为（R:209，G:196，B:148），具体参数设置如图12-126和图12-127所示。

08 继续在"图层样式"对话框中单击"斜面和浮雕"样式，然后单击光泽等高线右侧的图标，并在弹出的"等高线编辑器"对话框中将等高线编辑成如图12-128所示的形状，最后设置"样式"为"描边浮雕"、"大小"为5像素，具体参数设置如图12-129所示，效果如图12-130所示。

图12-125

图12-126

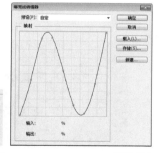

图12-127　　　　　　　　　图12-128

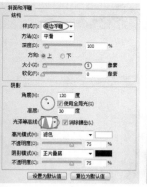

图12-129

图12-130

09 新建一个"图层 1"，然后设置前景色为（R:245，G:241，B:178），接着选择"钢笔工具" 绘制出如图12-131所示的路径，并按Ctrl+Enter组合键将路径转为选区，最后按Alt+Delete组合键填充选区，效果如图12-132所示。

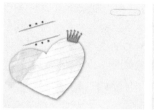

图12-131

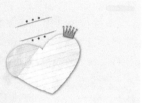

图12-132

10 复制该路径，然后在选项栏中设置绘图模式为"形状"、描边颜色为（R:71，G:59，B:55）、"形状描边宽度"为1点，接着在描边类型的下拉面板中选择虚线，如图12-133所示，效果如图12-134所示。

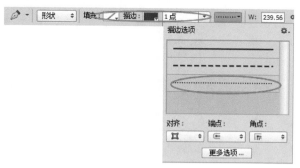

图12-133

图12-134

11 使用"横排文字工具" （字体大小和样式可根据实际情况而定）在绘图区域中输入文字信息，效果如图12-135所示。

12 新建一个"封底"图层组，然后新建一个"图层 2"，接着使用"矩形选框工具" 绘制一个矩形选区，最后设置前景色为（R:71，G:59，B: 55），按Alt+Delete组合键填充该选区，效果如图12-136所示。

图12-135　　　　　　　　　图12-136

13 新建一个"图层 3"，然后使用"椭圆选框工具" ⊙，并按住Shift键在图像中心绘制一个合适的圆形选区，接着设置前景色为（R:245，G:242，B: 235），最后按Alt+Delete组合键填充选区，效果如图12-137所示。

14 打开光盘中的"素材文件>CH12>267-3.jpg和267-4.png"文件，然后将其分别拖曳到"食品书籍设计"操作界面中，接着将新生成的图层分别更名为Chocolate和"星星"图层，最后设置Chocolate图层的"混合模式"为"正片叠底"，效果如图12-138所示。

图12-137　　　　　　　图12-138

15 选择"钢笔工具" ✐，然后在选项栏中设置绘图模式为"形状"、描边颜色为（R:245，G:241，B:178）、"形状描边宽度"为0.8点，接着在描边类型的下拉面板中选择虚线，如图12-139所示，效果如图12-140所示。

图12-139

图12-140

16 打开光盘中的"素材文件>CH12>267-5jpg"文件，然后将其拖曳到"食品书籍设计"操作界面中，接着将新生成的图层更名为"条形码"图层，最后使用"横排文字工具" T 在绘图区域中输入文字信息，效果如图12-141所示。

图12-14

17 新建一个"书脊"图层组，然后新建一个"图层 4"，接着使用"矩形选框工具" ▣ 绘制一个矩形选区，最后设置前景色为（R:71，G:59，B: 55），并按Alt+Delete组合键填充该选区，效果如图12-142所示。

图12-142

18 使用"直排文字工具" T 在绘图区域中输入文字信息（字体大小和样式可根据实际情况而定），最终效果如图12-143所示。

图12-14

实战 268 音乐书籍设计

文件位置：光盘>实例文件>CH12>实战268-平面图.psd和实战268-立体图.psd / 难易指数：★★★☆☆

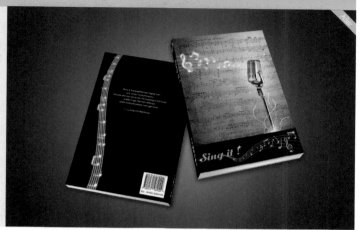

PS技术点睛

● 运用图层蒙版隐藏部分图像，让元素融合更真实自然。
● 使用"外发光"图层样式制作图案效果，让音符在整个画面中更加醒目突出。
● 调整文字的不同字体，对书籍的文字进行布局设计。

设计思路分析

本例是音乐书籍设计，以乐谱为背景，结合做旧的复古色调、音符从话筒中飘出来等各种音乐元素的运用、突出书籍主题。

01 启动Photoshop CS6，按Ctrl+N组合键新建一个"音乐书籍设计"文件，具体参数设置如图12-144所示。

02 按Ctrl+R组合键显示出标尺，然后添加出如图12-145所示的参考线，将封面、书脊、封底分出来。

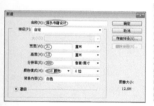

图12-144　　　　　　　　图12-145

03 选择"图层 0"，然后按Alt+Delete组合键用黑色填充该图层，效果如图12-146所示。

04 新建一个"封面"图层组，然后打开光盘中的"素材文件>CH12>268-1.jpg"文件，然后将其拖曳到"音乐书籍设计"操作界面中，接着将新生成的图层更名为"乐谱"图层，效果如图12-147所示。

05 继续打开光盘中的"素材文件>CH12>268-2.psd"文件，接着将其中的图层分别拖曳到"音乐书籍设计"操作界面中，并依次拖放到合适的位置，效果如图12-148所示。

图12-146

图12-147　　　　　　　　图12-148

06 选择"话筒"图层和"音符 1"图层，然后分别执行"图层>图层样式>外发光"菜单命令，打开"图层样式"对话框，接着设置"大小"分别为250像素和25像素，具体参数设置如图12-149和图12-150所示，最后为"音符 1"图层添加一个图层蒙版，并使用黑色"画笔工具"☑在蒙版中进行涂抹，隐藏部分图像，效果如图12-151所示。

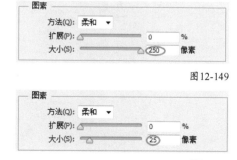

图12-149

图12-150

图12-151

07 新建一个"图层 1"，然后使用"矩形选框工具" ▢绘制一个合适的矩形选区，最后用黑色填充该选区，效果如图12-152所示。

08 使用"横排文字工具" T（字体大小和样式可根据实际情况而定）在绘图区域中输入文字信息，效果如图12-153所示。

图12-152　　　　　　　　图12-153

09 执行"图层>图层样式>斜面和浮雕"菜单命令，打开"图层样式"对话框，然后单击光泽等高线右侧的图标，并在弹出的"等高线编辑器"对话框中将等高线编辑成如图12-154所示的形状，最后设置"样式"为"描边浮雕"、"深度"为1%、"大小"为1像素，具体参数设置如图12-155所示。

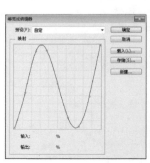
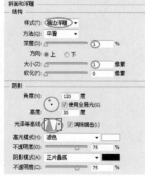

图12-154　　　　　　　　图12-155

10 在"图层样式"对话框中单击"描边"按钮，在弹出的对话框中设置"大小"为1像素、"位置"为"内部"、描边颜色为（R:251，G:247，B:200），具体参数设置如图12-156所示；单击"图案叠加"按钮，具体参数设置如图12-157所示，效果如图12-158所示。

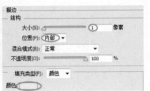

图12-156　　　　　　　　图12-157

图12-158

11 打开光盘中的"素材文件>CH12>268-3.png"文件，然后将其拖曳到"音乐书籍设计"操作界面中，接着将新生成的图层更名为"音符 2"图层，最后按Alt键复制文字图层的图层样式到"音符 2"，如图12-159所示，效果如图12-160所示。

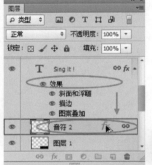

图12-159　　　　　　　　图12-160

12 打开光盘中的"素材文件>CH12>268-4.psd"文件，接着将其中的图层分别拖曳到"音乐书籍设计"操作界面中，并依次拖曳到合适的位置，效果如图12-161所示。

图12-161

13 新建一个"封底"图层组，然后打开光盘中的"素材文件>CH12>268-5.jpg和268-6.png"文件，接着将其分别拖曳到"音乐书籍设计"操作界面中，最后将新生成的图层分别更名为"条形码"和"音符3"图层，效果如图12-162所示。

图12-162

14 选择"音符 3"图层，然后执行"图层>图层样式>外发光"菜单命令，打开"图层样式"对话框，接着设置"大小"为25像素，具体参数设置如图12-163所示，效果如图12-164所示。

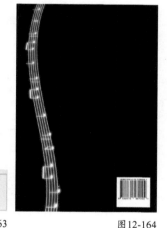

图12-163　　　　　图12-164

15 使用"横排文字工具" T（字体大小和样式可根据实际情况而定）在绘图区域中输入文字信息，效果如图12-165所示。

图12-165

16 新建一个"书脊"图层组，然后新建一个"图层2"，接着使用"矩形选框工具" 绘制一个矩形选区，最后按Alt+Delete组合键用黑色填充该选区，效果如图12-166所示。

图12-166

17 打开光盘中的"素材文件>CH12>268-7.png"文件，然后将其拖曳到"音乐书籍设计"操作界面中，接着将新生成的图层更名为logo图层，效果如图12-167所示。

图12-167

18 选择"封面"图层组中的sing it 文字图层，然后按Ctrl+J组合键复制出一个副本图层，接着将图层移动到"书脊"图层组中，并按Ctrl+T组合键进行自由变换，最后使用"直排文字工具" 在绘图区域中输入文字信息，最终效果如图12-168所示。

图12-168

实战 269 中药书籍设计

文件位置：光盘>实例文件>CH12>实战269>平面图.psd和实战269>立体图.psd / 难易指数：★★★☆☆

PS技术点睛
● 使用"椭圆选框工具"绘制圆形图案并进行排列。
● 使用"钢笔工具"绘制出基本图形。
● 运用混合模式调节中药元素的不同视觉效果。

设计思路分析

　　本例是中药书籍设计，绘制圆形图案进行版面排列，通过对各种药材元素的结合运用，对中药书籍进行设计。

01 启动Photoshop CS6，按Ctrl+N组合键新建一个"中药书籍设计"文件，具体参数设置如图12-169所示。

02 按Ctrl+R组合键显示出标尺，然后添加出如图12-170所示的参考线，将封面、书脊、封底分出来。

图12-169

图12-170

03 打开光盘中的"素材文件>CH12>269-1.jpg"文件，然后将其拖曳到"中药书籍设计"操作界面中，接着将新生成的图层更名为"纸张"图层，效果如图12-171所示。

图12-171

04 新建一个"封面"图层组，然后新建一个"图层1"，接着使用"椭圆选框工具"，并按住Shift键在图像中绘制一个合适的圆形选区，最后按Alt+Delete组合键用白色填充选区，效果如图12-172所示。

05 按Ctrl+J组合键复制出多个副本图层，然后如图12-173所示进行排列，最后按Ctrl+G组合键把相关图层编成组。

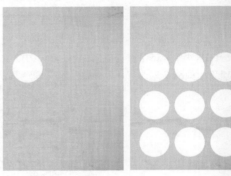

图12-172　　　　　　　图12-173

06 打开光盘中的"素材文件>CH12>269-2.psd"文件，然后将其中的图层分别拖曳到"中药书籍设计"操作界面中，最后按Alt键将所有图层依次创建为相应图层的剪贴蒙版，效果如图12-174所示。

07 新建一个"图层2"，然后使用"矩形选框工具"绘制一个合适的矩形选区，接着用黑色填充该选区，最后按Ctrl+J组合键复制出一个副本图层，并将其移动到合适的位置，效果如图12-175所示。

图12-174　　　　　　　图12-175

08 选择"钢笔工具"，然后在选项栏中设置绘图模式为"形状"、描边颜色为（R：112，G：22，B：22）、"形状描边宽度"为1点，具体参数设置如图12-176所示，接着绘制出如图12-177所示的路径。

图12-176　　　　　　　图12-177

09 按Ctrl+J组合键复制出一个形状副本，然后新建一个"封底"图层，接着将该形状副本移动到新建的图层组中，最后在选项栏中设置"形状描边宽度"为0.5点，效果如图12-178所示。

图12-178

10 打开光盘中的"素材文件>CH12>269-3.jpg"文件，然后将其拖曳到"中药书籍设计"操作界面中，最后将新生成的图层更名为"条形码"图层，效果如图12-179所示。

图12-179

11 新建一个"书脊"图层组，然后新建一个"图层3"，接着使用"矩形选框工具"绘制一个矩形选区，最后按Alt+Delete组合键用黑色填充该选区，效果如图12-180所示。

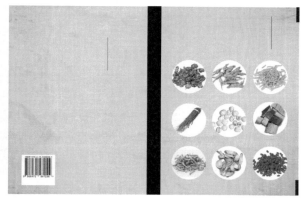

图12-180

12 使用"直排文字工具"（字体大小、颜色和样式可根据实际情况而定）在绘图区域中输入文字信息，效果如图12-181所示。

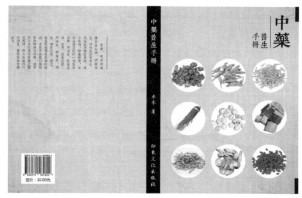

图12-181

13 打开光盘中的"素材文件>CH12>269-4.psd"文件，然后将其中的草药图层分别拖曳到"中药书籍设计"操作界面中，接着依次拖曳到合适的位置，最后设置相关图层的"混合模式"为"叠加"，最终效果如图12-182所示。

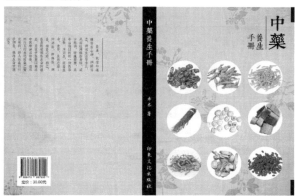

图12-182

实战 270 手工书籍设计

文件位置：光盘>实例文件>CH12>实战270-平面图.psd/封面实战270-立体图.psd / 难易指数 ★★★☆☆

PS技术点睛

● 添加素材文件，丰富整个画面效果。
● 使用矩形工具绘制所需图形。
● 调整文字的不同字体，对文字进行布局设计。

设计思路分析

　　本例是手工书籍设计，刺绣图案的大面积运用，直接突出书籍主题，封面、封底色调的统一，对标题文字的处理，使整个书籍封面设计得更加精致。

01 启动Photoshop CS6，按Ctrl+N组合键新建一个"手工书籍设计"文件，具体参数设置如图12-183所示。

02 按Ctrl+R组合键显示出标尺，然后添加如图12-184所示的参考线，将封面、书脊、封底分出来。

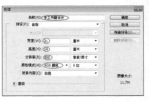

图12-183

图12-184

03 将背景转换为可操作"图层0"，然后按Alt+Delete组合键用黑色填充该图层，效果如图12-185所示。

04 新建一个"封面"图层组，然后打开光盘中的"素材文件>CH12>270-1.png"文件，然后将其拖曳到"手工书籍设计"操作界面中，接着将新生成的图层更名为"素材"图层，效果如图12-186所示。

图12-185

图12-186

05 继续打开光盘中的"素材文件>CH12>270-2.tif"文件，然后将其拖曳到"手工书籍设计"操作界面中，接着将新生成的图层更名为"刺绣"图层，最后按Alt键将该图层创建为"素材"图层的剪贴蒙版，如图

12-187所示，效果如图12-188所示。

图12-187

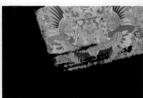

图12-188

06 使用"直排文字工具" ⬚（字体大小和样式可根据实际情况而定）在绘图区域中输入文字信息，效果如图12-189所示。

07 打开光盘中的"素材文件>CH12>270-3.jpg"文件，然后将其拖曳到"手工书籍设计"操作界面中，接着将新生成的图层更名为"丝绸"图层，最后按Alt键将该图层创建为文字图层的剪贴蒙版，效果如图12-190所示。

图12-189

图12-190

08 使用"横排文字工具" T（字体大小和样式可根据实际情况而定）在绘图区域中输入文字信息，然后执行"编辑>变换>旋转"命令，效果如图12-191所示。

图12-191

09 新建一个"封底"图层组，然后新建一个"图层 1"，并使用"矩形选框工具" 绘制一个合适的矩形选区，接着设置前景色为（R:174，G:12，B:20），最后按Alt+Delete组合键填充该选区，完成后设置该图层的"填充"为70%，效果如图12-192所示。

10 新建"图层 2"和"图层 3"，然后使用相同的方法，填充颜色分别为（R:74，G:99，B: 150）和（R:240，G:197，B: 1），最后设置"图层 2"的"填充"为70%，效果如图12-193所示。

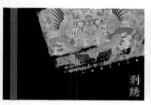

图12-192　　　　　　图12-193

11 打开光盘中的"素材文件>CH12>270-4.jpg"文件，然后将其拖曳到"手工书籍设计"操作界面中，接着将新生成的图层更名为"条形码"图层，最后使用"横排文字工具" T 在绘图区域中输入文字信息，效果如图12-194所示。

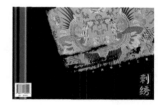

图12-194

12 新建一个"书脊"图层组，然后使用"直排文字工具" T（字体大小、颜色和样式可根据实际情况而定）在绘图区域中输入文字信息，效果如图12-195所示。

图12-195

13 在文字图层的下方新建一个"图层 4"，然后使用"矩形选框工具" 绘制合适的矩形选区，接着按Alt+Delete组合键用黑色填充该选区，效果如图12-196所示。

图12-196

14 选择相关文字图层，然后执行"图层>图层样式>斜面和浮雕"菜单命令，打开"图层样式"对话框，然后设置"大小"为3像素、"软化"为0像素，具体参数设置如图12-197所示，最终效果如图12-198所示。

图12-197

图12-198

实战 271 京剧书籍设计

文件位置：光盘>实例文件>CH12>实战271-平面图.psd和实战271-立体图.psd / 难易指数：★★★☆☆

PS技术点睛

● 添加纹理素材，制作背景纹理效果。
● 运用图层蒙版隐藏部分图像，让元素融合更真实自然。
● 使用"投影"图层样式增强花的立体感，使整个画面更加生动自然。
● 调整文字的不同字体，对文字进行布局设计。

设计思路分析

　　本例是京剧书籍设计，以带有肌理效果的背景和水墨
风的人物形象，展现出京剧的唯美，丰富画面的层次感，彰
显画面视觉效果。

01 启动Photoshop CS6，按Ctrl+N组合键新建一个"京剧书籍设计"文件，具体参数设置如图12-199所示。

02 按Ctrl+R组合键显示出标尺，然后添加出如图12-200所示的参考线，将封面、书脊、封底分出来。

图12-199　　　　　　　　　　图12-200

03 新建一个"封面"图层组，然后打开光盘中的"素材文件>CH12>271-1.jpg"文件，接着将其拖曳到"京剧书籍设计"操作界面中，并将新生成的图层更名为"背景"图层，最后设置该图层的"填充"为70%，效果如图12-201所示。

04 打开光盘中的"素材文件>CH12>271-2.jpg"文件，然后将其拖曳到"京剧书籍设计"操作界面中，并将新生成的图层更名为"人物"图层，接着为该图层添加一个图层蒙版，并使用黑色"画笔工具" ✓ 在蒙版中进行涂抹，最后设置该图层的"混合模式"为"正片叠底"，效果如图12-202所示。

05 创建一个"曲线"调整图层，然后在弹出的"属性"面板中将曲线调节成如图12-203所示的形状，最后按Alt键将调整图层创建为"人物"图层的剪贴蒙版，效果如图12-204所示。

图12-201　　　　　　　　　　图12-202

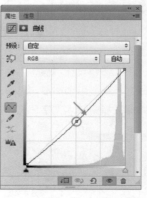

图12-203　　　　　　　　　　图12-204

06 打开光盘中的"素材文件>CH12>271-3.png和271-4.png"文件，然后将其分别拖曳到"京剧书籍设计"操作界面中，接着将新生成的图层分别更名为"墨迹"图层和"京剧"图层，最后设置"墨迹"图层的"不透明度"为30%，效果如图12-205所示。

07 继续打开光盘中的"素材文件>CH12>271-5.psd"文件,然后将其中的图层分别拖曳到"京剧书籍设计"操作界面中,并依次拖放到合适的位置,接着选择"花 1"和"花 2"图层,添加"投影"图层样式,并设置"距离"为5像素、"大小"为10像素,具体参数设置如图12-206所示。

图12-205 　　　　　　　　　　　图12-206

08 最后选择"光点"图层,添加"外发光"图层样式,接着设置"大小"为20像素,具体参数设置如图12-207所示,效果如图12-208所示。

图12-207 　　　　　　　　　　　图12-208

09 使用"横排文字工具" T （字体大小和样式可根据实际情况而定）在绘图区域中输入文字信息,效果如图12-209所示。

图12-209

10 新建一个"书脊"图层组,然后新建一个"图层1",接着使用"矩形选框工具" 绘制一个合适的矩形选区,最后按Alt+Delete组合键用黑色填充选区,效果如图12-210所示。

11 新建一个"图层 2",然后设置前景色为（R:185,G:11,B: 53）,接着使用"矩形选框工具" 绘制一个合适的矩形选区,并按Alt+Delete组合键用前景色填充选区,最后按Ctrl+T组合键进入自由变换状态,效果如图12-211所示。

图12-210 　　　　　　　　　　　图12-211

12 选择"京剧"图层,然后按Ctrl+J组合键复制出一个副本图层,接着按住Ctrl键并单击该图层缩略图将其载入选区,并用白色填充,最后将该图层移动到"书脊"图层组中,效果如图12-212所示。

13 使用"直排文字工具" T （字体大小、颜色和样式可根据实际情况而定）在绘图区域中输入文字信息,效果如图12-213所示。

图12-212 　　　　　　　　　　　图12-213

14 新建一个"封底"图层组,并在图层组中新建一个"图层 3",然后使用"矩形选框工具" 绘制一个合适的矩形选区,最后按Alt+Delete组合键用黑色填充该选区,效果如图12-214所示。

15 新建一个"图层 4",然后使用"矩形选框工具" 绘制一个合适的矩形选区,接着选择"渐

变工具" ，打开"渐变编辑器"对话框，设置第1个色标的颜色为（R:103，G:11，B: 29）、第2个色标的颜色为（R:54，G:117，B: 120），如图12-215所示，最后从下到上为图层填充使用线性渐变色，效果如图12-216所示。

图12-214

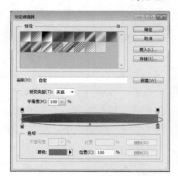

图12-215

图12-216

16 使用"横排文字工具"  在绘图区域中输入文字信息，然后在"图层样式"对话框中单击"斜面和浮雕"样式，设置"大小"为3像素，具体参数设置如图12-217所示；单击"描边"样式，并设置"大小"

为2像素、描边颜色为白色，具体参数设置如图12-218所示，效果如图12-219所示。

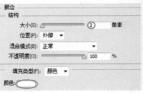

图12-217

图12-218　　　　　　　　　图12-219

17 打开光盘中的"素材文件>CH12>271-6.psd"文件，然后将其中的图层分别拖曳到"京剧书籍设计"操作界面中，并依次拖放到合适的位置，接着选择"花 3"图层，最后按Alt键将该图层创建为"唱"文本图层的剪贴蒙版，如图12-220所示，效果如图12-221所示。

图12-220 　　　　　　　　　图12-221

18 使用"直排文字工具" （字体大小和样式可根据实际情况而定）在绘图区域中输入文字信息，最终效果如图12-222所示。

图12-222

实战 272 婚礼书籍设计

文件位置：光盘>实例文件>CH12>实战272 平面图.psd和实战272 立体图.psd／难易指数：★★★☆☆

PS技术点睛

- 运用图层蒙版隐藏部分图像，满足排版需要。
- 使用"圆角矩形工具"绘制矩形工具。
- 使用"斜面和浮雕"图层样式增强图案的立体感，使整个画面更加生动自然。
- 调整文字的不同字体，对文字进行布局设计。

设计思路分析

本例是婚礼书籍设计，主要用捧花体现了婚礼的浪漫与唯美，整个书籍设计突出婚礼主题，也充满了强烈的视觉冲击力。

01 启动Photoshop CS6，按Ctrl+N组合键新建一个"婚礼书籍设计"文件，具体参数设置如图12-223所示。

02 按Ctrl+R组合键显示出标尺，然后添加出如图12-224所示的参考线，将封面、书脊、封底分出来。

图12-223

图12-224

03 将背景转换为可操作"图层0"，然后设置前景色为（R:251，G:200，B:205），最后按Alt+Delete组合键用前景色填充该图层，效果如图12-225所示。

图12-225

04 新建一个"封面"图层组，然后打开光盘中的"素材文件>CH12>272-1.jpg"文件，接着将其拖曳到"婚礼书籍设计"操作界面中，并将新生成的图层更名为"捧花"图层，最后为该图层添加一个图层蒙版，接着使用"矩形选框工具" 在蒙版中绘制一个合适的矩形选区，并用黑色填充该选区隐藏部分图像，效果如图12-226所示。

图12-226

05 执行"图层>图层样式>投影"菜单命令，打开"图层样式"对话框，然后设置"角度"为-90度、"距离"为3像素、"大小"为20像素，具体参数设置如图12-227所示，效果如图12-228所示。

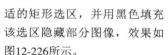

图12-227

图12-228

535

06 新建一个"图层1"，然后设置前景色为（R:126，G:190，B:106），接着使用"矩形选框工具" 绘制一个合适的矩形选区，最后按Alt+Delete组合键用前景色填充该选区，效果如图12-229所示。

07 打开光盘中的"素材文件>CH12>272-2.png和272-3.png"文件，然后将其分别拖曳到"婚礼书籍设计"操作界面中，接着将新生成的图层分别更名为"蕾丝"图层和"花纹"图层，最后按Ctrl+J组合键分别复制出一个副本图层，并移动到合适的位置，效果如图12-230所示。

图12-229　　　　　　　　图12-230

08 选择"圆角矩形工具" ，然后在选项栏中设置"填充颜色"为白色、"描边"为"无颜色"、"半径"为30像素，具体参数设置如图12-231所示，最后绘制出如图12-232所示的圆角矩形。

图12-231

图12-232

09 按Ctrl+J组合键复制出一个圆角矩形副本，然后按Ctrl+T组合键变换至合适大小，接着在选项栏中设置"形状填充类型"为"无颜色"、描边颜色为（R:126，G:190，B:106）、"形状描边宽度"为1点，最后在描边类型的下拉面板中选择虚线，如图12-233所示，效果如图12-234所示。

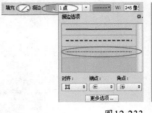

图12-233　　　　　　　　图12-234

10 使用相同的方法和合适的颜色绘制出其他图形，效果如图12-235所示。

11 使用"横排文字工具" （字体大小和样式可根据实际情况而定）在绘图区域中输入文字信息，效果如图12-236所示。

图12-235　　　　　　　　图12-236

12 打开光盘中的"素材文件>CH12>272-4.png"文件，然后将其拖曳到"婚礼书籍设计"操作界面中，并将新生成的图层更名为"玫瑰"图层，接着为该图层添加"斜面和浮雕"图层样式，最后设置"深度"为50%、"大小"为5像素、"角度"为-90度，具体参数设置如图12-237所示，效果如图12-238所示。

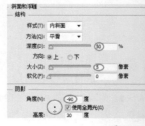

图12-237

图12-238

13 新建一个"封底"图层组，然后在"封面"图层组中，同时选择"图层1"、"蕾丝"和"蕾丝副本"图层，接着按Ctrl+J组合键复制出3个副本图层，最后将其移动到"封底"图层组中，效果如图12-239所示。

14 打开光盘中的"素材文件>CH12>272-5.jpg和272-6.png"文件，然后将其分别拖曳到"婚礼书籍设计"操作界面中，接着将新生成的图层分别更名为"条形码"图层和"心形"图层，效果如图12-240所示。

图12-239　　　　　图12-240

15 设置前景色为（R:251，G:200，B:205），然后新建一个"书脊"图层组，接着在图层组中新建一个"图层2"，最后使用"矩形选框工具"绘制一个合适的矩形选区，并按Alt+Delete组合键用前景色填充选区，效果如图12-241所示。

16 打开光盘中的"素材文件>CH12>272-7.jpg"文件，然后将其拖曳到"婚礼书籍设计"操作界面中，接着将新生成的图层更名为"花束"图层，最后按Alt键将该图层创建为"图层2"的剪贴蒙版，效果如图12-242所示。

图12-241　　　　　图12-242

17 新建一个"图层3"，然后设置前景色为（R:255，G:117，B:184），接着使用"矩形选框工具"绘制一个合适的矩形选区，最后按Alt+Delete组合键用前景色填充选区，效果如图12-243所示。

图12-243

18 选择"心形"图层，执行"图层>图层样式>斜面和浮雕"菜单命令，打开"图层样式"对话框，然后设置"深度"为50%、"大小"为3像素、"角度"为-90度，具体参数设置如图12-244所示，效果如图12-245所示。

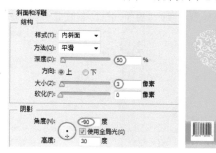

图12-244　　　　　图12-245

19 使用"直排文字工具"（字体大小和样式可根据实际情况而定）在绘图区域中输入文字信息，最终效果如图12-246所示。

图12-246

实战 273 宠物杂志设计

文件位置：光盘>实例文件>CH12>实战273·平面图.psd和实战273·立体图.psd / 难易指数：★★★☆☆

PS技术点睛
● 使用"投影"图层样式增强素材的立体感。
● 用钢笔工具勾画文字形状，对其填充颜色丰富画面。
● 调整文字的不同字体，对杂志的文字进行布局设计。

设计思路分析

　　本例是宠物杂志设计，以狗为主体元素，然后用各种字体元素丰富画面效果，结合各种矢量图案素材，对宠物杂志进行设计。

01 启动Photoshop CS6，按Ctrl+N组合键新建一个"宠物杂志设计"文件，具体参数设置如图12-247所示。

02 按Ctrl+R组合键显示出标尺，然后添加出如图12-248所示的参考线，将封面、书脊、封底分出来。

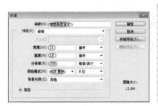
图12-247

图12-248

03 新建一个"封面"图层组，然后打开光盘中的"素材文件>CH12>273-1.jpg"文件，接着将其拖曳到"宠物杂志设计"操作界面中，最后将新生成的图层更名为dog图层，效果如图12-249所示。

图12-249

04 新建一个"图层1"和"图层2"，然后设置前景色为（R:204，G:0，B:0），接着使用"矩形选框

工具" 分别绘制合适的矩形选区，最后按Alt+Delete组合键用前景色填充选区，效果如图12-250所示。

图12-250

05 使用"横排文字工具"（字体大小和样式可根据实际情况而定）在绘图区域中输入文字信息，然后为其中的文字图层添加"投影"图层样式，设置"不透明度"为50%、"距离"为3像素、"大小"为6像素，具体参数设置如图12-251所示，效果如图12-252所示。

图12-251

图12-252

06 打开光盘中的"素材文件>CH12>273-2.psd"文件,然后将其中的图层分别拖曳到"宠物杂志设计"操作界面中,并依次拖放到合适的位置,接着选择"素材"图层,添加"投影"图层样式,最后设置"距离"为5像素、"大小"为5像素,具体参数设置如图12-253所示,效果如图12-254所示。

充选区,效果如图12-259所示。

图12-258

图12-253   图12-254

07 使用"横排文字工具" T （字体大小和样式可根据实际情况而定)在绘图区域中输入文字信息,然后为该文字图层添加"斜面和浮雕"图层样式,设置"大小"为1像素,具体参数设置如图12-255所示;最后单击"投影"样式,设置"距离"为2像素、"大小"为3像素,具体参数设置如图12-256所示,效果如图12-257所示。

图12-255   图12-256

图12-259

09 在"图层3"下方新建一个"图层4",然后设置前景色为(R:198,G:198,B:198),接着使用相同的方法绘制出如图12-260所示的图形。

图12-257

08 新建一个"图层3",然后设置前景色为(R:204,G:0,B:0),接着使用"钢笔工具" 绘制出如图12-258所示的路径,并按Ctrl+Enter组合键将路径转换为选区,最后按Alt+Delete组合键用前景色填

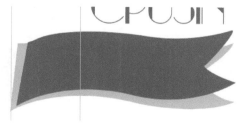

图12-260

10 打开光盘中的"素材文件>CH12>273-3.png"文件，然后将其拖曳到"宠物杂志设计"操作界面中，接着将新生成的图层更名为"五角星"图层，最后按Alt键将该图层创建为"图层 3"的剪贴蒙版，效果如图12-261所示。

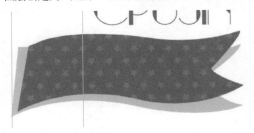

图12-261

11 新建一个"书脊"图层组，然后新建一个"图层5"，接着使用"矩形选框工具" ▢ 绘制一个合适的矩形选区，最后用白色填充该选区，效果如图12-262所示。

图12-262

12 新建一个"图层 6"，然后设置前景色为（R:204，G:0，B:0），接着使用"矩形选框工具" ▢ 绘制一个合适的矩形选区，最后用前景色填充该选区，效果如图12-263所示。

图12-263

13 新建一个"封底"图层组，然后打开光盘中的"素材文件>CH12>273-4.jpg和273-5.png"文件，接着将其分别拖曳到"宠物杂志设计"操作界面中，最后将新生成的图层更名为"条形码"图层和"房子"图层，效果如图12-264所示。

图12-264

14 选择"封面"图层组中的"脚印"图层，然后按Ctrl+J组合键复制出两个副本图层，并将其移动到"封底"图层组中，接着将副本图层载入选区，最后设置前景色为（R:204，G:0，B:0），并按Alt+Delete组合键用前景色填充选区，效果如图12-265所示。

图12-265

15 使用"横排文字工具" T （字体大小和样式可根据实际情况而定）在绘图区域中输入文字信息，最终效果如图12-266所示。

图12-266

实战 274 艺术书籍设计

文件位置：光盘>实例文件>CH12>实战274 平面图.psd和实战274.0 使图.psd / 难易指数：★★★☆☆

PS技术点睛

● 添加纹理素材，制作背景纹理效果。
● 运用"径向模糊"滤镜制作人物特效。
● 使用"投影"、"外发光"图层样式增强字体效果。

设计思路分析

本例是艺术书籍设计，将人物与各种潮流元素相结合，制造出现代艺术效果，光束的运用使画面效果更加绚丽突出。

01 启动Photoshop CS6，按Ctrl+N组合键新建一个"艺术书籍设计"文件，具体参数设置如图12-267所示。

02 按Ctrl+R组合键显示出标尺，然后添加出如图12-268所示的参考线，将封面、书脊、封底分出来。

图12-267

图12-268

03 将背景转换为可操作"图层 0"，然后按Alt+Delete组合键用黑色填充该图层，效果如图12-269所示。

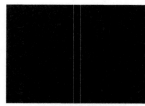
图12-269

04 新建一个"封面"图层组，然后打开光盘中的"素材文件>CH12>274-1.jpg"文件，然后将其拖曳到"艺术书籍设计"操作界面中，接着将新生成的图层更名为"底纹"图层，效果如图12-270所示。

05 在"图层"面板下方单击"创建新的填充或调整图层"按钮 ，在弹出的菜单中选择"亮度/

对比度"命令，接着在"属性"面板中设置"亮度"为60，具体参数设置如图12-271所示，最后在调整图层的蒙版中用黑色画笔进行涂抹，如图12-272所示，效果如图12-273所示。

图12-270

图12-271

图12-272

图12-273

06 打开光盘中的"素材文件>CH12>274-2.png"文件，然后将其拖曳到"艺术书籍设计"操作界面中，接着将新生成的图层更名为"人物"图层，效果如图12-274所示。

图12-277

图12-274

07 按Ctrl+J组合键复制出两个副本图层，并移动到"人物"图层之后，然后选择"人物副本"图层，接着执行"滤镜>模糊>动感模糊"菜单命令，最后在弹出的"动感模糊"对话框中设置"距离"为30像素，具体参数设置如图12-275所示，效果如图12-276所示。

图12-278

图12-279

10 继续打开光盘中的"素材文件>CH12>274-4.png和274-5.jpg"文件，然后将其分别拖曳到"艺术书籍设计"操作界面中，接着将新生成的图层分别更名为"光亮"图层和"光束"图层，最后设置该图层的"混合模式"分别为"颜色减淡"和"滤色"，效果如图12-280所示。

11 选择"光亮"图层，然后按Ctrl+J组合键复制出多个副本图层，并依次拖曳到合适的位置；接着选择"光束"图层，为该图层添加一个图层蒙版，最后用黑色"画笔工具" ✐ 在蒙版中进行涂抹，效果如图12-281所示。

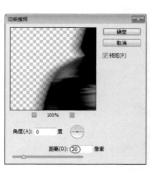

图12-275

图12-276

技巧与提示

"动感模糊"滤镜在表现人或物体高速运动时有比较好的效果，如运动员的极速运动，汽车的高速行驶等一般都会使用到该滤镜。

08 选择"人物副本 2"图层，然后执行"滤镜>模糊>径向模糊"菜单命令，最后在弹出的"径向模糊"对话框中设置"数量"为75、"模糊方法"为"缩放"，具体参数设置如图12-277所示，效果如图12-278所示。

09 打开光盘中的"素材文件>CH12>274-3.psd"文件，然后将其中的图层分别拖曳到"艺术书籍设计"操作界面中，最后依次拖曳到合适的位置，效果如图12-279所示。

图12-280

图12-281

12 使用"横排文字工具" ⊤ (字体大小和样式可根据实际情况而定)在绘图区域中输入文字信息，效果如图12-282所示。

13 选择computer arts文字图层，然后执行"图层>图层样式>渐变叠加"菜单命令，打开"渐变编辑器"对话框，设置第1个色标的颜色为（R:29，G:14，B:73）、第2个色标的颜色为黑色，设置"样式"为"对称的"，具体参数设置如图12-283所示。

图12-282　　　　　　　　　图12-283

14 接着在"图层样式"对话框中单击"投影"样式，设置"角度"为90度、"距离"为3像素、"大小"为13像素，具体参数设置如图12-284所示，效果如图12-285所示。

15 打开光盘中的"素材文件>CH12>274-6.png和274-7.png"文件，然后将其分别拖曳到"艺术书籍设计"操作界面中，接着将新生成的图层更名为Light图层和Glow图层，最后设置Light图层的"混合模式"为"滤色"，效果如图12-286所示。

图12-284　　　　　　　　　图12-285

图12-286

16 选择Light图层，然后按Ctrl+J组合键复制出一个副本图层，并拖放到合适的位置，接着选择Glow图层，最后在"图层样式"对话框中单击"外发光"样式，设置"混合模式"为"线性减淡（添加）"、发光颜色为（R:90，G:58，B:151）、"大小"为21像素，具体参数设置如图12-287所示，效果如图12-288所示。

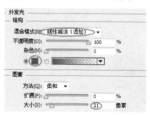

图12-287　　　　　　　　　图12-288

17 新建一个"封底"图层组，然后打开光盘中的"素材文件>CH12>274-8.jpg和274-9.png文件"，并将其分别拖曳到"艺术书籍设计"操作界面中，接着将新生成的图层分别更名为"条形码"和"边框"图层，效果如图12-289所示。

18 使用"横排文字工具" ⊤ (字体大小和样式可根据实际情况而定)在绘图区域中输入文字信息，效果如图12-290所示。

图12-289　　　　　　　　　图12-290

19 选择Art and design文字图层，然后执行"图层>图层样式>渐变叠加"菜单命令，接着设置"不透明度"为22%，最后打开"渐变编辑器"对话框，设置第1个色标的颜色为（R:147，G:80，B:160）、第2个色标的颜色为（R:59，G:86，B:166），具体参数设置如图12-291所示。

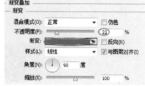

图12-291

20 在"图层样式"对话框中单击"内发光"样式，然后设置"混合模式"为"线性加深"、"不透明度"为69%、发光颜色为黑色、"大小"为13像素，具体参数设置如图12-292所示。

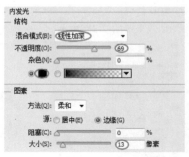

图12-292

21 单击"斜面和浮雕"样式，然后设置"深度"为90%、"大小"为5像素，最后单击光泽等高线右侧的图标，并在弹出的"等高线编辑器"对话框中将等高线编辑成如图12-293所示的形状，具体参数设置如图12-294所示，效果如图12-295所示。

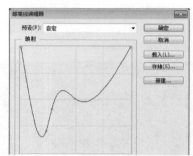

图12-293

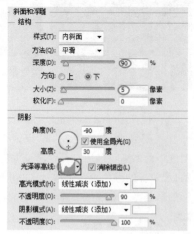

图12-294

图12-295

22 新建一个"书脊"图层组，然后在图层组中新建一个"图层 2"，最后使用"矩形选框工具" [ ] 绘制一个合适的矩形选区，并按Alt+Delete组合键用黑色填充选区，效果如图12-296所示。

图12-296

23 使用"直排文字工具" [T]（字体大小和样式可根据实际情况而定）在绘图区域中输入文字信息，效果如图12-297所示。

图12-297

24 选择"封面"图层组中的Glow图层，然后按Ctrl+J组合键复制出一个副本图层，最后将该图层移动到"书脊"图层组中，并拖放到合适的位置，最终效果如图12-298所示。

图12-298

实战 275 汽车杂志设计

文件位置：光盘>实例文件>CH12>实战275-平面图.psd和实战275-立体图.psd / 难易指数 ★★★☆☆

PS技术点睛
- 使用"渐变工具"制作汽车投影，使画面真实自然。
- 运用"照片滤镜"、"可选颜色"调整图层，统一画面色调。
- 使用画笔工具绘制汽车投影，制作汽车立体效果。
- 调整文字的不同字体，对杂志的文字进行布局设计。

设计思路分析

本例是汽车杂志设计，以汽车元素为主体，通过文字的排版方式，让整个画面具有层次感，结合多种调整图层对画面色彩进行调整，使杂志封面颜色更加统一。

01 启动Photoshop CS6，按Ctrl+N组合键新建一个"汽车杂志设计"文件，具体参数设置如图12-299所示。

02 按Ctrl+R组合键显示出标尺，然后添加出如图12-300所示的参考线，将封面、书脊、封底分出来。

图12-299　　　　　　　　　　图12-300

03 将背景转换为可操作"图层 0"，然后按Alt+Delete组合键用黑色填充该图层，效果如图12-301所示。

图12-301

04 新建一个"封面"图层组，然后打开光盘中的"素材文件>CH12>275-1.png"文件，然后将其拖曳到"汽车杂志设计"操作界面中，接着将新生成的图层更名为"汽车"图层，效果如图12-302所示。

05 按Ctrl+J组合键复制出一个副本图层，然后执行"编辑>变换>垂直翻转"菜单命令，并将其移动到合适的位置，接着为该图层添加图层蒙版，最后使用

"渐变工具" 在蒙版中从下往上填充黑色到透明的线性渐变，并设置该图层的"不透明度"为80%，效果如图12-303所示。

图12-302　　　　　　　　　　图12-303

06 创建一个"曲线"调整图层，然后在弹出的"属性"面板中将曲线调节成如图12-304所示的形状，最后按Alt键将调整图层创建为"汽车"图层的剪贴蒙版，效果如图12-305所示。

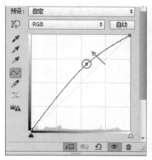

图12-304　　　　　　　　　　图12-305

07 打开光盘中的"素材文件>CH12>275-2.png和275-3.jpg"文件，然后将其分别拖曳到"汽车杂志设计"操作界面中，接着将新生成的图层分别更名为"背景"图层和"图片"图层，最后设置"图片"图层的"混合模式"为"叠加"、"不透明度"为70%，效果如图12-306所示。

08 在"汽车"图层的下方新建一个"图层1"，然后使用"矩形选框工具"绘制一个合适的矩形选区，最后按Alt+Delete组合键用黑色填充选区，效果如图12-307所示。

图12-306　　　　　　　　　　　　图12-307

09 在"汽车副本"图层的上方创建一个"照片滤镜"调整图层，然后在"属性"面板中设置"颜色"为（R:1，G:210，B:255），具体参数设置如图12-308所示；接着创建一个"可选颜色"调整图层，最后在"属性"面板中设置"青色"为+12%，具体参数设置如图12-309所示，效果如图12-310所示。

图12-308　　　　　　　　　　　　图12-309

图12-310

10 新建一个"图层2"和"图层3"，然后分别使用"矩形选框工具"分别绘制一个合适的矩形选区，最后按Alt+Delete组合键用白色填充选区，效果如图12-311所示。

11 打开光盘中的"素材文件>CH12>275-4.png和275-5.png"文件，然后将其分别拖曳到"汽车杂志设计"操作界面中，最后将新生成的图层分别更名为"Car 1"图层和"Car 2"图层，效果如图12-312所示。

图12-311　　　　　　　　　　　　图12-312

12 在"Car 1"图层下方新建一个"阴影"图层，然后使用黑色"画笔工具"，在图像中进行涂抹，接着执行"滤镜>模糊>动感模糊"菜单命令，然后在弹出的"动感模糊"对话框中设置"距离"为100像素，具体参数设置如图12-313所示，效果如图12-314所示。

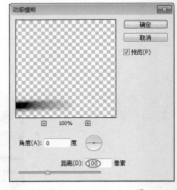

图12-313

图12-314

13 选择"矩形工具" ，然后在选项栏中设置"形状填充类型"为"无颜色"、描边颜色为黑色、"形状描边宽度"为1点，具体参数设置如图12-315所示，最后绘制出如图12-316所示的矩形。

图12-315

图12-316

14 设置前景色为（R:146，G:165，B:172），然后新建一个"图层 4"，接着使用"矩形选框工具" 绘制一个合适的矩形选区，最后按Alt+Delete组合键用前景色填充选区，效果如图12-317所示。

图12-317

15 打开光盘中的"素材文件>CH12>275-6.png"文件，然后将其拖曳到"汽车杂志设计"操作界面中，最后将新生成的图层更名为"条形码"图层，效果如图12-318所示。

图12-318

16 选择"钢笔工具" ，然后在选项栏中设置绘图模式为"形状"、填充颜色为黑色、"形状描边类型"为"无颜色"、"形状描边宽度"为3点，具体参数设置如图12-319所示，最后绘制出如图12-320所示的路径。

图12-319

图12-320

17 设置前景色为（R:57，G:91，B:104），然后新建一个"图层 5"，接着使用"矩形选框工具" 绘制一个合适的矩形选区，最后按Alt+Delete组合键用前景色填充选区，效果如图12-321所示。

图12-321

18 设置前景色为（R:146，G:165，B:172），然后使用"椭圆选框工具" ，接着按住Shift键在图像中心绘制一个合适的圆形选区，最后按Alt+Delete组合键用前景色填充选区，效果如图12-322所示。

图12-322

19 使用"横排文字工具" （字体大小和样式可根据实际情况而定）在绘图区域中输入文字信息，效果如图12-323所示。

图12-323

20 新建一个"书脊"图层组，然后新建一个"图层6"，接着使用"矩形选框工具" 绘制一个合适的矩形选区，最后按Alt+Delete组合键用白色填充选区，效果如图12-324所示。

图12-324

21 使用"直排文字工具" （字体大小和样式可根据实际情况而定）在绘图区域中输入文字信息，效果如图12-325所示。

图12-325

22 新建一个"封底"图层组，然后使用"直排文字工具" （字体大小和样式可根据实际情况而定）在绘图区域中输入文字信息，效果如图12-326所示。

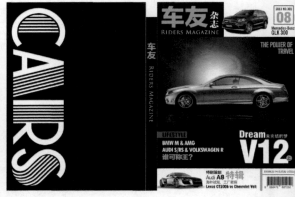

图12-326

23 选择"封面"图层组中的"背景"和"图片"图层，然后按Ctrl+J组合键复制出两个副本图层，接着将图层移动到"封底"图层组中，并按Ctrl+E组合键合并图层，最后按Alt键将"图片副本"图层创建为CARS文字图层的剪贴蒙版，最终效果如图12-327所示。

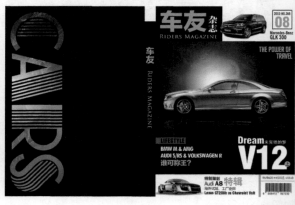

图12-327

第13章
包装设计

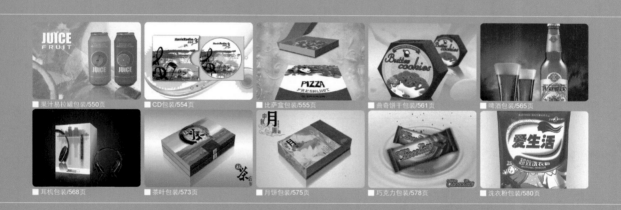

PS达人　　广告设计师　　包装设计师　　插画设计师　　网页设计师

实战 276 果汁易拉罐包装

文件位置：光盘>实例文件>CH13>实战276.psd / 难易指数：★★☆☆☆

PS技术点睛

● 运用"椭圆选框工具"、"填充工具"、图层样式等制作包装图背景效果。
● 运用文字工具、图层样式等制作文字与主图效果。
● 运用混合模式、自由变换模式制作易拉罐的包装展示图。

设计思路分析

　　本例设计的是一款水果饮料包装，主要以明快鲜艳的基调作为整个易拉罐包装的底色，使用鲜果的橙色和绿色在视觉上给人一种美味的感觉，其次将切开的水果呈现在包装表面能够更加直接地表达主题，最后运用简单的文字信息衬托画面。

01 启动Photoshop CS6，按Ctrl+N组合键新建一个"果汁易拉罐包装"文件，具体参数设置如图13-1所示。

图13-1

02 设置前景色为绿色（R:172，G:207，B:76），然后新建一个"图层1"，接着按Alt+Delete组合键将其填充，效果如图13-2所示。

图13-2

03 设置前景色为深绿色（R:135，G:175，B:27），然后新建一个"图层2"，接着使用"椭圆选框工具" ◯ 绘制一个圆形选框，并将其进行填充，再执行"图层>图层样式>描边"菜单命令，打开"图层样式"

对话框，最后设置描边的"大小"为15像素、"颜色"为浅绿色（R:220，G:244，B:153），具体参数设置如图13-3所示，效果如图13-4所示。

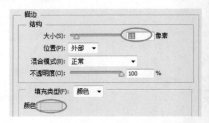

图13-3

图13-4

04 打开光盘中的"素材文件>CH13>276-1.png"文件，然后将其拖曳到"果汁易拉罐包装"操作界面中，并将其命名为"图层3"，接着为其添加一个"投影"图层样式，并在"图层样式"对话框中设置阴影颜色为深绿色（R:66，G:89，B:5），如图13-5所示，效果如图13-6所示。

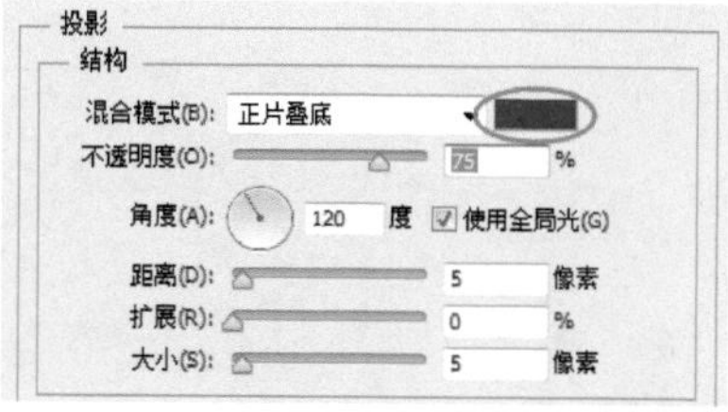

图13-5

图13-6

05 设置前景色为白色，然后使用"横排文字工具" T. 在绘图区域中输入相应文字，并设置好合适的字体样式和大小，效果如图13-7所示。

图13-7

06 设置前景色为深绿色，然后新建一个"图层4"，接着绘制一个椭圆形选区并进行填充，接着输入相应文字，效果如图13-8所示。

图13-8

07 采用相同方法设计另一种风格的果汁包装，并设置好相对应的文字，效果如图13-9所示。

图13-9

08 在"图层"面板顶端新建一个"效果1"图层和一个"效果2"图层，然后按Ctrl+Shift+Alt+E组合键分别将两种效果的图层盖印并合并，并隐藏其余图层，接着将光盘中的"素材文件>CH13>276-3.png、276-4.jpg"文件导入"果汁易拉罐包装"操作界面中，将设计好的包装效果图以"正片叠底"的混合模式贴到模型图上，最终展示效果如图13-10所示。

图13-10

实战 277 购物袋包装

文件位置：光盘>实例文件>CH13>实战277.psd / 难易指数：★★☆☆☆

PS技术点睛

● 运用自由变换模式、"画笔工具"等制作树的效果。
● 运用文字工具、"自定形状工具"等制作文字心形效果。
● 运用混合模式、自由变换模式制作购物袋包装展示图。

设计思路分析

　　本例设计的是一款购物手袋，主要以简约大方为主，以"树"为主题，五彩缤纷的爱心作为散开的树叶，意为环保、友爱以及享受生活。

01 启动Photoshop CS6，按Ctrl+N组合键新建一个"购物袋包装"文件，具体参数设置如图13-11所示。

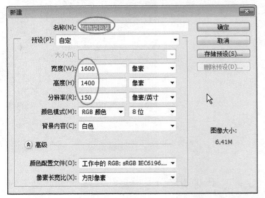

图13-11

02 打开光盘中的"素材文件>CH13>277-1.png"文件，然后将其拖曳到"购物袋包装"操作界面中，并将其命名为"图层1"，如图13-12所示。

图13-12

03 使用"矩形选框工具"选中树干下端，如图13-13所示，然后按Ctrl+T组合键进入自由变换模式，并使用"变形"命令将树干进行调整，效果如图13-14所示。

图13-13

图13-14

04 执行"滤镜>风格化>拼贴"菜单命令，打开"拼贴"对话框，然后设置"拼贴数"为10、"最大位移"为40%、"填充空白区域用"为"反向图像"，具体参数设置如图13-15所示，效果如图13-16所示。

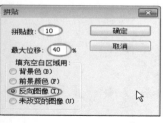

图13-15 图13-16

05 新建一个"图层2"并将其置于"图层1"之下，然后使用"画笔工具"绘制出如图13-17所示效果。

图13-17

06 再新建一个"图层3"和"图层4"，并置于图层1之上，然后使用"画笔工具"分别进行绘制，效果如图13-18所示。

图13-18

07 新建一个"图层5"，然后单击"自定形状工具"，接着在工具栏中设置其方式为"路径"，并设置"形状"为心形，如图13-19所示，再在操作界面中拖曳出形状并载入选区，最后按Ctrl+Enter组合键将其填充成红色，效果如图13-20所示。

图13-19 图13-20

08 将前景色设置为黑色，然后使用"横排文字工具"在绘图区域中输入相应文字，并设置好合适的字体样式和字体大小，效果如图13-21所示。

图13-21

09 在顶层新建一个"效果"图层，然后按Ctrl+Shift+Alt+E组合键盖印并合并图层，并隐藏其余图层，接着将光盘中的"素材文件>CH13>277-2.png"文件导入"购物袋包装"操作界面中，并制作好购物袋，最终效果如图13-22所示。

图13-22

实战 278 CD包装

文件位置：光盘>实例文件>CH13>实战278-平面图.psd和实战278-展示图.psd / 难易指数：★★☆☆☆

PS技术点睛

● 运用文字工具、混合模式等制作设计图效果。
● 运用混合模式、载入选区等制作CD包装展示图效果。

设计思路分析

本例设计的是一个音乐CD的包装，其风格主要凸显出个性时尚的特质，将两张图叠加在一起制作成不规则涂鸦形式作为背景，再运用艺术音乐符号来突出重点，使整个CD的风格让人耳目一新。

01 启动Photoshop CS6，按Ctrl+N组合键新建一个"CD包装"文件，具体参数设置如图13-23所示。

02 打开光盘中的"素材文件>CH13>278-1.jpg"文件，然后将其拖曳到"CD包装"操作界面中，并将其命名为"图层1"，如图13-24所示。

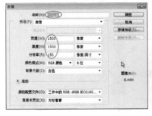

图13-23

图13-24

03 打开光盘中的"素材文件>CH13>278-2.jpg"文件，然后将其拖曳到"CD包装"操作界面中，并将其命名为"图层2"，接着设置其"混合模式"为"正片叠底"，如图13-25所示。

04 使用"横排文字工具" [T.] 在绘图区域中输入相应文字，并设置好合适的字体样式、字体大小和颜色，效果如图13-26所示。

图13-25

图13-26

05 打开光盘中的"素材文件>CH13>278-3.psd"CD模型分层文件，然后将文件另存为"CD包装展示"文件，如图13-27所示。

06 将"CD包装"文件拖曳到"CD包装展示"文件中，然后将制作好的封面效果粘贴到模型上，为了使画面更加逼真，需要将设计图的"混合模式"设置为"正片叠底"，最后调整好图片与文字的位置，最终效果如图13-28所示。

图13-27

图13-28

07 将光盘中的"素材文件>CH13>278-4.jpg"文件导入"CD包装展示"操作界面中，然后将其放置到合适的位置，最终效果如图13-29所示。

图13-29

实战 279 比萨盒包装

文件位置: 光盘>实例文件>CH13>实战279-平面图.psd和实战279-展示图.psd / 难易指数: ★★☆☆☆

PS技术点睛
● 运用文字工具、"椭圆选框工具"、填充选区及创建文字变形等制作设计图效果。
● 运用自由变换模式、填充选区及羽化选区等制作展示图效果。

设计思路分析
本例制作的是比萨包装盒，着重体现出比萨本身的诱人、新鲜的效果，用红色和白色作为主色调，让整个设计看起来活泼但不死板。

01 启动Photoshop CS6，按Ctrl+N组合键新建一个"比萨盒包装"文件，具体参数设置如图13-30所示。

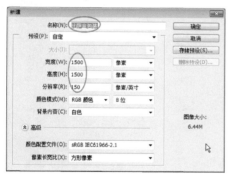

图13-30

02 打开光盘中的"素材文件>CH13>279-1.jpg"文件，然后将其拖曳到"比萨盒包装"操作界面中，并将其命名为"图层1"，如图13-31所示。

图13-31

03 将前景色设置为红色（R:164，G:8，B:8），然后新建一个"图层2"，接着使用"椭圆选框工具" ⬭ 绘制一个椭圆形选框，如图13-32所示，最后按Ctrl+Shift+I组合键反向选择，并按Alt+Delete组合键进行填充，效果如图13-33所示。

图13-32

图13-33

04 将前景色设置为黑色，然后使用"横排文字工具" [T] 在绘图区域中输入相应文字，并设置好合适的字体样式、字体大小和颜色，效果如图13-34所示。

图13-34

05 将前景色设置为绿色（R:38，G:86，B:6），然后使用"横排文字工具" [T] 在绘图区域中输入相应文字，并设置好合适的字体样式、字体大小和颜色，接着单击"创建文字变形"按钮 [工]，打开"变形文字"对话框，最后设置"样式"为"扇形"、"弯曲"为-25%，具体参数设置如图13-35所示，效果如图13-36所示。

图13-35

图13-36

06 输入其他文字，并拖曳到合适的位置，然后在最顶层新建一个"效果"图层，然后按Ctrl+Shift+Alt+E组合键盖印合并图层，最终效果如图13-37所示。

07 按Ctrl+N组合键再新建一个"比萨盒包装展示效果"文件，具体参数设置如图13-38所示。

图13-37

图13-38

08 将光盘中的"素材文件>CH13>279-2.jpg"文件导入"比萨盒包装展示效果"操作界面中，并将其命名为"图层1"，如图13-39所示。

图13-39

09 将光盘中的"素材文件>CH13>279-3.png、279-4.png"文件导入"比萨盒包装展示效果"操作界面中，并分别命名为"图层2"和"图层3"，如图13-40所示。

图13-40

10 将"比萨盒包装"文件中"效果"图层拖曳到"比萨盒包装展示效果"操作界面中，然后赋予到模型盒上，接着导入的"素材文件>CH13>279-5.png"文件，并放置到合适的位置，最后绘制出投影效果，最终效果如图13-41所示。

图13-41

实战 280 爆米花包装

文件位置：光盘>实例文件>CH13>实战280-平面图.psd和实战280-展示图.psd / 难易指数：★★★☆☆

PS技术点睛

● 运用"矩形选框工具"、"分布"命令、路径、选区、文字工具
  等制作设计图效果。
● 运用自由变换模式、图层蒙版、"渐变工具"等制作包装盒立体效果。
● 运用自由变换模式等制作包装盒倒影。

设计思路分析

这是一款典型的爆米花包装盒设计，用黄、绿、红等亮色作为栅栏式的搭配效果，再加上爆米花的卡通图案以及文字，这样不仅看起来美观，也能增加用户的感知度。

01 启动Photoshop CS6，按Ctrl+N组合键新建一个"爆米花包装"文件，具体参数设置如图13-42所示。

图13-42

02 使用"矩形选框工具"绘制一个矩形长条，并填充为白色，如图13-43所示，然后将其复制3个出来，接着将左右两边的两个矩形放置到操作界面靠外的两边，再选择这4个矩形，并执行"图层>分布>水平居中"菜单命令，最后按Ctrl+E组合键将其合并为"图层1"，效果如图13-44所示。

03 使用"魔棒工具"框选图形，并依次填充为红色（R:236，G:93，B:93）、绿色（R:121，G:157，B:97）、黄色（R:255，G:210，B:101），如图13-45和图13-46所示。

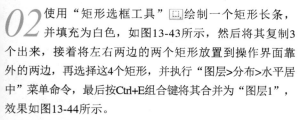

图13-43   图13-44   图13-45

图13-46

04 选择"裁剪工具"将多余的白条边裁剪掉，如图13-47所示，然后按Ctrl+T组合键进入自由变换模式，接着单击鼠标右键，在弹出的快捷菜单中选择"透视"命令，如图13-48所示，再将图形底部向内收缩，效果如图13-49所示。

图13-47   图13-48   图13-49

05 使用"钢笔工具"绘制路径并载入选区，然后删除多余内容，最后为其添加一个"斜面和浮雕"图层样式，具体参数设置如图13-50所示，效果如图13-51所示。

06 将光盘中的"素材文件>CH13>280-1.png"文件导入"爆米花包装"操作界面中，然后复制多个，并合并为"图层2"，如图13-52所示，接着将"图层1"

载入选区，并选择"图层2"，最后按Ctrl+Shift+I组合键进行反选，并删除掉该选区中的内容，效果如图13-53所示。

07 设置前景色为白色，然后使用"横排文字工具" 在绘图区域中输入相应文字，并设置好合适的字体样式、字体大小和颜色，接着为其添加一个"大小"为10像素的"描边"图层样式，最后在顶层新建一个"效果"图层，并按Ctrl+Shift+Alt+E组合键盖印并合并图层，效果如图13-54所示。

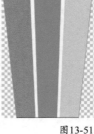

图13-50　　　　图13-51　　　　图13-52

图13-53　　　　图13-54

08 按Ctrl+N组合键新建一个"爆米花包装展示"文件，具体参数设置如图13-55所示。

图13-55

09 将"爆米花包装"文件中的"效果"图层拖曳到"爆米花包装展示"文件操作界面中，并复制一个"效果副本"图层，然后分别进入自由变换模式进行调整，将"效果"图层作为爆米花盒的正面，"效果副本"图层作为侧面，如图13-56所示。

10 新建一个"图层1"，然后将"效果副本"图层载入选区，并填充为黑色，接着为"图层1"添加一个图层蒙版，并使用"渐变工具" 的"线性渐变"绘制渐变效果，最后将"不透明度"设置为60%，如图13-57所示，效果如图13-58所示。

图13-56　　　　图13-57　　　　图13-58

技巧与提示

要呈现一个物体的立体感，便需要加上合适的光影效果，这里添加了一些深色，来区分正面与侧面。

11 可以使用相同的方法，为包装盒正面添加较浅一些的渐变色，效果如图13-59所示。

12 分别将正面和侧面部分进行复制并垂直反转，然后制作倒影效果，如图13-60所示。

图13-59　　　　图13-60

13 将光盘中的"素材文件>CH13>280-2.jpg"文件导入"爆米花包装展示"操作界面中，然后擦除多余部分，最终效果如图13-61所示。

图13-61

实战 281 防晒霜包装

文件位置: 光盘>实例文件>CH13>实战281.psd / 难易指数: ★★★☆☆

PS技术点睛

● 运用选区、"填充工具"、"正片叠底"等制作包装底纹。
● 运用"文字工具"、载入选区、填充选区等制作包装表面效果。
● 运用图层蒙版、"渐变工具"等制作产品立体效果与投影。

设计思路分析

　　本例设计的是一款时尚防晒霜包装，防晒霜一般都是夏日使用，而夏日阳光海滩能最完美地诠释防晒霜的作用，所以大家可以用海滩作为背景，而防晒霜的包装用淡黄色，使其能在蓝色背景下更加亮眼。

01 启动Photoshop CS6，按Ctrl+N组合键新建一个"防晒霜包装"文件，具体参数设置如图13-62所示。

02 将光盘中的"素材文件>CH13>281-1.png"文件导入到"防晒霜包装"操作界面中，并将其命名为"图层1"，如图13-63所示。

图13-62

图13-63

03 将光盘中的"素材文件>CH13>281-2.jpg"文件导入到"防晒霜包装"操作界面中，然后将其命名为"图层2"，如图13-64所示。

04 将"图层2"等比拉伸至能够完全覆盖"图层1"的图形，然后将"图层1"载入选区，接着选择"图层2"，再按Ctrl+Shift+I组合键进行反选，并删除该反选选区中的内容，最后设置其"混合类型"为"正片叠底"、"不透明度"为30%，效果如图13-65所示。

图13-64

图13-65

05 使用"钢笔工具" 绘制出路径，并按Ctrl+Enter组合键载入选区，然后选择"图层2"，并按Delete键删除选区中的内容，如图13-66所示，接着设置前景色为橙色（R:253，G:120，B:2），再新建"图层3"，并将选区进行填充，最后设置其"混合模式"为"正片叠底"，效果如图13-67所示。

图13-66　　　　　　　　　　　　图13-67

06 将光盘中的"素材文件>CH13>281-3.png"文件导入到"防晒霜包装"操作界面中，并将其命名为"图层4"，然后设置前景色为（R:121，G:107，B:83），并将其载入选区，接着进行填充，再复制一个"图层4副本"，并将其放置到合适的位置，最后将"混合模式"设置为"正片叠底"，效果如图13-68所示。

图13-68

07 使用"横排文字工具" T 在绘图区域中输入相应文字，并设置好合适的字体样式、字体大小和颜色，效果如图13-69所示。

图13-69

08 将光盘中的"素材文件>CH13>281-4.png"文件导入到"防晒霜包装"操作界面中，并将其命名为"图层5"，然后使用"矩形选框工具" □，选择并删除图形的上半部分，最后再复制一个并将其摆放到合适的位置，效果如图13-70所示。

图13-70

09 使用"横排文字工具" T 在绘图区域中完善其他文字，并设置好合适的字体样式、字体大小和颜色，效果如图13-71所示。

图13-71

10 为了使产品表现更加有立体感，首先新建一个"图层6"，然后使用"矩形选框工具"沿着左边图形绘制一个矩形框，并填充为灰色，接着为其添加一个图层蒙版，并使用"渐变工具" □ 中的"线性渐变"制作出渐变效果，最后设置"不透明度"为30%，如图13-72所示，使用类似方法为右边图形也添加一个渐变效果，效果如图13-73所示。

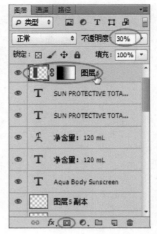

图13-72   图13-73

11 在"背景"图层之上新建一个"投影"图层，然后使用"钢笔工具" ✐ 勾出投影轮廓，并载入选区，然后在单击鼠标右键所弹出的快捷菜单中选择"羽化"命令进行羽化，接着参照上一步的方法添加图层蒙版并制作出渐变效果，此外还可以在产品底部添加一些重色，效果如图13-74所示。

图13-74

12 将光盘中的"素材文件>CH13>281-5.jpg"文件导入到"防晒霜包装"操作界面中，并将其置于"背景"图层之上，最终效果如图13-75所示。

图13-75

实战 282 曲奇饼干包装

文件位置：光盘>实例文件>CH13>实战282-平面图.psd和实战282-展示图.psd / 难易指数：★★★☆☆

PS技术点睛

● 运用"多边形工具"、载入选区、"正片叠底"等制作包装底纹。
● 运用文字工具、载入选区、图层样式等制作包装表面效果。
● 运用自由变换模式、图层蒙版、"渐变工具"等制作产品立体效果与投影。

设计思路分析

这是一款曲奇饼干的包装设计，采用了中式六边形的设计，与曲奇结合，可用于节日礼物包装。

01 启动Photoshop CS6，按Ctrl+N组合键新建一个"曲奇饼干包装"文件，具体参数设置如图13-76所示。

02 设置前景色为蓝色（R:6，G:29，B:97），然后新建一个"图层1"，接着使用"多边形工具" 绘制一个正六边形，并按Ctrl+Enter组合键载入选区，最后进行填充，效果如图13-77所示。

图13-76

图13-77

03 设置前景色为淡黄色（R:252，G:230，B:191），然后新建一个"图层2"，接着使用"椭圆选框工具" 绘制一个圆形，并按Ctrl+Enter组合键载入选区，最后进行填充，效果如图13-78所示。

04 将光盘中的"素材文件>CH13>282-1.png"文件导入到"曲奇饼干包装"操作界面中，并将其命名为"图层3"，然后设置合适的大小和位置，接着将"图层2"载入选区，再按Ctrl+Shift+I组合键反向选择，并删除该选区中的内容，最后设置其"不透明度"为50%，效果如图13-79所示。

图13-78 图13-79

05 将光盘中的"素材文件>CH13>282-2.png"文件导入到"曲奇饼干包装"操作界面中，并将其命名为"图层4"，然后将"图层2"载入选区，并反向删除"图层4"中多余内容，接着将其"混合模式"设置为"正片叠底"，效果如图13-80所示。

图13-80

06 将光盘中的"素材文件>CH13>282-3.png"文件导入到"曲奇饼干包装"操作界面中，并将其命名为"图层5"，然后将"图层2"载入选区，并反向删除"图层5"中多余内容，接着为其添加一个"投影"图层样式，并设置其颜色为咖啡色、"角度"为-41度、"距离"为14像素、"扩展"为0%、"大小"为16像素，具体参数设置如图13-81所示，效果如图13-82所示。

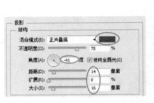

图13-81　　　　　　　　　　图13-82

图13-87　　　　　　　　　　图13-88

07 将前景色设置为红色，然后使用"横排文字工具"[T.]在绘图区域中输入相应文字，并设置好合适的字体样式、字体大小和颜色，接着为其添加一个"描边"图层样式，并设置其"大小"为7像素、"颜色"为深蓝色，具体参数设置如图13-83所示，效果如图13-84所示。

图13-89

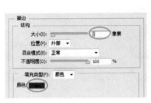

图13-83　　　　　　　　　　图13-84

08 将光盘中的"素材文件>CH13>282-4.png"文件导入到"曲奇饼干包装"操作界面中，并将其命名为"图层6"，效果如图13-85所示。

09 将光盘中的"素材文件>CH13>282-5.png"文件导入到"曲奇饼干包装"操作界面中，并将其命名为"图层7"，效果如图13-86所示。

12 按Ctrl+N组合键新建一个"曲奇饼干包装展示图"文件，具体参数设置如图13-90所示。

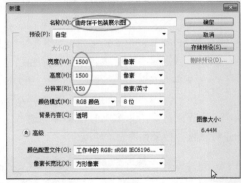

图13-90

13 将"曲奇饼干包装"文件中的"效果"图层拖曳到"曲奇饼干包装展示图"文件中，并制作好最终展示图，最终效果如图13-91所示。

图13-85　　　　　　　　　　图13-86

10 将前景色设置为深灰色，并新建一个"图层7副本"，然后使用"椭圆选框工具"[○.]，接着在选框中单击鼠标右键，并在弹出的快捷菜单中选择"羽化"命令，再在弹出的"羽化选区"对话框中设置"羽化半径"为5像素，如图13-87所示，最后将该图层置于"图层7"之下，效果如图13-88所示。

11 利用选区、图层样式等绘制出其他内容，效果如图13-89所示，然后关闭"背景"图层，接着在顶层新建一个"效果"图层，并按Ctrl+Shift+Alt+E组合键盖印并合并图层。

图13-91

实战 283 牛奶包装

文件位置：光盘>实例文件>CH13>实战283-平面图.psd和实战283-展示图.psd / 难易指数：★★☆☆☆

PS技术点睛

● 运用"亮度/对比度"命令、"钢笔工具"、载入选区并填充选区、文字工具等制作包装正面图效果。
● 运用文字工具、"圆角矩形工具"、"描边"命令等制作包装侧面图效果。
● 运用自由变换模式、"钢笔工具"、蒙版、"渐变工具"等制作牛奶盒包装展示图。

设计思路分析

　　本例设计的是一款牛奶的包装，蓝色和白色是本例牛奶包装的主要色调，其中再加以类似拉长效果的MILK字体，形成一种液体流线造型，最后的展示效果图配上杯装牛奶与浅蓝色背景，提升了该产品包装的档次。

01 启动Photoshop CS6，按Ctrl+N组合键新建一个"牛奶包装设计"文件，具体参数设置如图13-92所示。

图13-92

02 将光盘中的"素材文件>CH13>283-1.jpg"文件导入到"牛奶包装设计"操作界面中，并将其命名为"图层1"，然后执行"图像>调整>亮度/对比度"菜单命令，打开"亮度/对比度"对话框，接着设置"亮度"为5、"对比度"为70，具体参数设置如图13-93所示，效果如图13-94所示。

图13-93　　　　　　　　　　图13-94

03 新建一个"图层2"，然后使用"钢笔工具"绘制出路径，接着按Ctrl+Enter组合键将其载入选区，再设置前景色为蓝色（R:3，G:75，B:173），并

将其填充，最后执行"图层>图层样式>斜面和浮雕"菜单命令，打开"图层样式"对话框，并设置其"方向"为"下"，如图13-95所示，效果如图13-96所示。

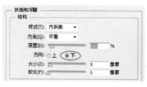

图13-95　　　　　　　　　　图13-96

04 新建一个"图层3"，然后使用"矩形选框工具"绘制一个矩形选框，接着设置前景色为红色（R:211，G:0，B:22），并进行填充，效果如图13-97所示。

图13-97

05 将光盘中的"素材文件>CH13>283-2.png"文件导入到"牛奶包装设计"操作界面中，并将其命名为"图层4"，然后为其添加一个"大小"为7像素、"颜色"为白色的"描边"图层样式，具体参数设置如图13-98所示，效果如图13-99所示。

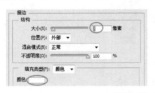

图13-98 图13-99

06 新建一个"图层5"，然后使用"钢笔工具" 绘制出水滴形状的路径，接着将其载入选区并填充为白色，最后为其添加"内阴影"图层样式和"投影"图层样式，具体参数设置如图13-100和图13-101所示，效果如图13-102所示。

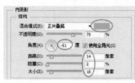

图13-100

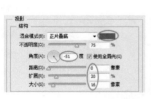

图13-101 图13-102

07 使用"横排文字工具" 在绘图区域中输入相应文字，并设置好合适的字体样式、字体大小和颜色，然后在顶层新建一个"正面效果"图层，接着按Ctrl+Shift+Alt+E组合键盖印并合并图层，效果如图13-103所示。

08 隐藏前面创建的图层，并新建一个"图层6"，然后使用"圆角矩形工具" 绘制一个圆角矩形路径，接着将其载入选区并进行描边，再将"图层4"复制并拖曳到合适的位置，最后将其命名为"图层7"，效果如图13-104所示。

09 将光盘中的"素材文件>CH13>283-3.png、283-4.png"文件分别导入到"牛奶包装设计"操作界面中，然后分别命名为"图层8"和"图层9"，接着调节好颜色、大小和位置，再输入相应文字信息，最后新建一个"侧面效果"图层，并按Ctrl+Shift+Alt+E组合键盖印并合并图层，效果如图13-105所示。

图13-103 图13-104 图13-105

10 打开光盘中的"素材文件>CH13>283-5.psd"文件，然后将其另存为并重命名为"牛奶包装展示效果"，如图13-106所示。

图13-106

技巧与提示

该.psd文件中其余内容的设置这里不再进行讲解，可以查看文件中的分层图层。

11 将"牛奶包装设计"文件中的"正面效果"和"侧面效果"图层拖曳到"牛奶包装展示效果"操作界面中，然后利用自由变换模式将效果图贴到包装盒上，接着添加相应的色块，最后制作出倒影效果，最终效果如图13-107所示。

图13-107

实战 284 啤酒包装

文件位置：光盘>实例文件>CH13>实战284.psd / 难易指数：★★★★☆

PS技术点睛

● 运用"矩形选框工具"、"椭圆选框工具"、"渐变叠加"图层样式、自由变换模式等制作包装图底层效果。
● 运用文字工具、图层样式、调整图像的黑白等制作包装图其余效果。
● 运用图层蒙版、"渐变工具"等制作啤酒包装展示图。

设计思路分析

本例设计的是一款啤酒包装，主要采用银色和白色作为主基调，以突出产品的高端大气，再用小麦印花作为包装背景，以凸显产品的纯正，最后的展示效果图是以素材图与渐变色相融合的。

01 启动Photoshop CS6，按Ctrl+N组合键新建一个"啤酒包装设计"文件，具体参数设置如图13-108所示。

图13-108

02 将背景色填充为淡黄色，然后打开光盘中的"素材文件>CH13>284-1.png"文件，接着将其导入到"啤酒包装设计"操作界面中，最后命名为"图层1"，如图13-109所示。

图13-109

03 新建一个"图层2"，然后使用"矩形选框工具"绘制一个矩形选框，并将其填充为白色，接着按Ctrl+T进入自由变换模式将其调成出弧度，再继续使用"椭圆选框工具"绘制一个圆形，并同样填充为白色，效果如图13-110所示。

04 将"图层1"载入选区，然后反向删除"图层2"中多余的内容，效果如图13-111所示。

图13-110   图13-111

05 执行"图层>图层样式>渐变叠加"菜单命令，打开"图层样式"对话框，然后设置其"样式"为"线性"、"角度"为0度，接着单击"渐变"后面的渐变色通道，打开"渐变编辑器"并进行设置，具体参数

设置如图13-112和图13-113所示，效果如图13-114所示。

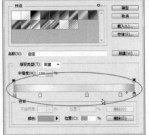

图13-112　　　　　图13-113

图13-114

06 新建一个"图层3"，然后将"图层2"载入选区，接着单击"矩形选框工具" ，按住Alt键的同时在操作界面中进行绘制（绘制的部分为减选选区），如图13-115所示，再填充任意色，并使用自由变换模式中的"变形"命令进行变形，效果如图13-116所示。

图13-115　　　　　图13-116

07 执行"图层>图层样式>渐变叠加"菜单命令，打开"图层样式"对话框，然后设置其"样式"为"线性"、"角度"为0度，接着单击"渐变"后面的渐变色通道，打开"渐变编辑器"并进行设置，具体参数

设置如图13-117和图13-118所示，效果如图13-119所示。

08 利用类似方法制作出银灰色的底边，效果如图13-120所示。

图13-117　　　　　图13-118

图13-119　　　　　图13-120

09 打开光盘中的"素材文件>CH13>284-2.png"文件，并将其导入到"啤酒包装设计"操作界面中，然后命名为"图层5"，接着设置其"混合模式"为"明度"，最后去掉多余部分，效果如图13-121所示。

10 打开光盘中的"素材文件>CH13>284-3.png"文件，并将其导入到"啤酒包装设计"操作界面中，然后命名为"图层6"，效果如图13-122所示。

图13-121　　　　　图13-122

11 打开光盘中的"素材文件>CH13>284-4.jpg"文件,并将其导入到"啤酒包装设计"操作界面中,然后命名为"图层7",接着执行"图像>调整>黑白"菜单命令,打开"黑白"对话框,具体参数设置如图13-123所示,最后设置其"混合模式"为"正片叠底",效果如图13-124所示。

图13-123

图13-124

12 使用"横排文字工具" T 在绘图区域中输入相应文字,并设置好合适的字体样式、字体大小和颜色,效果如图13-125所示。

图13-125

13 新建一个"图层8",然后使用"矩形选框工具" 在啤酒瓶颈绘制一个合适大小的矩形选框,并为其填充任意颜色,接着将"图层4"的图层样式复制到"图层8"中,可进行适当微调,效果如图13-126所示。

图13-126

14 复制一个"图层6副本",并将其命名为"图层9",然后输入相应文字,接着按Ctrl+E将该文字图层、"图层8"以及"图层9"合并为一个图层,最后使用自由变换模式进行调整,效果如图13-127所示。

图13-127

15 参考前面的步骤,制作出剩余部分,然后在顶层新建一个"包装效果"图层,接着按Ctrl+Shift+Alt+E组合键盖印并合并图层,将其余图层按Ctrl+G组合键成组并关闭该图层组,包装效果如图13-128所示。

图13-128

16 打开光盘中的"素材文件>CH13>284-5.jpg"文件,然后将其导入"啤酒包装设计"操作界面中,然后制作出啤酒的展示效果图,最终效果如图13-129所示。

图13-129

实战 285 耳机包装

文件位置：光盘>实例文件>CH13>实战285-平面图.psd和实战285-展示图.psd / 难易指数：★★★☆☆

PS技术点睛

● 运用"矩形选框工具"、自由变换模式等制作平面背景图。
● 运用文字工具、图层样式、自由变换模式、蒙版、"渐变工具"等制作平面主图。
● 运用滤镜中的"查找边缘"功能、文字工具制作Logo。
● 运用自由变换模式、蒙版、"渐变工具"等制作包装立体展示效果。

设计思路分析

本实例是一款耳机包装设计，主要以简单的白色作为主色调，加上梦幻的城市彩色虚影，以及渐变的倒影，表现出现代梦幻的感觉，最后在前景突出耳机本身形成三维效果。

01 启动Photoshop CS6，按Ctrl+N组合键新建一个"耳机包装设计"文件，具体参数设置如图13-130所示。

02 打开光盘中的"素材文件>CH13>285-1.jpg"文件，并将其导入到"耳机包装设计"操作界面中，然后命名为"图层1"，如图13-131所示，接着使用"矩形选框工具"绘制一个矩形选框，如图13-132所示，再按Ctrl+T组合键进入自由变换模式，并拖曳成如图13-133所示的效果，最后设置其"不透明度"为80%。

图13-130　　　　　　图13-131

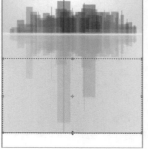

图13-132　　　　　　图13-133

03 打开光盘中的"素材文件>CH13>285-2.png"文件，然后使用"魔棒工具"选取空白区域，如图13-134所示，接着单击鼠标右键，在弹出的快捷菜单中选择"羽化"命令，并在弹出的"羽化选区"对话框中设置"羽化半径"为8像素，如图13-135所示，再按Delete键删除选区中的内容，如图13-136所示，最后将其导入到"耳机包装设计"操作界面中，并命名为"图层2"。

图13-134

图13-135

图13-136

04 执行"图层>图层样式>外发光"菜单命令，打开"图层样式"对话框，然后设置"外发光"样式，具体参数设置如图13-137所示，效果如图13-138所示。

05 复制一个"图层2副本"，然后按Ctrl+T组合键进入自由变换模式，将其进行垂直翻转，接着为其添加一个矢量蒙版，并使用"渐变工具"的"线性渐变"模式制作渐变的倒影效果，如图13-139所示。

06 设置前景色为黑色，然后使用"横排文字工具"▣ 输入"无线麦克风耳机"字样，并设置好合适的字体样式、大小等，接着将"图层2"的图层样式复制到该文字图层中，再输入其余英文字母，并放置到合适的位置，最后制作其倒影，效果如图13-140所示。

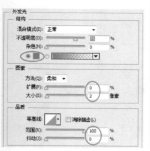

图13-137

图13-138

图13-139

图13-140

07 继续使用"横排文字工具"▣ 输入相应的英文字母，并设置好合适的字体样式、大小及颜色等，效果如图13-141所示。

MUSICPLAYER
IT SERVICE PROVIDER TO GLOBAL PREMIER

图13-141

08 复制一个"图层2"并重命名为"图层3"，删除图层样式，然后执行"滤镜>风格化>查找边缘"菜单命令，接着将该图层载入选区，并新建一个"图层4"，再填充该选区为粉色（R:228，G:129，B:169），并设置其"混合模式"为"叠加"，最后在顶层新建一个"平面效果"图层，并按Ctrl+Shift+Alt+E组合键盖印并合并图层，效果如图13-142所示。

图13-142

09 按Ctrl+N组合键新建一个"耳机包装展示效果"文件，具体参数设置如图13-143所示。

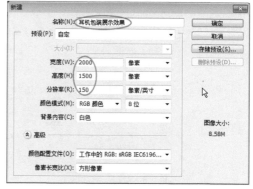

图13-143

10 将"耳机包装设计"文件中的"平面效果"图层拖曳"耳机包装展示效果"文件的操作界面中，然后制作包装盒的立体效果及背景、倒影等，最终展示效果如图13-144所示。

图13-144

实战 286 瓜子包装

文件位置：光盘>实例文件>CH13>实战286-平面图.psd和实战286-展示图.psd / 难易指数：★★★★☆

● 运用选区、"填充工具"、"钢笔工具"、文字工具等制作瓜子正面效果。
● 运用复制功能将正面区域中的一些元素加入到背面区域中，然后绘制出其他元素来完善背面效果。
● 运用"减淡工具"和"加深工具"制作瓜子的立体包装效果图。

设计思路分析

　　本例设计的是一款瓜子包装，以白色为底色，黑灰色的边框与古代简笔画，简洁的印花图案与印章效果，让中式的瓜子包装更加具有历史底蕴。

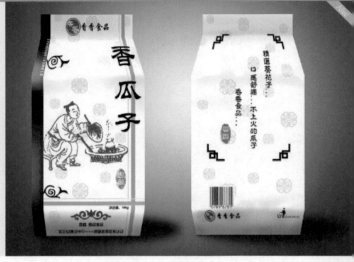

01 启动Photoshop CS6，按Ctrl+N组合键新建一个"瓜子包装设计"文件，具体参数设置如图13-145所示。

图13-145

02 新建一个"图层1"，然后使用"矩形选框工具"绘制出左侧的色块区域，并用黑色填充选区，效果如图13-146所示，接着再新建一个"图层2"，并绘制出右侧的色块区域，再设置前景色为（R:159，G:160，B:160），最后用前景色填充选区，效果如图13-147所示。

03 复制出一个"图层2副本"，然后将其向左移动一些像素，再将其作合适的自由变换，载入"图层2副本"的选区，最后设置前景色为（R:220，G:221，B:221），并进行填充，效果如图13-148所示。

04 将"图层2"和"图层2副本"合并为"图层2"，然后按Ctrl+J组合键进行复制并将其命名为"图层3"，接着执行"编辑>自由变换"菜单命令，再在绘图区域中单击鼠标右键，并在弹出的快捷菜单中选择"顺时针旋转90度"命令，最后调整图层顺序，效果如图13-149所示。

图13-146　　　　图13-147　　　　图13-148　　　　图13-149

05 打开光盘中的"素材文件>CH13>286-1.png"文件，然后将其导入到"瓜子包装设计"操作界面中的合适位置，接着再多复制一些花纹副本到合适的位置，使画面更加丰富，最后将所有的花纹图层合并为"图层4"，效果如图13-150所示。

06 打开光盘中的"素材文件>CH13>286-2.png"文件，然后将其导入到"瓜子包装设计"操作界面中的合适位置，并将其命名为"图层5"，接着执行"编辑>自由变换"菜单命令，最后将其等比例缩小到如图13-151所示的大小。

图13-150　　　　图13-151

07 使用"直排文字工具" ⬚ 在绘图区域中输入"香瓜子"3个字,然后设置好合适的字体样式、字体大小和颜色,效果如图13-152所示。

图13-152

08 新建一个"图层6",然后使用"椭圆选框工具" ⬚ 绘制一个大小合适的圆形选区,接着设置前景色为(R:143,G:41,B:65),并进行填充,如图13-153所示,再执行"选择>修改>收缩"菜单命令,并在弹出的"收缩选区"对话框中设置"收缩量"为5像素,如图13-154所示,最后执行"编辑>描边"菜单命令,在弹出的"描边"对话框中设置相关参数,具体参数设置如图13-155所示,效果如图13-156所示。

图13-153

图13-154

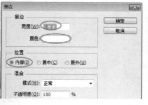

图13-155

图13-156

09 设置前景色为白色,然后使用"横排文字工具" ⬚ 工具在圆形图形的内部分别输入两个"香"字,并设置合适的大小和位置,接着设置前景色为黑色,再使用"横排文字工具" ⬚ 在标志的区域中输入"香香食品"4个字,效果如图13-157所示。

图13-157

10 新建一个"图层7",然后使用"钢笔工具" ⬚ 绘制出如图13-158所示的路径,接着按Ctrl+Enter组合键载入该路径的选区,再用黑色填充选区,效果如图13-159所示。

图13-158

图13-159

11 复制出一个"图层7副本",然后执行"选择>编辑>自由变换"菜单命令,接着在绘图区域中单击鼠标右键,并在弹出的快捷菜单中选择"垂直翻转"命令,最后分别将两个图层拖曳到合适的位置,效果如图13-160所示。

12 打开光盘中的"素材文件>CH13>286-3.png"文件,然后将其导入到"瓜子包装设计"操作界面中的合适位置,并将其命名为"图层8",接着执行"图层>图层样式>斜面和浮雕"菜单命令,打开"斜面和浮雕"对话框,最后设置其"样式"为"外斜面"、"方法"为"雕刻清晰"、"大小"为0像素,具体参数设置如图13-161所示,效果如图13-162所示。

图13-160　　　　图13-161　　　　图13-162

13 新建一个"图层9",然后使用"套索工具" ⬚ 勾选出印章的形状选区,接着设置前景色为(R:215,G:45,B:46),再用前景色填充选区,效果如图13-163所示。

14 单击"橡皮擦工具" ⬚ 按钮,并在属性栏中进行如图13-164所示的设置,然后使用"橡皮擦工具" ⬚ 擦掉一些边缘,效果如图13-165所示。

图13-163　　　　图13-164　　　　图13-165

▶ 技巧与提示 ✐

　　在使用"橡皮擦工具"时,要不断地改变"不透明度"和"流量",这样才能绘制出更加自然的效果。

15 使用"横排文字工具" T 在印章上面输入相应的文字信息（字体为篆体），效果如图13-166所示，然后将其栅格化，接着采用上面的方法擦除一些边缘效果，完成后的效果如图13-167所示。

16 使用"横排文字工具" T 在绘图区域中的合适位置输入相关的文字信息，然后在顶层新建一个"正面效果"图层，接着按Ctrl+Shift+Alt+E组合键盖印并合并图层，整体效果如图13-168所示，最后将其余图层按Ctrl+G组合键成组并关闭该"组1"。

17 新建一个"图层10"，然后参照正面的底图花纹制作该背面的底图效果，如图13-169所示。

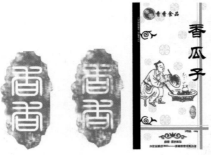

图13-166 图13-167 图13-168 图13-169

技巧与提示

背面的整体效果来看看起来有些空洞，可以单击"工具箱"中的"仿制图章工具" 按钮，然后按住Alt键的同时将光标拖曳到完整的花纹中心并单击鼠标左键完成复制操作，再将光标拖曳到空白区域并单击鼠标左键。

18 新建一个"图层11"，然后使用"矩形选框工具" 或"钢笔工具" 绘制出如图13-170所示的图形，接着复制出3个副本图层，并将其位置进行调整，再将这4个图层合并为"图层11"，最后使用"横排文字工具" T 在绘图区域输入相应的文字信息，效果如图13-171所示。

图13-170 图13-171

19 将光盘中的"素材文件>CH13>286-4.png、286-5.png"文件分别导入到"瓜子包装设计"操作界面中的合适位置，接着制作剩下的部分，最后在顶层新建一个"背面效果"图层，接着按Ctrl+Shift+Alt+E组合键盖印并合并图层，最后将其余图层按Ctrl+G组合键成组并关闭该"组2"，效果如图13-172所示。

图13-172

20 按Ctrl+N组合键新建一个"瓜子包装效果图"文件，具体参数设置如图13-173所示。

21 将"瓜子包装设计"文件中的"正面效果"、"侧面效果"两个图层拖曳到"瓜子包装效果图"文件中，然后制作背景与阴影等，最终立体展示效果如图13-174所示。

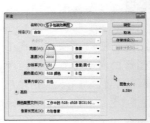

图13-173 图13-174

技巧与提示

在后面制作展示效果的步骤没有进行讲解，但需要提醒一下，利用"加深工具" 和"减淡工具" 能使整个画面更有层次感，但要想达到很好的立体效果，需要有很好的耐心。

另外本例的技术含量并不高，但技巧性却不容忽视，特别是高光和暗部区域的把握是一个重点，在制作的时候要反复调试，不断改变"减淡工具"和"加深工具"的"主直径"和"不透明度"才能制作出完美的作品。

实战 287 茶叶包装

文件位置：光盘>实例文件>CH13>实战287-平面图.psd和实战287-展示图.psd / 难易指数：★★★☆☆

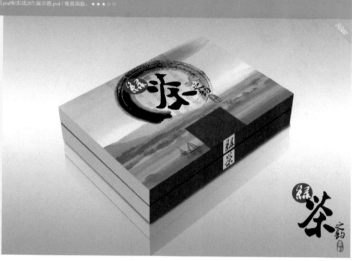

PS技术点睛
- 运用混合模式、图层样式、"椭圆选框工具"、填充选区、文字工具等制作正面平面图效果。
- 运用"椭圆选框工具"、文字工具、"栅格化文字"命令、"橡皮擦工具"制作印章。
- 运用自由变换模式、"钢笔工具"、蒙版、"渐变工具"等制作茶叶包装展示图。

设计思路分析
　　本例设计的是一款绿茶的包装礼盒，采用绿色作为主要色调，让淡绿、浅绿、灰绿自然过渡，配合毛笔字体水墨风格，突出茶叶的古朴典雅。

01 启动Photoshop CS6，按Ctrl+N组合键新建一个"茶叶包装设计"文件，具体参数设置如图13-175所示。

02 设置前景色为淡黄色（R:245，G:252，B:210），然后新建一个"图层1"，接着按Alt+Delete组合键进行填充，效果如图13-176所示。

图13-175　　　　　　　　　　图13-176

03 打开光盘中的"素材文件>CH13>287-1.jpg"文件，然后将其导入到"茶叶包装设计"操作界面中的合适位置，并将其命名为"图层2"，接着设置其"混合模式"为"正片叠底"、"不透明度"为80%，效果如图13-177所示。

04 将前景色设置为黑色，然后使用"直排文字工具" T 输入相应的文字，接着设置好合适的字体、大小及位置，最后设置其"不透明度"为30%，效果如图13-178所示。

图13-177　　　　　　　　　　图13-178

05 新建一个"图层3"，然后使用"画笔工具" 绘制出水墨效果，如图13-179所示。

图13-179

技巧与提示 　这种水墨画笔样式读者可以去网上下载使用。

06 使用"横排文字工具" T 输入相应文字，并设置好合适字体样式、大小及位置，效果如图13-180所示。

07 将前景色设置为绿色，然后新建一个"图层4"，接着使用"椭圆选框工具" 绘制一个圆形选区，然后进行填充，最后再添加上文字，效果如图13-181所示。

图13-180　　　　　　　　　　图13-181

08 新建一个"图层5"并设置前景色为红色，然后使用"套索工具" 绘制出一个椭圆形边缘，接着载入选区并进行填充，再使用"橡皮擦工具" 擦除

多余部分，如图13-182所示，最后输入相应文字，并将其栅格化，再次使用"橡皮擦工具" ◢ 擦除多余部分，效果如图13-183所示。

图13-182　　　　　　　　　　　图13-183

制作印章的具体方法请参照本书实战286中的制作方法。

09 设置前景色为绿色（R:2，G:48，B:30），然后新建一个"图层6"，接着使用"矩形选框工具" ▣ 在合适的位置绘制一个矩形选区并进行填充，最后执行"图层>图层样式>投影"菜单命令，打开"图层样式"对话框，并设置投影的"距离"为0像素、"扩展"为7%、"大小"为16像素，具体参数设置如图13-184所示，效果如图13-185所示。

图13-184　　　　　　　　　　　图13-185

10 打开光盘中的"素材文件>CH13>287-2.png"文件，然后将其导入到"茶叶包装设计"操作界面中的合适位置，并将其命名为"图层7"，接着执行"图像>调整>替换颜色"菜单命令，打开"替换颜色"对话框，具体参数设置如图13-186所示，效果如图13-187所示。

图13-186

图13-187

11 打开光盘中的"素材文件>CH13>287-3.png"文件，然后将其导入到"茶叶包装设计"操作界面中的合适位置，并将其命名为"图层8"，接着为其添加一个"投影"图层样式，最后在顶层新建一个"效果"图层，并按Ctrl+Shift+Alt+E组合键盖印并合并其余图层，效果如图13-188所示。

图13-188

12 按Ctrl+N组合键新建一个"茶叶包装展示效果"文件，具体参数设置如图13-189所示。

图13-189

13 制作出茶叶包装盒立体效果，并制作出倒影、背景等，最终效果如图13-190所示。

图13-190

实战 288 月饼包装

文件位置：光盘>实例文件>CH13>实战288-平面图.psd和实战288-展示图.psd / 难易指数：★★★★☆

PS技术点睛

● 调整图像的亮度/对比度、然后运用"可选颜色"命令、"去色"命令、滤镜等制作平面底图效果。

● 运用文字工具、"矩形选框工具"、"描边路径"命令、"橡皮擦工具"、混合模式等制作文字与印章等效果。

● 运用自由变换模式、"钢笔工具"、"画笔工具"、蒙版、"渐变工具"等制作月饼包装展示图。

设计思路分析

本例是一款月饼包装设计，运用了金色和红色来突出节日的喜庆以及礼品的贵重，再配合典型的祥云图案和简单的荷花印花，表现出"荷庭赏月，身携万缕藕花香"的意境。

01 启动Photoshop CS6，按Ctrl+N组合键新建一个"月饼包装设计"文件，具体参数设置如图13-191所示。

02 设置前景色为黄色（R:255，G:231，B:194），然后新建一个"图层1"，接着按Alt+Delete组合键进行填充，效果如图13-192所示。

图13-191　　　　　　　　图13-192

03 打开光盘中的"素材文件>CH13>288-1.jpg"文件，然后将其导入到"月饼包装设计"操作界面中的合适位置，并将其命名为"图层2"，接着在"图层"面板下方单击"创建新的填充或调整图层"按钮 ，在弹出的菜单中选择"亮度/对比度"命令，最后在"属性"面板中设置"亮度"为40、"对比度"为100，具体参数设置如图13-193所示，效果如图13-194所示。

图13-193　　　　　　　　图13-194

04 继续在"图层"面板下方单击"创建新的填充或调整图层" 按钮，在弹出的菜单中选择"可选颜色"命令，然后在"属性"面板中进行设置，具体参数设置如图13-195~图13-198所示，效果如图13-199所示。

图13-195

图13-196

图13-197

图13-198

图13-199

05 按Ctrl+E组合键将其合并为"图层2"，然后执行"图层>调整>去色"菜单命令，接着执行"滤镜>滤镜库"菜单命令，打开"喷溅"对话框，并设置喷溅的"喷色半径"为25、"平滑度"为15，具体参数设置如图13-200所示，最后设置该图层的"混合模式"为"正片叠底"、"不透明度"为40%，效果如图13-201所示。

图13-200　　　　　　　　图13-201

06 设置前景色为黄色（R:254，G:240，B:144），然后新建一个"图层3"，接着使用"椭圆选框工具"绘制一个圆形选区，再在选区中单击鼠标右键，并在弹出的快捷菜单中选择"羽化"命令，在弹出的"羽化选区"对话框中设置"羽化半径"为10像素，最后进行填充，具体参数设置如图13-202所示，效果如图13-203所示。

图13-202　　　　　　　　图13-203

07 打开光盘中的"素材文件>CH13>288-2.png"文件，然后将其导入到"月饼包装设计"操作界面中的合适位置，并将其命名为"图层4"，接着在"色相/饱和度"对话框中设置"饱和度"为-53，最后设置其"混合模式"为"正片叠底"，具体参数设置如图13-204所示，效果如图13-205所示。

图13-204　　　　　　　　图13-205

08 使用"直排文字工具"输入相应的文字，接着设置好合适的字体、大小及位置等，效果如图13-206所示。

图13-206

09 新建一个"图层5"，然后使用"矩形工具"绘制一个矩形路径，然后设置好画笔的样式及颜色，接着将该路径进行描边，再使用"橡皮擦工具"擦除一些部分，最后输入文字，并进行栅格化，再次进行擦除，效果如图13-207所示。

图13-207

> **技巧与提示**
>
> 这里使用的橡皮擦样式最好是使用不规则画笔，其次该描边画笔的样式可参照以下参数设置，如图13-208和图13-209所示。
>
>
>
> 图13-208　　　　　　　　图13-209
>
> 该步骤的具体操作方法请参照"茶叶包装设计"中印章的制作方法。

10 创建另一组文字以及印章，然后在顶层新建一个"效果1"图层，并按Ctrl+Shift+Alt+E组合键盖印并合并其余图层，接着将这些图层按Ctrl+G组合键成为"组1"，效果如图13-210所示。

图13-210

11 将前景色设置为红色（R:162，G:27，B:27），然后在顶层新建一个"图层7"，接着绘制一个矩形选框，并进行填充，效果如图13-211所示。

图13-211

12 将"组1"中的"图层4"复制一个并命名为"图层8"，然后置于"图层7"之上，接着将"混合模式"调整为"正常"，效果如图13-212所示。

图13-212

13 打开光盘中的"素材文件>CH13>288-3.png"文件，然后将其导入到"月饼包装设计"操作界面中的合适位置，并将其命名为"图层9"，接着设置其"混合模式"为"正片叠底"，最后多复制几个，效果如图13-213所示。

图13-213

14 输入其余文字，并调整好其位置、大小等，最终平面图效果如图13-214所示，然后关闭"组1"，并新建一个"效果2"图层，接着按Ctrl+Shift+Alt+E组合键盖印并合并剩余可见图层，接着将这些图层按Ctrl+G组合键成为"组2"。

图13-214

15 按Ctrl+N组合键新建一个"月饼包装展示效果"文件，具体参数设置如图13-215所示。

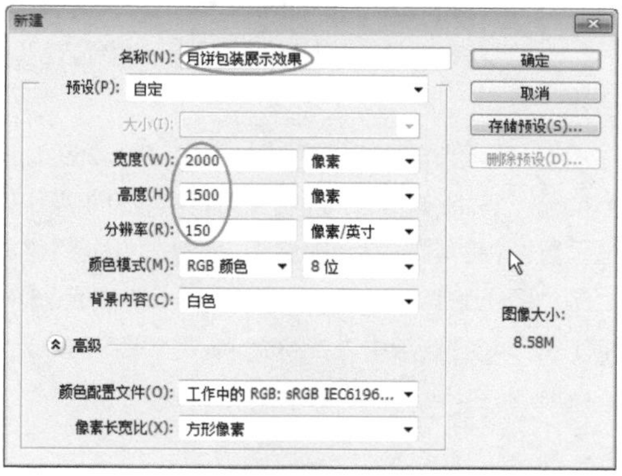

图13-215

16 将"月饼包装设计"文件中的"效果1"和"效果2"图层分别拖曳到"月饼包装展示效果"文件中，然后创建出月饼盒的立体效果、投影以及背景等，最终展示效果如图13-216所示。

图13-216

实战 289 巧克力包装

文件位置：光盘>实例文件>CH13>实战289-平面图.psd和实战289-展示图.psd / 难易指数：★★★☆☆

PS技术点睛

● 运用蒙版与"画笔工具"绘制底图。
● 运用"椭圆选框工具"、填充选区以及"描边"命令绘制光圈效果。
● 运用文字工具和图层样式创建文字，然后栅格化图层样式，再添加"描边"图层样式。
● 运用"载入选区"命令制作文字的立体效果以及图形的投影。
● 运用自由变换模式、蒙版、"渐变工具"等制作巧克力包装立体效果以及展示图效果。

设计思路分析

本例是一款巧克力包装设计，以咖啡色为主基调，底图为波纹效果，文字为立体渐变效果，加上金黄色的光晕效果与金色的闪光效果，表现出产品的高端与诱惑。

---

01 启动Photoshop CS6，按Ctrl+N组合键新建一个"巧克力包装设计"文件，具体参数设置如图13-217所示。

02 打开光盘中的"素材文件>CH13>289-1.jpg"文件，然后将其导入到"巧克力包装设计"操作界面中的合适位置，并将其命名为"图层1"，接着在"图层"面板下方单击"添加图层蒙版"按钮 ▢ 为其添加一个蒙版，最后使用"画笔工具" ✎ 在蒙版中进行绘制，效果如图13-218所示。

图13-217

图13-218

03 设置前景色为淡黄色（R:250，G:226，B:192），然后新建一个"图层2"，并填充该图层，接着添加一个矢量蒙版，并使用"渐变工具" ▣ 中的"径向渐变" ▣ 进行拖曳，最后设置其"混合模式"为"正片叠底"，如图13-219所示，效果如图13-220所示。

图13-219

图13-220

04 新建一个图层，然后使用"椭圆选框工具" ▣ 绘制一个圆形选框，并将其填充为黄色，同时设置其"不透明度"为50%，接着再新建一个图层，并为其添加一个"宽度"为2像素的"描边"命令，最后将这两个图层合并为"图层3"，并设置合适的不透明度，效果如图13-221所示。

05 设置前景色为黑色，背景色保持白色不变，然后为"图层3"添加一个蒙版，接着使用"渐变工具" ▣ 中的"线性渐变" ▣ 为其添加一个渐变效果，最后再复制两个，并调整其不透明度、大小及位置等，效果如图13-222所示。

图13-221

图13-222

06 将前景色设置为咖啡色（R:170，G:85，B:1），然后使用"横排文字工具" Ｔ 输入相应文字，接着单击"添加图层样式" fx. 按钮，并在弹出的命令栏中选择"斜面和浮雕"命令，打开"图层样式"对话框，设置其"深度"为1%、"大小"为0像素、"软化"为0像素，再勾选"描边"选项，并设置描边的"大小"为10像素、"颜色"为淡黄色，具体参数设置如图13-223和图13-224所示，效果如图13-225所示。

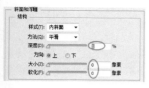

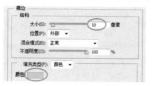

图13-223　　　　　　　　图13-224

图13-225

07 在上一步创建的文字图层上单击鼠标右键，并在弹出的快捷菜单中单击"栅格化图层样式"命令，然后将其命名为"图层4"，接着为其添加一个"大小"为8像素、"颜色"为深咖啡色的"描边"图层样式，具体参数设置如图13-226所示，效果如图13-227所示。

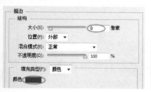

图13-226　　　　　　　　图13-227

08 将"图层4"载入选区，然后新建一个"图层5"，接着为其添加一个"渐变叠加"图层样式，并设置"渐变"为"深咖啡，浅咖啡"渐变色，如图13-228所示，最后将该图层置于"图层4"之下的合适的位置，效果如图13-229所示。

图13-228

图13-229

09 打开光盘中的"素材文件>CH13>289-2.png"文件，然后将其导入到"巧克力包装设计"操作界面中的合适位置，并将其命名为"图层6"，接着将其载入选区，并进行羽化，再新建一个"图层7"，最后将其填充一个深色，并置于"图层6"之下的合适位置，效果如图13-230所示。

图13-230

10 添加闪光效果，并完善其余文字，然后在顶层新建一个"平面效果"图层，接着将这些图层按Ctrl+G组合键组合成为"组1"，并按Ctrl+Shift+Alt+E组合键盖印并合并这些图层，最后隐藏"组1"，平面效果如图13-231所示，立体包装效果如图13-232所示。

图13-231

图13-232

11 按Ctrl+N组合键新建一个"巧克力包装展示效果"文件，具体参数设置如图13-233所示。

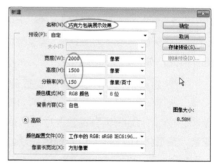

图13-233

12 将"巧克力包装设计"文件中的"立体效果"图层拖曳到"巧克力包装展示效果"文件操作界面中，然后制作展示效果图，最终效果如图13-234所示。

图13-234

实战 290 洗衣粉包装

文件位置：光盘>实例文件>CH13>实战290-平面图.psd和实战290-展示图.psd / 难易指数：★★★☆☆

PS技术点睛

- 运用"钢笔工具"、"画笔工具"、"羽化"命令等制作条纹渐变效果与中心背景图案。
- 运用"矩形选框工具"、填充功能、"画笔工具"制作气泡效果。
- 运用文字工具、图层样式及"变形文字"命令制作文字效果。
- 运用"钢笔工具"、蒙版功能、"渐变工具"等制作洗衣粉包装的立体效果与展示效果。

设计思路分析

本例设计的是一款洗衣粉包装，蓝色代表干净纯洁，潜意识告诉大家本款产品能把污渍完全去除，加上白色和红色搭配突出品牌Logo，使整个设计明快大方，又不失细节。

01 启动Photoshop CS6，按Ctrl+N组合键新建一个"洗衣粉包装设计"文件，具体参数设置如图13-235所示。

图13-235

02 将前景色设置为蓝色（R:23，G:56，B:180），然后新建一个"图层1"，接着按Ctrl+Delete组合键进行填充，如图13-236所示。

03 新建一个"图层2"，并设置前景色为白色，然后使用"钢笔工具" 绘制如图13-237所示的路径，并按Ctrl+Enter组合键载入选区，接着将选区羽化10像素，最后按Alt+Delete组合键用前景色填充选区，效果如图13-238所示。

图13-236　　　图13-237　　　图13-238

04 新建一个"图层3"，然后使用"画笔工具" 绘制一个发光线，效果如图13-239所示。

05 新建一个图层，然后使用"钢笔工具" 绘制出如图13-240所示的路径，载入该路径的选区，并

将选区羽化20像素，接着设置前景色为（R:0，G:160，B:233），再按Alt+Delete组合键用前景色填充选区，效果如图13-241所示。

图13-239

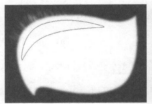

图13-240　　　　　　　图13-241

06 新建一个图层，然后使用"钢笔工具" 绘制出蓝色条纹的暗部，载入选区后填充合适的颜色，接着执行"滤镜>模糊>高斯模糊"菜单命令，在弹出的"高斯模糊"对话框中设置"半径"为6像素，再为该图层添加一个图层蒙版，使用黑色"画笔工具" 将图像涂抹成渐变与模糊的效果，最后设置该图层的"混合模式"为"正片叠底"，效果如图13-242所示。

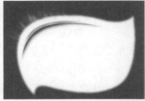

图13-242

07 采用前面的方法制作出蓝色条纹上的亮部，并将蓝色条纹的所有突出合并为"图层4"，效果如图13-243所示，然后采用相同的方法在右下部制作一个绿色的弧形图案，并将绿色条纹的所有突出合并为"图层5"，完成后的效果如图13-244所示。

图13-243   图13-244

技巧与提示

绿色弧形图案也可以采用复制的方法来制作。首先复制一个"蓝暗部副本"图层，然后使用"色相/饱和度"调色功能将图像调整成绿色。

08 新建一个"气泡"图层，然后使用"椭圆选框工具"绘制一个圆形选区，设置前景色为（R:0，G:95，B:175），接着按Alt+Delete组合键用前景色填充选区，效果如图13-245所示。

09 为"气泡"图层添加一个蒙版，然后使用黑色"画笔工具"对图像进行涂抹，接着使用"钢笔工具"和图层蒙版制作一个泛光特效，如图13-246所示。

图13-245   图13-246

技巧与提示

在制作气泡的透明效果时，要不断改变"画笔工具"的"主直径"和"不透明度"，同时可以放大图像来进行涂抹。

10 将制作气泡复制出若干个气泡副本，并将其进行适当的调整，接着将制作气泡的所有图层合并为"图层6"图层，效果如图13-247所示。

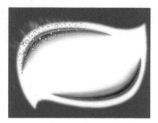

图13-247

11 将前景色设置为红色（R:230，G:0，B:18），然后使用"横排文字工具"输入相应文字，接着单击"添加图层样式"按钮，选择"斜面和浮雕"命令，最后打开"图层样式"对话框，具体参数设置如图13-248所示，效果如图13-249所示。

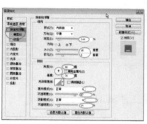

图13-248   图13-249

12 打开光盘中的"素材文件>CH13>290-1.png"文件，然后将其导入到"洗衣粉包装设计"操作界面中的合适位置，并将其命名为"图层7"，效果如图13-250所示。

13 新建一个"图层8"，然后使用"椭圆选框工具"绘制一个椭圆选区，并将其填充为白色，接着再输入相应文字并调整其大小与颜色，效果如图13-251所示。

图13-250   图13-251

14 继续使用"横排文字工具"输入相应文字，然后在选项栏中单击"创建文字变形"按钮，打开"变形文字"对话框，具体参数设置如图13-252所示，效果如图13-253所示。

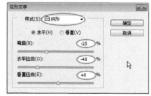

图13-252

图13-253

15 打开光盘中的"素材文件>CH13>290-2.png"文件，然后将其导入到"洗衣粉包装设计"操作界面中的合适位置，并将其命名为"图层9"，效果如图13-254所示。

图13-254

16 打开光盘中的"素材文件>CH13>290-3.png"文件，然后将其导入到"洗衣粉包装设计"操作界面中的合适位置，并将其命名为"图层10"，接着创建好其他内容，再按Ctrl+G组合键将所有图层编组为"组1"，并在顶层新建一个"平面效果"图层，最后按Ctrl+Alt+Shift+E组合键盖印并合并图层，完成后的洗衣粉平面效果如图13-255所示，立体效果如图13-256所示。

图13-255

图13-256

17 按Ctrl+N组合键新建一个"洗衣粉包装展示效果"文件，具体参数设置如图13-257所示。

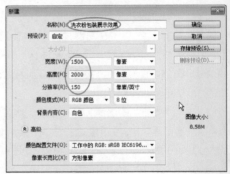

图13-257

18 将"洗衣粉包装设计"文件中的"立体效果"图层拖曳到"洗衣粉包装展示效果"文件的操作界面中，然后再添加投影与背景，最终效果如图13-258所示。

图13-258

第14章
产品造型设计

PS达人   广告设计师   包装设计师   插画设计师   网页设计师

实战 291 绘制橙汁瓶

文件路径：光盘>实例文件>CH14>实战291.psd / 难易度：★★★★☆

PS技术点睛
- 运用"钢笔工具"绘制橙汁瓶轮廓。
- 运用"高斯模糊"命令调整柔和度使橙汁瓶转角更逼真。
- 运用设置图层的"混合模式"调整背景素材协调画面效果。

设计思路分析
　　本例主要运用颜色填充样式以及滤镜效果命令制作塑料橙汁瓶，搭配"图层样式"调整效果。

01 启动Photoshop CS6，按Ctrl+N组合键新建一个"橙汁瓶"文件，具体参数设置如图14-1所示。

02 新建一个空白图层，然后使用"钢笔工具" 绘制橙汁瓶的外围轮廓，并转换至"路径"面板中将路径转换为选区，接着填充选区颜色为橙色，如图14-2所示，效果如图14-3所示。

03 按住Ctrl键并单击瓶身图层缩略图将其载入选区，然后使用"渐变工具" ，打开"渐变编辑器"对话框并编辑渐变样式，如图14-4所示，接着按照如图14-5所示的方向为选区填充使用线性渐变色。

图14-1

图14-2

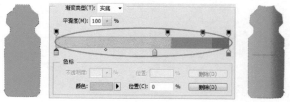

图14-3　　　　　　　　图14-4　　图14-5

04 使用"钢笔工具" 绘制瓶身阴影部分，并转换为选区，然后设置填充颜色为（R:124，G:71，B:9），接着为图层创建蒙版，并为选区填充使用线性渐变色，如图14-6所示，效果如图14-7所示。

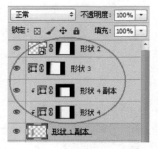

图14-6

图14-7

05 将所有阴影图层选中并进行合并，然后删掉多余的部分，接着执行"滤镜>模糊>高斯模糊"菜单命令，设置"半径"为3.5像素，如图14-8所示，最后采用同样的方法为瓶子添加反光效果，效果如图14-9所示。

图14-8

图14-9

06 使用"钢笔工具" 绘制整个瓶身，然后执行"选择>修改>收缩"菜单命令，在"收缩选区"对话框中设置"收缩量"为10像素，如图14-10所示，接着按Delete键删除选区内部，如图14-11所示，最后填充颜色为灰色。

07 选中瓶身图层，然后执行"滤镜>模糊>高斯模糊"菜单命令添加模糊效果，接着删除瓶身外的

多余部分，效果如图14-12所示。

图14-10　　　图14-11　　　图14-12

08 使用"钢笔工具" ✐绘制瓶盖轮廓选区，然后使用"渐变工具" ▣，打开"渐变编辑器"并编辑渐变样式，如图14-13所示，最后按照如图14-14所示的方向为选区填充使用线性渐变色。

图14-13　　　　　　　　图14-14

09 使用"直线工具" ✐绘制瓶盖上的防滑纹，然后在图层上单击鼠标右键执行"栅格化图层"命令，接着为其添加"斜面和浮雕"效果，效果如图14-15所示。

10 采用相同的方法添加瓶盖光感，效果如图14-16所示。

图14-15　　　　　　　　图14-16

11 使用"钢笔工具" ✐绘制瓶身高光区域，并转换为选区，接着设置颜色为白色，并进行填充，最后调整图层的"不透明度"为30%，效果如图14-17所示。

图14-17

12 使用"钢笔工具" ✐绘制瓶身标签，并转换为选区，然后使用"渐变工具" ▣，在打开的"渐变编辑器"中调整渐变颜色，如图14-18所示，最后为选区填充使用线性渐变色，效果如图14-19所示。

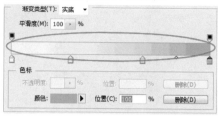

图14-18　　　　　　图14-19

13 使用"画笔工具" ✐，并在选项栏中选择画笔样式 ▨绘制瓶口塑料质感，然后设置该图层的"混合模式"为"颜色加深"，接着将塑料质感合并为一个图层，效果如图14-20所示。

14 打开光盘中的"素材文件>CH14>291-1.jpg"文件，然后将其拖曳到"橙汁瓶"操作界面中，再调整大小拖曳到标签上，接着设置该图层的"混合模式"为"深色"，效果如图14-21所示。

图14-20　　　　　　　　图14-21

15 使用"横排文本工具" T输入文字信息，然后设置文字图层的"不透明度"，并添加图层蒙版，接着调整蒙版的渐变效果，最后设置该图层的"混合模式"为"线性加深"，效果如图14-22所示。

图14-22

16 使用"移动工具" ，将文字图层移动到标签中并调整大小位置，然后按Ctrl+T组合键旋转橙色文本，效果如图14-23所示。

图14-23

17 新建一个图层组，然后将绘制好的橙汁瓶图层放在里面，并复制两组，接着分别选中组按Ctrl+T组合键进行缩放，最后为最前面的橙汁瓶添加"投影"样式，具体参数设置如图14-24所示，效果如图14-25所示。

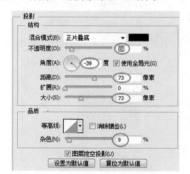

图14-24

图14-25

18 设置前景颜色为（R:237，G:236，B:231），然后按Alt+Delete组合键用前景色填充"背景"图层，接着使用"椭圆工具" 绘制椭圆形状选区，并填充颜色为白色，最后执行"滤镜>模糊>高斯模糊"菜单命令添加模糊效果，如图14-26所示。

图14-26

19 打开光盘中的"素材文件>CH14>291-2.jpg和291-3.jpg"文件，然后将其拖曳到"橙汁瓶"操作界面中，并调整大小，接着设置该图层的"混合模式"为"深色"，效果如图14-27所示。

图14-27

20 选择文字图层，并按Ctrl+J组合键复制出一个文字图层，然后将该图层移动到"背景"图层上方，并调整大小和位置，接着打开光盘中的"素材文件>CH14>291-4.jpg"文件，并将该图层移动到文字图层下方，最终效果如图14-28所示。

图14-28

实战 292 绘制酒瓶

文件位置: 光盘>实例文件>CH14>实战292.psd / 难易指数 ★★★★☆

PS技术点睛

● 运用"钢笔工具"绘制酒瓶轮廓。
● 运用"高斯模糊"命令和"渐变工具"调整柔和度使玻璃效果更逼真。
● 运用设置图层"混合模式"调整背景素材协调画面效果。

设计思路分析

本例主要运用颜色填充样式及滤镜效果命令制作玻璃酒瓶,搭配"图层样式"调整效果。

01 启动Photoshop CS6,按Ctrl+N组合键新建一个"酒瓶"文件,具体参数设置如图14-29所示。

图14-29

02 使用"钢笔工具"绘制酒瓶的玻璃轮廓,并转换为选区,然后设置前景颜色为绿色,接着按Alt+Delete组合键用前景色填充选区,效果如图14-30所示。

03 使用"渐变工具",在打开的"渐变编辑器"中编辑渐变样式,如图14-31所示,接着按照如图14-32所示的方向为选区填充使用线性渐变色。

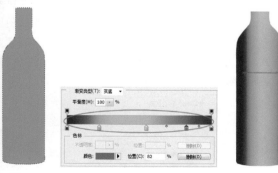

图14-30   图14-31   图14-32

04 按Ctrl+J组合键复制一个瓶身图层,然后在瓶颈上按照如图14-33所示的方向为选区填充使用线性

渐变色拖曳渐变效果,接着为其添加图层蒙版,最后设置渐变透明效果,效果如图14-33所示。

05 继续复制一个瓶身图层,然后将渐变模式改为"径向渐变",并调整瓶身突起位置的光感,接着添加蒙版调节透明度,如图14-34所示,最后删除瓶颈位置,效果如图14-35所示。

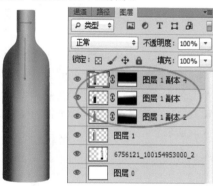

图14-33   图14-34   图14-35

06 使用"钢笔工具"绘制酒瓶的深色区域,然后填充颜色为黑色,接着执行"滤镜>模糊>高斯模糊"菜单命令分别添加模糊效果,效果如图14-36所示。

图14-36

07 使用"钢笔工具" ✐绘制酒瓶底部反光区域，然后设置前景颜色为（R:16，G:44，B:5），并按 Alt+Delete组合键用前景色填充选区，接着添加蒙版拖曳渐变效果，如图14-37所示，效果如图14-38所示。

图14-37

图14-38

08 使用"钢笔工具" ✐绘制瓶盖轮廓，并转换为选区，然后使用"渐变工具" ▦，打开"渐变编辑器"并编辑渐变样式，如图14-39所示，最后按照如图14-40所示的方向为选区填充使用线性渐变色。

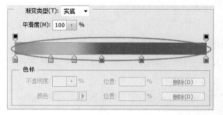
图14-39

图14-40

09 使用"钢笔工具" ✐绘制瓶盖的转折和阴影区域，然后填充转折颜色为（R:98，G:124，B:39），接着填充阴影颜色为（R:30，G:49，B:5），最后执行"滤镜>模糊>高斯模糊"菜单命令添加模糊效果，效果如图14-41所示。

图14-41

10 使用"直线工具" ✐绘制防滑纹，并填充颜色为（R:86，G:104，B:42），然后按Ctrl+J组合键复制一个并调整位置，接着填充颜色为（R:208，G:223，B:168），最后执行"滤镜>模糊>高斯模糊"菜单命令添加模糊效果，如图14-42所示。

图14-42

11 按住Ctrl键并单击玻璃瓶身图层缩略图将其载入选区，然后填充颜色为灰色，然后执行"选择>修改>收缩"菜单命令设置"收缩量"为10像素，并按Delete键删除选区内部，接着执行"滤镜>模糊>高斯模糊"菜单命令添加模糊效果，最后删除瓶身外的模糊部分，效果如图14-43所示。

图14-43

12 使用"钢笔工具" ✐绘制标签轮廓，然后使用"渐变工具" ▦，在"渐变编辑器"中编辑渐变样式，如图14-44所示，接着按照如图14-45所示的方向为标签轮廓选区填充使用线性渐变色。

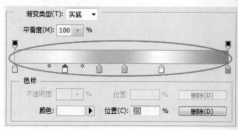
图14-44

图14-45

13 按Ctrl+T组合键复制标签线并进行缩放，然后更改颜色，如图14-46所示，接着使用"钢笔工具" ✐绘制酒瓶的高光选区，并填充颜色为白色，最后分别调整不透明度，效果如图14-47所示。

图14-46　　　　图14-47

14 打开光盘中的"素材文件>CH14>292-1.jpg"文件，然后将其拖曳到"酒瓶"操作界面中，并调整大小拖曳到标签上，接着设置该图层的"混合模式"为"深色"，最后使用"横排文字工具" T 输入文字信息，效果如图14-48所示。

图14-48

15 将绘制好的酒瓶编组，然后复制3个组并栅格化图层，接着创建蒙版添加透明渐变，并旋转角度，最后填充"背景"颜色为黑色，效果如图14-49所示。

图14-49

16 设置前景颜色为白色，然后使用"横排文字工具" T 输入文字信息，接着调整文字大小，效果如图14-50所示。

图14-50

17 打开光盘中的"素材文件>CH14>292-2.jpg"文件，然后将其拖曳到"酒瓶"操作界面中，并调整好大小和位置，接着按Ctrl+J组合键复制图层，最后设置该图层的"混合模式"为"强光"，最终效果如图14-51所示。

图14-51

实战 293 绘制音响
文件位置：光盘>实例文件>CH14>实战293.psd / 难易指数：★★★★★

PS技术点睛

● 运用"钢笔工具"绘制音响轮廓。
● 运用"高斯模糊"命令和"渐变工具"添加逼真的厚度效果。
● 运用材质的叠加丰富绘制效果。

设计思路分析

本例主要运用材质叠加及滤镜效果命令制作音响。

01 启动Photoshop CS6，按Ctrl+N组合键新建一个"音响"文件，具体参数设置如图14-52所示。

02 使用"钢笔工具" 绘制音响的机身轮廓，并转换为选区，然后设置前景颜色为（R:60，G:64，B:79）并按Alt+Delete组合键用前景色填充，效果如图14-53所示。

图14-52

图14-53

03 使用"钢笔工具" 绘制音响的机身厚度，并转换为选区，然后打开"渐变编辑器"并编辑渐变样式，如图14-54所示，接着按照如图14-55所示的方向为选区填充渐变效果。

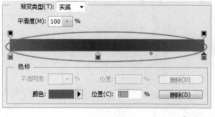

图14-54

图14-55

04 使用"钢笔工具" 绘制音响的机身转折区域，并转换为选区，然后设置前景颜色为（R:11，G:9，B:14）并按Alt+Delete组合键用前景色填充，效果如图14-56所示。

图14-56

05 继续使用"钢笔工具" 绘制转折区域反光，并转为选区，然后打开"渐变编辑器"并编辑渐变样式，如图14-57所示，接着按照如图14-58所示的方向为选区填充渐变效果。

图14-57

图14-58

06 使用"钢笔工具" 绘制转折区域厚度，并转为选区，然后填充颜色为白色，接着创建蒙版添加渐变效果，最后调整不透明度，效果如图14-59所示。

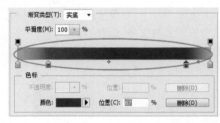

图14-59

07 使用"钢笔工具" ✐ 绘制正面纹理，并转为选区，然后复制深色区域，并删除选区内的部分，效果如图14-60所示。

08 打开光盘中的"素材文件>CH14>293-1.jpg"文件，然后将其拖曳到"音响"操作界面中，并调整大小移动到音响正面，效果如图14-61所示。

09 执行"选择>修改>扩展"菜单命令设置"收缩量"为5像素，如图14-62所示，然后填充颜色为（R:158，G:0，B:25），接着执行"滤镜>模糊>高斯模糊"菜单命令添加模糊效果，并设置该图层的"不透明度"为50%，最后设置该图层的"混合模式"为"线性减淡（添加）"，如图14-63所示，效果如图14-64所示。

图14-60　　　　图14-61

图14-62

图14-63　　　　　　　图14-64

10 按住Ctrl键并单击红色区域图层缩略图将其载入选区，然后填充颜色为（R:245，G:40，B:83），接着设置该图层的"混合模式"为"正片叠底"，"不透明度"为85%，如图14-65所示，效果如图14-66所示。

图14-65　　　　　　　图14-66

11 使用"椭圆工具" ⬭ 绘制一个椭圆，并栅格化图层，然后打开"渐变编辑器"并编辑渐变样式，如图14-67所示，最后按照如图14-68所示的方向为选区填充线性渐变效果。

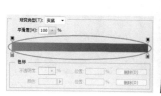

图14-67　　　　　　　图14-68

12 按Ctrl+J组合键复制椭圆图层并进行缩放，然后打开"渐变编辑器"并编辑渐变样式，如图14-69所示，接着按照如图14-70所示的方向为选区填充线性渐变效果。

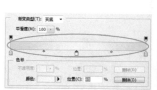

图14-69　　　　　　　图14-70

13 采用相同的方法继续进行绘制，渐变颜色如图14-71所示，效果如图14-72所示。

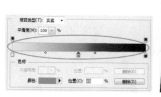

图14-71　　　　　　　图14-72

14 继续用相同的方法不断地进行绘制，效果如图14-73所示。

图14-73

15 打开光盘中的"素材文件>CH14>293-2.jpg"文件，然后将其拖曳到"音响"操作界面中并调整大小，接着将素材裁剪为椭圆形状，最后设置该图层的"混合模式"为"正片叠底"，如图14-74所示，效果如图14-75所示。

图14-74 图14-75

16 使用"钢笔工具" 绘制阴影转折区域，并转为选区，然后填充颜色为黑色，接着执行"滤镜>模糊>高斯模糊"菜单命令添加模糊效果，如图14-76所示。

17 设置前景色为（R:211，G:211，B:211），然后使用"画笔工具" 绘制转折处的反光，接着将前景色更改为（R:63，G:69，B:83）继续绘制内部，效果如图14-77所示。

图14-76 图14-77

18 新建一个图层组并将绘制好的低音炮图层拖进去，然后复制组并进行缩放，接着为两个组添加"投影"样式，具体参考数值如图14-78所示，效果如图14-79所示。

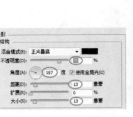

图14-78 图14-79

19 使用"椭圆工具" 绘制一个椭圆选区，并栅格化图层，然后打开"渐变编辑器"并编辑渐变样式，并为选区添加渐变效果，如图14-80所示，接着添加"阴影"样式，最后按Ctrl+J组合键复制一个并进行缩放，效果如图14-81所示。

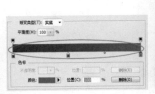

图14-80 图14-81

20 按Ctrl+J组合键将椭圆图层复制并进行缩放，然后填充颜色为（R:234，G:230，B:227），效果如图14-82所示。

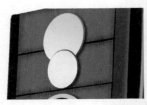

图14-82

21 按Ctrl+J组合键将椭圆图层复制并进行缩放，并调整好位置，然后打开"渐变编辑器"并编辑渐变样式，如图14-83所示，效果如图14-84所示。

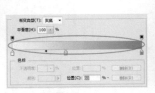

图14-83 图14-84

22 继续复制椭圆，并进行缩放，然后填充颜色为黑色，接着复制椭圆向内缩放，最后填充颜色为（R:45，G:47，B:58），效果如图14-85所示。

23 使用"画笔工具" 并在选项栏中选取画笔样式为 ，然后绘制喇叭上的反光质感，效果如图14-86所示。

图14-85 图14-86

24 使用"钢笔工具" 绘制音响的底部连接处，并转换为选区，然后使用"渐变工具" ，在"渐变编辑器"中编辑渐变样式，如图14-87所示，最后按照如图14-88所示的方向为选区添加线性渐变效果。

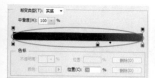

图14-87　　　　　　　　　图14-88

25 继续使用相同的方法绘制音响的底座，效果如图
14-89所示。

26 使用"钢笔工具" 绘制音响的底座背光面，
并转换为选区，然后填充颜色为黑色，接着执行
"滤镜>模糊>高斯模糊"菜单命令添加模糊效果，如图
14-90所示。

图14-89　　　　　　　　　图14-90

27 使用"钢笔工具" 绘制音响正面的深色区域，
并转换为选区，然后填充颜色为黑色，接着创
建蒙版添加渐变透明效果，最后设置该图层的"不透明
度"为50%，如图14-91所示，效果如图14-92所示。

图14-91　　　　　　　　　图14-92

28 使用"钢笔工具" 绘制音响正面的高光区域，
并转换为选区，然后填充颜色为白色，接着创
建蒙版添加渐变透明效果，最后设置该图层的"不透明
度"为70%，如图14-93所示，效果如图14-94所示。

29 新建一个图层组并将绘制好的音响拖拽至组内，
然后复制组，接着对其缩放并进行水平翻转，如
图14-95所示。

图14-93　　　　　　　　　图14-94

图14-95

30 设置前景色为黑色，并按Alt+Delete组合键用前
景色填充"背景"图层，然后打开光盘中的"素
材文件>CH14>293-3.jpg"文件，将其拖曳到"音响"操
作界面中，接着复制一个并调整大小进行水平翻转，最
终效果如图14-96所示。

图14-96

实战 294 绘制智能手机

文件位置：光盘>实例文件>CH14>实战294.psd / 难易指数：★★★★★

PS技术点睛
- 运用钢笔工具绘制手机轮廓。
- 运用"高斯模糊"命令和"渐变工具"添加逼真的厚度效果。
- 运用材质的叠加丰富绘制效果。

设计思路分析

本例主要运用渐变颜色填充以及滤镜效果命令制作手机。

01 启动Photoshop CS6，按Ctrl+N组合键新建一个"手机"文件，具体参数设置如图14-97所示。

图14-97

02 使用"钢笔工具" 绘制手机的外围轮廓，并转换为选区，然后打开"渐变编辑器"并编辑渐变样式，如图14-98所示，最后按照如图14-99所示的方向为选区填充使用线性渐变色。

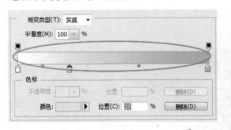

图14-98　　　　图14-99

03 使用"钢笔工具" 绘制手机的侧面彩色区域，并转换为选区，然后打开"渐变编辑器"并编辑渐变样式，如图14-100所示，最后按照如图14-101所示的方向为选区填充使用线性渐变色。

04 使用"钢笔工具" 绘制手机正面，并转换为选区，然后打开"渐变编辑器"并编辑渐变样式，如图14-102所示，接着按照如图14-103所示的方向为选

区填充使用线性渐变色，最后执行"滤镜>模糊>高斯模糊"菜单命令添加模糊效果。

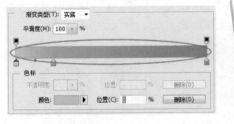

图14-100　　　　图14-101

图14-102　　　　图14-103

05 使用"钢笔工具" 绘制手机正面，并转换为选区，然后设置前景颜色为（R:67，G:67，B:67），并按Alt+Delete组合键用前景色填充，效果如图14-104所示。

图14-104

06 使用"钢笔工具" 绘制侧面反光，并转换为选区，然后设置前景颜色为（R:188，G:184，B:184）并进行填充，接着创建蒙版添加透明渐变，如图14-105所示，效果如图14-106所示。

图14-105　　　　　　图14-106

07 打开光盘中的"素材文件>CH14>294-1.jpg"文件，然后将其拖曳到"手机"操作界面中，再调整大小拖曳到手机屏幕上，接着调整透视角度，效果如图14-107所示。

图14-107

08 使用"钢笔工具" 绘制正面反光，并转换为选区，然后设置前景颜色为（R:166，G:166，B:166）并进行填充，接着创建蒙版添加透明渐变，如图14-108所示，效果如图14-109所示。

图14-108　　　　　　图14-109

09 使用"钢笔工具" 绘制听筒外围轮廓，并转换为选区，然后设置前景颜色为（R:51，G:48，B:48）并进行填充，如图14-110所示，接着将外围轮廓

图层复制一个，最后执行"选择>修改>收缩"菜单命令设置"收缩量"为2像素，并填充颜色为灰色。

图14-110

10 使用"钢笔工具" 绘制金属区域轮廓，然后使用"渐变工具" ，在"渐变编辑器"中编辑渐变样式，如图14-111所示，接着为选区填充使用线性渐变色，效果如图14-112所示。

图14-111　　　　　　图14-112

11 使用"钢笔工具" 绘制按钮的外围阴影，并转换为选区，然后设置前景颜色为（R:188，G:184，B:184）并进行填充，接着设置该图层的"不透明度"为33%,，效果如图14-113所示。

图14-113

12 复制一个椭圆图形并进行缩放，然后使用"渐变工具" ，在"渐变编辑器"中编辑渐变样式，如图14-114所示，接着为选区填充使用线性渐变色，效果如图14-115所示。

图14-114　　　　　　图14-115

13 使用相同的方法不断地对椭圆进行绘制，效果如图14-116所示。

图14-116

595

14 使用"钢笔工具" ✐绘制手机背面的轮廓，然后打开"渐变编辑器"并编辑渐变样式，如图14-117所示，接着为选区填充使用线性渐变色，效果如图14-118所示。

图14-117　　　　　　　　　　图14-118

15 使用相同的方法绘制手机背面的浅色轮廓，效果如图14-119所示。

16 复制一个矩形选框并进行缩放，然后将颜色调浅，接着执行"滤镜>模糊>高斯模糊"菜单命令添加模糊效果，如图14-120所示。

图14-119　　　　　　　　　　图14-120

17 使用"钢笔工具" ✐绘制背面的反光，然后填充颜色为白色，接着执行"滤镜>模糊>高斯模糊"菜单命令添加模糊效果，最后调整不透明度，效果如图14-121所示。

18 使用"钢笔工具" ✐绘制背面的装饰，并转换为选区，然后填充颜色为黑色，效果如图14-122所示。

图14-121　　　　　　　　　　图14-122

19 打开光盘中的"素材文件>CH14>294-2.jpg"文件，然后将其拖曳到"手机"操作界面中，并修剪为黑色区域同等大小，接着设置该图层的"混合模式"为"正片叠底"，效果如图14-123所示。

图14-123

20 使用"画笔工具" ✐并在选项栏中选取画笔样式为 ⬚ 绘制听筒，如图14-124所示，然后使用"钢笔工具" ✐绘制背面的金属区域，打开"渐变编辑器"并编辑渐变样式，如图14-125所示，最后按照如图14-126所示方向对选区填充使用线性渐变色。

图14-124　　　　　　　　　　图14-125

图14-126

21 使用"椭圆工具" ◉绘制一个椭圆，然后进行栅格化图层，再将椭圆载入选区，接着单击"渐变工具" ▣，在"渐变编辑器"中编辑渐变样式，如图14-127所示，最后拖曳渐变效果，如图14-128所示。

图14-127　　　　　　　　　　图14-128

22 复制一个椭圆，然后使用相同的方法继续进行绘制，效果如图14-129所示。

图14-129

23 使用"画笔工具" ✐并在选项栏中选取画笔样式为 ⬚，绘制镜头内部，如图14-130所示，然后设置前景色为（R:117，G:117，B:117），并使用"横排文本工具" T输入文字信息，最后设置该图层的"混合模式"为"颜色加深"，效果如图14-131所示。

24 将绘制好的手机正面和背面分别建组，然后调整位置大小，效果如图14-132所示。

图14-130

图14-131

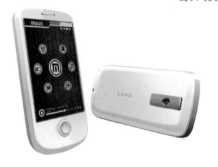

图14-132

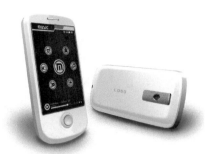

图14-134

26 打开"渐变编辑器",并编辑渐变样式,如图14-135
所示,然后为"背景"图层按照如图14-136所示
的方向填充使用线性渐变色效果。

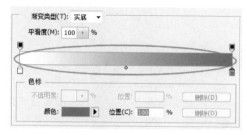

图14-135

图14-136

25 使用"椭圆工具" ◉ 绘制一个椭圆阴影选区,
并栅格化图层,然后填充颜色为黑色,接着执行
"滤镜>模糊>高斯模糊"菜单命令并设置"半径"为40像
素,如图14-133所示,最后复制一个阴影,并继续为其添
加"高斯模糊"命令,效果如图14-134所示。

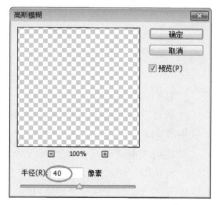

图14-133

27 打开光盘中的"素材文件>CH14>294-3.jpg"文
件,然后将其拖曳到"手机"操作界面中,并调
整大小拖曳到页面左下角,接着设置该图层的"混合模
式"为"正片叠底",最终效果如图14-137所示。

图14-137

实战 295 绘制迷你音响

文件位置：光盘\实例文件\CH14\实战295.psd 难易指数：★★★★

PS技术点睛
● 运用"钢笔工具"绘制迷你音响轮廓。
● 运用"高斯模糊"命令和"渐变工具"添加逼真的厚度效果。

设计思路分析

本例主要运用渐变颜色以及滤镜效果命令制作硬塑料小音箱。

01 启动Photoshop CS6，按Ctrl+N组合键新建一个"迷你音响"文件，具体参数设置如图14-138所示。

图14-138

02 使用"钢笔工具"绘制音响的外围轮廓，并转换为选区，然后打开"渐变编辑器"并编辑渐变样式，如图14-139所示，接着按照如图14-140所示的方向为其填充使用线性渐变色效果。

图14-139   图14-140

03 使用"钢笔工具"绘制高光区域选区，并填充颜色为白色，然后创建蒙版添加渐变透明，如图14-141所示，接着执行"滤镜>模糊>高斯模糊"菜单命令添加模糊效果，如图14-142所示，最后使用相同方法绘制音响的阴影区域，效果如图14-143所示。

04 使用"钢笔工具"绘制扩音喇叭，并转换为选区，然后打开"渐变编辑器"并编辑渐变样式，

如图14-144所示，接着按照如图14-145所示的方向为其填充使用线性渐变色效果。

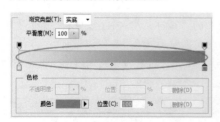

图14-141   图14-142   图14-143

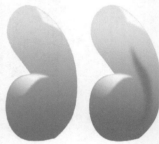

图14-144   图14-145

05 将扩音区域复制一个进行缩放，然后在"渐变编辑器"中调整渐变样式，如图14-146所示，接着按照如图14-147所示的方向为其填充使用线性渐变色效果。

06 使用"椭圆工具"绘制一个椭圆选区，并栅格化图层，然后设置前景色为（R:233，G:233，B:234）并填充，接着执行"滤镜>模糊>高斯模糊"菜单命令添加模糊效果，效果如图14-148所示。

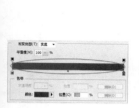

图14-146　　　　图14-147　　　　图14-148　　　　　　　　　　　　　　　　图14-155

07 继续使用"椭圆工具" ●绘制一个椭圆并栅格化图层，然后打开"渐变编辑器"并编辑渐变样式，如图14-149所示，接着按照如图14-150所示的方向为其填充使用线性渐变色效果。

10 使用"钢笔工具" ✐绘制反光，并转换为选区，然后设置前景色为（R:178，G:178，B:178）并进行填充，接着执行"滤镜>模糊>高斯模糊"菜单命令添加模糊效果，最后创建蒙版添加渐变效果，如图14-156所示，效果如图14-157所示。

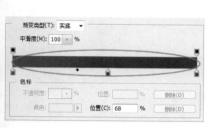

图14-149　　　　　　　　　　图14-150　　　　　　　　　　图14-156　　　　　　　　　　　　　图14-157

08 将椭圆形复制一个进行缩放，然后打开"渐变编辑器"并编辑渐变样式，如图14-151所示，接着按照如图14-152所示的方向为其填充使用线性渐变色效果，最后再复制一个椭圆进行缩放并进行相同的绘制，效果如图14-153所示。

11 继续使用"钢笔工具" ✐绘制暗部并转换为选区，然后设置前景色为（R:58，G:56，B:63）并进行填充，接着创建蒙版添加渐变透明效果，如图14-158所示，并执行"滤镜>模糊>高斯模糊"菜单命令添加模糊效果，最后使用相同的方法绘制喇叭内反光，如图14-159所示。

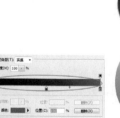

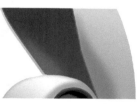

图14-151　　　　图14-152　　　　图14-153　　　　　　　　　图14-158　　　　　　　　　　　图14-159

09 继续复制一个椭圆，然后更改颜色为灰色，如图14-154所示，接着使用"画笔工具" ✐并在选项栏中选取画笔样式为 ▦，绘制低音炮内部质感，效果如图14-155所示。

12 使用"钢笔工具" ✐绘制喇叭内暗部，并转换为选区，然后打开"渐变编辑器"并编辑渐变样式，如图14-160所示，接着按照如图14-161所示的方向填充使用线性渐变色效果，最后添加模糊效果。

图14-154

图14-160　　　　　　　　图14-161

13 使用"钢笔工具" 📷 绘制喇叭内反光，并转换为选区，然后设置前景色为（R:111，G:14，B:6）并进行填充，效果如图14-162所示。

14 选中音响轮廓图层，然后使用"减淡工具" 🔍 涂抹出亮部，接着使用"加深工具" 🖐 涂抹出暗部过渡，效果如图14-163所示。

图14-162　　　　　　　　图14-163

15 使用"钢笔工具" 📷 绘制另一个音响轮廓，并转换为选区，然后填充颜色为浅灰色，接着使用"减淡工具" 🔍 涂抹出亮部，最后使用"加深工具" 🖐 涂抹出暗部过渡，效果如图14-164所示。

16 使用"钢笔工具" 📷 绘制另一个喇叭边缘，并转换为选区，然后填充颜色为红色，效果如图14-165所示。

17 将前面绘制的低音炮复制一个，然后拖曳到音响上再调整形状大小，接着使用"加深工具" 🖐 涂抹出暗部过渡，效果如图14-166所示。

图14-164　　　　图14-165　　　　图14-166

18 新建一个图层组，并将绘制好的音响分别放置在组里，然后调整位置和大小，接着将后方的音响栅格化图层，最后执行"滤镜>模糊>高斯模糊"菜单命

令添加模糊效果，效果如图14-167所示。

图14-167

19 新建一个图层，然后使用"椭圆选框工具" ⬭ 绘制一个椭圆选区，并填充颜色为黑色，接着取消选区执行"滤镜>模糊>高斯模糊"菜单命令添加模糊效果，效果如图14-168所示。

图14-168

20 打开"渐变编辑器"并编辑渐变样式，如图14-169所示，然后为"背景"图层填充使用线性渐变色效果，效果如图14-170所示。

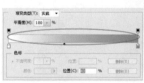

图14-169　　　　　　　　图14-170

21 将两个音响组分别复制一个，然后栅格化图层，接着执行"编辑>变换>垂直翻转"菜单命令，最后创建蒙版调整透明度渐变，最终效果如图14-171所示。

图14-171

第15章
网页设计

酒店网页设计/步骤图　　美食网页设计/步骤图　　企业网站设计/步骤图　　影楼网页设计/步骤图　　服装网页设计/步骤图

酒店网页/602页　　美食网页/605页　　企业网站/608页　　影楼网页/611页　　服装网页/613页

PS达人　　广告设计师　　包装设计师　　插画设计师　　网页设计师

实战 296 酒店网页

文件位置：光盘>实例文件>CH15>实战296.psd / 难易指数：★★★★

PS技术点睛

● 运用"参考线"制作网页基本构架。
● 创建"颜色填充"调整图层调整照片色调。
● 使用"自定义形状工具"绘制多种图形。

设计思路分析

　　本案例从设计上讲究和谐统一，大气之中又包含现代感，展现企业战略目标的综合实力，同时又可以传达出企业的专业服务，版面设计上，新颖独特，动态与静态恰当融合，吸引人的同时，又给人以视觉享受。

01 启动Photoshop CS6，按Ctrl+N组合键新建一个"酒店网页设计"文件，具体参数设置如图15-1所示。

图15-1

02 执行"视图>标尺"命令，然后在显示的标尺区域拉出参考线，效果如图15-2所示。

03 设置前景色为（R:159，G:184，B:188），然后新建"图层1"，接着选择"矩形选框工具"，最后沿画面上方标尺创建一个矩形选区，同时按Alt+Delete组合键填充前景色，效果如图15-3所示。

图15-2

图15-3

04 新建"图层2"，然后使用"矩形选框工具"沿画面下方参考线创建一个矩形选区，接着选择"渐变工具"，打开"渐变编辑器"，设置第1个色标的颜色为（R:183，G:184，B:184）、第2个色标的颜色为白色、第3个色标的颜色为（R:183，G:184，B:184），如图15-4所示，最后从左向右为"图层2"填充使用线性渐变色，效果如图15-5所示。

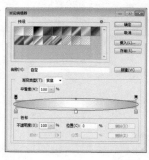

图15-4

图15-5

技巧与提示

　　参考线以浮动的状态显示在图像上方，并且在输出和打印图像的时候，参考线都不会显示出来，同时可以移动、移去和锁定参考线。

05 新建"组1"图层组，然后在该组中新建"图层3"，接着使用"矩形选框工具"在上方图像中创建选区并填充任意颜色，效果如图15-6所示。

图15-6

06 选择"图层3",然后按Ctrl+J组合键复制,接着调整矩形位置,最后按照相同的方法复制更多矩形并调整,效果如图15-7所示。

07 打开光盘中的"素材文件>CH15>296-1.jpg"文件,然后将其拖曳至当前文件中并调整位置和大小,接着按Ctrl+Alt+G组合键创建剪贴蒙版,效果如图15-8所示。

图15-7

图15-8

08 继续打开"296-2.jpg至296-11.jpg"文件,然后分别将其拖曳至当前文件中并调整位置和大小,接着分别创建剪贴蒙版,效果如图15-9所示。

图15-9

09 在"图层"面板下方单击"创建新的填充或调整图层"按钮 ◎,然后在弹出的菜单中选择"自然饱和度"命令,接着在"属性"面板中设置"自然饱和度"为-86、"饱和度"为-10,如图15-10所示,最后按Ctrl+Alt+G组合键创建剪贴蒙版,效果如图15-11所示。

图15-10

图15-11

10 设置前景色为(R:194,G:194,B:193),然后新建"图层20",接着按Alt+Delete组合键,同时创建图层剪贴蒙版,最后设置该图层的"混合模式"为"叠加"、"不透明度"为80%,效果如图15-12所示。

11 新建"图层21",然后按Ctrl+Alt+G组合键创建剪贴蒙版,接着使用"矩形选框工具" □ 在画面创建一个矩形选区,最后设置前景色为黑色,效果如图15-13所示。

图15-12

图15-13

12 选择"渐变工具" ■,然后打开"渐变编辑器",同时选择"前景色至透明"渐变色,如图15-14所示,

接着从下至上为"图层21"选区填充使用渐变色,最后设置该图层"不透明度"为50%,效果如图15-15所示。

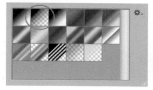
图15-14

图15-15

13 新建"图层22",然后按照前面相同的方法,再次叠加一个线性渐变,效果如图15-16所示。

14 新建"图层23",然后使用"矩形选框工具" □ 在画面创建一个矩形选区,同时填充前景色,效果如图15-17所示。

图15-16

图15-17

15 双击"图层23",然后在弹出的"图层样式"对话框左侧勾选"投影"命令,接着设置"大小"为18像素,如图15-18所示,效果如图15-19所示。

图15-18

图15-19

16 打开光盘中的"素材文件>CH15>296-12.jpg"文件,然后将其拖曳至当前文件中并调整大小和位置,接着创建剪贴蒙版,效果如图15-20所示。

17 按住Ctrl键同时单击"图层23"缩览图创建选区,然后新建"图层25",接着选择"渐变工具" ■,在选项栏中单击"径向渐变"按钮 ■,最后从选区中心往外填充"图层23"渐变色,同时设置该图层的"混合模式"为"正片叠底",效果如图15-21所示。

图15-20

图15-21

18 移去第1条横向参考线,然后新建"图层26",接着使用"矩形选框工具" □ 在画面相应位置创建矩形选区,同时填充白色,最后设置该图层的不透明度为50%,效果如图15-22所示。

19 新建"图层29",然后选择"椭圆选框工具" ○,在画面中绘制多个圆形选区,分别填充为(R:32,

G:70，B:96）和白色，效果如图15-23所示。

图15-22

图15-23

20 新建"组2"图层组，然后按照前面相同的方法绘制3个矩形框，接着依次打开"296-13.jpg至296-15.jpg"文件，同时分别拖曳至当前文件中，制作出与前面相同的照片展示，效果如图15-24所示。

图15-24

21 新建"组3"图层组，然后在该组中新建"图层28"，接着使用"矩形选框工具" ▭ 在画面上方创建矩形选区，同时填充为白色，效果如图15-25所示。

图15-25

22 新建"组4"图层组，然后使用黑色"横排文字工具" T 在绘图区域中创建相应文字，效果如图15-26所示。

图15-26

23 执行"视图>显示>参考线"命令，以取消显示参考线，然后打开光盘中的"素材文件>CH15>296-16.png"文件，接着将其拖曳至当前文件中，效果如图15-27所示。

图15-27

24 打开光盘中的"素材文件>CH15>296-17.psd"文件，然后分别将"图层1"至"图层3"拖曳至当前文件中，最终效果如图15-28所示。

图15-28

实战 297 美食网页

文件位置：光盘>实例文件>CH15>实战297.psd / 难易指数：★★★★

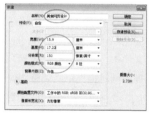

PS技术点睛

● 使用"渐变工具"填充背景颜色。
● 设置选区羽化像素，可柔和填充边缘。

设计思路分析

本案例主要展现出具有中国风的美食网页设计，将版面分区域进行规划并制作出凹凸质感效果，再添加网页主题照片，吸引食客眼球。

01 启动Photoshop CS6，按Ctrl+N组合键新建一个"美食网页设计"文件，具体参数设置如图15-29所示。

02 选择"渐变工具"，然后打开"渐变编辑器"，接着设置第1个色标的颜色为（R:32，G:16，B:16）、第2个色标的颜色为（R:75，G:24，B:21），如图15-30所示，最后从上至下为"背景"图层填充使用线性渐变色，效果如图15-31所示。

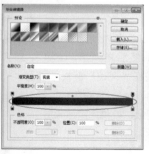

图15-30　　　　图15-31

03 新建"组1"图层组，然后在该组中新建"图层1"，接着使用"矩形选框工具"在画面上方创建矩形选区，效果如图15-32所示。

图15-32

04 选择"渐变工具"，然后打开"渐变编辑器"，接着设置第1个色标的颜色为（R:164，G:56，B:52）、第2个色标的颜色为（R:76，G:25，B:24），如图15-33所示，同时在选项栏中单击"径向渐变"按钮，最后在选区中心往外拖动鼠标为"图层1"填充使用径向渐变色，效果如图15-34所示。

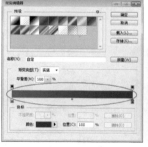

图15-33　　　　图15-34

05 执行"滤镜>模糊>高斯模糊"命令，然后在弹出的"高斯模糊"对话框中设置"半径"为52.1像素，如图15-35所示，效果如图15-36所示。

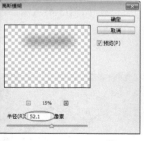

图15-35　　　　图15-36

06 新建"图层2"，然后使用"矩形选框工具"在画面中间创建一个矩形选区，接着按

Ctrl+Delete组合键填充背景色，效果如图15-37所示。

图15-37

07 新建"图层3"，然后使用"矩形选框工具" ，在画面上方创建一个矩形条选区，接着打开"渐变编辑器"，设置第1个色标的颜色为白色、"不透明度"为0%，第2个色标的颜色为（R:185，G:73，B:63）、"不透明度"为100%，第3个色标的颜色为白色、"不透明度"为0%，如图15-38所示，最后从左至右为"图层3"填充使用对称线性渐变色，效果如图15-39所示。

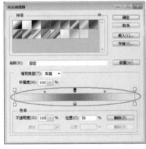

图15-38

图15-39

08 按照前面相同的方法，继续创建更多图形，效果如图15-40所示。

图15-40

09 新建"组2"图层组，然后选择"圆角矩形工具" ，接着在选项栏中设置绘制模式为"形状"、填充方式为（R:59，G:28，B:30）到（R:82，G:42，B:43）渐变、"缩放"为50%，如图15-41所示，最后在画面中绘制一个圆角矩形，效果如图15-42所示。

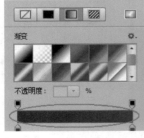

图15-41

图15-42

10 新建"图层9"，然后使用"矩形选框工具" 在导航栏创建一个矩形条选区，接着打开"渐变编辑器"，设置第1个色标的颜色为白色、"不透明度"为0%，第2个色标的颜色为白色、"不透明度"为100%，第3个色标的颜色为白色、"不透明度"为0%，如图15-43所示，最后从上至下为"图层9"填充使用对称线性渐变色，再多次复制该图层并调整，效果如图15-44所示。

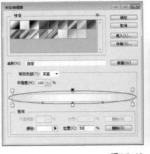

图15-43

图15-44

11 新建"组3"图层组，然后打开光盘中的"素材文件>CH15>297-1.png"文件，然后将其拖曳至当前文件中，接着执行"编辑>自由变换"命令，最后按住Ctrl键的同时拖曳锚点调整图像，效果如图15-45所示。

12 打开光盘中的"素材文件>CH15>297-2.png"文件，然后将其拖曳至当前文件中，效果如图15-46所示。

图15-45

图15-46

13 在"图层"面板下方单击"创建新的填充或调整图层"按钮 ，然后在弹出的菜单中选择"亮度/对比度"命令，接着在"属性"面板中设置"亮度"为-38、"对比度"为14，如图15-47所示，最后按下Ctrl+Alt+G组合键创建剪贴蒙版，效果如图15-48所示。

图15-47

图15-48

14 打开光盘中的"素材文件>CH15>297-3.png"文件，然后将其拖曳至当前文件中，效果如图15-49所示。

图15-49

图15-54

图15-55

15 按住Ctrl键的同时单击"图层13"缩览图创建选区，然后新建"图层14"，接着打开"渐变编辑器"，同时设置第1个色标的颜色为黑色、"不透明度"为100%，第2个色标的颜色为白色、"不透明度"为0%，第3个色标的颜色为黑色、"不透明度"为100%，如图15-50所示，最后从左至右为"图层14"填充使用线性渐变色，再设置该图层"混合模式"为"叠加"，效果如图15-51所示。

20 打开光盘中的"素材文件>CH15>297-5.jpg和297-6.jpg"文件，然后按照前面相同的方法分别将其拖曳至当前文件中并调整，效果如图15-56所示。

21 新建"组5"图层组，然后使用"横排文字工具" T 在画面创建相应文字，效果如图15-57所示。

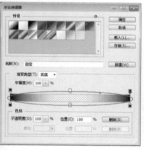

图15-50

图15-51

图15-56

图15-57

16 新建"组4"图层组，然后在该组中新建"图层15"，接着设置前景色为（R:85，G:58，B:62），最后使用"矩形选框工具" 在画面中创建矩形选区，同时填充前景色，效果如图15-52所示。

22 打开"组1"图层组，然后选择"圆角矩形工具" ，接着在选项栏中设置绘制模式为"形状"、填充方式为（R:55，G:0，B:0）到（R:238，G:0，B:0）渐变、"缩放"为80%，如图15-58所示，最后在画面中绘制一个圆角矩形，如图15-59所示。

17 新建"图层16"和"图层17"，然后分别使用"矩形选框工具"绘制两个矩形选区，接着分别填充为黑色和白色，效果如图15-53所示。

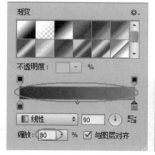

图15-52

图15-53

图15-58

图15-59

18 按住Shift键同时选择"图层15"和"图层17"，然后按下Ctrl+J组合键复制，接着按住Shift键同时平行调整图像，效果如图15-54所示。

23 按照前面相同的方法，继续绘制更多圆角矩形，效果如图15-60所示。

24 打开光盘中的"素材文件>CH15>297-7.jpg"文件，然后将其拖曳至当前文件中，最终效果如图15-61所示。

19 选择"图层17"，然后打开光盘中的"素材文件>CH15>297-4.jpg"文件，然后将其拖曳至当前文件中并调整位置和大小，接着按Ctrl+Alt+G组合键创建剪贴蒙版，效果如图15-55所示。

图15-60

图15-61

实战 298 企业网站

文件检查：光盘>实例文件>CH15>实战298.psd / 难易指数：★★★☆☆

PS技术点睛

● 羽化选区制作光芒效果。
● 使用"圆角矩形工具"绘制网页辅助图形。

设计思路分析

　　本案例制作的企业网站设计，在画面中主要展现的是图文并茂的效果，然后搭配画面一个色系的颜色，使画面视觉感统一。

01 启动Photoshop CS6，按Ctrl+N组合键新建一个"企业网站设计"文件，具体参数设置如图15-62所示。

02 新建"组1"图层组，然后在该组中新建"图层1"，接着使用"矩形选区工具" ▣ 在画面中创建一个矩形选区，效果如图15-63所示。

图15-62　　　　　　　　　　图15-63

03 选择"渐变工具" ▣，然后在选项栏中打开"渐变编辑器"，接着设置第1个色标的颜色为（R:54，G:207，B:204）、第2个色标的颜色为（R:219，G:251，B:230），如图15-64所示，最后从上至下为"图层1"选区填充使用对称的线性渐变色，效果如图15-65所示。

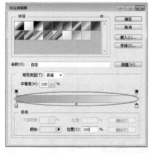

图15-64　　　　　　　　　　图15-65

04 新建"图层2"，然后使用"椭圆选区工具" ◯ 在画面中创建一个圆形选区，接着在选项栏中设

置"羽化"为20像素，最后按Ctrl+Alt+G组合键创建剪贴蒙版，效果如图15-66所示。

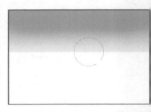

图15-66

05 单击"渐变工具" ▣，然后在选项栏打开"渐变编辑器"，接着设置第1个色标的颜色为（R:239，G:226，B:148）、第2个色标的颜色为（R:229，G:239，B:195），如图15-67所示，同时在选项栏中单击"径向渐变"按钮 ▣，最后按照如图15-68所示方向为选区填充使用径向渐变色。

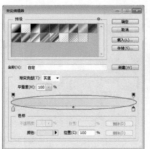

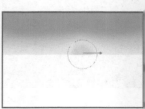

图15-67　　　　　　　　　　图15-68

06 打开光盘中的"素材文件>CH15>298-1.jpg"文件，然后将其拖曳至当前文件中，接着按下Ctrl+Alt+G组合键创建剪贴蒙版，效果如图15-69所示。

07 在"图层"面板下方单击"添加图层蒙版"按钮 ▣，然后使用"画笔工具" ✐ 在图像背景区域涂抹，效果如图15-70所示。

图15-69　　　　　　　　　　图15-70

08 按住Alt键同时向右拖曳图像，然后使用"画笔工具" 在图层蒙版隐藏多余图像，效果如图15-71所示。

图15-71

技术专题 ⑲ 画笔工具选项介绍

"画笔工具" 可以使用前景色绘制各种线条，同时也可以利用它来修改通道和蒙版，是使用频率最高的工具之一，其选项栏如图15-72所示。

图15-72

画笔预设选取器：单击 按钮，可以打开"画笔预设"选取器，在里面可以选择笔尖、设置画笔的"大小"、"硬度"。

不透明度：设置画笔绘制颜色的不透明度，数值越大，笔迹的不透明度就越高；数值越小，笔迹的不透明度就越低。

流量：将光标移到某个区域上方时应用颜色的速率。在某个区域上方进行绘制时，如果一直按住鼠标左键，颜色量将根据流动速率增大，直至达到"不透明度"设置。例如，如果将"不透明度"和"流量"都设置为10%，则每次移动到某个区域上方时，其颜色会以10%的比例接近画笔颜色。除非释放鼠标左键并再次在该区域上方绘画，否则总量将不会超过10%的"不透明度"。

09 打开光盘中的"素材文件>CH15>298-2.png"文件，然后将其拖曳至当前文件中，效果如图15-73所示。

10 按下Ctrl+T组合键显示自由变换框，然后单击鼠标右键，在弹出的快捷菜单中选择"水平翻转"命令，接着按住Shift键同时拖曳锚点进行等比例缩放，最后调整图像位置，效果如图15-74所示。

图15-73　　　　　　　　图15-74

---

11 在"图层"面板下方单击"创建新的填充或调整图层"按钮 ，然后在弹出的菜单中选择"曲线"命令，接着调整"属性"面板至如图15-75所示的形状，最后按下Ctrl+Alt+G组合键创建剪贴蒙版，效果如图15-76所示。

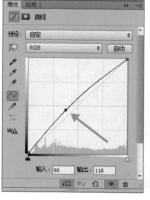

图15-75　　　　　　　　图15-76

12 按照前面相同的方法继续创建"色相/饱和度"调整图层，然后在"属性"面板中设置"色相"为-17、"饱和度"为-18、"明度"为-6，如图15-77所示，效果如图15-78所示。

图15-77　　　　　　　　图15-78

13 在"图层"面板下方单击"添加图层蒙版"按钮 ，然后使用"渐变工具" 隐藏多余图像，接着设置该图层的"不透明度"为50%，效果如图15-79所示。

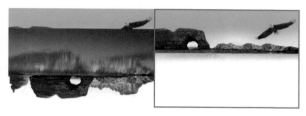

图15-79

14 在"图层"面板下方单击"创建新的填充或调整图层"按钮 ，然后在弹出的菜单中选择"亮度/对比度"调整图层，接着在"属性"面板中设置"亮度"为61、"对比度"为18，如图15-80所示，效果如图15-81所示。

图15-80　　　　　　　　　　　　　　图15-81

15 单击"圆角矩形工具" ▢,然后在选项栏中设置绘图模式为"形状"、填充颜色为黑色,接着在画面中绘制一个圆角矩形条,效果如图15-82所示。

16 按照前面相同的方法继续绘制更多图形,效果如图15-83所示。

图15-82　　　　　　　　　　　　　　图15-83

17 选择"图层4",然后打开光盘中的"素材文件>CH15>298-3.jpg"文件,然后将其拖曳至当前文件中,接着调整其位置和大小,最后按下Ctrl+Alt+G组合键创建剪贴蒙版,效果如图15-84所示。

18 选择"圆角矩形3",然后打开光盘中的"素材文件>CH15>298-4.jpg"文件,接着使用"矩形选框工具" ▣ 为第1个产品创建选区,同时使用"移动工具" ▶+将其拖曳至当前文件中,最后按下Ctrl+Alt+G组合键创建剪贴蒙版,效果如图15-85所示。

图15-84　　　　　　　　　　　　　　图15-85

19 切换画面至"298-4.jpg"文件,然后继续使用"矩形选框工具" ▣ 依次创建产品选区,同时分别将其拖曳至当前文件中,效果如图15-86所示。

20 按照前面相同的方法打开"298-5.jpg"文件,然后将其拖曳至当前文件中,效果如图15-87所示。

21 选择"自定义形状工具" ⬚,然后在选项栏中设置"形状"为"箭头2"形状,同时设置填充颜色为黑色,最后在画面中绘制多个箭头图形,效果如图15-88所示。

22 打开光盘中的"素材文件>CH15>298-6.png"文件,然后将其拖曳至当前文件中,效果如图15-89所示。

图15-86　　　　　　　　　　　　　　图15-87

图15-88　　　　　　　　　　　　　　图15-89

23 新建"组2"图层组,然后使用黑色"横排文字工具" T,在画面创建主题文字,效果如图15-90所示。

24 按照前面相同的方法,继续使用"横排文字工具" T,在画面创建更多文字,效果如图15-91所示。

图15-90　　　　　　　　　　　　　　图15-91

25 打开光盘中的"素材文件>CH15>298-7.png和298-8.jpg"文件,然后分别将其拖曳至当前文件中,效果如图15-92所示。

图15-92

26 双击"图层14",然后在弹出的"图层样式"对话框左侧勾选"投影"样式,接着设置"距离"为8像素、"扩展"为8%、"大小"为16像素,如图15-93所示,最终效果如图15-94所示。

图15-93　　　　　　　　　　　　　　图15-94

实战 299 影楼网页

文件位置：光盘>实例文件>CH15>实战299.psd / 难易指数：★★★

PS技术点睛

- 运用"渐变工具"制作背景。
- 运用"图层样式"制作按钮的立体效果。

设计思路分析

　　本案例制作的是影楼网站设计，在画面中主要以婚纱照片的展现形式进行网站的排列组合，以紫色调为主调，展现出婚纱照应有的浪漫气息。

01 启动Photoshop CS6，按Ctrl+N组合键新建一个"影楼网页设计"文件，具体参数设置如图15-95所示。

图15-95

02 选择"渐变工具" ，然后打开"渐变编辑器"对话框，接着设置第1个色标的颜色为（R:224，G:213，B:196）、第2个色标的颜色为白色，如图15-96所示，最后按照从上到下的方向为"背景"图层填充使用线性渐变色，效果如图15-97所示。

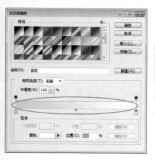

图15-96　　　　　　图15-97

03 打开光盘中的"素材文件>CH15>299-1.jpg"文件，然后执行"图层>图层样式>描边"菜单命令，打开"图层样式"对话框，然后设置"大小"为5像素、"颜色"为（R:106，G:82，B:100），如图15-98所示，效果如图15-99所示。

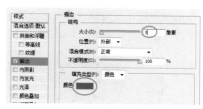

图15-98

图15-99

04 打开光盘中的"素材文件>CH15>299-2.psd"文件，然后同样为其添加一个"描边"图层样式，效果如图15-100所示。

图15-100

05 结合"圆角矩形工具" ▣ 和"横排文字工具" T 为图片添加边框和文字，效果如图15-101所示。

图15-101

06 新建一个图层，然后设置前景色为（R:100，G:65，B:97），接着使用"矩形选框工具" ▣ 绘制出导航栏，并用前景色填充该选区，最后为其添加文字和标志，效果如图15-102所示。

图15-102

07 使用相同的方法制作标题栏下方的文字，效果如图15-103所示。

图15-103

08 使用"矩形选框工具" ▣ 绘制出下方的色块，然后为其添加文字，效果如图15-104所示。

图15-104

09 使用相同的方法制作其他文字信息，效果如图15-105所示。

图15-105

10 为网页添加搜索栏，然后为其添加一个"斜面和浮雕"图层样式，最终效果如图15-106所示。

图15-106

实战 300 服装网页

文件位置: 光盘>实例文件>CH15>实战300.psd / 难易指数: ★★★

PS技术点睛

● 运用"渐变工具"制作背景。
● 运用"图层样式"制作按钮的立体效果。

设计思路分析

　　本案例制作的是服装网页设计，在画面中展现的是以儿童服饰为主的展示内容，搭配温和的粉色，使画面视觉感统一。

01 启动Photoshop CS6，按Ctrl+N组合键新建一个"服装网页设计"文件，具体参数设置如图15-107所示。

图15-107

02 使用"矩形选框工具" 绘制一个合适的矩形选区，然后打开"渐变编辑器"对话框，接着设置第1个色标的颜色为（R:244，G:204，B:201）、第2个色标的颜色为（R:246，G:215，B:213），如图15-108所示，最后按照从上到下的方向为选区填充使用线性渐变色，效果如图15-109所示。

图15-108　　　　　　　　　　图15-109

03 设置前景色为（R:238，G:178，B:174），然后使用"矩形选框工具" 绘制出合适的选区，并使用前景色填充选区，效果如图15-110所示。

04 在网页的两侧分别绘制两个选区，然后使用径向渐变制作出合适的渐变效果，效果如图15-111所示。

05 使用"椭圆选框工具" 绘制出一个选区，然后继续使用"渐变工具" 制作出渐变效果，如图15-112所示，接着执行"图层>图层样式>描边"菜单命令，打开"图层样式"对话框，最后设置"大小"为4

像素、"位置"为"内部"、"颜色"为白色，如图15-113所示。

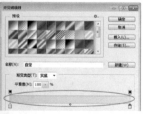

图15-110　　　　　　　　　　图15-111

图15-112　　　　　　　　　　图15-113

06 在"图层样式"对话框中单击"内阴影"样式，然后设置"不透明度"为41%、"距离"为7像素、"大小"为18像素，如图15-114所示。

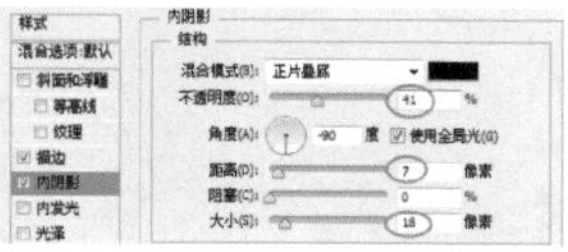

图15-114

07 在"图层样式"对话框中单击"投影"样式，然后设置"不透明度"为41%、"距离"为7像素、"大小"为7像素，如图15-115所示，效果如图15-116所示。

图15-115　　　　　　　　　　图15-116

08 新建一个图层，然后使用“椭圆选框工具”绘制出一个选区，并使用白色填充选区，接着设置该图层的“不透明度”为25%，效果如图15-117所示。

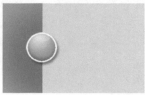

图15-117

09 使用“钢笔工具”绘制一个白色箭头，然后执行“图层>图层样式>内阴影”菜单命令，打开“图层样式”对话框，接着设置“不透明度”为20%、“角度”为120度，如图15-118所示，效果如图15-119所示。

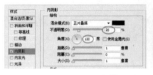

图15-118

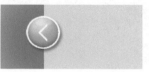

图15-119

10 使用相同的方法制作右侧按钮，效果如图15-120所示。

11 打开光盘中的“素材文件>CH15>300-1.png”文件，然后将图片移动到图像的左侧，效果如图15-121所示。

图15-120

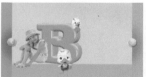

图15-121

12 使用“矩形工具”绘制出导航栏的形状，然后执行“图层>图层样式>投影”菜单命令，打开“图层样式”对话框，接着设置“不透明度”为22%、“距离”为4像素、“大小”为7像素，如图15-122所示，效果如图15-123所示。

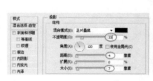

图15-122

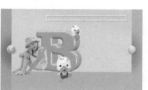

图15-123

13 为导航栏添加文字和装饰元素，并调整好位置和大小，效果如图15-124所示。

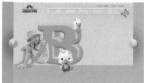

图15-124

技巧与提示

花纹素材文件位置：“素材文件>CH15>300-2.png”。

蝴蝶素材文件位置：“素材文件>CH15>300-3.png”。

14 使用黑色“横排文字工具”在右侧添加文字信息，然后导入光盘中的“素材文件>CH15>300-4.png”文件，效果如图15-125所示。

15 新建一个图层，然后使用“矩形选框工具”绘制一个合适的矩形选区，并用白色填充选区，接着设置该图层的“填充”为54%，最后执行“图层>图层样式>投影”菜单命令，打开“图层样式”对话框，设置“颜色”为（R:238，G:178，B:174），如图15-126所示，效果如图15-127所示。

16 打开光盘中的“素材文件>CH15>300-5.png”文件，然后将其移动到边框内部，并添加文字，效果如图15-128所示。

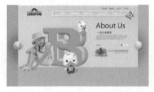

图15-125

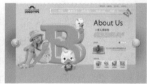

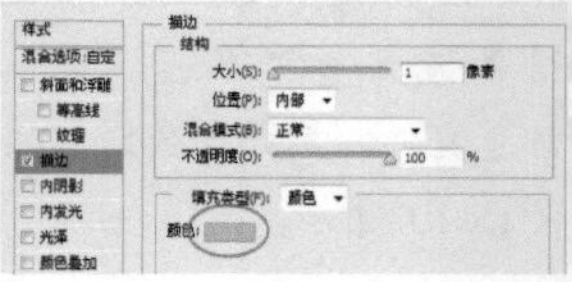

图15-126

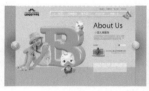

图15-127

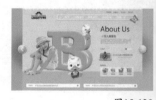

图15-128

17 在图像下方制作出搜索栏，然后复制出相同的一个放置到图像的另一端，效果如图15-129所示。

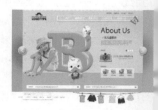

图15-129

18 导入光盘中的“素材文件>CH15>300-6.png”文件，然后在图像的左下角添加上相应的文字信息，最终效果如图15-130所示。

图15-130

附录一：Photoshop工具与快捷键索引

工具	快捷键	主要功能	使用频率
移动工具	V	选择/移动对象	★★★★★
矩形选框工具	M	绘制矩形选区	★★★★★
椭圆选框工具	M	绘制圆形或椭圆形选区	★★★★★
单行选框工具		绘制高度为1像素的选区	★☆☆☆☆
单列选框工具		绘制宽度为1像素的选区	★☆☆☆☆
套索工具	L	自由绘制出形状不规则的选区	★★★★★
多边形套索工具	L	绘制一些转角比较强烈的选区	★★★★☆
磁性套索工具	L	快速选择与背景对比强烈且边缘复杂的对象	★★★★☆
快速选择工具	W	利用可调整的圆形笔尖迅速地绘制选区	★★★★★
魔棒工具	W	快速选取颜色一致的区域	★★★★★
裁剪工具	C	裁剪多余的图像	★★★★★
透视裁剪工具	C	将图像中的某个区域裁剪下来作为纹理或仅校正某个偏斜的区域	★★☆☆☆
切片工具	C	创建用户切片和基于图层的切片	★☆☆☆☆
切片选择工具	C	选择、对齐、分布切片以及调整切片的堆叠顺序	★☆☆☆☆
吸管工具	I	采集色样来作为前景色或背景色	★★★★★
3D材质吸管工具	I	将3D对象上的材质"吸"到"属性"面板中	★★★☆☆
颜色取样器工具	I	精确观察颜色值的变化	★☆☆☆☆
标尺工具	I	测量图像中点到点之间的距离、位置和角度	★☆☆☆☆
注释工具	I	在图像中添加文字注释和内容	★☆☆☆☆
计数工具	I	对图像中的元素进行计数	★☆☆☆☆
污点修复画笔工具	J	消除图像中的污点和某个对象	★★★★★
修复画笔工具	J	校正图像的瑕疵	★★★★★
修补工具	J	利用样本或图案修复所选区域中不理想的部分	★★★★★
内容感知移动工具	J	将选中的对象移动或复制到图像的其他地方，并重组与混合图像	★★★★☆
红眼工具	J	去除由闪光灯导致的红色反光	★★★★★
画笔工具	B	使用前景色绘制出各种线条或修改通道和蒙版	★★★★★
铅笔工具	B	绘制硬边线条	★★★★☆
颜色替换工具	B	将选定的颜色替换为其他颜色	★★★★☆
混合器画笔工具	B	模拟真实的绘画效果	★☆☆☆☆
仿制图章工具	S	将图像的一部分绘制到另一个位置	★★★★★
图案图章工具	S	使用图案进行绘画	★★★☆☆
历史记录画笔工具	Y	可以理性、真实地还原某一区域的某一步操作	★★★★★
历史记录艺术画笔工具	Y	将标记的历史记录或快照用作源数据对图像进行修改	★☆☆☆☆
橡皮擦工具	E	将像素更改为背景色或透明	★★★★★
背景橡皮擦工具	E	在抹除背景的同时保留前景对象的边缘	★★★★★
魔术橡皮擦工具	E	将所有相似的像素更改为透明	★★★★★
渐变工具	G	在整个文档或选区内填充渐变色	★★★★★
油漆桶工具	G	在图像中填充前景色或图案	★★★☆☆
3D材质拖放工具	G	将选定的材质填充给3D对象	★★★☆☆
模糊工具		柔化硬边缘或减少图像中的细节	★★★☆☆
锐化工具		增强图像中相邻像素之间的对比	★★★☆☆
涂抹工具		模拟手指划过湿油漆时所产生的效果	★★★★☆
减淡工具	O	对图像进行减淡处理	★★★★★
加深工具	O	对图像进行加深处理	★★★★★
海绵工具	O	精确地更改图像某个区域的色彩饱和度	★☆☆☆☆
钢笔工具	P	绘制任意形状的直线或曲线路径	★★★★★
自由钢笔工具	P	绘制比较随意的图形	★☆☆☆☆
添加锚点工具		在路径上添加锚点	★★★★★
删除锚点工具		在路径上删除锚点	★★★★★
转换点工具		转换锚点的类型	★★★★☆
横排文字工具	T	输入横向排列的文字	★★★★★
直排文字工具	T	输入竖向排列的文字	★★★★★
横排文字蒙版工具	T	创建横向文字选区	★☆☆☆☆
直排文字蒙版工具	T	创建竖向文字选区	★☆☆☆☆
路径选择工具	A	选择、组合、对齐和分布路径	★★★★★
直接选择工具	A	选择、移动路径上的锚点以及调整方向线	★★★★★
矩形工具	U	创建正方形和矩形	★★★★★
圆角矩形工具	U	创建具有圆角效果的矩形	★★★★★
椭圆工具	U	创建椭圆和圆形	★★★★★
多边形工具	U	创建正多边形（最少为3条边）和星形	★★★★★
直线工具	U	创建直线和带有箭头的路径	★★☆☆☆
自定形状工具	U	创建各种自定形状	★★★★★
抓手工具	H	在放大图像窗口中移动光标到特定区域内查看图像	★★★★★
旋转视图工具	R	旋转画布	★★☆☆☆
缩放工具	Z	放大或缩小图像的显示比例	★★★★★
默认前景色/背景色	D	将前景色/背景色恢复为默认颜色	★★★★★
前景色/背景色互换	X	互换前景色/背景色	★★★★★
以快速蒙版模式编辑	Q	创建和编辑选区	★★★★☆
标准屏幕模式	F	显示菜单栏、标题栏、滚动条和其他屏幕元素	★★★☆☆

工具	快捷键	主要功能	使用频率
带有菜单栏的全屏模式▣	F	显示菜单栏、50%的灰色背景、无标题栏和滚动条的全屏窗口	★☆☆☆☆
全屏模式▣	F	只显示黑色背景和图像窗口	★☆☆☆☆
旋转3D对象⊙		围绕x/y轴旋转模型	★★★☆☆
滚动3D对象⊙		围绕z轴旋转模型	★★★☆☆
拖动3D对象⊕		在水平/垂直方向上移动模型	★★★☆☆
滑动3D对象⊕		在水平方向上移动模型或将模型移近/移远	★★★☆☆
缩放3D对象▣/▣		缩放模型或3D相机视图	★★★☆☆

附录二：Photoshop命令与快捷键索引

文件菜单

命令	快捷键
新建	Ctrl+N
打开	Ctrl+O
在Bridge中浏览	Alt+Ctrl+O
打开为	Alt+Shift+Ctrl+O
关闭	Ctrl+W
关闭全部	Alt+Ctrl+W
关闭并转到Bridge	Shift+Ctrl+W
存储	Ctrl+S
存储为	Shift+Ctrl+S
存储为Web和设备所用格式	Alt+Shift+Ctrl+S
恢复	F12
文件简介	Alt+Shift+Ctrl+I
打印	Ctrl+P
打印一份	Alt+Shift+Ctrl+P
退出	Ctrl+Q

编辑菜单

命令	快捷键
还原/重做	Ctrl+Z
前进一步	Shift+Ctrl+Z
后退一步	Alt+Ctrl+Z
渐隐	Shift+Ctrl+F
剪切	Ctrl+X
复制	Ctrl+C
合并复制	Shift+Ctrl+C
粘贴	Ctrl+V
选择性粘贴>原位粘贴	Shift+Ctrl+V
选择性粘贴>贴入	Alt+Shift+Ctrl+V
填充	Shift+F5
内容识别比例	Alt+Shift+Ctrl+C
自由变换	Ctrl+T
变换>再次	Shift+Ctrl+T
颜色设置	Shift+Ctrl+K
键盘快捷键	Alt+Shift+Ctrl+K
菜单	Alt+Shift+Ctrl+M
首选项>常规	Ctrl+K

图像菜单

命令	快捷键
调整>色阶	Ctrl+L
调整>曲线	Ctrl+M
调整>色相/饱和度	Ctrl+U
调整>色彩平衡	Ctrl+B
调整>黑白	Alt+Shift+Ctrl+B
调整>反相	Ctrl+I
调整>去色	Shift+Ctrl+U
自动色调	Shift+Ctrl+L
自动对比度	Alt+Shift+Ctrl+L
自动颜色	Shift+Ctrl+B
图像大小	Alt+Ctrl+I
画布大小	Alt+Ctrl+C

图层菜单

命令	快捷键
新建>图层	Shift+Ctrl+N
新建>通过复制的图层	Ctrl+J
新建>通过剪切的图层	Shift+Ctrl+J
创建剪贴蒙版	Alt+Ctrl+G
向下合并	Ctrl+E
合并可见图层	Shift+Ctrl+E

选择菜单

命令	快捷键
全部	Ctrl+A
取消选择	Ctrl+D
重新选择	Shift+Ctrl+D
反向	Shift+Ctrl+I
所有图层	Alt+Ctrl+A
查找图层	Alt+Shift+Ctrl+F
调整边缘/蒙版	Alt+Ctrl+R
修改>羽化	Shift+F6

滤镜菜单

命令	快捷键
上次滤镜操作	Ctrl+F
自适应广角	Shift+Ctrl+A
镜头校正	Shift+Ctrl+R
液化	Shift+Ctrl+X
消失点	Alt+Ctrl+V

3D菜单

命令	快捷键
渲染	Alt+Shift+Ctrl+R

视图菜单

命令	快捷键
校样颜色	Ctrl+Y
色域警告	Shift+Ctrl+Y
放大	Ctrl++
缩小	Ctrl+-
按屏幕大小缩放	Ctrl+0
实际像素	Ctrl+1
显示额外内容	Ctrl+H
标尺	Ctrl+R
对齐	Shift+Ctrl+;
锁定参考线	Alt+Ctrl+;

窗口菜单

命令	快捷键
动作	Alt+F9
画笔	F5
图层	F7
信息	F8
颜色	F6